新工科暨卓越工程师教育培养计划光电信息科学与工程专业系列教材
普通高等学校“十四五”规划光电信息科学与工程专业特色教材

INTRODUCTION TO OPTOELECTRONIC DEVICES

光电子器件导论

■主　编/张道礼　张建兵　胡云香

華中科技大學出版社
http://press.hust.edu.cn
中国·武汉

图书在版编目(CIP)数据

光电子器件导论/张道礼，张建兵，胡云香主编. —武汉：华中科技大学出版社，2014.5(2023.2 重印)
ISBN 978-7-5680-0120-5

Ⅰ. ①光… Ⅱ. ①张… ②张… ③胡… Ⅲ. ①光电器件 Ⅳ. ①TN15

中国版本图书馆 CIP 数据核字(2014)第 100474 号

光电子器件导论 张道礼 张建兵 胡云香 主编

策划编辑：王汉江
责任编辑：余 涛
封面设计：廖亚萍
责任校对：马燕红
责任监印：周治超
出版发行：华中科技大学出版社(中国·武汉) 电话：(027)81321913
武汉市东湖新技术开发区华工科技园 邮编：430223
录 排：武汉市洪山区佳年华文印部
印 刷：武汉邮科印务有限公司
开 本：787mm×1092mm 1/16
印 张：19.5
字 数：485 千字
版 次：2023 年 2 月第 1 版第 4 次印刷
定 价：49.80 元

华中出版

本书若有印装质量问题，请向出版社营销中心调换
全国免费服务热线：400-6679-118 竭诚为您服务

前　言

自 20 世纪 60 年代激光器及 70 年代第一根光纤问世以来，光电子器件及技术发展日新月异。在信息技术高速发展的今天，光电子和微电子器件成为两大支柱技术和产业。21 世纪可以说是光电子技术的世纪，因此培养和造就一批掌握光电子器件基础知识、基本理论和基本技能，了解光电子器件与技术最新发展趋势的高级专业人才成为当今社会的亟需。学习"光电子器件导论"课程可以为学习者今后从事现代信息光学、光纤技术、发光技术、激光技术、光信号传播技术、光信号探测技术等工作打下基础。

光电子技术是利用光子传输信息的应用科学，它是在光学、电磁学、激光物理、固体物理、量子力学、半导体电子学和材料学等基础上发展起来的一门交叉学科，涉及与光信息有关的各个领域。

编者自 2001 年开始为本科生讲授"光电子器件导论"课程并于 2003 年将其改造成双语课程，同年编写《集成光器件导论》讲义，先后在华中科技大学电子科学与技术、集成电路设计与集成系统专业 2000 多名本科学生中试用。该讲义注重基础知识、基本概念与物理描述，以"积极推动研究性教学，提高大学生创新能力"为基本要求，深入浅出，面向具有一般工科数理基础的高年级本科学生，受到学生的广泛欢迎。但在实际使用中也深切体会到原有内容从深度和广度上都欠完善，特别是近年来光电子科学的迅猛发展与不断突破，与新兴技术（如微纳技术）的交叉融合，原有内容已难以适应学科发展的需求。

如何既能反映该领域丰富多彩的最新进展，又能保持其作为教材的基础水平，就成为编者面临的一大挑战。同时，编者也力求在论述这一厚重而欣欣向荣的光电子技术领域时避免落入公式化。为此我们在十多年的本科教学中，不断研究国内外有关教材、专著和论文的最新成果，吸收有用成分，充实更新有关内容，力图反映光通信用光电子器件的全貌，最终形成了本书。本书一方面注重双基知识学习，另一方面注重全面反映光电子器件发展的最新成果及其基本原理，适合电子信息科学类电子科学与技术、微电子科学与工程、集成电路设计与集成系统等专业高年级本科生及硕士生教学的需要，也希望能为对光电子器件与技术有兴趣的科研人员和工程技术人员提供有益的帮助。

全书共分 6 章。第 1 章介绍学习光电子器件必备的光学知识；第 2 至 6 章系统介绍光纤通信系统的传输通道、光源、信号探测、信号加载及光无源器件。每一章自成体系，从生活中的基本现象及其原理入手，系统诠释基本概念、基础知识、基本理论与解决问题的思路和技术。本科生学习时可根据先修课程、学时安排及教学要求选用部分章节。

本书后面附有的问题与习题基本上围绕所在章节讨论的主题而精心设计的，供选用。

近年来，由于计算机的普及和英特网的发展，本书没有专门列出参考书目和文献，因为读者利用计算机根据关键词由搜索引擎可以快捷地获得对自己有用的各种信息和资料，包括最新文献。作者这样做，并不是有意忽略那些早期解决光电子技术各种问题的先驱们的贡献。

本书由张道礼、张建兵、胡云香共同编写，其中张道礼负责第 1、2、5 章及书稿统筹，胡云香负责第3、6章，张建兵负责第4章及全书插图的绘制，研究生陶亮、徐员兰、宋绪龙、尹丽平等在插图、编排、校稿过程中做了不少工作，共十届本科生从学习角度对《集成光器件导论》讲义提出了很多宝贵意见和建议。本书在编写过程中得到华中科技大学光学与电子信息学院、教务处和出版社等单位领导和师长的热情鼓励与大力支持，在此一并表示衷心感谢。

由于编者水平，本书在内容取材、体系安排、文字表述等方面难免有所疏漏和不当，敬请读者不吝赐教、指正。

编　者

于华中科技大学喻园

目　　录

第 1 章　波动光学基础

早先关于光的本性的概念，是以光的直线传播为基础的，但从 17 世纪开始，就发现了光的直线传播在某些情况下是不完全符合事实的。意大利人格里马第(Grimaldi)首先发现了光的衍射现象，他发现在点光源的情况下，一根直竿的影子要比假设光沿直线传播所应出现的宽度稍大些，也就是说光是不严格沿直线传播的，而会绕过障碍物前进。随后在 1672—1675 年间，胡克(Hooke)也观察到光的衍射现象，并且和波义尔(Boyle)独立地研究了薄膜产生的彩色干涉条纹，这就是光的波动理论的萌芽。1704 年，牛顿在《光学》一书中，根据光的直线传播性质，提出了光的微粒流理论，他用这一理论解释了光的反射和折射定律，但却在解释牛顿环遇到了问题，无法解释光绕过障碍物发生的衍射现象。

与此同时，惠更斯(Huygens)却反对光的微粒说，1678 年，他在《论光》一书中，从光和声的某些相似现象出发，运用其波动理论中的次波原理，成功地解释了光的反射和折射，但他却没有指出光现象的周期性，没有提到波长的概念，没有考虑到它们是由波动按一定的相位叠加造成的，所以无法解释光的干涉和衍射等有关光的波动本性的现象，但为波动理论的提出打下了基础。随着相继发现光的干涉、衍射和偏振等光的波动现象，以惠更斯为代表的光的波理论被初步提出，这对后来光学的研究带来了深远的影响。随后在 18 世纪，瑞士的欧拉(Euler)和法国的伯努利(Bernoulli)进一步发展了光的波动理论。

到 19 世纪，初步发展的波动理论光学体系已经形成，杨氏(Young) 和菲涅耳(Fresnel)的著作在这时起着决定性的作用。1801 年，杨氏最先用干涉原理圆满地解释了白光照射下薄膜的颜色的由来并做了著名的“杨氏双缝干涉实验”。其原理是将来自同一光源发出的光波波阵面分割出极小的两部分，根据惠更斯原理，这两个新的点光源发出的球面波能够满足相干条件，在其球面波交叠区域会产生干涉，在观察屏上可以看到稳定的干涉条纹。1815 年，菲涅耳用杨氏干涉原理补充了惠更斯原理，并形成惠更斯-菲涅耳原理。其内容是：波阵面上的各子波源所发出的子波之间能够产生干涉叠加，而在空间任一点的光振动是该波阵面上所有子波源发出的子波在该点的相干叠加。1864 年，麦克斯韦(Maxwell)建立了普遍电磁波方程，并通过方程式证明了横向电磁波的存在，还推导了光波在真空中的传播速度约为2.998×10^{8} m/s。这一学说给出了在极宽频率范围内产生电磁波的前景。20 年后，赫兹第一次从实验上证实了光波就是电磁波，肯定了麦克斯韦的理论。

波动学说成功地将光归结为一种横向电磁波，但是直到与真正电波电源一样、相位一致的激光出现以前，光只是杂乱无章的、相位不整齐的噪声光，一般人根据经验很难相信光是一种横电磁波的说法。激光的出现，促进了人们对光本质的直接认识。波动学说虽能解释光的干涉、衍射、偏振等现象，但用在能量交换场合，如光的吸收与发射、光电效应等，就完全失效了。

粒子学说将光看作一群能量零散、运动着的粒子，爱因斯坦提出用光频率 ν 与普朗克常数 h 的乘积所得的能量值 $h\nu$ 作为最小单位，认为光是以 $h\nu$ 的整数倍发射与吸收的，这种最小单位称为光子。粒子学说可以合理解释光的吸收与发射、光电效应等现象。

综上所述，迄今为止，说到光的本质，波动性与粒子性各有其存在的合理性，因而通常称光具有波粒二象性(wave-particle duality)。

1.1　均匀介质中的光波

1. 平面电磁波

除了光子行为之外，光的波动本质由干涉和衍射等现象证实。一般我们把光作为具有随时间变化的电场 $\boldsymbol{E}_x$ 和磁场 $\boldsymbol{B}_y$ 的电磁波来处理，而且它是以电场和磁场相互垂直的方式沿 z 轴方向在空间传播(见图 1.1)。最简单的波是正弦波，对于沿 z 轴方向传播的正弦波，它有如下数学形式：

$$E_x = E_0\cos(\omega t - kz + \phi_0) \tag{1.1}$$

式中：E_x 是时间 t 时在 z 位置的电场；k 是传播常数或波数，它等于 $2\pi/\lambda$，λ 是波长；ω 是角频率；E_0 是波的振幅；ϕ_0 是相常数。

方程(1.1)描述了图 1.2 所示的在正的 z 轴方向无限范围内传播的单色平面波。根据方程(1.1)，在任意垂直于传播方向 z 的平面内，波的相都是常数。波相为常数所在的表面被称之为波前。很显然，平面波的波前就是垂直于传播方向的那个平面(见图 1.2)。

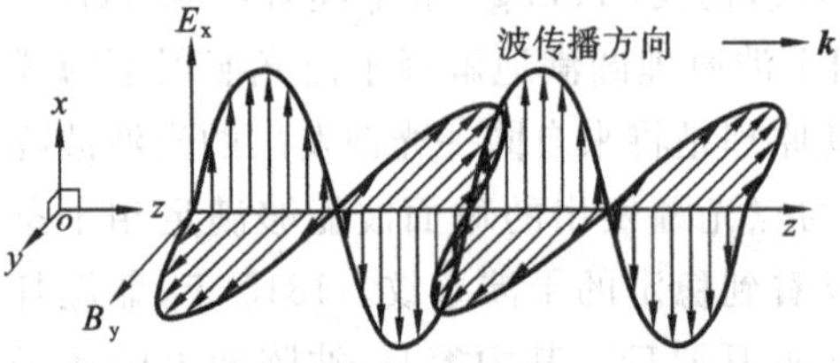

图 1.1　具有相互垂直的随时间变化的电场和磁场的电磁波

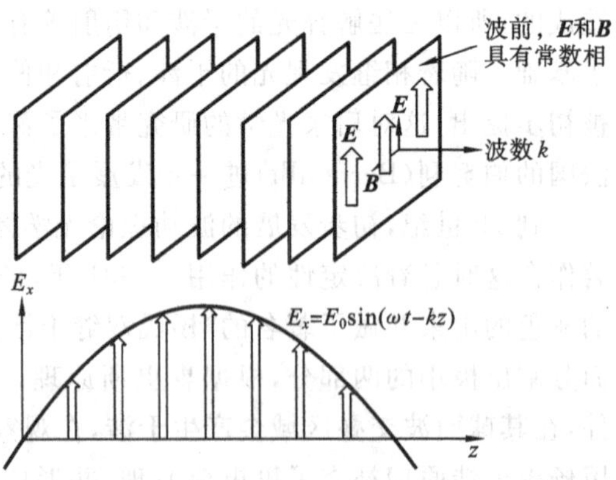

图 1.2　沿 z 轴方向传播的平面电磁波

由电磁学知识可知，随时间变化的磁场会导致随时间变化的电场，反之亦然。一个随时间变化的电场会产生一个具有相同频率的随时间变化的磁场。根据电磁学原理，满足方程(1.1)的运动电场 $\boldsymbol{E}_x$ 总是有一个具有相同频率(ω)和传播常数(k)的运动磁场 $\boldsymbol{B}_y$ 伴随，但是这两个场的方向却是相互垂直的(见图 1.1)。这样对于磁场分量 $\boldsymbol{B}_y$ 也有一个对应的相似的运动方程。因为电场使得晶体内分子或离子中的电子产生错位从而引起物质的极化，因此我们一般通过电场分量 $\boldsymbol{E}_x$ 而不是磁场分量 $\boldsymbol{B}_y$ 来描述光波与非电导性物质(电导率 $\sigma=0$)的相互作用。但是正如图 1.1 所示，这两个场是互相关联的，所以它们之间存在紧密的关系。光场一般用电场 $\boldsymbol{E}_x$ 描述。

因为 $\cos\phi=\mathrm{Re}[\exp(\mathrm{j}\phi)]$(Re 是复数的实部)，所以我们也可以用指数函数来表示运动的波。那么我们在计算结束时都要取复数结果的实部。这样方程(1.1)就可以写成

$$E_x(z,t)=\mathrm{Re}[E_0\exp(\mathrm{j}\phi_o)\exp\mathrm{j}(\omega t-kz)]$$

或
$$E_x(z,t)=\mathrm{Re}[E_c\exp\mathrm{j}(\omega t-kz)] \tag{1.2}$$

式中：$E_c=E_0\exp(\mathrm{j}\phi_o)$是一个复数，表示波的振幅，包括常数相 ϕ_o。

必须指出，传播方向是一个矢量 $\boldsymbol{k}$，称之为波矢。它的值等于传播常数，$k=2\pi/\lambda$。很显然，$\boldsymbol{k}$ 垂直于图 1.2 所示的常相平面。当电磁波沿某一任意方向 $\boldsymbol{k}$ 传播时（见图 1.3），那么在垂直于 $\boldsymbol{k}$ 的某平面上任意一点 r 的电场 $\boldsymbol{E}(r,t)$是

$$E(r,t)=E_0\cos(\omega t-\boldsymbol{k}\cdot\boldsymbol{r}+\phi_o) \tag{1.3}$$

因为点积 $\boldsymbol{k}\cdot\boldsymbol{r}$ 是沿类似于 $\boldsymbol{k}_z$ 的传播方向。点积是 $\boldsymbol{k}$ 与 $\boldsymbol{r}$ 在 $\boldsymbol{k}$ 上的投影（见图 1.3 中的 $\boldsymbol{r}'$）的积，因此，$\boldsymbol{k}\cdot\boldsymbol{r}=k\boldsymbol{r}'$。事实上，假如传播是沿着 z 轴方向，$\boldsymbol{k}\cdot\boldsymbol{r}$ 就变成了 $\boldsymbol{k}_z$。一般来说，假如 $\boldsymbol{k}$ 有沿 x、y 和 z 方向的组分 $\boldsymbol{k}_x$、$\boldsymbol{k}_y$ 和 $\boldsymbol{k}_z$，那么从点积的定义，有 $\boldsymbol{k}\cdot\boldsymbol{r}=\boldsymbol{k}_x x+\boldsymbol{k}_y y+\boldsymbol{k}_z z$。

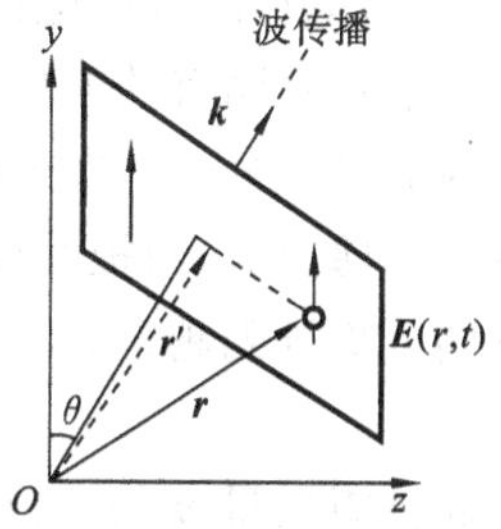

图 1.3　沿方向 k 传播的平面电磁波

根据方程(1.1)，对于一个给定的对应最大场的相（比如 ϕ），时间与空间之间的关系可以写成

$$\phi=\omega t-kz+\phi_o=\text{常数} \tag{1.4}$$

在某一时间间隔 δt 内，这个常相（也是最大场）移动位置为 δz，因此波的相速就是 $\delta z/\delta t$。这样，相速 v 为

$$v=\frac{\delta z}{\delta t}=\frac{\omega}{k}=\nu\lambda \tag{1.5}$$

式中：ν 是频率（$\omega=2\pi$）。

我们通常感兴趣的是某一波上被一定的距离分开的两点之间在给定的时间的相位差 $\Delta\phi$。如果波是以波矢 $\boldsymbol{k}$ 沿 z 轴方向传播，因为每一点的 ωt 都是相同的，那么由 Δz 分隔的两点之间的相位差仅为 $k\Delta z$。如果相位差是 0 或 2π 的倍数，那么这两点就是同相。这样相位差 $\Delta\phi$ 可以表示为 $k\Delta z$ 或 $2\pi\Delta z/\lambda$。

2. 麦克斯韦方程组

电磁量大体上分为两大类：源量和场量。源量包括电荷和电流；场量包括电场强度矢量、电位移矢量、磁场强度矢量、磁感应强度矢量及标量电势等。

1) 有关场和场量的几个基本概念

如果在全部和部分空间里的每一个点，都对应着某个物理量确定的值，这个空间就确定了该物理量的一个场。简言之，这个物理量是空间位置的函数。如果空间位置的函数是矢量，相应的场就是矢量场，如电场强度矢量 $\boldsymbol{E}=\boldsymbol{E}(x,y,z)$；如果空间位置的函数是标量，相应的场就是标量场，如电势 $\varphi=\varphi(x,y,z)$。矢量场和标量场中的物理量统称为场量。

(1) 电场强度矢量。

库仑定律给出了静电场的电场强度矢量为

$$E=\varepsilon_r\frac{q}{4\pi\varepsilon_o r^2}\ (\mathrm{N/C}\ \text{或}\ \mathrm{V/m}) \tag{1.6}$$

式中：$\varepsilon_0=\dfrac{1}{36\pi}\times10^{-9}$ F/m，为真空的介电常数；ε_r 称为电介质的相对介电常数。

(2) 电位移矢量。

把一块介质放到电场中，它要受到电场的影响，同时它也影响电场。电介质中每个分子都是一个非常复杂的带电系统，有正电荷，也有负电荷。电介质中的任何一个分子都可以看成是由正、负电荷组成的电偶极子，整个介质就是由大量的这种微小的电偶极子构成的。H_2O、CO 等分子具有固有的电偶极矩，称为极性分子；而 H_2、O_2 和 CO_2 等分子不存在固有电偶极矩，称为非极性分子。在外电场的作用下，非极性分子的正、负电荷中心分开，成为电偶极子，产生感应电偶极矩；而极性分子将沿电场的方向产生感应电偶极矩。外电场越强，电偶极子的感应电偶极矩排列越整齐。这样，每个电偶极子的电偶极矩为

$$p=ql \tag{1.7}$$

电偶极矩矢量 $\boldsymbol{p}$ 的正方向从负电荷指向正电荷。在电介质内部的宏观微小区域内，正、负电荷的电量相等，因而仍表现为中性，但是在介质表面上却出现了只有正电荷或只有负电荷的电荷层。这种出现在电介质表面的电荷称为束缚电荷（或极化电荷）。在外电场的作用下，电介质表面出现束缚电荷的现象，称为电介质的极化。电介质的电极化状态，可用电介质的电极化强度矢量来表示。电极化强度矢量定义为单位体积内分子的电偶极矩的矢量和，即

$$\boldsymbol{P}=\lim_{\Delta V\to 0}\frac{\sum \boldsymbol{p}}{\Delta V} \tag{1.8}$$

在各向同性电介质中，若电场强度并非特别强，电极化强度矢量与电场强度矢量成正比，即

$$\boldsymbol{P}=\varepsilon_0(\varepsilon_r-1)\boldsymbol{E} \tag{1.9}$$

电场中的电介质受电场的作用产生了束缚电荷，束缚电荷反过来也要影响电场的分布。总的电场强度矢量为自由电荷电场与束缚电荷电场的矢量之和。为了分析介质中电场的方便，引进电位移矢量

$$\boldsymbol{D}=\varepsilon_0\varepsilon_r\boldsymbol{E}=\varepsilon_0\boldsymbol{E}\boldsymbol{P} \tag{1.10}$$

这里所讨论的电介质是线性各向同性的。

(3) 磁感应强度矢量。

磁感应强度矢量 $\boldsymbol{B}$ 可用来描述磁场的物理性质。磁感应强度矢量 $\boldsymbol{B}$ 是由毕奥-萨伐尔定律来确定的，它的单位是韦伯每平方米，记作 Wb/m^2，但也经常称它为特斯拉(T)。以速度 v 运动的电荷 q 要受到磁场力的作用，这个力称为洛伦兹力，即

$$\boldsymbol{F}=qv\times\boldsymbol{B} \tag{1.11}$$

(4) 磁场强度矢量。

磁介质在磁场中被磁化以后，在一个小体积之内的各个分子的磁矩 $\boldsymbol{m}$ 的矢量和不再是零。单位体积内分子磁矩 $\boldsymbol{m}$ 的矢量和称为磁介质的磁化强度，即

$$\boldsymbol{M}=\lim_{\Delta V\to 0}\frac{\sum \boldsymbol{m}}{\Delta V}\ (\mathrm{A/m}) \tag{1.12}$$

磁介质的磁化强度随外磁场的增强而增大。磁化强度与外磁场成正比，即

$$\boldsymbol{M}=\frac{\mu_r-1}{\mu_0\mu_r}\boldsymbol{B} \tag{1.13}$$

式(1.13)中的比例式写成这种特殊复杂的形式是由于历史的原因。“大学物理”课程中，在讨

论磁介质中安培环路定律时，引进了磁场强度矢量

$$\boldsymbol{H}=\frac{\boldsymbol{B}}{\mu_0}-\boldsymbol{M}\ (\mathrm{A/m}) \tag{1.14}$$

把式(1.13)代入式(1.14)可得

$$\boldsymbol{H}=\frac{\boldsymbol{B}}{\mu_0\mu_r} \tag{1.15}$$

上面三式中，μ_r 是相对磁导率，而 $\mu_0=4\pi\times10^{-7}$ H/m 是真空的磁导率。还可以反过来用磁场强度矢量来表示磁感应强度矢量，即

$$\boldsymbol{B}=\mu_0(\boldsymbol{H}+\boldsymbol{M})=\mu_0\mu_r\boldsymbol{H} \tag{1.16}$$

这里所涉及的磁介质实际上是各向同性的。

2）麦克斯韦方程组的积分形式

积分形式的麦克斯韦方程组是由高斯通量定理、磁通连续性原理（又称为磁场的高斯通量定理）、法拉第电磁感应定律和全电流定律（又称一般形式下的安培环路定理）4 个方程式所组成的：

$$\begin{cases}\displaystyle\oint\!\!\!\oint_\Sigma \boldsymbol{E}\cdot\mathrm{d}\boldsymbol{s}=\frac{q}{\varepsilon_0}=\frac{1}{\varepsilon_0}\iiint_V\rho\,\mathrm{d}\tau\\ \displaystyle\oint\!\!\!\oint_\Sigma \boldsymbol{B}\cdot\mathrm{d}\boldsymbol{s}=0\\ \displaystyle\oint_L \boldsymbol{E}\cdot\mathrm{d}\boldsymbol{l}=-\frac{\mathrm{d}\Phi_B}{\mathrm{d}t}=-\iint_\Sigma\frac{\partial\boldsymbol{B}}{\partial t}\cdot\mathrm{d}\boldsymbol{s}\\ \displaystyle\oint_L \boldsymbol{B}\cdot\mathrm{d}\boldsymbol{l}=\mu_0 I+\frac{1}{c^2}\frac{\mathrm{d}\Phi_E}{\mathrm{d}t}=\mu_0\iint_\Sigma\boldsymbol{J}\cdot\mathrm{d}\boldsymbol{s}+\frac{1}{c^2}\iint_\Sigma\frac{\partial\boldsymbol{E}}{\partial t}\cdot\mathrm{d}\boldsymbol{s}\end{cases} \tag{1.17}$$

式中：$c=\dfrac{1}{\sqrt{\mu_0\varepsilon_0}}=3\times10^8$ m/s 是自由空间中的光速；$\boldsymbol{J}$ 是封闭曲面上的电流密度矢量。

请读者注意麦克斯韦方程组各方程式的积分限：第 1 式和第 2 式中，等号左边是场矢量在封闭曲面 Σ 上对坐标的曲面积分，等号右边是在 Σ 所包围的体积 V 内的体积分；第 3 式和第 4 式中，等号左边是场矢量在任意形状闭合曲线 L 上对坐标的曲线积分，等号右边的曲面 Σ 是以 L 为周界的任意形状的曲面，Σ 的正方向与 L 的环绕方向呈右手螺旋关系。如果利用式(1.15)的关系，把磁感应强度矢量 $\boldsymbol{B}$ 的一般形式下的安培环路定理推广到连续介质的情况，就可以得到一般形式下磁场强度矢量 $\boldsymbol{H}$ 的安培环路定理。对于连续介质，麦克斯韦方程组可以写成

$$\begin{cases}\displaystyle\oint_L \boldsymbol{E}\cdot\mathrm{d}\boldsymbol{l}=-\iint_\Sigma\frac{\partial\boldsymbol{B}}{\partial t}\cdot\mathrm{d}\boldsymbol{s}\\ \displaystyle\oint_L \boldsymbol{H}\cdot\mathrm{d}\boldsymbol{l}=\iint_\Sigma\boldsymbol{J}\cdot\mathrm{d}\boldsymbol{s}+\iint_\Sigma\frac{\partial\boldsymbol{D}}{\partial t}\cdot\mathrm{d}\boldsymbol{s}\\ \displaystyle\oint\!\!\!\oint_\Sigma \boldsymbol{D}\cdot\mathrm{d}\boldsymbol{s}=\iiint_V\rho\,\mathrm{d}V\\ \displaystyle\oint\!\!\!\oint_\Sigma \boldsymbol{B}\cdot\mathrm{d}\boldsymbol{s}=0\end{cases} \tag{1.18}$$

这样改写之后，麦克斯韦方程组的物理意义就更加完善了。

积分形式的麦克斯韦方程组表示了某一范围内的电磁场量之间的相互关系。但是，在实

际工作中更重要的是了解场中某点的场量，因此必须将积分形式的麦克斯韦方程组变换成相应的微分形式的麦克斯韦方程组。

3) 麦克斯韦方程组的微分形式

在麦克斯韦方程组中，把法拉第电磁感应定律和全电流定律两式的等号左边运用斯托克斯公式，等号两边都成了曲面积分；把高斯通量定理和磁通连续性原理两式的等号左边运用高斯公式，等号两边都成了体积积分。由于等号左右两边的积分限相同，而且积分限可以是任意的，因此等号两边的被积函数必然相等。这样就可得到微分形式的麦克斯韦方程组

$$\begin{cases}\iint_{\Sigma} \nabla\times\boldsymbol{E}\cdot \mathrm{d}s = -\iint_{\Sigma}\dfrac{\partial \boldsymbol{B}}{\partial t}\cdot \mathrm{d}s \\ \iint_{\Sigma} \nabla\times\boldsymbol{H}\cdot \mathrm{d}s = \iint_{\Sigma}\left(\boldsymbol{J}+\dfrac{\partial \boldsymbol{D}}{\partial t}\right)\cdot \mathrm{d}s \\ \iiint_{V} \nabla\cdot\boldsymbol{D}\mathrm{d}V = \iiint_{V}\rho \mathrm{d}V \\ \iiint_{V} \nabla\cdot\boldsymbol{B}\mathrm{d}V = 0\end{cases} \Rightarrow \begin{cases}\nabla\times\boldsymbol{E} = -\dfrac{\partial \boldsymbol{B}}{\partial t} \\ \nabla\times\boldsymbol{H} = \boldsymbol{J}+\dfrac{\partial \boldsymbol{D}}{\partial t} \\ \nabla\cdot\boldsymbol{D} = \rho \\ \nabla\cdot\boldsymbol{B} = 0\end{cases} \tag{1.19}$$

式(1.19)中的“∇·”和“∇×”代表着不同的微分运算。仅在直角坐标系中，“∇”可以看成是微分算符，称为“纳布拉”算符或“哈密顿”算符，即

$$\nabla = \boldsymbol{i}\frac{\partial}{\partial x}+\boldsymbol{j}\frac{\partial}{\partial y}+\boldsymbol{k}\frac{\partial}{\partial z} \tag{1.20}$$

矢量场中任意给定点 P 的散度定义为封闭曲面 Δs 所包围的体积元 $\mathrm{d}\tau$ 中的通量 $\Delta\Phi$ 与 $\mathrm{d}\tau$ 比值的极限，由高斯公式以及体积积分的中值定理可得

$$\mathrm{div}\boldsymbol{D} = \lim_{\Delta V\to P}\frac{\oint_{\Delta s}\boldsymbol{D}\cdot \mathrm{d}s}{\Delta V} = \lim_{\Delta V\to P}\frac{\iiint_{\Delta V}\nabla\cdot\boldsymbol{D}\mathrm{d}V}{\Delta V} = \nabla\cdot\boldsymbol{D} \tag{1.21}$$

式中：$\Delta V\to P$ 表示包围点 P 的体积元 ΔV 逐渐缩小成一点。

从矢量场的散度定义不难看出，矢量的散度代表了矢量场中单位体积所发散出来的矢量的通量。

对于有旋的矢量场，在给定点各不同方向的涡旋程度是不一样的。为了考察矢量在某个给定点 P 处沿某个方向 $\boldsymbol{n}$ 的涡旋程度，通过该点以 $\boldsymbol{n}$ 为单位法向矢量作一个平面，围绕点 P 作一个很小的闭合回路 Δl，它所对应的矢量面积元是 $\Delta\boldsymbol{s}=\boldsymbol{n}\Delta s$。点 P 沿单位矢量 $\boldsymbol{n}$ 方向的环量面密度定义为闭合回路 Δl 上的环量 $\Delta\Gamma$ 与面积元 Δs 比值的极限，利用积分中值定理可得

$$\mu_n = \lim_{\Delta s\to P}\frac{\oint_{\Delta l}\boldsymbol{E}\cdot \mathrm{d}l}{\Delta s} = \lim_{\Delta s\to P}\frac{\iint_{\Delta s}\nabla\times\boldsymbol{E}\cdot \mathrm{d}s}{\Delta s} = \lim_{\Delta s\to P}\frac{\iint_{\Delta s}\nabla\times\boldsymbol{E}\cdot\boldsymbol{n}\mathrm{d}s}{\Delta s} = \nabla\times\boldsymbol{E}\cdot\boldsymbol{n} \tag{1.22}$$

式中：$\Delta s\to P$ 表示包围点 P 的面积元 Δs 逐渐缩小成一点。

从环量面密度 μ_n 的定义可以看出，它代表了矢量场中某点 P 在与所考察方向 $\boldsymbol{n}$ 垂直的单位面积上的环量值。可见，所考察点在某方向的环量面密度值 μ_n 越大，该方向的涡旋程度就越大。显然，式(1.22)中在点 P 的矢量

$$\mathbf{rot}\,\boldsymbol{E} = \nabla\times\boldsymbol{E} \tag{1.23}$$

所在方向上具有最大的环量面密度 $\mu_{\max}$，也就是说它既能表明点 P 最大的涡旋方向，又能表明

点 P 在该方向上的涡旋程度。于是，就把 $\mathbf{rot}\ \boldsymbol{E}$ 定义为所考察的矢量场在点 P 的旋度。

在直角坐标系中，矢量的散度和旋度可以分别写成

$$\mathrm{div}\boldsymbol{D}=\nabla\cdot\boldsymbol{D}=\left(\boldsymbol{i}\frac{\partial}{\partial x}+\boldsymbol{j}\frac{\partial}{\partial y}+\boldsymbol{k}\frac{\partial}{\partial z}\right)\cdot(\boldsymbol{i}D_x+\boldsymbol{j}D_y+\boldsymbol{k}D_z)=\frac{\partial D_x}{\partial x}+\frac{\partial D_y}{\partial y}+\frac{\partial D_z}{\partial z} \tag{1.24}$$

$$\begin{aligned}\mathbf{rot}\ \boldsymbol{E}=\nabla\times\boldsymbol{E}&=\left(\boldsymbol{i}\frac{\partial}{\partial x}+\boldsymbol{j}\frac{\partial}{\partial y}+\boldsymbol{k}\frac{\partial}{\partial z}\right)\times(\boldsymbol{i}E_x+\boldsymbol{j}E_y+\boldsymbol{k}E_z)=\begin{vmatrix}\boldsymbol{i}&\boldsymbol{j}&\boldsymbol{k}\\ \frac{\partial}{\partial x}&\frac{\partial}{\partial y}&\frac{\partial}{\partial z}\\ E_x&E_y&E_z\end{vmatrix}\\&=\boldsymbol{i}\left(\frac{\partial E_z}{\partial y}-\frac{\partial E_y}{\partial z}\right)+\boldsymbol{j}\left(\frac{\partial E_x}{\partial z}-\frac{\partial E_z}{\partial x}\right)+\boldsymbol{k}\left(\frac{\partial E_y}{\partial x}-\frac{\partial E_x}{\partial y}\right)\end{aligned} \tag{1.25}$$

式中："div"和"**rot**"分别是矢量进行散度和旋度运算的符号，它们分别与"∇ ·"和"∇×"的意义相同。

有些书中用"**curl**"作为矢量旋度的符号，与"**rot**"的意义是完全一样的。矢量的散度是标量，而旋度则是矢量。矢量的旋度仍是矢量。

4）物质的电磁特性

电场强度矢量 $\boldsymbol{E}$ 是直接反映电场性质的物理量。为了更方便地分析介质中的电场，引进了电位移矢量 $\boldsymbol{D}$。电位移矢量 $\boldsymbol{D}$ 是电场强度矢量 $\boldsymbol{E}$ 的函数，即

$$\boldsymbol{D}=D(\boldsymbol{E}) \tag{1.26}$$

类似地，磁感应强度矢量 $\boldsymbol{B}$ 是直接反映磁场性质的物理量。为了更方便地分析介质中的磁场，引进了磁场强度矢量 $\boldsymbol{H}$。磁场强度矢量 $\boldsymbol{H}$ 是磁感应强度矢量 $\boldsymbol{B}$ 的函数，即

$$\boldsymbol{H}=H(\boldsymbol{B}) \tag{1.27}$$

上面两个公式称为本构方程。本构方程的具体形式取决于考察点邻域内介质的性质。在不同的介质中，本构方程有不同的形式。

麦克斯韦方程组中有电场强度矢量 $\boldsymbol{E}$、电位移矢量 $\boldsymbol{D}$、磁感应强度矢量 $\boldsymbol{B}$ 和磁场强度矢量 $\boldsymbol{H}$ 总共 4 个矢量，每个矢量各有 3 个坐标分量，共 12 个未知变量。相互独立的法拉第电磁感应定律和全电流定律各有 3 个标量方程，共 6 个标量方程式；再加上本构方程又有 6 个标量方程式。这样，12 个未知变量，12 个互相独立的方程式，就具备了求解方程的基本条件。

下面分别来看一下不同类型介质中本构方程的形式。

(1) 真空(空气)。

真空(空气)是最简单的介质，磁导率和介电常数都是真正的常数。真空(空气)中的本构方程为

$$\boldsymbol{D}=\varepsilon_0\boldsymbol{E},\quad \boldsymbol{H}=\frac{1}{\mu_0}\boldsymbol{B} \tag{1.28}$$

电位移矢量 $\boldsymbol{D}$ 和电场强度矢量 $\boldsymbol{E}$ 的方向彼此相同，磁场强度矢量 $\boldsymbol{H}$ 和磁感应强度矢量 $\boldsymbol{B}$ 的方向也彼此相同，各相应的坐标分量均呈线性关系。

(2) 各向同性介质。

在给定空间中，所考察点的邻域之内，各个方向上的物质的电磁特性均相同的介质称为各向同性介质。各向同性介质中本构方程的形式为

$$\boldsymbol{D}=\varepsilon\boldsymbol{E},\quad \boldsymbol{H}=\frac{1}{\mu}\boldsymbol{B} \tag{1.29}$$

电位移矢量 $\boldsymbol{D}$ 和电场强度矢量 $\boldsymbol{E}$ 的方向彼此相同，磁场强度矢量 $\boldsymbol{H}$ 和磁感应强度矢量 $\boldsymbol{B}$ 的方向也彼此相同

$$\begin{aligned} &\boldsymbol{D}_x=\varepsilon\boldsymbol{E}_x,\quad \boldsymbol{D}_y=\varepsilon\boldsymbol{E}_y,\quad \boldsymbol{D}_z=\varepsilon\boldsymbol{E}_z \\ &\boldsymbol{B}_x=\mu\boldsymbol{H}_x,\quad \boldsymbol{B}_y=\mu\boldsymbol{H}_y,\quad \boldsymbol{B}_z=\mu\boldsymbol{H}_z \end{aligned} \tag{1.30}$$

如果磁导率 μ 不是磁场 $\boldsymbol{B}$ 大小的函数，介电常数 ε 不是电场 $\boldsymbol{E}$ 大小的函数，这样的各向同性介质就是线性介质。如果介质的磁导率 μ 和介电常数 ε 与坐标无关，就称这样的介质为均匀介质。

各向同性的线性均匀介质就称为简单介质，其磁导率 μ 和介电常数 ε 均为常数。电导率 $\sigma=0$ 的简单介质称为理想介质。显然，真空（空气）可以认为是理想介质的特例。

有些介质虽然也是各向同性介质，但它们的磁导率 μ 或介电常数 ε 不仅与所考察点的坐标有关，而且还与外加场的大小有关，例如，

$$\mu=\mu(x,y,z,H),\quad \varepsilon=\varepsilon(x,y,z,E) \tag{1.31}$$

这样的介质是非线性介质。铁磁物质就是典型的各向同性的非线性介质。

在交变电磁场中，很多情况下介质的磁导率 μ 或介电常数 ε 与交变电磁场的频率 f 有关。例如，在无线电波的频率范围，水的介电常数 ε 大约是真空介电常数 ε_0 的 80 倍；而在可见光的频率范围内，水的介电常数 ε 仅是真空介电常数 ε_0 的 1.8 倍。又如，非磁化等离子体的等效介电常数为

$$\varepsilon(\omega)=\varepsilon_0\left(1-\frac{\omega_p^2}{\omega^2}\right)=\varepsilon_0\left(1-\frac{f_p^2}{f^2}\right) \tag{1.32}$$

式中：f_p 称为等离子体频率；ω_p 是圆频率形式的等离子体频率，它们由下式来决定，

$$\omega_p=2\pi f_p=\sqrt{\frac{Ne^2}{m\varepsilon_0}}\approx 56.4\sqrt{N} \tag{1.33}$$

式中：N 是磁化等离子体中自由电子的浓度；$e^2=1.602\times10^{-19}$ C 和 $m=9.109\times10^{-31}$ kg 分别是自由电子所具有的电荷量以及本身的质量。

在这样的介质中，对不同频率的电磁波呈现出不同的折射率，因而使它们有不同的传播速度。这样的介质称为色散介质。

(3) 各向异性介质。

在各向异性介质中，电位移矢量 $\boldsymbol{D}$ 的任何一个坐标分量不仅与电场强度矢量 $\boldsymbol{E}$ 相应的坐标分量有关，而且还与其他两个坐标分量有关；磁感应强度矢量 $\boldsymbol{B}$ 的任何一个坐标分量不仅与磁场强度矢量 $\boldsymbol{H}$ 相应的坐标分量有关，而且还与其他两个坐标分量有关。各向异性介质的介电常数不再是一个数值，磁导率也不再是一个数值，它们都成了用矩阵表示的张量。

各向异性介质的电位移矢量与电场强度矢量的各个坐标分量之间的关系为

$$\begin{cases} \boldsymbol{D}_x=f_x(\boldsymbol{E}_x,\boldsymbol{E}_y,\boldsymbol{E}_z) \\ \boldsymbol{D}_y=f_y(\boldsymbol{E}_x,\boldsymbol{E}_y,\boldsymbol{E}_z) \\ \boldsymbol{D}_z=f_z(\boldsymbol{E}_x,\boldsymbol{E}_y,\boldsymbol{E}_z) \end{cases} \Rightarrow \begin{bmatrix} \boldsymbol{D}_x \\ \boldsymbol{D}_y \\ \boldsymbol{D}_z \end{bmatrix} = \begin{bmatrix} \varepsilon_{11} & \varepsilon_{12} & \varepsilon_{13} \\ \varepsilon_{21} & \varepsilon_{22} & \varepsilon_{23} \\ \varepsilon_{31} & \varepsilon_{32} & \varepsilon_{33} \end{bmatrix} \begin{bmatrix} \boldsymbol{E}_x \\ \boldsymbol{E}_y \\ \boldsymbol{E}_z \end{bmatrix} \tag{1.34}$$

如果只是电场具有这种特性，磁场仍具有各向同性关系的介质，则称为各向异性电介质。

各向异性介质的磁感应强度矢量与磁场强度矢量的各个坐标分量之间的关系为

$$\begin{cases}\boldsymbol{B}_x=f_x(\boldsymbol{H}_x,\boldsymbol{H}_y,\boldsymbol{H}_z)\\ \boldsymbol{B}_y=f_y(\boldsymbol{H}_x,\boldsymbol{H}_y,\boldsymbol{H}_z)\\ \boldsymbol{B}_z=f_z(\boldsymbol{H}_x,\boldsymbol{H}_y,\boldsymbol{H}_z)\end{cases}\Rightarrow\begin{pmatrix}\boldsymbol{B}_x\\ \boldsymbol{B}_y\\ \boldsymbol{B}_z\end{pmatrix}=\begin{pmatrix}\mu_{11}&\mu_{12}&\mu_{13}\\ \mu_{21}&\mu_{22}&\mu_{23}\\ \mu_{31}&\mu_{32}&\mu_{33}\end{pmatrix}\begin{pmatrix}\boldsymbol{H}_x\\ \boldsymbol{H}_y\\ \boldsymbol{H}_z\end{pmatrix}\tag{1.35}$$

如果只是磁场具有这种特性，电场仍具有各向同性关系的介质，则称为各向异性磁介质。

3. 麦克斯韦波动方程和发散波

考察图 1.2 中的平面电磁波。所有常相表面都是垂直于 z 轴方向的 xOy 平面。截一平行于 z 轴的平面波(见图 1.4)，其中与 z 轴方向成直角的平行虚线就是波前(wavefront)。通常在图中相邻波前都是相差 2π 的相位或整个波长的距离。在任意一点 P 与波前表面成法线的矢量表示在点 P 的波传播方向($\boldsymbol{k}$)。显然，所有传播矢量都是平行的，平面波不以发散的形式传播，它没有发散。平面波的振幅 E_0 不取决于参照点的距离，在一给定垂直于 $\boldsymbol{k}$ 的平面上的所有点的振幅都是相同的，即独立于 x 和 y。此外，因为这些平面无限延伸，因此在平面波中有无限的能量。图 1.4(a)中的平面波是已理想化的平面波，用它来分析波的许多现象是很有用的。但是，实际上因为光束有一个有限的截面积和有限的功率，因此与 $\boldsymbol{k}$ 成直角的平面内的电场就不能无限延伸。我们需要一个具有无限功率的无限大的、电磁场源来产生一个完美的平面波。

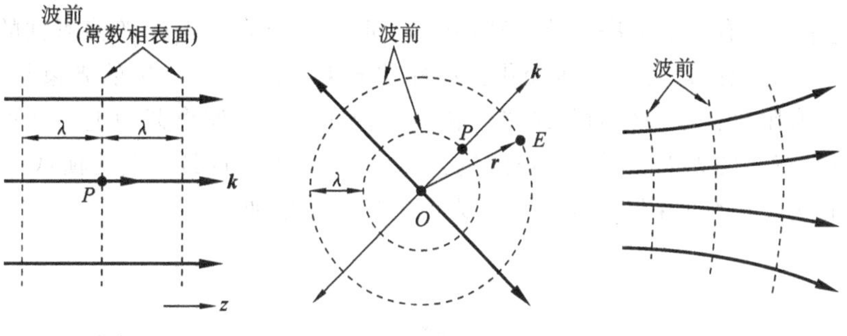

图 1.4　可能存在的电磁波

(a) 理想平面波；(b) 理想球形波；(c) 发散波

实际上，存在很多形式的电磁波。所有这些可能的电磁波都必须遵守表述时间和空间与电场之间依存关系的特殊的波动方程。在各向同性和线性介质中，即所有方向的介电常数(ε_r)都是相同的，而且与电场无关。电场必须遵守麦克斯韦电磁波动方程：

$$\frac{\partial^2 E}{\partial x^2}+\frac{\partial^2 E}{\partial y^2}+\frac{\partial^2 E}{\partial z^2}=\varepsilon_0\varepsilon_r\mu_0\frac{\partial^2 E}{\partial t^2}\tag{1.36}$$

式中：μ_0 是介质的绝对磁导率；ε_0 是介质的绝对介电常数；ε_r 是介质的相对介电常数。

方程(1.36)假定介质的电导率为 0。要求时间、空间与电场之间的关系，必须结合初始条件和边界条件解方程(1.36)。我们可以很容易地发现方程(1.1)所描述的平面波满足方程(1.36)。在自然界还存在很多满足方程(1.36)的波。

球形波可以用从某一点电磁场源出现的运动的场来描述，它的振幅是随着从波源起始的距离 r 衰减的。在任意一点 r，场由下面的表达式描述：

$$E=\frac{A}{r}\cos(\omega t-kr) \tag{1.37}$$

式中：A 是常数。

将方程(1.36)代入方程(1.37)就可发现，方程(1.37)实际上是麦克斯韦方程的一个解(将笛卡尔坐标转换成球坐标即可)。截一图 1.4(b)描述的球形波就可发现，波前是以源点 O 为中心的球。任意一点 P 的传播方向 $\boldsymbol{k}$ 由该点波前的法线方向决定。显见，$\boldsymbol{k}$ 矢量向外发散，而且随着波传播，常数相表面会变得越来越大。光发散指的是波矢量在一给定波前上的分离。球形波有 360°的发散度。很显然，平面波和球形波代表从完全平行到完全发散波矢量的两种极端波传播行为。它们是由两种极端尺寸的电磁波源产生的；对于平面波来说是一个无限大的波源，而对球形波来说是一点波源。事实上，电磁波源既不是无限大也不是一点，而是有一定的尺寸和一定的功率。图 1.4(c)则描述了一种更为实际的波，其光束在传播过程中表现出发散；随着波的传播，波前慢慢地弯曲。几何光学的光线都描绘成为常相表面(波前)的法线方向，所以光线遵循波矢方向。图 1.4(c)中的光线慢慢发散，互相之间越来越偏离。在很多光学解释中，习惯于使用平面波的原因是，在一个小的空间范围内，离波源某一距离的波前会以平面形式出现，即使实际上是球形的。图 1.4(a)所示的可能是一"巨大的"球形波中很小的一部分。

许多光束(如激光器发出的)可以假定是高斯光束。图 1.5 描述了一个沿 z 轴方向运动的高斯光束。这个光束有一个取决于传播特性的 $\exp j(\omega t-kz)$，但振幅随偏离轴的空间的变化而变化，也随沿轴方向的位置变化而变化。这样的光束与图 1.4(c)中的光束相似，它也慢慢发散，这是由于有限延伸波源辐射的结果。在沿 z 轴任一点的波束截面上光强度分布都是高斯分布。任意一点 z 的光束直径 $2w$ 是由包含光束功率 85%的那一点的横截面积 πw^2 决定的。这样，直径为 $2w$ 的光束随光束沿 z 轴方向的传播而增加。

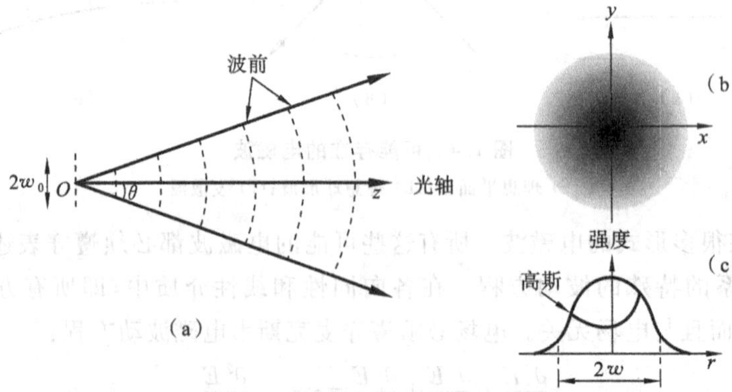

图 1.5　沿 z 轴方向运动的高斯光束示意图

(a) 高斯光束的波前；(b) 穿过光束横截面的光强度；(c) 光辐射强度与偏离光束轴(z)的辐射距离 R 之间的关系

图 1.5 所示的高斯光束起始于一个有限宽度 $2w_0$ 的点 O，在该点波前是平行的，然后在沿 z 轴方向传播过程中，随着波前弯曲，光束慢慢发散。波前相互平行处的有限宽度 $2w_0$ 称为光束的束腰。w_0 是束腰半径，而 $2w_0$ 是点大小。远离波源，直径为 $2w$ 的光束随着距离 z 线性增加。直径为 $2w$ 的光束随着距离 z 的增加使得在点 O 处产生一个 2θ 的角(见图 1.5(a))，这

个角称为光束发散度。束腰越大，发散度就越窄。它们之间的关系为

$$2\theta=\frac{4\lambda}{\pi(2w_0)} \tag{1.38}$$

假如高斯光束反射回去，光束就沿 $-z$ 轴方向传播，并向点 O 处汇集，仅仅只是与图 1.5(a)所示的传播方向相反，波前就会“变直”，并且它们在点 O 会重新平行。在点 O 处光束还有相同的有限直径 $2w_0$（束腰）。从这点开始，与沿 $+z$ 轴方向一样，光束又发散。所以方程(1.38)定义了高斯光束聚焦的最小点大小。

[例 1.1]　有一波长为 630 nm 的 He-Ne 激光束，点大小为 10 mm。如果是高斯光束，求这个光束的发散度是多少？

解　根据方程(1.38)，有

$$2\theta=\frac{4\lambda}{\pi(2w_0)}=\frac{4\times630\times10^{-9}}{\pi\times10\times10^{-3}}\ \text{rad}=8.06\times10^{-5}\ \text{rad}=0.0046^\circ$$

1.2　折射率

当电磁波在介质中传播时，振荡电场会在波的频率处使介质分子产生极化。实际上，电磁波的传播可以看作是在介质中极化的传播。场和偶极子之间的作用越强，波的传播就越慢。介质分子被极化的容易程度可以用相对介电常数 ε_r 来度量，表示了场和诱导偶极子之间相互作用的程度。对于相对介电常数为 ε_r 的非磁性介质中传播的电磁波来说，相速度 v 由下式给出，即

$$v=\frac{1}{\sqrt{\varepsilon_0\varepsilon_r\mu_0}} \tag{1.39}$$

假如频率在光学频率范围内，由于离子极化太慢而不可能对场产生响应，那么 ε_r 就仅仅是电子极化的结果。但在红外频率或更低时，离子极化也会对相对介电常数有显著的影响。对于在自由空间传播的波来说，$\varepsilon_r=1$，而 $v_{真空}=\frac{1}{\sqrt{\varepsilon_0\mu_0}}=c=3\times10^8$ m/s，即真空中的光速。自由空间中光的传播速度与它在介质中的传播速度之比称为该介质的折射率 n，即

$$n=\frac{c}{v}=\sqrt{\varepsilon_r} \tag{1.40}$$

假如 k 是自由空间的波矢量常数($k=2\pi/\lambda$)，而 λ 是自由空间的波长，那么在介质中 $k_{介质}=nk$ 和 $\lambda_{介质}=\lambda/n$。方程(1.40)和我们的直觉相一致，在有较高折射率的光密的介质中，光传播得较慢。必须注意，频率还是相同的。一种介质的折射率不必所有方向都是相同的。在玻璃和液体等非晶材料中，所有方向的材料结构都是相同的，n 也就与方向无关，这时折射率是各向同性的。然而在晶体中，原子排列和原子间的键合沿方向不同而不同。一般来说，晶体是非各向同性即各向异性的性质。在不同的晶体结构中，相对介电常数 ε_r 沿不同的晶体方向不同而不同。这意味着，在某一晶体内传播的电磁波中观察到的折射率 n 取决于沿振荡电场方向(即沿极化方向)的 ε_r 值。例如，如图 1.1 所示的波在具有沿 x 轴方向振荡的电场的某一特定晶体中沿 z 轴方向传播，如果沿这个 x 轴方向的相对介电常数是 ε_{rx}，那么 $n_x=\sqrt{\varepsilon_{rx}}$，所以波是以 c/n_x 的相速传播。n 随传播方向和电场方向的变化主要取决于特定的晶体结构。除了

立方晶体(如金刚石)外,所有的晶体都有光学各向异性,这些特性使得它们有很多很重要的应用。一般来说,像玻璃等非晶固体和液体以及立方晶体都是光学各向同性的,因此它们在所有方向都仅有一个折射率。

一般地,材料的相对介电常数 ε_r 或介电常数取决于电磁波的频率。折射率 n 和相对介电常数 ε_r 之间的关系 $n=\sqrt{\varepsilon_r}$ 只有在它们的频率相同时才适用。由于在不同的频率存在不同的极化机制,因此在低频和高频下,相对介电常数会发生很大的变化。在低频下所有的极化机制都可以对 ε_r 产生影响,而在光学频率下只有电子极化才会对振荡电场产生响应。表 1.1 列出了各种不同材料在低频(如 60 Hz 或 1000 Hz)下的相对介电常数 ε_r(低频)以及 $\sqrt{\varepsilon_r}$(低频)与 n 的比较。

表 1.1 相对介电常数 ε_r(低频)与折射率 n

材　料	ε_r(低频)	$\sqrt{\varepsilon_r}$(低频)	n(光学)	备　注
Si	11.9	3.44	3.45(λ=2.15 μm)	电子极化
金刚石	5.7	2.39	2.41(λ=590 nm)	电子极化
GaAs	13.1	3.62	3.30(λ=5 μm)	离子极化
SiO_2	3.84	2.00	1.46(λ=600 nm)	离子极化
水	80	8.9	1.33(λ=600 nm)	偶极极化

对于硅和金刚石来说,$\sqrt{\varepsilon_r}$(低频)与 n 相当吻合。它们都是共价固体化合物,无论是低频还是高频,电子极化(电子键极化)是唯一的极化机制。电子极化引起电子错位而在晶体中产生正离子,这个过程很容易在光学频率甚至紫外光频率下产生电场震荡。

对于 GaAs 和 SiO_2 而言,$\sqrt{\varepsilon_r}$(低频)比 n 大主要是由于在低频时这两种固体都有一定程度的离子极化。化学键不完全是共价键,还有一部分是离子键,它在远红外波长以下的频率也会对极化产生影响。

了解是什么因素对 n 产生影响,这是很有意义的。相对介电常数最简单的(和最近似的)表达式为

$$\varepsilon_r \approx 1 + N\alpha/\varepsilon_0$$

式中:N 是单位体积中分子的数目;α 则是每个分子的极化率。

因此,原子浓度(或密度)和极化率都与 n 成正比。例如,具有较高密度的某种给定类型的玻璃通常有较高的 n。

1.3 群速和群折射率

实际上不存在纯粹的单色波,我们不得不讨论波长稍微不同的一群波沿 z 轴方向传播的情况(见图 1.6)。当两个频率分别为 $\omega-\delta\omega$ 和 $\omega+\delta\omega$,波矢为 $\boldsymbol{k}-\delta\boldsymbol{k}$ 和 $\boldsymbol{k}+\delta\boldsymbol{k}$ 的调和波相互干涉时,它们在平均频率 ω 时会产生一个包含振荡电场的波包,其振幅由频率 $\delta\omega$ 慢慢变化的场来调制。最大振幅以波矢 $\delta\boldsymbol{k}$ 和一个称之为群速的速度运动。考察频率相近的两个正弦波,即图 1.6 所示的频率分别为 $\omega-\delta\omega$ 和 $\omega+\delta\omega$,波矢分别为 $\boldsymbol{k}-\delta\boldsymbol{k}$ 和 $\boldsymbol{k}+\delta\boldsymbol{k}$ 的两个波,干涉后产生

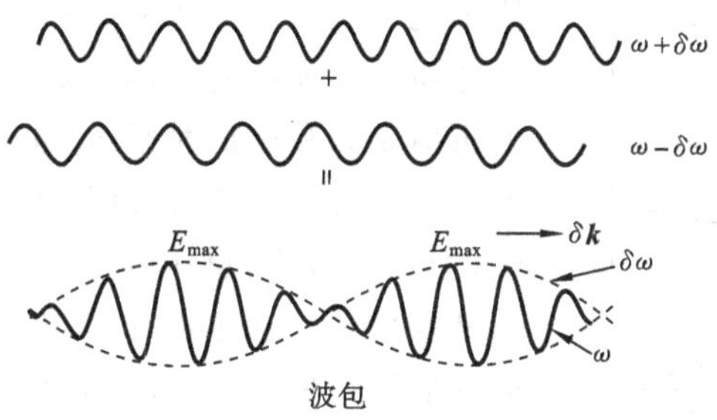

图 1.6 波包的形成过程

的波为

$$E_x(z,t)=E_0\cos[(\omega-\delta\omega)t-(k-\delta k)z]+E_0\cos[(\omega+\delta\omega)t-(k-\delta k)z]$$

利用三角变换公式，$\cos A+\cos B=2\cos\left[\frac{1}{2}(A-B)\right]\cos\left[\frac{1}{2}(A+B)\right]$，可以得到

$$E_x(z,t)=2E_0\cos[(\delta\varepsilon)t-(\delta k)z]\cos[\omega t-kz]$$

图 1.6 表示一个频率为 ω 正弦波，其振幅由频率 $\delta\omega$ 慢慢变化的正弦场来调制。也就是说，波的调制是沿 z 轴方向并由调制项 $\cos[(\delta\omega)t-(\delta k)z]$决定的速度传播。当$(\delta\omega)t-(\delta k)z=2m\pi$（$m$ 是整数）时，场达到最大，其传播速度为

$$\mathrm{d}z/\mathrm{d}t=\delta\omega/\delta k \quad 或 \quad v_g=\frac{\delta\omega}{\delta k} \tag{1.41}$$

这个方程所描述的是波的群速，它决定沿 z 轴方向的最大电场的传播速度。当图 1.6 中的最大电场以 v_g 的速度前进时，电场中的相变化也以相速 v 传播。

因为 $\omega=vk$，相速 $v=c/n$，介质中的群速就很容易由方程(1.41)计算。很显然真空中，$v=c$，而与波长或 k 无关。这样对于真空中运动的波来说，$\omega=ck$，群速就变成

$$v_{g(真空)}=\frac{\delta\omega}{\delta k}=c=相速 \tag{1.42}$$

另一方面，由于 n 是波长的函数，假如 v 取决于波长或 k，那么

$$\omega=vk=\left[\frac{c}{n(\lambda)}\right]\left[\frac{2\pi}{\lambda}\right] \tag{1.43}$$

将方程(1.43)微分并代入方程(1.41)，就可求得介质中的群速近似为

$$v_{g(介质)}=\frac{\delta\omega}{\delta k}=\frac{c}{n-\lambda\frac{\mathrm{d}n}{\mathrm{d}\lambda}}$$

也可以写为

$$v_{g(介质)}=\frac{c}{N_g} \tag{1.44}$$

式中：

$$N_g=n-\lambda\frac{\mathrm{d}n}{\mathrm{d}\lambda} \tag{1.45}$$

N_g——定义为介质的群折射率，它通过方程(1.43)决定了介质对群速的影响。

一般地，相对介电常数 ε_r 与光的频率相关，所以很多材料的折射率 n 和群折射率 N_g 都取

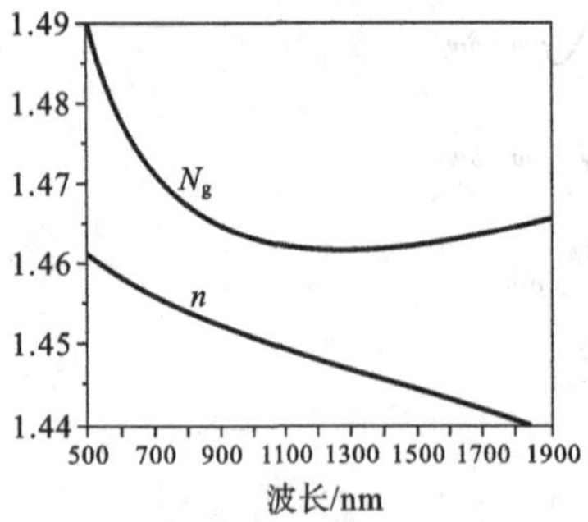

图 1.7　纯石英玻璃的折光指数 n 和群指数 N_g 与波长的函数关系

决于光的波长。相速和群速都取决于波长的介质称为色散介质。在光纤通信的光纤设计中，纯石英玻璃（SiO_2）的折射率 n 和群折射率 N_g 都是非常重要的参数，这两个参数都与光的波长有关（见图 1.7）。在波长大约为 1300 nm 时，N_g 最小，意味着在波长接近 1300 nm 时，N_g 与波长基本无关。这样具有 1300 nm 左右波长的光波就以相同的群速传播，而不存在色散现象。这种现象在第 2 章讨论的光纤中光的传播非常重要。

［例 1.2］　有一在纯石英玻璃介质中的光波，其波长是 1 μm，在此波长时的折射率是 1.450，求相速、群折射率 N_g 和群速 v_g 各是多少？

解　相速为

$$v=c/n=3\times10^8/1.450\ \text{m/s}=2.069\times10^8\ \text{m/s}$$

由图 1.7 可知，在 $\lambda=1\ \mu\text{m}$ 时，$N_g=1.460$，所以

$$v_g=c/N_g=3\times10^8/1.460\ \text{m/s}=2.055\times10^8\ \text{m/s}$$

即群速比相速要慢约 0.7%。

1.4　磁场、辐射和玻印亭矢量

我们已经讨论了电磁波的电场分量 $\boldsymbol{E}_x$，但是必须记住：在电磁波传播中，磁场（磁诱导）分量 $\boldsymbol{B}_y$ 总是伴随电场分量而存在的。事实上，假如 v 是各向同性介质中电磁波的相速，n 是折射率，那么根据电磁学理论，在电磁波中任何时候任何地方都存在：

$$E_x=vB_y=\frac{c}{n}B_y \tag{1.46}$$

式中：$v=\sqrt{\varepsilon_0\varepsilon_r\mu_0}$；$n=\sqrt{\varepsilon_r}$。

这样，两个场都与各向同性介质中传播的电磁波紧密相关。根据方程(1.46)，$\boldsymbol{E}_x$ 的任何改变必然会引起 $\boldsymbol{B}_y$ 的变化。

因为电磁波是沿着波矢量 $\boldsymbol{k}$ 的方向传播的（见图 1.8），因此能量也是沿这个方向流动。电场为 $\boldsymbol{E}_x$ 的小范围空间的能量密度（单位体积内的能量）等于 $\frac{1}{2}\varepsilon_0\varepsilon_r E_x^2$。相似地，磁场为 $\boldsymbol{B}_y$ 的小范围空间的能量密度应当等于 $B_y^2/2\mu_0$。方程(1.46)将这两个场关联起来，因此在电场 $\boldsymbol{E}_x$ 和磁场 $\boldsymbol{B}_y$ 中的能量密度应当是相同的，即

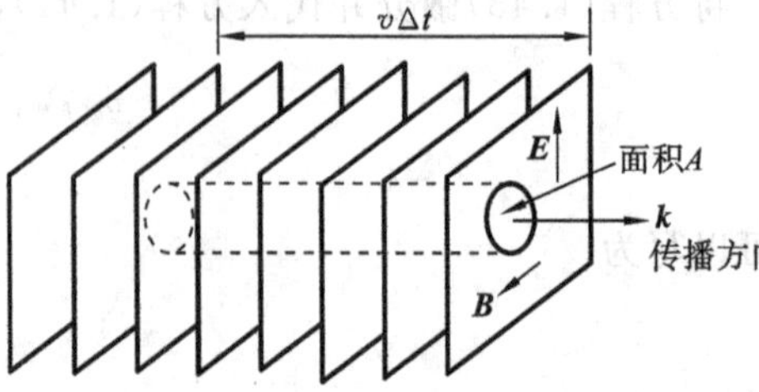

图 1.8　沿 k 方向运动的平面电磁波

$$\frac{1}{2}\varepsilon_0\varepsilon_r E_x^2=\frac{1}{2\mu_0}B_y^2 \tag{1.47}$$

所以这个波的总能量密度为 $\varepsilon_0\varepsilon_r E_x^2$。如果将一个理想的“能量计”置于电磁波通过的路径中，

能量计的接收面积为 A，它与光波的传播方向垂直。在时间间隔 Δt 内，一部分空间长度为 $v\Delta t$ 的光波穿过 A，这样在时间 Δt 内穿过 A 的电磁波的体积为 $Av\Delta t$，结果在这个体积中就有能量被接收。如果 $\boldsymbol{S}$ 是单位面积中的电磁波能通量，那么有

$$\boldsymbol{S}=\frac{(Av\Delta t)(\varepsilon_0\varepsilon_r\boldsymbol{E}_x^2)}{A\Delta t}=v\varepsilon_0\varepsilon_r\boldsymbol{E}_x^2=v^2\varepsilon_0\varepsilon_r\boldsymbol{E}_x\boldsymbol{B}_y \tag{1.48}$$

在各向同性介质中，能通量的方向和波传播的方向相同。假如用矢量 $\boldsymbol{E}$ 和 $\boldsymbol{B}$ 来代表电磁波中的电场和磁场，那么波就沿着 $\boldsymbol{E}\times\boldsymbol{B}$ 的方向传播，因为这个方向既与电场 $\boldsymbol{E}$ 垂直又与磁场 $\boldsymbol{B}$ 垂直。方程(1.48)中单位面积上的电磁波能通量可以写成

$$\boldsymbol{S}=v^2\varepsilon_0\varepsilon_r\boldsymbol{E}\times\boldsymbol{B} \tag{1.49}$$

这里，$\boldsymbol{S}$ 称为玻印亭(Poynting)矢量，它表示在由 $\boldsymbol{E}\times\boldsymbol{B}$ 决定的方向(波传播方向)上单位面积、单位时间内的能通量。单位面积上的能通量称为辐照度。

在接收端(比如说，$z=z_1$)的电场 $\boldsymbol{E}_x$ 呈正弦变化，意味着能通量也呈正弦变化。方程(1.48)中的辐照度是瞬时辐照度。如果把电场写成 $E_x=E_0\sin(\omega t)$，那么就可通过 $\boldsymbol{S}$ 计算出某一段时间内的平均辐照度，即

$$I=S_{平均}=\frac{1}{2}v\varepsilon_0\varepsilon_r E_0^2 \tag{1.50}$$

因为 $v=c/n$ 和 $\varepsilon_r=n^2$，所以方程(1.50)可以写为

$$I=S_{平均}=\frac{1}{2}c\varepsilon_0 nE_x^2=1.33\times10^{-3}\times nE_0^2 \tag{1.51}$$

只有测量计的响应比场的振荡快才能测量出瞬时辐照度。由于这是在光学频率范围内，所有测量给出的都是平均辐照度，并且所有检测器的响应速度比光的频率要慢很多。

[例1.3]　测得从He-Ne激光器某一地方发出的红激光束强度(辐照度)约为1 mW/cm²，求电场和磁场各是多少？假如这个光束是处于折射率为1.45的玻璃介质中，电场和磁场的值又是多少？

解　利用方程(1.50)，计算出空气中的电场为

$$E_o=\sqrt{\frac{2I}{c\varepsilon_o n}}=\sqrt{\frac{2\times1\times10^{-3}\times10^4}{3\times10^8\times8.85\times10^{-12}\times1}}\ \mathrm{V/m}=87\ \mathrm{V/m}$$

所以，$E_o=87$ V/m 或 0.87 V/cm。

相应的磁场为

$$B_o=nE_0/c=1\times87/(3\times10^8)\ \mathrm{T}=0.29\ \mu\mathrm{T}$$

如果这个1 mW/cm² 的光束在折射率为1.45的玻璃介质中还有相同的强度，那么电场为

$$E_{0(玻璃)}=\sqrt{\frac{2I}{c\varepsilon_o n}}=\sqrt{\frac{2\times1\times10^{-3}\times10^4}{3\times10^8\times8.85\times10^{-12}\times1.45}}\ \mathrm{V/m}=72\ \mathrm{V/m}$$

磁场为

$$B_{o(玻璃)}=nE_{o(玻璃)}/c=1.45\times72/(3\times10^8)\ \mathrm{T}=0.35\ \mu\mathrm{T}$$

1.5　斯内尔定律和全内反射

考察折射率为 n_1 的介质中运动着的平面电磁波朝折射率为 n_2 的介质传播，如图1.9所

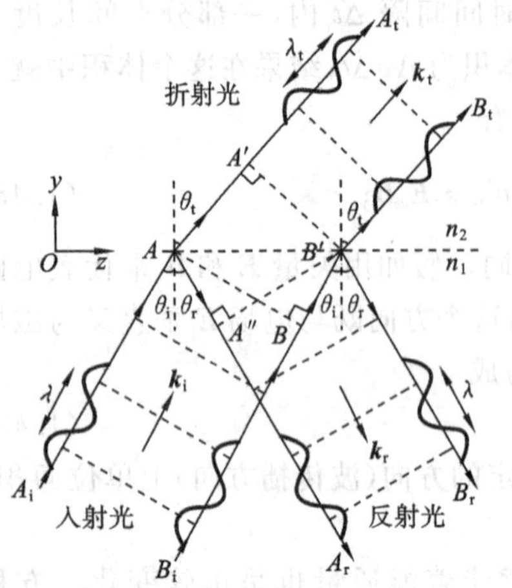

图 1.9　光波的折射与反射($n_1>n_2$)

示。波矢量 $\boldsymbol{k}_i$ 与波前垂直。当波到达这两种介质间的平面边界时，在介质 2 中有一透过波，介质 1 中有一反射波产生。这个透过波称为折射波。角 θ_i、θ_t、θ_r 分别表示入射波、透过波和反射波的方向。反射波和透过波的波矢量分别为 $\boldsymbol{k}_r$ 和 $\boldsymbol{k}_t$。因为入射波和反射波在相同的介质中，$\boldsymbol{k}_i$ 和 $\boldsymbol{k}_r$ 的值应相等，即 $k_r=k_i$。

根据学过的光学知识可知，反射角等于入射角。假设波 A_i 和波 B_i 是同相的，当它们反射就成了波 A_r 和波 B_r，它们仍然同相，否则会相互干涉。保持它们同相的唯一方式是 $\theta_r=\theta_i$。其他角都会导致波 A_r 和波 B_r 不同相，结果发生相消干涉。

折射波 A_t 和 B_t 是在折射率为 $n_2(<n_1)$ 的介质中传播的，所以 A_t 和 B_t 与 A_i 和 B_i 的速度不同。下面考察波前 AB(可能对应于最大场)从介质 1 传播进入介质 2 时会出现什么情况？我们知道，波 A_i 和波 B_i 在这个波前上的点 A 和点 B 总是同相的。波 B_i 从 B 到达 B' 所花的时间内，波 A_i 已从 A 进入到 A'，这样波前 AB 就变成介质 2 中的波前 $A'B'$。除非在 A' 和 B' 上两个波仍然同相(只有在某一特殊的透射角 θ_t 时才能同相)，否则就不会有透射波。

假如波 B_i 从 B 到达 B' 所花的时间为 t，那么 $BB'=v_1t=ct/n_1$。在时间 t 内，波 A_i 已从 A 进入 A'，因此，$AA'=v_2t=ct/n_2$。像 A 和 B 一样，A' 和 B' 波前也相同，因此在介质 1 中 AB 垂直于 $\boldsymbol{k}_i$，而在介质 2 中 $A'B'$ 也垂直于 $\boldsymbol{k}_t$。根据几何学原理有 $AB'=BB'/\sin\theta_i$ 和 $AB'=AA'/\sin\theta_t$，所以

$$AB'=\frac{v_1t}{\sin\theta_i}=\frac{v_2t}{\sin\theta_t}$$

或

$$\frac{\sin\theta_i}{\sin\theta_t}=\frac{v_1}{v_2}=\frac{n_2}{n_1} \tag{1.52}$$

这就是斯内尔(Snell)定律，它把入射角和折射角与介质的折射率相互关联起来了。

假如考察反射波，在反射波中波前 AB 就变成了 $A''B'$。在时间 t 内，相 B 运动到 B'，而相 A 则运动到 A''。由于它们在形成反射波时必须仍然同相，因此 BB' 必等于 AA''。如果 B 运动到 B'(或 A 运动到 A'')所花的时间为 t，由于 $BB'=AA''=v_1t$，根据几何学原理有

$$AB'=\frac{v_1t}{\sin\theta_i}=\frac{v_1t}{\sin\theta_r},$$

因此 $\theta_i=\theta_r$，即入射角和反射角相等。

当 $n_1>n_2$，从图 1.9 中可以看出，透射角比入射角要大。当折射角 θ_t 达到 90°，入射角被称为临界角 θ_c，它由下式给出

$$\sin\theta_c=\frac{n_2}{n_1} \tag{1.53}$$

当入射角 θ_i 大于临界角 θ_c 时，就没有透过波而只有反射波，这种现象称为全内反射(TIR)。入射角增加的影响如图 1.10 所示。第 5 章将可看到正是由于全内反射使得光波在

外面包覆一层折射率较小的介质中传播。尽管从斯内尔定律可知，当 $\theta_i>\theta_c$ 时，意味着 $\sin\theta_t$ 必须大于1，所以 θ_t 是个“虚数”角，但还是有波沿着边界传播，这种波称为损耗波。

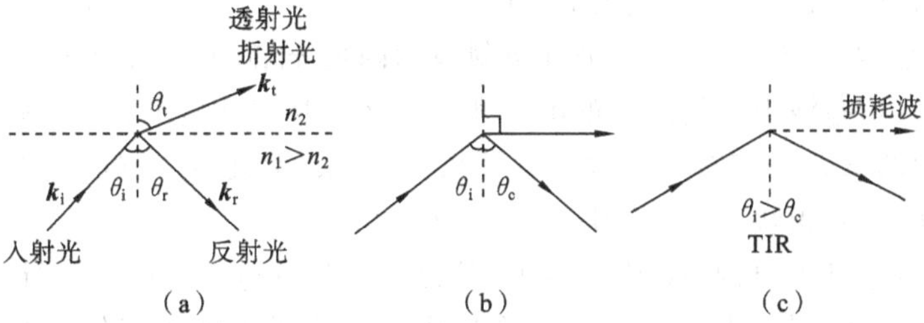

图1.10　从一种光密介质传播到光疏介质的光波

1.6　菲涅耳方程

1. 振幅反射和传输系数

尽管在研究反射和折射时，具有常相波前的光线图是很有用的，但是为了得到反射波和折射波的值以及它们相关的相，需要考虑光波中的电场。光波中的电场必须与传播方向垂直(见图1.1)。可以将入射波的电场 $\boldsymbol{E}_i$ 分解成两个分量：一个在入射平面内 $\boldsymbol{E}_{i//}$；另一个与入射平面垂直 $\boldsymbol{E}_{i\perp}$，如图1.11所示。图中入射平面被定义为包含入射光线和反射光线的平面，它对应纸平面。相似地，对于反射波和透射波，也可以把它们分解成平行于和垂直于入射平面的两个分量，即 $\boldsymbol{E}_{r//}$、$\boldsymbol{E}_{r\perp}$ 和 $\boldsymbol{E}_{t//}$、$\boldsymbol{E}_{t\perp}$。从中可以明显地看出，入射波、透射波和反射波都有沿 z 轴方向的一个波矢分量，因此它们都有一个沿 z 轴方向的有效速度。场 $\boldsymbol{E}_{i\perp}$、$\boldsymbol{E}_{r\perp}$ 和 $\boldsymbol{E}_{t\perp}$ 都是垂直于 z 轴方向，这些波称为垂直于电场方向(TE)的波。另一方面，具有 $\boldsymbol{E}_{i//}$、$\boldsymbol{E}_{r//}$ 和 $\boldsymbol{E}_{t//}$ 的波仅仅只有它们的磁场分量垂直于 z 轴方向，这些波称为垂直于磁场方向(TM)的波。

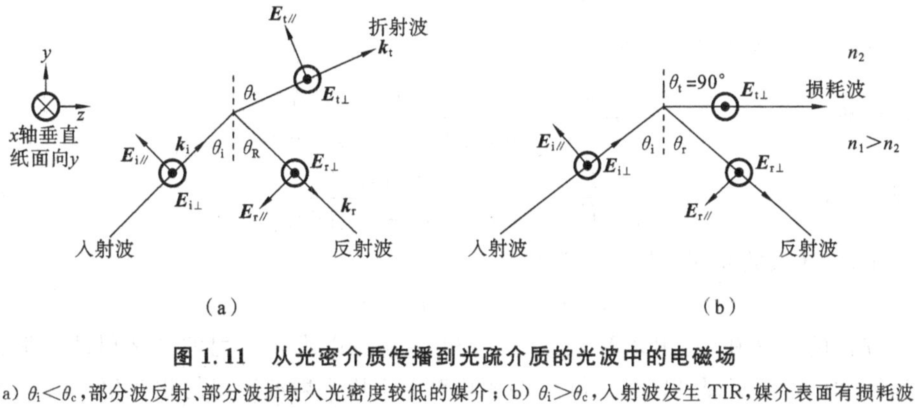

图1.11　从光密介质传播到光疏介质的光波中的电磁场

(a) $\theta_i<\theta_c$，部分波反射、部分波折射入光密度较低的媒介；(b) $\theta_i>\theta_c$，入射波发生TIR，媒介表面有损耗波

下面是入射波、反射波和折射波的指数方程。

入射波：　$E_i=E_{i0}\exp j(\omega t-\boldsymbol{k}_i\cdot\boldsymbol{r})$

反射波：　$E_r=E_{r0}\exp j(\omega t-\boldsymbol{k}_r\cdot\boldsymbol{r})$

透射波：　$E_t=E_{t0}\exp j(\omega t-\boldsymbol{k}_t\cdot\boldsymbol{r})$

式中：$\boldsymbol{r}$ 是位置矢量；波矢量 $\boldsymbol{k}_i$、$\boldsymbol{k}_r$、$\boldsymbol{k}_t$ 分别描述入射波、反射波和折射波的方向；E_{i0}、E_{r0} 和 E_{t0}

为各自的振幅。

与入射波的相相关的反射波和折射波的任何相变化如 ϕ_r 和 ϕ_t 都与复合振幅 E_{r0} 和 E_{t0} 有关。我们的目的是要求出与 E_{i0} 相关的 E_{r0} 和 E_{t0}。

必须指出的是，对于入射波、反射波和折射波的磁场分量，可以写出相似的方程，只是它们与电场相互垂直。这些波上任何地方的电场和磁场必须互相垂直以满足电磁波理论。这意味着，对于电磁波中的 $\boldsymbol{E}_{/\!/}$，一定有一个磁场 $\boldsymbol{B}_{\perp}$ 同它相联系，而且 $B_{\perp}=(n/c)\ E_{/\!/}$。相似地，电场 $\boldsymbol{E}_{\perp}$ 有一个磁场 $\boldsymbol{B}_{/\!/}$ 同它相联系，而且 $B_{/\!/}=(n/c)E_{\perp}$。

电磁学中有两个基本原则，规定了两种介质之间边界处电场和磁场的行为，把这两种介质记为 1 和 2，这些原则称为边界条件。第一个原则是与边界表面相切的电场 $\boldsymbol{E}_{相切}$ 在从介质 1 穿过边界进入介质 2 时必须连续，即在边界处，$y=0$。

边界条件 1：$\boldsymbol{E}_{相切(1)}=\boldsymbol{E}_{相切(2)}$。

第二个原则是只要这两种介质是非磁性的（相对磁通率 $\mu_r=1$），与边界表面相切的磁场分量 $\boldsymbol{B}_{相切}$ 在从介质 1 穿过边界进入介质 2 时也必须连续。

边界条件 2：$\boldsymbol{B}_{相切(1)}=\boldsymbol{B}_{相切(2)}$。

利用 $y=0$ 时场的上述边界条件和电场与磁场之间的关系，并根据入射波，就可以求得反射波和透过波。只要入射角和反射角相等，即 $\theta_i=\theta_r$，边界条件就可满足。透射波和入射波的夹角必须遵守斯内尔定律：$n_1\sin\theta_i=n_2\sin\theta_t$。

将上述边界条件应用于从介质 1 传入介质 2 的电磁波，根据两种介质的折射率 n_1、n_2 和入射角，就可很容易求出反射波和透射波的振幅。这些关系称为菲涅耳(Fresnel)方程。如果定义介质 2 对介质 1 的有效折射率为 $n=n_2/n_1$，那么 $\boldsymbol{E}_{\perp}$ 的反射系数和透射系数分别为

反射系数：
$$r_{\perp}=\frac{E_{r0\perp}}{E_{i0\perp}}=\frac{\cos\theta_i-[n^2-\sin^2\theta_i]^{\frac{1}{2}}}{\cos\theta_i+[n^2-\sin^2\theta_i]^{\frac{1}{2}}} \tag{1.54a}$$

透射系数：
$$t_{\perp}=\frac{E_{t0\perp}}{E_{i0\perp}}=\frac{2\cos\theta_i}{\cos\theta_i+[n^2-\sin^2\theta_i]^{\frac{1}{2}}} \tag{1.54b}$$

$E_{/\!/}$ 的反射系数和透射系数分别为

反射系数：
$$r_{/\!/}=\frac{E_{r0/\!/}}{E_{i0/\!/}}=\frac{[n^2-\sin^2\theta_i]^{\frac{1}{2}}-n^2\cos\theta_i}{n^2\cos\theta_i+[n^2-\sin^2\theta_i]^{\frac{1}{2}}} \tag{1.55a}$$

透射系数：
$$t_{/\!/}=\frac{E_{t0/\!/}}{E_{i0/\!/}}=\frac{2n\cos\theta_i}{n^2\cos\theta_i+[n^2-\sin^2\theta_i]^{\frac{1}{2}}} \tag{1.55b}$$

进一步，上述系数间存在如下关系式：

$$r_{/\!/}+nt_{/\!/}=1,\quad r_{\perp}+1=t_{\perp} \tag{1.56}$$

这些方程的意义在于，用系数 $r_{\perp}$、$r_{/\!/}$、$t_{\perp}$ 和 $t_{/\!/}$ 就可以求得反射波和透射波的振幅和相。为方便起见，取 E_{i0} 的实部，以便 $r_{\perp}$ 和 $t_{\perp}$ 的相角对应于用入射波测得的相变化。例如，假如 $r_{\perp}$ 是一个复数，因为场垂直于入射平面，那么就把它写成 $r_{\perp}=|r_{\perp}\exp(\mathrm{j}\phi_{\perp})|$，其中 $|r_{\perp}|$ 和 $\phi_{\perp}$ 代表与入射波有关的反射波的相对振幅和相。当然，如果 $r_{\perp}$ 是一个实数，那么正数表示没有相移，而负数则表示相移为 180°(或 π)。对于所有的波，负号都表示 180°的相移。假如求平方根的项结果是负数，则根据菲涅耳方程计算的系数只能是复数，只有 $n<1(n_1>n_2)$ 和 $\theta_i>\theta_c$ 时才会发生这种情况。这样，仅仅只有全内反射时才会发生 0～180°的相变化。

图 1.12(a)显示了光波从一种光密介质($n_1=1.44$)传入另一种光疏介质($n_2=1.00$)时，反射系数$|r_\perp|$和$|r_{/\!/}|$的值是怎样随入射角 θ_i 的变化而变化；图 1.12(b)则显示了反射波的相 $\phi_\perp$ 和 $\phi_{/\!/}$ 随入射角 θ_i 的变化而变化。临界角 θ_c 由 $\sin\theta_c=n_2/n_1$ 求得，此例中为 44°。很明显，对于接近正法线入射的波来说(小 θ_i)，反射波中没有相变化。例如，把 $\theta_i=0$ 的入射波代入菲涅耳方程，得到

$$r_{/\!/}=r_\perp=\frac{n_1-n_2}{n_1+n_2} \tag{1.57}$$

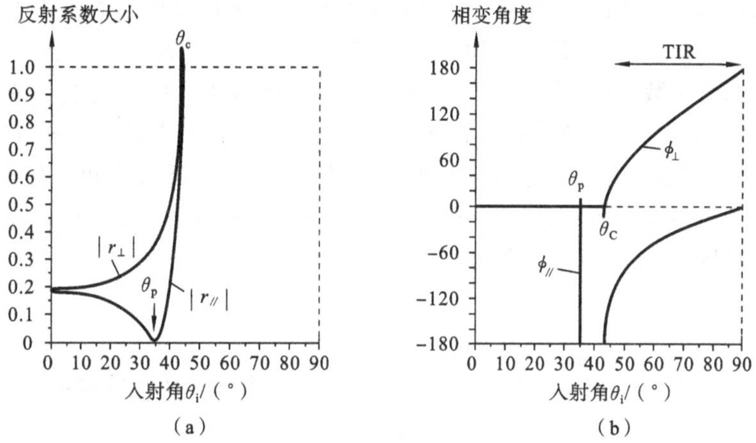

图 1.12　内反射

因为 $n_1>n_2$，所以它是一个正数，意味着反射波没有相变化，这一点由图 1.12(b)中的 $\phi_\perp$ 和 $\phi_{/\!/}$ 所证实。随着入射角增加，$r_{/\!/}$ 最终在大约 35°时变为零。通过解菲涅耳方程(1.55a)，$r_{/\!/}=0$，可以求得这个特殊的入射角，记为 θ_p。反射波中的场总是与入射平面垂直，所以很容易限定。这个特殊的角称为偏振角或布儒斯特(Brewster)角。通过方程(1.55a)，可以求得布儒斯特偏振角为

$$\tan\theta_p=\frac{n_2}{n_1} \tag{1.58}$$

这种反射波是线性偏振的，因为它含有在一个严格规定的平面中的电场振荡，这个电场垂直于入射平面，也垂直于光的传播方向。另一方面，在非偏振光中的电场振荡可以是垂直于传播方向的无穷数中的任意一个。但在线性偏振光中，电场振荡是包含在一个严格规定的平面中的。很多光源如钨灯或发光二极管发射的光是非偏振的。非偏振光可以看作是电磁波流或集，它的场是在垂直于光传播方向上任意取向。

当入射角 θ_i 大于偏振角 θ_p 而小于临界角 θ_c 时，菲涅耳方程(1.55a)的解 $r_{/\!/}$ 为负数，这表明反射波发生了 180°的相移，如图 1.12(b)中的 $\phi_{/\!/}$ 所示。从图 1.12(a)可以明显地看出，$r_\perp$ 和 $r_{/\!/}$ 都随入射角 θ_i 的增加而增加。在临界角及以上即 $\theta_i=\theta_c$ 时(图 1.12 中为 44°以上)，$r_\perp$ 和 $r_{/\!/}$ 都成为 1，也就是说，反射波的振幅和入射波的振幅相同。这时，入射波经历全内反射。当 $\theta_i>\theta_c$ 存在全内反射时，方程(1.54a)和 (1.55a)都是复数，因为 $\theta_i>n$，而平方根项就变成了负数。反射系数就变成了形式为 $r_\perp=1\times\exp(\mathrm{j}\phi_\perp)$ 和 $r_{/\!/}=1\times\exp(\mathrm{j}\phi_{/\!/})$ 的复数，相角不是 0°或 180°。所以在组分 $\boldsymbol{E}_\perp$ 和 $\boldsymbol{E}_{/\!/}$ 中，反射波要发生相角变化，其变化值分别为 $\phi_\perp$ 和 $\phi_{/\!/}$。从图 1.12

(b)可以明显地看出，这种相变化取决于入射角以及折射率 n_1 和 n_2 的值。

考察方程(1.54a)的 $r_\perp$，对于 $\theta_i>\theta_c$，有 $|r_\perp|=1$，相变化 $\phi_\perp$ 由下式给出

$$\tan\left(\frac{1}{2}\phi_\perp\right)=\frac{[\sin^2\theta_i-n^2]^{\frac{1}{2}}}{\cos\theta_i} \tag{1.59}$$

对于 $\boldsymbol{E}_{/\!/}$ 组分，相变化 $\phi_{/\!/}$ 由下式给出

$$\tan\left(\frac{1}{2}\phi_{/\!/}+\frac{1}{2}\pi\right)=\frac{[\sin^2\theta_i-n^2]^{\frac{1}{2}}}{n^2\cos\theta_i} \tag{1.60}$$

我们可以总结如下，在内反射($n_1>n_2$)中，从全内反射来的反射波的振幅等于入射波的振幅，但是它的相位有位移，位移值由方程(1.59)和(1.60)决定。在 $\theta_i>\theta_c$，$\phi_{/\!/}$ 有一个附加的 π 位移，可以使其成为负数，这是由于图 1.11 所示的反射光场 $\boldsymbol{E}_{r/\!/}$ 的方向选择的原因。假如简单地把 $\boldsymbol{E}_{r/\!/}$ 倒转过来，这个 π 位移就可忽略(事实上，很多教科书中就没有 π 位移这一项)。

当 $\theta_i>\theta_c$，透射波会出现什么情况呢？根据边界条件，在介质 2 中也一定存在一个电场；否则，边界条件就不可能得到满足。当 $\theta_i>\theta_c$ 时，介质 2 中的场是一个靠近边界表面沿着 z 轴方向运动的波(见图 1.11(b))。这个波称为损耗波，因为随着进入介质 2，它的场在不断减小，即

$$E_{t\perp}(y,z,t)=e^{-\alpha_2 y}\exp j(\omega t-k_{iz}z) \tag{1.61}$$

这里，$k_{iz}=k_i\sin\theta_i$，它是入射波沿 z 轴方向的波矢量；α_2 是进入介质 2 的电场的衰减系数，即

$$\alpha_2=\frac{2\pi n_2}{\lambda}\left[\left(\frac{n_1}{n_2}\right)^2\sin^2\theta_i-1\right]^{\frac{1}{2}} \tag{1.62}$$

式中：λ 是自由空间的波长。

根据方程(1.29)，损耗波是沿 z 轴方向传播的，而且随着波从边界进入介质 2(沿 y 轴方向)，振幅呈指数衰减。当 $y=1/\alpha_2=\delta$ 时，损耗波在介质 2 中场的大小是 e^{-1}，δ 称为渗入深度。在 $\theta_i>\theta_c$ 时，不难用斯内尔定律来正确预计损耗波。损耗波沿边界(沿 z 轴方向)传播的速度与入射波和反射波的 z 分量速度相同。

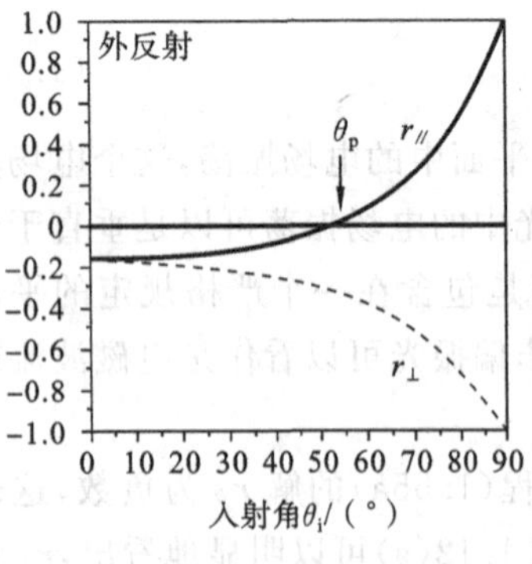

图 1.13 外反射中反射系数 $r_\perp$ 和 $r_{/\!/}$ 与入射角 θ_i 的关系($n_1=1.00$，$n_2=1.44$)

图 1.12 中的反射系数考虑了 $n_1>n_2$ 的情形。当光从折射率较高的那一边接近边界时，即 $n_1>n_2$，反射可以说成是内反射，并且在正入射时没有相变化。另一方面，假如光从折射率较低的那一边接近边界时，即 $n_1<n_2$，此时称为外反射。在外反射时，光在光密介质(折射率较高)的表面上被反射。这是这两种反射之间的重要差别。图 1.13 显示了外反射中反射系数 $r_\perp$ 和 $r_{/\!/}$ 是怎样取决于入射角 θ_i 的($n_1=1.00$，$n_2=1.44$)。在正法线入射时，两个系数都是负数，意味着在外反射中的正入射时，有 180°的相变化。更进一步，在由方程(1.58)给出的偏振角 θ_p 处，$r_{/\!/}$ 穿过了零。在这个入射角时，仅仅只有 $\boldsymbol{E}_\perp$ 分量的反射波被偏振。内反射(当 $\theta_i<\theta_c$ 时)和外反射中的透射波都没有相位移。

[例 1.4] 在一种光密介质 n_1 和另一种光疏介质 n_2 之间边界发生的全内反射总是伴随着一种损耗波在接近边界的介质 2 中传播，求这种波的函数形式，并讨论它的值与它进入介质

2 的距离之间的关系。

解　透射波有如下的一般形式：

$$E_{t\perp}=t_{\perp}E_{i0\perp}\exp j(\omega t-\boldsymbol{k}_t\cdot\boldsymbol{r})$$

式中：$t_{\perp}$是透射系数。

根据图 1.13，点积为

$$\boldsymbol{k}_t\cdot\boldsymbol{r}=y\boldsymbol{k}_t\cos\theta_t+z\boldsymbol{k}_t\sin\theta_t$$

根据斯内尔定律，当 $\theta_i>\theta_c$，$\sin\theta_t=n_1/n_2$，$\sin\theta_t>1$，$\cos\theta_t=\sqrt{1-\sin^2\theta_t}=\pm jA_2$，它是一个纯虚数。取 $\cos\theta_t=-jA_2$，有

$$\boldsymbol{E}_{t\perp}=t_{\perp}\boldsymbol{E}_{i0\perp}\exp j(\omega t-zk_t\sin\theta_t+jyk_tA_2)=t_{\perp}E_{i0\perp}\exp(-yk_tA_2)\exp j(\omega t-zk_t\sin\theta_t)$$

它有一个沿 y 轴以 $\exp(-\alpha_2 y)$速度衰减的振幅，这里 $\alpha_2=k_tA_2$。注意$+jA_2$ 被忽略了，是因为它在介质 2 中的光波的振幅是增加的，因此强度也增加。

再来考察 $\exp j(\omega t-zk_t\sin\theta_t)$。因为根据斯内尔定律，$\boldsymbol{k}_t\sin\theta_t=\boldsymbol{k}_i\sin\theta_i$，但是 $\boldsymbol{k}_i\sin\theta_i=\boldsymbol{k}_{iz}$，$\boldsymbol{k}_{iz}$是沿 z 轴方向也即边界的波矢量。因此，损耗波是以沿 z 轴方向的入射波和反射波相同的速度沿 z 轴方向传播的。

进一步，对于全内反射来说，必须 $\sin\theta_i>n_2/n_1$，意味着透射系数为

$$t_{\perp}=\frac{n_1\cos\theta_i}{\cos\theta_i+\left[\left(\frac{n_2}{n_1}\right)^2-\sin^2\theta_i\right]^{\frac{1}{2}}}=t_{\perp 0}\exp(j\phi_{\perp})$$

根据 $t_{\perp 0}\exp(j\phi_{\perp})$可以看出它是一个复数，其中 $t_{\perp 0}$是一个实数，$\phi_{\perp}$是相变化。但值得注意的是，$t_{\perp}$ 并不改变损耗波沿 z 轴方向传播和沿 y 轴方向渗透的一般行为。

2. 入射强度、反射率和透光率

当在折射率为 n_1 的介质传播的光入射进入折射率为 n_2 的介质的边界时，计算反射光和透射光的强度常常很有必要。在某些情况下，仅仅只对 $\theta_i=0$ 的正入射感兴趣。例如，在激光二极管中，光在一个光学腔的末端被反射，这里折射率会发生变化。

对于一个在相对介电常数为 ε_r 的介质中以速度 v 传播的光来说，根据电场振幅 E_0，将光强度 I 定义为

$$I=\frac{1}{2}v\varepsilon_r\varepsilon_0E_0^2 \tag{1.63}$$

这里$\frac{1}{2}\varepsilon_0\varepsilon_rE_0^2$ 表示单位体积内电场的能量，当乘以速度，它就给出了单位面积上能量传递的速率。因为 $v=c/n$，而 $\varepsilon_r=n^2$，所以强度与 nE_0^2 成正比。

反射率 R 度量了反射光的强度和入射光的比较，可以对平行于入射平面和垂直于入射平面的电场分别进行定义。反射率 $R_{\perp}$ 和 $R_{/\!/}$ 分别定义为

$$\begin{cases}R_{\perp}=\dfrac{|E_{r0\perp}|^2}{|E_{i0\perp}|^2}=|r_{\perp}|^2\\[2ex] R_{/\!/}=\dfrac{|E_{r0/\!/}|^2}{|E_{i0/\!/}|^2}=|r_{/\!/}|^2\end{cases} \tag{1.64}$$

尽管可能因为相变化时的反射系数是复数，但反射率必然是实数，它表示强度变化。根据一个复数与它的共轭复数的积，可以求得它的值。例如，当 $E_{r0/\!/}$是一个复数时，那么

$$|E_{r0/\!/}|^2=(E_{r0/\!/})(E_{r0/\!/})^*$$

这里$(E_{r0/\!/})^*$是$(E_{r0/\!/})$的共轭复数。

从具有正入射的方程(1.57)和(1.64)，可以简单地得到

$$R=R_{\perp}=R_{/\!/}=\left(\frac{n_1-n_2}{n_1+n_2}\right)^2 \tag{1.65}$$

玻璃介质的折射率约为1.5，意味着在空气-玻璃表面上，约有4%的光会被反射回去。

与反射率相似，透射率T是将透射光的强度与入射光进行比较，但是必须考虑到透射波是在不同的介质当中，同时还必须注意到它的方向与边界有关，这是由于折射光与入射光不同造成的。对于正入射来说，入射光束和透射光束是法线相切的，这样透光率可以定义为

$$\begin{cases} T_{\perp}=\dfrac{n_2|E_{t0\perp}|^2}{n_1|E_{i0\perp}|^2}=\left(\dfrac{n_2}{n_1}\right)|t_{\perp}|^2 \\ T_{/\!/}=\dfrac{n_2|E_{t0/\!/}|^2}{n_1|E_{i0/\!/}|^2}=\left(\dfrac{n_2}{n_1}\right)|t_{/\!/}|^2 \end{cases} \tag{1.66}$$

或

$$T=T_{\perp}=T_{/\!/}=\frac{4n_1n_2}{(n_1+n_2)^2} \tag{1.67}$$

进一步，反射光的分数和透射光的分数相加必须是1，即$R+T=1$。

3. 光学薄膜

光学薄膜是由薄的分层介质构成的，通过界面传播光束的一类光学介质材料。光学薄膜的应用始于20世纪30年代，现在光学薄膜已广泛在光学和光电子技术领域用于制造各种光学仪器。

光学薄膜的特点是：表面光滑，膜层之间的界面呈几何分割；膜层的折射率在界面上可以发生跃变，但在膜层内是连续的；可以是透明介质，也可以是光学薄膜吸收介质；可以是法向均匀的，也可以是法向不均匀的。实际应用的薄膜要比理想薄膜复杂得多。这是因为制备时，薄膜的光学性质和物理性质偏离大块材料，其表面和界面是粗糙的，从而导致光束的漫散射；膜层之间的相互渗透形成扩散界面；由于膜层的生长、结构、应力等原因，形成了薄膜的各向异性；膜层具有复杂的时间效应。

光学薄膜按应用分为反射膜、增透膜、滤光膜、光学保护膜、偏振膜、分光膜和位相膜，常用的是前四种。光学反射膜用以增加镜面反射率，常用来制造反光、折光和共振腔器件。光学增透膜沉积在光学元件表面，用以减少表面反射，增加光学系统透射，又称减反射膜。光学滤光膜用来进行光谱或其他光性分割，其种类多，结构复杂。光学保护膜沉积在金属或其他软性易侵蚀材料或薄膜表面，用以增加其强度或稳定性，改进光学性质。最常见的是金属镜面的保护膜。

主要的光学薄膜器件包括反射膜、减反射膜、偏振膜、干涉滤光片和分光镜等。它们在国民经济和国防建设中得到了广泛的应用，获得了科学技术工作者的日益重视。例如，采用减反射膜后可使复杂的光学镜头的光通量损失成十倍地减小；采用高反射比的反射镜可使激光器的输出功率成倍提高；利用光学薄膜可提高硅光电池的效率和稳定性。

最简单的光学薄膜模型是表面光滑、各向同性的均匀介质薄层。在这种情况下，可以用光的干涉理论来研究光学薄膜的光学性质。当一束单色平面波入射到光学薄膜上时，在它的两

个表面上发生多次反射和折射，反射光和折射光的方向由反射定律和折射定律给出，反射光和折射光的振幅大小则由菲涅耳方程确定。

光学薄膜的简单模型可以用来研究其反射、透射、位相变化和偏振等一般性质。如果要研究光学薄膜的损耗、损伤以及稳定性等特殊性质，简单模型便无能为力了，这时必须考虑薄膜的结晶构造、体内结构和表面状态，薄膜的各向异性和不均匀性，薄膜的化学成分、表面污染和界面扩散等。考虑到这些因素后，那就不仅要考虑它的光学性质，还要研究它的物理性质、化学性质、力学性质和表面性质，以及各种性质之间的渗透和影响。因此，光学薄膜的研究就超出光学范畴而成为物理、化学、固体和表面物理的边缘学科。

虽然薄膜的光学现象早在17世纪就为人们所注意，但是对光学薄膜进行专门研究却开始于20世纪30年代以后，这主要是因为真空技术的发展给各种光学薄膜的制备提供了先决条件。时至今日，光学薄膜已得到很大发展，光学薄膜的生产已逐步走向系列化、程序化和专业化，但在光学薄膜的研究中还有不少问题有待进一步解决，光学薄膜现有的水平在不少工作中还不能满足要求，需要提高。在理论上，不但薄膜的生长机理需要搞清，而且薄膜的光学理论，特别是应用于极短波段的光学理论也有待进一步完善和改进。在工艺上，人们还缺乏有效的手段实现对薄膜淀积参量的精确控制，这样，薄膜的生长就具有一定程度的随机性，薄膜的光学常数、薄膜的厚度以及薄膜的性能也就具有一定程度的不稳定性和盲目性，这一切都限制了光学薄膜质量的提高。就光学薄膜本身来说，除了光学性能需要提高，吸收、散射等光损耗需要减少之外，它的机械强度、化学稳定性和物理性质都需要进一步改进。在激光系统中，光学薄膜的抗激光强度较低，这是光学薄膜研究中最重要的问题之一。下面介绍几种常用的光学薄膜元件。

1）减反射膜

减反射膜又称增透膜，它的主要功能是减少或消除透镜、棱镜、平面镜等光学表面的反射光，从而增加这些元件的透光量，减少或消除系统的杂散光。

最简单的增透膜是单层膜，它是镀在光学零件光学表面上的一层折射率较低的薄膜。当薄膜的折射率低于基体材料的折射率时，两个界面的反射系数 r_1 和 r_2 具有相同的相变化。如果膜层的光学厚度是某一波长的四分之一，相邻两束光的光程差恰好为 π，即振动方向相反，叠加的结果使光学表面对该波长的反射光减少。适当选择膜层的折射率，使得 r_1 和 r_2 相等，这时光学表面的反射光可以完全消除。

一般情况下，采用单层增透膜很难达到理想的增透效果，为了在单波长实现零反射，或在较宽的光谱区达到好的增透效果，往往采用双层、三层甚至更多层数的减反射膜。

减反射膜是应用最广、产量最大的一种光学薄膜，因此，它至今仍是光学薄膜技术中重要的研究课题，研究的重点是寻找新材料，设计新膜系，改进淀积工艺，使之用最少的层数，最简单、最稳定的工艺，获得尽可能高的成品率，达到最理想的效果。对激光薄膜来说，减反射膜是激光损伤的薄弱环节，如何提高它的破坏强度，也是人们最关心的问题之一。

太阳能电池上的防反射涂层

当光在半导体表面上入射时，它会部分地被反射。在太阳能电池的设计中必须充分考虑反射这个因素，因为只有透射进入电池的光能才能被转换成电能。在波长为700～800 nm的范围内，硅的折射率约为3.5，这时反射率（空气的折射率为1.0）是

$$R=\left(\frac{n_1-n_2}{n_1+n_2}\right)^2=\left(\frac{1-3.5}{1+3.5}\right)^2=0.309$$

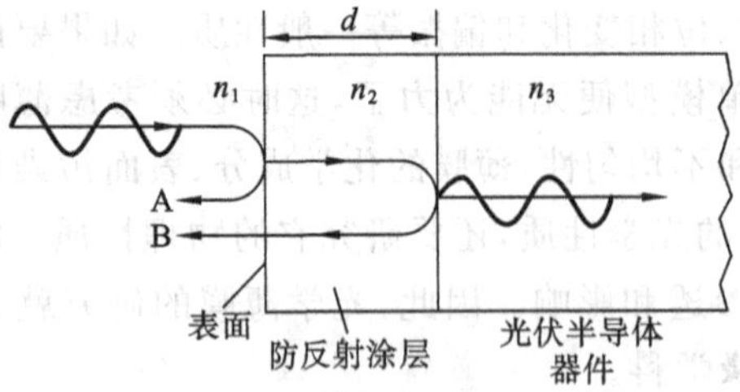

图 1.14　防反射涂层降低反射光强度的原理示意图

这意味着约有31%的光能被反射回去而不能转变成电能，这极大地降低了太阳能电池的效率。

但可以在半导体器件的表面涂上一层薄的介质材料，如 Si_3N_4，其折射率介于空气和硅之间。图 1.14 描述了这个薄的涂层是如何降低反射光强度的。这时，空气的折射率 $n_1=1$，涂层的折射率 $n_2=1.9$，而硅的折射率 $n_3=3.5$。光首先入射进空气-涂层表面，有一部分光被反射，如图 1.14 中的 A 所示。因为这是一个外反射，所以光波 A 在反射时经历 180°的相变化。进入涂层并在其中传播的波在涂层-半导体表面又被反射，如图1.14 中的 B 所示。同样因为 $n_2<n_3$，这个波在反射时也经历 180°的相变化。当光波 B 到达 A 时，它有一些衰减，其总的衰减为涂层厚度 d 的两倍。相位差等于 $\phi_{涂}(2d)$，这里 $\phi_{涂}=2\pi/\lambda_{涂}$，它是涂层内的波矢量，$\lambda_{涂}$ 是涂层内光波的波长。因为 $\lambda_{涂}=\lambda/n_2$（λ 为自由空间波长），所以 A 和 B 之间的相位差 $\Delta\phi=(2\pi n_2/\lambda)(2d)$。为了减少反射光，A 和 B 必须发生相消干涉，这就要求相位差应当是 π 或 π 的奇数倍 $m\pi$，$m=1,3,5,\cdots$。这样 $\left(\frac{2\pi n_2}{\lambda}\right)2d=m\pi$，即 $d=m\left(\frac{\lambda}{4n_2}\right)$。

也就是说，涂层的厚度应为涂层中光波波长四分之一的倍数，所以它取决于波长。

要得到光波 A 和 B 之间良好的相消干涉，它们的振幅必须相当，这意味着必须满足 $n_2=\sqrt{n_1 n_3}$。当 $n_2=\sqrt{n_1 n_3}$ 时，空气和涂层间的反射系数就等于涂层和半导体间的反射系数。对于硅太阳能电池来说，需要 $n_2=\sqrt{3.5}=1.87$。于是，Si_3N_4 作为硅太阳能电池的防反射涂层材料，是一种很好的选择。

取波长为 700 nm，则 $d=700/(4\times1.9)$ nm$=92.1$ nm 或其奇数倍。

2）反射膜

反射膜的功能是增加光学表面的反射率。反射膜一般可分为两大类：一类是金属反射膜；另一类是全电介质反射膜。此外，还有把两者结合起来的金属电介质反射膜。

一般金属都具有较大的消光系数，当光束由空气入射到金属表面时，进入金属内部的光振幅迅速衰减，使得进入金属内部的光能相应减少，而反射光能增加。消光系数越大，光振幅衰减越迅速，进入金属内部的光能越少，反射率越高。人们总是选择消光系数较大，光学性质较稳定的那些金属作为金属膜材料。在紫外区常用的金属薄膜材料是铝，在可见光区常用铝和银，在红外区常用金、银和铜。此外，铬和铂也常用作一些特种薄膜的膜料。由于铝、银、铜等材料在空气中很容易氧化而降低性能，所以必须用电介质膜加以保护。常用的保护膜材料有一氧化硅、氟化镁、二氧化硅、三氧化二铝等。金属反射膜的优点是制备工艺简单，工作的波长范围宽；缺点是光损耗大，反射率不可能很高。为了使金属反射膜的反射率进一步提高，可以在膜的外侧加镀几层一定厚度的电介质层，组成金属电介质反射膜。需要指出的是，金属介质反射膜增加了某一波长（或者某一波区）的反射率，却破坏了金属膜原来反射的特点。

全电介质反射膜是建立在多光束干涉基础上的。与增透膜相反，在光学表面上镀一层折射率高于基体材料的薄膜，就可以增加光学表面的反射率。最简单的多层反射膜是由高、低折射率的两种材料交替蒸镀而成的，每层膜的光学厚度为某一波长的四分之一。在这种条件下，参加叠加的各界面上的反射光矢量和振动方向相同。合成振幅随着薄膜层数的增加而增加。

原则上，全电介质反射膜的反射率可以无限接近于1，但是薄膜的散射、吸收损耗限制了薄膜反射率的提高。目前，优质激光反射膜的反射率虽然已超过99.9%，但有一些工作还要求它的反射率继续提高。应用于强激光系统的反射膜，则更强调它的抗激光强度，围绕提高这类薄膜的抗激光强度所开展的工作，使这类薄膜的研究更加深入。

介质镜面

介质镜面由两种不同折射率的介质交替叠层而成(见图1.15)，其中 $n_1<n_2$。每一层的厚度为波长的四分之一或 $\lambda_{层}/4$，这里 $\lambda_{层}$ 是该层中光的波长，或者为 λ_0/n，这里 λ_0 是光在自由空间的波长，镜面被要求在这个波长可反射入射光，n 是该层的折射率。从界面来的反射波发生相长干涉，使得产生大量的反射波。如果有足够多的层数，波长 λ_0 处的反射率可以接近于1。

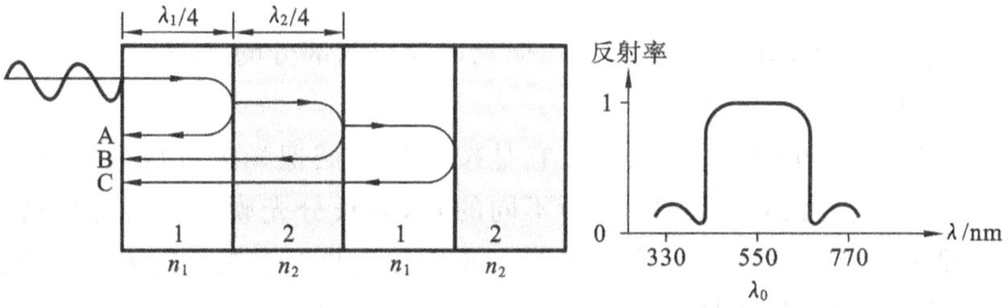

图1.15　多层的不同折射率介质镜面的波长行为与其典型反射率之间的关系

对于在1和2边界反射回第1层的光波来说，它的反射系数 $r_{12}=(n_1-n_2)/(n_1+n_2)$，它是一个负数，表明发生了相变化，相位移为 π；对于在2和1边界反射回第2层的光波来说，它的反射系数 $r_{21}=(n_2-n_1)/(n_2+n_1)$，它等于 $-r_{12}$，是一个正数，表明没有发生相变化。这样，光波在穿过镜面时，反射系数的符号就交替发生变化。考察两个任意光波A和B，它们在两个界面依次发生反射。由于在不同的边界发生反射，所以这两个波的相位差为 π。进一步，光波B在到达光波A之前，它要多传播一个额外的距离，即 $\lambda_2/4$ 的两倍，所以相变化为 $2\times\lambda_2/4$ 或 $\lambda_2/2$，也就是 π。那么光波A和B间的相位差就变成了 $\pi+\pi$ 或 2π。结果光波A和B同相，即发生了相长干涉。我们可以相似地得到光波B和C也发生相长干涉，以此类推。所以说从各个相邻界面反射来的所有光波都发生相长干涉。通过这样几层的反射之后(取决于 n_1 和 n_2)，透射光的强度就会非常小，而反射光的强度就接近于1。在垂直腔表面发射半导体激光器中，介质镜面有着广泛的应用。

3) 干涉滤光片

干涉滤光片是种类最多、结构复杂的一类光学薄膜。它的主要功能是分割光谱带。最常见的干涉滤光片是截止滤光片和带通滤光片。截止滤光片可以把所考虑的光谱区分成两部分：一部分不允许光通过(称为截止区)；另一部分要求光充分通过(称为带通区)。按照通带在光谱区的位置，带通又可分为长波通和短波通两种，它们最简单的结构分别为 $\left(\frac{H}{2}L\frac{H}{2}\right)^m$、$\left(\frac{L}{2}H\frac{L}{2}\right)^m$，这里 H、L 分别表示 $\frac{\lambda_0}{4}$ 厚的高、低折射率层数，m 为周期数。具有以上结构的膜系称为对称周期膜系。如果所考虑的光谱区很宽或通带透过率的波纹要求很高，则膜系结构会更加复杂。

带通滤光片只允许光谱带中的一段通过，而其他部分全部被滤掉，按照它们结构的不同可分为法布里-珀罗型滤光片、多腔滤光片和诱增透滤光片。法布里-珀罗型滤光片的结构与法布里-珀罗标准的相同，因为由它获得的透过光谱带都比较窄，所以又称窄带干涉滤光片。这种滤光片的透过率对薄膜的损耗非常敏感，所以制备透过率很高、半宽度又很窄的滤光片是很困难的。多腔滤光片又称矩形滤光片，它可以做窄带带通滤光片，又可以做宽带带通滤光片，制备波区较宽、透过率高、波纹小的多腔滤光片同样是困难的。

诱增透滤光片是在金属膜两边匹配以适当的电介质膜系，以增加其透过率，减少反射，使通带透过率增加的一类滤光片。虽然它的通带性能不如全电介质法布里-珀罗型滤光片，却有着很宽的截止特性，所以还是有很大的应用价值。特别在紫外区，一般电介质材料吸收都比较大的情况下，它的优越性就更明显了。

4）分光膜

分光膜是根据一定的要求和一定的方式把光束分成两部分的薄膜。分光膜主要包括波长分光膜、光强分光膜和偏振分光膜等几类。

波长分光膜又称双色分光膜，顾名思义它是按波长区域把光束分成两部分的薄膜。这种膜可以是一种截止滤光片或带通滤光片，所不同的是，波长分光膜不仅要考虑透过光，还要考虑反射光，两者都要求有一定形状的光谱曲线。波长分光膜通常在一定入射角下使用，在这种情况下，由于偏振的影响，光谱曲线会发生畸变，为了克服这种影响，必须考虑薄膜的消偏振问题。

光强分光膜是按照一定的光强比把光束分成两部分的薄膜，这种薄膜有时仅考虑某一波长，称为单色分光膜；有时需要考虑一个光谱区域，称为宽带分光膜；用于可见光的宽带分光膜，称为中性分光膜。这种膜也常在斜入射下应用，由于偏振的影响，两束光的偏振状态可以相差很多，在有些工作中，可以不考虑这种差别，但在另一些工作中（如某些干涉仪），则要求两束光都是消偏振的，这就需要设计和制备消偏振膜。

偏振分光膜是利用光斜入射时薄膜的偏振效应制成的。偏振分光膜可以分成棱镜型和平板型两种。棱镜型偏振膜是利用布儒斯特角入射时界面的偏振效应制成的。当光束总是以布儒斯特角入射到两种材料界面时，不论薄膜层数有多少，其水平方向振动的反射光总为零，而垂直分量振动的光则随薄膜层数的增加而增加，只要层数足够多，就可以实现透过光束基本上是平行方向振动的光，而反射光束基本上是垂直方向振动的光，从而达到偏振分光的目的。由于由空气入射不可能达到两种薄膜材料界面上的布儒斯特角，所以薄膜必须镀在棱镜上，这时入射介质不是空气而是玻璃。平板型偏振膜主要是利用在斜入射时由电介质反射膜两个偏振分量的反射带带宽的不同而制成的。一般地，高反射膜随着入射角的增大，垂直分量的反射带宽逐渐增大，而平行分量的带宽逐渐减少。选择垂直分量的高反射区、平行分量的高透过区为工作区，可构成透过平行分量反射垂直分量的偏振膜，这种偏振膜的入射角一般选择在基体的布儒斯特角附近。棱镜型偏振膜工作的波长范围比较宽，偏振度也可以做得比较高，但它制备较麻烦，不易做得大，抗激光强度也比较低。平板型偏振膜工作的波长区域比较窄，但它可以做得很大，抗激光强度也比较高，所以经常用在强激光系统中。

［例1.5］　在折射率为 $n_1=1.450$ 的玻璃介质中传播的光线入射进入折射率为 $n_2=1.430$ 的另一种玻璃介质。假如光线在自由空间的波长为 1 μm，求：

(1) 如果是全内反射，则最小入射角应当是多少？

(2) 当入射角分别为 $\theta_i=85°$ 和 $\theta_i=90°$ 时，反射波中的相变化是多少？

(3) 当入射角分别为 $\theta_i=85°$ 和 $\theta_i=90°$ 时，损耗波进入介质 2 中的深度是多少？

解　(1) 对于全内反射而言，由临界角 $\sin\theta_c=n_2/n_1=1.430/1.450$，得

$$\theta_c=80.47°$$

(2) 因为入射角 θ_i 大于临界角 θ_c，所以在反射波中存在相位移。$\boldsymbol{E}_{r\perp}$ 中的相变化记为 $\phi_\perp$，由 $n_1=1.450$，$n_2=1.430$ 和 $\theta_i=85°$，有

$$\tan\left(\frac{1}{2}\phi_\perp\right)=\frac{[\sin^2\theta_i-n^2]^{\frac{1}{2}}}{\cos\theta_i}=\frac{\left[\sin^2 85°-\left(\frac{1.430}{1.450}\right)^2\right]^{\frac{1}{2}}}{\cos 85°}=1.61447=\tan\left(\frac{1}{2}\times 116.45°\right)$$

因此，相变化为 $\phi_\perp=+116.45°$。对于 $E_{r/\!/}$ 分量，相变化为

$$\tan\left(\frac{1}{2}\phi_{/\!/}+\frac{1}{2}\pi\right)=\frac{[\sin^2\theta_i-n^2]^{\frac{1}{2}}}{n^2\cos\theta_i}=\frac{1}{n^2}\tan\left(\frac{1}{2}\phi_\perp\right)$$

所以

$$\tan\left(\frac{1}{2}\phi_{/\!/}+\frac{1}{2}\pi\right)=\left(\frac{n_1}{n_2}\right)^2\tan\left(\frac{1}{2}\phi_\perp\right)=\left(\frac{1.450}{1.430}\right)^2\tan\left(\frac{1}{2}\times 116.45°\right)$$

得出 $\phi_{/\!/}=-62.1°$。注意：如果把这个场倒转过来，则相变化就变为 $\phi_{/\!/}=+117.86°$。

同样，可以求得当 $\theta_i=90°$ 时，$\phi_\perp=+180°$ 和 $\phi_{/\!/}=0°$。

还必须注意：只要入射角 θ_i 大于临界角 θ_c，反射系数就为 1，只有相变化。

(3) 损耗波进入介质 2 中，它的振幅为 $E_{t\perp}(y,t)\approx E_{t0\perp}\exp(-\alpha_2 y)$

这里忽略了 z 分量 $\exp j(\omega t-k_z z)$，因为它只给出沿 z 轴方向的传播特性。当 $y=1/\alpha_2=\delta$ 时，场强度降为 e^{-1}。衰减系数 α_2 为

$$\alpha_2=\frac{2\pi n_2}{\lambda}\left[\left(\frac{n_1}{n_2}\right)^2\sin^2\theta_i-1\right]^{\frac{1}{2}}$$

$$\alpha_2=\frac{2\pi\times 1.430}{1.0\times 10^{-6}}\left[\left(\frac{1.450}{1.430}\right)^2\sin^2 85°-1\right]^{\frac{1}{2}}\ \text{m}^{-1}=1.28\times 10^6\ \text{m}^{-1}$$

所以渗入深度为

$$d=1/\alpha_2=1/(1.28\times 10^6)\ \text{m}=7.8\times 10^{-7}\ \text{m}\quad 或\quad 0.78\ \mu\text{m}$$

当入射角为直角时，同样可以求得 $\alpha_2=1.5\times 10^6\ \text{m}^{-1}$，因此 $\delta=0.66\ \mu\text{m}$。

从上可以看出，入射角较小时，渗入深度反而较大。这在分析光纤中光的传播非常重要。

［例1.6］　考察在一个折射率为 1.5 的玻璃介质和折射率为 1.0 的空气之间的边界上，正入射光的反射情况。

(1) 假如光线是从空气向玻璃传播，相对入射光而言，反射光的反射系数和反射率是多少？

(2) 假如光线是从玻璃向空气传播，相对入射光而言，反射光的反射系数和反射率是多少？

(3) 上述(1)中外反射时的偏振角是多少？根据这个偏振角，你怎样制作一个使光偏振的

偏振器件？

解 (1) 光从空气传播到玻璃表面时，会在玻璃表面发生对应于外反射的部分反射。这样 $n_1=1.0$，$n_2=1.5$，那么

$$r_{/\!/}=r_{\perp}=\frac{n_1-n_2}{n_1+n_2}=\frac{1-1.5}{1+1.5}=-0.2$$

这是一个负数，意味着有180°的相位移。反射率为

$$R=r_{/\!/}^2=0.04=4\%$$

(2) 光从玻璃传播到空气-玻璃界面时，会在该界面发生对应于内反射的部分反射。这样 $n_1=1.5$，$n_2=1.0$，那么

$$r_{/\!/}=r_{\perp}=\frac{n_1-n_2}{n_1+n_2}=\frac{1.5-1.0}{1.5+1.0}=+0.2$$

这时没有相位移。反射率依然是0.04或4%。因此，上述两种情况下，反射光的数量是相同的。

(3) 光从空气传播到玻璃表面时，会以一个偏振角进入玻璃表面。这里 $n_1=1.0$，$n_2=1.5$，所以 $\tan\theta_p=n_2/n_1=1.5$，即

$$\theta_p=56.3°$$

假如要保持56.3°的偏振角将光从玻璃板上反射，那么反射光将被一个垂直于入射光平面的电场分量偏振。在入射平面内，透射光将会有一个较大的电场，也就是说它将会部分偏振。通过用几层玻璃板叠加，就可以增加透射光的偏振。

1.7 多路干涉和光谐振器

像电感电容(LC)电路之类的电谐振器只允许在谐振频率 f_0 附近的带宽范围内产生电振荡。因此，这种LC电路在该频率下储存能量。在谐振频率 f_0，它也可以作为滤波器，无线电调谐就是这个原因。光学谐振器类似于电谐振器，它仅仅在某些频率(波长)储存能量或滤光。

当两块平面镜之间留有一定的自由空间并很理想地排列在一起时(见图1.16(a))，两块镜面 M_1 和 M_2 之间的光波反射会导致在这个腔内的这些波产生相长干涉和相消干涉。从 M_1 反射的向右传播的波会和由 M_2 反射的向左传播的波发生干涉，其结果是在腔内会有一系列的电磁波驻波或定波(见图1.16(b))。因为镜面(假如涂敷了金属层)处的电场一定为零，因此腔长 L 就仅仅只能是半波长 $\lambda/2$ 的整数倍 m，即

$$m\left(\frac{\lambda}{2}\right)=L,\quad m=1,2,3,\cdots \tag{1.68}$$

对于给定的 m，每一个特定的满足方程(1.68)的允许的波长 λ，标记为 λ_m，定义了一个腔模(见图1.16(b))。光频率 ν 和波长 λ 之间存在关系式 $\nu=c/\lambda$，因此这些模对应的频率就是腔的谐振频率，即

$$\nu_m=m\left(\frac{c}{2L}\right)=m\nu_f,\quad \nu_f=\frac{c}{2L} \tag{1.69}$$

式中：ν_f 是最小频率，对应于基模 $m=1$，它也是两个相邻模的频率间隔 $\Delta\nu_m=\nu_{m+1}-\nu_m=\nu_f$，称它为自由光谱范围(或自由光谱区)。

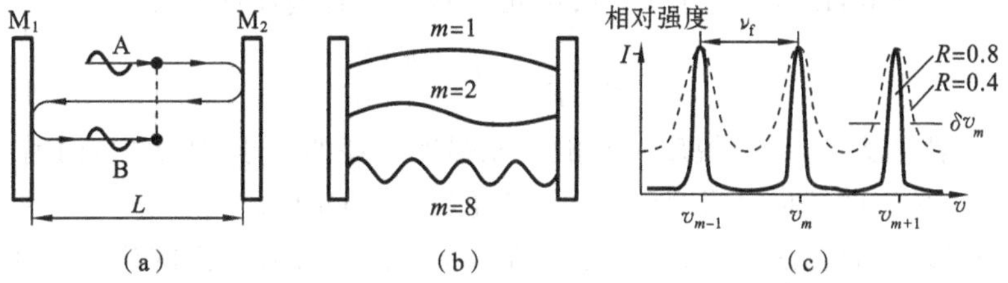

图 1.16　法布里-珀罗谐振腔及其特性示意图

(a) 反射波干涉；(b) 在谐振腔内只允许存在某些波长的电磁波主播模式；
(c) 不同模式光强度与频率间的关系

图 1.16(c)所示的是允许存在的模与频率之间的关系示意图。如果腔中没有光损失，即镜面是完全反射的，那么在由方程(1.69)定义的频率 ν_m 处的峰是陡峭的曲线；假如镜面不是完全反射的，有一部分光从腔内透射出去了，那么模峰就不是陡峭的曲线，而是有一定的宽度。很显然，这种由光滑镜面组成的简单光学腔只能在某些频率下起着“储存”辐射能的作用，这种光学腔称为法布里-珀罗(Fabry-Perot)光学谐振器。

当某一任意波 A 在某一时间向右传播，经过一个来回后，这个波再一次向右传播，但这一次变成了 B。由于不完全反射，它们之间存在相位差、振幅也不同。如果镜面 M_1 和 M_2 反射系数 r 相同，那么相对于 A 来说，一个来回之后 B 有一个相位差 $k(2L)$ 和值为 r^2 的反射系数(两次反射)。当 A 和 B 发生干涉时，振幅为 $A+Ar^2\exp(-\mathrm{j}2kL)$。

当然，像 A 一样，也会继续传播，B 也会被反射两次。经过一个轮回之后，它又继续朝右传播，这样就会有三个、四个、五个等发生干涉的波。在经过无数次来回反射之后，由于无限次这样的干涉，结果场 $E_{腔}$ 为

$$E_{腔}=A+B+\cdots=A+Ar^2\exp(-\mathrm{j}2kL)+Ar^4\exp(-\mathrm{j}4kL)+Ar^6\exp(-\mathrm{j}6kL)+\cdots$$

这个几何级数的和很容易写成

$$E_{腔}=\frac{A}{1-r^2\exp(-\mathrm{j}2kL)}$$

一旦知道谐振腔中的场，就能计算出光强度 $I_{腔}=|E_{腔}|^2$。而且，我们还可以用反射率 $R=r^2$ 来进一步简化这个表达式。经过代数变换后，最终表达式为

$$I_{腔}=\frac{I_0}{(1-R)^2+4R\sin^2(kL)} \tag{1.70}$$

式中：$I_0=A^2$，为初始光强度。

当方程(1.70)的分母中的 $\sin^2(kL)$ 为零时，谐振腔中的光强度为最大 $I_{\max}$，对应 $kL=m\pi$，这里 m 为整数。每当 $kL=m\pi$，光强度与 k 的关系曲线(等效于光强度与光频谱之间的关系曲线)中就有一个峰，如图 1.16(c)所示。这些峰位于 $k=k_m$，它们满足 $k_mL=m\pi$。对于那些谐振 k_m 值，方程(1.70)给出

$$I_{\max}=\frac{I_0}{(1-R)^2},\quad k_mL=m\pi \tag{1.71}$$

镜面的反射率 R 较小，意味着从谐振腔中损失的光较大，这会影响谐振腔中光强度的分布。由方程(1.70)可以看到，较小的 R 值会导致模峰变宽，而且谐振腔中最大光强和最小光强之间的差也会变小，如图 1.16(c)所示。法布里-珀罗的谱宽 δv_m 是图 1.16(c)所示的某一

模式强度的半高宽(FWHM)。对于 $R>0.6$,可以从下式直接计算出,即

$$\delta v_m=\frac{\nu_f}{F},\quad F=\frac{\pi R^{\frac{1}{2}}}{1-R} \tag{1.72}$$

这里 F 称为谐振器的光洁度(或锐度),它随着光强度损耗的减小(R 增加)而增加。光洁度越高,模式峰越尖。光洁度是指模间距(Δv_m)与谱宽(δv_m)的比值。

法布里-珀罗谐振腔在激光器、干涉滤光器和光谱仪中有着广泛的应用。考察图 1.17 所示的入射到法布里-珀罗谐振腔上的一光束。光学腔是用部分透光和反射的平板做成的,一部分入射光束进入谐振腔中。我们知道,因为其他波长的波会产生相消干涉,因此只允许某些特殊的腔模式存在于谐振腔中。这样,假如入射光束的波长对应于某一个腔模式,它就能在腔中持续震荡,会有透射光束产生。逸出的光是谐振腔中光的一部分,其强度与方程(1.70)的结果成正比。商用干涉滤光器就是用这种原理制成的,一般它们是用两个谐振腔通过介质镜面串联而成(层厚为四分之一波长,相互叠加),这种结构远比图 1.17 所示的复杂,而且调整谐振腔的长度可以提供一种"调谐能力"以扫描不同的波长。

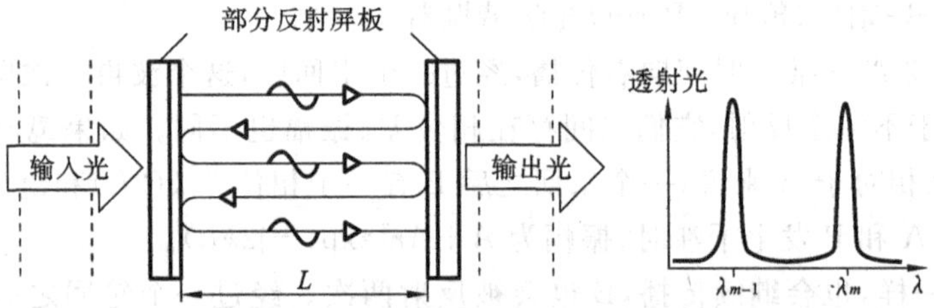

图 1.17　通过法布里-珀罗谐振腔透射的光

通过分析每一次有一个波在右边的镜面上反射,其中一部分都射出去,而在 $kL=m\pi$ 时,这些透射波只能发生相长干涉来构建透射光束,可以计算出图 1.17 中的透射光强度。凭直觉,假如 $I_{入射}$ 是入射光强度,那么这个光的一部分($1-R$)就会进入谐振腔,构成方程(1.70)中的 $I_{腔}$,而 $I_{腔}$ 的一部分($1-R$)会作为透射光 $I_{透射}$ 离开谐振腔。于是

$$I_{透射}=I_{入射}\frac{(1-R)^2}{(1-R)^2+4R\sin^2(kL)} \tag{1.73}$$

根据图 1.17 中的波长,像 $I_{腔}$ 一样,只有当 $kL=m\pi$,$I_{透射}$ 的值才最大。

用 n 表示 k,上述结果很容易延伸到具有折射率为 n 的介质。进一步,如果在镜面的入射角 θ 不是成法线方向的,那么就可以把 k 分解成沿谐振腔轴向,然后用 $k\mathrm{con}\theta$ 代替上述讨论中的。

[例 1.7]　现有一用折射率为 0.9 的镜面做成的法布里-珀罗谐振腔,长度为 100 μm,计算在最接近 900 nm 时的谐振腔模式、模式间距和每个模式的谱宽。

解　根据方程(1.68),$m=\dfrac{2L}{\lambda}=\dfrac{2\times100\times10^{-6}}{900\times10^{-9}}=222.22$,所以

$$\lambda_m=\frac{2L}{m}=\frac{2\times100\times10^{-6}}{222}\ \mathrm{m}=900.90\ \mathrm{nm}$$

模式间距为

$$\Delta\nu_m=\nu_f=\frac{c}{2L}=\frac{3\times10^8}{2\times100\times10^{-6}}\ \mathrm{Hz}=1.5\times10^{12}\ \mathrm{Hz}$$

光洁度为

$$F=\frac{\pi R^{1/2}}{1-R}=\frac{\pi\times 0.9^{1/2}}{1-0.9}=29.8$$

从而每个模式的宽度为

$$\delta\nu_m=\frac{\nu_f}{F}=\frac{1.5\times 10^{12}}{29.8}\ \text{Hz}=5.03\times 10^{10}\ \text{Hz}$$

此外,模式谱宽 $\delta\nu_m$ 对应于光谱波长宽度 $\delta\lambda_m$。模式波长 $\lambda_m=900.90$ mm 对应于模式频率 $\nu_m=c/\lambda_m=3.328\times 10^{14}$ Hz。因为 $\lambda_m=c/\nu_m$,可以将这个式子进行微分而得到 λ_m 和 ν_m 微小变化间的关系,即

$$\delta\lambda_m=\left|\delta\left(\frac{c}{\nu_m}\right)\right|=\left|-\frac{c}{\nu_m^2}\right|\delta\nu_m=\frac{3\times 10^8}{(3.33\times 10^{14})^2}\times 50.3\times 10^{10}\ \text{m}=1.36\ \text{nm}$$

光在被反射过程中,如果反射光在离开反射点时的振动方向与入射光到达入射点时的振动方向恰好相反,这种现象称为半波损失。所谓"半波损失",就是当光从折射率小的光疏介质射向折射率大的光密介质时,在入射点,反射光相对于入射光有相位突变 π,即在入射点反射光与入射光的相位差为 π,由于相位差 π 与光程差 λ /2 相对应,它相当于反射光多走了半个波长 λ /2 的光程,故这种相位突变 π 的现象称为半波损失。从波动理论可知,波的振动方向相反相当于波多走(或少走)了半个波长的光程。入射光在光疏介质中前进,遇到光密介质界面时,在掠射或垂直入射两种情况下,在反射过程中产生半波损失,这只是对光的电场强度矢量的振动而言。如果入射光在光密介质中前进,遇到光疏介质的界面时,不产生半波损失。不论是掠射或垂直入射,折射光的振动方向相对于入射光的振动方向,永远不发生半波损失。

我们生活在一个光的世界里,人们无法想象,如果没有光,世界将会是什么样子?正是由于光以及与光有关的物理现象的存在,才组成了我们这个丰富多彩的世界。

光的干涉现象是有关光的现象中很重要的一部分,而只要涉及光的干涉现象,半波损失就是一个不得不考虑的问题。

光在不同介质表面反射时,在入射点处,反射光相对于入射光来说,可能存在半波损失,半波损失可以通过直观的实验现象——干涉花样来得到验证。

半波损失理论在实践生活中有很重要的应用,例如,检查光学元件的表面和光学元件的表面镀膜,测量长度的微小变化以及在工程技术方面有广泛的应用。

在劳埃德镜实验中,如果将屏幕与劳埃德镜相接触,接触处两束相干波的波程差为零,但实验发现接触处不是明条纹,而是暗条纹。这一事实说明劳埃德镜实验中,光线自空气射向平面镜并在平面镜上反射后有了量值为 π 的相位突变,这也相当于光程差突变了半个波长。

半波损失仅存在于当光从光疏介质射向光密介质时的反射光中,折射光没有半波损失。当光从光密介质射向光疏介质时,反射光也没有半波损失。光在发射时为什么会产生半波损失呢?这与光的电磁本性有关,可通过菲涅耳方程来解释。光波是频率范围(400～700 nm)很窄的电磁波。实验表明,在光波的电矢量 $\boldsymbol{E}$ 和磁矢量 $\boldsymbol{H}$ 中,能够引起人眼视觉作用和光学仪器感光作用的主要是电矢量 $\boldsymbol{E}$,所以把光波中的电矢量 $\boldsymbol{E}$ 称为光矢量。电磁波(光波)通过不同介质的分界面时会发生反射和折射。从以上分析可知,当光从光疏介质正入射或掠入射到光密介质的分界面上时,反射光与入射光几乎在同一直线上传播,在入射点,反射光的光矢量的振动方向几乎与入射光的光矢量的振动方向相反,即反射光相对于入射光产生了一个相位

突变 π,发生了“半波损失”。在入射点,折射光的光矢量的振动方向几乎与入射光的光矢量的振动方向相同,没有相位突变,即折射光相对于入射光不存在半波损失。

1.8 古斯-汉欣位移和光学隧穿

如图 1.18 所示,当光从一种光密介质中传播进入另一种光疏介质时,如果入射角大于临界角($\theta_i>\theta_c$),就会出现全反射(TIR)现象。简单的光线轨迹分析给人们这样一种印象,在入射光线与两种介质间的界面接触的那一点会有光反射现象,但是严格地研究入射光和反射光的光学实验表明,反射波是在离接触点横向位移一段距离之后才出现,如图1.18所示。尽管入射角和反射角是相同的(如菲涅耳方程预计的那样),然而反射光束还是有一定的横向位移,它是从光密度较小的介质中的一个虚拟平面上反射出来的。这种横向位移称为古斯-汉欣(Goos-Hänchen)位移。

认真分析一下图 1.12 中反射光所经历的相变化 ϕ,再根据渗入深度 $\delta=1/\alpha_2$ 来分析进入第二种介质的电场,就不难理解反射光束的这种横向位移。我们知道,仅仅只有在全内反射时才会出现既不是 0°也不是 180°的相变化。相当于表示,通过沿损耗波的传播方向也就是 z 轴方向使反射波发生一定的位移,即图 1.18 中的 Δz,使得相变化 ϕ 和渗入第二种介质才得以实现。位移量主要取决于入射角的大小和渗入深度。通过简单的几何分析,有 $\Delta z=2\delta\tan\theta_i$。例如,对于波长为 1 μm、入射角为 85°的在玻璃-玻璃($n_1=1.450$ 和 $n_2=1.430$)界面发生全反射的光,$\delta=0.78$ μm,则 $\Delta z\approx18$ μm。

每当光从一种光密介质(见图 1.18 中的 A)传播进入另一种光疏介质(见图 1.18 中的 B)时,如果入射角大于临界角,在它们的界面处就会出现全反射。假如介质 B 的厚度为 d,如图 1.19 所示,就会观察到当 B 的厚度足够薄时,在 C 中 B 的另一面就会出现一束衰减光。这里,入射光有一部分透过了介质 B,而根据简单几何光学应当是禁止的。这种现象称为光学隧穿,它是光的波动本质的结果。由损耗波场渗入介质 B 而到达 BC 界面,这种现象称为受抑全内反射(FTIR)。邻近的介质 C 抑制了全内反射。C 中的透射光束会有一定的光强度,这样反射光束的强度就会减少。

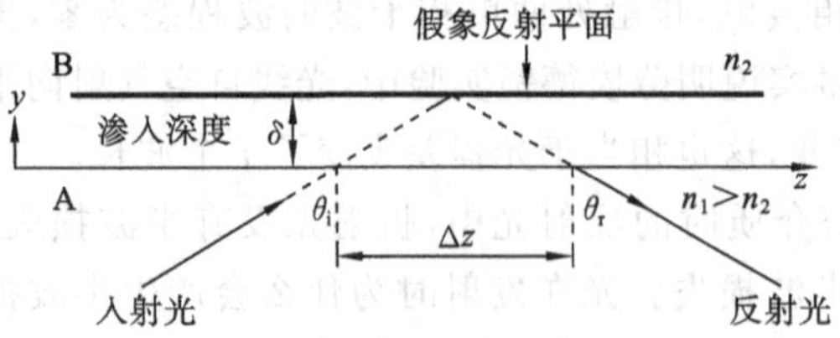

图 1.18 全内反射的反射光束在界面处会出现 Δz 的横向位移

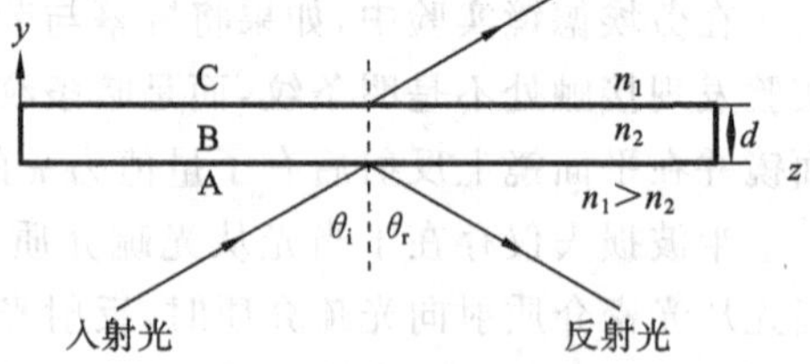

图 1.19 光学隧穿示意图

受抑全内反射在图 1.20 所示的光束分离装置中应用很广。一束进入玻璃三棱镜 A 的光在斜面发生全内反射(在玻璃-空气界面处 $\theta_i>\theta_c$),然后被反射,棱镜使光发生偏转。图 1.20(b)中的光束分离装置内有两个棱镜 A 和 C,它们之间用一种低折射率的薄膜 B 隔开。一部分光能就可以隧穿过这层薄膜，再透射进入C，最后从这个分离装置中出来。在A的斜面发生受抑全内反射产生了另一个透射光束，所以它就把入射光束分离成了两个光束。这两个光束所含能量的程度取决于薄层B的厚度和它的折射率。

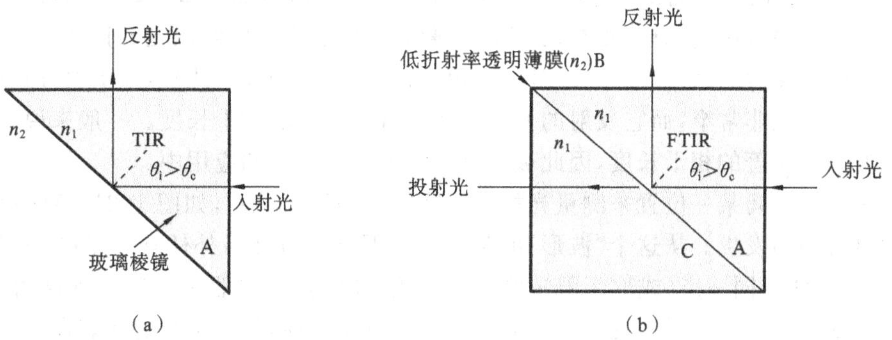

图 1.20　受抑全内反射的应用

(a) 玻璃棱镜斜面上的入射光束发生全内反射；(b) 受抑全内反射用作光束分离器

1.9　瞬间相干性和空间相干性

当用纯粹的正弦波来表示运动的电磁波时，如

$$E_x=E_0\sin(\omega_0 t-k_0 z) \tag{1.74}$$

它有一个确定的角频率 $\omega_0=2\pi\nu_0$ 和波数 k_0，因为正弦函数在它所有允许值的范围内发生周期性变化，我们一般假定该波在整个空间无限延伸而且一直存在，如图1.21所示。这样的波是完全相干的，因为这个波上所有的点都可以预计。所以完全相干就意味着我们能够从这个波任意某部分的相预测另一部分的相。瞬时相干度量了在某一给定位置波上不同时间的两点如 P 和 Q 能够互相关联的程度。也就是说，从一点能可靠地预测另一点的情况。对于图1.21(a)所示的纯粹正弦波，在某一给定位置，任意时间间隔内的任意两点如 P 和 Q 总是相关的，因为在任意瞬时间隔内都可以从一点 P 的位相预测另一点 Q 的位相。

所有任意时变函数 $f(t)$ 都可以表示成具有不同频率、振幅和相位的纯正弦函数的和。一个函数 $f(t)$ 的光谱表示构成这个函数的不同的正弦振荡的振幅。所有这些正弦波都可以用合适的振幅和相位进行相加以构成函数 $f(t)$。在频率 $\nu_0=\omega_0/2\pi$，只需要一个正弦函数就可构成图1.21(a)所示的满足方程(1.74)的波。

一个纯粹的正弦函数是实际函数的理想化，事实上，任何一个波只能在一有限的时间 Δt 内存在，对应于图1.21(b)中的有限波轨迹长度 $l=c\Delta t$。这个时间 Δt 可能是辐射发射过程、激光器发射的光的调制或某些其他过程的结果(事实上，在时间 Δt 内振幅实际上不是常数)。很显然，只能将时间 Δt 或空间范围 $l=c\Delta t$ 内的点进行关联。这个波轨迹有一个相干时间 Δt 和一个相干长度 $l=c\Delta t$。因为它不是完善的正弦波，所以在它的光谱中含有很多不同的频率。经过适当的计算表明，正如所预计的那样，构成这个波轨迹的大多数显著频率都集中在图1.21(b)显示的 $\Delta\nu$ 范围内的 ν_0 周围。范围 $\Delta\nu$ 就是这个波轨迹的光谱宽度，它取决于瞬时相干时间 Δt，并由下式给出

$$\Delta\nu=\frac{1}{\Delta t} \tag{1.75}$$

所以相干性和光谱宽度是紧密相连的。例如，在由钠灯发射的 589 nm 的橙光，其光谱宽度 $\Delta\nu\approx5\times10^{11}$ Hz。这意味着它的相干时间和相干长度分别为 $\Delta t\approx2\times10^{-12}$ s，以及 $l\approx6\times10^{-4}$ m。另一方面，以多模方式运行的 He-Ne 激光器发射出来的红激光光谱宽度 $\Delta\nu\approx1.5\times10^{9}$ Hz，相干时间约为 6.67×10^{-10} s，对应的相干长度为 200 mm。此外，以单模方式运行的连续波激光器的线宽非常窄，而它发射的光谱可能会有几百米的相干长度。一般来说，激光器件发射的光波都有显著的相干长度，因此被广泛用于波干涉研究和应用中。

假如固定在空间某一位置来测量光场和时间之间的行为关系，如图 1.21(c)所示，其中信号为零的电势随即发生。从这个“波形”的某一点 P 是无法预测另外任意一点 Q 的相或信号，除非点 P 和点 Q 是同一点(或取无限短的时间间隔，使它们靠得非常近)，否则这两个点在任意瞬间无论如何都不会相干。在这种白光信号中没有相干性，信号也只是代表白光的噪声；它的光谱中就包含范围很广的不同频率。像正弦波一样，白光也是理想化的，因为假定了在白光束中存在所有的频率。但是，从原子中发射的光都有一个中心频率和某一谱宽，也就是说，有一定程度的相干性。现实世界中的光是一种有限相干的光。

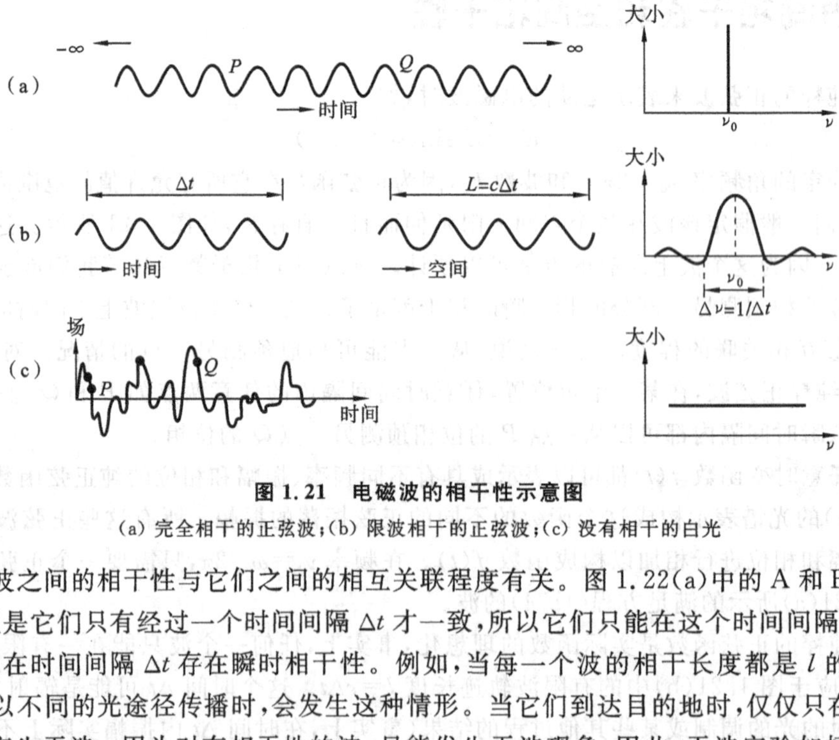

图 1.21　电磁波的相干性示意图

(a) 完全相干的正弦波；(b) 限波相干的正弦波；(c) 没有相干的白光

两个波之间的相干性与它们之间的相互关联程度有关。图 1.22(a)中的 A 和 B 有相同的频率 ν_0，但是它们只有经过一个时间间隔 Δt 才一致，所以它们只能在这个时间间隔产生干涉。因此，它们在时间间隔 Δt 存在瞬时相干性。例如，当每一个波的相干长度都是 l 的两个相同的波轨迹以不同的光途径传播时，会发生这种情形。当它们到达目的地时，仅仅只在一定的空间 $c\Delta t$ 上产生干涉。因为对有相干性的波，只能发生干涉现象，因此，干涉实验如杨氏双缝实验，可以用来测量不同波之间的相干性。

空间相干性描述了在某一光源上，从不同位置发射出来的光波的相干程度，如图 1.22(b)所示。假如在这个光源上的位置 P 和 Q 发出的光波是同相的，那么 P 和 Q 就有空间相干性。一个空间相干源发出的光波在整个发射表面上都是同相的，但是这些波也可能会有部分瞬时

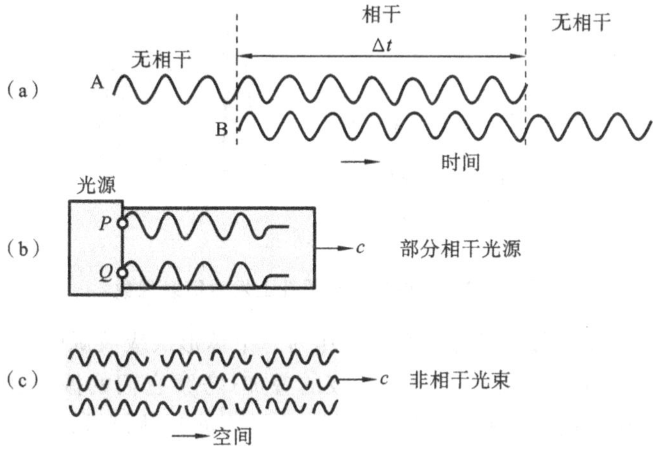

图 1.22 两个波之间的相干性及其相关程度

(a) 仅仅只能在某一时间间隔 Δt 上的发生干涉的两个波；
(b) 同一光源不同位置发射的光波的空间相干性；(c) 非相干光束

相干性。因此，从某一空间相干光源发出的光束会在光束横截面表现出空间相干性，也就是说，这些波在相干长度 $c\Delta t$ 上都是同相的，这里 Δt 是瞬时相干性。一个基本不相干的光束所包含的波互相之间没有什么相关性。图 1.22(c)中的非相干光束中所包含的波(穿过光束横截面)的相位变化在随机时间里都是随机的(注意：其中也可能会在非常短的时间间隔中存在极小的瞬时相干)。相干性的定量分析需要基于相关函数的数学技巧，在其他更高等的课本中可以找到。

1.10 衍射原理

1. 费琅和夫衍射

波的一个重要特性就是它们表现出衍射效应。例如，声波在角落周围能弯曲(转向)，在障碍物周围光波也能"弯曲"(尽管这个弯曲非常小)。图 1.23 所示的就是平行校准的光束穿过一个圆形小孔(在一个不透明的屏幕上有一个敞开的圆)的一个例子，发现这个穿过的光束向四周发散，并且表现出有明暗相间的不同强度的环形图案，这些环称为爱里(Airy)斑。穿过的光束发生了衍射，它的光强度图案称为衍射图案。很清楚，衍射光束的光图案并不和圆形小孔的几何阴影对应。衍射现象一般分为费琅和夫(Fraunhofer)衍射和菲涅耳(Fresnel)衍射两种。在费琅和夫衍射中，入射光束是一个平面波(平行校准的光束)，离这个圆形小孔很远的地方就可观察或检测到光强度图案，所以接收到的波看起来也像平面波。在小孔和摄影屏幕之间插一个透镜，可以使孔和屏幕的距离变近。在非涅耳衍射中，入射光束和接收到的波不是平面光束，但是它们都有显著的波前曲面。一般地，光源和摄影屏幕离小孔都很近，以使波前是曲面的。到目前为止，费琅和夫衍射是最重要的。

从障碍物发射的多个波相互干涉，因此衍射现象很容易理解。下面考察一个平面波入射到一个长度为 a 的一维狭缝的情况。根据惠更斯-菲涅耳(Huygens-Fresnel)原理，在给定时

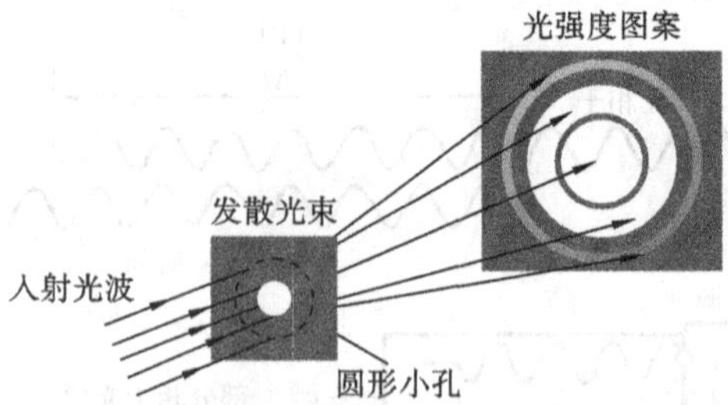

图 1.23　一束光射到圆孔上发生衍射现象

间的某一瞬间，波前的每个无障碍的点都可以作为一个球形次级波源（与初级波具有相同的频率），其他任何一点光场的振幅是所有这些弱波的叠加（考察它们的振幅和相位）。图1.24(a)和(b)形象地描绘了这个点，从中可以看出，当这个平面波到达圆孔时，圆孔内的点就成了相干球形次级波的光源，这些球形波相互干涉可以产生新的波前（新波前是这些次级波波前的包层）。这些球形波不仅只能在向前的方向发生相长干涉，而且在其他合适的方向也能发生相长干涉，在观察屏幕上产生一个可以观察到的明亮的图案（圆形孔的亮环）。

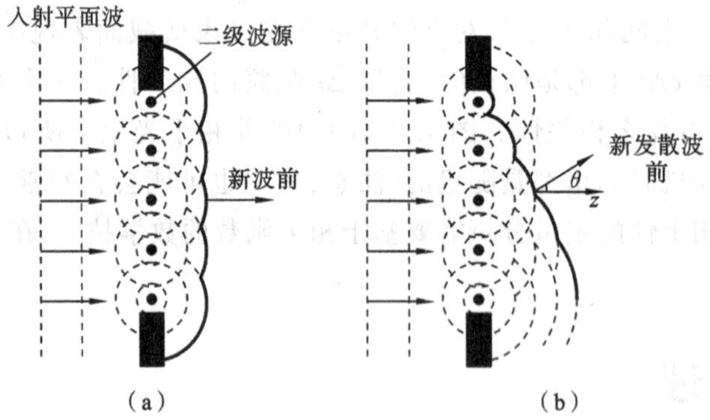

图 1.24　一个平面波入射到一个长度 a 的一维狭缝的情况

(a) 惠更斯-菲涅耳原理，波前的每个点都是一个球形次级波源；(b) 另一种可能存在的波前

把这个圆孔中没有障碍的宽度 a 分成大量(N)的相干“点源”，每个“点源”的大小为 $\delta y=a/N$（很显然，δy 足够小，近似于一个点），如图 1.25(a)所示。圆孔被规定为平面波，每个点源的强度（振幅）与 $\delta y=a/N$ 成正比。每个点都是一个球形波的源。在向前的方向($\theta=0$)上，它们沿 z 轴方向都是同相的，构成一个前行波。但是它们也可能与 z 轴方向以一个角度同相，沿这个方向产生衍射波。将在屏幕上某一点所接收到的波的强度定义为从圆孔中所有点原来的所有波的总和。屏幕离圆孔很远，所以波几乎是平行到达屏幕的（同样可以用一个透镜把衍射平行光线聚焦，从而形成衍射图案）。

如图 1.25(a)所示，研究与从 $y=0$ 处发射的波(A)相关的在 y 处一任意点源发射的波(Y)的相位（任意方向 θ）。如果 $\boldsymbol{k}$ 是波矢，其值 $k=2\pi/\lambda$，波 Y 和波 A 不同相，相位差为 $ky\sin\theta$，这样从 y 处点源发射的波的电场 δE 为

$$\delta E \propto (\delta y)\exp(-\mathrm{j}ky\sin\theta) \tag{1.76}$$

从 $y=0$ 到 $y=a$ 点源中来的所有这些波在屏幕发生干涉，屏幕处的场是它们的总和。因

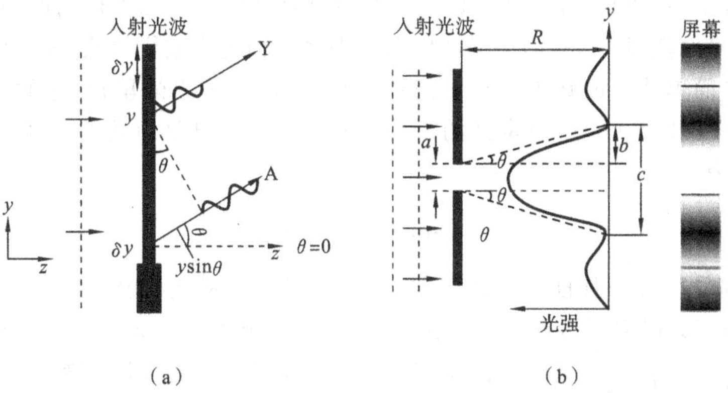

图 1.25　光的衍射

(a) 圆孔被分成 N 个点源；(b)衍射图案

为屏幕很远，屏幕上的一点到圆孔任何地方的距离都相同。这意味着从圆孔来的所有的球形波都经历相同的相变化，到达屏幕时振幅减小。对于从圆孔来的所有的波来说，就可以使 δE 用一个相同的量来简化。于是，在屏幕上最终的场 $E(\theta)$ 为

$$E(\theta) = C\int_{y=0}^{y=a} \mathrm{d}y\exp(-\mathrm{j}ky\sin\theta) \tag{1.77}$$

式中：C 为常数。

对上式积分并进行代数运算，最终可以得到

$$E(\theta)=\frac{C\mathrm{e}^{-\mathrm{j}\frac{1}{2}ka\sin\theta}a\sin\left(\frac{1}{2}ka\sin\theta\right)}{\frac{1}{2}ka\sin\theta}$$

在屏幕上的光强度 I 与 $|E(\theta)|^2$ 成正比，于是

$$I(\theta)=\left[\frac{C'a\sin\left(\frac{1}{2}ka\sin\theta\right)}{\frac{1}{2}ka\sin\theta}\right]^2=I(0)\mathrm{sinc}^2(\beta),\quad \beta=\frac{1}{2}ka\sin\theta \tag{1.78}$$

式中：C' 为常数；β 是一个为了方便运算而引进代表 θ 的新变量；而 sinc 是一个函数，由 $\mathrm{sinc}(\beta)=\sin\beta/\beta$ 定义。

假如要把方程(1.78)作为屏幕上 θ 的函数来作图，可以得到图 1.25(b)所示的衍射图案。首先，观察图案的明、暗区域，对应着从圆孔来的波的相长干涉和相消干涉。其次，中心明亮区域比圆孔的宽度 a 要宽，意味着透射光束必须是发散的。根据方程(1.78)，当

$$\sin\theta=\frac{m\lambda}{a},\quad m=\pm1,\pm2,\pm3,\cdots \tag{1.79}$$

时，强度为零。

波长为 1300 nm 的光波，如果被一厚度为 a=100 μm 的狭缝衍射，其发散角 2θ 约为1.5°。从图 1.25(b)可以看出，给定式(1.79)中的 θ 和屏幕到圆孔的距离 R，用几何知识就可很容易地算出衍射强度图案中心明亮区域的宽度 c。

从二维孔如长方形或圆形孔的衍射图案的计算就更复杂，但也可根据空中所有点源发出

的波会发生多种干涉，而利用同样的原理，从被称为爱里环的圆孔中得到的图 1.23 所示的衍射图案，可以粗略地把图 1.25(b)中的强度图案围绕 z 轴旋转进行简化(实际强度图案遵守贝塞尔函数而不是简单地经过旋转的 sin$c$ 函数)中央的白点称为爱里盘；它的半径对应于第一个暗环的半径。图 1.25(b)中所定义的第一个暗环的角度 θ 是由孔的直径 D 和波长 λ 决定的，它的表达式为

$$\sin\theta=1.22\frac{\lambda}{D} \tag{1.80}$$

从孔中心到爱里盘周围的发散角为 2θ。假如屏幕到圆孔的距离为 R，那么爱里盘的半径近似为 b，从图 1.25(b)可以看出，根据几何知识可以算出 $b/R=\tan\theta\approx\theta$。假如用一透镜将衍射光波聚焦到屏幕上，那么 $R=f$，即透镜的焦距。

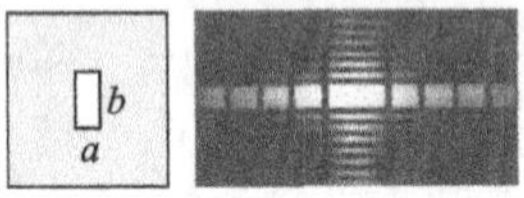

图 1.26　矩形孔及其衍射图案

矩形孔的衍射图案如图 1.26 所示。其中包括两个单缝 sin$c$ 函数的乘积，一个狭缝沿水平轴的宽度 a，另一狭缝沿竖直方向的宽度 b。(为什么沿水平轴的衍射图案比较宽?)

[例 1.8]　分析一下当两个相干源通过一个直径为 D 的圆孔的成像系统(可能还会有一个透镜)时，会发生什么情况？这两个相干源在圆孔间上有一个角度差 $\Delta\theta$。圆孔会产生 S_1 和 S_2 的衍射图案，如图 1.27 所示。当这两个相干源离得越近，它们的角度差就变得越窄，结果衍射图案重叠得越多。根据 Rayleigh 原理，当一个衍射图案的最大值与另一个图案的最小值一致时，这两个点是可以分辨的。可分辨的角度限制条件为

$$\sin(\Delta\theta_{\min})=1.22\frac{\lambda}{D} \tag{1.81}$$

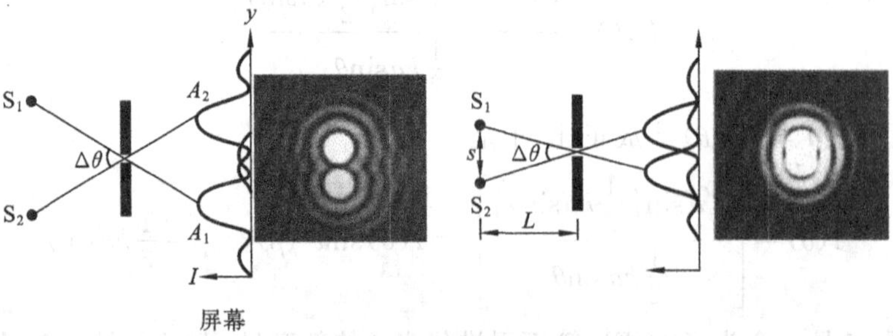

图 1.27　由衍射效应限制的成像系统的分辨率

人眼的瞳孔直径约为 2 mm。问在 550 nm 的绿光下，这两点的最小角度差应为多少？假如这两个物体离眼睛的距离是 30 cm，那么它们之间的最小距离又是多少？在眼睛中，这个成像是两个衍射图案。假如眼睛中的折射率 $n=1.33$，那么根据方程(1.81)

$$\sin(\Delta\theta_{\min})=1.22\frac{\lambda}{D}=1.22\times\frac{550\times10^{-9}}{1.33\times2\times10^{-3}}$$

求得 $\Delta\theta_{\min}=0.0145°$

它们之间的最小距离为

$$s=2L\tan\frac{\Delta\theta_{\min}}{2}=2\times300\tan\frac{0.0145°}{2}=0.076\ \text{mm}=76\ \mu\text{m}$$

约为人毛发那么粗或一页纸那么厚。

2. 衍射光栅

最简单的衍射光栅是在不透明的屏幕上有很多周期性排列的狭缝的光学器件，如图1.28(a)所示。入射光束以某一特定的方向衍射，这主要取决于波长 λ 和光栅特性。图1.28(b)所示的是某一有限狭缝衍射光束的强度图案。沿某一方向(θ)有很强的衍射光束，根据它们发生的情况，可以将这些光束标为零级(中央)、一级(零级两边)等。假如有无限的狭缝，那么也会有相同的衍射强度图案。实际上，任何折射率的周期性变化都可以当作一个衍射光栅，后面将要讨论其他类型的光栅。在费琅和夫衍射中，假定观察屏幕很远，或者用一透镜将衍射平行光线聚焦到屏幕上(在观察者的眼里，透镜事实上也是这样的)。

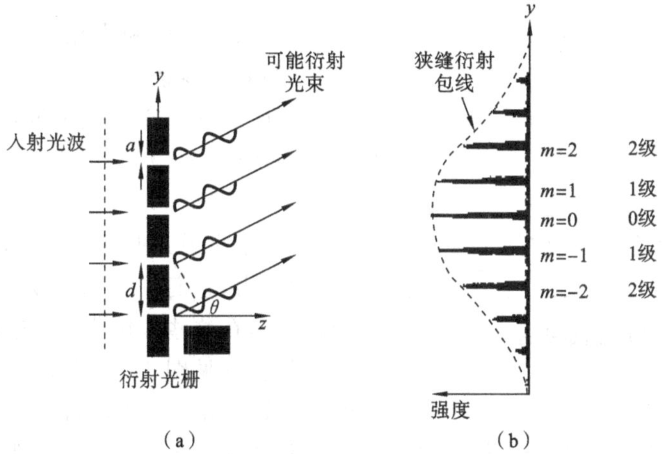

图1.28　衍射光栅原理

(a) 一不透明屏幕上有 N 个狭缝的衍射光栅；(b) 衍射光图案

假定入射光束是一个平面波，所以狭缝就变成相干(同步)源。同时假定每个狭缝的宽度 a 比狭缝间的距离 d 小很多，如图1.28(a)所示，这样从两个相邻狭缝以一定的角度发射出来的波就不同相，相位差值对应于光路差 $d\sin\theta$。很显然，当这个差值是整个波长的一个倍数时，有

$$d\sin\theta=m\lambda,\quad m=0,\pm1,\pm2,\cdots \tag{1.82}$$

从狭缝对发射出的所有这些波都会发生相长干涉。上述方程式就是著名的光栅方程，也称为Bragg衍射条件。m 的值定义了衍射级数：$m=0$ 是零级；$m=1$ 是一级；依此类推。测定实际衍射强度比较复杂，因为它包括所有观察到的这种波的和，同时，也包括每一个单独狭缝的衍射效应。对于图1.28(a)所示的 a 比 d 小很多的情况，衍射光束的振幅受到每一个单独的狭缝的衍射振幅调制，因为后者四处扩散，如图1.28(b)所示。很显然，衍射光栅为反射入射光提供了一种手段，反射量由波长决定，这也是分光光度计中使用它们的理由。

图1.29(a)所示的衍射光栅是透射光栅，其入射光束和衍射光束分别在光栅的两边。一般地，玻璃板上平行薄槽可充当图1.29(a)中的透射光栅。入射光束和衍射光束在光栅的同一边的光栅称为反射光栅，如图1.29(b)所示。这种光栅的表面有一周期性反射结构，很容易通过在金属薄膜之类的材料内蚀刻平行凹槽而制得。未蚀刻反射表面充当同步次级光源，这些光源沿某些方向产生干涉，从而得到零级、一级、二级等衍射光束。

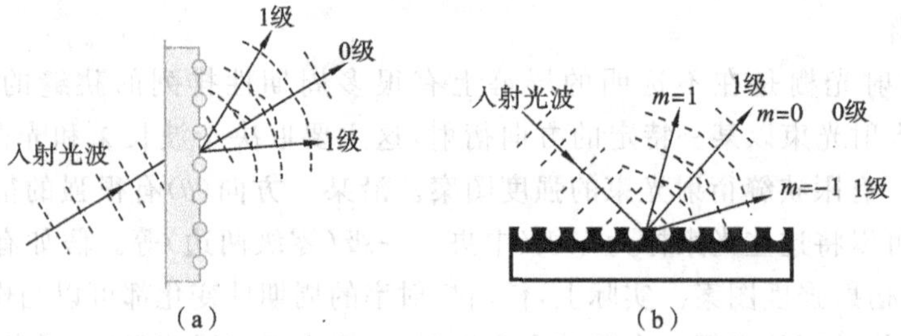

图 1.29 衍射光栅应用

(a) 透射光栅;(b) 反射光栅

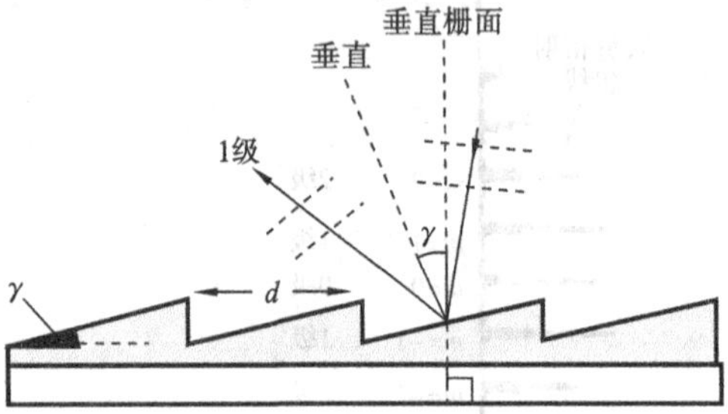

图 1.30 闪耀光栅

当入射光束和光栅不是成正法线时,方程(1.82)必须修改。如果相对光栅法线,入射角为 θ_i,那么对于第 m 模来说,衍射角由下式给出

$$d(\sin\theta_m - \sin\theta_i) = m\lambda, \quad m = 0, \pm 1, \pm 2, \cdots \tag{1.83}$$

由于衍射光栅具有提供取决于波长的光偏转的能力,它们在分光光度计中有广泛的应用。很显然,在这些应用中,对应于零级光束的未被衍射的光(见图 1.29)是不希望存在的,因为它浪费了一部分入射光强度。把这些能量移到更高级如一级或二级可行吗?Wood 通过图 1.30 所示的结构做到了这点。这个结构主要由一块上面刻有很多凹槽的可控制形状的玻璃构成,玻璃表面具有空间周期为 d 的周期性角度。方程(1.83)中的衍射条件可用于与光栅平面成法线方向的情况,而一级反射对应于从平板表面来的反射,其角度为 γ。这样通过选择适当的 γ,就可以"炫耀"更高级别的光(通常 $m=1$)。大多数现代衍射光栅就是这种类型。

问题与习题

1.1 如图 1.31 所示,两个同样的球面镜 A 和 B 共焦相对排放,因为只有一定频率的特定光波才能存在于光腔,所以两镜及其之间的空间(光腔)形成一个光谐振器,腔中的光束为高斯光束,当光从 A 发出,向 B 传播,后返回 A。如果 $R=25$ cm,镜的直径为2.5 cm,估算光束发散度($\Delta\theta$)及点大小(最小束腰)各是多少?

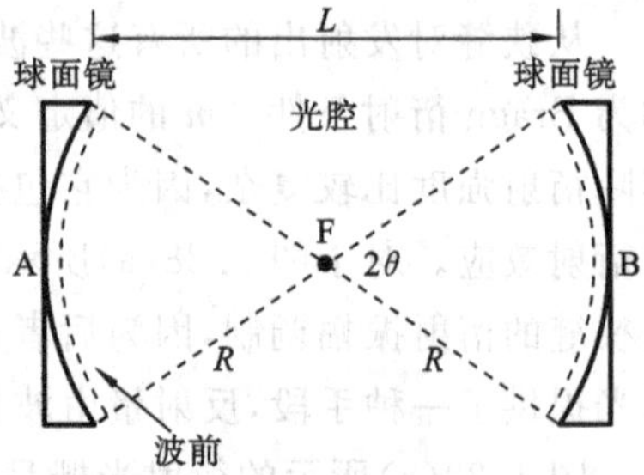

图 1.31 两个聚焦球面镜互相来回反射光波

1.2 (1) 考察在自由空间一波长为 1300 nm 的光在纯硅介质中传播,计算该介质中的相速及群速,群速是否大于相速?

(2) 当在某一石英介质中传播的光波在石英-空气界面上入射时,发生全内反射的布儒斯特角(偏振角 θ_p)和临界角 θ_c 各是多少?在偏振角 θ_p 为何值时会发生什么情况?

(3) 在硅中传播的光束正入射到二氧化硅-空气界面时,反射系数及反射率各为多少?

(4) 在空气中传播的光束正入射到二氧化硅-空气界面时,反射系数及反射率各为多少?与(3)比较如何?你的结论是什么?

1.3 泽尔迈尔(Sellmeier)发散方程是以波长 λ 方式表示折射率的经验表达式:

$$n^2-1=\frac{G_1\lambda^2}{\lambda^2-\lambda_1^2}+\frac{G_2\lambda^2}{\lambda^2-\lambda_2^2}+\frac{G_3\lambda^2}{\lambda^2-\lambda_3^2}$$

式中:G_1、G_2、G_3 和 λ_1、λ_2、λ_3 是由实验数据得到满足表达式的常数(泽尔迈尔系数),实际的泽尔迈尔发散方程右边含有更多具有相同形式:$G_i\lambda^2/(\lambda^2-\lambda_i^2)(i=1,2,3)$的项式。鉴于 n 与 λ 在超过典型波长 λ 时的特性,它们通常可以被忽略,保留式中最为重要或相关的三项。表 1.2 给出了纯 SiO_2 与 GeO_2 摩尔百分比为 13.5 的泽尔迈尔系数,利用计算机编制程序或数学软件包(Matchcad、Matlab、Mathview 等),或棋盘式账目表程序(如 Excel)得到纯 SiO_2 和 SiO_2-13.5%GeO_2 的 λ 由 0.5 μm 到 1.8 μm 折射率 n 的函数,求出两种材料的群折射率 N_g 和波长,并在同一图中用点描出各材料在波长多少时材料色散为零?

表 1.2　SiO_2 和 SiO_2-13.5%GeO_2 的泽尔迈尔系数

	G_1	G_2	G_3	λ_1/μm	λ_2/μm	λ_3/μm
SiO_2	0.696749	0.408218	0.890815	0.0690660	0.115662	9.900559
SiO_2-13.5%GeO_2	0.711040	0.451885	0.704048	0.0642700	0.129408	9.425478

1.4 (1) 折射率分别为 n_1、n_2 和 n_3 具有平行边界的三种电介质。正入射时,如果 $n_2=\sqrt{n_1n_3}$,则第 1 层与第 2 层之间、第 2 层与第 3 层之间具有相同反射系数,这结论有何意义?

(2) 现有一在波长为 900 nm 下工作的 Si 光电二极管。现有供选择的两种防反射涂层,折射率为 1.5 的 SiO_2 和折射率为 2.3 的 TiO_2,你会选用何种防反射涂层,其厚度为多少?(Si 的折射率为 3.5)

1.5 在一折射率 $n_1=1.460$ 的玻璃传播的光线入射到一折射率为 1.430 的玻璃介质中,假设在自由空间中,光线的波长为 850 nm。

(1) 如果是全内反射,则最小入射角应当是多少?

(2) 当入射角分别为 $\theta_i=85°$ 和 $\theta_i=90°$ 时,反射波中的相变化是多少?

(3) 当入射角分别为 $\theta_i=85°$ 和 $\theta_i=90°$ 时,损耗波进入介质 2 中的深度是多少?

(4) 当传播于 SiO_2 中的光束正入射($\theta_i=0°$)玻璃-空气界面时,反射系数是多少?

(5) 当传播于空气中的光束正入射($\theta_i=0°$)玻璃-空气界面时,反射系数是多少?与(4)相比如何?你的结论是什么?

1.6 (1) 水的折射率约为 1.33,空气中的光束经水面反射偏振角是多少?

(2) 假设一潜水员向水面发出手电筒的光,从水面反射的临界角是多少?

1.7 一波长为 870 nm 的光波在折射率为 3.6 的半导体介质 GaAs 中传播,以 80°入射角入射到折射率为 3.4 的半导体 AlGaAs 中,是否会发生全内反射?计算反射电场垂直与水平分量的相变。

1.8 如图 1.32 所示的一物体上的薄膜,假如一入射波的振幅为 A_0,根据反射系数和透射系数的定义,得到折射波和反射波的振幅如下:

$A_1=A_0r_{12}$，　$B_1=A_0t_{12}$，　$B_2=A_0t_{12}r_{23}$，　$C_1=A_0t_{12}t_{23}$

$A_2=A_0t_{12}r_{23}t_{21}$，　$B_3=A_0t_{12}r_{23}r_{12}$，　$B_4=A_0t_{12}r_{32}r_{12}r_{32}$，　$C_2=A_0t_{12}r_{23}r_{12}t_{23}$

$A_3=A_0t_{12}r_{23}r_{12}r_{32}t_{21}$，　$B_5=A_0t_{12}r_{32}r_{12}r_{32}r_{12}$，　$B_6=A_0t_{12}r_{32}r_{12}r_{32}r_{12}r_{32}$，　$C_3=A_0t_{12}r_{32}r_{12}r_{32}r_{12}t_{23}$

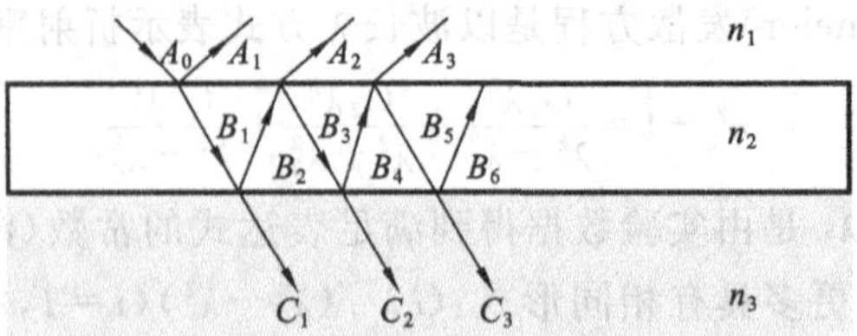

图 1.32　半导体器件上涂层的折射率为 n_2

假定 $n_1<n_2<n_3$，膜的厚度为 d。为了方便，采取正入射，在横向膜厚度 d 中相变化为 $\phi=(2\pi/\lambda)n_2d$，其中 λ 为自由空间的波长。波以 $\exp(-j\phi)$ 倍增引起相位的不同。

反射系数和透射系数分别为

$$r_1=r_{12}=\frac{n_1-n_2}{n_1+n_2}=-r_{21},\quad r_2=r_{23}=\frac{n_2-n_3}{n_2+n_3}$$

$$t_1=t_{12}=\frac{2n_1}{n_1+n_2},\quad t_2=t_{21}=\frac{2n_2}{n_1+n_2}$$

(1) 证明：$1-t_1t_2=r_1^2$。

(2) 证明：反射系数为 $r=\dfrac{A_{反射}}{A_0}=r_1-\dfrac{t_1t_2}{r_1}\sum_{k=1}^{\infty}(-r_1r_2e^{-j2\phi})^k$；求和为：$r=\dfrac{r_1-r_2e^{-j2\phi}}{1+r_1r_2e^{-j2\phi}}$。

(3) 证明：透射系数为 $t=\dfrac{C_{透射}}{r_1r_2}=-\dfrac{t_1t_2e^{-j2\phi}}{r_1}\sum_{k=1}^{+\infty}(-r_1r_2e^{-j2\phi})^k=\left(\dfrac{t_1t_2e^{j\phi}}{r_1r_2}\right)\dfrac{r_1r_2e^{-j2\phi}}{1+r_1r_2e^{-j2\phi}}$；求和为 $t=\dfrac{t_1t_2e^{-j\phi}}{r_1r_2e^{-j2\phi}}$。

1.9　如图 1.32 所示的涂在某一物体的薄涂膜，利用题 1.8 的透射系数，证明：当 $d=m\lambda/4n_2$（其中 m 为奇整数，λ 为自由空间波长），正入射时，透射进入介质 3 的光束最大。另证为使 $r_1=r_2$，需取 $n_2=\sqrt{n_1n_3}$，利用题 1.8 反射系数推导相同结果。

1.10　菲涅耳方程有时按下列给出：

$$r_\perp=\frac{E_{r0,\perp}}{E_{i0,\perp}}=\frac{n_1\cos\theta_i-n_2\cos\theta_t}{n_1\cos\theta_i+n_2\cos\theta_t}$$

$$r_{/\!/}=\frac{E_{r0,/\!/}}{E_{i0,/\!/}}=\frac{n_1\cos\theta_t-n_2\cos\theta_i}{n_1\cos\theta_t+n_2\cos\theta_i}$$

$$t_\perp=\frac{E_{r0,\perp}}{E_{i0,\perp}}=\frac{2n_1\cos\theta_i}{n_1\cos\theta_i+n_2\cos\theta_t}$$

并且

$$t_{/\!/}=\frac{E_{r0,/\!/}}{E_{i0,/\!/}}=\frac{2n_1\cos\theta_i}{n_1\cos\theta_t+n_2\cos\theta_i}$$

证明：这些与 1.6 节给出的菲涅耳方程等价。

利用菲涅耳方程正入射时的反射与透射系数证明：$r_\perp+1=t_\perp$ 和 $r_{/\!/}+nt_{/\!/}=1$，其中 $n=n_2/n_1$。

1.11　图 1.33 所示的是法布里-珀罗光腔，一波矢值为 $k=2\pi/\lambda$ 的光束以 θ 角入射，证明：允许的模式可表示为 $2L\cos\theta=m\lambda$，其中 m 为整数(1,2,3,…)(提示：以 $\boldsymbol{k}$ 垂直于腔表面处理)

假设一宽单色光源的光线入射到法布里-珀罗干涉计，透射光聚焦到一屏幕，如图 1.33 所示，干涉图形是相间的黑白圆环。解释产生这种现象的原因是什么？如果腔长 L 可通过压电器件调节，如何调节它以测得入射光的波长？

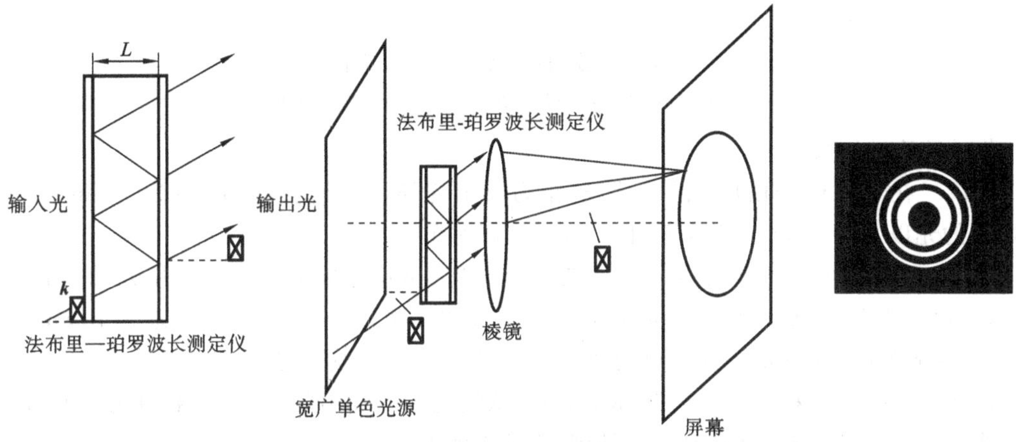

图 1.33　法布里-珀罗谐振器和干涉仪

1.12　一束光线从折射率为 $n_1=1.460$ 的一种玻璃中入射到折射率为 1.430 的另一种玻璃介质中，假设光线在自由空间的波长为 850 nm，入射角为 $\theta_i=85°$，估算反射波垂直场分量的径向古斯-汉欣位移是多少？如果第二种介质的 $n_2=1$(空气)，重新计算古斯-汉欣位移。你的结论是什么？

1.13　(1) 考察如图 1.20(b)介质 B 的电场分量，如何调节透射光的总量？

(2) 求用 $n_1=1.6$ 的玻璃和 $n_2=1.3$ 的薄水膜组成的光分离器斜边的临界角？

(3) 解释光线如何沿两种不同介质之间的一薄层材料传播(见图 1.34(a))，折射率 n_1、n_2、n_3 需满足什么条件？反射波是否会发生损失？

(4) 如图 1.34(b)所示，安放一棱镜耦合器。解释装置如何耦合外界激光光束进入玻璃衬底表面薄层？光线沿着衬底表面在薄层中传播，可调耦合间隙的作用是什么？

1.14　某一特定单模激光器发射出连续波，光谱宽度为 1 MHz。求相干时间和相干长度各为多少？

1.15　(1) 从一信号源发出的辐射线的频率光谱具有中心频率 ν_0 和光谱宽度 $\Delta\nu$，即辐射线的光谱具有中心波长 λ_0 和光谱宽度 $\Delta\lambda$。很显然，$\lambda_0=c/\nu_0$。因为 $\Delta\lambda\ll\lambda_0$ 和 $\Delta\nu\ll\nu_0$，利用 $\lambda=c/\nu$，证明：线宽 $\Delta\lambda$ 和相干长度 l_c 分别为

$$\Delta\lambda=\Delta\nu\frac{\lambda_0}{\nu_0}=\Delta\nu\frac{\lambda_0^2}{c},\quad l_c=c\Delta t=\frac{\lambda_0^2}{\Delta\lambda}$$

(2) 计算一 $\lambda_0=632.8$ nm 和 $\Delta\nu=1.5$ GHz 的 He-Ne 激光器发射的激光的 $\Delta\lambda$？

1.16　实际上任何透镜都是一个孔，因此点映像是衍射图案。有一透镜焦距为 40 cm，直径为2 cm，用一波长为 590 nm 平面波——准直平行光束照射，那么焦点处爱里斑的直径为多

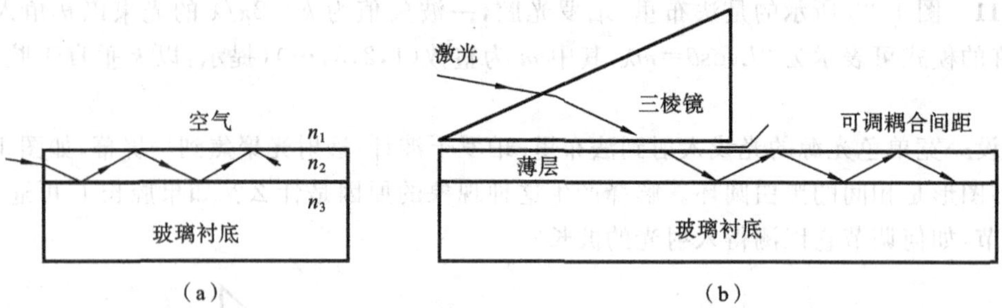

图 1.34　全内反射和受抑全内反射

(a) 光沿光导传播；(b) 激光耦合入薄层(光导→棱镜→薄层)

少？你的结论是什么？

1.17　在半导体表面腐蚀平行凹槽作为反射光栅，凹槽的周期间距为 1 μm，波长为 1.3 μm的光以入射角 89°成法线方向入射，画出衍射光束。

1.18　在杨氏双缝干涉实验中，(1) 波长为 632.8 nm 的激光射在间距为 0.022 cm 的双缝上，求距缝 180 cm 处屏幕上所形成的干涉条纹的间距；(2) 若缝的间距为 0.45 cm，距缝 120 cm 的屏幕上所形成的干涉条纹的间距为 0.15 mm，求光源的波长。

1.19　劳埃德镜采用图 1.35 所示的装置，从缝光源 S 发出的光，下半部的光经平面镜反射与缝光源的光在交叠区域内产生干涉现象，其干涉条纹为

$$x_m = m\lambda s/a$$

式中：a 为光源 S 到镜面距离的两倍；s 为光源到屏的间距；λ 为光的波长。

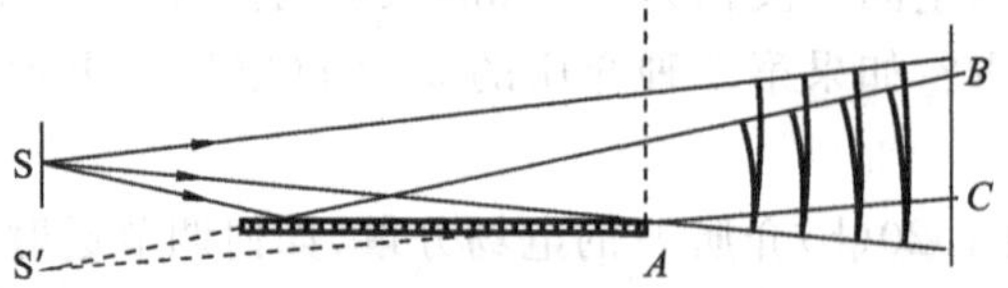

图 1.35　劳埃德镜

从劳埃德镜实验证实了光由光疏介质向光密介质入射时，反射光的相位有 ϕ 的变化，也称半波损失。

在图 1.35 所示的劳埃德镜实验中，光源 S 到观察屏的距离为 1.5 m，到劳埃德镜面的垂直距离为 2 mm。劳埃德镜长 40 cm，置于光源和屏之间的中央。(1) 若光波波长 λ=500 nm，条纹间距是多少？(2)确定屏上可以看见条纹的区域大小，此区域内共有几条条纹？(提示：产生干涉的区域 BC 可由图中的几何关系求得)

1.20　波长为 400 ～760 nm 的可见光正射在一块厚度为 1.2×10⁻⁶ m、折射率为 1.5 玻璃片上，试问从玻璃片反射的光中哪些波长的光最强？

1.21　迈克尔逊干涉仪主要由两个相互垂直的全反射镜 M_1、M_2 和一个 45°放置的半反射镜 G_1 组成，如图 1.36 所示，从光源 S 发出的光在 G_1 的半反射面上被分成反射光Ⅰ和透射光Ⅱ，两束光的强度近似相等。光束Ⅰ射向 M_1 镜，反射折回通过 G_1；光束Ⅱ通过 G_2 射向 M_2 镜，反射后再通过 G_2 射至 G_1 的半反射面处再次反射。最后这两束相干光在空间相遇产生干涉。用屏或眼睛在 E 处可以观察到它们的干涉条纹。G_2 是为了消除光束Ⅰ和光束Ⅱ的光程

不对称而设置的，它与 G_1 有相同的厚度和折射率，它补偿了Ⅰ、Ⅱ两光束的附加光程差，称为“补偿板”。

由于从 M_2 返回的光线在分光板 G_1 第二面上反射，使 M_1 附近形成一平行于 M_1 的虚像，因而光在迈克尔逊干涉仪中自 M_1 和 M_2 的反射，相当于自 M_1 和 M'_2 的反射。由此可见，在迈克尔逊干涉仪中所产生的干涉与厚度为 d 的空气膜所产生的干涉是等效的。

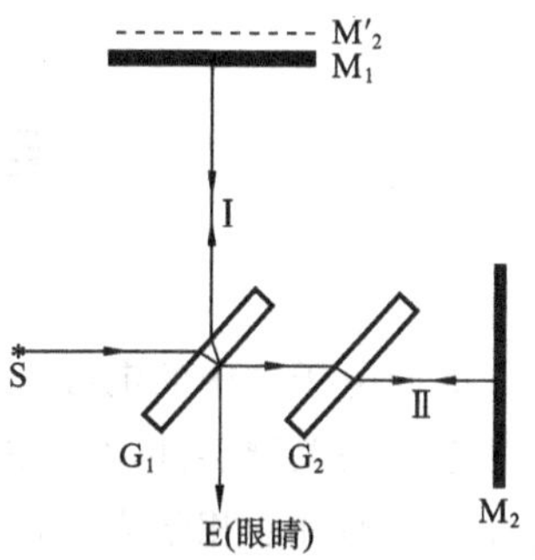

图 1.36　迈克尔逊干涉仪光路

调节一台迈克尔逊干涉仪，使其用波长为 500 nm 的扩展光源，照明时会出现同心圆环条纹。若要使圆环中心处相继出现 1000 条圆环条纹，则必须将移动一臂多远的距离？若中心是亮的，试计算第一暗环的角半径（提示：圆环是等倾干涉图样。计算第一暗环角半径是可利用 $\theta=\sin\theta$ 及 $\cos\theta=1-\theta_2/2$ 的关系）。

第2章 发光二极管

如同电子学中的电源一样，光电子学中第一个接触的便是光源。光源是光纤通信和光纤检测系统的关键器件，其功能是把电信号转换为光信号。光源器件主要是指电光变换器件，分为相干光源和非相干光源，如图 2.1 所示。

- 光源器件
  - 相干光源
    - 激光
      - 气体激光器
      - 固体激光器
      - 染料激光器
      - 半导体激光器
      - 等离子体激光器
    - 非线性光学器件
      - 光参量振荡
      - 激光产生高次谐波
      - 激光的和频与差频
  - 非相干光源
    - 照明光源
      - 气体放电灯、荧光灯
      - 白炽灯
      - 本征场致发光灯(固体灯)
    - 显示光源
      - 阴极射线管
      - 等离子体管
      - 荧光显示器
      - 液晶显示器
      - 场致发光(EL)显示器
      - 发光二极管(LED)
    - 信息处理用光源
      - 发光二极管(LED)
      - 各种小型光源

图 2.1 光源的分类

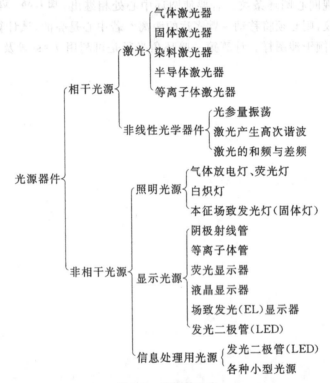

目前光纤系统广泛使用的光源主要有半导体激光二极管(LD)和发光二极管(LED)，有些场合也使用固体激光器，如掺钕钇铝石榴石(Nd∶YAG)激光器。

本章介绍可靠性高、寿命长和价格便宜的发光二极管(LED)。激光器(LD)的工作原理、基本结构和主要特性将在第 3 章介绍。

LED 发射的是自发辐射光。LED 的最基本结构是 PN 结，光通信中大多采用双异质结(DH)芯片，把有源层夹在 P 型和 N 型限制层中间，不同的是 LED 不需要光学谐振腔，没有阈值。发光二极管有两种类型：一类是正面发光型 LED；另一类是侧面发光型 LED。与正面发光型 LED 相比，侧面发光型 LED 驱动电流较大，输出光功率较小，但由于光束辐射角较小，与光纤的耦合效率较高，因而入纤光功率比正面发光型 LED 的大。

2.1　半导体概念和能带

2.1.1　能带图

从现代物理学知道，原子中电子的能量是量子化的，只能有某些分立的值，图 2.2 所示的是锂原子示意图，1s 壳层有两个电子，2s 亚壳层上有一个电子。相同的概念也可用于由几个原子构成的分子中的电子能量。电子能量还是量子化的，但是当 10^{23} 个锂原子一起形成金属晶体时，原子间的相互作用会导致电子能带形成。2s 能级分裂成 10^{23} 个空间相近的能级，这些能级有效形成能带，称为 2s 带。相似地，其他较高的能级也可形成图 2.3 所示的能带，这些能带重叠形成一个连续的代表金属能带结构的能带。锂原子中的 2s 能级是半充满的(2s 亚壳层需要 2 个电子)，这意味着晶体中的 2s 能带也是半满的。

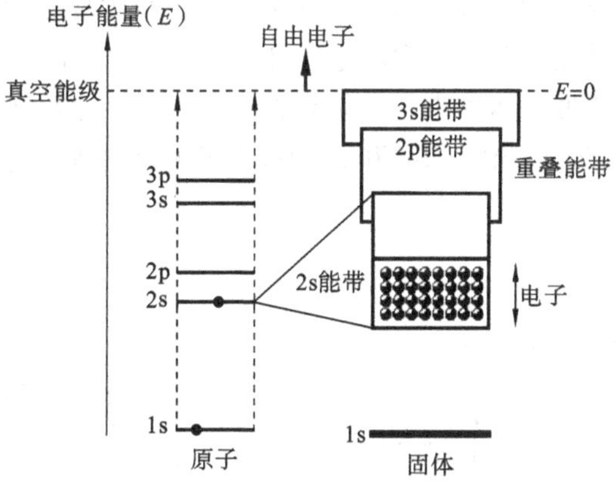

图 2.2　金属晶体中能带示意图

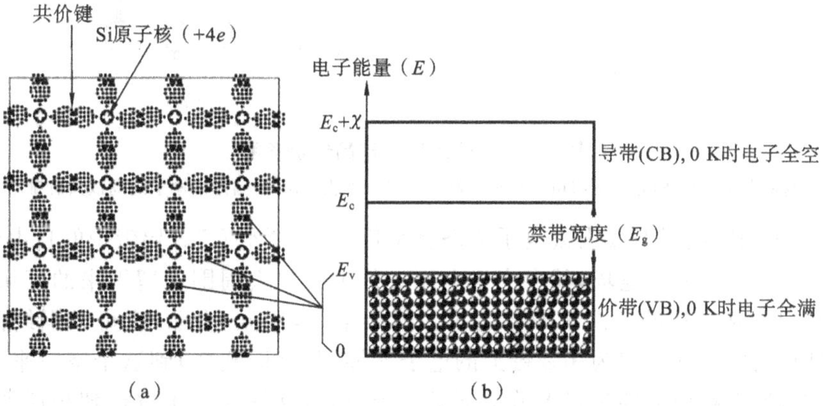

图 2.3　硅晶体结构示意图

(a) 硅晶体中共价键示意图；(b) 硅晶体中的电子能带图

半导体晶体中电子的能量与金属晶体的完全不同。图 2.3(a)所示的是硅晶体的简化二维图，其中每个硅原子和周围相邻的四个硅原子键合，所有四个价电子在这些键中都用上了。

硅原子及其价电子之间的相互作用导致晶体中电子的能量落在两个分立的能带之间，这两个能带分别称为价带(VB)和导带(CB)，其中由一个禁带(E_g)隔开，如图 2.3(b)所示。在禁带内没有允许的电子能量，它表示晶体中被禁止的电子能量。价带表示晶体中对应于原子间的键的电子波函数，占据这些波函数的电子是价电子。在绝对零度时，所有这些键都是被价电子占据(没有断裂的键)，价带中的所有能级上通常都充满了电子。导带表示晶体中能量比价带高的波函数，在绝对零度时通常是空的。价带顶用 E_v 表示，导带底用 E_c 表示，所以 $E_g=E_c-E_v$ 就是禁带。导带的宽度称为电子亲和势 χ。

导带中的一个电子可以在晶体中到处自由运动，也有一个电场，因为导带中有足够的相邻空能级。电子很容易从电场获得能量，向更高能级运动，这是因为在导带中这些态是空的。一般来说，导带中的电子可看作是在晶体中完全自由的，简单地给它一个有效质量 m_e^*。这个有效质量是在考虑导带中电子在晶体中运动时同周期势能相互作用的一个量子力学数，所以其加速度的惯性阻力(质量的定义)与真空中的不同。

导带中只有空态，从价带激发一个电子到导带上去至少需要 E_g 的能量。图 2.4 所示的是一个能量为 $h\nu>E_g$ 的入射光子和价带中的电子相互作用时会出现的情况。电子吸收入射光子获得足够的能量，越过禁带到达导带。结果是在导带中有一个电子，价带中由于失去一个电子而留下一个“空穴”。有些半导体(如硅和锗)中，光子吸收过程也包括晶格振动(硅原子的振动)。

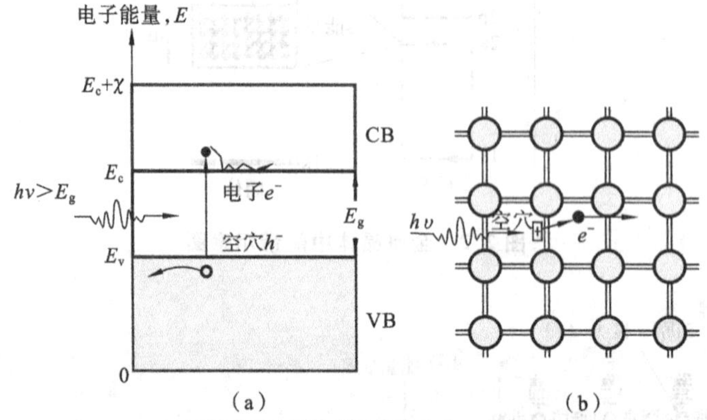

图 2.4 光子入射到硅晶体示意图

(a) 能量为 $h\nu>E_g$ 的光子可将电子从价带激发到导带上去；(b) 硅晶体中原子之间以共价键结合

在化学键中的空电子态或失去电子的态就是价带中的“空穴”。导带中的自由电子可以围绕晶体到处运动，如果外加电场，就会产生电流。价带中空穴周围遗留下来的区域带正电荷，因为 $-e$ 电荷已经从晶体的中性区域移走了。这个空穴，用 h^+ 表示，也可以围绕晶体到处运动，就好像是自由的。这是因为相邻键上的电子能够“跳”(即隧穿)到这个空穴来填充这个地方的空电子态，所以在原来的位置上就留下了一个空穴，这就等效于空位朝相反的方向移动。这样由于有效质量分别为 m_e^* 和 m_h^* 的带有 $-e$ 和 $+e$ 电量的电子和空穴的自由运动，在半导体中就产生电导。

除了能量 $h\nu>E_g$ 的光子能产生电子-空穴对以外，其他能源也可以产生电子-空穴对。事实上，在没有辐射时，由于热产生的结果，在半导体样品中还有一个电子-空穴对产生过程。

由于热能，晶体中的原子不断振动，这对应于硅原子间的键由于能量分布而呈周期性的变形。高能振动使化学键断裂，将电子从价带激发到导带上去，从而产生电子-空穴对。

当导带中到处运动的电子遇到了价带中的空穴时，它就找到了一个能量较低的空电子态并占据它，电子从导带掉到价带上去填充这个空穴，这种现象称为复合，它使得电子从导带中消失，而空穴则从价带中消失。某些半导体中如 GaAs 和 InP 电子从导带掉到价带释放出的能量会以光子的形式发射出来，热产生速率和复合速率是保持平衡的，因此导带中的电子浓度 n 和价带中的空穴浓度 p 仍然是常数，n 和 p 取决于温度。

2.1.2　半导体基础知识

半导体的很多性质都是用导带上的电子和价带上的空穴来描述的。它有两个重要的概念。态密度 $g(E)$ 表示单位体积的晶体中单位能量上能带中电子态（电子波函数）的数量。通过分析单位体积晶体中给定的能量范围上有多少电子波函数，可用量子力学计算态密度。图 2.5(a) 和 (b) 绘出了 $g(E)$ 与导带及价带中电子能量之间的简单关系。根据量子力学，对于一个被限制在三维势阱中的电子来说，态密度 $g(E)$ 随着电子能量按 $g(E)\propto(E-E_c)^{\frac{1}{2}}$ 的指数形式增加，这里 $E-E_c$ 是电子导带中电子的电子能量。态密度仅仅只给出了可以有的态的情况，而不能给出有关它们实际占有的情况。

费米-狄拉克(Fermi-Dirac)函数 $f(E)$ 是指具有能量为 E 的量子态（态就是波函数）中电子的几率。它是热平衡时一群互相作用的电子的基本性质，由下式给出，即

$$f(E)=\frac{1}{1+\exp\left(\dfrac{E-E_F}{k_B T}\right)} \tag{2.1}$$

式中：k_B 是玻尔茨曼常数；T 是绝对温度(K)；E_F 是费米能量，它有很多重要的性质。

根据 E_F 的变化，某一材料体系的任何变化 ΔE_F 代表该材料每个电子的电功输入或输出。如果 V 是两点间的电势差，那么

$$\Delta E_F=eV \tag{2.2}$$

对于黑暗中处于平衡状态下的半导体来说，如果没有外加电压或反电动势产生，则 $\Delta E_F=0$，即整个材料体系的 E_F 是相同的。更进一步，E_F 与导带中的电子浓度 n 及价带中的空穴浓度 p 有关。图 2.5(c) 中 $f(E)$ 的行为是假定费米能级 E_F 处在禁带中。注意，求失去电子后留下的具有能量为 E 的空穴的概率为 $1-f(E)$。

尽管由式(2.1)计算的在 E_F 处电子占据的几率为 1/2，但还有可能没有态供电子占据。重要的是导带的态密度与费米函数的乘积 $g_{CB}(E)f(E)$，是导带中单位体积、单位能量上电子的实际数目 $n_E(E)$，如图 2.5(d) 所示，图中 E_c 和 E_v 分别为导带底与价带顶的能量。这样，$n_E\mathrm{d}E=g_{CB}(E)f(E)\mathrm{d}E$ 是能量范围 E 到 $E+\mathrm{d}E$ 中电子的数目。从导带底(E_c)到导带顶($E_c+\chi$)积分，可以得到导带中的电子浓度 n，即

$$n=\int_{E_c}^{E_c+\chi} g_{CB}(E)f(E)\mathrm{d}E \tag{2.3}$$

当 $E_c-E_F\gg k_B T$，即 E_F 至少在 E_c 以下有几个 $k_B T$ 时，那么 $f(E)=\exp[-(E-E_F)/(k_B T)]$。也就是说，费米-狄拉克统计可以用玻尔茨曼统计代替。这样的半导体称为非简并半导体。

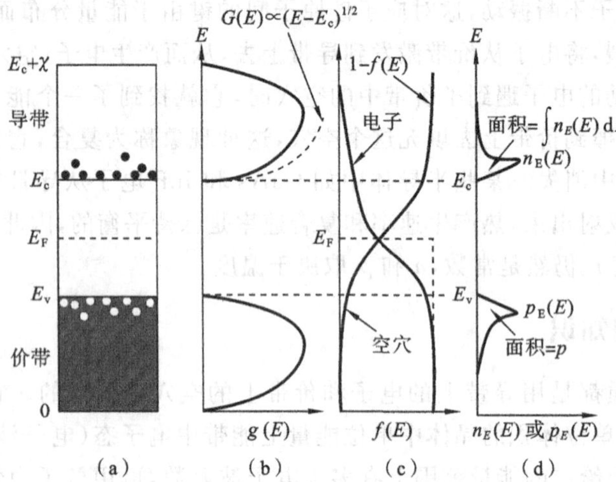

图 2.5　半导体的统计行为

(a) 能带图;(b) 态密度;(c) 费米-狄拉克几率函数;

(d) 态密度与费米-狄拉克函数的积是导带中电子的能量密度

意味着导带中电子的数目比导带中的态要小得多。对于非简并半导体来说,积分(2.3)式就变为

$$n=N_c\exp\left(-\frac{E_c-E_F}{k_B T}\right) \tag{2.4}$$

式中:$N_c=2(2\pi m_e^* k_B T/e^2)^{\frac{3}{2}}$是与温度有关的常数,称为导带边的有效态密度。

式(2.4)的积分结果很简单,这只是一个近似值,这是因为假定了 $E_c-E_F\gg k_B T$。可以将式(2.4)解释如下:如果用一个在 E_c 的有效浓度 N_c(单位体积中态的数量)取代导带中所有的态,然后乘上一个玻尔茨曼统计 $f(E_c)=\exp[-(E-E_F)/(k_B T)]$,就可以得到 E_c 时导带中的电子浓度。这样 N_c 就是导带边的有效态密度。

用相似的方法可以分析价带中空穴的浓度,如图 2.5 所示。用价带中的态密度 $g_{CB}(E)$乘以空穴的占有几率$(1-f(E))$,即可得到单位体积中的空穴浓度 p_E。假定 E_F 至少在E_v 以上有几个 $k_B T$,同理可得空穴浓度为

$$p\approx N_v\exp\left(-\frac{E_F-E_v}{k_B T}\right) \tag{2.5}$$

式中:$N_v=2(2\pi m_h^* k_B T/h^2)^{\frac{3}{2}}$是价带边的有效态密度。

除了假定费米能级 E_F 距离两个带边缘 E_c 和 E_v 有几个 $k_B T$ 以外,没有其他特别的假定,这意味着式(2.4)和式(2.5)一般是有效的。由式(2.4)和式(2.5)显见,E_F 的位置决定了电子浓度和空穴浓度。所以,E_F 就是一个有用的材料特性。在本征半导体(纯晶体)中,$n=p$,由式(2.4)和式(2.5)就可得到本征半导体的费米能级 E_{Fi}在价带以上并位于禁带中,即

$$E_{Fi}=E_v+\frac{1}{2}E_g-\frac{1}{2}k_B T\ln\left(\frac{N_c}{N_v}\right) \tag{2.6}$$

一般地,N_c 和 N_v 的值相当,两者都在对数项中,所以 E_{Fi}就非常近似处于禁带的中间,如图 2.5(a)所示。

在 n 和 p 之间有一个相当有用的半导体关系，称为质量作用定律。由式(2.4)和式(2.5)，n 和 p 的积 np 为

$$np=N_cN_v\exp\left(-\frac{E_g}{k_BT}\right)=n_i^2 \tag{2.7}$$

式中：$E_g=E_c-E_v$ 是禁带宽度；n_i^2 被定义为 $N_cN_v\exp\left(-\frac{E_g}{k_BT}\right)$，它是一个取决于温度和材料特性(如禁带宽度 E_g)的常数，但与费米能级的位置无关。

n_i 对应于没有掺杂的纯晶体即本征半导体中的电子或空穴的浓度，在这种半导体中，$n=p=n_i$，所以称为本征载流子浓度。当样品处于黑暗中的热平衡状态，质量作用定律是有效的。

式(2.4)和式(2.5)分别决定了导带中电子和价带中空穴的总浓度。导带中电子的平均能量可以用它们的能量分布 $n_E(E)$ 来计算，得出的结果为平均能量，它要高于 $E_c+\frac{3}{2}k_BT$。因为导带中的电子在晶体中是自由的，其有效质量为 m_e^*，所以它可以在晶体中到处运动，平均动能为$\frac{3}{2}k_BT$，这就好像是势箱中气体或蒸汽分子中的自由原子。两个粒子到处自由运动，相互之间不发生作用，并遵守玻尔茨曼统计。设 v 是电子速率，用尖括号表示取平均值，那么 $<\frac{1}{2}m_ev^2>$ 的值一定是$\frac{3}{2}k_BT$。这样就可以计算均方根速度 $\sqrt{<v>^2}$，称为热速度，一般约为 10^5 m/s。这个概念同样适用于价带中有效质量为 m_h^* 的空穴。

2.1.3　本征半导体

由周期性势场的 Kronig 和 Penney 模型，可以得到线性薛定谔方程为

$$\frac{-\hbar}{2m}\frac{\partial^2\psi(x,t)}{\partial x^2}+V(x)\psi(x,t)=i\hbar\frac{\partial\psi(x,t)}{\partial t} \tag{2.8}$$

式中：ψ 为波函数；V 为势场；m 为质量；(x,t) 分别为空间和时间坐标；$\hbar=h/2\pi$，h 为普朗克常量。

由于为周期势场，则有

$$V(x)=V(x+nl),\quad n=1,2,3,\cdots \tag{2.9}$$

l 为晶体的原胞。图 2.6 所示的是沿晶体方向的势能函数。

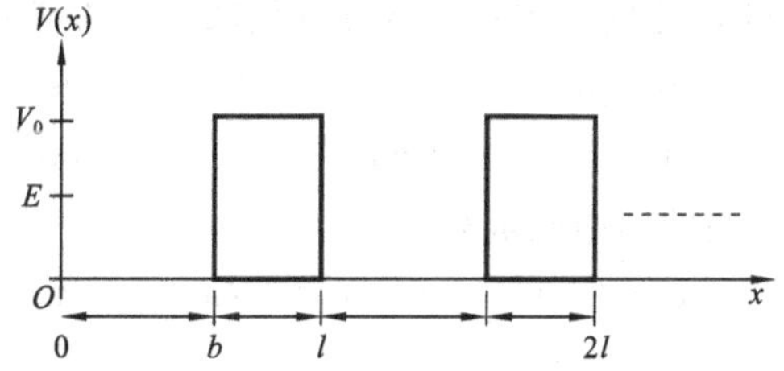

图 2.6　晶体中周期势场的模型

假设 N 为晶体中原子的数量，则有周期性边界条件为

$$\psi(x+Nl)=\psi(x) \tag{2.10}$$

根据 Floquet 定理，其解为布洛克波函数，即

$$\psi(x)=V(x)\exp(\alpha x) \tag{2.11}$$

式中：α 为常数；$V(x)$ 的周期为 l，有

$$V(x)=V(x+l) \tag{2.12}$$

对于自由电子，$V_0=0$，则

$$V(x)=0,\quad \alpha=\mathrm{i}k \tag{2.13}$$

式中：k 为晶体的波矢。

由于周期性限制，

$$V(x+Nl)\exp[\alpha(x+Nl)]=V(x)\exp(\alpha x) \tag{2.14}$$

因此，

$$\exp(\alpha Nl)=1\triangleq\alpha=\left(\frac{2n\pi}{Nl}\right)\mathrm{i}=k_{\mathrm{i}} \tag{2.15}$$

薛定谔方程可以采用参数分解的方法求解。定义

$$\psi(x,t)=\psi(x)\phi(t) \tag{2.16}$$

代入后得到

$$\frac{\dfrac{-\hbar}{2m}\dfrac{\mathrm{d}^2\psi(x)}{\mathrm{d}x^2}}{\psi(x)}=\frac{\dfrac{\mathrm{d}\phi(t)}{\mathrm{d}t}\mathrm{i}\hbar}{\phi(t)}=E \tag{2.17}$$

式中：E 为常数本征值，其物理意义为能量。

由方程(2.17)能推导出以下方程组：

$$\begin{cases}\dfrac{\mathrm{d}^2\psi}{\mathrm{d}x^2}+k_1^2\psi=0, & V(x)=0, \quad 0\leqslant x\leqslant b\\ \dfrac{\mathrm{d}^2\psi}{\mathrm{d}x^2}-k_2^2\psi=0, & V(x)=V_0, \quad b\leqslant x\leqslant l\end{cases} \tag{2.18}$$

也就是有如下定义：在 $V(x)=0$ 的空间区域，有

$$E=\frac{p_1^2}{2m}=\frac{\hbar^2k_1^2}{2m} \tag{2.19}$$

而在 $V(x)=V_0$ 的空间区域，有

$$V_0-E=\frac{p_2^2}{2m}=\frac{\hbar^2k_2^2}{2m} \tag{2.20}$$

那些定义满足动量 P 和能量 E 之间的关系。微分方程(2.18)的解为

$$\begin{cases}\psi(x)=A\exp(\mathrm{i}k_1x)+B\exp(-\mathrm{i}k_1x), & 0\leqslant x\leqslant b\\ \psi(x)=C\exp(-k_2x)+D\exp(k_2x), & b\leqslant x\leqslant l\end{cases} \tag{2.21}$$

因为波函数是与结构有关的周期性函数，则

$$\psi(x+l)=V(x+l)\exp[\mathrm{i}k(x+l)]=V(x)\exp(\mathrm{i}kx)\exp(\mathrm{i}kl) \tag{2.22}$$

而对于 $l<x<l+b$，有

$$\psi(x)=[A\exp(\mathrm{i}k_1(x-l))+B\exp(-\mathrm{i}k_1(x-l))]\exp(\mathrm{i}kl) \tag{2.23}$$

由于波函数的连续性以及其微分方程在 $x=b$ 和 $x=l$ 处的连续性，则在 $x=b$ 处有

$$\begin{cases}A\exp(\mathrm{i}k_1b)+B\exp(-\mathrm{i}k_1b)=C\exp(-k_2b)+D\exp(k_2b)\\ \mathrm{i}k[A\exp(\mathrm{i}k_1b)-B\exp(-\mathrm{i}k_1b)]=k[-C\exp(-k_2b)+D\exp(k_2b)]\end{cases} \tag{2.24}$$

而在 $x=l$ 处有

$$\begin{cases} C\exp(-\mathrm{i}k_2 l)+D\exp(k_2 b)=(A+B)\exp(\mathrm{i}kl) \\ k_2[-C\exp(-k_2 l)+D\exp(k_2 l)]=\mathrm{i}k_1(A-B)\exp(\mathrm{i}kl) \end{cases} \tag{2.25}$$

两个方程的解有如下关系：

$$\begin{cases} \cos(k_1 b)\cos(k_2 l)-\left(\dfrac{k_1^2-k_2^2}{2k_1 k_2}\right)\sin(k_1 b)\sinh(k_2 l)=\cos(kl), & E<V_0 \\ \cos(k_1 b)\cos(k_2 l)-\left(\dfrac{k_1^2+k_2^2}{2k_1 k_2}\right)\sin(k_1 b)\sinh(k_2 l)=\cos(kl), & E>V_0 \end{cases} \tag{2.26}$$

因为 N 非常大，k 实际上可以看作连续变量。右边的值域为[−1,1]，而左边可以取到更大或者更小的值。只有当 E/V_0 的取值使得 $\cos(kl)$ 的值为实数时方程有解，这也是禁带产生的原因。因此，能带由 $\cos(kl)$ 的值为±1 时的位置所限制。因为右边是一个周期为 $2\pi/l$ 的余弦函数，在每一个能带中，相应的 k 的取值都在 $2\pi/l$ 之内，这个范围称为布里渊区。

在半导体中，最后一个使得电子被连接在原子上的允带称为价带，在其之上的带称为导带，这里电子不再被限制在晶体中。价带和导带之间的禁带记为 E_g。在半导体中热能正比于 $k_B T$，与 E_g 相比，热能的值很小，但是在绝缘体中并不会小很多。

现在来介绍描述自由电子和空穴浓度的方程。请注意，每个从价带移动到导带的自由电子都会在晶体中留下一个带正电的缺陷，这个缺陷称为空穴，实际上就是没有被限制的电子。空穴可以在晶体中移动并跟自由电子一样会产生电流。

自由载流子的浓度为

能带中自由载流子的浓度＝能带中允许态的浓度×占据这些态的几率

电子态占据的几率服从费米-狄拉克分布：

$$f_{FD}(E)=\frac{1}{1+\exp\left(\dfrac{E-E_F}{k_B T}\right)} \tag{2.27}$$

式中：E_F 为费米能级，在分布表达式中为常数；T 为绝对温度。

记能带中自由电子的浓度为 $\mathrm{d}n(E)$，所有允许态的浓度为 $N_c(E)$，有

$$\mathrm{d}n(E)=N_c(E)f_{FD}(E)\mathrm{d}E \tag{2.28}$$

假设 n_x 表示晶体每一个面的原子数，则

$$n_x=\frac{L_x}{l_x}=\frac{\text{面的长度}}{\text{原子间距}} \tag{2.29}$$

这个公式对其他两个面同样适用。沿 x 轴面的布里渊区的长度为 $2\pi/l$，沿 $\boldsymbol{k}_x$ 方向的每个允许态占据一个维度为 Δk_x 的区域，其中，

$$\Delta k_x=\frac{\text{区域的总长度}}{\text{态的总数量}}=\frac{2\pi/l_x}{L_x/l_x}=\frac{2\pi}{L_x} \tag{2.30}$$

因此，在 $\boldsymbol{k}$ 空间中被占据态的总体积为

$$\text{态的体积}=\frac{1}{2}\Delta k_x\Delta k_y\Delta k_z=\frac{(2\pi)^3}{2L_x L_y L_z} \tag{2.31}$$

方程中出现的因子 2 是因为一个体积中有两个态，每个态被两个自旋相反的电子占据。记半径为 k 的有限薄壳层($\mathrm{d}k$)内的允许态数量为 $\mathrm{d}N'$，在 $\boldsymbol{k}$ 空间中，

$$dN'=\frac{\text{薄壳层的总体积}}{\text{一个态的体积}}=\frac{4\pi k^2 dk}{\frac{(2\pi)^3}{2L_xL_yL_z}}=L_xL_yL_z\left(\frac{k}{\pi}\right)^2 dk \tag{2.32}$$

导带的更低能级部分可以采用抛物线近似，即

$$E=E_c+\frac{\hbar^2k^2}{2m_e^*} \tag{2.33}$$

式中：E_c 为导带底的能量；m_e^* 为自由电子有效质量，它是一个常数；

$$k=\frac{\sqrt{2m_e^*}}{\hbar}\sqrt{E-E_c} \tag{2.34}$$

因此，

$$dk=\frac{\sqrt{2m_e^*}}{2\hbar}\frac{dE}{E-E_c} \tag{2.35}$$

则有

$$\frac{dN'}{L_xL_yL_z}=\left(\frac{4\pi}{h^3}\right)(2m_e^*)^{3/2}\sqrt{E-E_c}\,dE\equiv N_c(E)dE \tag{2.36}$$

其中，$N_c(E)$ 为在能带 $[E,E+dE]$ 范围内晶体单位体积电子允许态的浓度，即

$$N_c(E)=\left(\frac{4\pi}{h^3}\right)(2m_e^*)^{3/2}\sqrt{E-E_c} \tag{2.37}$$

这个也称为态密度。价带中的空穴也可以进行相似的微分，并可以得到

$$N_v(E)=\left(\frac{4\pi}{h^3}\right)(2m_h^*)^{3/2}\sqrt{E_v-E} \tag{2.38}$$

式中：m_h^* 为空穴的有效质量；E_v 为价带顶的能级。

根据方程(2.28)，可得导带中电子的浓度为

$$dn(E)=N_c(E)\times f_{FD}dE=\left[\left(\frac{4\pi}{h^3}\right)(2m_e^*)^{\frac{3}{2}}\sqrt{E-E_c}\right]\left[\frac{1}{1+\exp\left(\frac{E-E_F}{k_BT}\right)}\right]dE \tag{2.39}$$

电子的总数可以通过对导带的能级进行积分：

$$n_i=\int_{E_c}^{E_c+\Delta E}dn(E)\approx\int_{E_c}^{+\infty}dn(E)=\left(\frac{4\pi}{h^3}\right)(2m_e^*)^{\frac{3}{2}}\int_{E_c}^{+\infty}\frac{\sqrt{E-E_c}}{1+\exp\left(\frac{E-E_F}{k_BT}\right)}dE$$

$$\approx\left(\frac{4\pi}{h^3}\right)(2m_e^*)^{\frac{3}{2}}\int_{E_c}^{+\infty}\frac{\sqrt{E-E_c}}{\exp\left(\frac{E-E_F}{k_BT}\right)}dE \tag{2.40}$$

结果为

$$n_i=\frac{2}{h^3}(2m_e^*\pi k_BT)^{\frac{3}{2}}\exp\left(\frac{E_F-E_c}{k_BT}\right)\equiv N_c\exp\left(\frac{E_F-E_c}{k_BT}\right) \tag{2.41}$$

空穴也可以进行相似的微分，空穴分布函数应该为 $1-f_{FD}$。价带态被空穴占据的几率等于没有被电子占据的几率，因此空穴浓度的表达式为

$$p_i=\frac{2}{h^3}(2m_h^*\pi k_BT)^{3/2}\exp\left(\frac{E_v-E_F}{k_BT}\right)\equiv N_v\exp\left(\frac{E_v-E_F}{k_BT}\right) \tag{2.42}$$

本征半导体为电中性的，因此，$n_i=p_i$，则

$$n_i^2 = n_i p_i = N_c N_v \exp\left(\frac{E_v - E_c}{k_B T}\right) \tag{2.43}$$

因为，

$$E_g = E_c - E_v \tag{2.44}$$

则有

$$n_i = \sqrt{N_c N_v} \exp\left(\frac{-E_g}{2k_B T}\right) \tag{2.45}$$

由 $n_i = p_i$ 还可以得到

$$E_F = \frac{E_c + E_v}{2} + \frac{k_B T}{2} \ln\left(\frac{N_v}{N_c}\right) \tag{2.46}$$

2.1.4　非本征半导体

在纯晶体中引进少量杂质，就可以获得其中带一种电荷的载流子浓度超过另一种载流子浓度的半导体。这种半导体一般称为非本征半导体，与纯净的完美晶体的本征情况相对。例如，在硅晶体中加入一种五价杂质（如砷），它比硅要多一价，就可得到一种电子浓度超过空穴浓度的半导体，这种半导体称为 N 型半导体。如果加入三价的杂质（如硼），它比硅原子要少一价，那么所得半导体中空穴浓度就大于电子浓度，这种半导体称为 P 型半导体。

非本征半导体的电中性条件为

$$n + N_a = p + N_d \tag{2.47}$$

式中：N_a 和 N_d 分别为受主（从晶体中接收电子的原子）和施主（提供给晶体电子的原子）的浓度；n 和 p 分别为自由电子和空穴的浓度。

在热平衡条件下，有

$$np = n_i^2 \tag{2.48}$$

在 P 型材料中有 $N_a \gg p_i$、N_d，而在 N 型材料中有 $N_d \gg n_i$、N_a。因此，在 N 型材料中有

$$n \approx N_d, \quad p = \frac{n_i^2}{N_d} \tag{2.49}$$

$$E_F = E_c - k_B T \ln\left(\frac{N_c}{N_d}\right) \tag{2.50}$$

而在 P 型材料中，有

$$p = N_a, \quad n = \frac{n_i^2}{N_a} \tag{2.51}$$

$$E_F = E_v + k_B T \ln\left(\frac{N_v}{N_a}\right) \tag{2.52}$$

砷原子有五个价电子，而硅原子只有四个。当硅晶体中掺有少量砷时，每个砷原子取代一个硅原子，这样它就被四个硅原子包围。一个砷原子与四个硅原子键合时，还剩下一个电子没有被键合。这第五个电子找不到键进去，只能围绕砷原子旋转，如图 2.7 所示。有一个电子围绕旋转的 As^+ 离子中心就好像是硅环境中的氢原子，用所学过有关氢原子电离（从氢原子去掉一个电子）的知识，可以计算这个电子脱离砷原子电离需要多少能量。这个能量为一个电子伏特的百分之几，即约为 0.05 eV，它与室温下的热能相当（$k_B T \approx 0.025$ eV）。由于硅晶格的

振动，第五个价电子很容易电离。因此，这个电子是“自由的”，换句话说，它在导带上。所以激发这个电子到导带上去所需的能量约为 0.05 eV。由于第五个电子在砷离子周围有局部化的类氢离子波函数，砷原子的加入使得半导体在砷原子的位置上存在局部化的电子态。将这些电子激发到导带上去约需 0.05 eV 的能量，所以这些电子态的能量 E_d 比导带能量 E_c 约低 0.05 eV。室温下晶格振动产生的热激发足够使砷原子电离，也即将电子从 E_d 激发到导带上去。这个过程产生了自由电子，但是砷离子还保持不动。图 2.7(b)所示的是 N 型半导体的能带结构图。

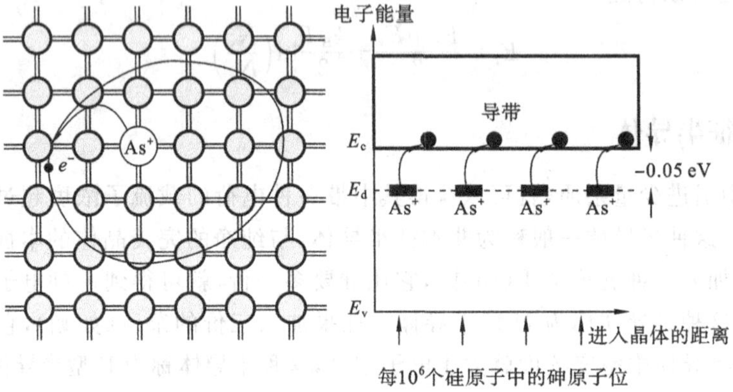

(a) (b)

图 2.7 硅晶体中掺砷的示意图

(a) 砷原子掺入硅晶体；(b) 掺入 1 ppm 砷原子的 N 型硅半导体能带结构

因为砷原子贡献了一个电子到导带上去，它被称为施主杂质。E_d 是施主原子周围的电子能量，比导带能量 E_c 约低 0.05 eV，如图 2.7(b)所示。假如 N_d 是晶体中施主原子浓度，只要 $N_d \gg n_i$，那么在室温下，导带中的电子浓度就接近等于 N_d，即 $n=N_d$。空穴浓度就变为 $p=n_i^2/N_d$，它比本征浓度要小，因为导带中大量的电子有一些和价带中空穴复合，以维持 $np=n_i^2$。

半导体的电导率 σ 取决于电子和空穴，因为两者对电荷传输都有贡献。假如 μ_e 和 μ_h 分别是电子和空穴的迁移率，那么

$$\sigma=en\mu_e+ep\mu_h \tag{2.53}$$

对于 N 型半导体，式(2.53)就变为

$$\sigma=eN_d\mu_e+e\left(\frac{n_i^2}{N_d}\right)\mu_h\approx eN_d\mu_e \tag{2.54}$$

与上述分析相似，用三价原子(三个价电子)，比如硼原子掺杂硅晶体时便得到 P 型半导体，这种半导体晶体中的空穴浓度很高。现在来分析硅晶体中掺有少量硼时的情况，如图 2.8(a)所示。因为硼只有三个价电子，当它同相邻的四个硅原子共享这三个价电子时，还有一个键没有电子，当然这就是一个“空穴”了。附近的电子可以隧穿到这个空穴中来，使它发生位移从而离硼原子的距离更远。随着空穴移动距离变远，它可以被硼原子上留下的负电荷吸引。与 N 型半导体相似，这个空穴和硼负离子的键合能可以用所学过的有关氢原子知识来计算。这个键合能也很小，约为 0.05 eV。室温下，晶格振动产生的热足以使空穴脱离硼离子，结果在价带中就留下了一个自由空穴。空穴脱离硼离子的位置包括硼原子从价带上相邻的 Si-Si

键接收一个电子，这样就有效地保证空穴发生位移并且最终在价带中自由运动。因此，掺到硅晶体中的硼原子就充当电子受主杂质。硼原子接收的电子来自相邻的 Si—Si 键。在能带图上，一个电子离开价带，被带负电荷的硼原子接收。这个过程在价带上留下了一个可以到处运动的空穴，如图 2.8(b)所示。

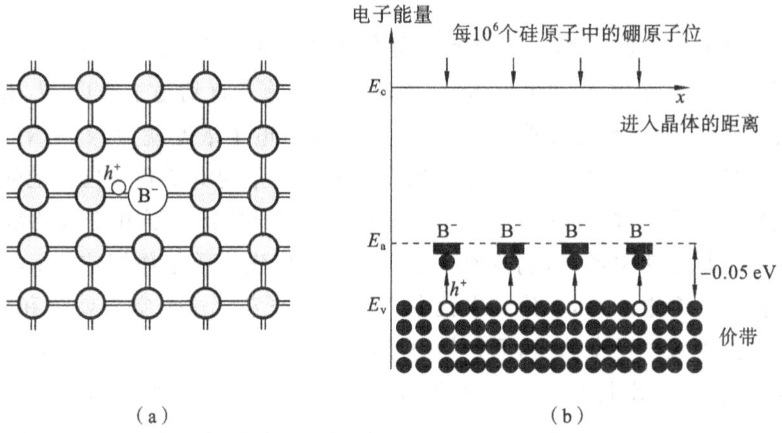

图 2.8　硅晶体中掺入硼原子的示意图

(a) 掺硼元素的硅晶体；(b) 掺杂 1 ppm 硼原子的 P 型硅半导体能带结构图

很显然，用三价杂质掺杂硅晶体时便得到 P 型材料。由于带负电的硼原子保持不动，它对电导率没有贡献，对于电导来说，空穴比电子要多得多。假如 N_a 是晶体中受主杂质浓度，只要 $N_a \gg n_i$，那么在室温下，所有的受主都完全电离，于是 $p=N_a$。空穴浓度由质量作用定律决定，变为 $n=n_i^2/N_a$，它比空穴浓度要小得多，对于 P 型半导体来说，电导率为 $\sigma=eN_a\mu_h$。

图 2.9(a)～(c)所示的是本征半导体、N 型半导体和 P 型半导体的能带结构图。根据式(2.4)和式(2.5)，E_F 和 E_c 及 E_v 之间的能量距离决定了电子和空穴的浓度。必须注意每种情况下费米能级的位置：本征半导体中的 E_{Fi}、N 型半导体中的 E_{Fn} 和 P 型半导体中的 E_{Fp}。

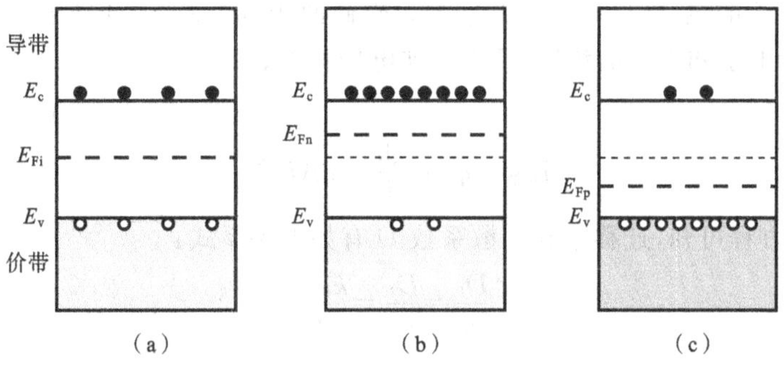

图 2.9　能带结构图

(a) 本征半导体；(b) N 型半导体；(c) P 型半导体

在描述非本征半导体时，还要用到以下一些定义和概念。N 型半导体中的电子是多数载流子($n>p$)，而空穴是少数载流子。平衡时，N 型半导体中多数载流子(电子)的浓度为 n_{No}，其中下标表示 N 型和平衡状态(不包括光激发)。少数载流子空穴的浓度用 p_{No} 表示，这时，

$n_{No}=N_d$，质量作用定律为 $n_{No}p_{No}=n_i^2$。

相似地，P 型半导体中的空穴是多数载流子（$p>n$），而电子是少数载流子。平衡时，P 型半导体中多数载流子的浓度为 p_{Po}，少数载流子的浓度为 n_{Po}，有 $p_{Po}=N_a$，$n_{Po}p_{Po}=n_i^2$。

2.1.5 补偿掺杂

补偿掺杂是指同时用施主和受主掺到半导体中以控制其性质。例如，一种用浓度为 N_a 受主掺杂 P 型半导体要变成 N 型半导体，只需通过添加施主直到施主浓度 N_d 超过 N_a 就行。施主效应补偿了受主效应，反之亦然。只要 $N_a>n_i$，那么电子浓度就为 N_d-N_a。当半导体中同时存在施主和受主时，其中发生的情况就相当于来自施主的电子和来自受主的空穴复合，所以它们遵守质量作用定律，即 $np=n_i^2$。记住，我们不能同时增加电子和空穴的浓度，否则会导致电子和空穴之间复合速率增加，仍然回到原来的浓度以满足质量作用定律 $np=n_i^2$。当受主原子从价带中接收一个电子时，在价带中就会产生一个空穴。这个空穴就会和导带中的电子复合。如果施主浓度大于受主浓度，取初始电子浓度为 $n=N_d$，那么施主电离电子和受主电离产生的空穴复合，就会导致电子浓度减少，即 $n=N_d-N_a$。通过相似的讨论，当受主浓度大于施主浓度时，受主电离的空穴和施主电离的电子复合，空穴浓度变为 $p=N_a-N_d$。

2.1.6 电流

根据菲克定律，流量正比于浓度的梯度，即

$$F=-D\frac{\mathrm{d}n}{\mathrm{d}x} \tag{2.55}$$

式中：D 为扩散常数；F 为流量；n 为浓度。

半导体中的电流可以分为两类：扩散电流和漂移电流。漂移电流为自由载流子在电场作用下的移动电流。漂移电流为

$$I_{漂移}=qA\mu_N nE+qA\mu_P pE \tag{2.56}$$

式中：q 为单位电子电量（2.6×10^{-19} C）；A 为横截面积；μ_N 和 μ_P 分别为电子和空穴的迁移率；n 和 p 分别为电子和空穴的浓度；E 为外加电场强度。

扩散电流为

$$I_{扩散}=qAD\frac{\mathrm{d}n}{\mathrm{d}x}-qAD\frac{\mathrm{d}p}{\mathrm{d}x} \tag{2.57}$$

由爱因斯坦方程可知，迁移率和扩散系数 D 有如下关系式：

$$\frac{D_P}{\mu_P}=\frac{D_N}{\mu_N}=\frac{k_B T}{q} \tag{2.58}$$

2.1.7 载流子的复合与产生

这里只讨论弱注入的情况，也就是讨论由于吸收外部光照的情况下而产生的自由载流子比少数载流子大很多，但是与多数载流子相比可以忽略不计。因此，可以很有趣地发现这种情况只是对少数载流子（P 型半导体的电子和 N 型半导体的空穴）做了改变。如果外部光照单位体积单位时间内产生自由载流子的速率为 G_L，则载流子的速率方程为

$$\frac{\mathrm{d}p_{\mathrm{N}}}{\mathrm{d}t}=G_{\mathrm{L}}-R_{\mathrm{P}}=G_{\mathrm{L}}-p_{\mathrm{N}}-\frac{p_{\mathrm{No}}}{\tau_{\mathrm{P}}} \tag{2.59}$$

式中：R_{p} 为空穴的复合(单位为单位时间的浓度)；p_{No}为平衡态(无光照)中 N 型材料的空穴浓度；τ_{P} 为复合时间常数。对于 P 型材料方程也是一样的，只不过把 p_{N} 换成 n_{P}、τ_{P} 换成 τ_{N}。

假设光照的功率为 P，体积为 V，光子频率为 ν(每个光子的能量为 $h\nu$)，一个光子转化成一个电子的量子效率等于 QE，则有

$$G_{\mathrm{L}}=\frac{PQE}{Vh\nu} \tag{2.60}$$

2.1.8　连续性方程

连续性方程与质量守恒定律有关。也就是说，单位体积内载流子的变化率 $A\mathrm{d}x$(A 为横截面积)等于流入该体积内的载流子速率减去流出该体积的载流子速率再加上该体积中载流子的产生率，即

$$\begin{cases}\dfrac{\partial n}{\partial t}A\,\mathrm{d}x=\left[\dfrac{I_{\mathrm{N}}(x)}{-q}-\dfrac{I_{\mathrm{N}}(x+\mathrm{d}x)}{-q}\right]+(G_{\mathrm{N}}-R_{\mathrm{N}})A\mathrm{d}x\\[2ex]\dfrac{\partial p}{\partial t}A\,\mathrm{d}x=\left[\dfrac{I_{\mathrm{P}}(x)}{q}-\dfrac{I_{\mathrm{P}}(x+\mathrm{d}x)}{q}\right]+(G_{\mathrm{P}}-R_{\mathrm{P}})A\mathrm{d}x\end{cases} \tag{2.61}$$

式中：G_{N} 和 G_{P} 分别为电子和空穴的产生率。

因为

$$I(x+\mathrm{d}x)\approx I(x)+\frac{\partial I(x)}{\partial x}\mathrm{d}x \tag{2.62}$$

则

$$\begin{cases}\dfrac{\partial n}{\partial t}=\dfrac{1}{qA}\dfrac{\partial I_{\mathrm{N}}(x)}{\partial x}+G_{\mathrm{N}}-R_{\mathrm{N}}\\[2ex]\dfrac{\partial p}{\partial t}=-\dfrac{1}{qA}\dfrac{\partial I_{\mathrm{P}}(x)}{\partial x}+G_{\mathrm{P}}-R_{\mathrm{P}}\end{cases} \tag{2.63}$$

根据方程(2.56)和方程(2.57)，有

$$\begin{aligned}I_{\mathrm{N}}&=qA\left(n\mu_{\mathrm{N}}E+D_{\mathrm{N}}\frac{\partial n}{\partial x}\right)\\I_{\mathrm{P}}&=qA\left(p\mu_{\mathrm{P}}E-D_{\mathrm{P}}\frac{\partial p}{\partial x}\right)\end{aligned} \tag{2.64}$$

最终得到

$$\begin{cases}\dfrac{\partial n_{\mathrm{P}}}{\partial t}=n_{\mathrm{P}}\mu_{\mathrm{N}}\dfrac{\partial E}{\partial x}+\mu_{\mathrm{N}}E\dfrac{\partial n_{\mathrm{P}}}{\partial x}+D_{\mathrm{N}}\dfrac{\partial^2 n_{\mathrm{P}}}{\partial x^2}+G_{\mathrm{N}}-\dfrac{n_{\mathrm{P}}-n_{\mathrm{Po}}}{\tau_{\mathrm{N}}}\\[2ex]\dfrac{\partial p_{\mathrm{N}}}{\partial t}=-p_{\mathrm{N}}\mu_{\mathrm{P}}\dfrac{\partial E}{\partial x}-\mu_{\mathrm{P}}E\dfrac{\partial p_{\mathrm{N}}}{\partial x}+D_{\mathrm{P}}\dfrac{\partial^2 p_{\mathrm{N}}}{\partial x^2}+G_{\mathrm{P}}-\dfrac{p_{\mathrm{N}}-p_{\mathrm{No}}}{\tau_{\mathrm{P}}}\end{cases} \tag{2.65}$$

2.1.9　简并半导体和非简并半导体

在非简并半导体中，导带中态的数量远远超过电子的数量，所以两个电子同时占据一个态的可能性几乎是零。这意味着泡利不相容原理可以忽略，电子的统计行为可以用玻尔茨曼统

计来表示。用 N_c 表示导带中的态密度，那么只有在 $n \ll N_c$ 时，方程(2.4)中 n 的玻尔茨曼表达式才有效。对于那些 $n \ll N_c$ 和 $p \ll N_v$ 的半导体，称为非简并半导体。

当半导体用大量施主掺杂时，n 可能非常大，一般为 $10^{19} \sim 10^{23}\ \text{cm}^{-3}$，那么它就同 N_c 相当。在这种情况下，在电子的统计行为中，泡利不相容原理就非常重要，必须用费米-狄拉克统计。这种半导体的性质与其说像半导体，倒不如说更像金属，如电阻率接近与绝对温度成比例。$n > N_c$ 和 $p > N_v$ 的半导体称为简并半导体。

简并半导体中的大载流子浓度是由于重掺杂的结果。例如，随着 N 型半导体中施主浓度的增加，在足够高的掺杂水平时，施主原子彼此之间相当接近，结果它们的轨道发生部分重叠，形成一个很窄的能带，这个能带又和导带发生重叠，成为导带的一部分。来自施主的价电子充满了由 E_c 开始的这部分能带，这种情形使人想起金属原子中充满重叠能带的价电子。所以在 N 型简并半导体中，费米能级 E_F 在导带内部或在 E_c 上面，就好像金属晶体中 E_F 在能带内部一样。在 E_c 和 E_F 之间，大多数态都充满了电子，如图 2.10(a)所示。在 P 型简并半导体中，费米能级 E_F 在价带内部或在 E_v 以下，如图 2.10(b)所示。在简并半导体中，不能简单设定 $p = N_a$ 或 $n = N_d$，这是因为掺杂剂的浓度是如此之大，以致它们互相之间会发生作用。并不是所有掺杂剂都电离，载流子浓度最终会达到一个饱和值，一般约为 $10^{20}\ \text{cm}^{-3}$。而且对于简并半导体来说，质量作用定律 $np = n_i^2$ 不再适用。

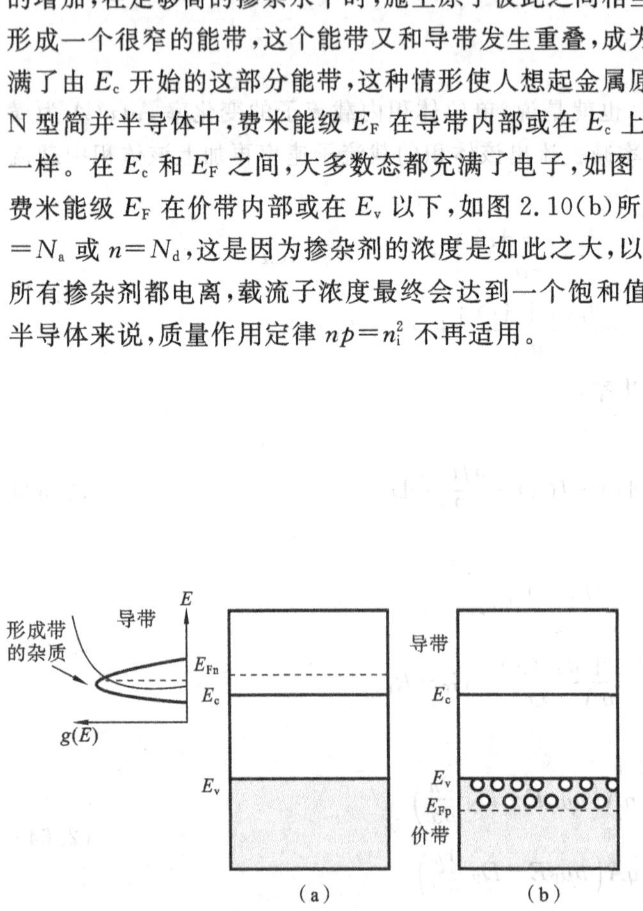

图 2.10 简并半导体

(a) N 型简并半导体；(b) P 型简并半导体

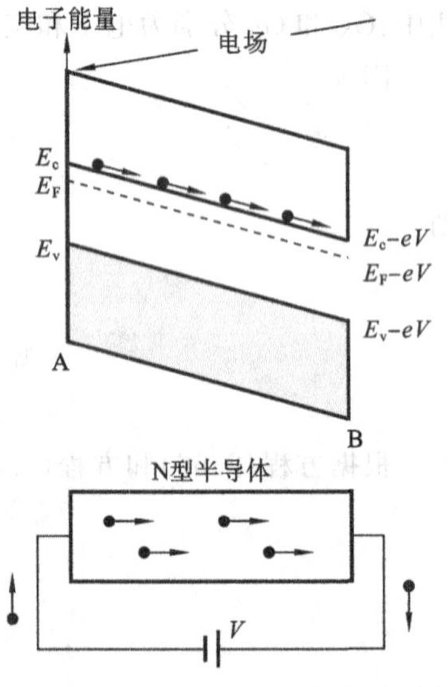

图 2.11 外加电场中 N 型半导体的能带图

2.1.10 外加电场中的能带图

下面分析与外电源 V 相连并携运电流的 N 型半导体的能带图。费米能级 E_F 在本征半导体的费米能级 E_{Fi} 之上，接近 E_c 而远离 E_v。外电压沿半导体均匀下降以致半导体中的电子也有一个静电势能，它朝正极端减小，如图 2.11 所示，整个能带结构——导带和价带有点倾斜。当电子从 A 向 B 漂移时，它的势能下降，因为它是在朝正极端移动。

对于平衡状态下黑暗中的半导体，如果没有外加电场或反电动势产生，整个体系中 E_F 肯定是均匀的，因为 $\Delta E_F = eV = 0$。然而，当外电压对体系做电功时，即将一个电池连接到半导体上，情况就不同了，这时整个体系的 E_F 不再均一，材料体系内 E_F 的变化 ΔE_F 等于每个电子的电功或 eV，所以费米能级 E_F 遵守静电势能行为。从一端到另一端 E_F 的变化 $E_{FA}-E_{FB}$ 恰好就是 eV，即将一个电子携运穿过整个半导体所需的能量，如图 2.11 所示。半导体中的电子浓度仍然相同，所以从一端到另一端，$E_c - E_F$ 一定是常数。这样，导带、价带和费米能级 E_F 都弯曲了相同的量。

[例 2.1] 一块均匀掺锑的 N 型硅片，掺杂浓度为 $10^{16}\ cm^{-3}$（掺杂 B 原子）。计算费米能级的位置偏离本征硅中费米能量 E_{Fi} 的程度。上述 N 型硅样品进一步在每立方厘米上掺杂 2×10^{17} 个 B 原子。计算费米能级的位置偏离本征硅中费米能量 E_{Fi} 的程度。

解 Sb（第五族）得到 N 型掺杂，$N_d = 10^{16}\ cm^{-3}$。因为 $N_d \gg n_i (=1.45\times10^{10}\ cm^{-3})$，所以有 $n = N_d$。对于本征硅

$$n_i = N_c \exp[-(E_c - E_{Fi})/(k_B T)]$$

而对于掺杂硅

$$N_d = N_c \exp[-(E_c - E_{Fn})/(k_B T)]$$

式中：E_{Fi} 和 E_{Fn} 分别为本征硅和 N 型硅的费米能级。

将两式相除，有

$$N_d / n_i = \exp[(E_{Fn} - E_{Fi})/(k_B T)]$$

所以

$$E_{Fn} - E_{Fi} = k_B T \ln(N_d/n_i) = 0.0259 \ln \frac{10^{16}}{1.45\times10^{10}}\ \text{eV} = 0.348\ \text{eV}$$

当上述 N 型硅样品进一步用 B 原子掺杂时，受主浓度 $N_a = 2\times10^{17}\ cm^{-3} > N_d = 10^{16}\ cm^{-3}$。半导体属于补偿掺杂，结果变成了 P 型硅片。这样 $p = N_a - N_d = 1.9\times10^{17}\ cm^{-3}$。

对于本征硅

$$p_i = n_i = N_v \exp[-(E_{Fi} - E_v)/(k_B T)]$$

而对于掺杂硅

$$p = N_v \exp[-(E_{Fp} - E_v)/(k_B T)] = N_a - N_d$$

式中：E_{Fi} 和 E_{Fp} 分别为本征硅和 P 型硅的费米能级。

将两式相除，有

$$p/n_i = \exp[-(E_{Fp} - E_{Fi})/(k_B T)]$$

所以

$$E_{Fp} - E_{Fi} = -k_B T \ln(p/n_i) = -0.0259 \ln \frac{1.9\times10^{17}}{1.45\times10^{10}}\ \text{eV} = -0.424\ \text{eV}$$

[例 2.2] 如果电子的迁移率约为 $1350\ cm^2 \cdot V^{-1} \cdot s^{-1}$，求掺杂浓度为每立方厘米 10^{16} 个 P 原子的 N 型硅晶体的电导率是多少？

解 因为 $N_d \gg n_i (=1.45\times10^{10}\ cm^{-3})$，所以电子浓度 $n = N_d$，又因为空穴浓度为 $p = n_i^2/N_d \ll n$，故而可以忽略。于是

$$\sigma = e\mu_e N_d = 1.6\times10^{-19}\times1\times10^{16}\times1350\ \Omega^{-1}\cdot cm^{-1} = 2.16\ \Omega^{-1}\cdot cm^{-1}$$

2.2 直接带隙半导体和间接禁带半导体：E-k 图

由量子力学知道，当电子处于空间长度为 L 的无限势能阱中时，它的能量是量子化的并且由下式给出：

$$E_n=\frac{(\hbar k_n)^2}{2m_e}$$

这里 m_e 是电子的质量，而波矢量 $\boldsymbol{k}_n$ 是由下式决定的一个量子数

$$k_n=\frac{n\pi}{L}$$

式中：$n=1, 2, 3, \cdots$。

能量随波矢量 $\boldsymbol{k}_n$ 增加而呈抛物线形式增加。同时还知道，电子的动量为 $\hbar k_n$，这个可以用来描述金属中电子平均势能近似为零的电子行为。换言之，在金属晶体里面，可以取 $V(x)=0$，而外面 $V(x)$ 非常大，比如 $V(x)=V_o$（几个电子伏特），所以这个电子就被限制在金属晶体里面。这就是金属的近自由电子模型，成功地揭示了很多金属特性。事实上，可以根据三维势阱问题来计算态密度 $g(E)$。然而这个模型太简单，没有考虑晶体中电子势能的实际振动。

电子的势能取决于它在晶体中的位置，由于原子的有序规则排列，它是周期性的。周期性势能又是怎样影响 E 和 k 之间的关系呢？它绝对不再是简单的 $E_n=(\hbar k_n)^2/(2m_e)$。

要求出晶体中电子的能量，必须解三维周期势能函数的薛定谔方程。首先来分析一下假定的一维势阱的情况，如图 2.12 所示。每个原子中的电子势能函数相加，就得到总的势能函数 $V(x)$，很清楚，x 随晶体常数 a 周期性变化而发生周期性变化。这样 $V(x)=V(x+a)=V(x+2a)=\cdots$。现在的任务就是要解薛定谔方程

$$\frac{\mathrm{d}^2\psi}{\mathrm{d}x^2}+\frac{2m_e}{\hbar^2}[E-V(x)]\psi=0 \tag{2.66}$$

其条件是势能 $V(x)$ 以 a 为周期发生变化，即

$$V(x)=V(x+ma),\quad m=1,2,3,\cdots \tag{2.67}$$

方程(2.67)的解给出了晶体中电子的波函数，也即是电子的能量。因为 $V(x)$ 是周期性的，至少可以从直观上预计解 $\psi(x)$ 也是周期性的。那么方程(2.67)的解称为布洛赫(Bloch)波函数，其形式为

$$\psi_k(x)=V_k(x)\exp(\mathrm{j}kx) \tag{2.68}$$

式中：$V_k(x)$ 是一个取决于 $V(x)$ 的周期函数，它的周期与 $V(x)$ 的相同，都为 a。

当然，$\exp(\mathrm{j}kx)$ 项表示波矢量为 $\boldsymbol{k}$ 的传播波。必须记住，为了得到 $\psi_k(x,t)$，必须用 $\exp(-\mathrm{j}Et/\hbar)$ 乘以这一项，这里 E 是能量。这样，晶体中电子的波函数就是一个经 $V_k(x)$ 调制的传播波。$\exp(\mathrm{j}kx)$ 和 $\exp(-\mathrm{j}kx)$ 分别代表传播波的左边和右边。

对于一维晶体来说，有很多这样的布洛赫波函数解，每一个解都有一个特定的 k 值，比如说 k_n，这个值就是一个量子数。每个 $\psi_k(x)$ 解对应一个特定的 k_n，代表一个能量为 k 的态。能量 E_k 和波矢量 $\boldsymbol{k}$ 之间的关系可以画成 E-k 图。图 2.13 所示的是一个典型的假定的一维固体，其 k 值从 $-\pi/a$ 到 $+\pi/a$ 的 E-k 图。就像 $\hbar k$ 是自由电子的动量一样，对布洛赫电子而言，

$\hbar k$ 就是包括它同外场(像光子吸收过程等之类的)作用在内的动量。事实上,$\hbar k$ 的变化速率就是电子所受的外作用力 $F_{外}$,像受到外电场 E 的作用(即 $F_{外}=eE$)一样。于是,对于晶体内的电子,$\mathrm{d}(\hbar k)/\mathrm{d}t=F_{外}$,$\hbar k$ 称为电子的晶体动量。

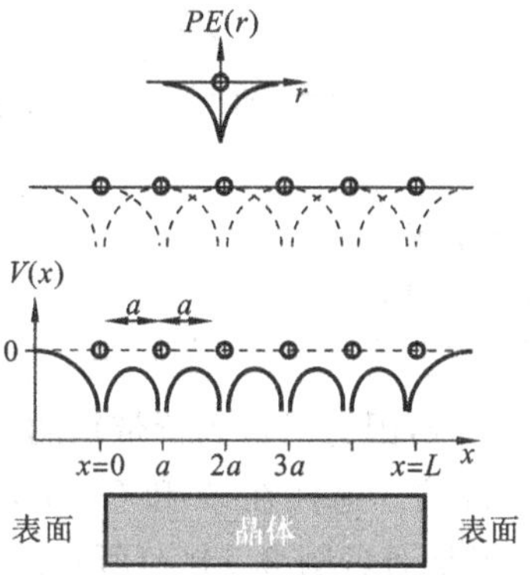

图 2.12 晶体内部电子势能的周期性与晶体结构的周期性

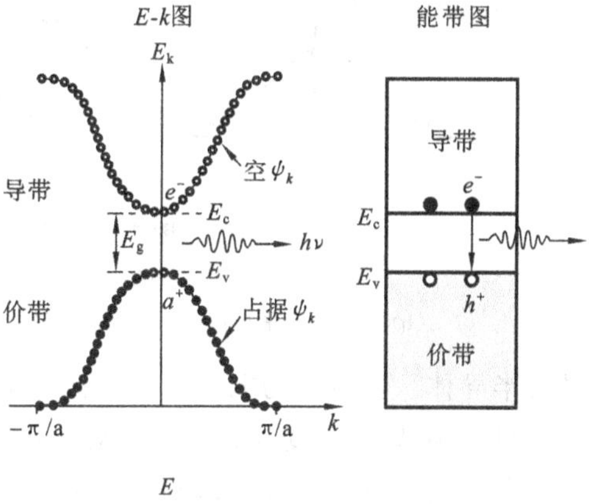

图 2.13 直接禁带半导体的 E-k 图

因为晶体中 x 轴方向电子的动量为 $\hbar k$,所以 E-k 图就是能量和晶体动量之间的关系图。较低 E-k 曲线中的态 $\psi_k(x)$ 组成了价电子的波函数,因此也就对应于价带中的态。另一方面,因为较高 E-k 曲线中的态 $\psi_k(x)$ 有较高的能量,所以它们对应于导带中的态。所以在绝对零度时,所有的价电子都是填充在较低 E-k 曲线的态中(特定的 k_n 值)。

应当强调的是,图中 E-k 曲线是由许多分散的点组成的,每个点对应于晶体中允许存在一个可能的态,即波函数 $\Psi_k(x)$。这些点如此接近,以致画 E-k 关系时就好像是一根连续的曲线。由 E-k 曲线可以清楚地看出,其中存在一个能量范围,从 E_v 到 E_c,这表示没有薛定谔方程的解,所以在 E_v 到 E_c 中也就没有具有能量的 $\Psi_k(x)$。而且还必须注意,除了在接近导带底部和价带顶部,E-k 曲线不是抛物线关系。

然而,在绝对零度以上,由于热激发,有些电子能够从价带顶部被激发到导带底部。根据图 2.13 所示的 E-k 曲线,当一个电子和一个空穴复合时,电子仅仅只是从导带底部落到价带顶部,而 k 值没有任何变化,所以根据动量守恒,这种变化是可以接受的。与电子的动量相比,受激发的光子的动量是可以忽略的。所以图 2.13 所示的 E-k 图是关于直接带隙半导体的,导带最小值直接在价带最大值上面。

图 2.13 所示的 E-k 图是关于假定的一维晶体的,其中,每个原子仅仅只与周围的两个原子键合。在实际晶体中,具有势能的 $V(x,y,z)$ 的原子三维空间排列使得它们在更多的方向上呈现周期性。那么,E-k 图就不像图 2.13 所示的那样简单,常常有很多不寻常的特性。图 2.14(a)所示的 GaAs 的 E-k 图,它的一般特性就非常与图 2.13 所示的相似,所以 GaAs 是直接带隙半导体,其中的电子-空穴对能直接复合并发射出光子。为了利用直接复合,大多数发光器件使用直接带隙半导体。

对于 Si,其金刚石晶体结构导致 E-k 图有一些如图 2.14(b)所示的基本特征。我们注意到,导带最小不是直接在价带最大上面,而是在 k 轴上发生了一定的位移,这种半导体称为间

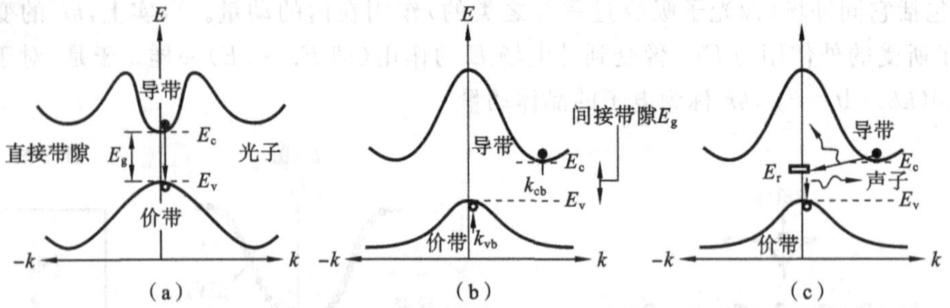

图 2.14 不同半导体的 E-k 示意图

(a) GaAs 中导带最小值直接在价带最大值上面；

(b) 硅中导带最小值不直接在价带最大值上面；(c) 硅中电子和空穴在复合中心的复合

接禁带半导体。导带底的电子不能直接与价带顶的空穴复合，因为对落到价带顶的电子来说，它的动量必须从 k_{cb} 改变到 k_{vb}，这是动量守恒定律所不允许的。这样在 Si 和 Ge 中，就不能发生电子和空穴的直接复合。这些元素半导体中的复合过程是通过图 2.14(c)所示的禁带中的能级 E_r 上的复合中心发生的。这些复合中心可能是晶体中的缺陷，也可能是杂质。电子首先被 E_r 处的缺陷俘获，这个俘获过程引起的能量和动量变化转变成了晶格振动，也就是光子。光子的电磁波辐射是量子化的，所以晶体中的晶格振动也是量子化的。晶体中晶格振动的运动就像是一个波，这些波称为光子。在 E_r 俘获的电子很容易掉到价带顶部的空态中去，从而与空穴复合，如图 2.14(c)所示。一般地，从 E_c 到 E_v 的电子转化包括进一步的晶格振动的发射。

但在某些间接禁带半导体如 GaP 中，某些复合中心的电子与空穴的复合会导致光子发射。除了有目的地在 GaP 中添加一些氮杂质来产生 E_r 处的复合中心外，GaP 的 E-k 图和图 2.14(c)所示的情形相似。从 E_r 到 E_v 的电子转化包括光子发射。

2.3 PN 结原理

2.3.1 开路电路

如图 2.15(a)所示，当 Si 半导体一边用 N 型掺杂，而另一边用 P 型掺杂会怎么样？如果在 P 区和 N 区之间有一个陡峭的连续性，就称为金属结，如图 2.15(a)中的 M。图中，固定的(不动的)电离了的施主和 N 区中的自由电子(导带中)，以及固定的电离了的受主和 P 区中的空穴(价带中)也画了出来。

由于从 P 边 $p=p_{P0}$ 到 N 边 $p=p_{N0}$ 的空穴浓度梯度，空穴向右边扩散进入 N 区与这个区域的电子(多数载流子)复合，所以靠近结的 N 区的多数载流子就被消耗掉了，只留下浓度为 N_d 的施主正离子(如 As^+)。相似地，N 区的电子浓度梯度使得电子向左边扩散，扩散进入 P 区的电子与该区域的多数载流子空穴复合，结果只留下浓度为 N_a 的受主负离子(如 B^-)。与离结较远的主体 P 区和 N 区相比，结果是在结 M 两边的区域中，自由载流子耗尽了，所以在结 M 周围有一个空间电荷层(SCL)。图 2.15(b)描述了结 M 周围的这个空间电荷层，也称为

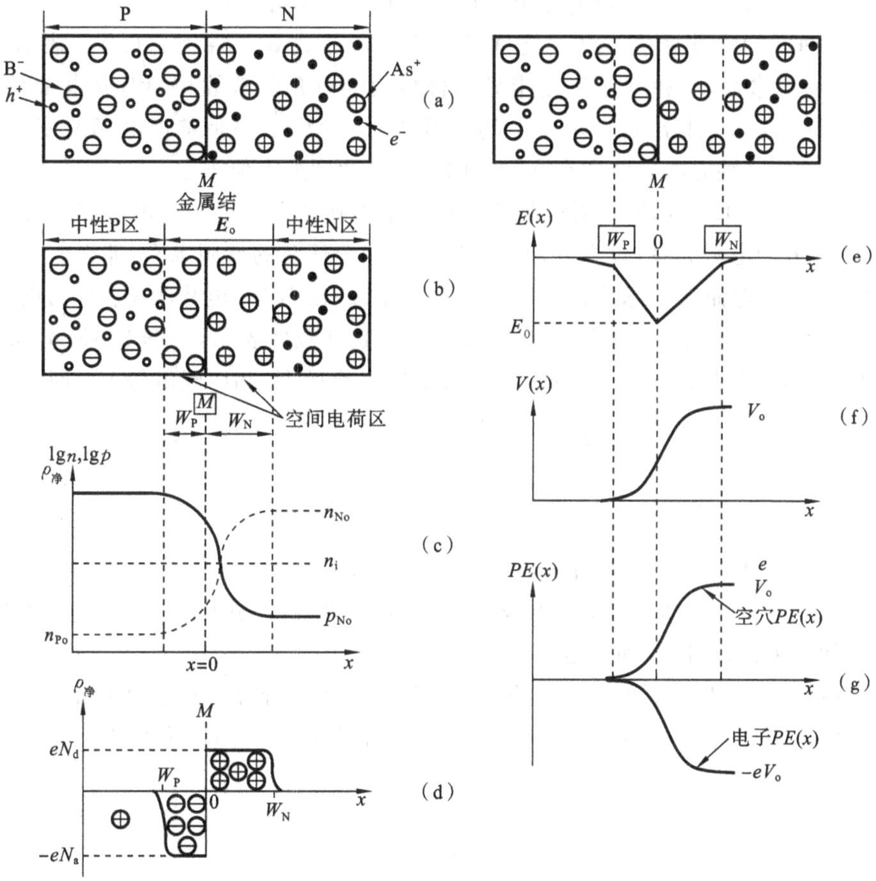

图 2.15　PN 结的性质

耗尽层。图 2.15(c)则简单描绘了空穴浓度和电子浓度的分布情况，其中纵轴浓度坐标是常用对数。注意，在平衡条件(没有外加偏压或光激发)下，浓度遵守质量作用定律 $pn=n_i^2$。

很清楚，从正离子到负离子(即 $-x$ 轴方向)有一个内建电场 $\boldsymbol{E}_0$，它试图使空穴漂回 P 区，电子漂回 N 区。这个电场迫使空穴朝它扩散的反方向漂移。如图 2.15(b)所示，$\boldsymbol{E}_0$ 给空穴在 $-x$ 轴方向加了一个漂移力，而空穴的扩散是朝 $+x$ 轴方向的。相似的情况也适用于电子，电场也迫使电子朝它扩散的反方向漂移。显见，随着越来越多的空穴向右扩散，以及越来越多的电子向左扩散，结 M 周围的内建电场也随之增加直到最后达到“平衡”，这时空穴向右扩散的速率和受电场 $\boldsymbol{E}_0$ 迫使向左漂移的速率达到平衡。在平衡时，电子扩散和漂移也会平衡。对于均匀掺杂的 P 区和 N 区来说，整个半导体中的空间电荷密度 $\rho_{净}(x)$ 如图 2.15(d)所示。在空间电荷层中从 $x=-W_P$ 到 $x=0$，净电荷密度 $\rho_{净}$ 是负数，它等于 $-eN_a$(在 $x=0$，是结 M)，同样在空间电荷层中从 $x=0$ 到 $x=W_N$，净电荷密度是正数，它等于 $+eN_d$。因为整个体系的电中性，所以在空间电荷层左边的总电荷和右边的总电荷相等，可以得到耗尽层宽度满足

$$N_a W_P = N_d W_N \tag{2.69}$$

如图 2.15 所示，任意假定施主浓度小于受主浓度，即 $N_d < N_a$。由式(2.69)可知，这意味着 $W_N > W_P$，即耗尽层渗入轻掺杂的 N 区比重掺杂的 P 区要大。事实上，如果 $N_d \ll N_a$，耗尽

区几乎完全在N区这一边。一般重掺杂区用上标加号来表示，如P^+。静电场中任意一点的电场$\boldsymbol{E}_o(x)$与净空间电荷密度$\rho_{净}(x)$之间的关系可以用式$dE/dx=\rho_{净}(x)/\varepsilon$表示，这里$\varepsilon=\varepsilon_0\varepsilon_r$是介质的介电常数，$\varepsilon_0$和$\varepsilon_r$分别是半导体材料的绝对介电常数和相对介电常数。通过整个二极管范围对$\rho_{净}(x)$积分，可以求得电场。图2.15(e)所示的是整个电场的变化情况。负场意味着它是在$-x$轴方向。注意在M处电场$\boldsymbol{E}(x)$达到最大值E_o。

根据定义$E=-dV/dx$，所以对电场积分可以求得在任意一点x的电势$V(x)$。取P区离结M很远的地方的电势为零(没有外加电压)，这是一个任意的参照水平，那么电势$V(x)$将随着耗尽区向N区靠近而增加，如图2.15(f)所示。注意，在N区，电势为V_o，称为内建电势。

在陡峭的PN结中，$\rho_{净}(x)$可以简单地用步长函数近似地表示，如图2.15(d)所示。用图2.15(d)中$\rho_{净}(x)$的步长形式并对它积分，就可求出内建场E_o和内建电势V_o，即

$$E_o=-\frac{eN_dW_N}{\varepsilon}=-\frac{eN_aW_P}{\varepsilon} \tag{2.70}$$

$$V_o=-\frac{1}{2}W_oE_o=\frac{eN_aN_dW_o^2}{2\varepsilon(N_a+N_d)} \tag{2.71}$$

式中：$\varepsilon=\varepsilon_0\varepsilon_r$；$W_o=W_N+W_P$是零外加电压下耗尽区的总厚度。

假如知道W_o，就可以根据式(2.70)容易求出W_N和W_P。式(2.71)是内建电势V_o与耗尽层宽度之间的关系，所以假如知道V_o，就可求得W_o。

将V_o和掺杂参数相关联的最简单方法就是用玻尔茨曼统计。对于由P型和N型半导体一起组成的体系来说，在平衡时，玻尔茨曼统计要求在势能E_1和E_2时的载流子浓度n_1和n_2之间存在如下关系：

$$\frac{n_2}{n_1}=\exp\left(-\frac{E_2-E_1}{k_BT}\right)$$

式中：E是势能，也就是qV，这里q是电荷，V是电势。

从图2.15(g)可以看出，在P区离结M很远的地方，$E=0$，这时$n=n_{Po}$，而在N区离结M很远的地方，$E=-eV_o$，这时$n=n_{No}$。因此，

$$n_{Po}/n_{No}=\exp[-eV_o/(k_BT)] \tag{2.72}$$

上式表明，V_o取决于n_{No}和n_{Po}，也就是N_d和N_a。对于空穴浓度，可以得到类似的相关表达式

$$p_{No}/p_{Po}=\exp[-eV_o/(k_BT)] \tag{2.73}$$

将式(2.72)和式(2.73)整理就可得到

$$V_o=\frac{k_BT}{e}\ln\left(\frac{n_{No}}{n_{Po}}\right) \quad 或 \quad V_o=\frac{k_BT}{e}\ln\left(\frac{p_{Po}}{p_{No}}\right)$$

根据掺杂剂的浓度可以写出p_{Po}和p_{No}，$p_{Po}=N_a$，$p_{No}=n_i^2/n_{No}=n_i^2/N_d$，所以$V_o$就变为

$$V_o=\frac{k_BT}{e}\ln\left(\frac{N_aN_d}{n_i^2}\right) \tag{2.74}$$

很清楚，通过N_d、N_a和n_i^2，V_o就很方便地和掺杂剂及宿主半导体材料的特性联系起来，其中n_i^2由$N_cN_v\exp[-E_g/(k_BT)]$给出。内建电势(V_o)是开路电路中从P型半导体到N型半导体整个PN结的电势。它不是由V_o组成的通过整个二极管的电压，也不是金属电极和半导体结接触点的接触电势。如果加上二极管的电压V_o和电极端的接触电势，它就是零。一

且由方程(2.74)求得内建电势 V_o，就可由式(2.71)计算耗尽层的宽度 W_o。

2.3.2　载流子注入

在热平衡下有如下关系：

$$n_{No}p_{No}=n_i^2,\quad n_{Po}p_{Po}=n_i^2 \tag{2.75}$$

因为在平衡条件下

$$p_{Po}\approx N_a,\quad n_{No}\approx N_d \tag{2.76}$$

利用方程(2.74)有

$$V_o=\frac{k_B T}{q}\ln\left(\frac{n_{No}}{p_{Po}}\right)=\frac{k_B T}{q}\ln\left(\frac{p_{Po}}{p_{No}}\right) \tag{2.77}$$

从这里很容易得到

$$\begin{aligned}n_{No}&=n_{Po}\exp\left(\frac{qV_o}{k_B T}\right)\\ p_{po}&=p_{No}\exp\left(\frac{qV_o}{k_B T}\right)\end{aligned} \tag{2.78}$$

基于以上关系可以得到在非平衡条件下也有

$$\begin{aligned}n_N&=n_P\exp\left[\frac{q(V_o-V)}{k_B T}\right]\\ P_P&=P_N\exp\left[\frac{q(V_o-V)}{k_B T}\right]\end{aligned} \tag{2.79}$$

把一个方程代入另一个方程得到

$$\begin{aligned}n_P&=n_{Po}\exp\left(\frac{qV}{k_B T}\right)\\ p_N&=p_{No}\exp\left(\frac{qV}{k_B T}\right)\end{aligned} \tag{2.80}$$

利用二极管 N 区的连续性，有以下平衡态关系：

$$D_P\frac{\partial(p_N-p_{Po})}{\partial x^2}-\frac{p_N-p_{Po}}{\tau_P}=0 \tag{2.81}$$

得到最后一个方程的条件是电场为零(在结外它是正确的)，并且平衡态条件为$\partial E/\partial t=0$，则微分方程的解为

$$p_N(x)=p_{No}+p_{No}\left[\exp\left(\frac{qV}{k_B T}\right)-1\right]\exp\left(-\frac{x}{\sqrt{D_P\tau_P}}\right) \tag{2.82}$$

其中利用了边界条件

$$p_N(x)=\begin{cases}p_N(0)=p_{No}\exp\left(\dfrac{qV}{k_B T}\right), & x=0\\ p_{No}, & x=+\infty\end{cases} \tag{2.83}$$

其中扩散长度定义为

$$L_P=\sqrt{D_P\tau_P} \tag{2.84}$$

因此，扩散电流为

$$I_P(x)=-qAD_P\frac{dp_N}{dx}=qAD_P\frac{p_{No}}{L_P}\left[\exp\left(\frac{qV}{k_BT}\right)-1\right]\exp\left(-\frac{x}{L_P}\right) \tag{2.85}$$

对二极管 N 区进行相似的微分有

$$I_N(x)=qAD_N\frac{n_{Po}}{L_N}\left[\exp\left(\frac{qV}{k_BT}\right)-1\right]\exp\left(-\frac{x}{L_N}\right) \tag{2.86}$$

在结附近电流主要是少子的扩散电流，在远离结的电流主要是多子的漂移电流。I_N 和 I_P 的和为总电流，且对于器件来说应该是一个常数(电学基本定律)。因此，为了找到总电流，只要把结的 P 型区电子扩散电流加上 N 型区空穴扩散电流，有

$$I=I_P(0)+I_N(0)=qA\left(D_N\frac{n_{Po}}{L_N}+D_P\frac{p_{No}}{L_P}\right)\left[\exp\left(\frac{qV}{k_BT}\right)\right]-1 \tag{2.87}$$

根据方程(2.82)可以得到施加前置电压时，结附近的少子明显增加，这是这个区少子扩散电流明显增强的原因。这也会产生一个电容，其电荷量为

$$Q=\int_{x_N}^{\infty}qAp_{No}\exp\left(-\frac{x-x_N}{L_P}\right)\left[\exp\left(\frac{qV}{k_BT}\right)-1\right]dx \tag{2.88}$$

$$=qAp_{No}L_P\left[\exp\left(\frac{qV}{k_BT}\right)-1\right]$$

因此，扩散电容为

$$C_{扩散}=\frac{dQ}{dV}=\frac{q^2Ap_{No}L_P}{k_BT}\exp\left(\frac{qV}{k_BT}\right) \tag{2.89}$$

2.3.3 前置偏压

设想一下，当电压为 V 的电池和整个 PN 结连接会发生什么情况？连接的时候，电池的正极和 PN 结的 P 区相连，而电池的负极和 PN 结的 N 区相连，以形成前置偏压。由于外加电压的负极性使得结势垒 V_o 减少 V，如图 2.16(a)和(b)所示。这是因为与主要由固定离子构成的耗尽区相比，在本体区有大量的多数载流子，空间电荷层外面半导体的本体区有较高的电导性。于是，外加电压在通过耗尽宽度 W 时，会下降很多，结果就是扩散势垒减少到 V_o-V，如图 2.16(b)所示。由于 P 区空穴要越过这个势垒向 N 区扩散的几率变成了 $\exp[-e(V_o-V)/(k_BT)]$。换言之，外加电压有效地降低了内建电势和防止空穴扩散的内建电场。结果有很多空穴可以穿过耗尽层进入 N 区，导致额外少数载流子注入，即空穴进入 N 区。相似地，额外的电子也可以向 P 区扩散并进入 P 区，这样电子就成了注入的少数载流子。

当空穴被注入电中性的 N 区，它们就会从 N 区的本体中(结果就是从电池那里)吸引一些电子，导致电子浓度有少许增加。这种多数载流子浓度的少许增加对平衡空穴浓度和维持整个 N 区的电中性很有必要。

由于内建势垒的降低导致额外的空穴扩散，在耗尽层外面 $x'=0$ (x'从 W_N 侧测量)处的空穴浓度 $p_N(0)=p_N(x'=0)$。这个浓度 $p_N(0)$是由空穴越过新势垒高度 $e(V_o-V)$的几率决定的。

$$p_N(0)=p_{Po}\exp\left[\frac{-e(V_o-V)}{k_BT}\right] \tag{2.90}$$

由于从 $x=-W_P$ 到 $x=+W_N$，空穴势能增加了 $e(V_o-V)$，如图 2.16(b)所示，所以式

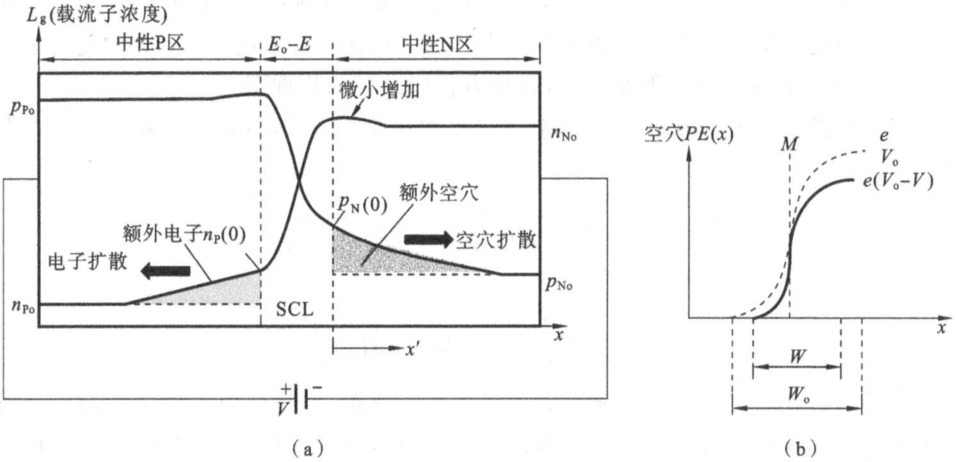

图 2.16　前置偏压下，PN 结中少数载流子的注入

(a) 载流子浓度分布；(b) 有外加偏压和无外加偏压时的空穴势能

(2.90)直接服从玻尔茨曼方程。与此同时，空穴浓度由 p_{Po} 下降到 $p_N(0)$。用式(2.77)代入式(2.90)，直接得到外加电压的影响，也就是外加电压 V 决定扩散并进入 N 区的额外空穴的量，即

$$p_N(0)=p_{No}\exp\left[\frac{eV}{k_BT}\right] \tag{2.91}$$

式(2.91)称为结定律，它描述了外加电压 V 对注入耗尽层外面的少数载流子浓度 $p_N(0)$ 的影响。很显然，没有外加电压时，$V=0$ 和 $p_N(0)=p_{No}$。

因为在 N 区有很多电子，注入空穴扩散到 N 区并最终与那里的电子复合。由于复合而失去的电子很容易由连接到该区的电池的负极补充，P 区也有很多由连接到该区的电池的正极补充的空穴，因此由于空穴扩散进入 N 区的电流可以保持。

相似地，电子由 N 区注入 P 区，耗尽区外面 $x=-W_P$ 处的电子浓度 $n_P(0)$ 为

$$n_P(0)=n_{Po}\exp\left(\frac{eV}{k_BT}\right) \tag{2.92}$$

在 P 区，注入的电子向电池的正极扩散，该处电子浓度为 n_{Po}。随着电子在 P 区的扩散，它们会与该区中一部分空穴复合。由于复合而失去的空穴很容易由连接到该区的电池的正极补充。N 区也有很多由连接到该区的电池的负极补充的电子，因此由于电子扩散进入 P 区的电流也可以保持。显见，在前置偏压下，整个 PN 结的电流都可以保持，而且电流流动好像是由少数载流子的扩散引起的。但是，也有一些是由多数载流子的漂移引起的。

如果 P 区和 N 区的长度比少数载流子的扩散长度要长，那么可以预计在 N 区空穴浓度 $p_N(x')$ 就会以指数形式下降到热平衡值 p_{No}，如图 2.16 所示。如果 $\Delta p_N(x')=p_N(x')-p_{No}$ 是额外少数载流子浓度，那么

$$\Delta p_N(x')=\Delta p_N(0)\exp(-x'/L_h) \tag{2.93}$$

式中：L_h 是空穴扩散长度，由式 $L_h=\sqrt{D_h\tau_h}$ 给出，这里 D_h 是空穴扩散系数，τ_h 是 N 区中空穴的平均复合寿命(少数载流子寿命)。

扩散长度是一个少数载流子在复合消失之前扩散的平均距离。在电中性 N 区任意一点 x' 处注入空穴的复合速率与该点 x' 的额外空穴浓度成正比。稳态时，在 x' 处的复合速率和扩散到该点 x' 的空穴的速率处于平衡状态，这是方程(2.93)的物理意义。

N 区中空穴扩散电流密度 $J_{\mathrm{D,空穴}}$ 等于空穴扩散电通量 $-D_{\mathrm{h}}(\mathrm{d}p/\mathrm{d}x)$ 乘以空穴扩散电荷 $+e$，即

$$J_{\mathrm{D,空穴}}=-eD_{\mathrm{h}}\frac{\mathrm{d}p_{\mathrm{N}}(x')}{\mathrm{d}x'}=-eD_{\mathrm{h}}\frac{\mathrm{d}\Delta p_{\mathrm{N}}(x')}{\mathrm{d}x'}$$

整理得

$$J_{\mathrm{D,空穴}}=\left(\frac{eD_{\mathrm{h}}}{L_{\mathrm{h}}}\right)\Delta p_{\mathrm{N}}(0)\exp\left(-\frac{x'}{L_{\mathrm{h}}}\right)\tag{2.94}$$

尽管上述方程表明空穴扩散电流取决于它所在的位置，但是任何位置上的总电流都是空穴和电子的贡献之和，它与位置 x 无关，如图 2.17 所示。少数载流子扩散电流随 x' 的减少由图 2.17 所示的多数载流子漂移导致的电流增加所补充。电中性区域的场不全为零，而是一个很小的值，仅仅只够让大量的多数载流子漂移而维持电流为常值。

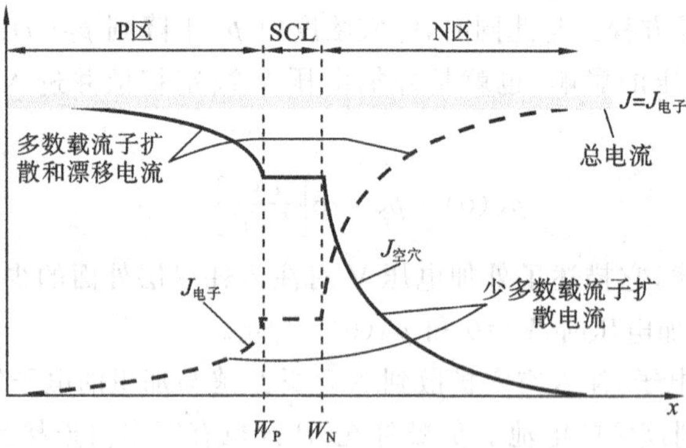

图 2.17　二极管中的总电流是常数

根据式(2.91)中的外加电压 V，可以用结定律来取代式(2.94)中的 $\Delta p_{\mathrm{N}}(0)$，而且用 $p_{\mathrm{No}}=n_{\mathrm{i}}^2/n_{\mathrm{No}}=n_{\mathrm{i}}^2/N_{\mathrm{d}}$ 来消去 p_{No}。在耗尽层外 $x'=0$ 处，空穴扩散电流为

$$J_{\mathrm{D,空穴}}=\left(\frac{eD_{\mathrm{h}}n_{\mathrm{i}}^2}{L_{\mathrm{h}}N_{\mathrm{d}}}\right)\left[\exp\left(\frac{eV}{k_{\mathrm{B}}T}\right)-1\right]$$

对于 P 区中的电子，有个相似的扩散电流密度 $J_{\mathrm{D,空穴}}$ 表达式。一般来说，耗尽区的宽度很窄(而且可以暂时忽略空间电荷层中的复合)，因此可以假定在整个耗尽区中空穴和电子的电流不发生变化。在 $x=-W_{\mathrm{P}}$ 处的电流与 $x=+W_{\mathrm{N}}$ 处的电流相同，那么总的电流密度可以简单地表示为 $J_{\mathrm{D,电子}}+J_{\mathrm{D,空穴}}$，即

$$J=\left(\frac{eD_{\mathrm{h}}}{L_{\mathrm{h}}N_{\mathrm{d}}}+\frac{eD_{\mathrm{e}}}{L_{\mathrm{e}}N_{\mathrm{a}}}\right)n_{\mathrm{i}}^2\left[\exp\left(\frac{eV}{k_{\mathrm{B}}T}\right)-1\right]$$

或

$$J=J_{\mathrm{so}}\left[\exp\left(\frac{eV}{k_{\mathrm{B}}T}\right)-1\right]\tag{2.95}$$

这就是广为熟悉的二极管方程，其中 $J_{\mathrm{so}}=\left(\frac{eD_{\mathrm{h}}}{L_{\mathrm{h}}N_{\mathrm{d}}}+\frac{eD_{\mathrm{e}}}{L_{\mathrm{e}}N_{\mathrm{a}}}\right)n_{\mathrm{i}}^2$，通常把它称为肖克利(Shockley)

方程，表示电中性区少数载流子扩散的情况。常数 J_{so} 不仅取决于掺杂 N_d 和 N_a，还取决于材料，通过 n_i、D_h、D_e、L_h 和 L_e 等表现出来。假如施加比热电压 $k_B T/e$（=25 mV）大的反向偏压 $V=-V_r$，那么方程(2.95)就变成 $J=-J_{so}$，J_{so} 称为反向饱和电流密度。

迄今为止，假定在前置偏压下，电中性区少数载流子扩散和复合都是由外电流提供的。但有些少数载流子也在耗尽区中复合，所以外电流也必须提供空间电荷层内复合过程中消耗的载流子。下面分析图 2.18 所示的简化对称 PN 结的情况。在金属结的中心 C，空穴和电子浓度分别为 p_M 和 n_M，它们相等。通过分析在 P 区 W_P 处的电子复合和 N 区 W_N 处的空穴复合（分别为图 2.18 中的阴影部分 ABC 和 BCD 的面积），可以求出空间耗尽层电流。设 W_P 处的平均电子复合时间为 τ_e，W_N 处的平均空穴复合时间为 τ_h，那么在 ABC 中电子复合的速率就是 ABC 面积（几乎是所有的注入电子）除以 τ_e。消耗掉的电子由结电流补偿。相似地，BCD 中空穴复合的速率就是 BCD 面积除以 τ_h。于是，复合电流密度为

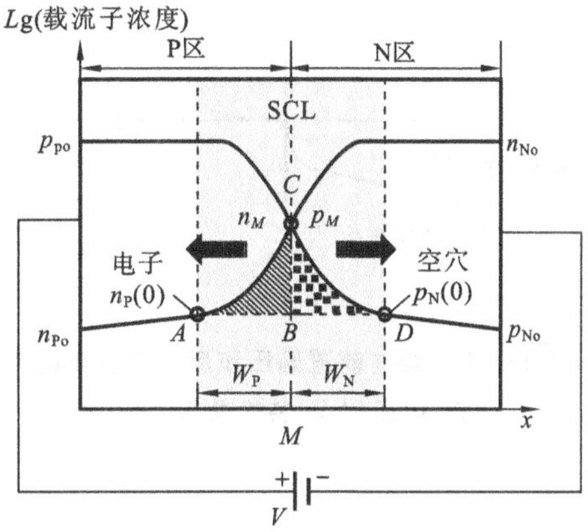

图 2.18　前置偏压下 PN 结与少数载流子的注入及其在空间耗尽层中的复合

$$J_{复合}=\frac{eS_{ABC}}{\tau_e}+\frac{eS_{BCD}}{\tau_h}$$

将 ABC 和 BCD 近似当作三角形，则可以计算它们的面积为 $S_{ABC}\approx\frac{1}{2}W_P n_M$，$S_{BCD}\approx\frac{1}{2}W_N p_M$，因此，

$$J_{复合}=\frac{eW_P n_M}{2\tau_e}+\frac{eW_N p_M}{2\tau_h} \tag{2.96}$$

在稳态和平衡条件下，如果是非简并半导体，则可以用玻尔茨曼统计将这些浓度和势能关联起来。在 A 处势能为零，在结 M 处势能为 $\frac{1}{2}e(V_o-V)$，因此，

$$\frac{p_M}{p_{Po}}=\exp\left[-\frac{e(V_o-V)}{k_B T}\right]$$

因为 V_o 取决于方程(2.74)所示的掺杂剂浓度和未经载流子浓度 n_i，而且 $p_{Po}=N_a$，可以将上式进一步简化为

$$p_M=n_i\exp\left(\frac{eV}{2k_B T}\right)$$

这意味着，对 $V>k_B T/e$ 的复合电流密度为

$$I_{复合}=\frac{en_i}{2}\left[\frac{W_P}{\tau_e}+\frac{W_N}{\tau_h}\right]\exp\left(\frac{eV}{2k_B T}\right) \tag{2.97}$$

对上式进行一定的数值分析，复合电流密度的表达式可以表示为

$$I_{复合}=J_{ro}\left[\exp\left(\frac{eV}{2k_B T}\right)-1\right]$$

其中，J_{ro} 是式(2.97)中的指前常数。

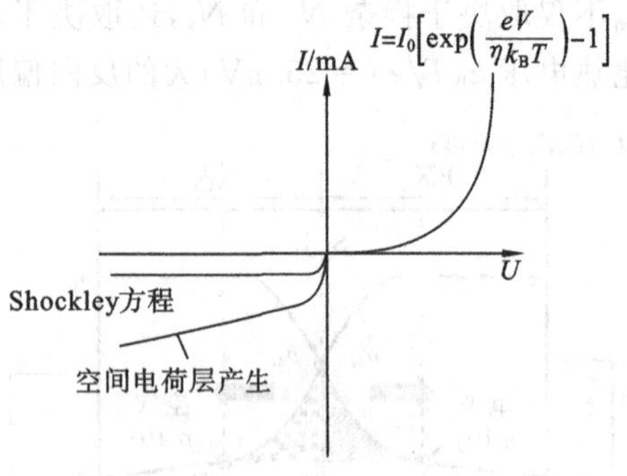

图 2.19　PN 结在前置偏压和反向偏压下的电流-电压(I-V)特性关系

式(2.97)中的 $I_{复合}$ 是供给耗尽区中复合的载流子的电流。进入二极管的总电流为电中性区的少数载流子扩散和空间耗尽层中的少数载流子复合提供载流子，这个总电流密度就是式(2.95)和式(2.97)的和。一般地，二极管电流 $I_{复合}$ 写成

$$I = I_o\left[\exp\left(\frac{eV}{\eta k_B T}\right) - 1\right] \tag{2.98}$$

式中，I_o 是常数，η 称为理想化因子，对电中性区扩散控制的特性，它是 1；对空间电荷层复合控制的特性，它是 2。

图 2.19 所示的是典型的 PN 结在前置偏压和反向偏压下的电流-电压(I-V)特性关系。

2.3.4　反向偏压

当一个 PN 结被置于反向偏压时，反向电流一般都很小，如图 2.19 所示。穿过 PN 结的反向电压如图 2.20(a)所示。外加电压降主要落在反耗尽区。电池的负极使得 P 区中的空穴朝远离空间耗尽层的地方移动，其结果是产生更多的暴露的受主负离子，这使得空间耗尽层变宽。相似地，电池的正极将电子吸引住，使得它们也远离空间耗尽层，这样就会有更多的暴露的正电荷的施主离子，使 N 区的空间耗尽层也变宽。因为电池没有电子供给 N 区，所以该区中电子向电池正极运动的现象不能维持。P 区也不能供应电子给 N 区，因为它也几乎没有电子。由于上述两个原因，还是会有一小股反向电流。

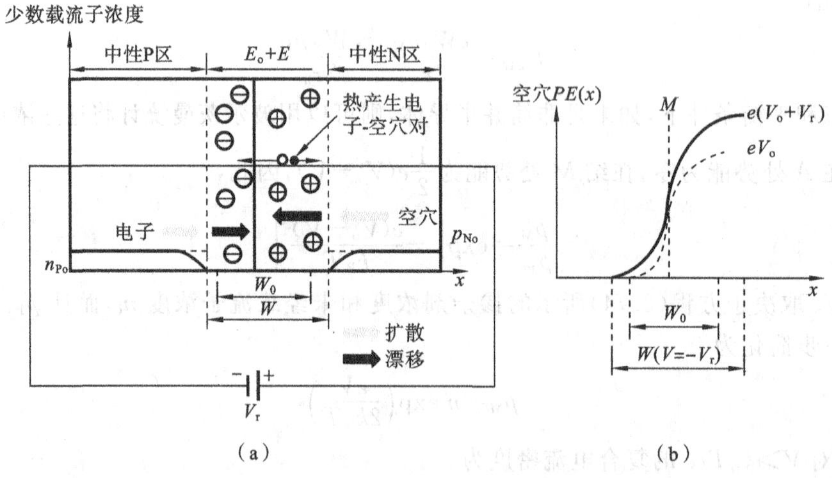

图 2.20　置于反向偏压下的 PN 结

(a) 少数载流子分布及反向电流的起源；(b) 反向偏压下，穿过结的空穴势能

外加电压增加了内建势垒，如图 2.20(b)所示。空间耗尽层中的电场比内建电场 E_o 要大。靠近耗尽区 N 侧的少数空穴会被通过空间耗尽层的电场挤到 P 侧。这个小电流可以由从 N 侧本体向空间耗尽层边界的空穴扩散来维持。

如果反向偏压 $V_r>25\ mV=k_BT/e$，根据式(2.91)，空间耗尽层外面的空穴浓度 $p_N(0)$ 几乎为零，而本体中(或接近负极)的空穴浓度就是平衡浓度 p_{N0}，它的值很小，有一个小的浓度梯度，会有一个小的由 N 区向空间耗尽层的空穴扩散电流，如图 2.20(a)所示。相似地，也存在一个小的由 P 区向空间耗尽层的电子扩散电流。在空间耗尽层内，由于电场的作用，这些载流子会发生漂移。这些少数载流子扩散电流属于肖克利型。反向电流由式(2.95)给出，其中电压为负值，这时二极管电流密度为 $J=-J_{so}$，称为反向饱和电流密度。J_{so}的值仅仅取决于材料特性，与电压($V_r>k_BT/e$)无关。更进一步，因为 J_{so} 取决于 n_i^2，所以温度对它的影响特别大。有些教科书中，把它叙述为，在向空间耗尽层扩散的扩散长度内，电中性区有少数载流子的热产生。这些载流子向空间耗尽层扩散及其以后的穿过空间耗尽层的漂移是由于反向电流的原因。从本质上来说，这个叙述与肖克利模型是一样的。

图 2.20(a)所示的空间电荷区中电子-空穴对热产生也会对观察到的反向电流做贡献，因为这个层中的内电场把电子和空穴分开了，使得它们各自向电中性区漂移。除了由于少数载流子扩散产生电流以外，这个漂移过程也会产生附加电流。空间耗尽层产生电流的理论计算包含了通过复合中心产生荷电载流子中较深奥的知识，本书不予讨论。由晶格热振动产生一个电子-空穴对的平均时间用τ_g 表示，也称为平均热产生时间。在单位体积中产生 n_i 个电子-空穴对平均要花的时间为 τ_g，单位体积中热产生的速率为 n_i/τ_g。进一步，WA 是耗尽区的体积(其中 A 是横截面积)，电子-空穴对(或荷电载流子)的产生速率为$(AWn_i)/\tau_g$。在耗尽区中空穴和电子都要发生漂移，因此它们对电流的贡献相等。观察到的电流密度一定是 $e(Wn_i)/\tau_g$。因此，由于空间耗尽层中热产生的电子-空穴对的反向电流密度组分应当由下式给出，即

$$J_{热}=\frac{eWn_i}{\tau_g} \tag{2.99}$$

反向偏压增加了耗尽层的宽度，所以也提高了 $J_{热}$。总的反向电流密度 $J_{反}$ 是扩散电流密度和热产生电流密度两个组分之和，即

$$J_{反}=\left(\frac{eD_h}{L_hN_d}+\frac{eD_e}{L_eN_a}\right)n_i^2+\frac{eWn_i}{\tau_g} \tag{2.100}$$

图 2.21 示意出了上述关系。因为空间耗尽层宽度 W 随 V_r 增加而增加，所以方程(2.99)中的热产生组分 $J_{热}$ 也随反向偏压 V_r 的增加而增加。

式(2.100)中反向电流主要由 n_i^2 和 n_i 控制。它们的相对重要性不仅取决于半导体特性而且还取决于温度，因为 $n_i\approx\exp[-E_g/(2k_BT)]$。为了说明式(2.100)中的不同过程，图2.21画出了 Ge PN 结(光电二极管)在黑暗中的反向电流 $J_{反}$ 与温度($\ln J_{反}$-$1/T$)的关系曲线。如图 2.21 的所示，在 238 K 以上，$J_{反}$ 是由 n_i^2 控制，因为 $\ln J_{反}$-$1/T$ 关系曲线的斜率表明 E_g 近似为 0.63 eV，与 Ge 的禁带宽度 E_g 约为 0.66 eV 接近。在 238 K 以下，$J_{反}$ 是由 n_i 控制的，因为 $\ln J_{反}$-$1/T$ 关系曲线的斜率等于$\frac{1}{2}E_g$，近似为0.33

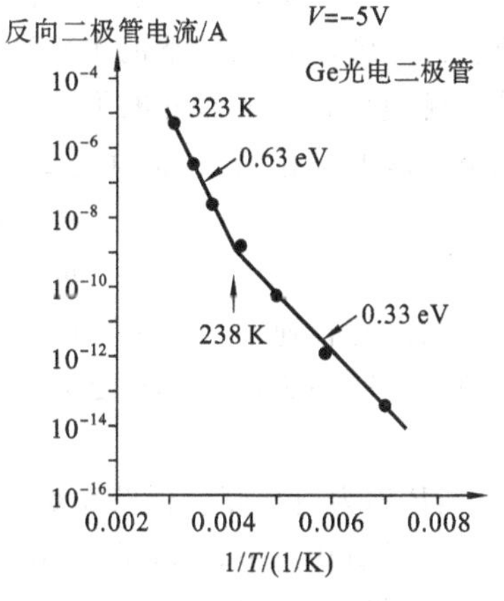

图 2.21　Ge PN 结反向电流 $J_{反}$ 与温度的关系曲线

eV。在这个范围内,反向电流是由空间耗尽层中缺陷和杂质(复合中心)产生的电子-空穴对引起的。

2.3.5 耗尽层电容

很显然,PN 结的耗尽区的正电荷和负电荷被隔开一段距离 W,类似于图 2.15(d)所示的平行板电容。假如 A 是横截面积,储存在耗尽区 N 侧的电荷为 $+Q=eN_dW_NA$,耗尽区 P 侧的电荷为 $-Q=eN_aW_PA$。与平行板电容不一样,Q 和施加于整个器件的电压 V 不成线性关系。定义一个将储存电荷增量和通过 PN 结的电压增量关联起来的电容增量是很有用的。当通过 PN 结的电压由 V 增加到 $V+\mathrm{d}V$ 时,耗尽层的宽度 W 也发生变化,结果是耗尽区中电荷的量也由 Q 增加到 $Q+\mathrm{d}Q$。耗尽层电容 $C_{耗尽}$ 定义为

$$C_{耗尽}=\left|\frac{\mathrm{d}Q}{\mathrm{d}V}\right| \tag{2.101}$$

如果外加电压为 V,那么通过宽度为 W 耗尽层的电压就是 V_o-V。这时,方程(2.71)中的 W 就变成

$$W=\left[\frac{2\varepsilon(N_a+N_d)(V_o-V)}{eN_aN_d}\right]^{\frac{1}{2}} \tag{2.102}$$

耗尽层任一侧的电荷量为 $|Q|=eN_dW_NA=eN_aW_PA$,而 $W=W_N+W_P$,将 Q 代入式(2.102),然后对该式微分得到 $\mathrm{d}Q/\mathrm{d}V$。最终结果为

$$C_{耗尽}=\frac{\varepsilon A}{W}=\frac{A}{(V_o-V)^{\frac{1}{2}}}\left[\frac{e\varepsilon(N_aN_d)}{2(N_a+N_d)}\right]^{\frac{1}{2}} \tag{2.103}$$

必须注意,$C_{耗尽}$是由与平行板电容相同的表达式 $\varepsilon A/W$ 给出,但是根据式(2.102),W 是随电压变化而变化的。在式(2.102)中代入反向偏压 $V=-V_r$,则 $C_{耗尽}$ 随 V_r 的增加而减少。一般地,反向偏压下的 $C_{耗尽}$ 只有几个皮法。

2.3.6 复合寿命

下面来分析直接带隙半导体如掺杂 GaAs 的复合情况。复合包括电子和空穴的直接碰撞。假定像前置偏压下的 PN 结一样,半导体中被注入了额外电子和空穴,Δn_P 是 GaAs PN 结 P 侧电中性区的额外电子浓度,Δp_P 是额外空穴浓度。为了维持电中性,注入的电子浓度和空穴浓度是相同的,也就是 $\Delta n_P=\Delta p_P$。这样,在任何时候都有

$$n_P=n_{Po}+\Delta n_P=\text{瞬态少数载流子浓度}$$

$$p_P=p_{Po}+\Delta p_P=\text{瞬态多数载流子浓度}$$

瞬态复合速率与这个时候的电子浓度及空穴浓度(也就是 n_Pp_P)成正比。设电子-空穴对的热产生速率为 $G_热$,那么 Δn_P 变化的净速率为

$$\partial\Delta n_P/\partial t=-Bn_Pp_P+G_热 \tag{2.104}$$

式中:B 称为直接复合俘获系数。

在平衡状态下,$\partial\Delta n_P/\partial t=0$,并使用 $n_P=n_{Po}$ 和 $p_P=p_{Po}$ 的条件,这里下标 o 表示热平衡浓度,可求得 $G_热=Bn_{Po}p_{Po}$。于是式(2.104)中 Δn_P 变化的速率为

$$\frac{\partial\Delta n_P}{\partial t}=-B(n_Pp_P-n_{Po}p_{Po}) \tag{2.105}$$

在很多情况下，变化速率$\partial \Delta n_{\mathrm{P}}/\partial t$与$\Delta n_{\mathrm{P}}$成比例，额外少数载流子复合时间（寿命）$\tau_{\mathrm{e}}$由下式定义，即

$$\frac{\partial \Delta n_{\mathrm{P}}}{\partial t}=-\frac{\Delta n_{\mathrm{P}}}{\tau_{\mathrm{e}}} \tag{2.106}$$

在实际情况中，注入的额外少数载流子浓度Δn_{P}比实际平衡的少数载流子浓度n_{Po}大得多。根据Δn_{P}与多数载流子浓度p_{Po}的比较结果，存在分别对应于强注入和弱注入的两个Δn_{P}条件。

在弱注入情况下，$\Delta n_{\mathrm{P}} \ll p_{\mathrm{Po}}$，那么

$$n_{\mathrm{P}} \approx \Delta n_{\mathrm{P}}, \quad p_{\mathrm{P}}=p_{\mathrm{Po}}+\Delta p_{\mathrm{P}} \approx p_{\mathrm{Po}} \approx N_{\mathrm{a}}=\text{受主浓度}$$

因此通过式(2.105)及这些近似，可以得到

$$\partial \Delta n_{\mathrm{P}}/\partial t=-BN_{\mathrm{a}}\Delta n_{\mathrm{P}} \tag{2.107}$$

与式(2.106)比较，有

$$\tau_{\mathrm{e}}=\frac{1}{BN_{\mathrm{a}}} \tag{2.108}$$

在弱注入条件下，它是常数。在强注入情况下，$\Delta n_{\mathrm{P}} \gg p_{\mathrm{Po}}$。那么很容易得到在这个条件下，式(2.105)变成

$$\partial \Delta n_{\mathrm{P}}/\partial t=-B\Delta P_{\mathrm{P}}\Delta n_{\mathrm{P}}=-B(\Delta n_{\mathrm{P}})^2 \tag{2.109}$$

因此，在高浓度注入条件下，复合寿命τ_{e}与注入的载流子浓度成反比。当发光二极管在调制时，如高注入浓度下，少数载流子的寿命不是常数，这样会导致调制光输出的变形失真。

[例 2.3]　横截面积$A=1\ \mathrm{mm}^2$的对称 GaAs PN 结具有如下性质：$N_{\mathrm{a}}=N_{\mathrm{d}}=10^{23}\ \mathrm{cm}^{-3}$；$B=7.21\times10^{-16}\ \mathrm{m}^3/\mathrm{s}$；$\mu_{\mathrm{e}}=5000\ \mathrm{cm}^2\cdot V^{-1}\cdot \mathrm{s}^{-1}$；$\mu_{\mathrm{h}}=250\ \mathrm{cm}^2\cdot \mathrm{V}^{-1}\cdot \mathrm{s}^{-1}$；$n_{\mathrm{i}}=2.8\times10^{12}\ \mathrm{m}^{-3}$；$\varepsilon_{\mathrm{r}}=12.2$。扩散系数与迁移率之间的关系由爱因斯坦关系表示：$D_{\mathrm{e}}=\mu_{\mathrm{e}}k_{\mathrm{B}}T/e$。穿过整个二极管的前置偏压为1 V。如果是直接复合，那么在 300 K 由少数载流子扩散产生的电流是多少？如果耗尽区少数载流子的平均复合寿命为 10 ns 数量级，试估计电流中的复合分量是多少？

解　假定是弱注入，则可以很容易分别计算中性 N 区和 P 区电子和空穴复合的复合寿命τ_{e}和τ_{h}。假如是一个对称的器件，并且$k_{\mathrm{B}}T/e=0.02585\ \mathrm{V}$，

$$\tau_{\mathrm{e}}=\tau_{\mathrm{h}}=\frac{1}{BN_{\mathrm{a}}}=\frac{1}{7.21\times10^{-16}\times1\times10^{23}}\ \mathrm{s}=1.39\times10^{-8}\ \mathrm{s}$$

根据爱因斯坦关系，扩散系数分别为

$$D_{\mathrm{h}}=\mu_{\mathrm{h}}k_{\mathrm{B}}T/e=0.02585\times250\times10^{-4}\ \mathrm{m}^2/\mathrm{s}=6.46\times10^{-4}\ \mathrm{m}^2/\mathrm{s}$$

$$D_{\mathrm{e}}=\mu_{\mathrm{e}}k_{\mathrm{B}}T/e=0.2585\times5000\times10^{-4}\ \mathrm{m}^2/\mathrm{s}=1.29\times10^{-2}\ \mathrm{m}^2/\mathrm{s}$$

空穴和电子的扩散长度分别为

$$L_{\mathrm{h}}=(D_{\mathrm{h}}\tau_{\mathrm{h}})^{\frac{1}{2}}=[6.46\times10^{-4}\times1.39\times10^{-8}]^{\frac{1}{2}}\ \mathrm{m}=3.00\times10^{-6}\ \mathrm{m}$$

$$L_{\mathrm{e}}=(D_{\mathrm{e}}\tau_{\mathrm{e}})^{\frac{1}{2}}=[1.29\times10^{-2}\times1.39\times10^{-8}]^{\frac{1}{2}}\ \mathrm{m}=13.4\times10^{-6}\ \mathrm{m}$$

由于电中性区的扩散产生的反向饱和电流为

$$\begin{aligned}I_{\mathrm{so}}&=A\left(\frac{D_{\mathrm{h}}}{L_{\mathrm{h}}N_{\mathrm{d}}}+\frac{D_{\mathrm{e}}}{L_{\mathrm{e}}N_{\mathrm{a}}}\right)en_{\mathrm{i}}^2\\&=10^{-6}\times\left(\frac{6.46\times10^{-4}}{3.00\times10^{-6}\times10^{23}}+\frac{1.29\times10^{-2}}{1.34\times10^{-5}\times10^{23}}\right)\times1.6\times10^{-19}\times(1.8\times10^{12})^2\ \mathrm{A}\\&=6.13\times10^{-21}\ \mathrm{A}\end{aligned}$$

于是，前置扩散电流为

$$I_{扩散}=I_{so}\exp\left(\frac{eV}{k_BT}\right)=6.13\times10^{-21}\exp\left(\frac{10}{0.02585}\right)\ \mathrm{A}=3.9\times10^{-4}\ \mathrm{A}$$

内建电势为

$$V_o=\frac{k_BT}{e}\ln\left(\frac{N_aN_d}{n_i^2}\right)=0.02585\ln\left(\frac{10^{23}\times10^{23}}{1.8\times10^{12}\times1.8\times10^{12}}\right)\ \mathrm{V}=1.28\ \mathrm{V}$$

耗尽层宽度为

$$W=\left[\frac{2\varepsilon(N_a+N_d)(V_o-V)}{eN_aN_d}\right]^{\frac{1}{2}}=\left[\frac{2\times1.32\times8.85\times10^{-12}\times2\times10^{23}\times(1.28-1)}{1.6\times10^{-19}\times10^{23}\times10^{23}}\right]^{\frac{1}{2}}\ \mathrm{m}$$
$$=9.0\times10^{-8}\ \mathrm{m}$$

对于对称二极管，$W_P=W_N=\frac{1}{2}W$，取 $\tau_e=\tau_h=\tau_r\approx10$ ns，则

$$I_{ro}=\frac{Aen_i}{2}\left(\frac{W_P}{\tau_e}+\frac{W_N}{\tau_h}\right)=\frac{Aen_iW}{2\tau_r}=\frac{10^{-6}\times1.6\times10^{-19}\times1.8\times10^{12}\times9.0\times10^{-8}}{2\times10\times10^{-8}}\ \mathrm{A}$$
$$=1.3\times10^{-12}\ \mathrm{A}$$

因此，

$$I_{复合}\approx I_{ro}\exp\left(\frac{eV}{2k_BT}\right)=1.3\times10^{-12}\exp\left(\frac{1.0}{2\times0.02585}\right)\ \mathrm{A}=3.4\times10^{-4}\ \mathrm{A}$$

在本例中，扩散电流分量和复合电流分量处于同一个数量级。

2.4　PN 结能带图

2.4.1　开路电路

图 2.22(a)所示的为开路条件下的 PN 结能带图。如果 E_{Fp} 和 E_{Fn} 分别是结 P 侧和 N 侧的费米能级，那么在平衡状态下和黑暗中，这两个材料的费米能级一定相同。在远离金属结 M 的 N 型半导体本体中，应当还是一个 N 型半导体，所以 E_c-E_{Fn} 应当与单独的材料 N 型半导体的相同。相似地，在远离金属结 M 的 P 型半导体本体中，$E_{Fp}-E_v$ 应当与单独的材料 P 型半导体的相同。图 2.22(a)所示的这些特性使得在整个体系中 E_{Fp} 和 E_{Fn} 相同；当然禁带宽度 E_c-E_v 也相同。显见，要画出 PN 结的能带图，靠近金属结 M 的导带 E_c 和价带 E_v 必须弯曲，因为在 N 侧的 E_c 接近于 E_{Fn}，而 P 侧的 E_v 偏离 E_{Fp} 较多。

在两种半导体互相接触形成 PN 结的时候，电子从 N 侧扩散到 P 侧。随着扩散的进行，结附近 N 侧的电子被耗尽，于是随着向金属结 M 靠近，E_c 离 E_{Fn} 的距离变远，如图2.22(a)所示。空穴从 P 侧扩散到 N 侧。随着扩散的进一步进行，结附近 P 侧的空穴被耗尽，于是随着向金属结 M 靠近，E_v 离 E_{Fp} 的距离也变远，这在图中也有显示。进一步，随着电子和空穴互相朝对方扩散，它们大多数在金属结 M 周围复合而消失掉，结果形成图 2.15(b)所示的空间电荷层。所以与半导体本体相比，在金属结 M 附近的空间电荷区已经被耗尽。

如图 2.15(g)所示，电子的静电势能由 P 区的零降低到 N 区的 $-eV_o$。因此，电子的总能量从 P 区到 N 区就减少了 eV_o。换言之，N 区中 E_c 处的电子必须越过一个势垒才能到达 P

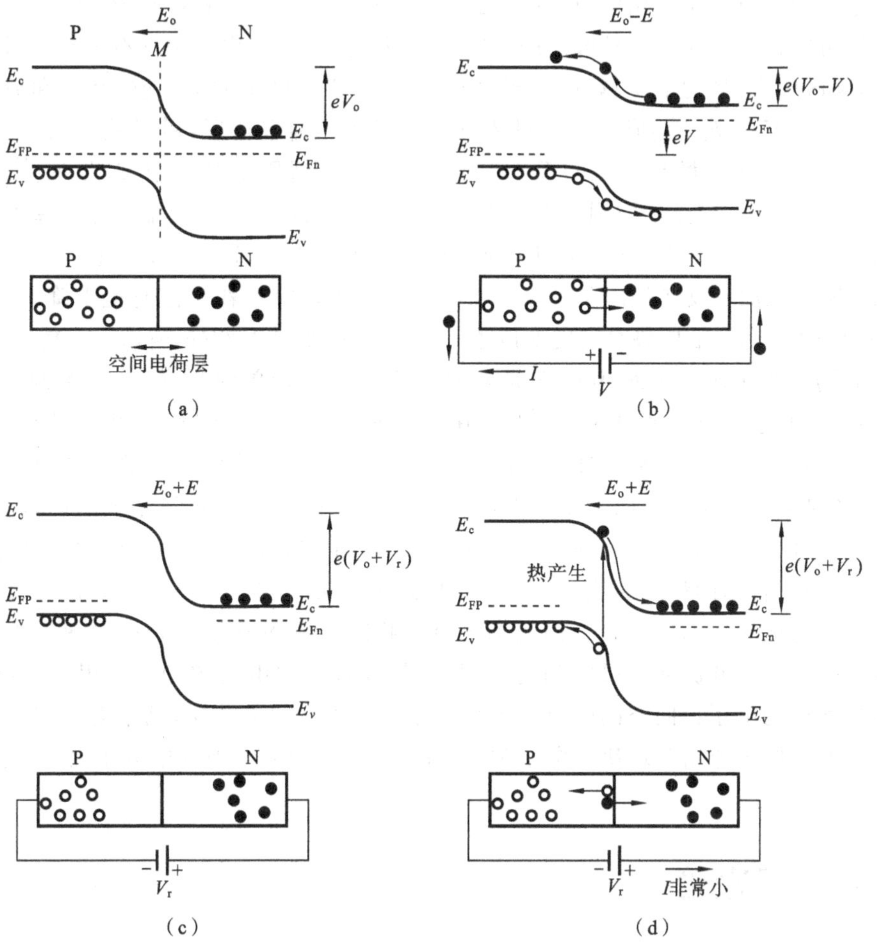

图 2.22　PN 结能带图

(a) 开路条件下；(b) 前置偏压条件下；

(c) 反向偏压条件下；(d) 耗尽区中热产生的电子和空穴导致少量反向电流产生

区中的 E_c。这个势垒就是 eV_o，其中 V_o 就是前面讨论过的内建势能。所以，金属结 M 周围的能带弯曲不仅是由于这个区域中电子和空穴浓度变化的原因，而且还有内建电势（所以也是内建电场，因为它们互相相关）的影响。内建势垒 eV_o 阻止了电子从金属结 M 的 N 侧向 P 侧扩散，也阻止了空穴从金属结 M 的 P 侧向 N 侧扩散。

应当注意，与本体半导体区或中性半导体区相比，空间耗尽层内的费米能级既不靠近 E_c，也不靠近 E_v。这意味着在空间耗尽层中的电子浓度 n 和空穴浓度 p 比它们分别在半导体本体中的浓度 n_{No} 和 p_{Po} 小得多。因此，任何穿过空间耗尽层的外加电压都会下降。

2.4.2　前置偏压和反向偏压

当向 PN 结施加一前置偏压时，大多数外加电压会落在整个耗尽区内，所以外加电压与内建电势 V_o 相反。图 2.22(b)说明了前置偏压的影响，它使得势垒由 eV_o 下降到 $e(V_o-V)$。N 区中 E_c 处的电子很容易越过这个势垒而扩散到 P 区。由 N 区扩散的电子很容易由与这一侧相连接的电池的负极补充。相似地，空穴也能很容易地从 P 区扩散到 N 区，与 P 侧相连接的电池的正极可以补充由这一侧扩散走的空穴。所以在整个结和电路中就有电流流过。

这时，N 区中 E_c 处的电子越过这个新势垒而扩散到 P 区中的 E_c 处的几率和玻尔茨曼因子 $\exp[-e(V_o-V)/(k_B T)]$成正比。只要有一个很小的前置偏压，后者就会大幅度增加，发生了电子从 N 侧大量扩散到 P 侧的现象。相似的讨论也适用于 P 区中 E_v 处的空穴，这些空穴也克服势垒 $e(V_o-V)$而扩散到 N 区中的 E_v。因为前置电流是由克服这个势垒的电子和空穴产生的，所以它也与 $\exp[-eV/(k_B T)]$或 $\exp[-e(V_o-V)/(k_B T)]$成正比。

当向 PN 结施加一反向偏压 $V=-V_r$ 时，这个电压在穿过耗尽区时也下降。但是，这时 V_r 加到内建势能上去，结果势垒高度变成了 $e(V_o+V_r)$，如图 2.22(c)所示。金属结 M 除空间耗尽层中的场也增加到 $\boldsymbol{E}_0+\boldsymbol{E}$，其中 $\boldsymbol{E}$ 是外加电场(它不是简单的 V/W)。因为假如电子离开 N 区向正极运动，它们不可能从 P 区(因为在 P 区没有电子)得到补充，几乎没有反向电流。但是由于空间耗尽层中热产生的电子-空穴对，以及在空间电荷层的扩散长度内热产生的少数载流子，还是会有很小的反向电流。当在空间电荷层中热产生电子-空穴对时，耗尽层中的电场把它们隔开了，如图 2.22(d)所示。电子沿 E_c 处的势能曲线掉到 N 区，然后由电源收集。相似地，空穴沿它自己的势能曲线(对于空穴来说，向下能量未增加)掉到 P 区。沿势能曲线往下掉的过程与电场(这时为 $\boldsymbol{E}_0+\boldsymbol{E}$)驱动的过程相同。在 N 区扩散长度内热产生的空穴可以向空间电荷层扩散并漂移穿过空间电荷层，结果导致反向电流的产生。相似地，在 P 区扩散长度内热产生的电子也向空间电荷层扩散并漂移穿过空间电荷层，结果对反向电流产生贡献。因为这些反向电流组分取决于电子和空穴的热产生速率，与前置电流相比，它们就显得非常小。

2.5 发光二极管

1955 年，美国无线电公司(Radio Corporation of America)的鲁宾·布朗石泰(Rubin Braunstein)首次发现了砷化镓(GaAs)及其他半导体合金的红外发光现象。1962 年，通用电气公司的尼克·何伦亚克(Nick Holonyak Jr.)首次开发出实际应用的可见光发光二极管(LED)。LED 是英文 Light Emitting Diode 的缩写，它的基本结构是一块电致发光的半导体材料。发光二极管是一种将电流顺向通到半导体 PN 结处而发光的器件。

2.5.1 原理

发光二极管(LED)实际上就是一个由直接带隙半导体(如 GaAs)组成的 PN 结，其中电子-空穴对复合导致光子的发射，发射的光子的能量近似等于禁带宽度，即 $h\nu\approx E_g$。图 2.23(a)所示的是没有外加偏压情况下的 PN^+ 结器件的能带图，其中 N 侧掺杂比 P 侧的重。在这个能带图中，整个器件的费米能级相等，这是没有外加偏压时，平衡条件的需要。PN^+ 结器件的耗尽区主要是向 P 侧延伸。从 N 侧的 E_c 到 P 侧的 E_c 之间有一个势垒 eV_o，也就是说 $\Delta E_c=eV_o$，这里 V_o 是内建势垒。N 侧导电自由电子浓度较高，使得导电电子由 N 侧向 P 侧扩散。但是，电子势垒 eV_o 要阻止净的电子扩散。

当 PN^+ 结器件施加外加前置偏压 V 时，在穿过耗尽区时这个电压就会下降，这是器件的

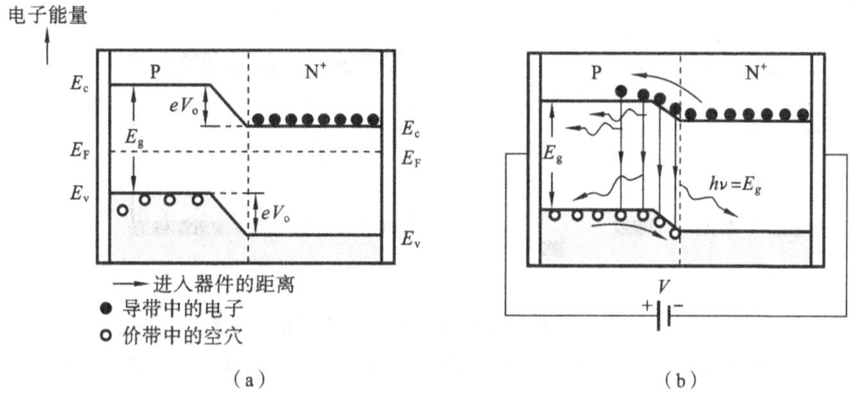

图 2.23　外加偏压对 PN$^+$ 结能带结构的影响

(a)无外加偏压时的 PN$^+$ 结，内建势垒阻止了电子从 N$^+$ 区扩散到 P 区；

(b) 外加偏压降低了内洽电势，使得电子能够从 N$^+$ 区扩散到 P 区

主要电阻部分。内建势垒由 V_o 降到 V_o-V，这样就使得电子可以从 N$^+$ 区扩散到或注入 P 区，如图 2.23(b) 所示。从 P 区注入 N$^+$ 区的空穴比从 N$^+$ 区注入 P 区的电子要少得多。注入的电子在耗尽区和电中性的 P 区与空穴复合，结果导致光子自发发射。复合主要是发生在耗尽区和 P 区中电子的扩散长度 L_e 范围内，这个复合区域通常称为有源区。由于少数载流子注入导致电子-空穴对复合而发光的现象称为注入电致发光。由于电子和空穴之间复合过程的统计本质，发射出来的光子的方向是随机的，它们是自发发射而不是受激发射。因此，在设计发光二极管的时候，必须保证发射的光子能从器件中逃逸出来，而不被半导体材料重新吸收。这就意味着，P 区必须足够窄或者必须使用后面将要讨论的异质结构。

2.5.2　器件结构

在最简单的工艺结构中，发光二极管一般都是通过在某一合适的衬底(如 GaAs 或 GaP)上外延生长掺杂半导体材料而制成的，如图 2.24(a)所示。这种平面 PN 结是先在基体上外延生长 N 层，然后生长 P 层。衬底必须有足够的机械强度以支持 PN 结器件(层)，可以是不同的材料。光从 P 层的表面发射，所以到做得相当窄(一般几个微米)，以便光子能从器件中逃逸出来而不被半导体材料重新吸收。为了保证大多数复合在 P 区发生，N 层必须是重掺杂(N$^+$)。这样发射到 N 区的那些光子要么被重新吸收，要么在基体边界被反射回去，这取决于基体的厚度和发光二极管的确切结构。图 2.24(a)中使用的分段背电极有助于半导体-空气界面的光反射。也可以将掺杂剂扩散到 N$^+$ 来形成 P 区，图 2.24(b)所示的是一个扩散结平面发光二极管。

假如外延层的晶格常数与衬底晶体的不同，那么在这两种晶体结构之间还存在晶格失配的问题。这样就会导致发光二极管的层中出现应力，从而产生晶体缺陷。这些晶体缺陷会导致电子-空穴对非辐射复合。换言之，就是晶体缺陷充当复合中心。通过发光二极管外延层和衬底晶体的晶格匹配可以减少这些晶格缺陷。因此，发光二极管外延层和衬底晶体的晶格匹配是很重要的。例如，某种 AlGaAs 合金是一种直接带隙半导体，它的禁带在红光发射区。通过精心的晶格匹配，它可以在 GaAs 基体上外延生长，得到高效率的发光二极

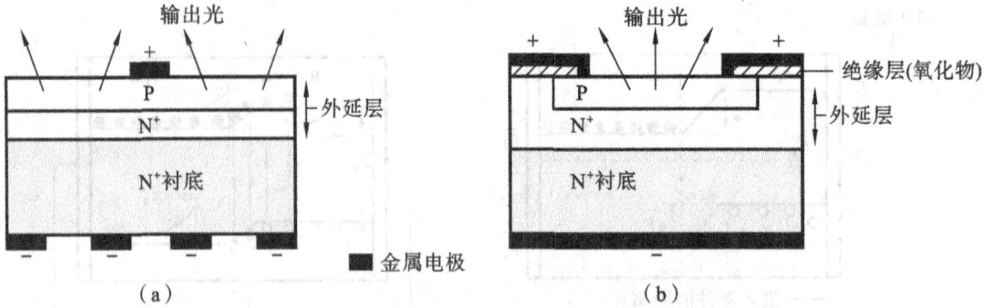

图 2.24　典型的表面发光二极管器件示意图

(a) P 层外延生长在 N^+ 层上；(b) 先外延生长在 N^+ 层，然后通过掺杂剂扩散进入外延层形成 P 区

管器件。

图 2.24(a)和(b)所示的都是简单的平面 PN 结发光二极管结构。由于全内反射的原因，并不是所有到达半导体-空气界面的光线都能从器件中逃逸出来。那些入射角大于临界角 θ_c 的光线会被反射回去，如图 2.25(a)所示。例如，对于 GaAs-空气界面来说，临界角 θ_c 仅仅只有 16°，这意味着有很多光线会全内反射。要解决这个问题，可以把半导体表面设计成拱形或半球形，光线以小于临界角的角度到达半导体表面，从而不会有全内反射现象发生，如图 2.25(b) 所示。其主要缺点就是在制备拱形发光二极管器件时，增加了工艺难度，会导致成本增加。最经济地减少全内反射的做法是，把半导体结包封在一种透明的塑料媒介(树脂)中，这种树脂的折射指数比空气的高，而且这种包封树脂也可以做成拱形表面，如图 2.25(c) 所示。目前市面上很多出售的发光二极管都是用相似的塑料包封的。

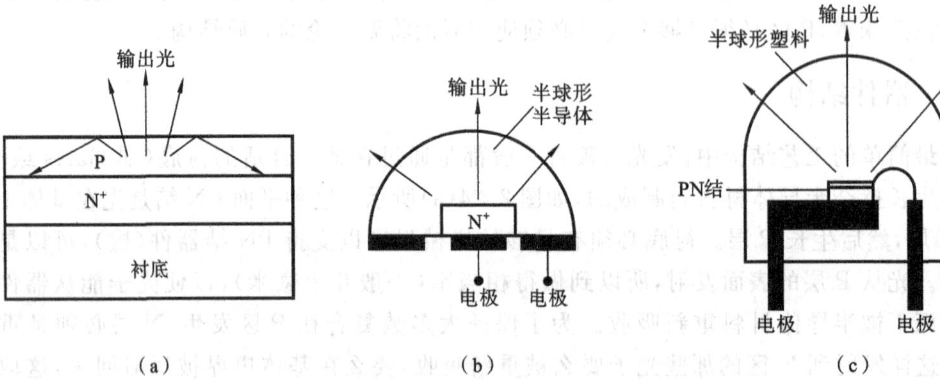

图 2.25　光子从二极管逸出的情况

(a) 发生全内反射的光不能从器件表面逃逸；(b) 改进器件的表面形状可以减少全内反射；(c) 最经济的方法就是在 LED 器件外面包封一层拱形透明塑料材料

2.6　LED 材料

有很多直接带隙半导体材料可以很容易掺杂制成在红光和红外波长范围内发光的商用 PN 结发光二极管。包括可见光范围的一类很重要的商用半导体材料是基于合金化的 GaAs 和 GaP Ⅲ-Ⅴ族三元合金，用 $GaAs_{1-y}P_y$ 表示。在这类化合物中，Ⅴ族元素 As 和 P 原子是随

机分布在 GaAs 晶体中的 As 原子位置上。当 $y<0.45$ 时，$GaAs_{1-y}P_y$ 合金是直接带隙半导体，所以电子-空穴对复合过程是直接的，如图 2.26(a)所示。复合速率与电子浓度和空穴浓度的积成正比。发光波长从 $y<0.45$（$GaAs_{0.55}P_{0.45}$）时的 630 nm（红光）到 $y=0$（GaAs）时的870 nm。

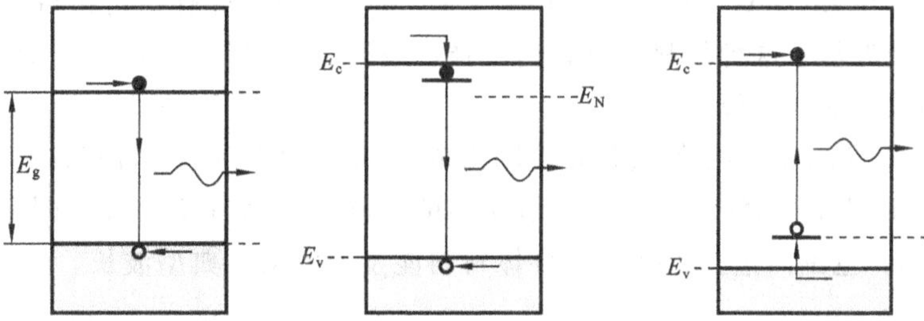

图 2.26　不同半导体的光子发射情况

(a) 直接禁带半导体中的光子发射；

(b) N 掺杂间接禁带半导体 GaP 后的光子发射；(c) Al 掺杂 SiC 后的电子-空穴对复合

$y>0.45$ 的 $GaAs_{1-y}P_y$ 合金（包括 GaP）是间接禁带半导体。电子-空穴对通过复合中心发生复合，包括晶格振动而没有光子发射。但是在这些半导体晶体中添加等电子杂质如氮 N（和 P 同属Ⅴ族），那么有些 N 原子就会取代 P 原子。N 原子和 P 原子的价电子数相同，取代 P 原子的 N 原子可以形成相同数目的化学键，因此，N 原子既不是施主也不是受主，但是 N 和 P 的电子核是不同的。与 P 原子相比，N 的正核受电子屏蔽较少。这意味着，N 原子可以吸引相邻原子的导电电子而在这个位置上形成陷阱，所以 N 原子给导带边附近带来了局域化的能级或电子阱 E_N，如图 2.26(b)所示。当导电电子在 E_N 被俘获时，由于库仑吸引力，它可以吸引一个附近价带中的空穴，最终同它直接复合并发射出一个光子。因为 E_N 一般都很接近 E_c，所以发射光子所需的能量仅比 E_g 小一些。这种复合取决于 N 掺杂，所以它不如直接复合有效。因此，由 N 掺杂间接禁带半导体 $GaAs_{1-y}P_y$ 制成的发光二极管的效率比直接带隙半导体的发光效率要低。N 掺杂间接禁带半导体 $GaAs_{1-y}P_y$ 合金广泛用于制备价格低廉的绿光、黄光和橙光发光二极管。

有两类重要的蓝光发光二极管材料。GaN 是一种直接带隙半导体材料，它的禁带宽度 $E_g=2.4$ eV。蓝光 GaN 发光二极管实际上使用的是 GaN 合金；InGaN 的禁带宽度 $E_g=2.7$ eV，对应于蓝光发射。效率较低的另一类材料是 Al 掺杂碳化硅（SiC），它是一种间接禁带半导体。受主型局域化能级俘获价带的空穴，然后导带上的电子和这个空穴复合而发射一个光子，如图 2.26(c)所示。因为复合过程不是直接的，所以效率不是很高，此外蓝光 SiC 发光二极管的亮度也有限。最近，在使用Ⅱ-Ⅵ族直接带隙化合物半导体如 ZnSe（Zn 和 Se 分别在元素周期表中的Ⅱ族和Ⅵ族）制备效率更高的蓝光发光二极管方面取得了很大进展。用Ⅱ-Ⅵ族化合物半导体的主要问题是在适当掺杂这些半导体以制备有效的 PN 结方面还有很多技术困难。

还有很多具有商业价值的在红光波长和红外波长发光的直接带隙半导体材料，典型的是基于Ⅲ族和Ⅴ族元素的三元合金（含有三种元素）和四元合金（四种元素），所以称为Ⅲ-Ⅴ族合金。例如，禁带宽度 $E_g=2.43$ eV 的 GaAs 在波长约为 870 nm 的红外区发光。但基于 $Al_{1-x}Ga_xAs$ 的三元合金在 $x<0.43$ 时是直接带隙半导体。改变组成可以调节禁带宽度，可以在 640～870 nm(从红光到红外)范围内发光。

InGaAlP 是一种Ⅲ-Ⅴ族四元合金，在整个可见光范围内，它的直接带隙宽度随组成变化而变化。当其组成在 $In_{0.49}Al_{0.17}Ga_{0.34}P$ 到 $In_{0.49}Al_{0.058}Ga_{0.472}P$ 范围内，它和 GaAs 衬底的晶格匹配性能优异。最近基于这种材料已制备出高强度发光二极管，它最终可能会在高强度可见光发光二极管领域占支配地位。

四元合金 $In_{1-x}Ga_xAl_{1-y}P_y$ 的禁带宽度随组成(x 和 y)不同而不同，其波长范围从870 nm(GaAs)到 3500 nm(InAs)，涵盖了光纤通信使用的 1300 nm 和 1550 nm。图 2.27 总结了在 400 nm 到 1700 nm 范围内选择了几种半导体材料能发射的某些典型波长。

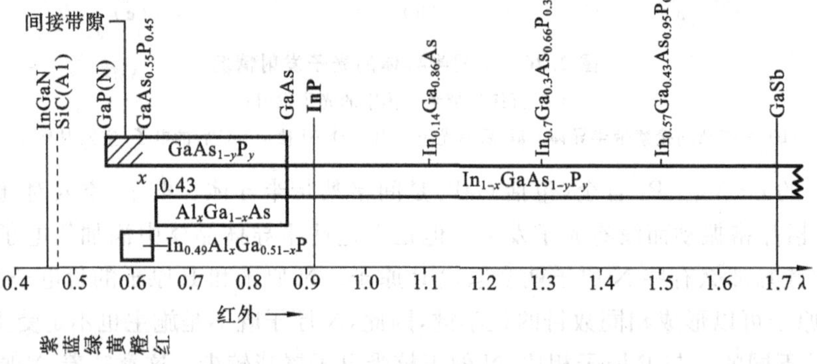

图 2.27　从可见光谱到红外光谱范围内不同 LED 材料涵盖的自由空间波长

发光二极管的外量子效率 $\eta_{外}$ 可以定量计算二极管将电能转换成光能的效率。它综合了辐射复合过程的“内”量子效率和其后光子从器件中发射的效率。输入到发光二极管的电功率仅仅只是二极管电流和二极管电压的乘积(IV)。如果 P_o 是器件发射的光功率，那么

$$\eta_{外}=\frac{P_o}{IV}\times 100\% \tag{2.110}$$

其中有些典型值列于表 2.1 中。对于间接禁带半导体，其外量子效率一般小于 1%，而器件结构合适的直接带隙半导体，外量子效率都非常显著。

表 2.1　部分发光二极管半导体材料

光通信信道为 850 nm(局域网)和 1300 nm 及 1550 nm(长途通信)

半导体材料	衬底	禁带类型	波长/nm	外量子效率/(%)	备　注
GaAs	GaAs	直接带隙	870～900	10	红外发光二极管
$Al_xGa_{1-x}As$ ($0<x<0.4$)	GaAs	直接带隙	640～870	5～20	红光及红外发光二极管，DH
$In_{1-x}Ga_xAs_yP_{1-y}$ ($y=2.2x$；$0<x<0.47$)	InP	直接带隙	1000～1600	>10	通信用 LED
InGaN 合金	GaN，SiC 等	直接带隙	430～460	2	蓝光 LED
	Al_2O_3		500～530	3	绿光 LED

续表

半导体材料	衬底	禁带类型	波长/nm	外量子效率/(%)	备　注
SiC	Si，SiC	间接带隙	460～470	0.02	低效蓝光 LED
$In_{0.49}Al_xGa_{0.51}P_{1-x}$	GaAs	直接带隙	590～630	1－10	绿光、红光 LED
$GaAs_{1-y}P_y$ ($y<0.45$)	GaAs	直接带隙	630～870	<1	红光到红外 LED
$GaAs_{1-y}P_y$ ($y>0.45$) (N,Zn,O 掺杂)	GaP	间接带隙	560～700	<1	红、橙、黄 LED
GaP(Zn－O)	GaP	间接带隙	700	2～3	红光 LED
GaP(N)	GaP	间接带隙	565	<1	绿光 LED

2.7　异质结高强度发光二极管

由相同材料(禁带宽度 E_g)而掺杂不同的半导体构成的结(如 PN 结)称为同质结，由不同禁带宽度半导体材料构成的结称为异质结。由异质结做成的半导体器件结构称为异质结器件(HD)。半导体材料的折射率取决于它的禁带宽度。禁带宽度较宽的半导体，折射率较小。这意味着，用异质结构造发光二极管时，可以在这个器件中设计一个电介质波导，使得光子可以从复合区疏散出去。

图 2.25(a)所示的同质结发光二极管有两个缺点。P 区必须足够窄，以保证发射的光子能从器件中逃逸出来而不被半导体材料重新吸收。当 P 区很窄的时候，有些被注入 P 区的电子会扩散到半导体表面，通过表面附近的晶体缺陷复合，这种非辐射复合过程将减少光的输出功率。如果由于较长的电子扩散长度使得复合过程在相对较大的体积中发生，那么发射的光子被重新吸收的可能性就增加；被重新吸收的光子的数量随材料体积增大而增加。

要增加输出光的强度，可以使用双异质结(DH)结构来制备发光二极管器件。图 2.28(a)所示的是用两种不同禁带宽度半导体材料做成的双异质结器件。其中，半导体材料分别是禁带宽度 $E_g=2$ eV 的 AlGaAs 和禁带宽度 $E_g=2.4$ eV 的 GaAs。图 2.28(a)所示的是由 N^+-AlGaAs 和 P-GaAs 之间形成的 N^+P 异

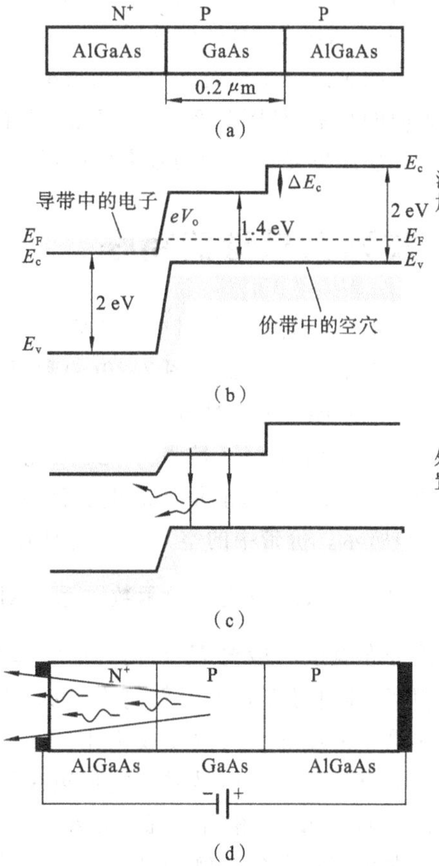

图 2.28　双异质结发光二极管

(a) 双异质结二极管器件结构；(b) 能带图简图；(c)前置偏压下的能带简图；(d) 前置偏压发光二极管示意图

质结，另外还有一个 P-GaAs 和 P-AlGaAs 之间形成的异质结。P-GaAs 区是一个很薄的薄层，一般来说只有零点几微米，而且还是轻掺杂的。

整个器件在没有外加电压作用下的简单能带图如图 2.28(b)所示。在整个结构中，费米能级 E_F 是连续的。N^+-AlGaAs 导带中的电子必须向 P-GaAs 越过一个高度为 eV_0 的势垒。P-GaAs 和 P-AlGaAs 之间形成的异质结的禁带宽度有点变化，结果是 P-GaAs 和P-AlGaAs 两种材料的导带 E_c 之间也发生了 ΔE_c 的变化。实际上，这个 ΔE_c 就是阻止 P-GaAs 导带中电子扩散进入 P-AlGaAs 导带的势垒。

像正常的 PN 结器件一样，只要一施加外加前置偏压 V 时，大多数电压会落在 N^+-AlGaAs和 P-GaAs 之间，从而使势垒高度 eV_0 降低。使得 N^+-AlGaAs 导带中的电子通过扩散而被注入 P-GaAs，如图 2.28(c)所示。但是因为 P-GaAs 导带和 P-AlGaAs 导带之间存在一个势垒 ΔE_c，这些扩散的电子被限制在 P-GaAs 的导带中。宽禁带的 AlGaAs 起着限制层的作用，把注入的电子限制在 P-GaAs 层。注入电子和已经存在于 P-GaAs 层的空穴的复合导致光子自发发射。因为 AlGaAs 的禁带宽度 E_g 比 GaAs 的禁带宽度 E_g 大，所以发射的光子不被重新吸收而从有源层逃逸出来，最后到达器件的表面，如图 2.28(d)所示。因为光在 P-AlGaAs也不被吸收，而是被反射来增加光输出的强度。AlGaAs/GaAs 异质结的另一个优点就是在这两种晶体结构之间只存在很小的晶格失配，所以与常规同质结发光二极管结构中半导体表面的缺陷(见图 2.25(a))相比，双异质结器件中的应力诱导界面缺陷(即位错)可以忽略。双异质结发光二极管的效率比同质结发光二极管的大得多。

2.8 发光二极管的特性

因为导带中的电子和价带中的空穴是按能量分布的，所以由二极管发射的光子的能量不是简单地等于禁带宽度 E_g。图 2.29(a)和图 2.28(b)所示的分别是导带中的电子和价带中的空穴的能带图及能量分布情况。导带中电子浓度与能量的函数关系由 $g(E)f(E)$给出，其中 $g(E)$是态密度，而 $f(E)$是费米-狄拉克函数(在能量为 E 的态中找到电子的几率)。$g(E)f(E)$之积表示单位能量上的电子浓度或该能量中的电子浓度，沿水平轴的关系曲线如图 2.29(b)所示。价带中的空穴也有类似的能量分布。

导带中电子浓度与能量的函数关系是对称的，在 E_c 以上的$\frac{1}{2}k_BT$ 处有一个峰值。导带中的能量分布宽度一般离 E_c 约为 $2k_BT$，如图 2.29(b)所示。价带中空穴浓度和导带中电子浓度相似，能量分布宽度一般离 E_v 也约为 $2k_BT$。前面曾经介绍，直接复合速率与所包含能级中的电子浓度和空穴浓度成正比。图 2.29(a)所示的这个转移包括 E_c 处的电子和 E_v 处的空穴的直接复合。但是靠近能带边缘的载流子浓度非常小，所以这种复合不是经常发生。在光子能量 $h\nu_1$ 的相对光强度很小，如图 2.29(c)所示。具有最大电子浓度和空穴浓度的跃迁常常最容易发生。例如，图 2.29(a)所示的这个跃迁发生的几率最大，因为在这个能量，电子和空穴的浓度是最大的，如图 2.29(b)所示。对应于这个跃迁能量 $h\nu_2$ 的相对光强度也是最大的或接近于最大，如图 2.29(c)所示。图 2.29(a)所示的为跃迁发射能量($h\nu_3$)相对较高的光子，但是由图 2.29(b)显见，这个能量上的电子和空穴浓度较小。于是这些能

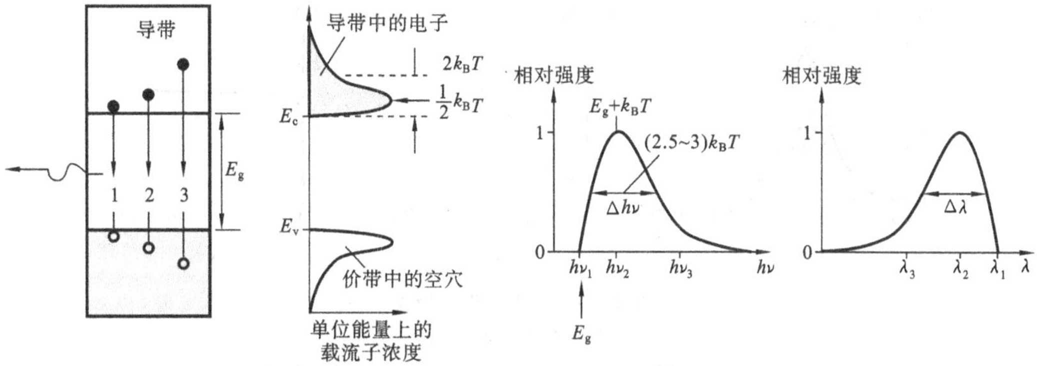

图 2.29 半导体发光的基本情况

(a) 具有各种可能复合路径的能带图;(b) 导带中电子和价带中空穴的能量分布;
(c) 相对光强度与光子功率之间的函数关系;(d) 相对光强度与波长之间的函数关系

量相对较高的光子发射的光强度也小。具有这个光子能量的光强度的下降如图 2.29(c)所示。输出光谱的光强度与光子能量之间的特性关系如图 2.29(c)所示,它代表发光二极管一个重要的性质。因为 $\lambda=c/\nu$,根据图 2.29(c)给出的光谱也可求出相对光强度与波长之间的关系,如图 2.29(d)所示。输出光谱的线宽 $\Delta\nu$ 和 $\Delta\lambda$ 被定义为图 2.29(c)和(d)所示的最大强度的半高宽。

很显然,峰值强度处的波长和光谱的线宽 $\Delta\nu$ 与导带中电子能量及价带中空穴的能量分布有关,也就是与这些能带中的态密度有关,即与半导体的性质有关。因为峰值发射的光子能量对应于图 2.29(b)所示的电子和空穴能量分布的峰到峰的转移,所以它近似等于 E_g+k_BT。图 2.29(c)所示的线宽 $\Delta(h\nu)$一般在 2.5 k_BT～3 k_BT 之间。

发光二极管的输出光谱或相对强度与波长之间的特性关系不仅取决于半导体材料本身,还取决于包括掺杂浓度在内的 PN 结二极管的结构。图 2.29(d)所示的光谱代表一个理想化的光谱,它不包含重掺杂对能带的影响。对于重掺杂 N 型半导体来说,半导体中有很多施主,以致这些施主的电子波函数会发生重叠而产生一个很窄的以 E_d 为中心的杂质能带,但这个杂质能带可以延伸进入导带。这样的话,施主杂质能带和导带发生重叠,有效地降低了 E_c。所以重掺杂半导体发射的最小光子能量要小于 E_g,并且取决于掺杂量。

作为一个例子,图 2.30(a)～(c)是一个红光发光二极管(655 nm)的典型特性。光谱宽度约为 24 nm,对应于发射光子能量分布中的 2.7 k_BT 处的宽度。随着发光二极管电流的增加,注入少数载流子的浓度也增加,于是复合速率也增加,结果是输出光强度也同时增加。由图 2.30(b)显见,输出光功率的增加和发光二极管电流的增加不是线性关系。在高电流时,少数载流子的强注入导致复合寿命延长,结果是复合速率与电流之间存在非线性关系。典型的电流-电压特性关系如图 2.30(c)所示,从中可以看出,接通电压约为 1.5 V,从这一点开始,电流随电压急剧增加。接通电压取决于半导体的性质,一般来说,它随禁带宽度 E_g 增加而增加。例如,蓝光发光二极管的接通电压为 2.5～4.5 V;黄光发光二极管约为 2 V;而红外光的 GaAs 发光二极管则约为 1 V。

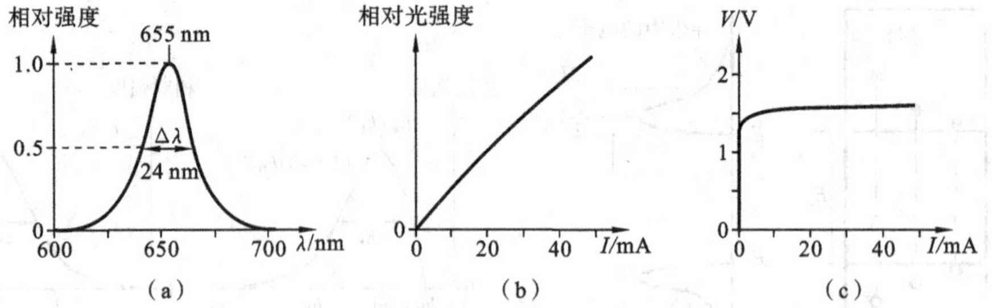

图 2.30　红光发光二极管

(a) 红光 GaAsP 发光二极管的典型输出光谱图；

(b) 输出光功率与前置电流的关系；(c) 红光发光二极管的电流-电压特性

[例 2.4]　已知某发光二极管相对光强度的宽度与光子能谱的比约为 $3k_BT$，根据波长，输出光谱的线宽 $\Delta\lambda$ 是多少？

解　发射波长 λ 与光子能量 $E_{光子}$ 之间的关系为

$$\lambda=c/n=hc/E_{光子}$$

将上式对光子能量微分，得

$$\frac{d\lambda}{dE_{光子}}=-\frac{hc}{E_{光子}^2}$$

根据数学原理，可以用微分表示微小变化或间隔(Δ)，例如 $\Delta\lambda/\Delta E_{光子}\approx|d\lambda/dE_{光子}|$，于是

$$\Delta\lambda\approx\frac{hc}{E_{光子}^2}\Delta E_{光子}$$

已知输出光谱能量宽度为 $\Delta E_{光子}=\Delta(h\nu)\approx 3k_BT$，那么

$$\Delta\lambda\approx\frac{hc}{E_{光子}^2}\Delta E_{光子}=\lambda^2\ \frac{3k_BT}{hc}$$

所以，在波长

$$\lambda=870\ \text{nm},\quad \Delta\lambda=47\ \text{nm}$$

$$\lambda=1300\ \text{nm},\quad \Delta\lambda=105\ \text{nm}$$

$$\lambda=1550\ \text{nm},\quad \Delta\lambda=149\ \text{nm}$$

这些线宽都是典型值，实际值主要取决于发光二极管的结构。

[例 2.5]　GaAs 材料在 300 K 时的禁带宽度为 2.42 eV，其与温度变化的关系为 $dE_g/dT=-4.5\times10^{-4}\ \text{eV}\cdot\text{K}^{-1}$。假如温度变化为 10 ℃，问 GaAs 发光二极管的发射波长变化是多少？

解　忽略 k_BT 项，取 $\lambda=hc/E_g$，有

$$\frac{d\lambda}{dT}=-\frac{hc}{E_g^2}\left(\frac{dE_g}{dT}\right)=-\frac{6.626\times10^{-34}\times3\times10^{8}}{(1.42\times1.6\times10^{19})^2}\times(-4.5\times10^{-4})\times1.6\times10^{-19}\ \text{m}\cdot\text{K}^{-1}$$

$$=2.77\times10^{-10}\ \text{m}\cdot\text{K}^{-1}$$

当 $\Delta T=10$ ℃时，波长变化 $\Delta\lambda$ 为

$$\Delta\lambda=\left(\frac{d\lambda}{dT}\right)\Delta T=0.277\times10\ \text{nm}=2.77\ \text{nm}$$

因为禁带宽度随温度减少，所以波长随温度增加。上述计算结果在数据手册中 GaAs 发

光二极管典型值的 10%范围内。

[例 2.6]　在 InP 衬底上生长的四元合金 $In_{1-x}Ga_xAs_yP_{1-y}$ 是一种适用于红外波长发光二极管和激光器二极管的商用半导体材料。为了避免 InGaAsP 层中的晶体缺陷，器件要求 InGaAsP 层和 InP 衬底晶格匹配，也就是要求 $y\approx 2.2x$。四元合金的禁带宽度 E_g（以 eV 为单位）和组分的含量之间存在下述经验关系式：

$$E_g\approx 1.35-0.72y+0.12y^2,\quad 0\leqslant x\leqslant 0.47$$

计算波长为 1300 nm 峰值发射时的 InGaAsP 四元合金的组成。

解　为了求解，必须首先知道感兴趣的波长时的禁带宽度 E_g。在峰值发射时，光子能量为 $hc/\lambda=E_g+k_BT$，于是以电子伏特为单位的禁带宽度为

$$E_g=\frac{hc}{e\lambda}-\frac{k_BT}{e}$$

取 $T=300$ K，$\lambda=1.3\times 10^{-6}$ m 时，

$$E_g=\frac{hc}{e\lambda}-\frac{k_BT}{e}=\frac{6.626\times 10^{-34}\times 3\times 10^8}{1.6\times 10^{-19}\times 1.3\times 10^{-6}}-0.0259\ \text{eV}=0.928\ \text{eV}$$

所以 $In_{1-x}Ga_xAs_yP_{1-y}$ 四元合金的组成 y 必须满足

$$0.928\approx 1.35-0.72y+0.12y^2,\quad 0\leqslant x\leqslant 0.47$$

解上述一元二次方程得，$y=0.66$，所以 $x=0.66/2.2=0.3$。因此，所求的 InGaAsP 四元合金为 $In_{0.7}Ga_{0.3}As_{0.66}P_{0.34}$。

2.9　光纤通信用发光二极管

适合于光通信的光源类型不仅取决于通信距离，而且还取决于带宽要求。对于短网通信（如局域网），发光二极管比较好，因为发光二极管的驱动简单，更经济，使用寿命长；即使输出光谱比激光二极管的要宽得多，但还是可以提供必需的输出功率。梯度折射率光纤中只存在模式间色散而没有模式内色散，因此发光二极管常常和梯度折射率光纤一起使用。对于长网通信和宽带通信，常常使用激光二极管，因为它们的线宽窄，输出功率高，信号带宽容量也高。

如图 2.31 所示，常用的有两种发光二极管器件。如果发射光辐射是从电子-空穴对复合层平面的某一区域出来（见图 2.31(a)），那么这种器件就称为表面发射发光二极管（SLED）。如果发射光辐射是从晶体边缘的某一区域即从垂直于有源层晶体表面上的某一区域出来（见图 2.31(b)），那么这种器件就称为边缘发射发光二极管（ELED）。

将表面发射发光二极管的辐射光耦合进光线的最简单方法就是在平面发光二极管结构中蚀刻一个小径，然后将光线置于这个阱中，使之靠发射发生的有源区尽可能近，这种结构（见图 2.32(a)）称为 Burrus 型器件（按其发明者命名）。用一种环氧树脂将光纤固定，环氧树脂还可以使玻璃纤维和发光二极管的折射指数匹配，以尽可能多地捕获光线。注意用这种方式的双异质结发光二极管中，有源区（如 P-GaAs）发射的光子不会被禁带较宽的邻层（如 AlGaAs）吸收。另一种方法是用一个高折射指数（$n=1.9\sim 2$）的平截球形透镜（微透镜）将光聚焦到光纤中，如图 2.32(b)所示。用一种折射率匹配的特殊水泥将透镜固定在发光二极管上；此外，也可以用相似的水泥将光纤和透镜固定在一起。

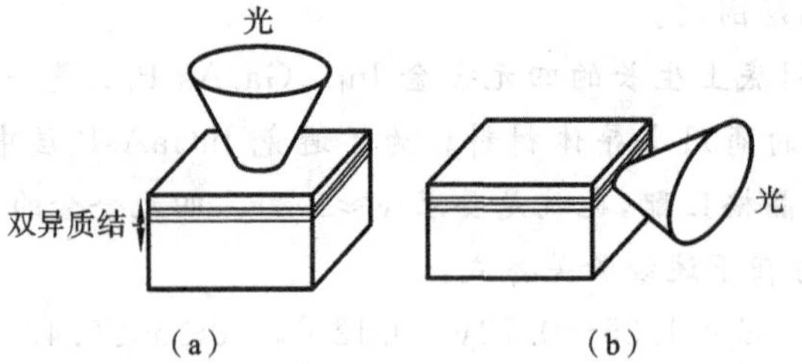

图 2.31　发光二极管器件

(a) 表面发射发光二极管；(b) 边缘发射发光二极管

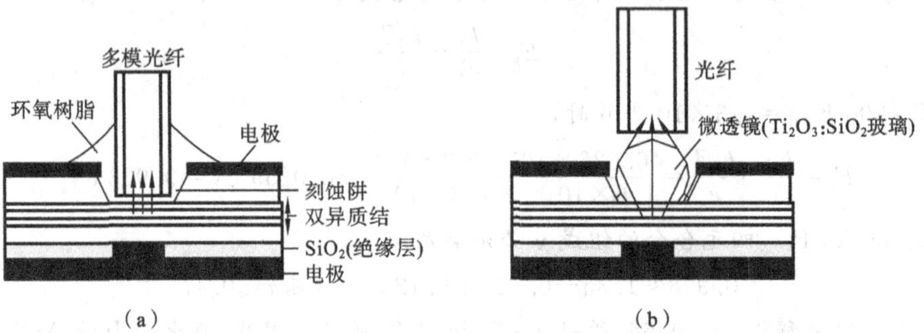

图 2.32　发光二极管与光纤的耦合

(a) 用一种折射率匹配的环氧树脂将表面发射发光二极管发射的光耦合进多模光纤；

(b) 用微透镜将表面发射发光二极管发射的分散光聚焦进入多模光纤

与表面发射发光二极管相比，边缘发射发光二极管发射的光强度大，而且光束也更准直。图 2.33 所示的是在约 1500 nm 使用的边缘发射发光二极管的典型结构。在双异质结周围禁带较宽的半导体形成一个电介质波导，这个波导将光导引到晶体边缘。在 InGaAs(禁带宽度 $E_g\approx0.83$ eV)有源区中发生注入载流子的复合。复合被限制在这一层是因为在 InGaAs 周围的几层(限制层)的禁带宽度要宽($E_g\approx1$ eV)，因此，InGaAsP /InGaAs /InGaAsP 构成了一个双异质结。有源区(InGaAs)发射的光传播进入邻层(InGaAsP)中，这一层将光沿晶体导引到边缘。InP 的禁带宽度较宽($Eg\approx2.35$ eV)，因此它的折射率比 InGaAsP 的低。与InGaAsP 毗邻的两层 InP 就相当于包层，因此将光限制在双异质结结构中。

一般地，可以方便地用几种透镜系统将边缘发射发光二极管发射的光耦合到光纤中。例如，用与光纤连在一起的半圆形透镜可以将光线平行校准进入光纤，如图 2.34(a)所示。梯度折射指数(GRIN)棒透镜是一个玻璃棒，在棒的轴向上具有最大折射指数的横截面上折射率分布为抛物线形。它就像一根直径很大、长度较短的梯度折射率“光纤”(一般直径为 0.5～2 mm)。如图 2.33(b)所示，梯度折射率棒透镜可以用来将边缘发光二极管发射的光聚焦到光纤里面。这种耦合对单模光纤特别有用，因为它们的芯径通常约为 10 μm。

用相同半导体材料制成的表面发光二极管和边缘发光二极管的输出光谱不一定相同。第一个理由是有源区的掺杂浓度不同；第二个理由是在边缘发光二极管中，沿有源层被导引的光子有一部分有自吸收现象。一般来说，边缘发光二极管输出光谱的线宽比表面发光二极管的要小。例如，在一整套实验中，观察到在 1300 nm 波长使用的 InGaAsP 边缘发光二极管的线

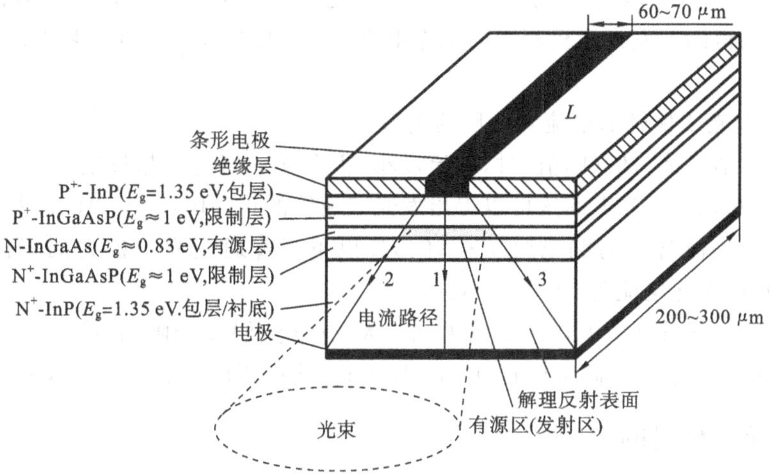

图 2.33　双异质结条形接触边缘发射发光二极管结构示意图

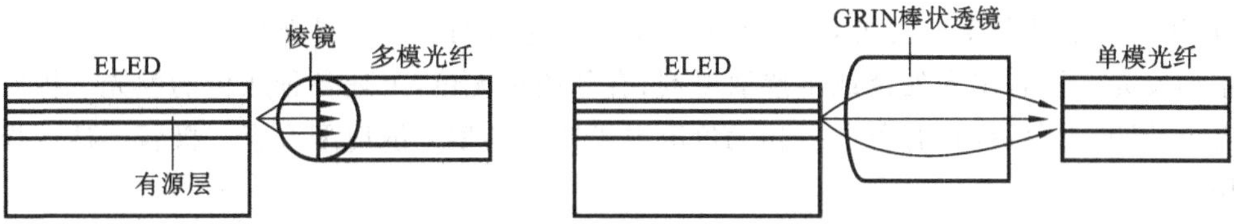

图 2.34　一般用透镜或梯度折射率棒透镜将边缘发光二极管发射的光耦合进光纤

宽为 75 nm,而相应的表面发光二极管的线宽为 125 nm。

2.10　发光二极管的参数与分类

2.10.1　极限参数的意义

允许功耗 P_m:允许加于发光二极管两端正向直流电压与流过它的电流之积的最大值。超过此值,LED 会发热,甚至损坏。

最大正向直流电流 I_{Fm}:允许加的最大的正向直流电流。超过此值,二极管可能会被损坏。

最大反向电压 V_{Rm}:所允许加的最大反向电压。超过此值,发光二极管可能被击穿损坏。

工作环境 T_{opm}:发光二极管可正常工作的环境温度范围。低于或高于此温度范围,发光二极管将不能正常工作,效率大大降低。

2.10.2　电参数的意义

正向工作电流 I_F:它是指发光二极管正常发光时的正向电流值。在实际使用中应根据需要选择I_F在0.6I_{Fm}以下。

正向工作电压V_F:参数表中给出的工作电压是在给定的正向电流下得到的。一般是在I_F=20 mA时测得的。发光二极管正向工作电压V_F在1.4～3 V。在外界温度升高时,V_F将下降。

I-V特性:发光二极管的电流与电压的关系。

在正向电压小于某一值(阈值)时,电流极小,不发光。当电压超过某一值后,正向电流随电压迅速增加,发光。由V-I曲线可以得出发光二极管的正向电压、反向电流及反向电压等参数。正向的发光二极管反向漏电流I_r<10 μA以下。普通发光二极管的正向饱和压降为1.6～2.1 V,正向工作电流为5～20 mA。

由于发光二极管具有最大正向电流I_{Fm}、最大反向电压V_{rm}的限制,使用时,应保证不超过此值。为安全起见,实际电流I_F应在0.6I_{Fm}以下;应让可能出现的反向电压V_r<0.6V_{Rm}。

2.10.3　发光二极管的分类

1. 按发光二极管发光颜色分类

按发光二极管发光颜色,LED可分成红色LED、橙色LED、绿色(又细分黄绿、标准绿和纯绿)LED、蓝光LED等。另外,有的发光二极管中包含两种或三种颜色。

根据发光二极管出光处掺或不掺散射剂、有色还是无色,上述各种颜色的发光二极管还可分成有色透明、无色透明、有色散射和无色散射等四种类型。散射型发光二极管不适合作为指示灯用。

普通单色发光二极管具有体积小、工作电压低、工作电流小、发光均匀稳定、响应速度快、寿命长等优点,可用各种直流、交流、脉冲等电源驱动点亮。它属于电流控制型半导体器件,使用时需串联合适的限流电阻。

普通单色发光二极管的发光颜色与发光的波长有关,而发光的波长又取决于制造发光二极管所用的半导体材料。红色发光二极管的波长一般为650～700 nm,琥珀色发光二极管的波长一般为630～650 nm ,橙色发光二极管的波长一般为610～630 nm,黄色发光二极管的波长一般为585 nm左右,绿色发光二极管的波长一般为555～570 nm。

常用的国产普通单色发光二极管有BT(厂标型号)系列、FG(部标型号)系列和2EF系列,常用的进口普通单色发光二极管有SLR系列和SLC系列等。

红外发光二极管也称为红外线发射二极管,它是可以将电能直接转换成红外光(不可见光)并能辐射出去的发光器件,主要应用于各种光控及遥控发射电路中。红外发光二极管的结构、原理与普通发光二极管的相近,只是使用的半导体材料不同。红外发光二极管通常使用砷化镓(GaAs)、砷铝化镓(GaAlAs)等材料,采用全透明或浅蓝色、黑色的树脂封装。常用的红外发光二极管有SIR系列、SIM系列、PLT系列、GL系列、HIR系列和HG系列等。

变色发光二极管是能变换发光颜色的发光二极管。变色发光二极管发光颜色种类可分为双色发光二极管、三色发光二极管和多色(有红、蓝、绿、白四种颜色)发光二极管。变色发光二极管按引脚数量可分为二端变色发光二极管、三端变色发光二极管、四端变色发光二极管和六端变色发光二极管。常用的双色发光二极管有2EF系列和TB系列,常用的三色发光二极管有2EF302、2EF312、2EF322等型号。

2. 按发光二极管出光面特征分类

按发光二极管出光面特征，LED 可分为圆灯、方灯、矩形灯、面发光管灯、侧向管灯、表面安装用微型管灯等。圆形灯按直径分为 ϕ2 mm、ϕ4.4 mm、ϕ5 mm、ϕ8 mm、ϕ10 mm 及 ϕ20 mm 等。国外通常把 ϕ3 mm 的发光二极管记作 T-1；把 ϕ5 mm 的记作 T-1(3/4)；把 ϕ4.4 mm 的记作 T-1(1/4)。

由半值角大小可以估计圆形发光强度角的分布情况。根据发光强度角分布图，LED 可分为以下三类。

(1) 高指向性 LED。一般为尖头环氧封装，或是带金属反射腔封装，且不加散射剂。半值角为 5°～20°，或更小，具有很高的指向性，可作局部照明光源用，或与光检出器联用以组成自动检测系统。

(2) 标准型 LED。通常用作指示灯，其半值角为 20°～45°。

(3) 散射型 LED。这是视角较大的指示灯，半值角为 45°～90°，或更大，散射剂的量较大。

3. 按发光二极管的结构分类

按发光二极管的结构，LED 的结构可分为全环氧包封、金属底座环氧封装、陶瓷底座环氧封装及玻璃封装等。

4. 按发光强度和工作电流分类

按发光二极管强度，LED 可分为普通单色发光二极管(发光强度小于 10 mcd)、高亮度发光二极管(发光强度为 10～100 mcd)、超高亮度发光二极管(发光强度大于 100 mcd)。

高亮度单色发光二极管和超高亮度单色发光二极管使用的半导体材料与普通单色发光二极管的不同，所以发光的强度也不同。通常，高亮度单色发光二极管使用砷铝化镓(GaAlAs)等材料，超高亮度单色发光二极管使用磷铟砷化镓(GaAsInP)等材料，而普通单色发光二极管使用磷化镓(GaP)或磷砷化镓(GaAsP)等材料。

超亮发光二极管有三种颜色，但这三种颜色发光二极管的压降都不相同：红色的压降为 2.0～2.2 V；黄色的压降为 1.8～2.0 V；绿色的压降为 2.0～2.2 V。正常发光时的额定电流均为 20 mA。

除上述分类方法外，还有按芯片材料分类及按功能分类的方法。

5. 蓝光 LED 与白光 LED

用 GaN 形成的蓝光 LED。1993 年，当时在日本 Nichia Corporation(日亚化工)工作的中村修二发明了基于宽禁带半导体材料氮化镓(GaN)和氮化铟镓(InGaN)的具有商业应用价值的蓝光 LED，这类 LED 在 1990 年代后期得到广泛应用，并因此获得 2014 年诺贝尔物理奖。理论上蓝光 LED 结合原有的红光 LED 和绿光 LED 可产生白光，但现在的白光 LED 却很少是这样制造出来的。

现在生产的白光 LED 大部分是通过在蓝光 LED(波长为 450～470 nm)上覆盖一层淡黄色荧光粉涂层制成的，这种黄色磷光体通常是通过把掺了铈的发光二极管 Ce^{3+}：YAG 晶体磨成粉末后混合在一种稠密的黏合剂中而制成的。当 LED 芯片发出蓝光，部分蓝光便会被这种晶体很高效地转换成一个光谱较宽(光谱中心约为 580 nm)的主要为黄色的光。实际上，单晶的掺 Ce 的 YAG 被视为闪烁器磷光体。由于黄光会刺激肉眼中的红光和绿光受体，再混合 LED 本身的蓝光，使它看起来就像白色光，而其色泽常被称为“月光的白色”。这种制作白光

LED 的方法是由 Nichia Corporation 所开发并从 1996 年开始用在生产白光 LED 上。若要调校淡黄色光的颜色，可用其他稀土金属铽或钆取代 Ce^{3+}：YAG 中掺入的铈(Ce)，甚至可以以取代 YAG 中的部分或全部铝的方式达到此目的。而基于其光谱的特性，红色和绿色的对象在这种 LED 照射下看起来会不及阔谱光源照射时那么鲜明。

另外由于生产条件的变异，这种 LED 的成品的色温并不统一，从暖黄色到冷蓝色都有，所以在生产过程中会以其出光特性作出区分。

另一种制作白光 LED 的方法则有点像日光灯，发出近紫外光的 LED 会被涂上两种磷光体的混合物，一种是发红光和蓝光的铕，另一种是发绿光的、掺杂了硫化锌(ZnS)的铜和铝。但由于紫外线会使黏合剂中的环氧树脂裂化变质，所以生产难度较高，而寿命亦较短。与第一种方法比较，它效率较低而产生较多热，但好处是光谱的特性较佳，产生的光比较好看。而由于紫外光的 LED 功率较高，所以其效率虽较第一种方法的低，但出来的亮度却相接近。

最新一种制造白光 LED 的方法没有用磷光体，而是在硒化锌(ZnSe)基板上生长硒化锌的外延层，通电时其活性区发蓝光而基板发黄光，混合起来便是白色光。

问题与习题

2.1　(1) 考虑导带中电子的能量分布 $n_E(E)$。假定态密度 $g_{CB}(E)\propto(E-E_c)^{\frac{1}{2}}$，玻尔茨曼统计为 $f(E)\approx\exp[-(E-E_F)/(k_BT)]$，证明：导带中电子的能量分布可以写为

$$y(x)=Cx^{\frac{1}{2}}\exp(-x)$$

式中：$x=E/(k_BT)$ 是从 E_c 测量得到的用 k_BT 表示的电子的能量；C 是一个与温度有关的常数(与能量 E 无关)。

(2) 任意设置 $C=1$，作出 $y(x)$ 与 x 的关系曲线。在什么地方 $n_E(E)$ 取最大值？半高宽是多少？

(3) 证明：导带中电子的平均能量是 $\frac{3}{2}k_BT$，用平均值的定义有

$$x_{平均}=\int xy\,dy\Big/\int y\,dx$$

式中：积分限是从 $x=0(E_c)$ 到 $x=10$(远离 E_c 处，$y\to0$)。

证明过程中需要使用数字积分。

(4) 证明：能量分布最大点是在 $x=\frac{1}{2}$ 或 $E_{max}=\frac{1}{2}k_BT$ 处。

(5) 已知 GaAs 中电子有效质量 m_e^* 为 0.067 m_e，计算导带电子的热速度。如果 μ_e 是迁移率，τ_e 是(电子和晶格振动间)电子散射的平均自由时间。假如 $\mu_e=e\tau_e/m_e^*$，计算 t_e。已知 $\mu_e=8500\ cm^2\cdot V^{-1}\cdot s^{-1}$。计算当外加电场 $E=10^5\ V\cdot m^{-1}$ 时导带中电子的漂移速度 $v_d=\mu_eE$。你的结论是什么？

2.2　对砷化镓而言，导带底的有效态密度 $N_c=4.7\times10^{17}\ cm^{-3}$，价带顶有效态密度 $N_v=7\times10^{18}\ cm^{-3}$。已知它的禁带宽度 $E_g=2.42$ eV，计算室温下砷化镓的本征载流子浓度($T=300$ K)和本征电阻率。费米能级为多少？假定 N_c 和 N_v 均与 $T^{3/2}$ 成比例，在 100 ℃下的本征

载流子浓度又是多少？如果砷化镓晶体中的施主掺杂(比如碲)浓度为 10^{18} cm^{-3}，新的费米能级为多少？该样品的电阻率是多少？砷化镓的迁移率如表 2.2 所示。

表 2.2　杂质浓度对砷化镓载流子迁移率的影响(μ_e 表示电子，μ_h 表示空穴)

掺杂浓度/cm^{-3}	0	10^{15}	10^{16}	10^{17}	10^{18}
$\mu_e/(cm^2 \cdot V^{-1} \cdot s^{-1})$	8500	8000	7000	4000	2400
$\mu_h/(cm^2 \cdot V^{-1} \cdot s^{-1})$	400	380	310	220	160

2.3　一砷化镓 PN 结有如下参数：$N_a = 10^{16}$ cm^{-3}(P 区)，$N_d = 10^{16}$ cm^{-3}(N 区)，$B = 7.21 \times 10^{-16}$ m^3/s，横截面积 $A = 0.1$ mm^2。施加于二极管的前置偏压为 1 V，$T = 300$ K 时，中性区由扩散引起的二极管电流是多少？砷化镓参数参考习题 2.2 和表 2.2。

2.4　一个长 PN 结二极管，其 P 区的受主掺杂浓度是 10^{18} cm^{-3}，N 区的施主掺杂浓度为 N_d。给二极管加 0.6 V 的前置偏压，二极管的横截面积是 1 mm^2。少子复合时间 τ 取决于掺杂浓度 $N_{掺杂}$，其近似关系为

$$\tau = \frac{5 \times 10^{-7}}{(1 + 2 \times 10^{-17} N_{掺杂})}$$

(1) 假定 $N_d = 10^{15}$ cm^{-3}，耗尽层就会扩展到 N 区，此时必须考虑该区的少子复合时间 t_h。已知 $N_a = 10^{18}$ cm^{-3}，$\mu_e = 250$ $cm^2 \cdot V^{-1} \cdot s^{-1}$，$N_d = 10^{15}$ cm^{-3}，$\mu_h = 450$ $cm^2 \cdot V^{-1} \cdot s^{-1}$，计算扩散和复合对二极管总电流的贡献。你的结论是什么？

(2) 假定 $N_d = N_a$，耗层层宽度 W 向两区扩展的机会相等，并且 $\tau_e = \tau_h$，计算当 $N_a = 10^{18}$ cm^{-3}，$\mu_e = 250$ $cm^2 \cdot V^{-1} \cdot s^{-1}$，$N_d = 10^{18}$ cm^{-3}，$\mu_h = 130$ $cm^2 \cdot V^{-1} \cdot s^{-1}$时扩散和复合对二极管电流的贡献。你的结论是什么？

2.5　一个用于局域光纤网络的 AlGaAs 发光二极管的输出光谱如图 2.35 所示。在 25 ℃波长为 820 nm 时，其输出光功率达到最大值。

(1) 当温度为 −40 ℃、25 ℃、85 ℃ 时，位于峰值一半的两点间的线宽 $\Delta\lambda$ 为多少？就已知的三个温度值，$\Delta\lambda$ 与 T 有何经验关系？这与 $\Delta(h\nu) \approx 2.5\ k_B T - 3k_B T$ 相比，有何变化？

(2) 为什么随温度的增加，峰值发射波长会增加？

(3) 为什么峰值强度随温度升高而递减？

(4) 此发光二极管中，AlGaAs 的禁带宽度是多少？

(5) 三元合金 $Al_xGa_{1-x}As$ 的禁带宽度 E_g 符合经验公式 $E_g(eV) = 2.424 + 2.266x + 0.266x^2$，求此发光二极管中 AlGaAs 的组成。

(6) 当正向电流为 40 mA，穿过发光二极管的电压为 2.5 V，通过透镜耦合进多模纤维的光功率为 25 μW，总效率为多少？

2.6　图 2.36 所示的是Ⅲ-Ⅴ 族四元合金体系的禁带宽度 E_g 与晶格常数 a 之间的关系。图中两点间的连线表示由三元合金组成的变化引起的 E_g 和 a 的变化。例如，从 GaAs 点开始，$E_g = 2.42$ eV，$a = 0.565$ nm，随着 InAs 的掺入，E_g 减小，a 增加。顺着这条线，最后到InAs 点，$E_g = 0.35$ eV，$a = 0.606$ nm。图中 X 点表示 InAs 和 GaAs 的组成，它是三元合金 $In_xGa_{1-x}As$。此处 $E_g = 0.7$ eV，$a = 0.587$ nm，与 InP 的晶格常数一样。这样在 X 点，$In_xGa_{1-x}As$ 与 InP 晶格匹配，所以它可以在 InP 衬底上生长而不产生界面缺陷。

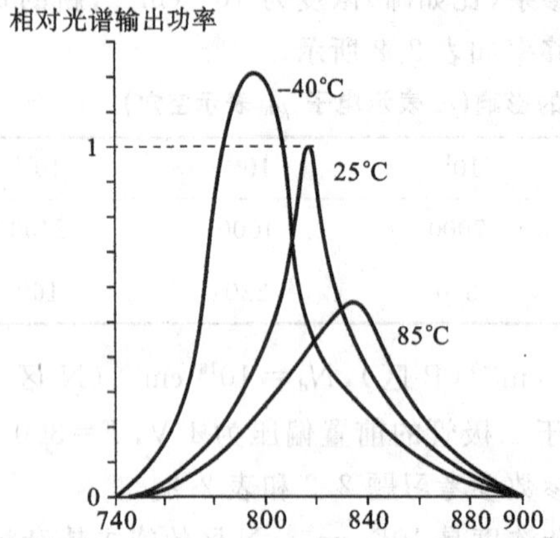

图 2.35　AlGaAs 发光二极管的输出光谱

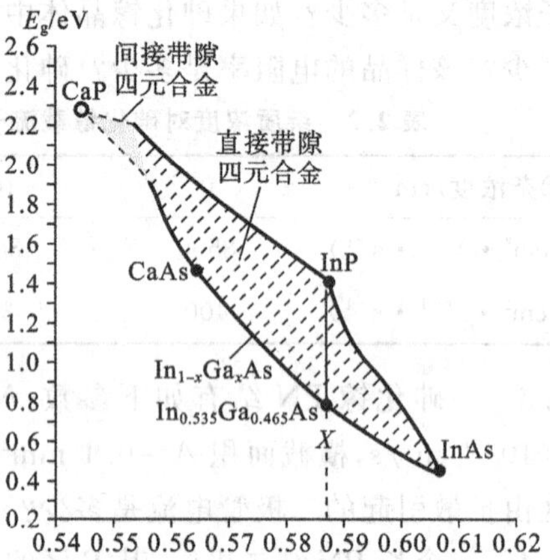

图 2.36　不同Ⅲ-Ⅴ半导体材料禁带宽度 E_g 与晶格常数 a 的关系

进而，$In_xGa_{1-x}As$ 在 X 点可以和 InP 合成得到四元合金，X 和 InP 连线上的点 $In_xGa_{1-x}As_yP_{1-y}$和 InP 有相同的晶格常数和不同的禁带宽度。通过各种技术如液相外延(LPE)或分子束外延(MBE)，可以在 InP 衬底上外延生长组成介于 X 和 InP 之间的 $In_xGa_{1-x}As_yP_{1-y}$层。

两条实线间的区域代表Ⅲ-Ⅴ族四元合金系统 E_g 和 a 的可能值，它们都是直接带隙半导体，所以适用于电子与空穴的直接复合。

从 X 到 InP 的线上的各点表示四元合金与 InP 晶格匹配。

(1) 已知在 X 点 $In_xGa_{1-x}As$ 为 $In_{0.535}Ga_{0.465}As$，证明：当 $y=2.15x$ 时，$In_xGa_{1-x}As_yP_{1-y}$与 InP 晶格匹配。

(2) 与 InP 晶格匹配的 $In_xGa_{1-x}As_yP_{1-y}$的禁带宽度 E_g(eV)由下面的经验关系给出：

$$E_g(\mathrm{eV})=2.35-0.72y+0.12y^2$$

求出适合在 2.55 μm 工作的发光二极管的四元合金的组成。

2.7　外功率效率或称外转换效率 $\eta_{外}$ 定义为

$$\eta_{外}=\frac{输出光功率}{输入电功率}=\frac{P_o}{IV}$$

使外功率效率减小的一个主要因素是激发出的光子被 PN 结材料重新吸收，以及半导体外部的吸收和各种界面反射，所以发射出的光子在提取时减少了一部分。

若某一特定的红色 AlGaAs 发光二极管的总输出光功率是 2.5 mW，电流为 50 mA，电压为 2.6 V。计算其外量子效率。

2.8　通过对各种直接带隙半导体的实验，得到了输出光谱线宽(峰值一半对应的两点之间的宽度，如图 2.35 所示)，如表 2.3 所示。从例题 2.4 可知波长的增加与光子能量的增加成比例，即

$$\Delta\lambda\approx\frac{hc}{E_{光子}^2}\Delta E_{光子} \tag{1}$$

假设 $E_{光子}=hc/\lambda$，$\Delta E_{光子}=\Delta(hc)\approx mk_BT$，其中 m 是一个数字常量。证明：

$$\Delta\lambda\approx\lambda^2\frac{mk_BT}{hc} \tag{2}$$

假定 $T=300$ K，对表 2.3 的数据恰当地作图，求出 m。

表 2.3　各种发光二极管的输出光谱半峰值点之间的线宽 $\Delta\lambda_{1/2}$

最大波长(λ)/nm	650	810	820	890	950	1150	1270	1500
$\Delta\lambda_{1/2}$/nm	22	36	40	50	55	90	110	150
材料(直接带隙)	AlGaAs	AlGaAs	AlGaAs	GaAs	GaAs	InGaAsP	InGaAsP	InGaAsP

表 2.4 给出了各种可见发光二极管的线宽 $\Delta\lambda_{1/2}$。通过适当地掺入不同材料可以得到辐射复合。取 $m\approx3$，$T=300$ K，根据方程(2)计算出各自的光谱宽度，并与实验值比较，你的结论是什么？你认为图 2.24(b)中的 E_N 是否为一个分立的能级？

表 2.4　各种 SiC 和 GaAsP 材料可见发光二极管的输出光谱半峰值点之间的线宽 $\Delta\lambda_{1/2}$

最大波长(λ)/nm	468	565	583	600	635
$\Delta\lambda_{1/2}$/nm	66	28	36	40	40
颜色	蓝	绿	黄	橙	红
材料	SiC(Al)	GaP(N)	GaAsP(N)	GaAsP(N)	GaAsP

2.9　表 2.5 给出了一 AlGaAs 表面发射发光二极管和边缘发射发光二极管的输出光功率和电流的实验数据。

(1) 证明输出光功率和电流的特性关系不是线性的。

(2) 在对数坐标中作出输出光功率(P_o)和电流(I)的关系图，证明 $P_o\propto I^n$。分别求出两种发光二极管的 n。

表 2.5　表面和边缘发射发光二极管的输出光功率与直流电流的关系

I/mA	25	50	75	100	150	200	250	300
SLED 输出光功率 P_o/mW	2.04	2.07	2.1	4.06	5.8	7.6	9.0	10.2
ELED 输出光功率 P_o/mW	0.46	0.88	2.28	2.66	2.32	2.87	2.39	2.84

2.10　(1) 当电流为 75 mA，发光二极管的电压为 2.5 V 时，发现从表面发射发光二极管耦合进多模阶跃折射率光纤的光功率大约为 200 μW。总的耦合效率为多少？

(2) 将光从 1310 nm 的边缘发射发光二极管分别耦合进入多模和单模光纤的实验中。

① 室温下，当边缘发射发光二极管电流为 120 mA，电压为 2.3 V，耦合进一个 50 μm 的多模光纤的光功率为 48 μW(光纤的数值孔径 $NA=0.2$)。总效率为多少？

② 室温下，当边缘发射发光二极管的电流为 120 mA，电压为 2.3 V，耦合进 9 μm 的单模光纤的光功率为 7 μW。总效率为多少？

2.11　内量子效率 $\eta_{内}$ 描述正向偏置 PN 结的电子-空穴的辐射复合(能发射光子)所占总复合的分数。非辐射复合指电子-空穴通过一个复合中心(如晶体缺陷、杂质)或发射声子(晶格振动)的复合。定义

$$\eta_{内}=\frac{辐射复合的比例}{总复合(辐射和非辐射)的比例} \tag{1}$$

或

$$\eta_{内}=\frac{\dfrac{1}{\tau_r}}{\dfrac{1}{\tau_r}+\dfrac{1}{\tau_{nr}}} \tag{2}$$

式中：τ_r 是少数载流子在发生辐射复合前的平均寿命；τ_{nr} 指少子经复合中心（不产生光子）复合前的平均寿命。

总电流 I 由总复合速率决定，而每秒发射的光子数（$\phi_{光子}$）由辐射复合所占的比例决定。

$$\eta_{内}=\frac{每秒发射的光子数}{每秒消失的总载流子数}=\frac{\phi_{光子}}{I/e}=\frac{P_{o(内)}/h\nu}{I/e} \tag{3}$$

式中：$P_{o(内)}$ 是二极管内部产生的光功率（尚未提取出来）。

在一个 850 nm 发射的 AlGaAs 发光二极管，$\tau_r=50$ ns，$\tau_{nr}=100$ ns，当电流为 100 mA 时产生的内部光功率是多少？

第3章 激 光 器

1916 年，爱因斯坦提出的受激辐射概念是激光器重要的理论基础。这一理论指出，处于高能态的物质粒子受到一个能量等于两个能级之间能量差的光子的作用，将转变到低能态，产生第二个光子，并与第一个光子同时发射出来，这就是受激辐射。这种辐射输出的光获得了放大，而且是相干光，即多个光子的发射方向、频率、相位、偏振完全相同。此后，量子力学的建立和发展使人们对物质的微观结构及运动规律有了更深入的认识，微观粒子的能级分布、跃迁和光子辐射等问题也得到了更有力的证明，这也在客观上更加完善了爱因斯坦的受激辐射理论，为激光器的产生进一步奠定了理论基础。20 世纪 40 年代末，量子电子学诞生后，被很快应用于研究电磁辐射与各种微观粒子系统的相互作用，并研制出许多相应的器件。这些科学理论和技术的快速发展都为激光器的发明创造了条件。

1951 年，美国物理学家珀塞尔和庞德在实验中成功地造成了粒子数反转，并获得了 50 kHz/s的受激辐射。稍后，美国物理学家查尔斯·汤斯以及前苏联物理学家巴索夫和普罗霍洛夫先后提出了利用原子和分子的受激辐射原理来产生和放大微波的设计。1954 年，美国物理学家汤斯制成了第一台氨分子束微波激射器，成功地开创了利用分子和原子体系作为微波辐射相干放大器或振荡器的先例。汤斯等人研制的微波激射器只产生了 1.25 cm 波长的微波，功率很小。生产和科技不断发展的需要推动科学家们去探索新的发光机理，以产生新的性能优异的光源。1958 年，汤斯和阿瑟·肖洛将微波激射器与光学、光谱学的理论知识结合起来，提出了采用开式谐振腔的关键性建议，并预防了激光的相干性、方向性、线宽和噪声等性质。同期，巴索夫和普罗霍洛夫等人也提出了实现受激辐射光放大的原理性方案。

1960 年，美国物理学家西奥多·梅曼在佛罗里达州迈阿密的研究实验室里，用一个高强闪光灯管来刺激在红宝石水晶里的铬原子，从而产生一条相当集中的纤细红色光柱，当它射向某一点时，可使这一点达到比太阳表面温度还高的温度。同年 12 月，出生于伊朗的美国科学家贾万等人成功地制造并运转了全世界第一台气体激光器——氦氖激光器。1962 年，有三组科学家几乎同时发明了半导体激光器。1966 年，科学家们又研制成了波长可在一段范围内连续调节的有机染料激光器。此外，还有输出能量大、功率高，而且不依赖电网的化学激光器等纷纷问世。自由电子激光器、准分子激光器等也相继被发明。

20 世纪 60 年代初期的半导体激光器是同质结型激光器，它是在一种材料上制作的 PN 结二极管在正向大电流注入下，电子不断地向 P 区注入，空穴不断地向 N 区注入。于是，在原来的 PN 结耗尽区内实现了载流子分布的反转，由于电子的迁移速度比空穴的迁移速度快，在有源区发生辐射、复合，发射出荧光，在一定的条件下发生激光，这是一种只能以脉冲形式工作的半导体激光器。

半导体激光器发展的第二阶段是异质结半导体激光器，它是由两种不同带隙的半导体材料薄层（如 GaAs、GaAlAs）所组成，最先出现的是单异质结构激光器（1969 年）。单异质结注入型激光器（SHLD）是利用异质结提供的势垒把注入电子限制在 GaAs PN 结的 P 区之内，以此来降低阈值电流密度，其数值比同质结激光器降低了一个数量级，但单异质结激光器仍不能在室温下连续工作。

随着异质结激光器的研究发展，人们想到如果将超薄膜（小于 20 nm）的半导体层作为激光器的激活层，以至于能够产生量子效应，结果会是怎么样？于是，在 1978 年出现了世界上第一只半导体量子阱激光器（QWL），它大幅度地提高了半导体激光器的各种性能。后来，又由于 MOCVD、MBE 技术的成熟，能生长出高质量、超精细薄层材料，之后成功地研制出了性能更加良好的量子阱激光器。量子阱半导体激光器与双异质结（DH）激光器相比，具有阈值电流低、输出功率高、频率响应好、光谱线窄、温度稳定性好和较高的电光转换效率等许多优点。

从 20 世纪 70 年代末开始，半导体激光器向着两个方向发展：一类是以传递信息为目的的信息型激光器；另一类是以提高光功率为目的的功率型激光器。在泵浦固体激光器等应用的推动下，高功率半导体激光器在 20 世纪 90 年代取得了突破性进展，其标志是半导体激光器的输出功率显著增加，国外千瓦级的高功率半导体激光器已经商品化，国内样品器件输出功率已达到 600 W。如果从激光波段被扩展的角度来看，先是红外半导体激光器，接着是 670 nm 红光半导体激光器大量进入应用，接着，波长为 650 nm、635 nm 激光器的问世，蓝绿光、蓝光半导体激光器也相继研制成功。为适应各种应用而发展起来的半导体激光器还有可调谐半导体激光器，另外，还有高功率无铝激光器（从半导体激光器中除去铝，以获得更高输出功率、更长寿命和更低造价的管子）、中红外半导体激光器和量子级联激光器等。其中，可调谐半导体激光器是通过外加的电场、磁场、温度、压力等改变激光的波长，可以很方便地对输出光束进行调制。

20 世纪 90 年代出现并特别值得一提的是面发射激光器（SEL），早在 1977 年，人们就提出了所谓的面发射激光器，并于 1979 年做出了第一个器件，1987 年做出了用光泵浦的 780 nm 的面发射激光器。1998 年，GaInAIP/GaAs 面发射激光器在室温下达到亚毫安的网电流，8 mW的输出功率和 11%的转换效率。前面谈到的半导体激光器，从腔体结构上来说，不论是 F-P（法布里-泊罗）腔或是 DBR（分布布拉格反射式）腔，激光输出都是在水平方向，统称为水平腔结构。它们都是沿着衬底片的平行方向出光的。而面发射激光器却是在芯片上下表面镀上反射膜，构成了垂直方向的 F-P 腔，光沿着垂直于衬底片的方向发出，垂直腔面发射半导体激光器（VCSEIS）是一种新型的量子阱激光器，它的激射阈值电流低，输出光的方向性好，耦合效率高，能得到相当强的光功率输出，垂直腔面发射激光器已实现了最高温达 71 ℃的工作温度。20 世纪 90 年代末，面发射激光器和垂直腔面发射激光器得到了迅速的发展，且已考虑了在超并行光电子学中的多种应用。980 mn、850 nm 和 780 nm 的器件在光学系统中已经得到了应用。目前，垂直腔面发射激光器已用于千兆以太网的高速网络。

为了满足 21 世纪信息传输宽带化、信息处理高速化、信息存储大容量以及军用装备小型、高精度化等需要，半导体激光器的发展趋势主要在高速宽带激光二极管、大功率激光二极管、短波长激光二极管、量子线和量子点激光器、中红外激光二极管等方面。目前，在这些方面取得了一系列重大的成果。

3.1 受激发射和光子放大

原子中的电子在吸收一个能量为 $h\nu=E_2-E_1$ 的光子后，可以从能级 E_1 激发到较高能级

E_2 上，如图 3.1(a)所示。当较高能级上的电子释放能量向下跃迁到一个未占据能级上时，它将发射出一个光子。对这种发射过程有两种可能：一是电子本身自发向下跃迁；二是由其他光子诱导其向下跃迁。

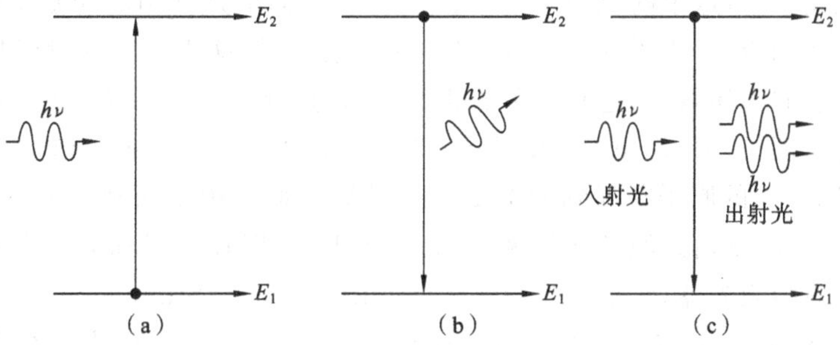

图 3.1 光子的吸收与发射

(a) 光子吸收；(b) 自发发射；(c) 受激发射

在自发跃迁中，电子放出能量从能级 E_2 掉到能级 E_1，并以随机的方向发射一个能量为 $h\nu=E_2-E_1$ 的光子，如图 3.1(b)所示，于是发射出来的是随机光子。只要能级 E_1 上的态没有被其他电子占据，这个跃迁就是自发的。在经典物理学中，当一个荷电粒子以频率 ν 在振荡运动中加速或减速时，它发射出的电磁辐射频率也是 ν。电子从能级 E_2 向能级 E_1 跃迁过程中的发射过程也可以看作是电子以频率 ν 振荡。

在受激发射中，一个能量为 $h\nu=E_2-E_1$ 的外来光子通过诱导能级 E_2 上的电子跃迁到能级 E_1 上来激发整个发射过程。因为 $h\nu=E_2-E_1$，所以受激发射出来的光子与上述外来光子相位相同、方向相同、偏振相同，而且能量也相同，如图 3.1(c)所示。为了理解在受激发射中发生的情况，可以想象一下外来光子的电场同电子耦合的情形，结果是它用与光子相同的频率驱动这个电子。电子以频率 $\nu=(E_2-E_1)/h$ 的强迫振荡使得它发射出电磁辐射，这个电磁辐射的相位与激发光子的相位相同。当外来光子离开原来的位置时，由于电子已经发射出一个能量为 $h\nu=E_2-E_1$ 的光子，所以它又回到了能级 E_1 上。尽管这里讨论的是原子中电子的跃迁，但是也可以用原子本身的能量跃迁来描述图 3.1 中的光子吸收、光子自发发射和光子受激发射，这时 E_2 和 E_1 代表原子的能级。

因为一个外来光子可以产生两个相位相同的光子，所以受激发射是获得光子放大的基础。根据这个现象如何得到实用的光放大器件呢？由图 3.1(c)显见，要获得受激发射，外来光子不能被 E_1 能级上的其他原子吸收。当分析很多放大光的原子时，必须满足大多数原子都在能级 E_2 上。假如不是这种情况，外来光子就会被 E_1 能级上的其他原子吸收。当能级 E_2 上的原子比能级 E_1 上的多时，那么就把它称为粒子数反转。很显然，仅仅只有两个能级时，是不可能达到能级 E_2 上的原子比能级 E_1 上的多，因为在稳态时，外来光子导致的原子向上激发和向下跃迁的数量是一样多。

下面来分析一下图 3.2 所示的三能级体系。假设外部激发使得体系中的原子受激到能级 E_3 上，这个能级称为泵浦能级，将原子激发到能级 E_3 上的过程称为泵浦。一般用光泵浦将原子激发到能级 E_3 上，尽管它不是唯一的泵浦手段。进一步假设，原子很快从能级 E_3 上衰减到能级 E_2 上，这个能级碰巧对应于一个不是能很快自发衰减到较低能级的态，换言之，能级

E_2 上的态是长寿命的态。随着泵浦将越来越多的原子激发到能级 E_3 上，它们又很快衰减到能级 E_2 上，因为原子不能很快地从能级 E_2 衰减到 E_1，因此它们就集聚在能级 E_2 上，最后达到能级 E_2 和能级 E_1 之间的粒子数反转。当能级 E_2 上的原子自发衰减时，它就会发射一个光子(一个“随机光子”)，这个随机光子朝相邻原子方向运动，从而引起受激发射。受激发射的光子又可以继续朝能级 E_2 上的原子运动，又引起受激发射，这样受激发射就越来越多。其结果就产生受激发射的雪崩效应，这些光子的相位都相同，所以光输出就是大量的相干光子。这是红色激光器的原理，其中 E_1、E_2 和 E_3 是红宝石晶体中 Cr^{3+} 离子的能级。受激发射过程的雪崩结果是能级 E_2 上的原子跃迁到能级 E_1 上，然后它们又被泵浦到能级 E_3 上重复这个受激发射过程，这样周而复始。原子从能级 E_2 到能级 E_1 上跃迁发射称为激光发射。上述描述光子放大的体系称为激光器(LASER，Light Amplification by Stimulated Emission of Radiation)。在红色激光器中，泵浦是用 Xe 光获得的。激光原子是红宝石晶体中的 Cr^{3+} 离子。这种激光器的两端都镀了一层银，以便能把受激发射来回反射，这样就可以基本上和振荡电路中电压振荡累积一样使激光强度增加。其中有一个镜面被部分镀了银，以保证一部分辐射能被导出，这样得到的输出光就是高度相干辐射，其强度也相当高。这种辐射的相干性和波长的均一性使得它和钨灯发射出的具有各种不同波长的随机光子流或发光二极管 LED 发射出的随机相位光子有着本质的不同。

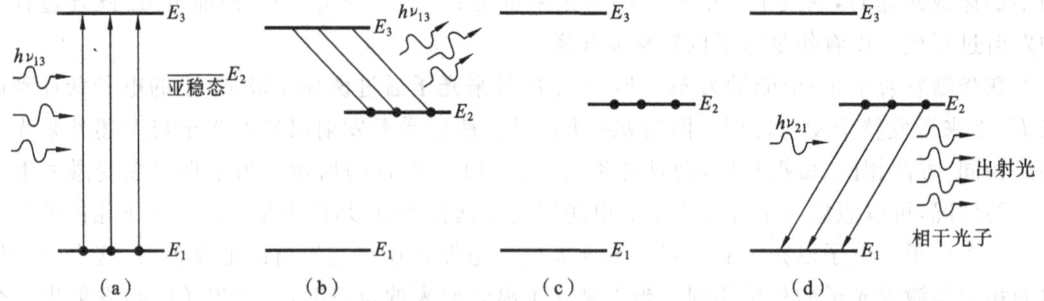

图 3.2　激光器原理

图 3.2(a)中的基态原子被能量为 $h\nu_{13}=E_3-E_1$ 的外来光子泵浦到能级 E_3 上；图 3.2(b)中，能级 E_3 上的原子很快以发射光子或发射晶格振动的方式衰减到长寿命的能级 E_2 上，$h\nu_{32}=E_3-E_2$；图 3.2(c)中，因为能级 E_2 上的态寿命较长，原子很快就集聚起来并最终达到能级 E_2 和 E_1 之间的粒子数反转；图 3.2(d)中，能量为 $h\nu_{21}=E_2-E_1$ 的(自发衰减而来的)随机光子可以启动受激发射，受激发射的光子本身又进一步激发发射，最后导致受激发射的雪崩和相干光子的发射。

3.2　受激发射速率和爱因斯坦系数

对于一个有用的激光器介质来说，与自发发射效率和吸收效率相比，它的受激发射效率应当要高得多。为此必须弄清楚决定受激发射、自发发射和吸收速率的控制因素。下面来分析图 3.1 中的介质，其中能级 E_1 上单位体积内的原子数为 N_1，能级 E_2 上单位体积内的原子数为 N_2。吸收光子后原子由能级 E_1 向能级 E_2 跃迁的速率与原子数目 N_1 成正比，也与单位体

积中具有能量为 $h\nu=E_2-E_1$ 的光子数目成正比。这个速率还取决于辐射的能量密度，于是向上跃迁的速率为

$$R_{12}=B_{12}N_1\rho(h\nu) \tag{3.1}$$

式中：B_{12} 称为自发吸收爱因斯坦系数；$\rho(h\nu)$ 是单位频率上的光子能量密度，它表示单位体积内具有能量为 $h\nu=E_2-E_1$ 的光子数目。

由能级 E_2 到能级 E_1 向下跃迁的速率包括自发发射速率和受激发射速率。前者取决于能级 E_2 上单位体积内的原子数 N_2，后者取决于能级 E_2 上单位体积内的原子数 N_2 和单位体积内具有能量为 $h\nu=E_2-E_1$ 的光子能量密度 $\rho(h\nu)$。于是总的向下跃迁速率为

$$R_{21}=A_{21}N_2+B_{21}N_2\rho(h\nu) \tag{3.2}$$

式中：$A_{21}N_2$ 表示自发发射（与光子能量密度 $\rho(h\nu)$ 无关）；A_{21} 称为自发发射爱因斯坦系数的比例常数；$B_{21}N_2\rho(h\nu)$ 表示需要光子驱动的受激发射；B_{21} 称为受激发射爱因斯坦系数的比例常数。

要求出各爱因斯坦系数 A_{21}、B_{12} 和 B_{21}，可以先考虑平衡状况，也就是在没有外激发的热平衡条件下的介质。这时能级 E_1 上单位体积内的原子数 N_1 和能级 E_2 上单位体积内的原子数 N_2 不随时间的变化而变化，这意味着

$$R_{12}=R_{21} \tag{3.3}$$

热平衡状态下，玻尔兹曼统计要求

$$\frac{N_2}{N_1}=\exp\left(-\frac{E_2-E_1}{k_{\mathrm{B}}T}\right) \tag{3.4}$$

式中：k_{B} 是玻尔兹曼常数；T 是绝对温度。

热平衡状态下，在所研究的大量原子中，原子的辐射一定会产生一个平衡光子能量密度 $\rho_{平衡}(h\nu)$，它由普朗克黑体辐射分布定律给出，即

$$\rho_{平衡}(h\nu)=\frac{8\pi h\nu^3}{c^3\left[\exp\left(\frac{h\nu}{k_{\mathrm{B}}T}\right)-1\right]} \tag{3.5}$$

必须强调的是，式(3.5)中的普朗克黑体辐射分布定律仅仅只适用于热平衡状态，下面用这个条件来求爱因斯坦系数。当然，在激光器工作过程中，$\rho(h\nu)$ 是不能用式(3.5)来描述的，事实上它的值要大得多。由式(3.1)～式(3.5)，可以很容易得到

$$B_{12}=B_{21} \tag{3.6}$$

$$\frac{A_{21}}{B_{21}}=\frac{c^3}{8\pi h\nu^3} \tag{3.7}$$

接下来分析一下受激发射的速率与自发发射的速率比

$$\frac{R_{21(受激发射)}}{R_{21(自发发射)}}=\frac{B_{21}N_2\rho(h\nu)}{A_{21}N_2}=\frac{B_{21}\rho(h\nu)}{A_{21}} \tag{3.8}$$

根据式(3.7)，式(3.8)可以写成

$$\frac{R_{21(受激发射)}}{R_{21(自发发射)}}=\frac{8\pi h\nu^3}{c^3}\rho(h\nu) \tag{3.9}$$

此外，受激发射的速率与吸收的速率比为

$$\frac{R_{21(受激发射)}}{R_{12(吸收)}}=\frac{N_2}{N_1} \tag{3.10}$$

由此得到两个重要的结论：要想受激光子发射速率远远大于光子吸收速率，根据式(3.10)可知，必须达到粒子数反转，即 $N_2>N_1$；要想受激光子发射速率远远大于自发光子发射速率，根据式(3.9)可知，必须通过构建一个含有光子的光学腔来获得大量的光子浓度。

必须指出的是，粒子数反转要求 $N_2>N_1$ 意味着体系必须偏离平衡状态的要求。根据式(3.4)中的玻尔兹曼统计，粒子数反转 $N_2>N_1$ 意味着存在一个负的绝对温度。所以，激光器原理是建立在非热平衡的基础之上的。

3.3 光纤放大器

沿光纤传播的光信号在经过一段长距离之后有显著的衰减，因此对于几千千米的长途通信来说，有必要每隔一定的距离就再生这些光信号。目前用一个光放大器直接将光信号放大的技术已经得到了应用，这样就不必用光检测器将光信号再生，也不必用激光二极管先将光信号转换成电信号后放大，再将电信号还原成光能。

一种实用的光纤放大器是掺铒离子(Er^{3+})光纤放大器(EDFA)。光纤的芯材用 Er^{3+} 掺杂。在研究过程中也使用过其他稀土金属离子，如钕离子(Nd^{3+})。光纤芯宿主材料是 SiO_2-GeO_2 基玻璃，也许还有其他氧化物(如 Al_2O_3)的玻璃。用切片技术很容易将这些材料熔融制成单模长距离光纤。

当 Er^{3+} 被注入宿主玻璃材料中时，其能级结构图如图 3.3 所示，其中 E_1 对应于 Er^{3+} 离子可能的最低能级。在基态能级之上还有两个能级，近似为 1.27 eV 和 1.54 eV，分别标识为 E_3 和 E'_3，可以很容易地将 Er^{3+} 泵浦到这些能级上面。通常用激光器将 Er^{3+} 泵浦、激发到能级 E_3 上。泵浦的波长约为 980 nm。Er^{3+} 很快地从能级 E_3 上衰减到长寿命的能级 E_2(其寿命约

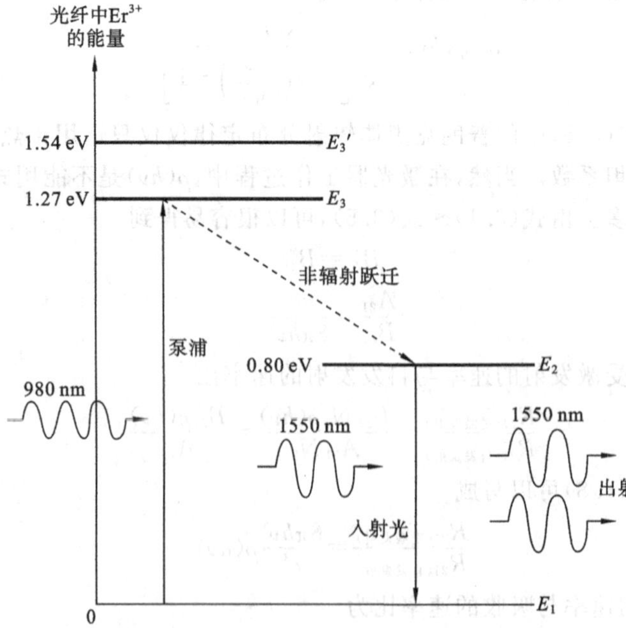

图 3.3 光纤中 Er^{3+} 受激光放大原理

为 10 ms,从原子角度上来说是相当长的)上。从能级 E'_3 跃迁到 E_3 上和从能级 E_3 跃迁到 E_2 上的速度非常快,其中包括由于非辐射跃迁(声子发射)引起的能量损失。越来越多的 Er^{3+} 积累在能级 E_2 上,它的能量约比基态高 0.8 eV。能级 E_2 上 Er^{3+} 的积累导致能级 E_2 和 E_1 之间的粒子数反转。1550 nm 时的信号光子能量为 0.8 eV(或 E_2-E_1),使得 Er^{3+} 发生从能级 E_2 到 E_1 的受激跃迁。发生这种现象的唯一可能性就是能级 E_2 上的 Er^{3+} 比 E_1 上的 Er^{3+} 多,即达到粒子数反转。假如 N_2 和 N_1 分别为能级 E_2 和 E_1 上的 Er^{3+} 离子数目,那么很显然受激发射(从能级 E_2 到 E_1)速率和光子吸收(从能级 E_1 到 E_2)速率之差控制着净光增益 $G_{光}$,即

$$G_{光}=K(N_2-N_1)$$

这里 K 是一个常数,在所有的因素当中,它取决于泵浦强度。

在实际使用中,掺铒光纤是用切片法插入光线通信线路中的,图 3.4 所示的是其简单结构图。通过一个耦合光纤阵列用一个激光器将它泵浦,这个光纤阵列仅仅只允许泵浦波长被耦合。能级 E_2 上的部分 Er^{3+} 会自发从能级 E_2 衰减到 E_1 上,因此在放大光信号中存在一些不必要的噪声。进一步,假如掺铒光纤放大器不是一直被泵浦,那么随着 1550 nm 的光子被 Er^{3+} 吸收,EDFA 就只起着一个衰减器的作用。被吸收的光子又从能级 E_1 被激发到 E_2 上,在自发发射返回 E_1 时,会随机发射不是沿着光纤轴的 1550 nm 的光子。尽管用 810 nm 的波长也可以将 Er^{3+} 泵浦到能级 E'_3 上,但其效率比用 980 nm 波长和将 Er^{3+} 泵浦到能级 E_3 上的效率要小得多。在放大器的两端各安装一个光分离器就可以只允许 1550 nm 的光信号以一个方向传播,有效阻止 980 nm 泵浦光在通信系统中来回传播。与图 3.4 的左边相类似,在掺铒光纤放大器的右边也耦合了一个泵浦激光器。此外,通常还耦合一个监测泵浦功率或 EDFA 输出功率的光监测器系统,图 3.4 中没有标示出来。

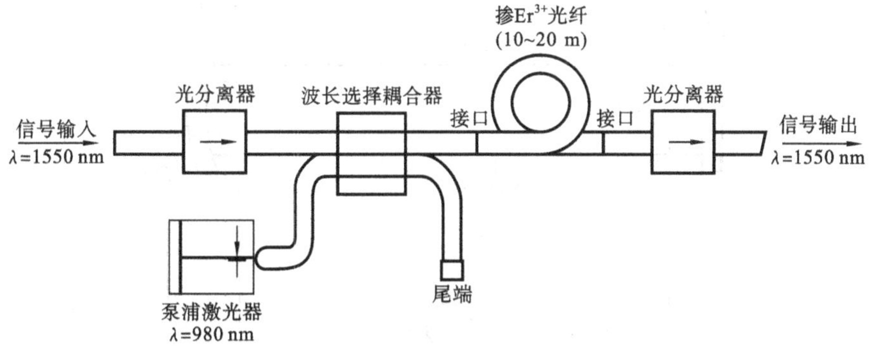

图 3.4 掺铒光纤放大器的简化结构示意图

关于掺铒光纤放大器,还有几个图 3.3 中没有标示出来的重要事实。首先,能级 E_1、E_2、E_3 等都不是单一的均匀能级,而是在每个能级中都包含有空间相近的几个能级。结果是,从能级 E_2 到 E_1 有很多受激跃迁,对应可以被放大的波长范围为 1525～1565 nm,光学带宽约为 40 nm。假如波长范围在这个光学带宽中,掺铒光纤放大器就可用作波分复用(WDM)中的光放大器。但是在整个带宽上,增益也是不均匀的,因此必须用特殊的技术将增益“拉平”。此外,用 1480 nm 的波长可能会将 Er^{3+} 从能级 E_1 的“底部”激发到能级 E_2 的“顶部”,因此这个

波长也可用作可能的泵浦波长，尽管 980 nm 泵浦的效率更高。

掺铒光纤放大器的泵浦效率是单位光泵浦功率可以获得的最大光增益，单位为 dB/mW。在 980 nm 泵浦时，典型的增益效率为 8～10 dB/mW。在 980 nm 用几毫瓦的泵浦就可以获得 30 dB 或 10^3 倍的增益。

3.4 气体激光器：He-Ne 激光器

必须明白，对于 He-Ne 激光器，实际的原子结构相当复杂。下面仅分析发出 632.8 nm 红色 He-Ne 激光器的激光发射情况。实际的受激发射是由 Ne 原子发射的，He 原子只是用来通过原子碰撞而激发 Ne 原子而已。

Ne 是一种稀有气体，其基态电子结构为 $1s^2 2s^2 2p^6$，忽略内层的 1s 和 2s 亚层，可以表示为 $2p^6$。如果 2p 轨道上一个电子被激发到 5s 轨道，那么激发态电子构型 $2p^5 2s^1$ 就是 Ne 原子一个具有较高能量的状态。相似地，He 原子也是一种稀有气体，其基态电子结构为 $1s^2$。当一个电子被激发到 2s 轨道时，电子构型可以用 $1s^1 2s^1$ 表示，能量也较高。

He-Ne 激光器是由气体放电管中 He 原子和 Ne 原子的混合气体组成的，结构示意图如图 3.5 所示。放电管的两端是两个镜面，以反射受激辐射，并在激光腔中聚集光子强度。换言之，光学腔是用两个端反射镜组成的，以便反射回激光介质中的光子来增加腔中的光子浓度；有效受激发射过程的要求如前所述。用直流电或射频高压，可以使管内的气体放电，导致 He 原子和漂移的电子发生碰撞而激发。于是

$$He + e^- \rightarrow He^* + e^-$$

式中：He^* 是激发态 He 原子。

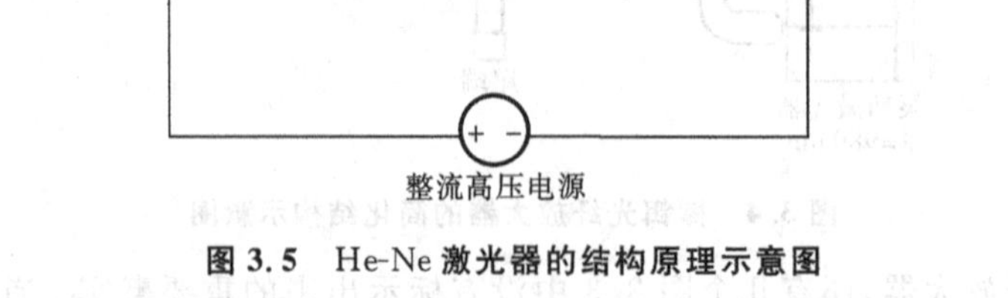

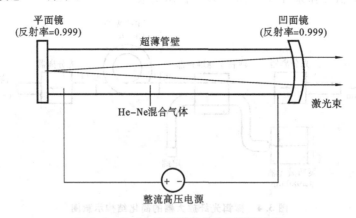

图 3.5 He-Ne 激光器的结构原理示意图

He 原子和电子碰撞而激发使得 He 原子中的第二个电子进入 2s 轨道，它的自旋也发生了变化，所以具有平行自旋的激发态 He 原子 He^* 的电子构型为 $1s^1 2s^1$，与图 3.6 所示的 He 原子结构（$1s^2$）相比，它是一种介稳状态（寿命较长）。因为电子的轨道量子数 l 必须以 ±1 发生变化，也即任何光子发射或吸收过程的 Δl 必须是 ±1，所以 He^* 不能自发发射一个光子而衰减到基态（$1s^2$）。这样在放电过程中，由于 He^* 不能简单地衰减到基态，它们就大量积聚起来了。

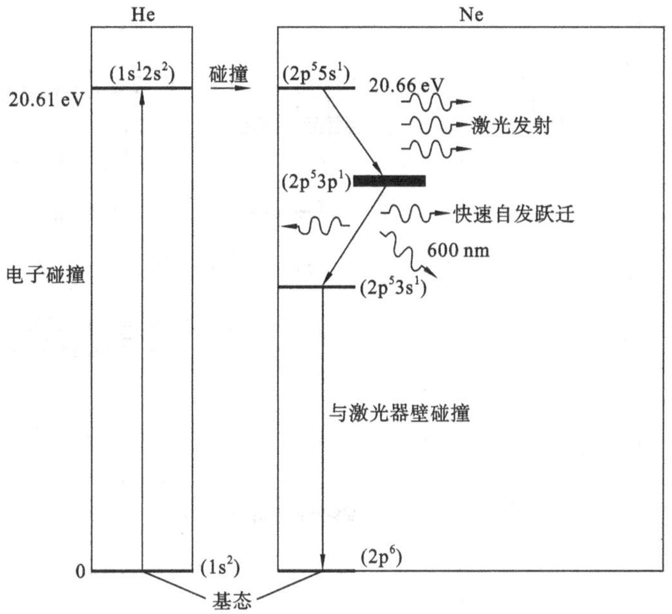

图 3.6 He-Ne **激光器的工作原理示意图和能级图**(632.8 nm)

当激发态 He 原子 He^* 和 Ne 原子发生碰撞时,因为 Ne 原子恰好有空的能级,He^* 就通过谐振能量交换而将能量转移给 Ne 原子。与 He^* 的电子构型($1s^12s^1$)相匹配,激发态 Ne 原子 Ne^* 对应的电子构型为 $2p^55s^1$。这样,原子碰撞过程使 Ne 原子激发,同时解除了 He^* 的激发态使它重新回到基态,即

$$He^* + Ne \rightarrow Ne^* + He$$

随着气体放电中越来越多的 He^* 与 Ne 碰撞,可以得到大量的 Ne^*,最后达到图 3.6 所示的 Ne 原子 $2p^55s^1$ 和 $2p^53p^1$ 两种电子态之间的粒子数反转。Ne^* 原子中光子由 5s 自发发射到 3p,导致受激发射的雪崩,结果是发射出具有波长为 632.8 nm 的红色激光。

关于 He-Ne 激光器还有几个有趣的事实,其中有些是不可思议的。首先,Ne 原子的 $2p^55s^1$ 和 $2p^53p^1$ 两种电子构型的能量范围相当宽。例如,Ne($2p^55s^1$)有 4 个相近的空间能级;相似地,Ne($2p^53p^1$)则有 10 个空间相近的能级。所以,我们必须明白,实际上是可以在很多对应的能级上得到粒子数反转,因此 He-Ne 激光器可以发出很多不同波长的激光。可见光范围内的 632.8 nm 和 543 nm 的受激发射可以用来制造红色和绿色 He-Ne 激光器。同时必须注意到,Ne($2p^54p^1$)形态的能量低于 Ne($2p^55s^1$),但高于 Ne($2p^53p^1$),如图 3.7 所示。在 Ne($2p^55s^1$)和 Ne($2p^54p^1$)之间存在一个受激跃迁,因此在大约 3.39 μm 的波长处(红外区)也有一个激光发射。为了剔除这些不必要的波长而只需获得感兴趣的激光,必须使用反射镜来选择波长。这样,激光腔就可以在所选择的波长处积聚光振荡。

Ne 原子可以通过自发发射很快地从 $2p^55s^1$ 能级衰减到 $2p^53p^1$ 能级,然而因为 3s 轨道中的电子返回基态要求它的自旋取向发生改变以靠近 2p 亚层,而电磁辐射不能改变电子的自旋,因此大多数具有 $2p^53p^1$ 电子构型的 Ne 原子并不能简单地通过光子发射的方式回到 $2p^6$ 基态。于是 Ne($2p^53p^1$)能级就处于亚稳态。唯一能返回基态的可能(并准备下一次泵浦)就

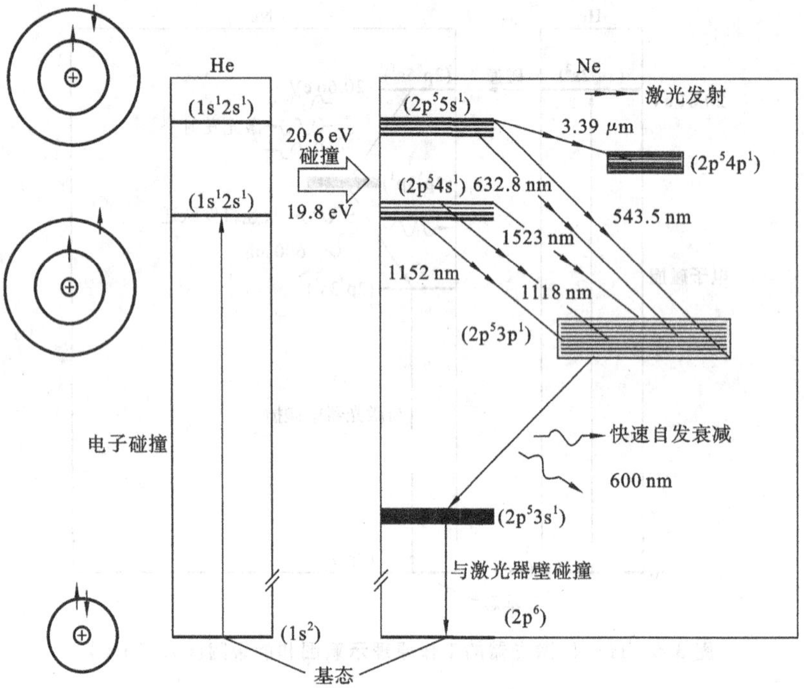

图 3.7 He-Ne 激光器中不同的激光跃迁

是和激光器壁发生碰撞。因此,不能简单地通过增加激光器管径的方式来提高 He-Ne 激光器的功率,因为这样做会有更多的 Ne 原子积聚在亚稳态 $2p^53p^1$。

一个典型的 He-Ne 激光器是由一根很窄的玻璃管组成的,其中含有 He 和 Ne 的混合气体,典型的 He 和 Ne 的含量比为 5∶1,压力为几个乇(torr)。激光发射强度(光增益)随着激光器管的长度增加而增加,因为这样会有更多的 Ne 原子被用于受激发射。同时因为亚稳态 $2p^53p^1$ 的 Ne 原子只能通过和激光器壁发生碰撞返回基态,所以激光发射强度随激光器的直径增加而减小。为了便于排列,一般在激光器管的一端用一个平面镜(反射率为 99.9%)密封,而另一端用一个凹镜(反射率为 99.9%),这样可以在激光器管中得到一个光学腔。凹镜的外表面经过打磨,使它的功能像一个聚光透镜,以补偿由于凹镜反射所引起的光束发散。在几毫瓦的功率下,激光管的输出辐射光束直径为 0.5~1 mm,发散度为 1 mrad。在高功率的 He-Ne 激光器中,镜面伸出到管的外面。此外,在激光器两端还有极化窗,这样在激光腔中仅仅只允许偏振光才可以透过和放大,因此输出辐射也是偏振的(在某一平面有一个电场振荡)。

即使可以通过仔细排列镜面来获得尽可能平行的光束,但是还必须面临输出端衍射效应的问题。当输出激光束碰到激光管的末端时,它就会发生衍射,因此输出的光束必定是发散的。用简单的衍射理论就可以计算其发散角。为了更容易排列和在有源介质(活性介质)中得到更有效的光子,一般在很多气体激光器中,把一个或两个反射镜做成凹镜。激光腔内的光束一般接近高斯光束,因此输出的激光也接近高斯光束。正如第 1 章所述,当高斯光束在自由空间传播的时候,它会发散。在激光器设计中,光学腔工程是很重要的一部分。

由于 He-Ne 激光器的结构相对简单,所以在诸如干涉仪、物体距离或扁平度的准确测量、激光打印、全息摄影以及土木工程中的瞄准与校平等领域有着广泛的应用。

[例3.1]一个功率为5 mW的典型He-Ne激光器在2000 V的直流电压下工作，传输的电流为7 mA，那么这个激光器的效率是多少？

解 根据效率的定义

$$效率=\frac{输出光功率}{输入光功率}=\frac{5\times10^{-3}}{7\times10^{-3}\times2000}=0.036\%$$

典型的He-Ne激光器效率小于0.1%。重要的是相干光子的浓度很高。必须注意的是，在直径为1 mm的光束上，5 mW相当于6.4 kW/m^2。

[例3.2] 如图3.8所示，由激光器发射出的激光束有一定的发散度。典型的He-Ne激光器输出光束的直径为1 mm，发散度为1 mrad。问在10 m远的距离处，光束的直径为多少？

解 设激光束像一个如图3.8所示的光锥，在激光管末端处最大角度为2θ，那么角度2θ就是激光束的发散度，其值为1 mrad。

假如Δr是经过一段长度L后光束半径的增加量，那么根据发散度的定义，有

$$\tan\theta=\Delta r/L$$

其中2θ就是激光束发散的角度。所以

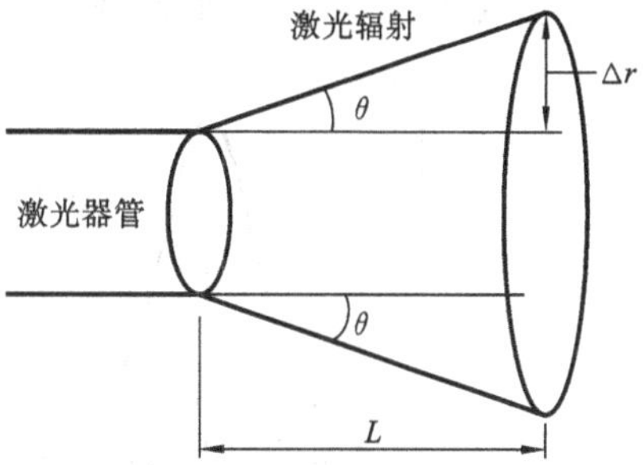

图3.8 激光器输出光束的发散特性

$$\Delta r=10\times\tan\left(\frac{1}{2}\times10^{-3}\right)\ \text{m}=10\times5\times10^{-4}\ \text{m}=5\ \text{mm}$$

即光束的直径是(5×2+1) mm=11 mm。

3.5 气体激光器的输出光谱

由气体激光器输出的光束其实并不准确对应于跃迁的某一波长，而是包括一个具有某一中心峰值的很多波长的光谱。这不是简单的海德堡测不准原理的结果，而是由于多普勒效应引起的发射光谱增宽的结果。多普勒效应是指观察者与波源之间有相对运动时，观察到的波的频率与波源发出的频率不同的现象。当波源向观察者而来时，观察者接收到的频率变高；当波源背离观察者而去时，观察者接收到的频率变低。这种现象因奥地利物理学家多普勒发现而命名。利用这种效应制作的仪器可以测算血流的方向及流量、交通工具相对观察者的运动速度以及制导等。由分子动力学可知，气体分子是随机运动的，其平均动能为$\frac{3}{2}k_BT$。设这些原子发射的辐射频率为ν_0，记为源频率，那么由于多普勒效应，当气体原子背离观察者运动时，观察者检测到的频率减小，变成ν_1，其表达式为

$$\nu_1=\nu_0\left(1-\frac{v_x}{c}\right) \tag{3.11}$$

式中：v_x是观察者观察到的原子沿激光器管(x轴)运动的相对速度；c是光速。

当原子向观察者运动时，检测到的频率增大，变成ν_2，其表达式为

$$\nu_2=\nu_0\left(1+\frac{v_x}{c}\right) \tag{3.12}$$

原子是随机运动的，由于多普勒效应，观察者检测到的是一个频率范围。结果是，由气体激光器输出的激光的频率或波长有一个“线宽”，即 $\Delta\nu=\nu_2-\nu_1$，这就是通常所说的激光辐射的多普展宽线宽。激光器中还有其他一些使输出光谱展宽的机理，但在气体激光中可以忽略。

由分子动力学可知，气体原子的运动速度遵守麦克斯韦分布。其结果是，激光介质中受激发射波长一定会表现出在中心波长 $\lambda_0=c/\nu_0$ 周围的分布。换言之，激光介质有一个光增益（或光子增益），该增益分布在中心波长 $\lambda_0=c/\nu_0$ 周围，如图 3.9(a)所示。具有中心波长的光增益中的变化称为光增益线型。对于多普勒展宽来说，这个光增益曲线是一个高斯函数。对于很多气体激光来说，ν_1 到 ν_2 的范围为 2～5 GHz（He-Ne 激光器对应的波长宽度约为 0.02 Å）。

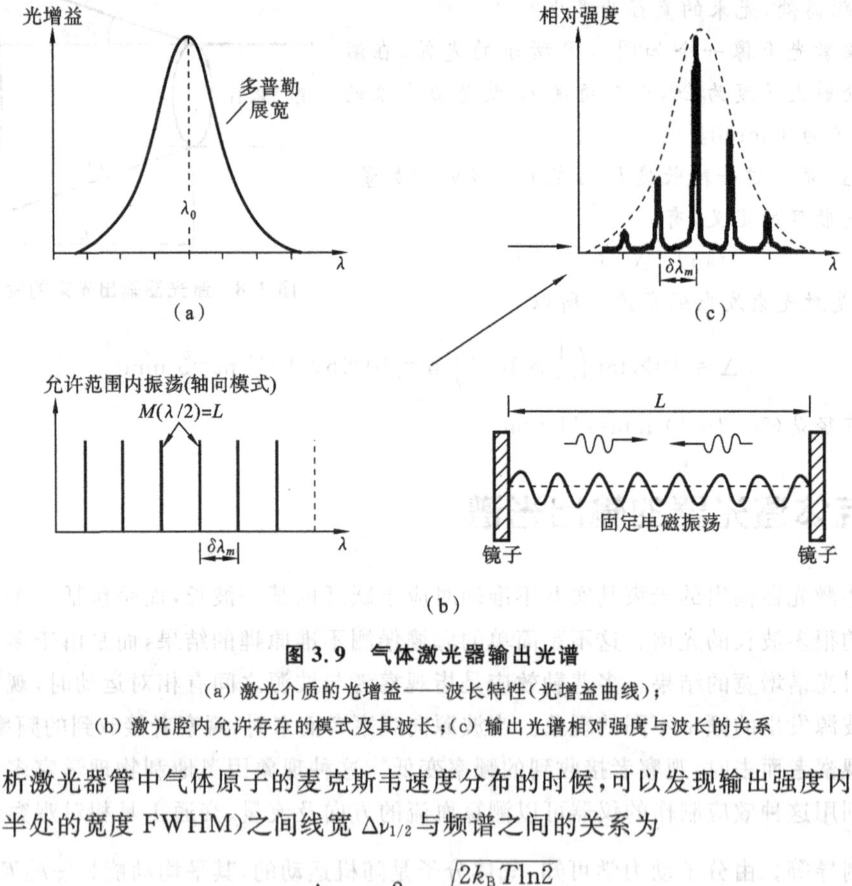

图 3.9 气体激光器输出光谱

(a) 激光介质的光增益——波长特性（光增益曲线）；

(b) 激光腔内允许存在的模式及其波长；(c) 输出光谱相对强度与波长的关系

在分析激光器管中气体原子的麦克斯韦速度分布的时候，可以发现输出强度内半高宽（最大强度一半处的宽度 FWHM）之间线宽 $\Delta\nu_{1/2}$ 与频谱之间的关系为

$$\Delta\nu_{1/2}=2\nu_0\sqrt{\frac{2k_B T\ln 2}{Mc^2}} \tag{3.13}$$

式中：M 是激光原子或分子的质量。

与仅取式(3.12)和式(3.11)的差 $\nu_2-\nu_1$，然后用沿 x 轴的均方根有效速度，即用式 $\frac{1}{2}Mv_x^2=\frac{1}{2}k_B T$ 计算出的 v_x 的结果相比，FWHM 线宽 $\Delta\nu_{1/2}$ 约有 18% 的差别。式(3.13)用来表示几乎所有气体激光器光增益曲线的 FWHM 线宽 $\Delta\nu_{1/2}$。它不适用于固体激光器，因为其中还有

其他一些增展机理。

为了简化，可以分析图 3.9(b)所示的具有两个平行端反射镜的长度为 L 的光学腔，这种光学腔称为法布里－珀罗光学谐振器或法布里－珀罗光学校准器。由激光器两端反射镜发出的反射光使得在腔内存在互相朝相反方向运动的波。这些朝相反方向运动的波发生相长干涉，得到一个驻波，也就是有一个固定的电磁振荡。这些振荡中的能量一部分被反射率为 99%的反射镜导出，就像在 LC 电路中装一个天线，把振荡场中的能量导出来一样。但是仅仅只有具有某些波长的驻波才能维持在光学腔中，就如从乐器中只能得到具有某些波长的声波一样。光学腔内任何驻波一定有一个适合腔长度 L 的整数半波长 $\frac{\lambda}{2}$，即

$$m\left(\frac{\lambda}{2}\right)=L \tag{3.14}$$

式中：m 是一个整数，称为驻波的模式数；λ 是光学腔介质中的波长，但是对于气体激光器来说，折射率接近于 1，所以 λ 和自由空间中的波长相同。

激光管中每一个可能满足式(3.14)的驻波称为腔模。沿激光腔轴向存在的模式称为轴向模式或横向模式。如果两端的镜面不是扁平的，那么在腔中也可能存在一些其他类型的模式，也就是其他类型的固定的电磁振荡。图 3.10 所示的是由聚焦球面镜做成的一个光学腔。这种光学腔中的电磁辐射是高斯光束。

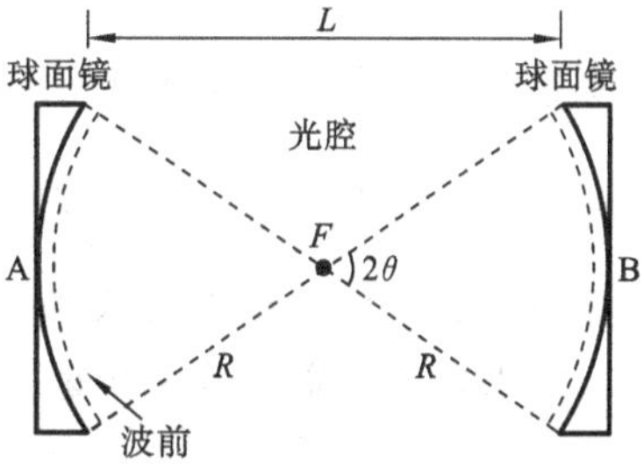

图 3.10 两个聚焦球面镜互相来回反射光波

F—聚焦点；R—半径

如图 3.9 所示，对应存在于多普勒增宽光展益中的不同腔模式，激光器输出的激光有一个具有某些波长为峰值的较宽的光谱。在满足式(3.14)的代表某些腔模式的波长处，输出光谱的强度有一个峰值。输出光谱的总体形状是高斯分布，其本质是由于多普勒展宽的结果。必须注意，对于光谱中每个强度峰值，它的宽度都是有限的，这主要是由于光腔非理想化(如光腔长度 L 会随温度变化而变化)及非理想的端反射镜(反射率小于 100%)。一般 He-Ne 激光器每个峰值的频率宽度约为 1 MHz，但在高度稳定的气体激光器中，其频率宽度可以低至约 1 kHz。

必须着重指出的是，即使激光介质有光增益，但是由于有些辐射会从镜面透射出去，以及腔内存在的诸如散射之类的不同的损失，光学腔总会有些损失，仅仅只有那些能够弥补激光腔辐射损失的那些模式才能存在。

[例 3.3] 多普勒增宽线宽。

假如气体放电温度是 127 ℃，计算 $\lambda=632.8$ nm 的 He-Ne 激光器跃迁的频率多普展宽线宽和波长多普勒展宽线宽。Ne 原子的质量为 20.2 g/mol，激光管的长度为 40 cm，输出波长光谱的线宽是多少？中心波长的模式数 m 和两个相邻模式间的距离是多少？你认为在光增益曲线的线宽 $\Delta\nu_{1/2}$ 内有几个模式？

解 由于多普勒效应是由于气体原子随机运动所引起的，气体激光器的激光辐射的频率在中心频率 ν_0 周围变宽。中心频率 ν_0 对应于源频率。当气体原子背离观察者运动时，观察者检测到的频率减小；而当原子朝观察者运动时，检测到的频率增大。首先用两种近似方法计算

频率宽度，其中一种近似程度大些，另一种比较准确。设 v_x 是沿 x 轴的均方根(rms)速度，这样可以直观地得到高斯输出频谱的两个均方根点之间的频率宽度 $\Delta\nu_{rms}$ 为

$$\Delta\nu_{rms}\approx\nu_2-\nu_1=\nu_0\left(1+\frac{v_x}{c}\right)-\nu_0\left(1-\frac{v_x}{c}\right)=\frac{2\nu_0 v_x}{c}\tag{3.15}$$

必须知道沿 x 轴的均方根速度 v_x，它由分子动力学理论给出，即 $\frac{1}{2}Mv_x^2=\frac{1}{2}k_BT$，式中 M 是激光原子或分子的质量。对于 He-Ne 激光器，也就是受激发射的 Ne 原子的质量，所以 $M=20.2\times10^{-3}/6.02\times10^{23}\ \text{kg}=3.35\times10^{-26}\ \text{kg}$。于是

$$v_x=[1.38\times10^{-23}\times(127+273)/(3.35\times10^{-26})]^{\frac{1}{2}}\ \text{m/s}=405.8\ \text{m/s}$$

中心频率为

$$\nu_0=c/\lambda_0=3\times10^8/(632.8\times10^{-9})\ \text{s}^{-1}=4.74\times10^{14}\ \text{s}^{-1}$$

均方根频率宽度 $\Delta\nu_{rms}$ 近似为

$$\Delta\nu_{rms}\approx\frac{2\nu_0 v_x}{c}=2\times4.74\times10^{14}\times405.8/(3\times10^8)\ \text{Hz}=1.282\ \text{GHz}$$

观察到的半高宽频率宽度 $\Delta\nu_{1/2}$ 由式(3.13)给出

$$\Delta\nu_{1/2}=2\nu_0\sqrt{\frac{2k_BT\ln2}{Mc^2}}=2\times4.74\times10^{14}\sqrt{\frac{2\times1.38\times10^{-23}\times(127+273)\ln2}{3.35\times10^{-26}\times(3\times10^8)^2}}\ \text{Hz}=1.51\ \text{GHz}$$

比均方根频率宽度 $\Delta\nu_{rms}$ 大约要宽 18%。

为了求得半高宽处的波长宽度 $\Delta\lambda_{1/2}$，对 $\lambda=c/\nu$ 求微分

$$\frac{d\lambda}{d\nu}=-\frac{c}{\nu^2}=-\frac{\lambda}{\nu}\tag{3.16}$$

所以

$$\Delta\lambda_{1/2}\approx\Delta\nu_{1/2}\left|-\frac{\lambda}{c}\right|=1.51\times10^9\times\left|-\frac{632.8\times10^{-9}}{4.74\times10^{14}}\right|\ \text{m}=2.02\times10^{-12}\ \text{m}\quad\text{或 }0.0020\ \text{nm。}$$

这个宽度是光谱半宽高之间的宽度。均方根波长线宽是 0.0017 nm。腔中的每一个模式都满足 $m(\lambda/2)=L$，因为长度 L 比波长 λ 要大 6.3×10^5 倍，所以模式数 m 一定非常大。对于 $\lambda=\lambda_0$ 而言，其对应的模式数 m_0 为

$$m_0=2L/\lambda_0=2\times0.4/(632.8\times10^{-9})=1.26\times10^6$$

实际的模式数就是一个接近于 1.26×10^6 的整数。

两个相邻模式(m 和 $m+1$)之间的距离 $\delta\lambda_m$ 为

$$\delta\lambda_m=\lambda_m-\lambda_{m+1}=\frac{2L}{m}-\frac{2L}{m+1}\approx\frac{2L}{m^2}$$

或

$$\delta\lambda_m\approx\frac{\lambda_0^2}{2L}$$

将各值代入上式，可以求得 $\sigma\lambda_m=(632.8\times10^{-9})^2/(2\times0.4)\ \text{m}=5.006\times10^{-13}\ \text{m}$ 或 0.501 pm。

半宽高之间线宽内的模式数取决于腔模式和光增益曲线相一致的程度，如图 3.11 所示，在光增益曲线的峰值上正好有一个光学腔模式。

$$\text{模式数}=\frac{\text{光谱线宽}}{\text{两相邻模式间的距离}}\approx\frac{\Delta\lambda_{1/2}}{\delta\lambda_m}=\frac{2.02}{0.501}=4.03$$

在输出光谱线宽内至多有4～5个模式，如图3.11所示。计算中忽略了激光腔损失。

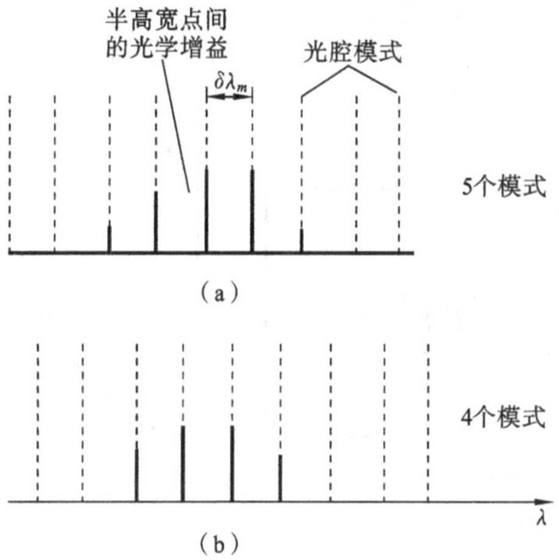

图3.11 激光腔模式数取决于腔模式和光增益曲线相一致的程度

3.6 激光器振荡条件

3.6.1 光增益系数 g

下面分析一下图3.12(a)所示的在沿 x 轴方向具有相干辐射光增益的一般激光器介质。首先分析在这种介质中沿 x 轴方向传播的电磁波。随着光的传播，由于通过图3.12(a)中两个相同能级 E_2 和 E_1 的受激发射比自发发射和吸收都要大得多，所以它的功率(单位时间内的能通量)不断增加。假如光强度减小的话，就得用一个因子 $\exp(-\alpha x)$ 表示沿 x 轴方向距离增加的功率损失，这里 α 是吸收系数。相似地，可以用 $\exp(gx)$ 表示功率增加，这里 g 是单位长度上的光增益，称为介质的光增益系数。光增益系数 g 被定义为单位距离上光功率(强度)的变化分数。沿 x 轴方向任意一点的光功率 P 与相干光子的浓度 $N_{\text{相干光子}}$ 及其能量 $h\nu$ 成正比。相干光子的传播速度为 c/n，n 为折射率。这样，在时间 δt 内，光子在激光管中传播的距离为 $\delta x=(c/n)\delta t$。于是

$$g=\frac{\mathrm{d}P}{P\,\mathrm{d}x}=\frac{\mathrm{d}N_{\text{相干光子}}}{N_{\text{相干光子}}\,\mathrm{d}x}=\frac{n}{cN_{\text{相干光子}}}\frac{\mathrm{d}N_{\text{相干光子}}}{\mathrm{d}t} \tag{3.17}$$

增益系数 g 描述了由于从能级 E_2 向 E_1 的受激发射跃迁超过通过相同两个能级的光子吸收而导致的激光腔中单位长度上激光辐射强度的增加。前面曾经讨论过，用受激发射速率与吸收速率之间的差可以导出相干光子浓度变化的净速率，即

$$\frac{\mathrm{d}N_{\text{相干光子}}}{\mathrm{d}t}=N_2B_{21}\rho(h\nu)-N_1B_{21}\rho(h\nu)=(N_2-N_1)B_{21}\rho(h\nu) \tag{3.18}$$

给定一些假定并将式(3.18)代入式(3.17)，就可直接得到光增益系数。因为在光电子中感兴趣的是图3.12中沿某一方向(x 轴)传播的相干波的放大，因此可以忽略以随机方向传播

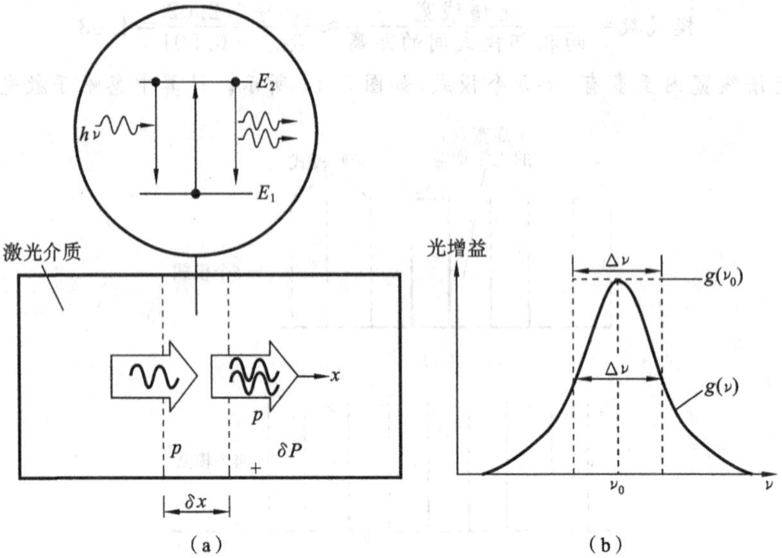

图 3.12　具有光增益的激光器介质及其曲线

(a) 具有光增益的激光器介质；(b) 介质的光增益曲线

的自发发射，事实上，它对这个特定方向的波也不会有什么贡献。

一般来说，发射和吸收不会发生在某一分立的光子能量 $h\nu$ 上，而是分布在某一频率间隔 $\Delta\nu$ 的光子能量或频率上。例如，这个间隔 $\Delta\nu$ 可能是由多普勒展宽或能级 E_2 和 E_1 的展宽引起的。在任何情况下，这意味着光增益反映了这个分布，也就是图 3.12(b)中所示的 $g=g(\nu)$。增益曲线的光谱形状称为线型函数。

$\rho(h\nu)$表示单位频率上的辐射能量密度，所以可以用 $N_{相干光子}$ 来表示 $\rho(h\nu)$。因此，在 $\nu=\nu_0$ 时，有

$$\rho(h\nu_0)\approx\frac{N_{相干光子}h\nu_0}{\Delta\nu} \tag{3.19}$$

将式(3.18)代入式(3.17)中的 $\mathrm{d}N_{\mathrm{ph}}/\mathrm{d}t$，再用式(3.19)即可获得光增益系数

$$g(\nu_0)\approx(N_2-N_1)\frac{B_{21}nh\nu_0}{c\Delta\nu} \tag{3.20}$$

式(3.20)给出了中心频率 ν_0 处的介质光增益。更严格的推导可以求出光增益曲线与频率的函数关系，一般称为 Füchtbauer-Ladenburg 关系，如图 3.12(b)所示的 $g(\nu)$，从这个线型就可以导出 $g(\nu_0)$。

3.6.2　阈值增益 g_{th}

下面分析一下在两端有镜面的激光腔，如图 3.13 所示的法布里-珀罗光学腔。腔内存在有一种激光介质，所以受激发射可以达到稳态，因此可以连续操作。这样可以有效假定在光学腔中有一个达到稳态的固定的电磁振荡。光学腔的作用就是一个光学谐振腔。设腔中某一点开始的初始光功率为 P_{i}，其电磁波朝图 3.13 所示的腔面 1 传播。穿过整个腔长度后在腔面 1 反射，又穿过整个腔长度到达腔面 2，在腔面 2 再反射，到达起始点时的终态光功率为 P_{f}。在

稳态条件下，振荡不会累积也不会消亡，意味着 P_f 一定和 P_i 相同。这样在一个往返中没有光功率损失，也就是说净往返光增益 G_{op} 一定是 1，即

$$G_{op}=P_f/P_i=1 \tag{3.21}$$

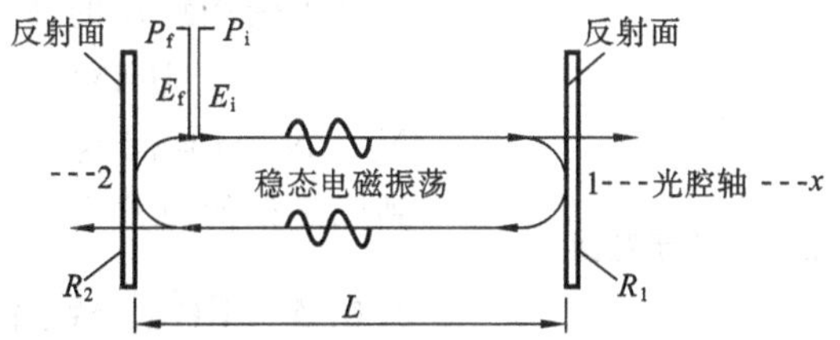

图 3.13 光学腔谐振器

由于腔面 1 和腔面 2 的反射率 R_1 和 R_2 不可能为 1，所以腔面 1 和腔面 2 的反射要减小激光腔中的光功率。此外，光在介质内传播的过程中还存在吸收和散射等现象，因此激光腔中还有其他损失。所有这些损失必须由能在介质中有效提供光增益的光学腔内受激发射来补偿。随着波的传播，它的功率以 $\exp(gx)$的形式增加。但是，还有诸如由于晶体缺陷和不均匀性引起的散射、杂质引起的吸收、(半导体中非常重要的)自由载流子引起的吸收和其他损失现象，它们将消耗部分光增益，因此在激光腔中有很多光功率损失。这些因素使得光功率以 $\exp(-\gamma x)$的形式减小，这里 γ 是介质的衰减系数和损耗系数。除了光穿过端反射镜的透射损失及穿过受激发射跃迁的能级时的吸收损失(已包含在增益系数 g 中)外，γ 表示激光腔中及激光器壁的所有损失。

在经过长度为 $2L$ 的往返传播之后，电磁辐射的功率 P_f(见图 3.13)为

$$P_f=P_iR_1R_2\exp[g(2L)]\exp[-\gamma(2L)] \tag{3.22}$$

对于稳态振荡来说，必须满足式(3.21)，使 $P_f/P_i=1$ 的增益系数 g 称为阈值增益 g_{th}。由式(3.22)得

$$g_{th}=\gamma+\frac{1}{2L}\ln\left(\frac{1}{R_1R_2}\right) \tag{3.23}$$

式(3.23)给出了介质中要获得连续激光发射必需的光增益。式(3.19)所要求的必要的阈值增益 g_{th}必须通过对介质进行合适的泵浦来获得，以使 N_2 足够大于 N_1。这个值对应于阈值粒子数反转 $N_2-N_1=(N_2-N_1)_{th}$。由式(3.20)得

$$(N_2-N_1)_{th}\approx g_{th}\frac{c\Delta\nu}{B_{21}nh\nu_0} \tag{3.24}$$

开始介质的增益系数 g 必须大于阈值增益 g_{th}，这样可以使光学腔中的振荡累积直至达到 $g=g_{th}$时的稳态。与此类似，在振荡电路中一旦达到了稳态也会有一个 100%的增益(滞回线增益)，这样振荡才得以维持。但在电路刚打开的时候，总的增益大于 1。振荡是由一个小的噪声开始，然后放大并累积直到总的增益变为 1，这时达到稳态。因为镜面的反射率 R_1 和 R_2 决定式(3.24)中的阈值增益 g_{th}，因此在决定阈值粒子数反转的因素中，镜面的反射率 R_1 和 R_2 非常重要。很显然，发射相干辐射的激光器件实际上就是一个激光振荡器。

研究作为泵浦速率的函数的激光器中稳态连续波(cw)相干辐射输出功率 P_o 和粒子数差 N_2-N_1，就会得到图 3.14 所示的简化示意图。在泵浦速率使 N_2-N_1 达到$(N_2-N_1)_{th}$以前，

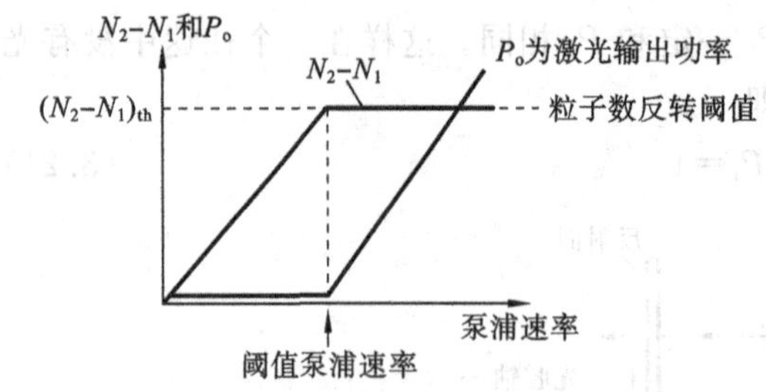

图 3.14 激光振荡器的简化示意图

没有相干辐射输出。当泵浦速率超过阈值时，N_2-N_1 仍然固定在$(N_2-N_1)_{th}$，因为它控制着光增益系数 g，而 g 一定是 g_{th}。额外的泵浦提高了受激跃迁的速率，因此也就增加了光输出功率 P_o。还必须注意到，在图 3.14 中除了 N_2-N_1 与泵浦速率成正比外，没有考虑泵浦到底是如何改善 N_1 和 N_2 的。

3.6.3 相位一致条件和激光器模式

式(3.21)所述的激光器振荡条件仅仅只考虑了激光腔内的辐射强度。分析图 3.13 就会发现，当光波经过一个来回后准确回到图 3.13 所示的 E_f 相同的位置时，具有功率为 P_i 的初始波 E_i 得到能量 P_f。除非经过从 E_i 到 E_f 一个来回后，总的相位变化为 2π 的倍数，否则光波 E_f 就不可能和初始波 E_i 完全相同。所以必须有一个附加条件，即经过一个来回后，相位变化 $\Delta\phi_{往返}$ 是 360°的倍数，也就是相位一致条件。

$$\Delta\phi_{往返}=m(2\pi) \quad m=1,2,3,\cdots \tag{3.25}$$

式中：m 是一个取 1,2,3,…的整数。

这个条件保证了自复制而不是自损耗。有很多因素使得由式(3.25)计算相位一致条件变得复杂。一般来说，折射率 n 取决于泵浦(在半导体中尤其如此)，端反射也可能引入相变化。在最简单的情况中，就是假定折射率 n 为常数，同时忽略镜面反射引起的相变化。如果 $k=2\pi/k$ 是自由空间的波矢量，那么仅仅只有那些能满足式(3.25)的特殊的 k 值(记为 k_m)才能够从激光腔中溢出，即对于沿激光腔轴的传播来说，有

$$nk_m(2L)=m(2\pi) \tag{3.26}$$

从而得到常用的模式条件

$$m\left(\frac{\lambda_m}{2n}\right)=L \tag{3.27}$$

这样由式(3.27)所描述的作为驻波模式的直观表示就是由式(3.25)中一般相位一致条件得出的一个简化结论。式(3.27)中的模式是由沿轴向的激光腔长度 L 控制的，因此称为横向轴向模式。

在阈值增益和相位一致条件的讨论中，参考了图 3.13 并且假定平面电磁波是在两个完全平行排列的镜面之间的激光腔内传播。因为这个平面波在与其传播方向成法线的平面上是无限的，因此它是理想化的。所有实际激光腔都有一个有限的垂直尺寸和一个平行于激光腔轴向的尺寸，但并不是所有的激光腔在其两端都有完全扁平的反射镜。在气体激光器中，激光管两端的镜面有一个或两个是球面，这样便于安装，如图 3.15(a)和(b)所示。图 3.15(a)所示的例子中，可以很容易发现偏离激光腔轴向传播的离轴自复制光线。这样的模式是非轴向模式，它的特性不仅由离轴往返距离决定，而且还由激光腔的垂直尺寸决定。激光腔的垂直尺寸越大，能够存在的离轴模式就越多。

分析激光腔模式的一个比较好的方法就是，必须意识到一个模式代表激光腔中一个特定的电场，它在经过一个来回后能够自我复制。图 3.15(b)说明了一个特定模式的波前是如何

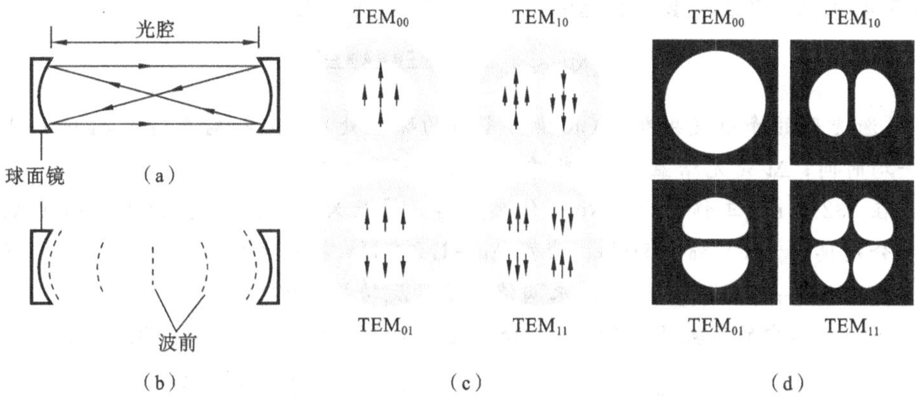

图 3.15 矩形对称激光器模式

(a) 离轴垂直模式经过一个轮回后能够自我复制；(b)自我复制的光波中的波前；
(c)垂直激光腔中四种可能的低模及其电场；(d) 垂直激光腔内四种可能低模中光强分布

以平行于一个镜面的表面开始，经过一个来回后，进行自我复制的。随着辐射在腔内传播，波前的曲率发生了变化，它和端反射镜的表面是平行的，这样一种模式类似于第1章中讨论的高斯光束。

更一般地，不管端反射镜是扁平的还是球形的，通过分析某一反射镜处，空间电场分布经过一个来回后能够自我复制并穿过激光腔到达另一反射镜后又反射回来的程度(如图3.15(b)中的例子)，就可求得可能允许的模式。在一个反射镜处具有某种电场分布的模式能够传播到另一反射镜，然后又反射回去并回到原来相同的电场分布。所有这些模式都可以用与激光腔轴向几乎成法线的电场($\boldsymbol{E}$ 和 $\boldsymbol{B}$)来表示。每个允许的模式对应某一反射镜处一个特定的电场分布。这些在某一反射镜处的模式场分布可以用三个整数 p、q、m 来描述，记为 TEM_{pqm}。整数 p、q 表示沿垂直于腔轴 x 的 y、z 方向的电场分布中的节点数，整数 m 表示沿腔轴 x 方向的电场分布中的节点数，它通常就是横向模式数。图 3.15(c)和(d)所示的为四种TEM模式的电场分布及其强度分布。每一个具有给定 p、q 的竖向模式都有一套横向模式(m 值)，但是 m 通常都非常大(气体激光器中约为 10^6)，一般都不写出来但是应当明白。这样，竖向模式就写成 TEM_{pq}，每一个都有一套横向模式($m=1,2,3,\cdots$)。两个不同的竖向模式可以不必具有由式(3.27)表示的相同的横向频率(例如，折射率 n 可能不是空间均匀分布的，而不同的TEM模式有不同的空间电场分布)。

竖向模式取决于激光腔的几何尺寸、反射镜的大小和其他可能存在于腔中的尺寸限制孔径。这些竖向模式要么是关于腔轴向笛卡儿坐标系(矩形)对称的，要么是关于极坐标(圆柱形)对称的。在光学腔的某一特性对一种电场分布产生影响时，产生矩形对称，否则场分布就表现为圆柱对称。图 3.15(c)和(d)中的例子具有矩形对称特性，假如在激光腔两端存在偏振布儒斯特窗时，就会产生矩形对称竖向模式。

最低模式 TEM_{00} 的强度分布是关于腔轴向圆形对称的，并且激光腔的内外光束在整个横截面上都是高斯分布，它的发散角也最小。这些特性使它成为人们最希望的模式，许多激光器设计都是尽量在 TEM_{00} 模式上优化，并剔除其他模式。这种设计通常对激光腔的竖向尺寸有严格的要求。

[例 3.4]求证阈值粒子数反转 $\Delta N_{th}=(N_2-N_1)_{th}$ 可以写成

$$\Delta N_{th}\approx g_{th}\frac{8\pi n^2\nu_0^2\tau_{自发发射}\Delta\nu}{c^2} \tag{3.28}$$

式中：ν_0 是激光器的峰值发射频率(在输出光谱的峰值处)；n 为折射率；$\tau_{自发发射}=1/A_{21}$，自发发射的平均时间；$\Delta\nu$ 是光增益带宽(光增益线型的频率线宽)。

分析在 632.8 nm 工作的 He-Ne 气体激光器。管长为 50 cm，管径为 1.5 mm，端反射镜的反射率分别接近于 100%和 90%。线宽 $\Delta\nu=1.5$ GHz，损耗系数 $\gamma\approx0.05\ \text{m}^{-1}$，自发衰减常数为 $\tau_{自发发射}=1/A_{21}\approx300$ ns，$n\approx1$。求阈值粒子数反转是多少？

解 式(3.24)中的系数 B_{21} 可以用实验测定的 A_{21} 替换，即 $A_{21}/B_{21}=8\pi h\nu^3/c^3$。

$$(N_2-N_1)_{th}\approx g_{th}\frac{c\Delta\nu}{\dfrac{A_{21}c^3}{8\pi hn^3\nu_0^3}nh\nu_0}=g_{th}\frac{8\pi n^2\nu_0^2\tau_{自发发射}\Delta\nu}{c^2}$$

峰值发射频率 $\nu_0=c/\lambda_0=3\times10^8/(632.8\times10^{-9})\ \text{Hz}=4.74\times10^{14}\ \text{Hz}$

根据给定的激光器特性

$$g_{th}=\gamma+\frac{1}{2L}\ln\left(\frac{1}{R_1R_2}\right)=\left[0.05+\frac{1}{2\times0.5}\ln\left(\frac{1}{1\times0.9}\right)\right]\ \text{m}^{-1}=0.155\ \text{m}^{-1}$$

$$\Delta N_{th}\approx g_{th}\frac{8\pi n^2\nu_0^2\tau_{自发发射}\Delta\nu}{c^2}=0.155\times\frac{8\times3.14\times(4.74\times10^{14})^2\times1^2\times300\times10^{-9}\times1.5\times10^9}{(3\times10^8)^2}\ \text{m}^{-1}$$

$$=4.4\times10^{15}\ \text{m}^{-1}$$

注意，这是 $\text{Ne}(2\text{p}^5 5\text{s}^1)$ 和 $\text{Ne}(2\text{p}^5 3\text{p}^1)$ 之间的阈值粒子数反转。

3.7 激光器二极管原理

下面来分析简并掺杂直接带隙半导体 PN 结的能带图(见图 3.16(a))。简并掺杂意思是 P 侧的费米能级 E_{FP} 在价带(VB)中，而 N 侧的费米能级 E_{FN} 在导带(CB)中，费米能级以下的所有能级都可以看作是被电子占据，如图 3.16(a)所示。在没有外加电压时，整个二极管的费米能级是连续的，即 $E_{FP}=E_{FN}$。这种 PN 结的耗尽区或空间电荷层(SCL)是相当窄的。其中有一个由内建电压 V_0 产生的内建势垒 eV_0，以防止 N^+ 侧导带中的电子扩散到 P^+ 侧的导带中，还有一个相似的势垒阻止 P^+ 侧价带中的空穴扩散到 N^+ 侧的价带中。

前面曾经介绍，在 PN 结上施加一外加电压时，端到端费米能级的变化就是外加电压所做的功，即 $\Delta E_F=eV$。如图 3.16(b)所示，简并掺杂半导体 PN 结是置于一个电压 V 大于禁带电压的前置偏压中，即 $eV>E_g$。那么外加电压就可以使内建势垒减少到接近于零，这意味着电子流进空间电荷层并越过空间电荷层进入到 P^+ 侧，形成二极管电流。空穴从 P^+ 侧到 N^+ 侧的空穴势垒降低情况是类似的，最终的结果是电子和空穴分别从 N^+ 侧和 P^+ 侧流进了空间电荷层，由图 3.16(b)可见，这个空间电荷区再也不会被耗尽。如果画出 $E_{FN}-E_{FP}=eV>E_g$ 的能带图，这个结论也是显而易见的。由图 3.17(a)中的结区态密度图可以看出，在空间电荷区中，靠近 E_c 能级处导带中的电子比靠近 E_v 的价带中的电子要多。换言之，在结附近靠近 E_c 的能级和 E_v 的能级之间发生了粒子数反转。

这个粒子数反转区是沿结方向的一个薄层，因此称为反转层或活性层、有源层。具有能量

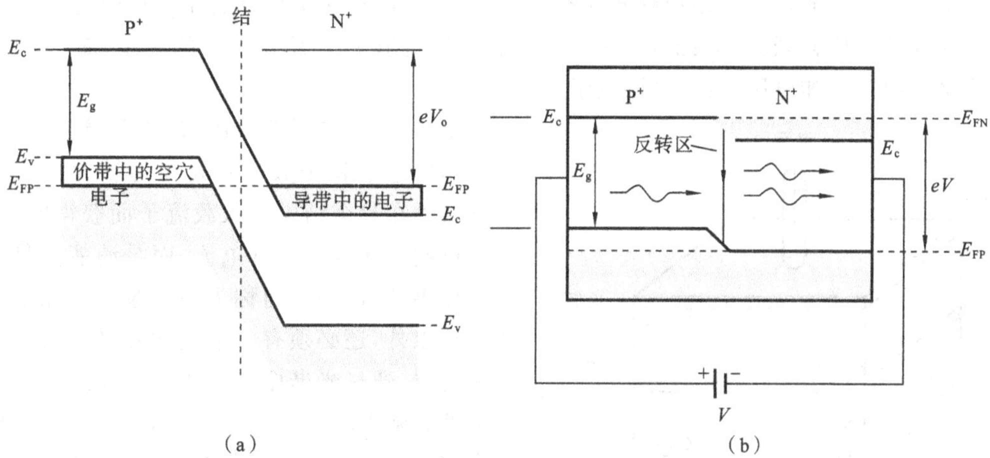

图 3.16 外加偏压对简并掺杂 PN 结能带结构的影响

(a)没有外加偏压时简并掺杂 PN 结的能带图；

(b)具有足够大的前置偏压而导致粒子数反转及受激发射的能带图

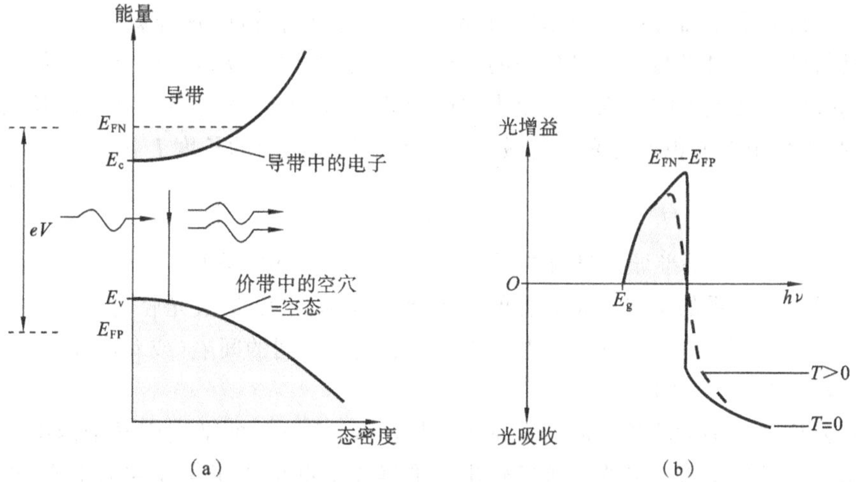

图 3.17 有源区内载流子能态与光增益的关系

(a) 前置偏压下 $E_{FN}-E_{FP}=eV>E_g$ 时空间电荷层中导带中电子和价带中空穴的态密度和能量分布，价带中空穴是空态；

(b) 光增益与光子能量的关系

为 E_c-E_v 的外来光子不能将电子从 E_v 能级激发到 E_c 上去，因为在 E_v 能级几乎没有电子。如图 3.16(b)所示，它却能将电子从 E_c 能级激发到 E_v 上去。换言之，外来光子激发了电子和空穴的直接复合。粒子数反转(因此受激发射比吸收多)区或有源区中存在光增益，因为外来光子更可能导致受激发射而不是被吸收。由图 3.17(a)中有源区内导带和价带中电子和空穴的能量贡献可以显见，光增益主要取决于光子的能量，也就取决于波长。在低温($T\approx0$ K)时，E_c 和 E_{FN}之间的态被电子充满，而 E_{FP}和 E_v 之间的态是空的。能量大于 E_g 但小于 $E_{FN}-E_{FP}$ 的外来光子可以引起受激发射，而能量大于 $E_{FN}-E_{FP}$的外来光子将会被吸收。图 3.17(b)所示的为低温($T\approx0$ K)下光增益与光子能量之间的关系曲线。随着温度增加，费米-狄拉克函数使导带中电子的能量分布延伸到E_{FN}之上，同时使价带中空穴的能量分布延伸到E_{FP}之下。这个结果导致光增益减少，如图3.17(b)所示。光增益取决于$E_{FN}-E_{FP}$的大小，而$E_{FN}-E_{FP}$的大小又取决于外加电压，所以也取决于二极管电流。

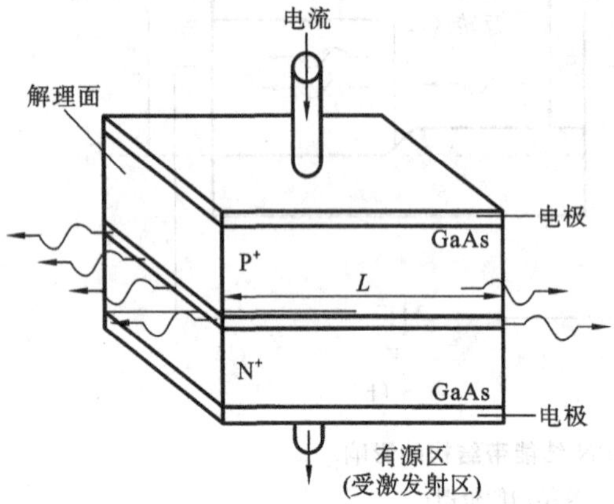

图3.18 GaAs **同质结激光二极管结构示意图**

很显然，在结附近靠近E_c的能级和E_v的能级之间发生了粒子数反转是在足够大的前置偏压下通过在整个结中注入载流子而获得的，所以泵浦机制是前置二极管电流，而泵浦能量是由外电池提供的，这种泵浦称为注入泵浦。除了粒子数反转以外，还必须有一个光学腔来充当一个激光振荡器，通过光谐振的方式来积聚受激发射的光强度。随着输出光从器件中导出，就可以提供一个连续的相干辐射。图3.18所示的为同质结激光二极管的结构示意图，解理面起着反射镜的作用。整个PN结是用相同禁带宽度的半导体材料如GaAs制成的，所以称为同质结。晶体的两端经过解理成光滑平面，然后进行光学打磨使其具有反射特性，这样就构成了一个激光腔。由解理面反射的光子可以激发更多相同的光子，一直这样周而复始。这个过程使得激光腔中积聚越来越多的受激发射的光强度。因为如前所述，在这种光学腔中只有半波长的倍数才能存在，所以激光腔中能够积聚起来的受激发射光的波长是由腔的长度L决定的，即

$$m\frac{\lambda}{2n}=L \tag{3.29}$$

式中：m是一个整数；n是半导体材料的折射率；λ是自由空间的波长。

每个满足上述关系的辐射就是光腔的一个辐射频率，也就是激光腔的一个模式。像前面所讨论的He-Ne气体激光器一样，激光腔两个可能模式之间的间隔(或允许波长之间的间隔)$\Delta\lambda_m$可以很容易由式(3.29)求出。

介质的光增益与辐射波长之间的关系可以用图3.17所示的结周围导带内电子和价带内空穴的能量分布推导出来。激光二极管输出的准确光谱既取决于激光腔的本质，也取决于光增益与辐射波长之间的特性关系。仅仅只有在介质中光增益能够克服激光腔内光子的损失时，才可以获得激光辐射，这要求激光二极管的电流I超过阈值电流I_{th}。在阈值电流I_{th}以下，器件中的光由于自发发射而不能被激发发射，那么输出光就是由随机发射的不相干的光子组成的，器件表现就像是一个发光二极管。

在分析激光二极管的时候必须区分两种关键的二极管电流。第一是仅仅提供足够注入载流子以便产生平衡吸收的受激发射的二极管电流，这个电流称为透明电流$I_{透明}$。因为这时没有净的光子吸收，介质是透明的。在透明电流$I_{透明}$之上，尽管光输出还不是一个连续波相干辐射，但介质中还是有光增益。激光振荡仅仅只能发生在介质中的光增益能够克服激光腔中的光子损失的时候，也就是光增益g达到阈值增益g_{th}的时候，这时的电流称为阈值电流I_{th}。经历阈值增益的光可以在激光腔内发生谐振。因为激光腔的两解理面不是完全反射的(一般反射率约为32%)，所以有一部分激光腔辐射会从两解理面透射出去。图3.19所示的为输出光

强度与二极管电流的函数关系。在阈值电流 I_{th} 以上，输出光强度就变成由激光腔波长(或模式)组成的相干辐射，并且随着电流的增加而显著增加。由图 3.19 可见，输出光谱的模式数及其相对强度取决于二极管电流。

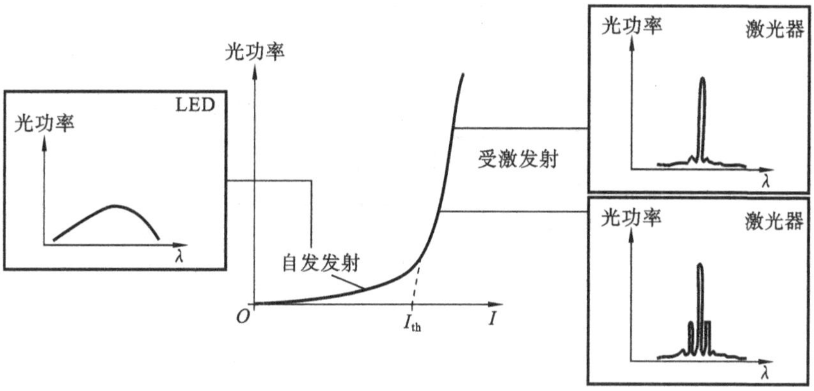

图 3.19 典型输出光功率与二极管电流间的特殊关系及对应的激光二极管输出光谱

同质结激光二极管的主要问题就是阈值电流密度 J_{th} 太高，难以实用。如在室温下，GaAs 激光二极管的阈值电流密度在约 500 A/mm² 数量级，这意味着 GaAs 同质结激光器只能在低温下使用，但使用异质结半导体激光二极管可以使阈值电流大大降低。

3.8 异质结激光二极管

要将阈值电流 I_{th} 降低到实用值，必须提高受激发射的速率，同时还要提高激光腔的效率。首先必须将被注入的电子和空穴限制在结周围一个很窄的区域内，有源区的窄化意味着可以只需较少的电流来实现粒子数反转所需的载流子浓度。其次可以在光增益区周围建立一个波导以增加光子浓度，可以提高受激发射的几率，这样就减少了偏离激光腔轴向传播的光子的损失。在现代激光二极管设计中，用异质结器件可以很容易实现这些要求，就像高强度双异质结发光二极管一样。但是在激光二极管中，还有一个额外的要求，就是必须维持一个好的光学腔，使受激发射增加到能够超过自发发射。

图 3.20(a)所示的为一个基于具有不同禁带宽度的两种不同半导体材料之间的双异质结(DH)器件。其中半导体分别为禁带宽度 $E_g \approx 2$ eV 的 AlGaAs 和 $E_g \approx 1.4$ eV 的 GaAs。P 型 GaAs 区是一个很薄的薄层，典型厚度为 0.1～0.2 μm，它构成有源层，其中发生激光复合。P-GaAs和 P-AlGaAs 都是重掺杂的 P 型材料，在价带中和费米能级 E_F 是简并的。当施加足够大的前置偏压时，N-AlGaAs 的 E_c 移到了 P-GaAs 的 E_c 上，导致 N-AlGaAs 导带中大量的电子被注入 P-GaAs 中，如图 3.20(b)所示。然而由于禁带宽度的变化(E_v 也有很小的变化，但是被忽略掉了)，使得 P-GaAs 和 P-AlGaAs 之间存在一个势垒 ΔE_c，因此这些电子被限制在 P-GaAs 的导带中。又因为 P-GaAs 层很薄，P-GaAs 层中被注入的电子浓度随着前置电流的慢慢增加而快速增加，这样就有效地降低了粒子数反转或光增益的阈值电流。于是，即使前置电流的慢慢增加，也可以注入足够数量的电子到 P-GaAs 的导带中，建立这层内粒子数反转

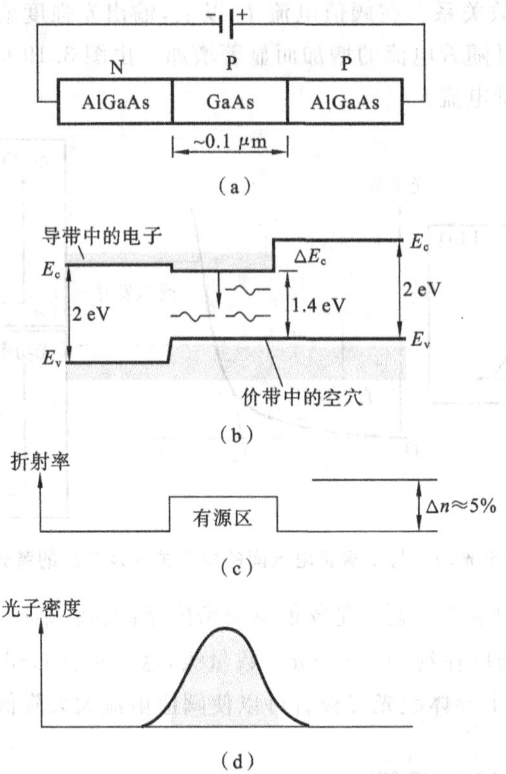

图 3.20　双异质结激光二极管

(a) 双异质结二极管结构示意图；(b) 在大前置偏压下的简化能带图；
(c) 禁带宽度越高，折射指数越低；(d) AlGaAs 层可以提供横向光学限制

所必需的电子浓度。

一般地，半导体材料的禁带宽度越宽，其折射率越低。AlGaAs 的折射率比 GaAs 的折射率小。折射率的这种变化相当于构成了一个波导，如图 3.20(c)所示。它可以将光子限制在激光腔的有源区内，因此可以减少光子的损失，增加光腔内的光子密度。整个器件中的光子密度如图 3.20(d)所示。光子密度的增加提高了受激发射的速率。因此，载流子限制和光学限制都使得阈值电流密度降低。没有双异质结，就不会有室温下能够连续稳定工作的固体激光器。

典型的双异质结激光二极管与双异质结发光二极管相似，其结构示意图如图 3.21 所示。掺杂层用外延的方法生长在晶体衬底上，一般用 N-GaAs。上述双异质结是由几层组成的，它们在衬底上的顺序依次为 N-AlGaAs 层、P-GaAs 有源层和 P-AlGaAs 层。在紧邻 P-AlGaAs 层还有一层称为接触层的 P-GaAs 层。由图可以看出，电极是沉积在 GaAs 半导体材料上的，而不是 AlGaAs 层，这样做可以得到更好的接触，而且还可以避免形成会限制电流的肖特基(Schottky)结。P-AlGaAs 层和 N-AlGaAs 层通过与 P-GaAs 层形成异质结，在垂直方向上对载流子和光进行限制。有源层为 P-GaAs，这意味着激光在 870～900 nm 的范围内发射，并主要取决于掺杂程度。这一层也可以制成 $Al_xGa_{1-x}As$ 层，但是其组成必须与起限制作用的 $Al_xGa_{1-x}As$ 层不同，这样才能保持异质结特性。因此，受激发射的激光波长可以通过有源层

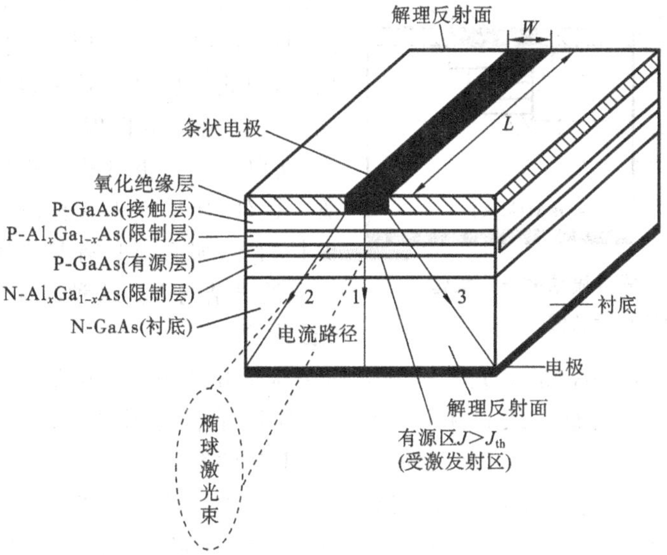

图 3.21 双异质结条形接触激光二极管结构示意图

的组成变化进行控制。AlGaAs/GaAs 异质结的优点是，这两种晶体结构之间只有很小的晶格失配，因此可以忽略器件中由于应力诱导产生的界面缺陷（如位错）。这些缺陷通常都是非辐射复合中心，会降低辐射跃迁的速率。

这种激光二极管的一个重要特征是，条形几何形状或 P-GaAs 衬底上的带状接触。条形接触的电流密度 J 在横向上是不均匀的，沿中心路径 1 的电流密度 J 最大，由 1 向 2、3 依次减少。电流被限制在 2 和 3 中流动。如图 3.21 所示，穿过有源层的电流密度流动路径限制了有源区，有源区中的电流密度 J 比阈值电流密度 J_{th} 大，使得粒子数反转实际上就是光增益在该区得以发生。激光发射就是从这个区域发出来的。所以有源区或光增益区的宽度是由条形接触产生的电流密度决定的。电流密度最大的地方，光增益也最大。这种激光器称为增益导引激光器。用条形几何形状有两个好处：一是接触面积的减少可以降低阈值电流 I_{th}；二是发射面积的减少使得光和光纤的耦合更容易。一般接触条形宽度（W）可以小至几微米，这样典型的阈值电流只有几十毫安。

激光器效率还可以通过减少晶体后刻面的反射损失来进一步提高。因为 GaAs 的折射率约为 3.7，反射率为 0.33，通过在后刻面制备一个电介质镜面，也就是一个有很多不同折射率的四分之一波长半导体层，发射率就有可能接近于 1，故而提高激光腔的增益，这相当于降低了阈值电流。

在图 3.21 中，条形接触双异质结激光器内的光增益区的宽度是由电流密度规定的，它随电流密度的改变而改变。更为重要的是，将光子限制在有源区的横向限制性能较差，因为在横向方向上折射率没有明显的变化。将光子横向限制在有源区的好处是可以提高受激发射的速率，这可以通过和异质结的竖直方向限制相同的方法来实现。图 3.22 所示的为埋入式异质结激光二极管结构的示意图，其中有源层 GaAs 被禁带宽度较宽的 AlGaAs 层在横向和竖直方向同时限制，AlGaAs 的折射率较低。有源层被有效地埋在禁带宽度较宽的材料（AlGaAs）中，所以这种结构称为埋入式双异质结激光二极管。因为有源层四周被低折射率的 AlGaAs

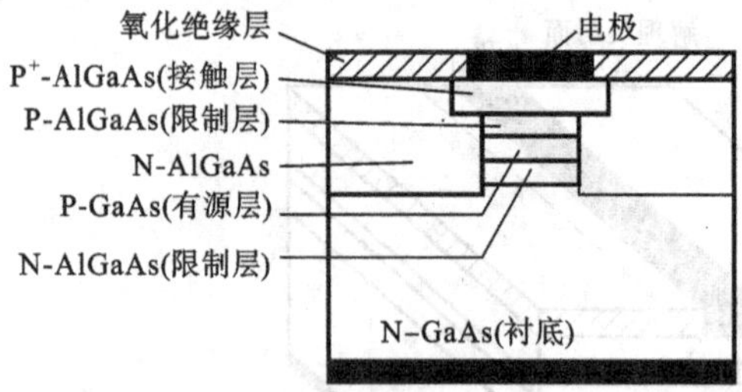

图 3.22　埋入式异质结激光二极管的结构示意图

包围，就像是一个电介质波导，可以保证光子被限制在有源区或光增益区，使得受激发射速率增加，因此二极管的效率也得到提高。因为光功率被限制在由折射率变化决定的波导结构中，所以这些二极管称为折射率导引激光二极管。此外，如果埋入式异质结的尺寸与辐射的波长相当，那么就只有基模可以存在于这种电介质波导结构中。这种激光二极管称为单模激光二极管。

基于 GaAs 和 AlGaAs 的激光二极管异质结构适用于 900 nm 左右的激光辐射。对于 1300 nm 和 1550 nm 光通信波长来说，典型的异质结构是基于 InP（衬底）和四元合金 InGaAsP的异质结，其中 InGaAsP 合金的禁带比 InP 的窄，因此它的折射率就比 InP 的大。可以通过调整 InGaAsP 合金的组成来得到有源层和限制层所需的禁带宽度。

[**例 3.5**]有一 GaAs 和 AlGaAs 异质结激光二极管，其激光腔长度为 200 μm，峰值辐射为 870 nm。GaAs 的折射率为 3.7。问峰值辐射时的模式整数 m 和激光腔相邻模式间的间隔各是多少？如果光增益和波长的特性关系中的半高宽处波长宽度约为 6 nm，那么在这个带宽中有几种模式？如果激光腔长度为 20 μm，又有多少模式？

解　图 3.9 所示的为激光器的腔模式、光增益特性和典型的输出光谱示意图。激光腔模式的自由空间波长及激光器长度之间存在如下关系：

$$m\frac{\lambda}{2n}=L$$

所以

$$m=\frac{2nL}{\lambda}=\frac{2\times3.7\times200\times10^{-6}}{870\times10^{-9}}\approx1701$$

图 3.9 中两相邻腔模式 m 和 $m+1$ 间的间隔 $\delta\lambda_m$ 为

$$\delta\lambda_m=\frac{2nL}{m}-\frac{2nL}{m+1}\approx\frac{2nL}{m^2}=\frac{\lambda^2}{2nL}$$

因此，对于给定的峰值波长来说，模式间的间隔 $\delta\lambda_m$ 随激光腔长度 L 增加而减小。当 $L=200\ \mu\text{m}$时，

$$\delta\lambda_m=\frac{(870\times10^{-9})^2}{2\times3.7\times200\times10^{-6}}\ \text{m}=5.11\times10^{-10}\ \text{m}\quad 或\quad 0.511\ \text{nm}$$

假如图 3.9 中的光增益有带宽 $\Delta\lambda_{1/2}$，那么就存在模式数为 $\Delta\lambda_{1/2}/\delta\lambda_m=6/0.511=11.7$，即有 11 个模式。

当 $L=20\ \mu\text{m}$ 时，模式间的间隔 $\delta\lambda_m$ 变成

$$\delta\lambda_m=\frac{(870\times10^{-9})^2}{2\times3.7\times20\times10^{-6}}\ \text{m}=5.11\times10^{-9}\ \text{m}\quad 或\quad 5.11\ \text{nm}$$

那么 $\Delta\lambda_{1/2}/\delta\lambda_m=6/5.11=1.17$，有 1 个模式对应 870 nm 波长。事实上，m 必须是整数，当 $m=1701$时，$\lambda=870.1$ nm。很显然，缩短激光腔长度可以剔除较高的模式。

注意：光学带宽取决于二极管电流。

3.9 激光二极管的基本特性

激光二极管的输出光谱主要取决于两个因素：用作构建激光振荡的光谐振器的本质和有源介质的光增益曲线（线型）。光谐振器基本上是图 3.23 所示的法布里-珀罗光学腔形式。长度（L）决定横向模式间的间隔，而宽度（W）和高度（H）决定垂直模式或竖向模式。假如宽度 W 和高度 H 足够小，那么就只有最低模式 TEM_{00} 存在。但是这个模式也有横向模式，它们之间的间隔取决于长度 L。图 3.23 表明，输出的激光束表现出发散行为，这是由于激光腔两端光波的衍射的缘故。最小的孔径（图中的 H）造成的衍射最大。

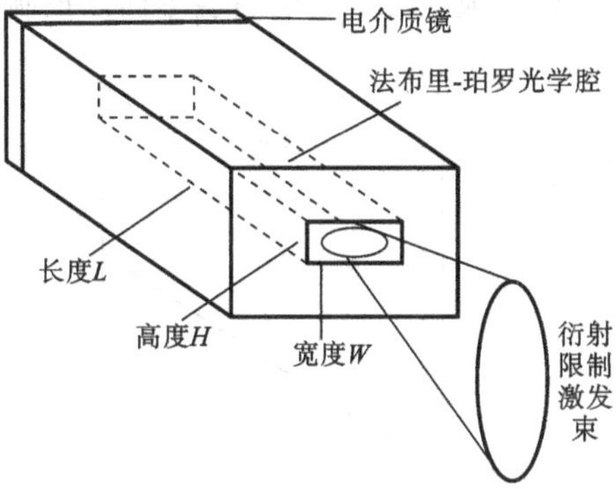

图 3.23 激光腔定义及其输出激光束特性

激光二极管输出光谱中存在的实际模式取决于这些模式经历的光增益。输出光谱，也就是光功率密度与波长的特性关系，要么是多模要么是单模，取决于光谐振器结构和泵浦电流大小。图 3.24 所示的为一折射率导引激光二极管在不同输出功率时的输出光谱。低功率下的多模光谱在高输出功率下会变成单模光谱。相反，即使在高二极管电流时，大多数增益导引激光二极管的输出光谱依然是多模。

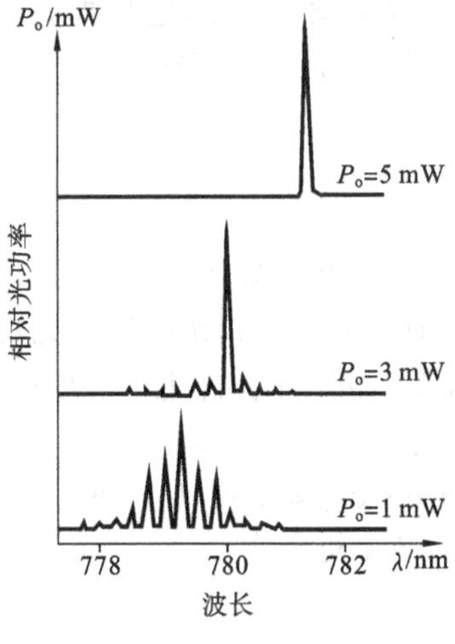

图 3.24 折射率导引激光二极管的输出光谱

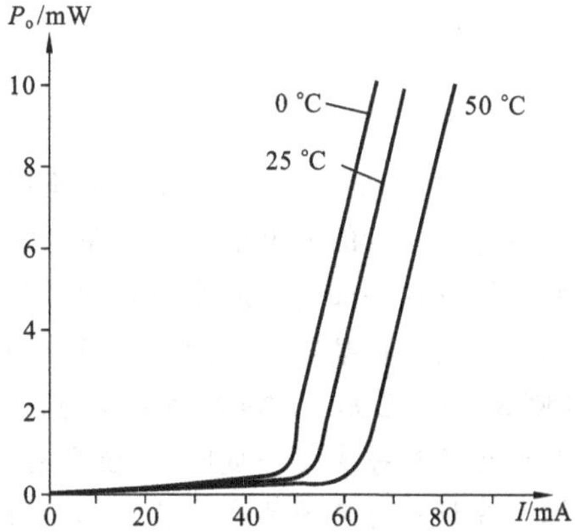

图 3.25 不同温度下激光器输出光功率与二极管电流之间的关系

激光二极管的输出特性通常对温度很敏感。图 3.25 所示的为不同温度下，光输出功率与二极管电流的特性关系曲线。随着温度升高，阈值电流急剧上升，一般是以绝对温度的指数形式增加。输出光谱也随温度的变化而不断变化。由图 3.26(a)和(b)显见，在单模激光二极管中，在某些温度下，峰值发射波长 λ_0 表现出“跳跃”特性，这个跳跃对应输出中的模式跳跃。也就是在新的工作温度下，有另外一个模式符合激光器振荡条件，这意味着激光器振荡波长呈现分立的变化。在模式跳跃之间，由于折射率 n（和腔长）随温度增加而稍微提高，所以峰值发射波长 λ_0 随温度增加而缓慢增加。假如模式跳跃是不希望的，那么器件结构设计时必须保证模式之间有足够的间隔。相反，增益导引激光器的输出光谱有很多模式，所以峰值发射波长 λ_0 与温度之间的关系通常是服从禁带宽度变化（光增益曲线），而不是激光腔特性的变化。市场上销售的高度稳定的激光二极管常常是将一个热电冷却器集成到二极管的封装里面以控制器件温度。

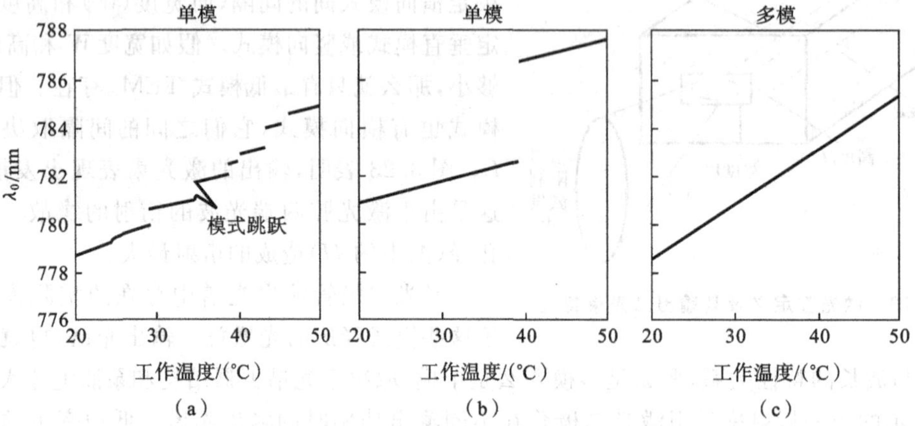

图 3.26　峰值波长与激光二极管工作温度之间的特性关系

(a)和(b) 单模激光二极管输出光谱中的模式跳跃；(c) 多模激光二极管的输出光谱

一个经常提到的非常重要的而且有用的激光二极管参数是微分效率，它根据高于阈值电流 I_{th} 的二极管电流量来决定输出相干辐射的光功率 P_0。假如 I 是二极管电流，那么微分效率 $\eta_{微分}$ 被定义为

$$\eta_{微分}=\frac{P_0}{I-I_{th}} \tag{3.30}$$

它的单位为 W/A 或 W/mA。微分效率取决于激光二极管结构和半导体封装，目前市面上可获得的激光二极管的典型值小于 1 W/A。转换效率是指输入电功率转换成输出光功率的总的效率。尽管在一般的手册中没有这个数据，但是根据激光二极管的工作电流和电压，还是可以很容易测出。在某些现代激光二极管中，这个效率可以高达 30%～40%。

[例 3.6]　已知 GaAs 的折射率与温度之间的关系为 $dn/dT\approx1.5\times10^{-4}\ K^{-1}$，试计算模式跳跃之间温度每变化一度时，峰值发射波长 $\lambda_0=870$ nm 的变化情况。

解　分析一特定的具有波长 λ_m 的模式

$$m\frac{\lambda_m}{2n}=L$$

于是

$$\frac{d\lambda_m}{dT}=\frac{d}{dT}\left[\frac{2}{m}nL\right]\approx\frac{2L}{m}\frac{dn}{dT}$$

根据 λ_m，代入 L/m 有

$$\frac{d\lambda_m}{dT}\approx\frac{\lambda_m}{n}\frac{dn}{dT}\ \text{nm/K}=\frac{870}{3.7}\times1.5\times10^{-4}=0.035\ \text{nm/K}$$

注意：解题过程中使用了无源激光腔的折射率 n，而上述折射率应当是有源激光腔的有效折射率，它也取决于介质的光增益，所以它的温度系数可能比我们使用的要高。

3.10 稳态半导体速率方程

首先分析一下图 3.21 中的前置偏压下双异质结激光二极管。电流 I 携带电子向有源层运动，在有源层电子和空穴复合并发射辐射。假如 d、L 和 W 分别是有源层的厚度、长度和宽度，那么在稳态工作条件下，由电流 I 将电子注入有源层的速率应当等于因自发发射和受激发射而需要的电子和空穴的复合速率(这里忽略非辐射复合)。

电流 I 将电子注入有源层的速率＝自发发射的速率＋受激发射的速率

也就是

$$\frac{I}{edLW}=\frac{n}{\tau_{自发发射}}+C_{电子}N_{相干光子} \tag{3.31}$$

式中：n 是注入的电子浓度；$N_{相干光子}$ 是有源层中相干光子的浓度；$\tau_{自发发射}$ 是自发发射的平均复合时间；C 是一个取决于 B_{21} 的常数。

式(3.31)的第二项表示受激发射速率，它取决于导带中可获得的电子浓度 $n_{电子}$ 和有源层中相干光子的浓度 $N_{相干光子}$。$N_{相干光子}$ 只考虑激光腔所鼓励的那些相干光子，也就是激光腔模式。因为电流增加并提供更多的泵浦，所以 $N_{相干光子}$ 也增加(由于激光腔的帮助)，并且最终受激发射项将控制自发发射项(见图 3.19)。输出光功率 P_o 与有源层中相干光子浓度 $N_{相干光子}$ 成正比。

下面来分析相干光子浓度 $N_{相干光子}$。在稳态工作条件下，

激光腔中相干光子损失的速率＝受激发射的速率

也就是

$$\frac{N_{相干光子}}{\tau_{相干光子}}=C\,电子N_{相干光子} \tag{3.32}$$

式中：$\tau_{相干光子}$ 是激光腔中由于半导体内光子在端-面之间的传输、散射和吸收等而造成的光子损失的平均时间。

假如 $\alpha_{总}$ 是代表各种损失机理的总衰减系数，那么在没有放大时，光波中的功率是以 $\exp(-\alpha_{总}x)$ 的形式减少，它等效于寿命按 $\exp(-t/\tau_{相干光子})$ 形式衰减，这里 $\tau_{相干光子}=n/(c\alpha_{总})$，$n$ 是折射率。

在半导体激光器科学中，阈值电子浓度 n_{th} 和阈值电流 I_{th} 指的是，在某种条件下，受激发射刚好能克服自发发射和时间 $\tau_{相干光子}$ 内的所有各种损失机理，这时注入电子浓度 n 刚好达到阈值浓度 n_{th}。这种条件下，由式(3.32)可得

$$n_{th}=\frac{1}{C\tau_{相干光子}} \tag{3.33}$$

这个点就是激光腔中受激发射产生的相干辐射增益刚好抵消所有的激光腔损失(由 τ_{ph} 表示)加上随机的自发发射损失。当电流超过阈值电流 I_{th}，输出光功率随电流增加而急剧增加(见图 3.19)，所以当式(3.31)中的 $I=I_{th}$ 时，可以取 $N_{相干光子}=0$，有

$$I_{th}=\frac{n_{th}edLW}{\tau_{相干光子}} \tag{3.34}$$

很明显，阈值电流随 d、L 和 W 的减少而减少，这就解释了为什么使用异质结激光器和条形几何形式的激光器而避免使用同质结激光器。

当电流超过阈值电流时，由电流带进来的阈值电子浓度 n_{th} 以上部分的额外载流子就通过受激发射来复合。原因是在阈值以上，有源层有光增益，所以可以很快地积聚相干辐射，因此受激发射取决于有源层中相干光子的浓度 $N_{相干光子}$。尽管载流子注入的速率和受激复合的速率都在不断增加，但稳态电子浓度依然是常数 n_{th}。在阈值之上，式(3.31)中 n 可用 n_{th} 来代替，结合式(3.34)，式(3.31)可化为

$$\frac{I-I_{th}}{edLW}=Cn_{th}N_{相干光子} \tag{3.35}$$

所以由式(3.33)，并定义 $J=I/WL$，就可求得有源层中相干光子的浓度 $N_{相干光子}$ 为

$$N_{相干光子}=\frac{\tau_{ph}}{ed}(J-J_{th}) \tag{3.36}$$

要求出输出光功率 P_o，可以分析如下。光子穿过激光腔长度 L 所花的时间为 $\Delta t=nL/c$。激光腔中仅仅只有一半的光子（$\frac{1}{2}N_{相干光子}$）会在任意时间朝晶体的输出面运动。辐射光子中仅仅只有一部分 $(1-R)$ 会逃逸出来。于是输出光功率 P_o 为

$$P_o=\frac{\frac{1}{2}N_{相干光子}}{\Delta t}(1-R)\times 激光腔的体积\times 光子能量$$

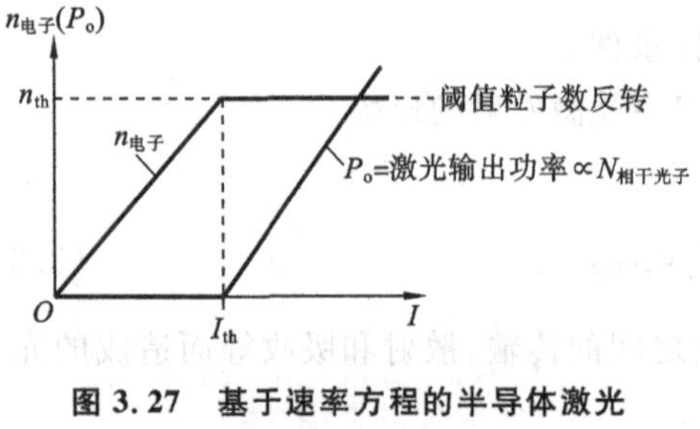

图 3.27　基于速率方程的半导体激光二极管的简单理想描述

使用式(3.36)中的有源层中相干光子的浓度 $N_{相干光子}$，可以得到激光二极管方程

$$P_o=\left[\frac{hc^2\tau_{相干光子}W(1-R)}{2en_{电子}\lambda}\right](J-J_{th}) \tag{3.37}$$

上述半定量的稳态近似是更一般的半导体激光二极管方程的一种特殊形式，后者可以在更高等的教材中找到，这些教材对激光二极管的时间响应特性也做了分析。关键的结论已经包含在式(3.33)、式(3.34)和式(3.37)中。这些方程决定了阈值电流 I_{th} 以及图 3.27 所示的理论相干光输出功率与二极管电流之间的关系。

3.11　光通信用激光发射器

适用于光通信的光源类型不仅取决于通信距离，还取决于带宽要求。对于短途应用来说，如局域网，发光二极管是最理想的，因为它们驱动比较简单，更经济，寿命也较长，即使它们的输出光谱比激光二极管的要宽得多，但还是可以提供必要的输出功率。发光二极管一般与多模光纤和梯度折射率光纤一起使用，对这些光纤来说，输出光谱的有限线宽 $\Delta\lambda$ 引起的色散不

是主要关心的问题。对于长途通信和宽带通信来说，一般使用激光二极管，因为它们有很窄的线宽和很高的输出功率。

图 3.28 和表 3.1 比较了典型的发光二极管和激光二极管光源的特性。很显然，因为激光腔和激光二极管结构的光增益特性规定了导致激光发射的谐振波长，所以激光二极管的输出光谱的有限线宽 $\Delta\lambda$ 是最窄的。通过设计可以适当剔除不必要的模式使得仅允许一个模式存在，激光二极管的输出光谱可以做得非常窄，如 0.01～0.1 nm。目前固体激光器设计的技术驱动是获得单频工作的激光器，这种技术可使发射辐射的带宽 $\Delta\lambda$ 相当窄，一般小于 0.01 nm。发射器的响应速度一般用上升时间来表示。如果突然以步进的方式对激光二极管施加驱动电流，那么上升时间就是光输出由最终值的 10% 上升到 90% 所花的时间。激光二极管的上升时间比较短，所以每当要用到宽带时，就可使用激光二极管。

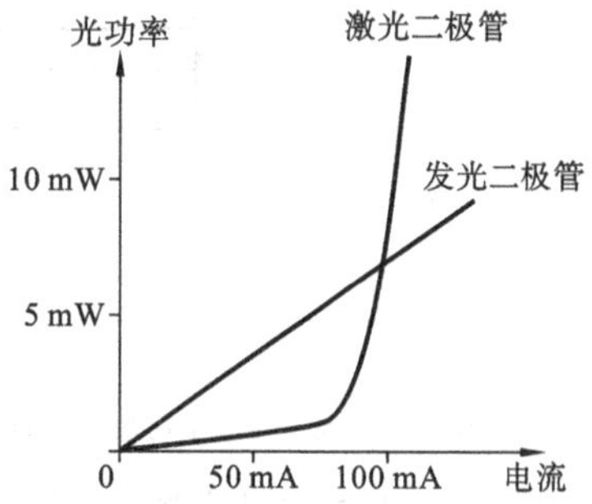

图 3.28 激光二极管和发光二极管的输出光功率与前置电流之间的典型关系

表 3.1 1.3 μm **发射的激光二极管和发光二极管典型的输出光功率与前置电流之间的典型关系**

器 件	结 构	材 料	输出辐射	典型的光谱线宽 $\Delta\lambda$	上升时间
发光二极管	双异质结	InGaAsP/InP	不相干(自发发射)	100 nm	5～20 ns
激光二极管	双异质结	InGaAsP/InP	相干(受激发射)	2～4 nm(多模) <0.1 nm(单模)	<1 ns

3.12 单频固体激光器

理想的由激光器器件输出的光谱应当尽可能窄，这意味着一般只允许一个模式存在。有很多器件结构其输出光谱的模式纯度相当高。

保证激光腔中只有一个单一的辐射模式的方法之一就是，在半导体的解理表面用频率选择电介质镜面。如图 3.29(a)所示，分布布拉格(Bragg)反射器(DBR)就是一个设计得像反射型的衍射光栅的镜面，它有周期性的瓦垄结构。直观地，仅仅只有当波长对应于瓦垄周期的两倍时，瓦垄的部分反射波会发生相长干涉(即相互加强)而产生一个反射波，如图 3.29(b)所示。例如，两个部分反射的光波 A 和 B 的光路差为 2Λ，Λ 是瓦垄周期。假如 2Λ 是介质中波长的倍数时，它们只发生相长干涉。每个这样的波长称为布拉格(Bragg)波长 λ_B，它由同相干涉条件给出：

$$q\frac{\lambda_B}{n}=2\Lambda \tag{3.38}$$

式中：n 是瓦垄材料的折射率；$q=1, 2, 3, \cdots$ 是一个称为衍射级数的整数。

所以分布布拉格反射器在布拉格波长 λ_B 周围的反射率很高，但是偏离波长 λ_B 后反射率很低，结果是在光增益曲线中只有接近布拉格波长 λ_B 的特殊法布里-珀罗激光腔模式能够激发并在输出光谱中存在。

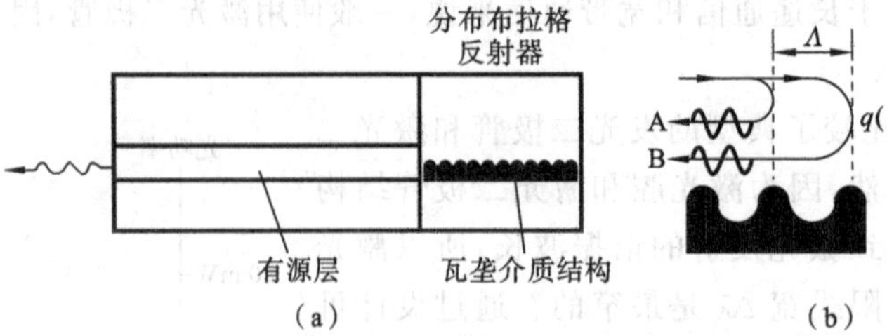

图 3.29　分布布拉格反射器原理

(a) 分布布拉格反射激光器结构；

(b) 仅仅只有当波长对应于瓦垄周期的两倍时，瓦垄的部分反射波会发生相长干涉（即相互加强）而产生一个反射波

在一个正常的激光器中，晶面提供必要的光并反馈到光学腔中来积聚光子密度。在图 3.30(a)所示的分布反馈(DFB)激光器中，与有源层相邻的是一个瓦垄层，称为导引层；辐射由有源层扩展到导引层。通过部分反射在激光腔中的这些瓦垄起着光学反馈的作用，这样光学反馈就分布在整个腔长度上。直观地，仅仅只有那些和式(3.38)中瓦垄周期有关的布拉格波长 λ_B 才能发生相长干涉，才能与图 3.29(b)所示的相似方式存在于激光腔中。分布反馈激光器的工作原理与理想的激光器完全不同。辐射沿整个腔长度由有源层反馈到导引层，所以瓦垄介质可以看作是有光增益的。部分反射的光波经历增益，所以不能简单地将这些波相加而不考虑光增益和可能存在的相变化（式(3.38)是假定法线方向入射且忽略掉了反射光的任何相变化）。导引层中向左运行的光波经历部分反射，这些反射波又被介质部分放大而构成向右运行的光波。

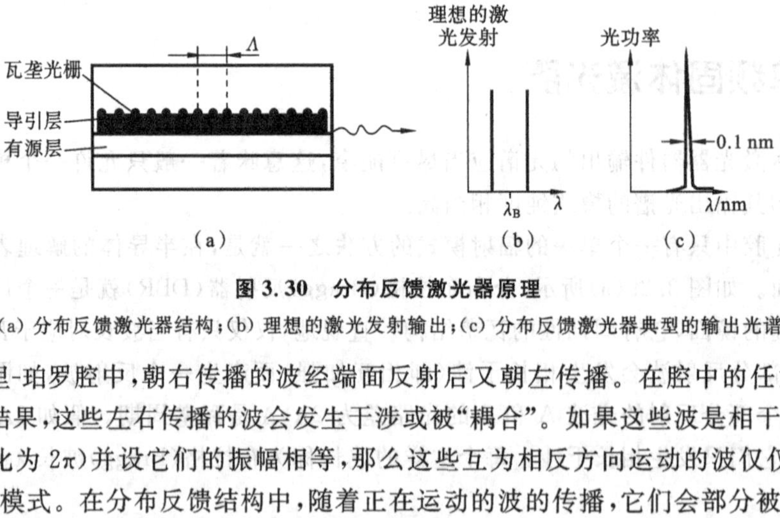

图 3.30　分布反馈激光器原理

(a) 分布反馈激光器结构；(b) 理想的激光发射输出；(c) 分布反馈激光器典型的输出光谱

在法布里-珀罗腔中，朝右传播的波经端面反射后又朝左传播。在腔中的任意一点，由于端面反射的结果，这些左右传播的波会发生干涉或被“耦合”。如果这些波是相干耦合的话（要求来回相变化为 2π）并设它们的振幅相等，那么这些互为相反方向运动的波仅仅只能构成一个驻波、一个模式。在分布反馈结构中，随着正在运动的波的传播，它们会部分被反射，而且这种反射是周期性的。考虑到介质可以通过光增益来改变波的振幅，如果它们的频率与瓦垄周期 Λ 有关的话，那么这些左右传播的波仅仅只能发生相干耦合而构建一个模式。这些部分反射的波在介质中传播的时候，折射率也被周期性调制，这个周期为 Λ。所以必须考虑在这种瓦垄结构中左右传播的波是如何耦合的（其精确理论超出了本书所讲的范围，在此不再论述）。因此，光腔中允许存在的分布反馈模式不是准确地在布拉格波长 λ_B 处，而是在该波长 λ_B 周围的一个对称范围内。如果 λ_m 是允许存在的分布反馈激光模式，那么

$$\lambda_m=\lambda_B\pm\frac{\lambda_B^2}{2nL}(m+1) \tag{3.39}$$

式中：m 是模式整数，取值为 0，1，2，3，…；L 是衍射光栅的有效长度（瓦垄长度）。

较高模式的相对阈值很高，所以只有 $m=0$ 的模式才能有效激发。如图 3.30(b)所示，一个空间距离完美对称的器件有两个空间距离相等的模式排列在布拉格波长 λ_B 两侧。实际上，要么由于制造过程引起的不可避免的非对称，要么有目的地引入不对称等都会导致仅仅只有一个模式出现，如图 3.30(c)所示。而且一般瓦垄长度 L 比其周期 Λ 要大得多，所以式(3.39)中的第二项就很小，因此激光器的受激发射非常接近于布拉格波长 λ_B。目前市面上有很多商用单模分布反馈激光器出售，在 1550 nm 的通信信道中，它们的光谱宽度约为 0.1 nm。

在解理耦合腔(C^3)激光器件中，用两个长度分别为 L 和 D 的不同激光器光腔耦合在一起，如图 3.31(a)所示。两个激光器用不同的电流泵浦。因为系统是耦合的，仅仅只有那些在两个腔中同时存在的模式允许存在。在图 3.31(a)中，L 中的模式空间距离比 D 中的模式要近很多。这两套模式只有在距离很远的地方才能够一致，如图 3.31(b)所示。两个耦合腔中可能存在的模式及这些模式之间的长距离这种严格限制使得只有一种模式存在，即解理耦合腔(C^3)激光器可以实现单模工作。

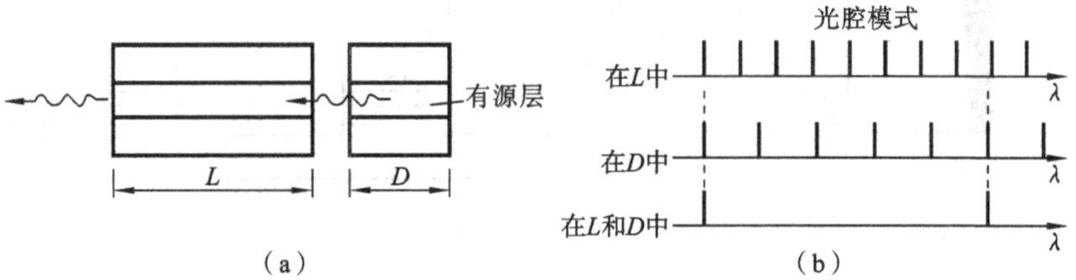

图 3.31 解理耦合腔(C^3)激光器工作原理

(a) 解理耦合腔激光器结构示意图；(b) 解理耦合腔(C^3)激光器中的模式情况

[例 3.7] 有一分布反馈激光器，其瓦垄周期 Λ 为 220 nm，光栅长度为 400 μm。如果介质的有效折射率为 3.5，并且是一级光栅，试计算布拉格波长 λ_B、模式波长及它们之间的间隔。

解 根据式(3.38)，布拉格波长 λ_B 为

$$\lambda_B=\frac{2\Lambda n}{q}=\frac{2\times0.22\times3.5}{1}\ \mu\text{m}=1.540\ \mu\text{m}$$

布拉格波长 λ_B 周围的对称模式波长 λ_m 为

$$\lambda_m=\lambda_B\pm\frac{\lambda_B^2}{2nL}(m+1)=1.54\pm\frac{1.54^2}{2\times3.5\times400}(m+1)$$

所以当 $m=0$ 时，模式波长 λ_0 为

$$\lambda_0=1.5391\ \mu\text{m}\quad 或\quad 1.5408\ \mu\text{m}。$$

即这两个模式之间的距离为 0.0017 μm 或 1.7 nm。由于某些不对称因素，在输出光谱中仅仅只有一个模式出现，而且对于大多数实用目的，模式波长可以取布拉格波长 λ_B。

3.13 量子阱器件

典型的量子阱器件是由两层禁带宽度较宽的半导体(如 AlGaAs)中间夹一层超薄(一般厚度小于 50 nm)的禁带宽度很窄的半导体(如 GaAs)构成的三明治结构,如图 3.32(a)所示,实际上是一个异质结器件。假定这两种半导体材料是晶格匹配的,即它们有相同的晶格参数 a,这意味着由于两种半导体晶体间晶体尺寸不匹配引起的界面缺陷最小。因为在界面处禁带宽度 E_g 发生变化,所以在界面的导带 E_c 和价带 E_v 是不连续的。不连续程度 ΔE_c 和 ΔE_v 取决于半导体材料及其掺杂。在如图 3.22(a)所示的 GaAs/AlGaAs 异质结中,ΔE_c 大于 ΔE_v。如图3.32(b)所示,由较宽的 E_{g2} 到窄的 E_{g1} 的变化的近似情况是,ΔE_c 的占 60%,ΔE_v 约占 40%。由于势垒 ΔE_c,GaAs 超薄层中的导电电子被限制在 x 轴方向。束缚长度 d 很小,所以可以将电子当作 x 轴方向上的一维势能阱来处理,但是它在平面 yOz 上是自由的。

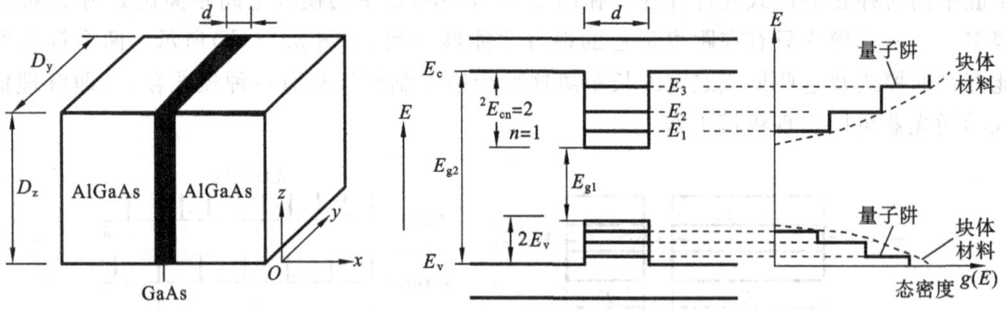

(a) (b) (c)

图 3.32 量子阱(QW)器件

(a) 量子阱结构示意图;(b) 薄层中导电电子被限制在 x 轴方向;(c) 二维量子阱的态密度

如图 3.32(a)所示,设 GaAs 层的尺寸沿 x 轴方向为 d,沿 y 轴和 z 轴方向分别为 D_y 和 D_z,那么受 GaAs 层限制的导电电子的能量的束缚效应可以分析如下。导电电子的能量应当与 D_z、D_y 和 d 的三维势阱中的能量相同,它由下式给出,即

$$E=E_c+\frac{h^2n_x^2}{8m_e^*d^2}+\frac{h^2n_y^2}{8m_e^*D_y^2}+\frac{h^2n_z^2}{8m_e^*D_z^2} \tag{3.40}$$

式中:n_x,n_y,n_z 是量子数,其值为 1,2,3,…。

式(3.40)中有 E_c 的主要原因是势垒和它有关。沿 x 轴方向的势垒是 ΔE_c,沿 y 轴和 z 轴方向的势垒是电子亲和能(把电子由导带激发到真空能级所需要的能量)。但是 D_y 和 D_z 的数量级比 d 要大得多,所以最小能量(记为 E_1)就由具有 n_x 和 d 的那一项决定,即沿 x 轴方向运动有关的能量。最小能量 E_1 对应于 $n_x=0$,它在 GaAs 的 E_c 之上,如图 3.32(b)所示。由 n_y 和 n_z 决定的而且与平面 yOz 上运动有关的能量很小,所以电子在平面 yOz 上是自由运动的,就好像在块体半导体材料中一样,其结果是一个沿 x 轴方向受限制的二维电子气。价带中的空穴受势垒 ΔE_v 的限制(空穴能量与电子能量方向相反),作用效果类似,如图 3.32(b)所示。

二维电子体系的电子态密度与块体半导体材料的电子态密度不同。对于给定的电子密度

n，态密度 $g(E)$ 即单位能量单位体积中的量子数，是一个常数，与能量无关。束缚电子和块体半导体材料中的态密度示意图如图 3.32(c)所示。从 E_1 到 E_2（能量增加一级），态密度 $g(E)$ 是一个常数，到 E_3 还是常数，这时能量又增加了一级，它与上一级的能量相同，直到 E_n，态密度 $g(E)$ 还是常数。价带中的态密度行为类似，如图 3.32(c)所示。

因为在 E_1 有一个一定的态密度，导带中的电子不必再运动到其他地方寻找一个态。另一方面，在块体半导体材料中，E_c 上的态密度是零，随着能量的增加而慢慢增加（如 $E^{1/2}$），意味着电子为了寻找态不得不扩散到较深的导带中去。因此在 E_1 可以积聚大量的电子浓度，而在块体半导体材料中却不行。相似地，价带中大多数空穴都会积聚在最小空穴能级 E'_1 上，因为在这个能级上有足够的态，如图 3.33 所示。

在前置偏压下，电子被注入充当有源层的 GaAs 层的导带上。注入的电子积聚在 E_1 上，意味着 E_1 上的电子浓度随电流增加而快速增加，因此不需要大电流注入大量的电子就可以很容易实现粒子数反转。电子从 E_1 到 E'_1 的受激跃迁使得量子阱能进行激光发射，如图3.33 所示。量子阱有两个明显的优点。第一，与块体半导体材料相比，粒子数反转也就是受激发射的阈值电流明显降低。例如，在单量子阱(SQW)激光器中，阈值电流一般为 0.5～1 mA，而在双异质结激光器中，阈值电流一般为 10～50 mA。其次，因为大多数电子靠近 E_1 而空穴靠近 E'_1，所以被发射光子的能量范围就非常接近 $E_1-E'_1$，其结果就是，量子阱激光器的输出光谱范围即线宽，比块体半导体激光器要窄得多。

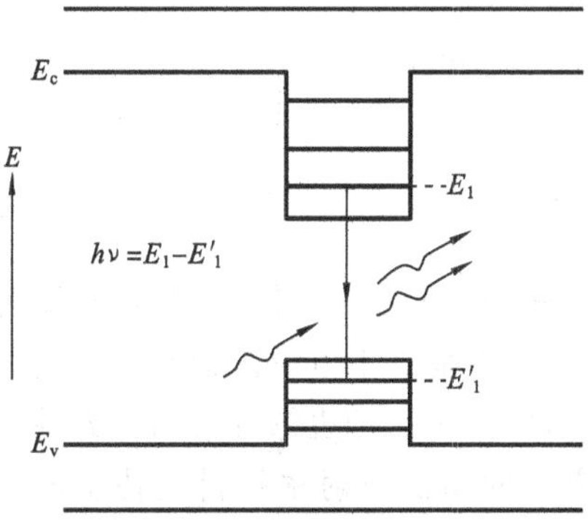

图3.33 单量子阱激光器中，电子被前置电流注入超薄的 GaAs 有源层中

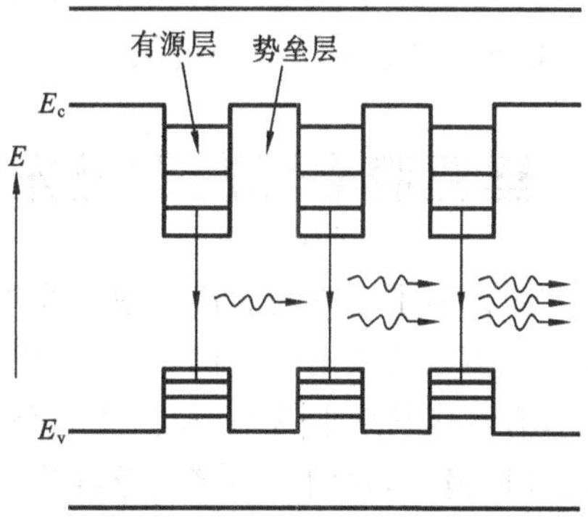

图 3.34 多量子阱结构示意图

可以将单量子阱的优点延伸到用多个量子阱组成的大体积的晶体。在多量子阱激光器中，较宽禁带宽度和窄禁带宽度半导体超薄层交替出现，如图 3.34 所示。小禁带宽度层是有源层，电子束缚和激光跃迁都发生在该区，而宽禁带宽度层是势垒层。尽管量子阱激光器的光增益曲线比相应的块体半导体器件要窄，但是由量子阱器件得到的输出光谱不必是单模的，模式数取决于每个量子阱的宽度。当然如果可能的话，也可以将多量子阱和分布反馈结构联合起来使用，以得到单模输出光谱。目前很多商用的激光器都是多量子阱器件。

[例 3.8] 现有一 GaAs 量子阱。GaAs 中导电电子的有效质量是 0.07 m_e，这里 m_e 是真空中的电子质量。试计算厚度为 10 nm 的量子阱中前两个电子能级的值。如果空穴的有效质量是0.50 m_e，GaAs 中价带 E_v 以下的空穴能量是多少？

与禁带宽度 $E_g=1.42$ eV 的块体半导体 GaAs 材料相比，受激发射波长变化是多少？

解　GaAs 中导带边 E_c 有关的最低能级由一维势阱中电子的能量决定，即

$$\varepsilon_n=\frac{h^2n_x^2}{8m_e^*d^2}$$

式中：n_x 是量子数，其值为 1,2,3,…；ε_n 是与 GaAs 中导带边 E_c 有关的能量，或者 $\varepsilon_n=E_n-E_c$，如图 3.32(b)所示。

将题给条件代入，可以分别求得

$$\varepsilon_1=0.0537\ \text{eV},\quad \varepsilon_2=0.215\ \text{eV}$$

图 3.32(b)中 GaAs 价带 E_v 以下的空穴能量为

$$\varepsilon'_n=\frac{h^2n_x^2}{8m_h^*d^2}$$

同样可以求得

$$\varepsilon'_1=0.0075\ \text{eV}$$

禁带宽度 $E_g=1.42$ eV 的块体半导体 GaAs 材料受激发射波长为

$$\lambda_g=\frac{hc}{E_g}=\frac{6.626\times10^{-34}\times3\times10^8}{1.42\times1.602\times10^{-19}}\ \text{m}=874\times10^{-9}\ \text{m 或 } 874\ \text{nm}$$

而由 GaAs 量子阱发射的激光波长为

$$\lambda_{\text{量子阱}}=\frac{hc}{E_g+\varepsilon_1+\varepsilon'_1}=\frac{6.626\times10^{-34}\times3\times10^8}{(1.42+0.0537+0.0075)\times1.602\times10^{-19}}\ \text{m}=839\times10^{-9}\ \text{m}\quad\text{或}\quad 839\ \text{nm}$$

两种激光器发射的激光的波长差为 $\lambda_{\text{块体}}-\lambda_{\text{量子阱}}=35$ nm。

3.14　垂直腔表面发射激光器

图 3.35 说明了垂直腔表面发射激光器(VCSEL)的基本原理。在垂直腔表面发射激光器中，光腔轴是沿电流流动的方向，而与常规半导体激光器中垂直于电流流动方向不同。与横向尺寸相比，有源区长度非常短，所以激光是在光腔的“表面”而不是边缘发射的。光腔两端的反射器是电介质镜面，它们是由多层厚度为波长四分之一的高低折射率材料交替制成的。这种结构可以对所需自由空间波长 λ 进行波长高度选择性的反射。如果具有折射率为 n_1 和 n_2 交替层的厚度分别是 d_1 和 d_2，那么

$$n_1d_1+n_2d_2=\frac{1}{2}\lambda \tag{3.41}$$

因此，在界面处所有部分反射波都会发生相长干涉。由于折射率像光栅一样发生周期性变化，光波被不断地反射，因此电介质镜面就像是一个分布布拉格反射器。式(3.41)中的波长要保持与有源层的光增益一致。由于光腔长度 L 短，降低了有源层的光增益，因此需要反射率高的镜面(因为光增益和 $\exp(gL)$成比例，g 是光增益系数)。为了得到高反射率(99%)，一般需要 20～30 层的电介质。如果将电流流动的方向保持和常规激光二极管光腔的相同，则图 3.35 中的整个光腔就是垂直的。

为了降低阈值电流，有源层一般非常薄(小于 100 nm)，有可能是一个多量子阱。所需的半导体材料是用外延生长的方法生长在适当的衬底上的，这种衬底对发射波长是透明的。例

如，980 nm 的垂直腔表面发射激光器器件就要用 AlGaAs 做有源层来提供，GaAs 做衬底，因为它在 980 nm 处是透明的。那么电介质就是由具有不同组成的 AlGaAs 材料交替构成，这样就会有不同的禁带宽度和折射率。在所有所需 AlGaAs 层外延生长在 GaAs 衬底之后，在对顶部电介质进行蚀刻以得到图 3.35 所示的结构（当然这里是一种高度简化的结构示意图）。实际中，通过电介质流动的电流会产生一个不希望的电压降，可用各种方法来抑制电压降。例如，在器件靠近有源区的地方上沉积“四周形”的接触电极，以保证有更多的电流直接流进有源层。目前市面上有各种各样的成熟结构的垂直腔表面发射激光器，而图 3.35 所示的结构只不过是一个简单的例子。

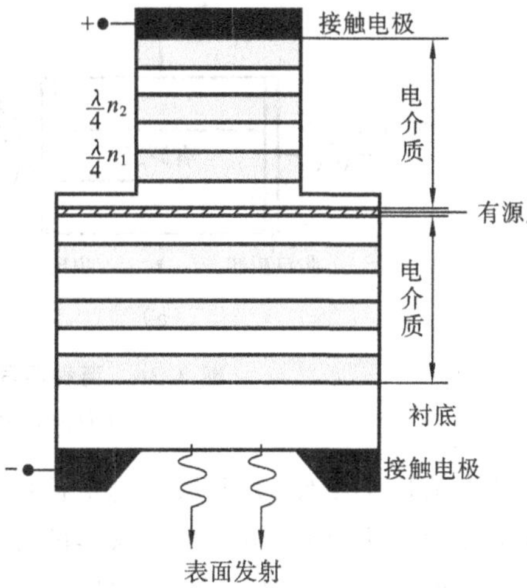

图 3.35 垂直腔表面发射激光器的简化结构示意图

一般垂直腔的截面是圆形的，因此发射光束也有一个圆形截面，这是它的一个优点。垂直腔的高度可能只有几微米高，所以横向模式间的间隔大，只允许一个模式工作，但也可能有 1～2 个竖向模式，这主要取决于腔的几何尺寸。实际中，对于光腔直径小于 8 μm 的器件来说，输出光谱中仅仅只有一个竖向模式（因此是单模）。市面上不同的垂直腔表面发射激光器有多个竖向模式，但是其光谱宽度仅仅只有约 0.5 nm，远远低于常规横向多模激光二极管的光谱宽度。

因为光腔的尺寸在微米级的范围内，所以这种激光器称为微激光器。微激光器最显著的优点之一就是，它们能够构成一个阵列发射器，这种发射器发射激光源的表面积很大。这种激光器阵列在光互联和光计算技术中有着重要的应用前景。与单个的常规激光二极管相比，这种激光器提供的光功率要高得多，用这种阵列激光器可以获得几毫瓦的功率。

3.15 光学激光放大器

如图 3.36(a)所示，半导体激光器结构作为光放大器，用来将通过有源区的光波放大。被放大的辐射波长一定会落在激光器的光增益带宽范围内。这种器件与激光振荡器不同，后者是没有输入的激光发射，而光放大器有输入和输出端口供光进入和逸出。在行波半导体激光放大器中，光腔的两端各有一层防反射涂层，所以光腔不是用作有效光谐振器，这是激光振荡的一个条件。例如，由光纤传来的光被耦合进激光器结构的有源区。随着辐射通过有源层传播，即由有源层进行光导引，光就被感应受激发射放大，最后以较强的强度离开光腔。很显然，必须通过泵浦来使器件获得有源层中的光增益（粒子数反转）。有源层中的随机自发发射把“噪声”掺进信号，使通过的辐射的光谱宽度变宽，但这可以通过在输出端加一个只允许原始波长的光通过的滤光器来克服。一般地，这种激光放大器是埋入式的异质结器件，光增益约为 20 dB，主要取决于防反射涂层的效率。

如图 3.36(b)所示，法布里-珀罗激光放大器与常规激光振荡器相类似，但是在激光振荡

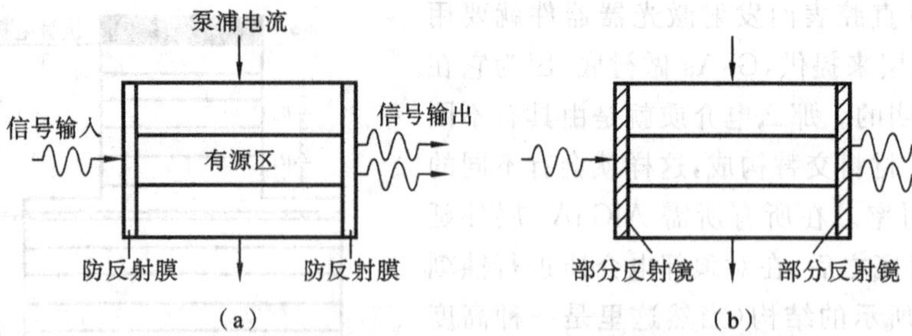

图 3.36　两种不同激光放大器的简化结构示意图

(a) 行波放大器;(b) 法布里-珀罗放大器

的阈值电流以下工作,有源层有光增益但不足以维持自激光输出。通过这种有源层的光可以被受激发射放大,但是由于光谐振器的存在,光腔还存在多次内反射。这些反射使得在光增益带宽中的腔谐振频率处的增益为最大。腔谐振频率周围的光频率的增益又比远离谐振频率的增益高。尽管法布里-珀罗激光放大器的增益比行波半导体激光放大器的要高,但是它的稳定性较低。

3.16　光纤激光器

光纤激光器是在 EDFA 基础上发展起来的技术。早在 1961 年,美国光学公司的 Snitzer 等就在光纤激光器领域进行了开创性的工作,但由于相关条件的限制,其实验进展相对缓慢。而 20 世纪 80 年代英国南安普顿大学的 Poole 等人用 MCVD 法制成了低损耗的掺铒光纤,从而为光纤激光器带来了新的应用前景。近期,随着光纤通信系统的广泛应用和发展,超快速光电子学、非线性光学、光传感等各种领域应用的研究已得到日益重视。其中,以光纤作基质的光纤激光器,在降低阈值、振荡波长范围、波长可调谐性能等方面,已取得明显进步,是目前光通信领域的新兴技术,它可以用于现有的通信系统,使之支持更高的传输速率,是未来高码率密集波分复用系统和未来相干光通信的基础。目前光纤激光器技术是研究的热点技术之一。

3.16.1　光纤激光器原理

利用掺杂稀土元素的光纤研制成的光纤放大器给光波技术领域带来了革命性的变化。由于任何光放大器都可通过恰当的反馈机制形成激光器,因此光纤激光器可在光纤放大器的基础上开发。目前开发研制的光纤激光器主要采用掺稀土元素的光纤作为增益介质。由于光纤激光器中光纤纤芯很细,在泵浦光的作用下光纤内极易形成高功率密度,造成激光工作物质的激光能级“粒子数反转”。因此,适当加入正反馈回路(构成谐振腔)便可形成激光振荡。另外由于光纤基质具有很宽的荧光谱,光纤激光器一般都可做成可调谐的,非常适合于 WDM 系统应用。

与半导体激光器相比,光纤激光器的优越性主要体现在:光纤激光器是波导式结构,可容强泵浦,具有高增益、转换效率高、阈值低、输出光束质量好、线宽窄、结构简单、可靠性高等特性,易于实现与光纤的耦合。

可以从不同的角度对光纤激光器进行分类，如根据光纤激光器的谐振腔所采用的结构，可以将其分为法布里-珀罗腔和环行腔两大类，也可根据输出波长数目将其分为单波长和多波长等。对于不同类型光纤激光器的特性主要应考虑以下几点：① 阈值应越低越好；② 输出功率与泵浦光功率的线性要好；③ 输出偏振态；④ 模式结构；⑤ 能量转换效率；⑥ 激光器工作波长等。

3.16.2 包层泵浦光纤激光器技术

双包层光纤的出现无疑是光纤领域的一大突破，它使得高功率的光纤激光器和高功率的光放大器的制作成为现实。自 1988 年 Snitzer 首次描述包层泵浦光纤激光器以来，包层泵浦技术已被广泛地应用到光纤激光器和光纤放大器等领域，成为制作高功率光纤激光器的首选途径。包层泵浦的技术基础是利用具有两个同心纤芯的特种掺杂光纤。一个纤芯与传统的单模光纤纤芯相似，专用于传输信号光，并实现对信号光的单模放大，而另一个大的纤芯则用于传输不同模式的多模泵浦光。这样，使用多个多模激光二极管同时耦合至包层光纤上，当泵浦光每次横穿过单模光纤纤芯时，就会将纤芯中稀土元素的原子泵浦到上一能级，然后通过跃迁产生自发辐射光，通过在光纤内设置的光纤光栅的选频作用，特定波长的自发辐射光可被振荡放大而最后产生激光输出。目前，该技术被称为多模并行包层泵浦技术，法国 Keopsys 公司在该技术上申请了专利，称为 V 沟槽技术。

多模并行包层泵浦技术特性决定了该类激光器有以下几方面的突出性能。

(1) 高功率。一个多模泵浦二极管模块组可辐射出 100 W 的光功率，多个多模泵浦二极管并行设置，即可设计出很高功率输出的光纤激光器。

(2) 无需热电冷却器。这种大功率的宽面多模二极管可在很高的温度下工作，只需简单的风冷，成本低。

(3) 很宽的泵浦波长范围。高功率的光纤激光器内的活性包层光纤掺杂了铒/镱稀土元素，有一个宽且又平坦的光波吸收区(930～970 nm)，因此，泵浦二极管不需任何类型的波长稳定装置。

(4) 效率高。泵浦光多次横穿过单模光纤纤芯，因此其利用率高。

(5) 高可靠性。多模泵浦二极管比单模泵浦二极管的稳定性要高出很多。其几何上的宽面就使得激光器的断面上的光功率密度很低，且通过活性面的电流密度也很低，这样可使泵浦二极管的可靠运转寿命超过 100 万小时。

目前实现包层泵浦光纤激光器的技术概括起来可分为线形腔单端泵浦、线形腔双端泵浦、全光纤环形腔双包层光纤激光器三大类，不同特色的双包层光纤激光器可由该三种基本类型拓展得到。

3.16.3 拉曼光纤激光器技术

拉曼光放大技术为长距离传输提供了一种新的获取功率预算的手段，成为关注焦点。对于拉曼放大泵源，方法一是采用多只 14xx nm 泵浦激光器通过偏振复用获得拉曼泵源，但其成本相对较高且结构复杂。方法二是采用拉曼光纤激光器(RFL)来产生特定波长的大功率激光，目前该技术已得到相当程度的发展并形成了商用产品，并被认为是用于拉曼放大和远泵

EDFA 放大应用的合理光源。

1. 线形腔拉曼光纤激光器

线形腔拉曼光纤激光器从输出波长来划分，可以分为单波长和多波长拉曼光纤激光器两大类。不同线形拉曼光纤激光器的结构基本相似，都采用布拉格光栅作为其谐振腔的反射镜。就 RFL 所采用的有源增益介质来看，通常采用掺 GeO_2 的掺杂光纤作为增益介质，最近的报道是采用掺 P_2O_5 的掺杂光纤作为增益介质，两者的区别在于所取得的斯托克斯(Stocks)偏移不同，一般地，掺 GeO_2 的掺杂光纤为 440 cm^{-1}，而掺 P_2O_5 的掺杂光纤为 1330 cm^{-1}。因此，采用 P_2O_5 掺杂光纤所需要的拉曼频率变换的次数要少，可以提高效率并降低 RFL 的复杂度。

近期出现的另一种称为多波长拉曼光纤激光器(MWRFL)引起了广泛的注意，其中双波长拉曼光纤激光器(2λRFL)和三波长拉曼光纤激光器(3λRFL)已成功研制，IPG 等已开始形成产品。

阿尔卡特公司研制了一种可重构三波长拉曼光纤激光器(3λRFL)，得到了输出波长分别为 1427 nm、1455 nm 和 1480 nm 的激光输出，可用于 C+L 波段的拉曼放大器中。另外通过调整输出耦合器，每个波长的输出功率可在 50～400 mW 范围内可调。整个 3λRFL 的主体部分由 11 只光纤光栅(FBG)和 300 m 的掺 P 光纤组成，并以输出波长为 1117 nm 的 Yb^{3+} 包层泵浦光纤激光器作为泵浦源。其基本原理如下：首先在 1117 nm 泵浦光的作用下，利用 P_2O_5 产生频移，得到 1312 nm 的一级斯托克斯分量；然后在一级斯托克斯分量的作用下，利用石英光纤的频移，得到 1375 nm 的二级斯托克斯分量；最后通过再次利用石英光纤的频移，同时得到1427.0 nm、1455.0 nm 和 1480.0 nm 的激光输出。应当指出，由于各拉曼峰值相距较远，因此不同斯托克斯分量之间的交互作用是不可忽视的。1427 nm 的斯托克斯分量泵浦 1455 nm 和 1480 nm 并使其获得增益，同理，1312 nm 的斯托克斯分量可使 1375 nm、1427 nm、1455 nm 和 1480 nm 获得额外的拉曼增益。

2. 环行腔拉曼光纤激光器

环行腔结构在激光技术中具有重要的地位和作用，也是构建拉曼光纤激光器的另一种重要方式。有一种双波长的环行拉曼光纤激光器(2λRFL)，除光纤光栅 1480 A 的反射率为 90%外，其他光纤光栅的反射率均大于 99%，两根拉曼光纤 A 和 B 是长度分别为 120 m 和 220 m 的色散补偿光纤(DCF)。在工作波长为 1313 nm 的 Nd∶YLF 激光器作为泵浦源作用下，该激光器的二级斯托克斯波长为 1480 nm 和 1500 nm。该光纤激光器在 3.2 W 的泵浦下，可以获得大于 400 mW 的激光输出。通过调整光纤光栅 1480 B 的反射率，可以对输出波长的功率进行控制和调整，该特性使得该类光纤激光器可较好地用到增益平坦的拉曼放大中。

3.16.4 光纤激光器

早期对激光器的研制主要集中在研究短脉冲的输出和可调谐波长范围的扩展方面。目前，密集波分复用(DWDM)和光时分复用技术的飞速发展及日益进步加速和刺激着多波长光纤激光器技术、超连续光纤激光器等的进步。同时，多波长光纤激光器和超连续光纤激光器的出现，则为低成本地实现 Tb/s 的 DWDM 或 OTDM 传输提供理想的解决方案。就其实现的技术途径来看，采用 EDFA 放大的自发辐射、飞秒脉冲技术、超发光二极管等技术均见报道。

1. 多波长光纤激光器

一种基于半导体光放大器(SOA)的多波长光纤激光器在1554～1574 nm范围内,实现了波长间隔为50 GHz、50通道的多波长DWDM光源,在50通道之间最大光功率差异小于1.6 dB,消光比大于15 dB,激光器的线宽小于5 GHz。

经典的Sagnac干涉装置在信息科学领域的超快速响应技术中有多种应用,其中包括:超快速光调制器的全光开关、全光解复用、信号再生、逻辑运算、信号格式变换以及全光波长变换等。最近,有研究人员将Sagnac干涉装置拓宽到光纤激光器的应用,该器件基于NOLM的多波长拉曼光源,在四阶斯托克斯波内,可以实现20个波长通道输出。

2. 基于光纤的超连续光纤激光器

具有超连续谱的超短光脉冲在TDM/WDM系统中有着重要的意义。超短光脉冲不但能提高TMD系统中的单信道码率,同时其宽大的连续谱也能为WDM系统提供众多的波长信道。大部分超连续谱的产生主要有以下两种方法:压缩超短光脉冲所得到的宽频谱和利用器件的非线性展宽脉冲的频谱。

现在最流行的是利用光纤或光放大器的非线性产生超连续谱,其中利用光纤产生宽连续谱最为经济实用。所采用的光纤类型不同,产生连续谱带宽也不同。比如在两头粗中间拉细的特种光纤中,产生的连续谱就很宽,可调谐波长范围为500～1600 nm。泵浦源端的光纤长为3 cm,拉细光纤长度为15 cm,尾纤输出端为15 cm。该连续谱在后段标准电信光纤中输出拉曼脉冲,可调谐波长幅度达200 nm,拉曼脉冲波长调谐范围为1400～1600 nm。脉冲频谱带宽为20 nm,相当于脉宽130 μs的边带极限脉冲。当改变输入入射功率,则拉曼孤子波长也发生改变。这种激光器就是以改变泵浦功率来改变波长的。

3. 锁模光纤激光器

连续调谐多波长锁模激光器一直是激光技术很活跃的研究领域。利用色散补偿光纤(DCF)增加腔内色散,在主动锁模光纤环形激光器中可以实现3个波长的激光输出,并通过调节调制频率,实现单波长和双波长的连续调谐。现已研制成功线宽为2 kHz的激光器、调谐范围达到75 nm的宽调谐光纤激光器以及重复频率达到21 GHz的高重复频率光纤激光器。

随着光通信网络及相关技术的飞速发展,光纤激光器技术正在不断向广度和深度方面推进;技术的进步,特别是以光纤光栅、滤波器、光纤技术等为基础的新型光纤器件等的陆续面市,将为光纤激光器的设计提供新的对策和思路。包层泵浦光纤激光器和单波长、2λRFL和3λRFL的面市,无疑体现出光纤激光器的巨大潜力。尽管目前多数类型的光纤激光器仍处于实验室研制阶段,但已经在实验室中充分显示其优越性。目前光纤激光器的开发研制正向多功能化、实用化方向发展。其中比较突出的光纤激光器类型有:能根据客户需要波长而输出特定波长的拉曼光纤激光器;针对WDM系统而开发的基于超连续谱的多波长光纤激光器;能改变波长间隔的多波长光纤激光器。可以预见,光纤激光器将成为LD的有力竞争对手,必将在未来光通信、军事、工业加工、医疗、光信息处理、全色显示和激光印刷等领域中发挥重要作用。

问题与习题

3.1 图3.6所示的He-Ne激光系统是十分复杂的。He-Ne激光器有多种功能,能激发出如红(632.8 nm)、绿(543.5 nm)、橙(612 nm)、黄(593.1 nm)以及1.52 μm和3.39 μm的红外光等多种光。所有这些激光的泵浦机制都是一样的,在气体放电管中通过原子碰撞,能量从激发的He原子传递到Ne原子。He原子的$1s^1 2s^1$电子构型有两个激发态,如图3.7所示,自旋方向相同的电子能量要低于自旋方向相反的电子。He原子的这两种激态能将Ne原子激发到$2p^5 4s^1$或$2p^5 5s^1$电子构型。此时这些能级与$2p^5 3p^1$电子构型之间以及$2p^5 5s^1$与$2p^5 4p^1$两种电子态之间产生粒子数反转而产生激光发射。一般情况下,对于这类具有n、l构型的多电子原子来说不可能只有单独分立的能级。例如,根据量子力学,由于M_l与M_s有各种不同值,因此原子构型$2p^5 3p^1$有10个相近的能级,它们可以使第六个电子激发到$3p^1$而剩余的五个电子保留在($2P^5$)。不是所有能级跃迁都被允许,因为光子发射需要遵守量子数选择定则。

(1) 表3.2列出了某些商用He-Ne激光器在不同波长下的特性(30%~50%),计算这些激光器的总效率。

表3.2 某些典型商用He-Ne激光器在不同波长下的特性

波长/nm	543.5(绿)	593.1(黄)	612(橙)	632.8(红)	1523(红外)
输出光功率/mW	1.5	2	4	5	1
典型电流/mA	6.5	6.5	6.5	6.5	6
典型电压/V	2750	2070	2070	1910	3380

(2) 人眼对橙光的敏感度至少是红光的两倍,讨论那些希望使用橙激光器的典型应用。

(3) 通过激光束外部调制,1523 nm的激发有可能用于光通信。考虑光谱线宽($\Delta\nu\approx$ 1400 MHz)、典型功率、稳定性等因素,比较使用He-Ne激光器和半导体二极管的优缺点。

3.2 一个在632.8 nm工作的He-Ne激光器,其管长为50 cm,工作温度为130 ℃。

(1) 估计输出光谱中多普勒展宽线宽($\Delta\lambda$)。

(2) 满足谐振条件的模式数m值为多少?此时允许有多少模式存在?

(3) 模式间频率间距$\Delta\nu_m$为多少?模式间波长间距$\Delta\lambda_m$为多少?

(4) 假设在工作时由于温度使腔长改变dL,给定模式波长改变$d\lambda_m$,求证:

$$d\lambda_m=\frac{\lambda_m}{L}dL$$

已知玻璃的线性膨胀系数为$a\approx10^{-6}\ K^{-1}$,计算当腔体由20 ℃升至130 ℃时输出波长的变量$d\lambda_m$,并求波长随工作温度的变化率。注意:$dL/L=\alpha dT$,$L'=[1+\alpha(T'-T)]$。模式波长随腔长L变化dL而发生的变化量$d\lambda_m$称为模式拂掠(Mode Sweeping)。

(5) 工作过程中,当腔体温度由20 ℃上升至130 ℃时,模式间频率间距$\Delta\nu_m$和$\Delta\lambda_m$随管长变化的情况如何?

(6) 如何增大He-Ne激光器的输出强度?

3.3 氩离子激光器能提供高达数瓦的大功率的连续波可见光相干辐射。其受激辐射原理如下:在大电流放电中,通过电子碰撞使氩原子电离,进一步的多次电子碰撞使氩离子激发到高于原子基态的4p能级组,约35 eV,如图3.37所示。这样在4p能级与4s能级之间约高于氩原子基态能级33.5 eV处产生粒子数反转,结果是从4p能级受激跃迁至4s而发射一系列包含波长范围从 351.1～528.7 nm 的辐射。其中大多数能量集中且几乎平均地分配在 488～513.5 nm 的激发中。处于较低激光能级(4s)的氩离子经由辐射衰减到氩离子基态继而跃迁而返回到中性氩原子基态,再同电子复合而形成中性原子,然后氩原子则准备被再次“泵浦”。

(1) 计算在 513.5 nm 受激发射时,激发态氩离子的能量降。

(2) 513.5 nm 受激发射的多普勒展宽线宽约为 3500 MHz($\Delta\nu$),求输出光频率的半高宽。

(3) 计算以波长表示的多普勒展宽 $\Delta\lambda$。

(4) 估计氩离子气体的工作温度,温度单位为摄氏度。

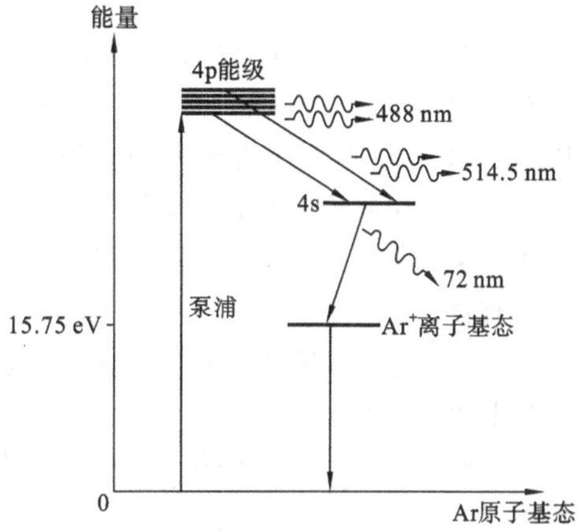

图 3.37 Ar 离子激光器能带图

(5) 在某一特定的由氧气铍制成的氩离子激光器放电管长 30 cm,并有一个直径为 3 nm 的孔,当激光器在电流为 40 A、直流电压为 200 V 的条件下工作时,总的辐射发射输出功率为 3 W,求激光器的效率。

3.4 $\rho(h\nu)$为单位频率、单位体积中具有能量为 $h\nu=E_1-E_2$ 的光子的电磁辐射的能量。假设单位体积中有 n_{ph}个光子,每个光子的能量为 $h\nu$,发射的频率范围为 $\Delta\nu$,那么

$$\rho(h\nu)=\frac{n_{ph}h\nu}{\Delta\nu}$$

现有一 Ar 离子激光系统,已知发射波长为 488 nm,输出光谱中半高宽的线宽约为 5×10^9 Hz,试估算要获得比自发激发更强的受激发射所需的光子浓度。

3.5 氩离子激光器能发出强烈的波长为 488 nm 的激光。激光管长 1 m,孔径为 3 mm,输出功率为 1 W。假定输出光功率大多数是 488 nm 的激光,管末端的透射率 T 为 0.1。计算光子的输出流量(单位时间从激光管中受激发射的光子数),并估计激光管内稳态光子浓度的数量级(假定气体的折射率约为 1)。

3.6 (1) 有一工作在 632.8 nm 的 He-Ne 激光器,管长 L 为 40 cm,管直径为 1.5 mm,两端镜面反射率分别为 99.9%和 98%。线宽 $\Delta\nu$=1.5 GHz,损耗系数为 $\gamma\approx0.05\ \text{m}^{-1}$。自发衰减时间常数 $\tau_{自发发射}=1/A_{21}\approx300$ ns,折射率 $n\approx1$。求阈值增益和阈值粒子数反转。

(2) 有一氩离子激光器,管长 L 为 1 m,管镜反射率接近于 99.9%和 95%。线宽 $\Delta\nu$= 3 GHz,损耗系数为 $\gamma\approx0.1\ \text{m}^{-1}$。自衰减时间常数 $\tau_{自发发射}=1/A_{21}\approx300$ ns,折射率 $n\approx1$。求阈值粒子数反转。

(3) 有一半导体激光器使用 GaAs 激光腔,工作波长 λ_0 为 810 nm,腔长为 50 μm,GaAs 的折射率 n=3.6。正常温度下损耗系数 $\gamma\approx10\ \text{cm}^{-1}$数量级。估计所需阈值增益为多少？你能得出什么结论？

(注:γ 取决于很多因素,包括注入载流子浓度。上述计算都只是估算。由例 3.4 中的方程(3.28)不能简单计算阈值粒子数反转 ΔN_{th},因为很多情况下该式不适用。参见 P Bhattacharya 所著 Semiconductor Optoelectronic Devices, Second Edition, Prentice-Hall, New

York，1993)

3.7 当一准直光束的自由传播被阻隔时，光束会衍射并从阻隔处开始发散出去。现有一圆孔衍射(见图 1.23)和一单缝衍射(见图 1.25)，包含大多数光强度的发散角 2θ 是由衍射性质决定的。例如，对于直径为 D 的圆孔衍射，$\sin\theta=1.22\lambda/D$。

(1) 工作波长为 623.8 nm 的 He-Ne 激光器管直径 $D=1.5$ mm。假设从激光管中发射出的激光束为高斯光束，求 20 m 远处光束的直径是多少？假定存在一个限制发散的衍射，求光束的直径。

(2) 某有源层宽 2 μm 的半导体激光器，基于衍射效应可以估计分散角 2θ。折射率取3.5，则分散角为多少？

3.8 (1) 有一理想 He-Ne 激光器光学腔，长度 $L=0.5$ m，反射率 $R=0.99$，按照例1.7计算模式间的距离和光谱宽度。

(2) 有一带有反射率为 0.8 的末端镜面的半导体法布里-珀罗光学腔，长度为 200 μm。如果半导体的折射率为 3.7，计算最接近自由空间波长 1300 nm 的光学腔模式。按照例 1.7 计算模式间的距离和该状况下的光谱宽度。

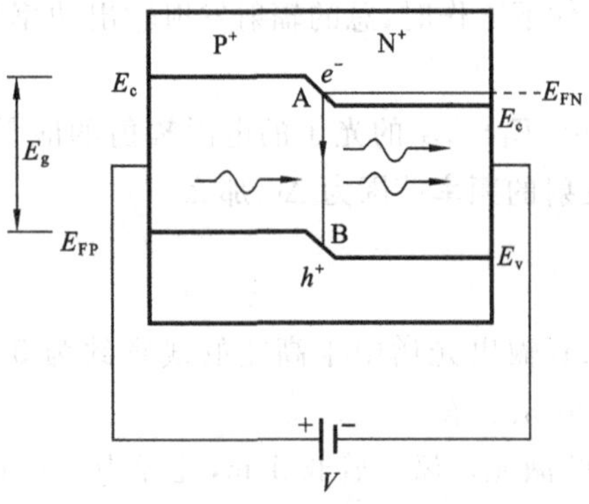

图 3.38 由足够大的前置偏压引起的 A 和 B 重叠区粒子数反转的简并掺杂 PN 结能带图

3.9 前置偏压下的 GaAs 激光二极管能带图如图 3.38 所示。为了简化，假设两边掺杂浓度相同。A 和 B 重叠时刚刚达到粒子数反转，结果是 $E_{FN}-E_{FP}=E_g$。估算 300 K 下 GaAs 中 $n=p$ 时达到粒子数反转的最小载流子浓度。GaAs 中本征载流子浓度为 $10^7\ \text{cm}^{-3}$ 数量级。为了简化，假定：

$$n=n_i\exp[(E_F-E_{Fi})/(k_BT)]$$

$$p=n_i\exp[(E_{Fi}-E_{FP})/(k_BT)]$$

3.10 (1) 光子穿过长度 L 的激光腔用时为 $\Delta t=nL/c$，其中 n 为折射率。如果 $N_{相干光子}$ 是相干辐射光子的浓度，在任何瞬间腔中只有一半光子即 $\frac{1}{2}N_{相干光子}$ 流向晶体输出面。已知有源层长为 L，宽为 W，厚为 d，求证相干光输出功率和强度分别为

$$P_o=\left(\frac{hc^2N_{相干光子}dW}{2n\lambda}\right)(1-R),\quad I=\left(\frac{hc^2N_{相干光子}}{2n\lambda}\right)(1-R)$$

式中：R 为半导体晶面的反射率。

(2) 如果 α 为半导体有源层内相干辐射的衰减系数，它是由各种损失因素如散射引起的。R 为半导体晶面反射率，则总衰减系数为

$$\alpha_{总}=\alpha+\frac{1}{2L}\ln\left(\frac{1}{R^2}\right)$$

现有一个 1310 nm 双异质结 InGaAsP 半导体激光器，腔长 $L=60$ μm，宽 $W=10$ μm，厚 $d=0.25$ μm，折射率 $n=3.5$，损失系数 $a=10\ \text{cm}^{-1}$，求 $\alpha_{总}$，$\tau_{相干光子}$。

(3) 对于上述器件，阈值电流密度 $J_{th}=500\ \text{A}\cdot\text{cm}^{-2}$，$\tau_{自发发射}=10$ ps。阈值电子浓度为多少？当电流为 5 mA 时，求激光功率与强度。

3.11 有一光腔长为 250 μm 的 InGaAsP-InP 激光二极管，辐射峰值为 1550 nm，InGaAsP的折射率为 4，光增益带宽（测量半高宽得到）通常取决于泵浦电流（二极管电流），本题假设为 2 nm。

(1) 辐射峰值时的模式数 m 是多少？

(2) 激光腔中相邻模式间的间隔是多少？

(3) 激光腔中有多少模式？

(4) 求激光腔两端（InGaAsP 晶体的表面）的反射系数与反射率。

(5) 从激光腔发射出的激光束发散角由什么决定？

3.12 (1) 几个有关的激光二极管效率定义如下：

外量子效率 $\eta_{外}$ 定义为

$$\eta_{外}=\frac{二极管输出光子数(每秒)}{注入二极管电子数(每秒)}$$

外微分量子效率 $\eta_{外微}$ 定义为

$$\eta_{外微}=\frac{二极管输出光子数增量(每秒)}{注入二极管电子数增量(每秒)}$$

外功率效率 $\eta_{外功}$ 定义为

$$\eta_{外功}=\frac{光学输出功率}{电流输出功率}$$

设 P_{o} 为发射光功率，求证：

$$\eta_{外}=\frac{ep_{o}}{E_{g}I}$$

$$\eta_{外微}=\left(\frac{e}{E_{g}}\right)\frac{dP_{o}}{dI}$$

$$\eta_{外功}=\eta_{外}\left(\frac{E_{g}}{eV}\right)$$

(2) 激发波长为 670 nm（红）的商用激光二极管有如下特性：25 ℃时阈值电流为 76 mA，在 I=80 mA 时，输出光功率为 2 mW，穿过二极管上的电压降为 2.3 V。如果二极管电流增加到 82 mA，输出光功率增加到 3 mW，计算激光二极管的外量子效率、外微分量子效率和外功率效率。

(3) 有一用于光通信、工作波长为 λ=1350 nm 的 InGaAsP 激光二极管，腔长 200 μm，折射率 n=3.5，25 ℃时阈值电流为 30 mA。在 I=40 mA 时，输出光功率为 3 mW，穿过二极管上的电压为 1.4 V。如果二极管电流增加到 45 mA，输出光功率增加到 4 mW。计算激光二极管的外量子效率、外微分量子效率和外功率效率。

3.13 激光二极管的阈值电流随温度增加而增加，这是因为在更高的温度下实现粒子数反转需要更大的电流。某一特殊激光二极管，25 ℃时阈值电流 I_{th} 为 76 mA，0 ℃时为 57.8 mA，50 ℃时为 100 mA。用以上三点，证明阈值电流 I_{th} 随绝对温度呈指数增长。它的经验表达式是什么？

3.14 有一工作波长为 1550 nm 的分布反馈布拉格激光器，折射率 n=3.4（InGaAsP）。对应于第一级光栅 q=1 的瓦垄周期 Λ 是多少？对应于第二级 q=2 的瓦垄周期 Λ 又为多少？

假如腔长为 20 μm，对于一级光栅要多少个瓦垄？$q=2$ 又需要多少个瓦垄？哪一个更容易制备？

3.15　有一单量子阱(SQW)激光器，在两层禁带宽度为 1.45 eV 的 AlAs 之间有一厚度为10 nm、禁带宽度为 0.70 eV 的超薄活性 InGaAs 层。InGaAs 中导电电子的有效质量为 $0.04m_e$，价带中空穴的有效质量为 $0.44m_e$，其中 m_e 为真空中电子的质量。计算该量子阱中导带底 E_c 之上的第一与第二电子能级和价带顶 E_v 之下的第一空穴能级。该单量子阱激光器发射的激光波长是多少？如果跃迁发生在禁带宽度相同的块体半导体中，发射的激光波长是多少？

3.16　GaAs 中导电电子的有效质量为 $0.07m_e$，其中 m_e 是真空中的电子质量。计算一厚度为8 nm的量子阱中前三个电子能级。如果空穴的有效质量为 $0.47m_e$，则价带顶 E_v 之下空穴的能量是多少？如果是禁带宽度为 1.42 eV 的块体 GaAs 半导体，发射波长的变化是多少？

3.17　图 3.22 所示的为一个基于 GaAs 与 AlGaAs 的掩埋式异质结激光二极管的结构，讨论如何采用相同的结构而只改变半导体材料使其在 1.3 μm 和 1.55 μm 工作。

第 4 章　光的调制和发射

光通信的实质是用光来载送电信号，首先要解决的问题是如何将被传输的信号加载到光源上，即所谓的信号调制。从本质上讲，光载波调制与无线电波载波调制一样，调制是用数字或模拟信号改变载波的幅度、频率、相位或偏振态的过程。改变载波幅度的调制称为非相干调制，而改变载波频率或相位的调制称为相干调制。根据调制与光源的关系，光调制可分为直接调制和外调制（或间接调制）两种方式。前者是信号直接调制光源的输出光强，后者是信号通过外调制器对连续输出光进行调制。光纤通信常用 IM/DD 方式，即用电信号直接调制光载波的强度（IM），在接收端用光电二极管直接检测（DD）光信号，恢复发射端的电信号。为了便于解调，在光频段多采用光的强度调制方式。

IM 调制又分模拟强度光调制和数字强度光调制。模拟强度光调制是模拟电信号线性地直接调制光源（LED 或激光器）的输出光功率。当调制信号是数字信号时，调制原理与模拟强度调制相同，只要用脉冲波取代正弦波即可。但是工作点的选择不同，模拟强度调制选在 P-I 特性的线性区，而数字调制选在阈值点。

在高速直接检测接收机中，激光器可能出现的线性调频使输出线宽增大，信道能量损失，并产生对邻近信道的串扰，从而成为系统设计的主要限制。为此，把激光的产生和调制过程分开，即用外调制就可以避免这些有害影响。最有用的调制器是电光调制器和电吸收调制器。

4.1　偏振

4.1.1　偏振态

电磁波是由同相振荡且互相垂直的电场与磁场在空间中以波的形式移动，其传播方向垂直于电场与磁场构成的平面。如果规定 z 轴是光的传播方向，那么电场就可以是在与 z 轴垂直的平面的任意方向。电磁波偏振这个术语是用来描述电磁波中电场矢量随电磁波传播穿过介质的行为。如果任意时间的电场振荡都限制在一条线内，那么可以说电磁波发生了线性偏振，如图 4.1(a)所示。电场变化和传播方向（z 轴）规定了偏振平面（变化的平面），所以线性偏振意味着波是平面偏振的。相反，如果光束在随机的但是垂直于 z 轴每个方向都有电场，那么这个光束就没有发生偏振。让光束通过一个偏振器比如偏振片（一种只能通过位于与传播方向成合适角度的平面上的电场振荡的器件）可以使其发生线性偏振。

假定任意设置 x 轴和 y 轴，而且根据沿 x 轴方向和 y 轴方向的电场分量 $\boldsymbol{E}_x$ 和 $\boldsymbol{E}_y$ 来描述电场（我们有理由这样做，因为 $\boldsymbol{E}_x$ 和 $\boldsymbol{E}_y$ 垂直于 z 轴）。为了求得任意空间和时间的电场，把 $\boldsymbol{E}_x$ 和 $\boldsymbol{E}_y$ 按矢量相加。$\boldsymbol{E}_x$ 和 $\boldsymbol{E}_y$ 各自由一个波动方程描述，它们的角频率 ω 和波数 k 相同，但是在它们之间必定有一个相位差 ϕ，有

$$E_x = E_{x0}\cos(\omega t - kz) \tag{4.1}$$

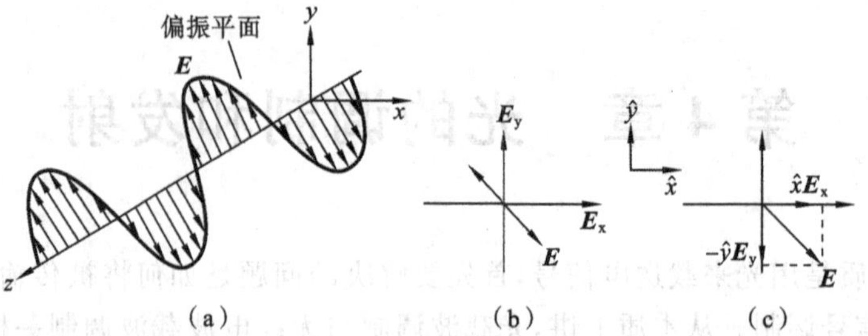

图 4.1 电磁波偏振

(a) 线性偏振波的电场是沿与传播方向垂直的一条直线；

(b) 电场振荡被限制在偏振平面内；(c) 任意时间的线性偏振光都可以用 E_x 和 E_y 来描述

$$E_y = E_{y0}\cos(\omega t - kz + \phi) \tag{4.2}$$

式中：ϕ 是 E_x 和 E_y 之间的相位差。

如果这两个组分中有一个延迟(保留)，就会产生相位差 ϕ。

图 4.1(a)中的线性偏振波在与 x 轴成 $-45°$ 角的方向有 $\boldsymbol{E}$ 振荡，如图 4.1(b)所示。在式(4.1)和式(4.2)中，选择 $E_{x0}=E_{y0}$ 和 $\phi=\pm180°(\pm\pi)$，就可求到这个电场。换句话说，$\boldsymbol{E}_x$ 和 $\boldsymbol{E}_y$ 的值相同，但相位相差 180°。如果 $\boldsymbol{x}$、$\boldsymbol{y}$ 是沿 x 轴方向和 y 轴方向的单位矢量，式(4.2)中的 $\phi=\pi$，则波中的电场为

$$\boldsymbol{E} = \boldsymbol{x}E_x + \boldsymbol{y}E_y = \boldsymbol{x}E_{x0}\cos(\omega t - kz) - \boldsymbol{y}E_{y0}\cos(\omega t - kz) = (\boldsymbol{x}E_{x0} - \boldsymbol{y}\boldsymbol{E}_{y0})\cos(\omega t - kz)$$

或

$$\boldsymbol{E} = \boldsymbol{E}_0\cos(\omega t - kz) \tag{4.3}$$

其中

$$\boldsymbol{E}_0 = \boldsymbol{x}E_{x0} - \boldsymbol{y}E_{y0} \tag{4.4}$$

式(4.3)和式(4.4)表明矢量 $\boldsymbol{E}_0$ 和 x 轴成 45°并且沿 z 轴方向传播。

除了图 4.1 中简单的线性偏振以外，电场的行为还有很多选择。例如，如果电场矢量 $\boldsymbol{E}$ 的值是常数，但在 z 轴上的某一给定位置它以顺时针方向随时间旋转得到一个圆的痕迹，就像波接收器中所观察到的一样，那么就称这个波为右圆偏振，如图 4.2 所示。如果电场矢量 $\boldsymbol{E}$ 的旋转是逆时针的，那么就说这个波是左圆偏振。由式(4.1)和式(4.2)显见，在右圆偏振波中，有 $E_{x0}= E_{y0}=A$(振幅)和 $\phi=\pi/2$。这意味着

$$E_x = A\cos(\omega t - kz) \tag{4.5a}$$

$$E_y = -A\sin(\omega t - kz) \tag{4.5b}$$

由式(4.5a)和式(4.5b)得

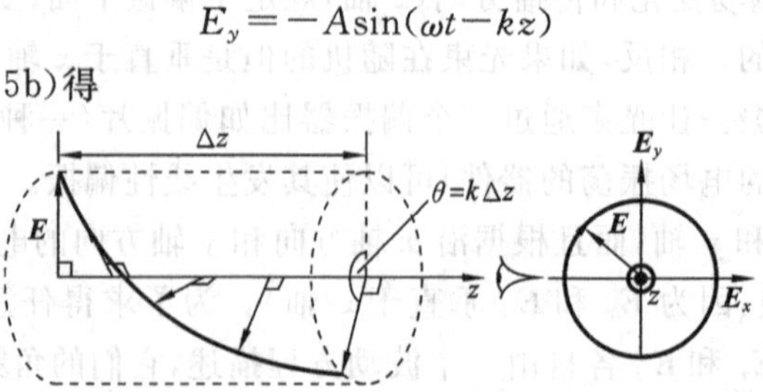

图 4.2 右圆偏振光

$$E_x^2+E_y^2=A^2 \tag{4.6}$$

它表示一个圆，如图 4.2 所示。

图 4.2 中圆偏振光的简明描述表明在距离 Δz 上，电场 $\boldsymbol{E}$ 是以 $\theta=k\Delta z$ 的角度旋转的。图 4.3 总结了平面偏振和圆偏振概念。其中为了简化，取 $\boldsymbol{E}_{y0}=1$，对应的 $\boldsymbol{E}_{x0}$ 和相位差 ϕ 如图 4.3 所示。

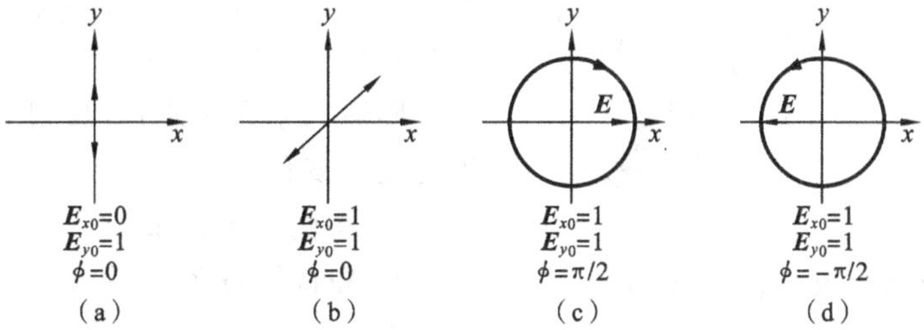

图 4.3　平面偏振和圆偏振

(a)和(b)线性偏振光；(c) 右圆偏振光；(d) 左圆偏振光

椭偏振光或椭圆光的电场矢量 $\boldsymbol{E}$ 是一个椭圆轨迹，就好像波在空间穿过一个给定的位置传播。像圆偏振一样，也有右椭偏振和左椭偏振之分，主要取决于电场矢量 $\boldsymbol{E}$ 是沿顺时针方向旋转还是逆时针方向旋转。图 4.4 说明了任何不为零或等于 π 的倍数的相位差 ϕ 来说，椭偏振光是怎样产生的，此时 E_{x0} 和 E_{y0} 不再相等。在 $E_{x0}=E_{y0}$ 和相位差 $\phi=\pm\pi/4$ 或 $\pm 3\pi/4$ 时，也可以得到椭圆光。

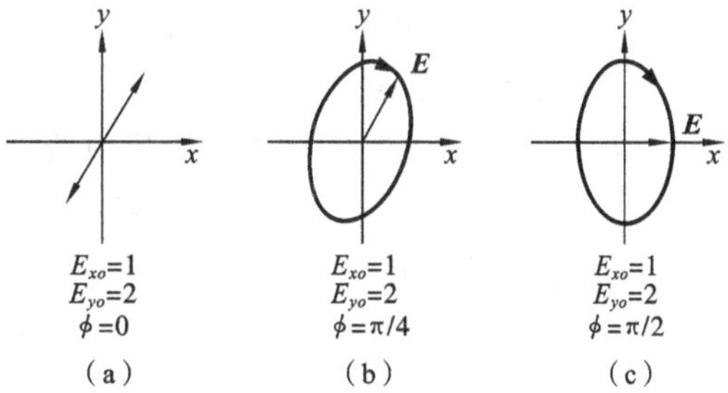

图 4.4　线性偏振和椭偏振

(a) 线性偏振光；(b) $\phi=\pi/4$ 的右椭偏振光；(c) $\phi=\pi/2$ 的右椭偏振光

[例 4.1]　如果 $E_x=A\cos(\omega t-kz)$ 和 $E_y=B\cos(\omega t-kz+\phi)$，振幅 A 和 B 不相等，相位差 ϕ 为 $\pi/2$ 或 $90°$，求证这个光波是椭偏振。

解　由 x 轴方向和 y 轴方向的电场分量 $\boldsymbol{E}_x$ 和 $\boldsymbol{E}_y$，有

$$\cos(\omega t-kz)=E_x/A$$

和

$$\cos(\omega t-kz+\phi)=-\sin(\omega t-kz)=E_y/B$$

用 $\cos^2(\omega t-kz)+\sin^2(\omega t-kz)=1$ 可以求得

$$\cos^2(\omega t-kz)+\sin^2(\omega t-kz)=\left(\frac{E_x}{A}\right)^2+\left(\frac{E_y}{B}\right)^2=1$$

上式将 x 轴方向和 y 轴方向的电场分量 $\boldsymbol{E}_x$ 和 $\boldsymbol{E}_y$ 的瞬时值相互关联起来了。当 $A=B$ 时，它是一个圆，如图 4.3(c)所示；当 $A\neq B$ 时，它是一个椭圆，如图 4.4(c)所示。

此外，在 $z=0$ 和 $\omega=0$ 时，$E=E_x=A$；在 $z=0$ 和 $\omega=\pi/2$ 时，$E=E_y=-B$。于是电场矢量是以顺时针方向旋转，所以光波是右圆偏振。

4.1.2　布儒斯特定律

1. 反射光和折射光的偏振

当自然光在介质表面反射、折射时，偏振度会发生变化，如图 4.5 所示。其反射光是部分偏振光，反射光垂直入射面的分量（垂直分量）比例大；折射光也是部分偏振光，平行入射面的分量（平行分量）比例大。

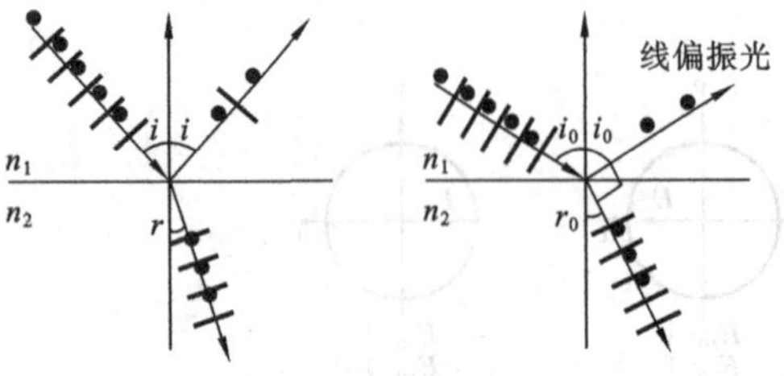

图 4.5　反射光和折射光的偏振

随着入射角 i 变化，反射光、折射光的偏振度也发生变化。

2. 布儒斯特定律

1）布儒斯特角

设入射角为 i_0，折射角为 r_0，若有 $i_0+r_0=90°$（反射光与入射光垂直），则反射光是垂直于入射面的完全偏振光，折射光是平行于入射面的部分偏振光。即当 $i=i_0$ 时，反射光是线偏振光（只有垂直分量），i_0 称为布儒斯特角（Brewster angle）或起偏角（polarizing angle）。

2）布儒斯特定律

若 $i_0+r_0=90°$，折射线垂直于反射线，则

$$\cos i_0=\cos(90°-\gamma_0)=\sin\gamma_0$$

由折射定律可知

$$\frac{n_2}{n_1}=\frac{\sin i_0}{\sin\gamma_0}$$

$$n_{21}=\frac{\sin i_0}{\cos i_0}=\tan i_0$$

n_{21}是介质 2 对于介质 1 的相对折射率。例如，在空气和玻璃界面，已知 $n_1=1.00$（空气），$n_2=1.50$（玻璃），光线由空气进入玻璃时，$i_0=\arctan(1.50/1.00)=56°18'$。反之，$i_0=\arctan(1.00/1.50)=33°42'$，两角互余。

满足布儒斯特定律时，折射光仍为部分偏振光（平行分量多，垂直分量少），此时平行分量全部折射，垂直分量既有反射又有折射。

3. 用玻璃片堆起偏

玻璃片上表面反射，入射角是布儒斯特角（由空气到玻璃）；玻璃片下表面反射，入射角也是布儒斯特角（由玻璃到空气）。每反射一次，垂直振动将反射掉一批，折射光中的垂直振动将逐渐减少，经多片玻璃片反射，折射光接近为只含平行分量的线偏振光。

外腔式激光管加装布儒斯特窗，可使出射光为线偏振光，并减少反射损失，如图 4.6 所示。

普通的光线是波浪状前进的，就如人握住长绳的一头连续挥动后所产生的效果一样。若使光波通过一种特制的镜片，只允许某一种特定振动的光波通过，就好像给波动的绳子设置栅栏一样，结果使竖直波动的绳子只能通过垂直方向的栅栏，而不能通过平行方向的栅栏，反之亦然。这种特制的镜片称为“偏光镜”。

彩色立体电影的效果是利用光的偏振现象形成的。立体电影利用一左一右两架摄像机同

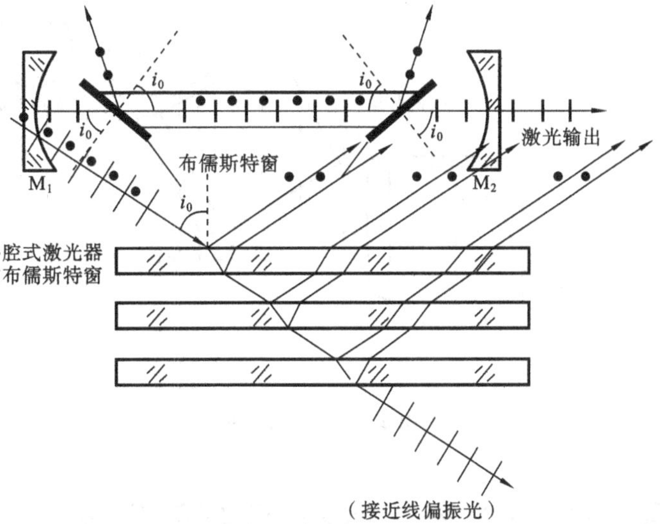

图 4.6　用玻璃片堆起偏

时拍摄同一景物，放映时使用两架放映机，各套上一个偏振镜，把两个偏振光的影像同时放映在银幕上，两个偏振光的振动方向互成直角。

观众观看立体电影时戴上特制的偏光镜，其左右两镜片透过的偏振光的振动方向互相垂直，能通过左眼的偏振光就不能通过右眼，反之亦然。因此，左眼的镜片只允许左方摄像机的影像通过，而右眼的镜片只允许右方摄像机的影像通过，于是在眼前就会出现立体效果。

4.1.3　马吕斯定律

有各种不同的光学器件在通过它的光波的偏振态下工作，所以能使偏振态得到改良。线性偏振器只允许沿某些特殊的方向(称为透射轴)的电场振荡通过器件，如图 4.7 所示，随机偏振光入射到透射轴为 TA_1 的偏振器 1 上，由偏振器出来的线性偏振光又以角度 θ 入射到透射轴为 TA_2 的偏振器 2 上，检测器可以测出入射光的强度，TA_1 和 TA_2 在光的法线方向上。市面上能得到的线性偏振器的最好例子就是偏振片。二向色晶体如电气石晶体碧玺也是好的偏振器，因为它们是光学各向异性的并且可以使那些不沿光学轴振荡的电磁波发生衰减。从偏振器出来的光束的电场振荡是沿透射轴的，这是线性偏振。

设由偏振器出来的线性偏振光射在另一个相同的偏振器上，然后通过旋转后一个偏振器的透射轴，就可以分析入射光束的偏振态；第二个偏振器又称为分析器(或检偏器)。如果第二个偏振器的透射轴与入射光束(即经第一个偏振器)的电场成一个角度 θ，那么仅仅只有电场的分量 $E\cos\theta$ 被允许通过分析器，如图 4.7 所示。通过检偏器的光的辐照度(强度)与电场的平方成正比，也就是说检测到的光强度随 $(E\cos\theta)^2$ 的变化而变化。因为当 $\theta=0$ 时，所有的电场都可以通过($\boldsymbol{E}$ 的方向平行于 TA_2)，这是最大辐照条件。任意角度 θ 时的辐照度 I 由马吕斯定律给出，即

$$I(\theta)=I(0)\cos^2\theta \tag{4.7}$$

所以，马吕斯定律给出了通过偏振器的线性偏振光强度与透射轴和电场矢量之间的夹角的关系。

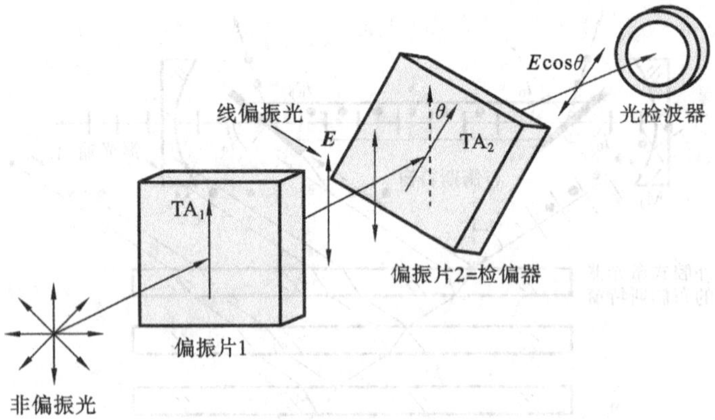

图 4.7　线性偏振器

4.2　各向异性介质中光的传播：双折射现象

4.2.1　光学各向异性

晶体的一个非常重要的特性就是它的很多性质取决于晶体的方向，也就是说晶体一般都是各向异性的。介电常数 ε_r 取决于电子极化，它包括电子与原子核的位错。电子极化又取决于晶体方向，因为沿某一晶体方向很容易发生电子位错。这意味着晶体的折射率也取决于正在传播的光束中的电场方向。结果是，晶体中的光速取决于传播方向及其偏振态，即电场的方向。

各向异性晶体是一个非对称或者不均匀的晶体，在不同方向上观察，光在其中的传播性质也不相同。一般地，极化密度矢量与外部电场的关系为

$$\boldsymbol{p}=\varepsilon_0\chi\boldsymbol{E} \tag{4.8}$$

式中：χ 是磁化率张量；ε_0 是自由空间的介电常数；$\boldsymbol{E}$ 是电场（单位为 V/m 或 N/C）。

χ 与 $\boldsymbol{E}$ 之间的依赖关系是非线性的基础。

电位移矢量 $\boldsymbol{D}$（单位为 C/m^2）为

$$\boldsymbol{D}=\boldsymbol{E}+\frac{1}{4\pi}\boldsymbol{P} \tag{4.9}$$

这个式子也可以写成麦克斯韦方程组其中的一个式子，即

$$\boldsymbol{D}=\varepsilon\boldsymbol{E} \tag{4.10}$$

如果介质为各向异性介质，则 ε 是介电张量。如果介质是非线性、非磁光、无损耗，则这个张量一定是对称的，即

$$\varepsilon_{ij}=\varepsilon_{ji} \tag{4.11}$$

也就是说，这个张量矩阵是对角化的。因此，这个晶体的主轴被定义为张量为对角的轴。如果选择 x、y、z 轴作为主轴，则方程可以改写为

$$D_x = \varepsilon_{xx} E_x$$
$$D_y = \varepsilon_{yy} E_y \tag{4.12}$$
$$D_z = \varepsilon_{zz} E_z$$

在没有自由电荷和表面电流的情况下，麦克斯韦方程为

$$\nabla \times \boldsymbol{H} - \frac{1}{c}\frac{\mathrm{d}}{\mathrm{d}t}\boldsymbol{D} = \boldsymbol{0}$$
$$\nabla \times \boldsymbol{E} - \frac{1}{c}\frac{\mathrm{d}}{\mathrm{d}t}\boldsymbol{B} = \boldsymbol{0} \tag{4.13}$$

式中：$\boldsymbol{H}$ 是磁场（单位为 A/m）；$\boldsymbol{B}$ 是磁感应强度（单位为 T（特斯拉）或者 $\mathrm{Wb/m^2}$ 或者 $\mathrm{V \cdot s \cdot m^{-2}}$）；$t$ 是时间；c 是光速；算符∇为空间梯度算符。

假定所有的磁分量和电分量具有时间和空间的一致性，即麦克斯韦微分方程组的解的形式为

$$E, D, H \propto \exp\left[\mathrm{i}\omega\left(\frac{n}{c}\boldsymbol{r} \cdot \hat{\boldsymbol{s}} - t\right)\right] \tag{4.14}$$

式中：$\hat{s}$ 是单位矢量，方向指向传播方向；$\boldsymbol{r}$ 是空间矢量，其分量是空间位置坐标；ω 是径向频率。

因此，矢量 $\hat{\boldsymbol{s}}$ 的方向实际上从轴的起点指向所研究的空间位置。把式(4.14)代入麦克斯韦方程组，有

$$n\hat{s} \times \boldsymbol{H} = -\boldsymbol{D}$$
$$n\hat{s} \times \boldsymbol{E} = \boldsymbol{B} = \mu\boldsymbol{H} \tag{4.15}$$

其中假定介质是磁各同性的，μ 是磁介质常数，把最后两个方程的一个代入另一个中，有

$$\boldsymbol{D} = -n\hat{s} \times \boldsymbol{H} = \frac{1}{\mu} n^2 \hat{\boldsymbol{s}}(\hat{\boldsymbol{s}} \times \boldsymbol{E})$$

根据线性代数定则

$$\boldsymbol{A} \times (\boldsymbol{B} \times \boldsymbol{C}) = \boldsymbol{B}(\boldsymbol{A} \cdot \boldsymbol{C}) - \boldsymbol{C}(\boldsymbol{A} \cdot \boldsymbol{B})$$

式中：$\boldsymbol{A}$、$\boldsymbol{B}$ 和 $\boldsymbol{C}$ 都是矢量，有如下结果

$$\boldsymbol{D} = \frac{n^2}{\mu}[\boldsymbol{E} - \hat{\boldsymbol{s}}(\hat{\boldsymbol{s}} \cdot \boldsymbol{E})] = \frac{n^2}{\mu}\boldsymbol{E}_\perp \tag{4.16}$$

式中：$\boldsymbol{E}_\perp$ 是电场 $\boldsymbol{E}$ 的分量，其垂直于矢量 $\hat{\boldsymbol{s}}$。

采用最后一个关系会有菲涅耳（Fresnel）方程，它可以用来计算晶体中辐射的传播速度，即

$$\mu\varepsilon_{kk}\boldsymbol{E}_k = n^2[\boldsymbol{E}_k - s_k(\hat{\boldsymbol{s}} \cdot \boldsymbol{E})], \quad k = x, y, z \tag{4.17}$$

简化后得

$$\frac{s_x^2}{n^2 - \mu\varepsilon_{xx}} + \frac{s_y^2}{n^2 - \mu\varepsilon_{yy}} + \frac{s_z^2}{n^2 - \mu\varepsilon_{zz}} = \frac{1}{n^2} \tag{4.18}$$

这个就是光学指标的菲涅耳方程。因为 $\hat{\boldsymbol{s}}$ 是单位矢量，则有

$$s_x^2 + s_y^2 + s_z^2 = 1$$

因此，

$$\frac{s_x^2}{\dfrac{1}{n^2} - \dfrac{1}{\mu\varepsilon_{xx}}} + \frac{s_y^2}{\dfrac{1}{n^2} - \dfrac{1}{\mu\varepsilon_{yy}}} + \frac{s_z^2}{\dfrac{1}{n^2} - \dfrac{1}{\mu\varepsilon_{zz}}} = 0$$

从而推出相速度的菲涅耳方程为

$$\frac{s_x^2}{v_{相}^2-v_x^2}+\frac{s_y^2}{v_{相}^2-v_y^2}+\frac{s_z^2}{v_{相}^2-v_z^2}=0 \tag{4.19}$$

其中

$$\begin{cases} v_{相}=\dfrac{c}{n}, \\ v_k=\dfrac{c}{\sqrt{\mu\varepsilon_{kk}}}, \end{cases} \quad k=x,y,z \tag{4.20}$$

$v_{相}$是相速度，v_k是晶体常数，为了保持一般性，假定介质是非磁性的，$\mu=1$。因此，如果知道了传播方向，就可以求解这个方程的折射率 n。

根据斯内尔(Snell)法则，可以求得传播方向。斯内尔法则为

$$n_i\sin\theta_i-n_t\sin\theta_t=0$$

其中，n_i、θ_i 和 θ_t 分别为相对于垂直入射表面的折射率、入射角和折射角。下标 i 和 t 分别表示入射和折射。最后一个方程可以一般化为如下式子，即

$$\boldsymbol{r}\cdot\left(\frac{\boldsymbol{s}_i}{c}-\frac{\boldsymbol{s}_t}{v_{相}}\right)=0 \tag{4.21}$$

式中：$\boldsymbol{s}_i$ 和 $\boldsymbol{s}_t$ 分别为入射和折射光线的传播方向。

电磁能等于 $\boldsymbol{E}$ 和 $\boldsymbol{D}$ 的乘积。因为能量的值在各个方向都是一个常量，则有

$$\boldsymbol{D}\cdot\boldsymbol{E}=C \tag{4.22}$$

C 为常数。因此，

$$\frac{D_x^2}{\varepsilon_{xx}}+\frac{D_y^2}{\varepsilon_{yy}}+\frac{D_z^2}{\varepsilon_{zz}}=C \tag{4.23}$$

通过选择与 D 成正比的轴，就可以得到折射率的椭球方程为

$$\frac{x^2}{\varepsilon_{xx}}+\frac{y^2}{\varepsilon_{yy}}+\frac{z^2}{\varepsilon_{zz}}=1 \tag{4.24}$$

方程(4.24)描述了一个叫折射率椭球的椭球。晶体重要的折射率由椭球的半径决定，即 $n_{kk}=\sqrt{\varepsilon_{kk}}$。对于沿着 z 轴方向传播的光，可以明显看出，波方程分裂成了两个独立的方程，其相速度分别为 $v_{相1}=c/n_{xx}$；$v_{相2}=c/n_{yy}$。通过改写式(4.19)可以得到如下结论：

$$s_x^2(v_{相}^2-v_y^2)(v_{相}^2-v_z^2)+s_y^2(v_{相}^2-v_x^2)(v_{相}^2-v_z^2)+s_z^2(v_{相}^2-v_x^2)(v_{相}^2-v_y^2)=0 \tag{4.25}$$

把 $s_x=s_y=0$、$s_z=1$ 代入方程(4.25)中可以得到 $v_{相1}=c/n_{xx}$、$v_{相2}=c/n_{yy}$，当光沿着 x、y 轴方向传播时，情况也是类似的。一般来说，在晶体中都有两个独立的本征波在传播。对于其他任何方向的传播，由本征波决定的折射系数是由它们的唯一矢量 $\boldsymbol{D}$ 和折射率椭球的交点决定的。因为 $\boldsymbol{D}$ 总是垂直于光传播方向，这些交点由椭球的主轴和次轴横截面决定，它垂直于传播方向。因此，沿着这两个方向，两个本征波在衰减，并且它们的折射系数是一样的。这两个方向称为光轴。

大多数非晶材料如玻璃和液体以及所有的立方晶体都是光学各向同性的，也就是在所有方向的折射率都是相同的。对于除立方晶体以外的所有其他晶体来说，折射率取决于传播方向及其偏振态。光学各向异性的结果是，除了沿某些特殊的方向外，进入这种晶体的非偏振光线会分裂成两个具有不同偏振和相速度的不同光线。当我们观看穿过方解石晶体(一种光学

各向异性晶体）的图像时，可以看到两个图像，每一个图像都是由穿过这个晶体的不同偏振光造成的；而通过光学各向同性晶体时，只能看到一个图像，如图 4.8 所示。光学各向异性晶体称为双折射晶体，因为入射光束可以折射两次。

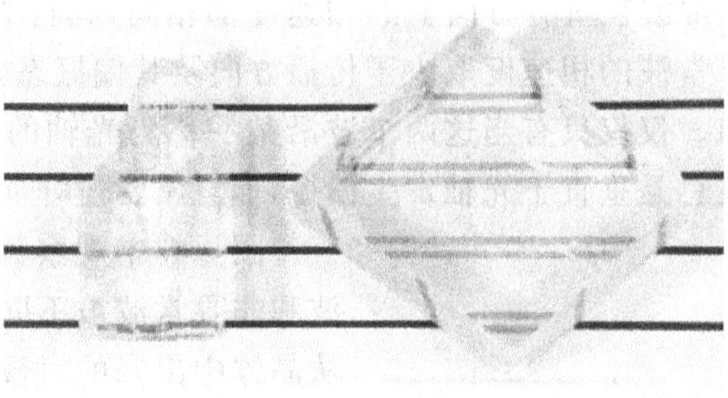

图 4.8　通过氯化钠和方解石晶体观察到的一根线

对“最各向异性的晶体”即各向异性程度最高的晶体的实验研究和理论研究表明，可以用三个称为主折射率 n_1、n_2 和 n_3 的折射率来描述晶体中沿相互正交的方向（如主轴的 x、y 和 z 轴）传播的光。这些折射率对应于光波沿这些轴的偏振态。

三个折射率互不相同且有两个光轴的晶体称为双轴晶体，而三个折射率中有两个相同（$n_1=n_2$）但只有一个光轴的晶体称为单轴晶体。表 4.1 综合了根据光各向同性和光各向异性进行分类的晶体类型。例如，石英这样的 $n_3>n_1$ 的单轴晶体称为正单轴晶体；方解石这样的 $n_3<n_1$ 的单轴晶体称为负单轴晶体。

表 4.1　某些光各向同性和光各向异性晶体的主折射率（近 589 nm，黄色钠 D 线）

光各向同性		$n=n_o$		
	玻璃（冠状）	1.510		
	钻石	2.417		
	氟石（CaF_2）	1.434		
正单轴晶体		n_o	n_e	
	冰	1.309	1.3205	
	石英	1.5442	1.5533	
	金红石（TiO_2）	2.616	2.903	
负单轴晶体		n_o	n_e	
	方解石（$CaCO_3$）	1.658	1.486	
	电气石	1.669	1.638	
	铌酸锂（$LiNbO_3$）	2.29	2.20	
双轴晶体		n_1	n_2	n_3
	云母（白云母）	1.5601	1.5936	1.5977

4.2.2　单轴晶体和非涅耳光学指示线

关于光各向异性的讨论，下面以方解石和石英等单轴晶体作为分析的对象。所有实验和理论研究都得出以下基本原理。

任何进入光各向异性晶体中的电磁波都可以分裂成两个以不同相速度传播的正交线性偏振波，也就是说它们经历不同折射率介质的传播。单轴晶体中，这两个正交偏振波称为寻常(o)波和非寻常(e)波。寻常波在所有方向上的相速度都相同，其行为就像电场垂直于相传播方向的寻常波一样。非寻常波的相速度取决于传播方向及其偏振态，而且在非寻常波中，电场也不必垂直于相传播方向。仅仅只有当这两个波沿某一称为光轴的特殊方向传播时，它们才有相同的相速度。寻常波总是垂直于光轴发生偏振，而且常常遵守菲涅耳定律。

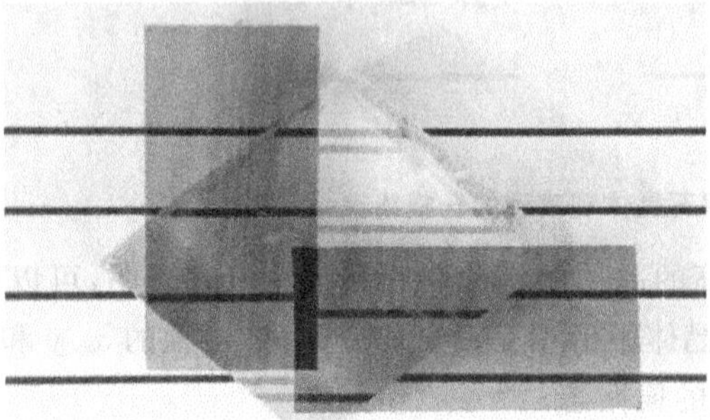

图 4.9　两个透射轴相互垂直的检偏器

图 4.8 中观察到的两个图像是由于寻常波和非寻常波被不同折射的缘故，所以当它们从晶体中出来的时候，就被分开了。每个光线有一个图像，但是电场方向是相互正交的。如图 4.9 所示，这个事实可以很容易地用两个透射轴相互垂直的检偏器来证明。如果沿这个晶体的光轴观察一个物体，就不会看到两个图像，因为两根光线通过折射率相同的介质。

如上所述，可以用沿晶体的三个主轴(x、y 和 z 轴)方向的三个折射率来表示晶体的光学特性。这是三个特殊的轴，沿着这三个轴的偏振矢量和电场是平行的。也就是说，电位移 $\boldsymbol{D}$ 和电场 $\boldsymbol{E}$ 是平行的(任意一点的电位移 $\boldsymbol{D}$ 定义为 $\boldsymbol{D}=\varepsilon_0\boldsymbol{E}+\boldsymbol{P}$，式中 $\boldsymbol{E}$ 是电场，$\boldsymbol{P}$ 是该点的偏振)。沿 x、y 和 z 轴的折射率分别是沿这三个方向的电场振荡的主折射率 n_1、n_2 和 n_3(不要与波传播的方向相混淆)。例如，对于具有平行于 x 轴偏振的光波来说，折射率是 n_1。

与晶体中特殊的电磁波相关的折射率可以用菲涅耳折射率椭圆来决定，这个椭圆称为光学指示线，它是置于主轴中央的折射率表面，如图 4.10(a)所示，其中 x、y 和 z 轴的截距分别是主折射率 n_1、n_2 和 n_3。如果所有三个折射率都是相同的，即 $n_1=n_2=n_3=n_o$，那么就会得到一个球面，并且所有电场偏振方向都会通过折射率为 n_o 介质。这种球面代表光学各向同性晶体。对于正单轴晶体(如石英)来说，$n_1=n_2<n_3$。

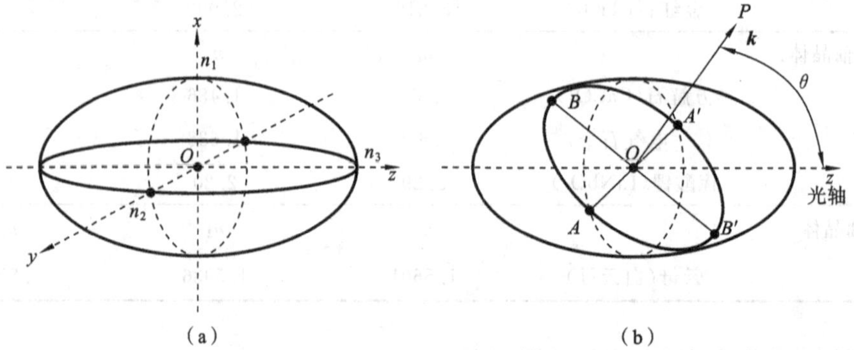

图 4.10　菲涅耳光学指示线

(a) 菲涅耳椭圆；(b) 沿与光轴成一夹角 θ 的 OP 方向传播的电磁波

下面来求以任意波矢量 $\boldsymbol{k}$ 传播的光波经历的折射率，这里 $\boldsymbol{k}$ 代表相传播的方向。相传播的方向如图 4.10(b)中 OP 所示，它和 z 轴成一定的角度 θ。下面设置一个垂直于 OP 并穿过光学指示线中心 O 的平面，这个平面在曲线 $ABA'B'$ 中截椭圆表面，是一个椭圆。椭圆的长轴(BOB')和短轴(AOA')决定电场振荡方向及与这个波相关的折射率。换句话说，原始波现在由两个正交偏振电磁波来表示。

直线 AOA'(短轴)对应于寻常波的偏振，而它的半轴 AO 是寻常波的折射率 $n_o=n_2$。电位移和电场方向相同且平行于 AOA'。如果改变 OP 的方向，总可以发现有相同的短轴，即不管 OP 取向如何，n_o 要么是 n_1，要么是 n_2(试着使 OP 取向分别沿着 x 轴和 y 轴方向)。这意味着，寻常波在所有的方向都经历相同的折射率(寻常波的行为就像是普通的波)。

图 4.10(b)中的直线 BOB'(长轴)对应于非寻常波中的电位移 $\boldsymbol{D}$ 振荡，而它的半轴 OB' 就是这个非寻常波的折射率 $n_e(\theta)$。这个折射率比 n_3 要小但是比 $n_2(=n_o)$要大。所以在这个晶体中这个特殊的方向上，非寻常波的传播速度比寻常波的要慢。如果改变 OP 的方向，就会发现长轴的长度随 OP 的方向改变而改变。这样非寻常波的折射率 $n_e(\theta)$ 就取决于光波的方向 θ。很显然，当 OP 沿 z 轴方向也就是光波沿 z 轴方向传播时，$n_e=n_o$，如图 4.11(a)所示。这个方向就是光轴方向，沿光轴方向传播的所有光波无论其偏振如何，它们的相速度都相同。当非寻常波沿 x 轴或 y 轴方向传播时，$n_e(\theta)=n_3=n_e$，非寻常波的相速度最慢，如图 4.11(b)所示。沿任意与光轴成一夹角 θ 的 OP 方向传播时，非寻常波的折射率 $n_e(\theta)$ 由下式给出，即

$$\frac{1}{n_e(\theta)^2}=\frac{\cos^2\theta}{n_o^2}+\frac{\sin^2\theta}{n_e^2} \tag{4.26}$$

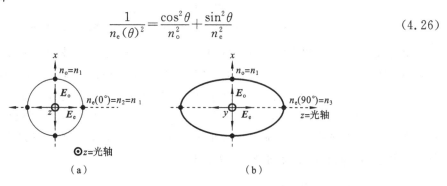

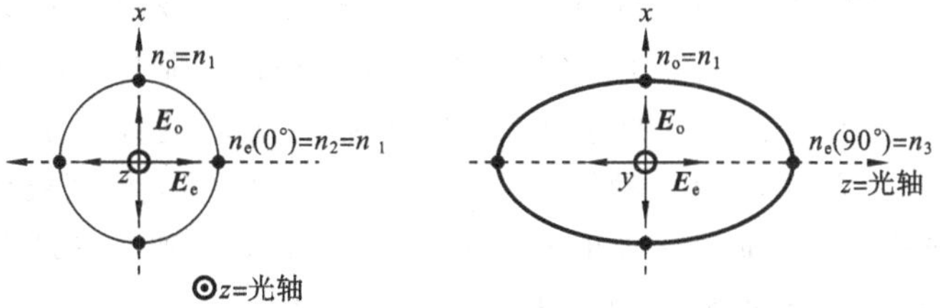

(a)　　　　(b)

图 4.11　$\boldsymbol{E}_o=\boldsymbol{E}_{o\text{-wave}}$ 和 $\boldsymbol{E}_e=\boldsymbol{E}_{e\text{-wave}}$

(a) 沿光轴传播的波；(b) 与光轴成法线方向传播的波

很显然，当 $\theta=0°$时，$n_e(0°)=n_o$；当 $\theta=90°$时，$n_e(90°)=n_3$。

图 4.10(b)中的长轴 BOB'通过限制电位移矢量 $\boldsymbol{D}$ 而不是电场矢量 $\boldsymbol{E}$ 的方向来决定非寻常波的偏振。尽管电位移矢量 $\boldsymbol{D}$ 垂直于 $\boldsymbol{k}$，但电场矢量 $\boldsymbol{E}$ 并非如此。非寻常波的电场和寻常波的电场是正交的，而且它在由光轴决定的平面内。当非寻常波沿三个主轴中的任意一个传播时，电场 $\boldsymbol{E}$ 和 $\boldsymbol{k}$ 正交。

由光学指示线或式(4.26)，可以很容易地求出任意方向的寻常波和非寻常波的折射率，并计算出波矢量。然后就可构建一个有如下性质的每一个寻常波和非寻常波的波矢表面。由原点 O 到波矢表面上任意一点 P 的距离表示沿 OP 方向的波矢量 $\boldsymbol{k}$ 的值。因为寻常波在所有方向上的折射率都相同，所以它的波矢表面就是一个半径为 $n_o\boldsymbol{k}_{真空}$，这里 $\boldsymbol{k}_{真空}$ 是自由空间的波

矢量。它是图 4.12(a)所示的 xOz 截面中的一个圆。另一方面，非寻常波的波矢量取决于传播方向，它由 $n_e(\theta)\boldsymbol{k}_{真空}$ 给出，所以它是图 4.12(a)所示的 xOz 截面中的一个椭圆。图 4.12(a)中给出了两个分别沿任意 OP 和 OQ 方向传播的寻常波和非寻常波的波矢量 $\boldsymbol{k}_o$ 和 $\boldsymbol{k}_e$ 的例子(选择不同的方向仅仅是为了分类)。

寻常波的电场 $\boldsymbol{E}_o$ 总是和它的波矢方向 $\boldsymbol{k}_o$ 正交，也总是和光轴正交。这个事实可以用图 4.12(a)中寻常波波矢表面上的圆点来说明，而且沿 OP 的任意波矢 $\boldsymbol{k}_o$ 都是高亮的。因为寻常波中的电场和磁场与波矢方向 $\boldsymbol{k}_o$ 是成法线方向，所以寻常波的玻印亭矢量 $\boldsymbol{S}_o$ 即能量流动方向是沿波矢 $\boldsymbol{k}_o$ 方向的。

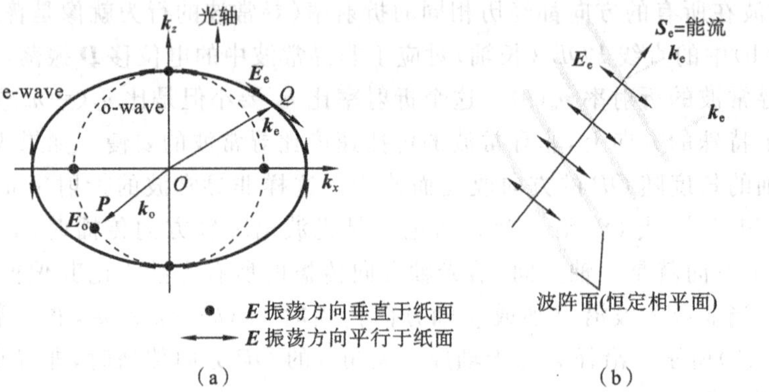

图 4.12　寻常波波矢

(a) 平面 xOz 中截的正常波和任意波的波矢表面；(b) 光学各向异性晶体中的非寻常波

也有人会认为，像寻常波中的正常电磁波传播一样，非寻常波中的电场 $\boldsymbol{E}_e$ 也应当与波矢量 $\boldsymbol{k}_e$ 成法线方向。但这一般不是真的，其原因是介质的偏振和非寻常波中的诱导场不平行，结果如图 4.12(a)所示，电磁波中总的电场 $\boldsymbol{E}_e$ 和相传播方向 $\boldsymbol{k}_e$ 之间不是直角，这意味着能量流动(群速)方向和相速方向不同(一种称为玻印亭矢量"偏离"效应的现象)。能量流动方向即玻印亭矢量 $\boldsymbol{S}_e$ 方向被看作是非寻常波的光线方向，所以波前跑到"一边"去了，如图 4.12(b)所示。群速的方向和能量流动($\boldsymbol{S}_e$)的方向相同。

4.2.3　方解石的双折射

方解石($CaCO_3$)晶体为负单轴晶，是典型的双折射晶体。当对方解石晶体表面进行解理，即沿某些晶面进行切割时，可获得一菱形六面体(菱面两顶角分别为 78.08°和 101.92°)，这一菱形六面体是方解石的一种解理形。菱形六面体中包含光轴且与两相对的表面垂直的平面称为主截面。

下面考虑一非偏振光或自然光法向入射到方解石晶体但与光轴成一定角度，如图 4.13 所示。光波分解成寻常光和非寻常光，它们的偏振方向相互垂直。寻常光和非寻常光均在主截面内传播，因为入射光方向包含在主截面内。寻常光的偏振方向垂直于光轴。寻常光遵从非涅耳折射定律，这意味着它进入晶体后不发生偏转，因此寻常光的电场振动方向必须从纸面出来，且与光轴和传播方向垂直。寻常光电场记为 $\boldsymbol{E}_\perp$，图中用圆点表示其振动方向。

非寻常光偏振方向垂直于寻常光偏振方向，并在主截面内(主截面包含光轴和波矢 $\boldsymbol{k}$)。

非寻常光的偏振方向在纸面内，用 $\boldsymbol{E}_{/\!/}$ 表示，如图 4.13 所示。非寻常光从寻常光中分离出来并以不同的速度传播。很明显，非寻常光不遵从菲涅耳折射定律，因此非寻常光的折射角不为零。从图 4.12(b)中可以看到，非寻常光侧向传播并与 $\boldsymbol{E}_{/\!/}$ 垂直，从而确定非寻常光的方向(能量流方向)。

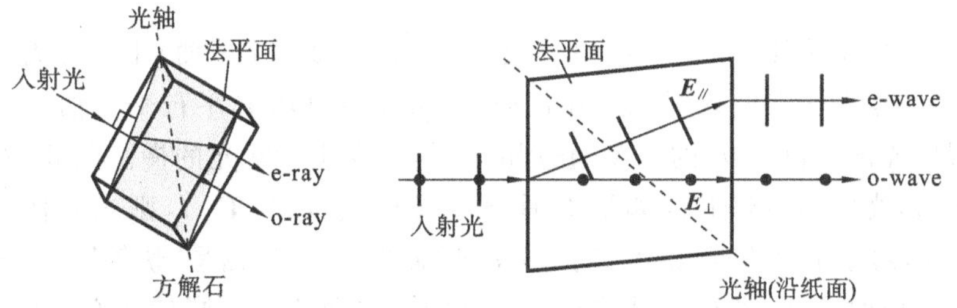

图 4.13　偏离方解石晶体光轴的电磁波分裂成称为寻常波和非寻常波的两个波的示意图

如果把方解石晶体切割成如图 4.14(a)所示的晶片，使光轴(沿 z 轴)平行于晶片的两对面，那么法向入射到这两对面的光线不会分离成两独立光束，这是图 4.11(b)所示的沿 y 轴方向传播的情形，不过这里 $n_e < n_o$。寻常光和非寻常光将以相同的方向但以不同的速度传播，它们也以相同的方向射出，这意味着我们将看不到双折射。这种光学配置被用来构造下面即将讨论的各种相位延迟器和偏振器。如果切割出如图 4.14(b)所示的晶片，使光轴垂直于晶片正面，那么寻常光和非寻常光将以相同的速度(见图 4.11(a))及相同的方向传播，这意味着我们又看不到双折射。

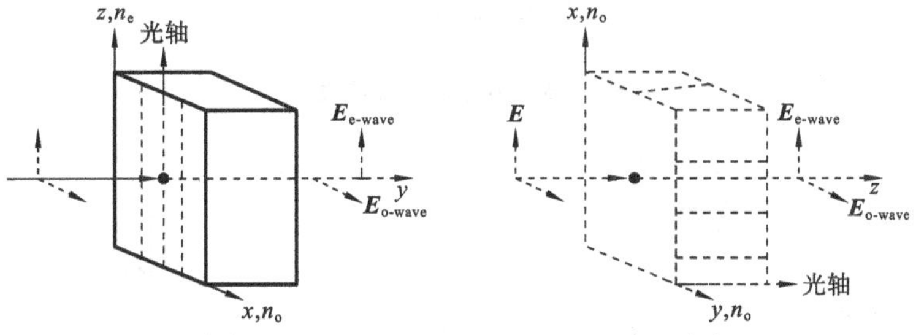

(a)　　(b)

图 4.14　薄晶片中电磁波的传播

(a) 光轴与板表面平行的双折射晶体板；(b) 光轴与板表面垂直的双折射晶体板

4.2.4　二向色性

除了折射率变化外，一些各向异性晶体还表现出二向色性。二向色性是指物质的光吸收特性与光的传播方向和偏振状态有关的现象。二向色性晶体是光学各向异性晶体，晶体中要么是非寻常光要么是寻常光严重衰减(被吸收)。这意味着，进入一二向色性晶体的任意偏振方向光波，出射时具有一确定的偏振方向，因为与出射偏振方向正交的偏振方向发生衰减。例如，在电气石(硼硅酸铝)晶体中，相对于非寻常光，寻常光被大量地吸收。一般而言，二向色性与光波长有关。

4.3 双折射光学器件

4.3.1 相位延迟片

考虑一个正单轴晶片（$n_e > n_o$），如石英晶片，其光轴（沿 z 轴）平行于晶片正面（见图4.15）。假定一线偏振光法向入射到晶片正面，如果光波电场 $\boldsymbol{E}$ 平行于光轴（表示为 $\boldsymbol{E}_{/\!/}$），则该光波像非寻常光那样以 c/n_e 的速度通过晶体，其速度比寻常光的慢。因此，对于沿光轴方向偏振的光而言，光轴是"慢轴"。如果 $\boldsymbol{E}$ 垂直于光轴（表示为 $\boldsymbol{E}_{\perp}$），则光波将以最快的速度 c/n_o 传播。因此，对于沿垂直于光轴方向（即 x 轴）偏振的光，x 轴是"快轴"。当光线垂直于光轴和晶片正面入射时，寻常光和非寻常光将沿相同的方向传播。当然我们可以将与 z 轴成 α 角的线偏振光 $\boldsymbol{E}$ 分解为 $\boldsymbol{E}_{\perp}$ 和 $\boldsymbol{E}_{/\!/}$。当光线从晶体另一面出射时，这两个分量将产生相位差 ϕ。晶片厚度决定了光线通过晶片后的总相位差。根据 α 和晶片厚度的不同，出射光可以是线偏振光（与入射光相比，偏振方向旋转了一定角度）、圆偏振光或椭圆偏振光（见图 4.16）。

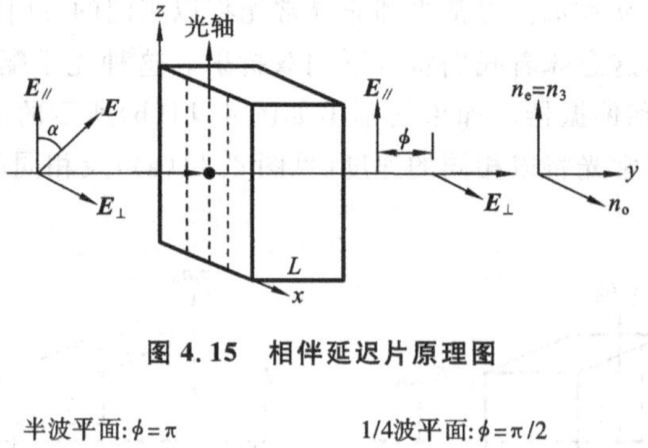

图 4.15　相伴延迟片原理图

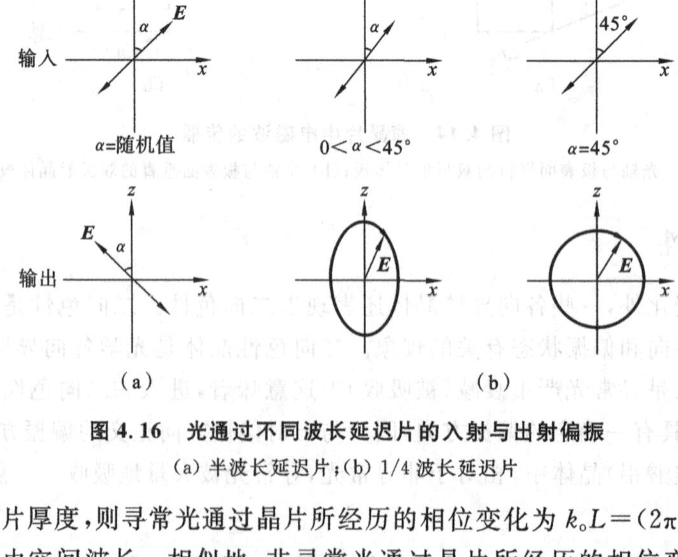

图4.16　光通过不同波长延迟片的入射与出射偏振

(a) 半波长延迟片；(b) 1/4 波长延迟片

如果 L 为晶片厚度，则寻常光通过晶片所经历的相位变化为 $k_o L=(2\pi/\lambda)n_o L$，$\boldsymbol{k}_o$ 为寻常光的波矢，λ 为自由空间波长。相似地，非寻常光通过晶片所经历的相位变化为 $(2\pi/\lambda)n_e L$。

因此，出射光的两正交分量 $\boldsymbol{E}_{\perp}$ 和 $\boldsymbol{E}_{/\!/}$ 之间相位差为

$$\phi=\frac{2\pi}{\lambda}(n_e-n_o)L \tag{4.27}$$

用波长来表达的相位差称为晶片的相位延迟。例如，180°的相位差称为半波延迟。

透过光的偏振状态取决于晶体类型(n_e-n_o)和晶片厚度 L。我们知道，根据电磁场两正交分量之间相位差的不同，电磁波可以是线偏振、圆偏振或椭圆偏振(见图4.3和图4.4)。

半波延迟片的厚度 L 正好使得出射光中 $\boldsymbol{E}_{/\!/}$ 和 $\boldsymbol{E}_{\perp}$ 的相位差 $\phi=\pi$ 或 180°，相当于半个波长$(\lambda/2)$的延迟，结果是 $\boldsymbol{E}_{/\!/}$ 落后于 $\boldsymbol{E}_{\perp}$ 180°。如果把出射光的 $\boldsymbol{E}_{/\!/}$ 和 $\boldsymbol{E}_{\perp}$ 相加，则 $\boldsymbol{E}$ 与光轴成 $-\alpha$角，且仍然是线偏振的。$\boldsymbol{E}$ 逆时针旋转了 2α。

1/4波长延迟片的厚度正好使得出射光中 $\boldsymbol{E}_{/\!/}$ 和 $\boldsymbol{E}_{\perp}$ 的相位差 $\phi=\pi/2$ 或 90°，相当于 $\lambda/4$ 的延迟。如果把出射光的 $\boldsymbol{E}_{/\!/}$ 和 $\boldsymbol{E}_{\perp}$ 相加，$0<\alpha<45°$时，出射光是椭圆偏振光；$\alpha=45°$时，出射光是圆偏振光。

[例4.2]　用于590 nm波长的石英半波片，其厚度是多少？寻常光和非寻常光的折射率见表4.1。

解　半波延迟就是相位差为 π。由式(4.27)，有

$$\phi=\frac{2\pi}{\lambda}(n_e-n_o)L=\pi$$

$$L=\frac{\lambda}{2(n_e-n_o)}=\frac{590\times10^{-9}}{2\times(1.5533-1.5442)}\ \text{m}=32.4\ \mu\text{m}$$

如果对方解石进行计算，会发现其厚度为1.7 μm，这厚度不太可行。通常用云母、石英或聚合物作延迟片，因为它们的折射率差(n_e-n_o)不太大，波片厚度可行。

[例4.3]　从线偏振到圆偏振。

如图4.13所示，一束线偏振光法向入射到1/4波片上，偏振方向与慢轴成45°。证明：输出光为圆偏振。

证　从延迟片出射的光沿 y 轴方向传播，光电场沿 x 轴和 z 轴的分量 $\boldsymbol{E}_x$ 和 $\boldsymbol{E}_z$ 具有相同的 $\cos(\omega t-k_y)$ 简谐项，但存在一相位差 ϕ。我们只对 $\boldsymbol{E}_x$ 和 $\boldsymbol{E}_z$ 在同一地点的矢量和感兴趣，因此可以忽略 k_y 项。这样沿 z 轴(慢轴)和 x 轴(快轴)的场分量可写为

$$E_x=E_{\perp}\cos(\omega t)\quad E_z=E_{/\!/}\cos(\omega t-\phi)$$

由于入射光偏振方向与 z 轴成45°角，故 $\boldsymbol{E}_{/\!/}=\boldsymbol{E}_{\perp}=\boldsymbol{E}_0$。由于线偏振光入射到1/4波片，则 $\phi=\pi/2$，故有

$$\left(\frac{E_x}{E_0}\right)^2+\left(\frac{E_z}{E_0}\right)^2=1$$

这是一个关于 $\boldsymbol{E}_x$ 和 $\boldsymbol{E}_z$ 的圆的方程，其圆的半径为 E_0。

4.3.2　索累-巴比讷(Soleil-Babinet)补偿器

光补偿器是一种能控制光延迟(相位变化)的器件。上述的波片延迟器，比如半波片，寻常光和非常光之间相对相位变化 ϕ 取决于片厚，而且不变。而对于补偿器，ϕ 是可调的。下述索累-巴比讷补偿器就是一种典型的光补偿器，它被广泛用于控制和分析光的偏振状态。

图4.17所示的是索累-巴比讷补偿器的光学结构图。两块楔形石英在斜面处叠合，叠合

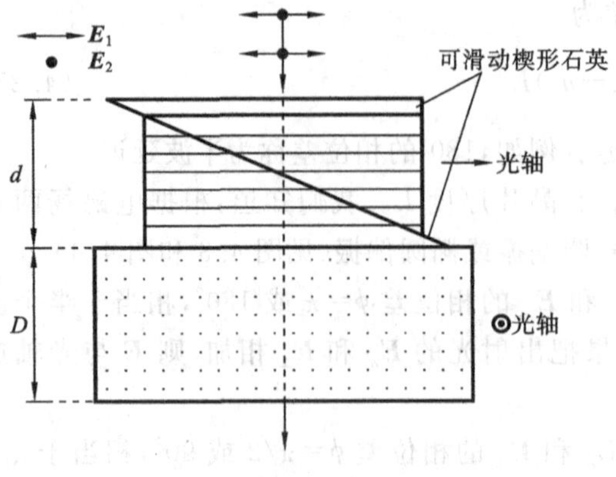

图 4.17　索累-巴比讷补偿器

后厚度为 d，通过相对滑动两楔形石英可改变 d 值。两楔形石英被放在一平行的石英片上，石英片的厚度 D 固定不变，石英片的光轴平行于其表面。两楔形石英的光轴相互平行，但与石英片的光轴垂直。

假定一线偏振光法向入射到补偿器上，用平行和垂直于两楔形石英光轴的 $\boldsymbol{E}_1$ 和 $\boldsymbol{E}_2$ 两叠加电场代表这一线偏振光。$\boldsymbol{E}_1$ 先通过两楔形石英(厚度为 d)，所经历的折射率为 n_e(因为 $\boldsymbol{E}_1$ 平行光轴)，再通过石英片(厚度为 D)。所经历的折射率为 n_o(因 $\boldsymbol{E}_1$ 垂直于光轴)，则 $\boldsymbol{E}_1$ 的总相位变化 ϕ_1 为

$$\phi_1=\frac{2\pi}{\lambda}(n_e d+n_o D)$$

而 $\boldsymbol{E}_2$ 先通过两楔形石英(厚度为 d)，所经历的折射率为 n_o(因 $\boldsymbol{E}_2$ 垂直于光轴)，再通过石英片(厚度为 D)，所经历的折射率为 n_e(因为 $\boldsymbol{E}_2$ 平行于光轴)，则 $\boldsymbol{E}_2$ 的总相位变化 ϕ_2 为

$$\phi_2=\frac{2\pi}{\lambda}(n_o d+n_e D) \tag{4.28}$$

$\boldsymbol{E}_1$ 和 $\boldsymbol{E}_2$ 之间相位差 ϕ 为

$$\phi=\phi_2-\phi_1=\frac{2\pi}{\lambda}(n_e-n_o)(D-d) \tag{4.29}$$

很显然，通过滑动楔形石英(用测微螺旋)连续改变 d 值，可在 $0\sim2\pi$ 范围内连续改变相位差 ϕ，也容易获得 1/4 波片或半波片。应该强调的是，这种滑动控制是在楔形石英表面进行的，实际上控制区域很窄。

4.3.3　双折射棱镜

双折射晶体棱镜常用于产生高度偏振的光波及光的偏振分束。沃拉斯顿(Wallaston)棱镜就是一个偏振光分束器，分束后的偏振方向互相垂直。如图 4.18 所示，将两个方解石(或石英)直角棱镜 A 和 B，沿它们的斜面处叠加，构成一个矩形块，棱镜 A 的光轴在纸面内，棱镜 B 的光轴从纸面出来，两个光轴互相垂直，且两个光轴分别平行于棱镜侧面。

考虑一沿任意方向偏振的光波法向入射到棱镜 A，进入棱镜 A 后，光束以两个互相垂直的光场 $\boldsymbol{E}_1$ 和 $\boldsymbol{E}_2$ 传播。在棱镜 A 内，$\boldsymbol{E}_1$ 垂直于光轴，对应于寻常光，折射率为 n_o；$\boldsymbol{E}_2$ 平行于光轴，对应于非寻常光，折射率为 n_e。在棱镜 B 内，$\boldsymbol{E}_1$ 是非寻常光。这就意味着 $\boldsymbol{E}_1$ 在通过对角线界面时，折射率从 n_o 降到 n_e(对方解石而言)。另一方面，$\boldsymbol{E}_2$ 从棱镜 A 中的非寻常光变为棱镜 B 中的寻常光(注意棱镜 B 中的 $\boldsymbol{E}_2$ 垂直于棱镜 B 的光轴)，折射率增加。$\boldsymbol{E}_1$ 和 $\boldsymbol{E}_2$ 在通过对角线界面时经历相反的折射率变化，这意味着它们折向相反的方向：$\boldsymbol{E}_1$ 偏离法线靠向对角线界面，$\boldsymbol{E}_2$ 则偏向法线。这样，相互正交的偏振 $\boldsymbol{E}_1$ 和 $\boldsymbol{E}_2$ 分离开了，分离角依赖于棱镜楔形角 θ。一般商用沃拉斯顿棱镜的分离角为 15°～45°。

如果我们围绕入射光束旋转棱镜 180°，则 $\boldsymbol{E}_1$ 和 $\boldsymbol{E}_2$ 将交换位置。如果用的是石英棱镜，

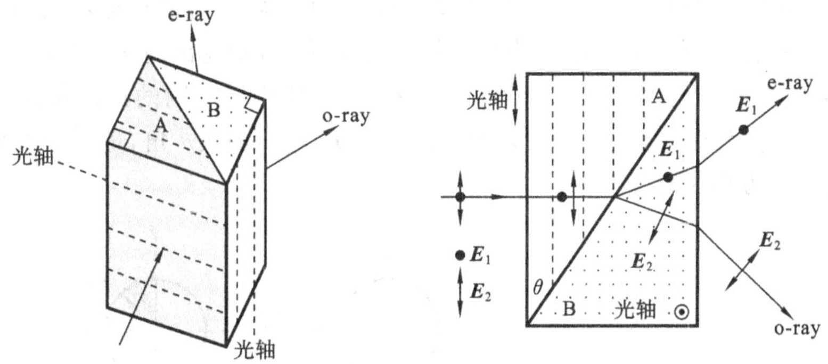

图 4.18　沃拉斯顿棱镜

则 E_1 和 E_2 也将交换位置。

4.4　旋光性和圆双折射

当一束线偏振光沿石英晶体光轴传播时，可以观察到出射光的 E 矢量（偏振面）发生旋转（见图 4.19），旋转角度随着光在晶体中传播距离的增加而连续增加。光通过介质时，偏振面发生旋转的现象称为旋光性。用简单直观的术语来说，旋光性发生在电子运动在外电磁场感应下呈螺旋轨迹的介质中。螺旋运动的电子就像线圈中的电流一样具有磁矩，因此光场感应出平行或反平行于振荡电偶极子的振荡磁矩，这些振荡的磁场和电偶极子发出次波，次波相互干涉构成向前传播的光波，但光场方向发生了顺时针或逆时针旋转。

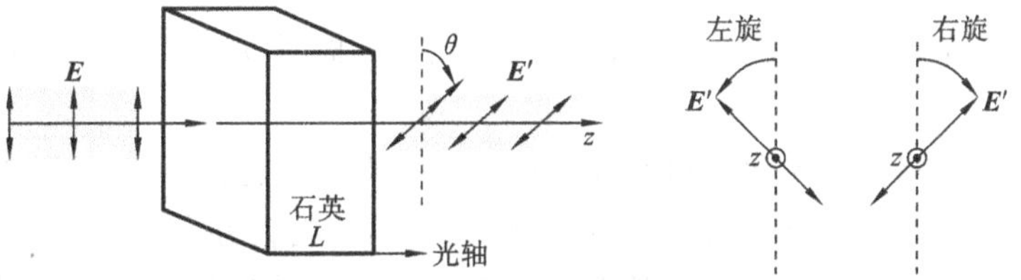

图 4.19　入射波偏振面在石英中的旋转

面对出射光线观察（见图 4.19）：如果偏振面顺时针（向右）旋转，则旋光性为右旋；如果偏振面逆时针（向左）旋转，则旋光性为左旋。石英有两种不同的晶体结构形式：一种石英，原子围绕光轴排列为顺时针螺旋，称为右手石英；另一种，原子围绕光轴排列为逆时针螺旋，称为左手石英。右手石英的旋光性为右旋，左手石英的旋光性为左旋。还有很多种物质具有旋光性，如生物物质和某些溶液（如谷物糖浆），这些物质中含有旋光能力的有机分子。

E 的旋转角 θ 正比于光在旋光介质中传播的距离 L，每单位长度的旋转角定义为比旋光能力（θ/L）。比旋光能力与光波波长有关，例如，对于石英，当波长为 400 nm 时比旋光能力为 49°/mm；波长为 650 nm 时比旋光能力为 17°/mm。

旋光性可用左圆偏振光和右圆偏振光来理解。由于晶体中分子或原子排列的螺旋性，圆偏振光在晶体中的传播速度取决于光场是顺时针旋转还是逆时针旋转，左圆偏振光和右圆偏振光在晶体中以不同速度传播，即经历不同的折射率。如图 4.20 所示，输入的垂直方向偏振

$\boldsymbol{E}$ 可被看成是一左圆偏振 $\boldsymbol{E}_L$ 和一右圆偏振 $\boldsymbol{E}_R$，$\boldsymbol{E}_L$ 和 $\boldsymbol{E}_R$ 关于 y 轴对称，即在任何时刻 $\alpha=\beta$（α、β 就是 ωt）。如果 $\boldsymbol{E}_L$ 和 $\boldsymbol{E}_R$ 在晶体中以相同的速度传播，则输出时 $\boldsymbol{E}_L$ 和 $\boldsymbol{E}_R$ 仍然关于 y 轴对称，输出光还是垂直方向偏振光。如果 $\boldsymbol{E}_L$ 和 $\boldsymbol{E}_R$ 在介质中以不同的速度传播，则输出时 $\boldsymbol{E}'_L$ 和 $\boldsymbol{E}'_R$ 不再关于 y 轴对称，$\alpha'\neq\beta'$，结果是输出时矢量 $\boldsymbol{E}'$ 与 y 轴成 θ 角，也就是说输入的线偏振光通过晶体时偏振方向旋转了 θ 角。

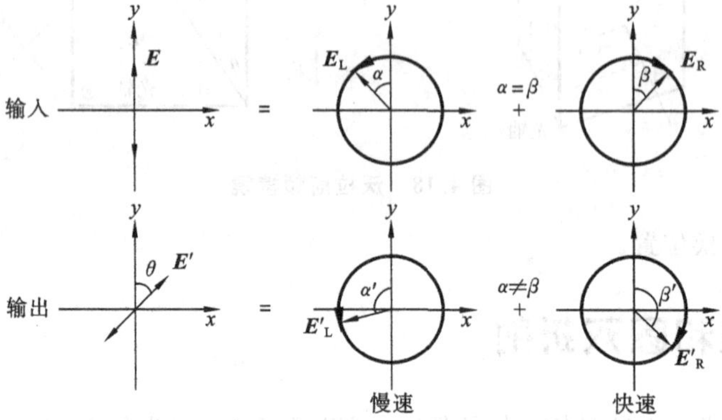

图 4.20　垂直偏振波穿过介质的情况

假设 n_R、n_L 分别是右圆偏振光和左圆偏振光所经历的折射率，晶体长度为 L，则 $\boldsymbol{E}'_L$ 和 $\boldsymbol{E}'_R$ 之间的相位差导致 $\boldsymbol{E}'$ 相对于 $\boldsymbol{E}$ 旋转了 θ 角，即

$$\theta=\frac{\pi}{\lambda}(n_R-n_L)L \tag{4.30}$$

式中：λ 是自由空间波长。

对于左手石英晶体，波长为 590 nm 的光波沿光轴传播时，$n_R=1.54427$，$n_L=1.54420$，$\theta=21.4°/\text{mm}$。

圆双折射是指左圆偏振光和右圆偏振光在介质中传播时速度不同，经历不同折射率 n_R 和 n_L 的现象。由于旋光性材料可自然旋转光场，因此光场的旋转方向与旋光方向相同的圆偏振光通过介质时容易得多。旋光性介质对于左圆偏振光和右圆偏振光具有不同的折射率，表现出圆双折射现象。

应该指出，如果光波沿反向传播回去，则光线沿原路径返回，$\boldsymbol{E}'$ 变成 $\boldsymbol{E}$，如图 4.19 所示。

4.5 电光效应

4.5.1 定义

电光效应是指在外加电场的作用下，材料的折射率发生变化。通过电光效应，外加电场可"调制"光的性质。这里的外加电场不是任何光波电场，而是独立的外电场。在晶体的两端面加上电极，再把电极连到电池，即可施加外电场。外电场的存在使得物质分子或原子中电子的运动变形，或使得晶体结构变形，从而导致光学性质的变化。例如，外加电场可使光学各向同性晶体 GaAs 变为双折射晶体，此时外电场在晶体中产生了主轴和一个光轴。一般情况下，在外电场的作用下材料的折射率变化较小。外加电场的频率必须满足：在介质改变性质（即响应）及光波通过介质所需的时间内，外加电场就像静电场一样。电光效应主要包括一次效应和二次效应。

折射率 n 是外加电场 $\boldsymbol{E}$ 的函数，即 $n=n(E)$，把 n 展开成 E 的泰勒级数，新的折射率 n' 可写为

$$n'=n+a_1E+a_2E^2+\cdots \tag{4.31}$$

式中：系数 a_1、a_2 分别称为线性电光效应系数和二次电光效应系数。

尽管式(4.31)中还可含有更高次项，但即使是在目前可获得的最高场强下，它们都很小，因此可以忽略。由 $\boldsymbol{E}$ 项引起的折射率变化称为普克尔斯(Pockels)效应，即

$$\Delta n=a_1E \tag{4.32}$$

由 $\boldsymbol{E}^2$ 项引起的折射率变化称为克尔(Kerr)效应，系数 a_2 可写成 λK，K 称为克尔系数，即

$$\Delta n=a_2E^2=\lambda K^2 \tag{4.33}$$

所有材料都具有克尔效应，但并不是所有材料具有普克尔斯效应，只有某些晶体材料具有普克尔斯效应。对于具有普克尔斯效应的材料($a_1\neq0$)，如果在某一方向施加电场 $\boldsymbol{E}$，然后反转电场即施加电场 $-\boldsymbol{E}$，根据式(4.32)，Δn 应该改变符号，也就是说如果施加 $\boldsymbol{E}$ 时折射率增加，则施加 $-\boldsymbol{E}$ 时折射率必然降低，反转电场不应该导致完全相同的效应，材料对 $\boldsymbol{E}$ 和 $-\boldsymbol{E}$ 必须有不同的反应，材料结构必须具有不对称性。对于非晶体材料，由介电性质可知，所有方向是等价的，施加 $\boldsymbol{E}$ 和 $-\boldsymbol{E}$，Δn 相同，因此所有非晶体材料（如玻璃和液体），$a_1=0$。同理，对于具有中心对称的晶体，电场反向效果相同，$a_1=0$。只有具有非中心对称的晶体才具有普克尔斯效应，如中心对称的 NaCl 晶体没有普克尔斯效应，而非中心对称的 GaAs 晶体具有普克尔斯效应。

4.5.2　普克尔斯效应

式(4.32)表达的普克尔斯效应过于简单化，实际上还得考虑沿特定晶体方向施加的外电场对具有特定传播方向和偏振方向光波折射率的影响。假定 x、y、z 轴是晶体的主轴，沿这些方向的折射率分别为 n_1、n_2、n_3，对于光学各向同性晶体，n_1、n_2、n_3 相同，而对于单轴晶体，$n_1=n_2\neq n_3$，如图 4.21(a)所示。假定在晶体上施加一适当的电场，即沿 z 轴施加直流电场 $\boldsymbol{E}_a$，由于普克尔斯效应，电场将改变光学指示线，变化情况取决于晶体结构。例如，像 GaAs 这样具有球形光学指示线的各向同性晶体变为双折射晶体，像 KDP(KH_2PO_4，磷酸二氢钾)这样的单轴晶体变为双轴晶体。对于 KDP，沿 z 轴的电场 $\boldsymbol{E}_a$ 使主轴 x、y 绕 z 轴旋转了 45°，同时改变了主折射率的大小，新的主轴为 x' 和 y'，新的主折射率为 n'_1 和 n'_2，即光率体截面为椭圆，如图 4.21(b)所示。对于另一很重要的单轴晶体 $LiNbO_3$，沿 y 轴方向的电场 $\boldsymbol{E}_a$ 并不使主轴发生明显的旋转，但改变了主折射率的大小，由 $n_1=n_2=n_o$ 变为 $n'_1\neq n'_2$，如图 4.21(c)所示。

下面以 $LiNbO_3$ 晶体为例，光波沿 z 轴（光轴）方向传播，未加电场时，不管偏振方向如何，光波经历同一折射率($n_1=n_2=n_o$)，如图 4.21(a)所示。然而，当施加平行于 y 轴方向的电场 $\boldsymbol{E}_a$ 时，光波以两偏振方向平行于 x、y 轴方向的正交偏振光传播，其折射率为分别为 n'_1 和 n'_2，外加电场使得沿 z 轴方向传播的光波发生双折射。外加电场导致的主轴的旋转虽然存在，但很小，可以忽略。施加电场 $\boldsymbol{E}_a$ 之前，折射率 $n_1=n_2=n_o$；施加 $\boldsymbol{E}_a$ 后，根据普克尔斯效应，n'_1 和

n'_2 分别为

$$n'_1 \approx n_1 + \frac{1}{2} n_1^3 r_{22} E_a \quad n'_2 \approx n_2 - \frac{1}{2} n_2^3 r_{22} E_a \tag{4.34}$$

式中：r_{22} 是常数，称为普克尔斯系数，其大小取决于晶体结构和材料。

r_{22} 中不同寻常的下标意味着像这样的常数不止一个，它们都是一个张量的元素，这个张量代表了沿特定方向施加电场时晶体的光学反应（精确的理论相当数学化，不直观）。计算给定晶体和给定电场方向的折射率变化时，得选用正确的普克尔斯系数。如果电场沿 z 轴方向，则式(4.34)中普克尔斯系数为 r_{13}。

很明显，通过外加电场（即电压）可以控制折射率，从而控制或调制光通过晶体时的相位变化，这样的相位调制器称为普克尔斯元件。当外加电场方向与光波传播方向一致时，称为纵向普克尔斯相位调制器；当外加电场方向与光波传播方向成横向时，称为横向普克尔斯相位调制器。当光波沿 z 轴方向传播时，图 4.21(b)和 4.21(c)所示的分别为纵向和横向调制。

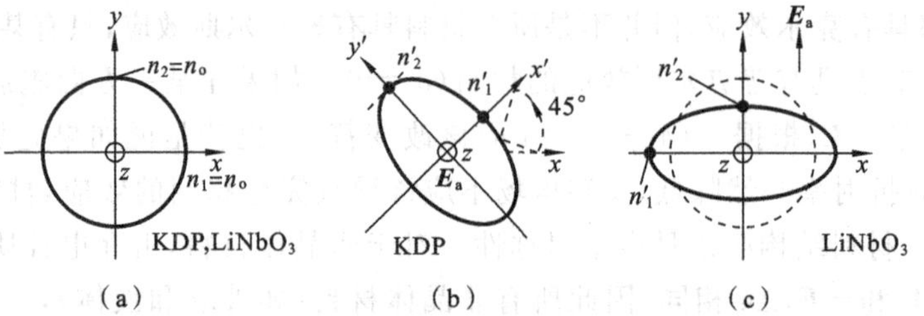

图 4.21　普克尔斯相位调制

图 4.21(a)所示的为在没有外加电场时的光率体截面，$n_1 = n_2 = n_o$；图 4.21(b)所示的为在有外加电场时的光率体截面，在 KDP 晶体中，主轴偏转了 45°成为 x' 和 y'，n_1 和 n_2 分别变成 n'_1 和 n'_2；图 4.21(c)所示的为 $LiNbO_3$ 晶体中沿 y 轴方向的外加电场使光率体产生变化的情况，n_1 和 n_2 分别变成 n'_1 和 n'_2。

考虑图 4.22 所示的横向相位调制器，外加电场 $E_a = V/d$ 平行于 y 轴方向，正交于光的传播方向（z 轴）。假定入射光束是线偏振的（表示为 $\boldsymbol{E}$），$\boldsymbol{E}$ 与 y 轴成 45°角，可以用沿 x 和 y 轴的两个偏振分量 $\boldsymbol{E}_x$ 和 $\boldsymbol{E}_y$ 来代表 $\boldsymbol{E}$，$\boldsymbol{E}_x$ 和 $\boldsymbol{E}_y$ 经历的折射率分别为 n'_1 和 n'_2。当 $\boldsymbol{E}_x$ 走过距离 L 时，其相位变化 ϕ_1 为

$$\phi_1 = \frac{2\pi n'_1}{\lambda} L = \frac{2\pi L}{\lambda} \left(n_o + \frac{1}{2} n_o^3 r_{22} \frac{V}{d} \right)$$

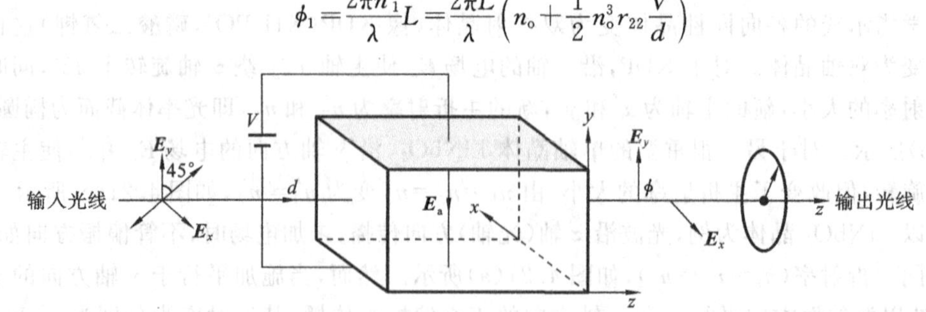

图 4.22　横向普克尔斯相位调制器

当 $\boldsymbol{E}_y$ 走过距离 L 时，其相位变化 ϕ_2 表达式与上式相同，只有 r_{22} 的改变符号。因此，$\boldsymbol{E}_x$ 和 $\boldsymbol{E}_y$ 之间的相位差 ϕ 为

$$\phi=\phi_1-\phi_2=\frac{2\pi}{\lambda}n_o^3 r_{22}\frac{L}{d}V \tag{4.35}$$

因此，外加电压在两光场分量之间引入了可调的相位差 ϕ，输出光波的偏振状态可由外加电压控制，这时普克尔斯元件就是一个偏振调制器。通过简单地调整 V，就可使介质从 1/4 波片变为半波片。$\phi=\pi$ 时对应的电压称为半波电压 $V_{\lambda/2}$，$V=V_{\lambda/2}$ 时介质就是一个半波片。横向普克尔斯调制器的优点是，可以独立地降低 d（从而增加电场）和增加 L，从而产生更大的相位差（ϕ 正比于 L/d）。而纵向普克尔斯调制器就不能这样。如果 L 和 d 相同，典型的 $V_{\lambda/2}$ 值是几千伏，但是通过调整 d/L 使 d/L 远小于 1，则容易使 $V_{\lambda/2}$ 降到实际可行的值。

从图 4.22 所示的相位调制器出发可构建一个强度调制器。如图 4.23 所示，在相位调制器之前和之后插入一起偏器 P 和一检偏器 A，使 P 和 A 正交，即 P 和 A 的透光轴成 90°角，P 的透光轴与 y 轴成 45°角（A 的透光轴也与 y 轴成 45°角），这样进入晶体的光 $\boldsymbol{E}_x$ 和 $\boldsymbol{E}_y$ 分量相等。未施加电压时，两分量以相同的折射率传播，从晶体输出的光与输入的光相同，因 A 和 P 正交，故在检测器处无光波。

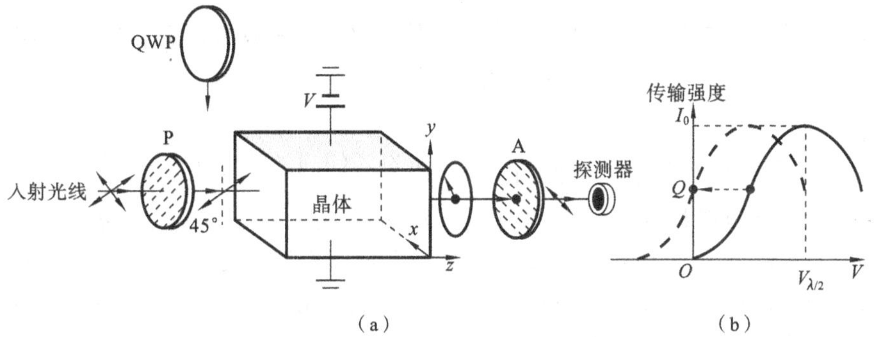

图 4.23　横向普克尔斯强度调制器工作原理

(a) 横向普克尔斯强度调制器；(b) 透射强度与外加电压之间的特性曲线

施加电压时，两分量之间产生相位差 ϕ，离开晶体时光波为椭圆偏振光，因此沿 A 的透光轴存在一光场分量，一部分光可透过 A 到达检测器，透过光的强度取决于外加电压 V。在 A 处的两光场分量不同步，相位差为 ϕ，我们必须求出总场 $\boldsymbol{E}$ 及其沿 A 透光轴的分量。假定 E_0 为光入射到晶体表面时的振幅，则沿 x 和 y 轴的振幅均为 $E_0/\sqrt{2}$（注意 $\boldsymbol{E}_x$ 沿 $-x$ 轴方向）。检偏器 A 处的总光场为

$$E=-\frac{E_0}{\sqrt{2}}\cos(\omega t)\bar{x}+\frac{E_0}{\sqrt{2}}\cos(\omega t+\phi)\bar{y}$$

每一分量只有其中的 cos45°透过 A，可将 $\boldsymbol{E}_x$ 和 $\boldsymbol{E}_y$ 沿 A 的透光轴分解，然后再相加，利用三角恒等式，可求出从 A 出射的光场为

$$E=E_0\sin\left(\frac{1}{2}\phi\right)\sin\left(\omega t+\frac{1}{2}\phi\right)$$

检偏器检测到的光束强度 I 为

$$I=I_0\sin^2\left(\frac{1}{2}\phi\right) \tag{4.36a}$$

或

$$I=I_0\sin^2\left(\frac{\pi}{2}\cdot\frac{V}{V_{\lambda/2}}\right) \tag{4.36b}$$

式中：I_0 为满透过时的光强。

外加电压 V 等于半波电压 $V_{\lambda/2}$ 时，$I=I_0$ 时为满透过。强度调制器的透光特性如图 4.23 所示。在数字电子技术中，可使用光脉冲，解决透光强度 I 与 V 之间非线性关系的问题。如果要获得 I 与 V 之间的线性调制，必须对调制器进行偏置，使曲线维持在半高强度处的表观线性区域，在起偏器 P 之后插入一 1/4 波片即可实现这一目标。1/4 波片提供了圆偏振光输入，这意味着在外加电压之前，ϕ 已经移动了 $\pi/2$，然后根据外加电压的符号，ϕ 或增加或降低。新的透光特性用虚线示于图 4.23(b)中，通过光学偏置可有效地使调制器工作于 Q 点附近的线性区域(如果 1/4 波片不是插在 P 之后而是插在 A 之前，效果怎样?)。

［**例 4.4**］ 图 4.22 所示的横向 $LiNbO_3$ 相位调制器工作在 1.3 μm 真空波长下，如果外加电压为24 V时通过晶体后两光场分量之间的相位差 ϕ 为 π(半波长)，则晶体的纵横比 d/L 是多少?(用表 4.1 中的数据)

解 图 4.22 中，$V=V_{\lambda/2}=24$ V 时，场分量 $\boldsymbol{E}_x$ 和 $\boldsymbol{E}_y$ 之间的相位差 $\phi=\pi$，代入式(4.35)有

$$\phi=\frac{2\pi}{\lambda}n_o^3 r_{22}\frac{L}{d}V_{\lambda/2}=\pi$$

$$\frac{d}{L}=\frac{2\pi}{\phi\cdot\lambda}n_o^3 r_{22}V_{\lambda/2}=\frac{2\pi}{\pi\times(1.3\times10^{-6})}\times2.2^3\times(3.4\times10^{-12})\times24=1.3\times10^{-3}$$

在图 4.22 所示的调制器中，外加电场沿 y 轴方向，光波沿 z 轴方向传播。如果让外电场沿 z 轴方向，让光波沿 y 轴方向传播，则相关的普克尔斯系数要大得多，对应的 d/L 为 10^{-2} 左右。不能任意设定 d/L 值，因为 d 值过小，光波会发生衍射，从而阻止光波通过器件。在制备光集成器件时，实际可行的 d/L 为 $10^{-3}\sim10^{-2}$。

4.5.3 克尔效应

对一光学各向同性材料如玻璃或液体施加很大的电场，折射率的变化源于克尔效应，即二次电光效应。如图 4.24(a)所示，设定外加电场 $\boldsymbol{E}_a$ 的方向为直角坐标系中的 z 轴方向。外加电场使组成原子或分子中的电子(包括共价键中的价电子)运动变形，这样光波中的电场使电子沿外加电场方向发生位移变得比较困难。沿 z 轴方向偏振的光波将经历较小的折射率，折射率从原先未加电场时的 n_o 降为 n_e，而偏振方向与 z 轴正交的光波折射率不变，仍为 n_o。因此，外加电场诱导产生了双折射，光轴平行于外加电场方向，材料对于偏离 z 轴方向传播的光波具有双折射作用。

基于普克尔斯效应的偏振调制器和强度调制器概念均可延伸到克尔效应。图 4.24(b)所示的为基于克尔效应的相位调制器，沿 z 轴方向的外加电场诱导产生了平行于 z 轴方向的折射率 n_e，而沿 x 轴方向的折射率仍为 n_o。光场分量 $\boldsymbol{E}_x$ 和 $\boldsymbol{E}_z$ 以不同的速度在材料中传播，出射时产生相位差 ϕ，出射光为椭圆偏振光。因为是二次效应，克尔效应较小，克尔相位调制器必须使用很高的电场。克尔效应的优点是，所有材料包括玻璃和液体，均具有克尔效应，并且

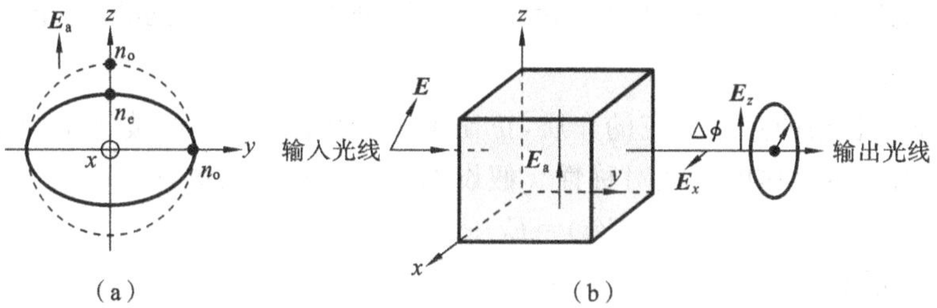

图 4.24　克尔效应及相位调制器

(a) 克尔效应；(b) 克尔盒相位调制器

在固体材料中克尔效应响应时间非常短，远小于纳秒，因此，克尔调制器的调制频率可以非常高(数量级为 GHz)。

如果 $\boldsymbol{E}_a$ 是外加电场，沿外加电场方向偏振的光波折射率变化为

$$\Delta n=\lambda K E_a^2 \tag{4.37}$$

式中：K 为克尔系数。

根据式(4.37)可求出电场诱导的相位差 ϕ 及相关的外加电压。

表 4.2 列出了不同材料的普克尔斯系数和克尔系数。克尔效应也可发生在各向异性晶体中，但各向异性晶体的克尔效应不能简单地用一个克尔系数 K 来描述。

表 4.2　不同材料的普克尔斯系数(r)和克尔系数(K)

材　料	分　类	折 射 率	$r/(10^{-12}\,\mathrm{m/V})$	$K/(\mathrm{m/V^2})$	说　明
$LiNbO_3$	单轴晶体	$n_o=2.272$ $n_e=2.187$	$r_{13}=8.6$；$r_{33}=30.8$； $r_{22}=3.4$；$r_{51}=28$		$\lambda=500$ nm
KDP	单轴晶体	$n_o=1.512$ $n_e=1.470$	$r_{41}=8.8$；$r_{63}=10.6$		$\lambda=546$ nm
GaAs	各向同性	$n_o=3.6$	$r_{41}=1.5$		$\lambda=546$ nm
玻璃	各向同性	$n_o=1.5$	0	3×10^{-15}	
硝基苯	各向同性	$n_o=1.5$	0	3×10^{-12}	

克尔效应分为两类：① 低频克尔效应，也称为直流克尔效应，其主要应用于电光调制器；② 高频(如光频)克尔效应，也称为交流克尔效应，其主要应用于非线性光学，即全光相互作用。

在直流克尔效应中，外加电场在缓慢变化(变化的频率比可见光频率小很多)，并且会在介质中产生双折射。折射率的变化正比于外加电场的平方，并且其方向为沿轴方向，平行于或者垂直于外加电场。数学表达式为

$$\Delta n=K\lambda E_{直流}^2 \tag{4.38}$$

其中：Δn 为折射率的变化量；K 为常数；λ 为介质中的光波长；$E_{直流}$ 为外加直流电场。

介质中的电极化可以表示为如下的场分量的功率系列，即

$$P_l=\varepsilon_0\sum_{j=1}^{3}\chi_{lj}^{(1)}E_j+\varepsilon_0\sum_{j=1}^{3}\sum_{k=1}^{3}\chi_{ljk}^{(2)}E_jE_k+\varepsilon_0\sum_{j=1}^{3}\sum_{k=1}^{3}\sum_{m=1}^{3}\chi_{ljkm}^{(3)}E_jE_kE_m+\cdots \tag{4.39}$$

式中：ε_0 为真空电容率；$\chi^{(n)}$ 为介质电极化率的第 n 阶分量；j,k,m 表示沿三个主轴(x,y,z)的矢量分量。

对于具有不可忽略的克尔效应的介质，正比于 $\chi^{(3)}$ 的第三项不可被忽略，而偶数阶项通常会被消除，是因为克尔介质的反演对称性。假设加上一个外部电场，则有

$$E(t)=E_0+\Delta E\cos(\omega t) \tag{4.40}$$

式中：ω 为变化电场的径向频率。

电极化分量(沿 x,y,z 轴)为

$$P=\varepsilon_0(\chi^{(1)}+3\chi^{(3)}|E_0|^2)\Delta E\cos(\omega t)=\varepsilon_0\chi\Delta E\cos(\omega t) \tag{4.41}$$

这个方程适用于各个 χ 分量都相等介质中。因此，由于折射率 n 与电介质常数有关，则有

$$n=\sqrt{1+\chi}=\sqrt{1+\chi^{(1)}+3\chi^{(3)}|E_0|^2}=\sqrt{1+\chi^{(1)}}\cdot\sqrt{1+\frac{3\chi^{(3)}|E_0|^2}{1+\chi^{(1)}}} \tag{4.42}$$

因为 $\chi^{(1)}\gg\chi^{(3)}$，可以对方程(4.42)的平方根进行泰勒展开：

$$n\approx\sqrt{1+\chi^{(1)}}\cdot\sqrt{1+\frac{3\chi^{(3)}|E_0|^2}{1+\chi^{(1)}}}=n_0+\frac{3\chi^{(3)}}{2n_0}|E_0|^2 \tag{4.43}$$

式中，n_0 为未加外电场时介质的折射率，即

$$n_0=\sqrt{1+\chi^{(1)}} \tag{4.44}$$

因此，折射率的变化量确实正比于直流电场的平方。

产生双折射会使入射光的偏振发生旋转。如果材料被置于两个正交偏振片中，极化调制就会变成振幅调制，这是基于克尔效应的电光调制器的一个重要物理原理。将克尔介质用作电光调制的一个例子就是锆钛酸铅镧。克尔效应的调制频率高达几吉赫兹，但是，因为 K 很小，要获得高对比度调制需要很高的电场。因此，在很多情况下，电容是工作速率的主要限制。

在光学频率范围内，假设 $E=E_0\cos(\omega t)$，其中 ω 为光辐射频率，由方程(4.41)可以推导出

$$P=\varepsilon_0\left(\chi^{(1)}+\frac{3}{4}\chi^{(3)}|E_0|^2\right)E_0\cos(\omega t)=\varepsilon_0\chi E_0\cos(\omega t) \tag{4.45}$$

则有

$$n\approx\sqrt{1+\chi^{(1)}}\cdot\left[1+\frac{3\chi^{(3)}|E_0|^2}{8(1+\chi^{(1)})}\right]=n_0+\frac{3\chi^{(3)}}{8n_0}|E_0|^2=n_0+\frac{3\chi^{(3)}}{8n_0}I \tag{4.46}$$

式中：I 为光强度。

这个效应可以用来制备全光逻辑门以及其他信息处理器件。

[例 4.4] 图 4.24 所示的克尔效应相位调制器中，玻璃长方体厚度 d 为 100 μm，长度 L 为 20 mm，入射光波偏振方向平行于外加电场 $\boldsymbol{E}_a$(沿 z 轴)。要产生 π(半波长)的相位变化，外加电压是多少？

解　光场 $\boldsymbol{E}_z$ 的相位变化 ϕ 为

$$\phi=\frac{2\pi\Delta n}{\lambda}L=\frac{2\pi\lambda KE_a^2}{\lambda}L=\frac{2\pi LKV^2}{d^2}$$

因为 $\phi=\pi$，故 $V=V_{\lambda/2}$，有

$$V_{\lambda/2}=\frac{d}{\sqrt{2LK}}=\frac{100\times10^{-6}}{\sqrt{2\times20\times10^{-3}\times3\times10^{-15}}}=9.1\ \text{kV}$$

尽管克尔效应响应速度很快，但成本太高。另外请注意，K 与波长有关，$V_{\lambda/2}$ 也是如此。

4.6　集成光调制器

4.6.1　相位和偏振调制

集成光路是指将不同的光学元器件集成在同一衬底上，就像集成电路中为了实现某一功能将必需的器件集成在同一半导体晶体衬底(芯片)上一样。在同一衬底上实现不同的光互通器件，如激光二极管、波导、分束器、调制器、光电探测器等，具有明显的优势，这样可导致微型化，以及性能和可用性的整体提高。

图 4.25 所示的是一个集成相位调制器，其中内嵌式波导是通过向 $LiNbO_3$ 衬底注入 Ti 原子(Ti 原子的注入可增加折射率)形成的，光波沿 z 轴方向传播，两共平面电极沿着波导走向，在电极间外加调制电压 $V(t)$。$V(t)$ 可产生横向电场 $\boldsymbol{E}_a$，根据普克尔斯效应，外电场使器件产生折射率变化和电压有关的相位变化。可以用两正交模，即沿 x 轴方向的 $\boldsymbol{E}_x$ 和沿 y 轴方向的 $\boldsymbol{E}_y$ 来代表沿波导传播的光波，这两正交模经历相反对称的相位变化。$\boldsymbol{E}_x$ 和 $\boldsymbol{E}_y$ 之间的相位差 ϕ 一般由式(4.35)给出，但是这里，在电极间的外电场不均匀，而且并不是全部电场线位于波导内，电光效应只发生在外电场和光场的空间重叠区域，考虑到这些因素，在式(4.35)中引入系数 Γ，相位差 ϕ 可写为

$$\phi=\Gamma\frac{2\pi}{\lambda}n_o^3r_{22}\frac{L}{d}V \tag{4.47}$$

对于这一类型的不同集成调制器，一般 $\Gamma=0.5\sim0.7$。由于相位差取决于 V 和 L 的乘积，可引入一个器件比较参数，即相位差为 π(半波长)时 V 与 L 的积 $V_{\lambda/2}L$。图 4.25 所示的沿 x 轴方向切割 $LiNbO_3$ 晶片，$\lambda=1.5\ \mu m$，$d=10\ \mu m$，其 $V_{\lambda/2}L$ 值约为 35 V·cm，如果一调制器 $L=2$ cm，则其半波电压 $V_{\lambda/2}$ 为 17.5 V。对于沿 z 轴方向切割 $LiNbO_3$ 晶片，光波沿 y 轴方向传播，$\boldsymbol{E}_a$ 沿 z 轴方向传播，由于相对应的普克尔斯系数 r_{13} 和 r_{33} 要比 r_{22} 大得多，所以 $V_{\lambda/2}L$ 要小得多，约为 5 V·cm。

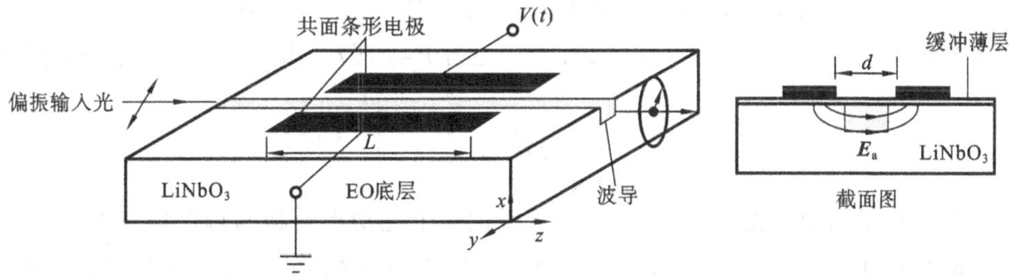

图 4.25　横向克尔集成相位调制器

4.6.2 马赫-曾德(Mach-Zehnder)调制器

外电压导致的相位变化能通过干涉仪转换成振幅变化。干涉仪可使频率相同而相位不同的两光波发生干涉。图 4.26 所示的为集成马赫-曾德光强度调制器,在 $LiNbO_3$ 或其他电光衬底上通过注入法形成单模波导,波导在输入端 C 点分成两支 A 和 B,然后在输出端 D 点并成一支。C 点的分束和 D 点的并束涉及波导的星型联结,理想情况下,光功率在 C 点均分,光场以 $\sqrt{2}/2$ 的系数分到波导 A 和 B 中。两光波在输出端 D 点干涉,输出振幅取决于它们之间的相位差(光程差)。两个背靠背完全相同的相位调制器可以对 A 和 B 的相位进行调制。注意,A 中的外电场方向与 B 中的相反,因而 A 中的折射率变化及相位变化均与 B 中的相反。如果外加电压在 A 中引起的相位变化为 $\pi/2$,则在 B 中引起的相位变化为 $-\pi/2$,A 和 B 之间的相位差为 π,这两光波将在输出端 D 点发生相消干涉,相互抵消,输出光强度为 0。外加电压控制着在输出时两干涉光之间的相位差,因而控制着输出光的强度,但是控制关系不是线性的。

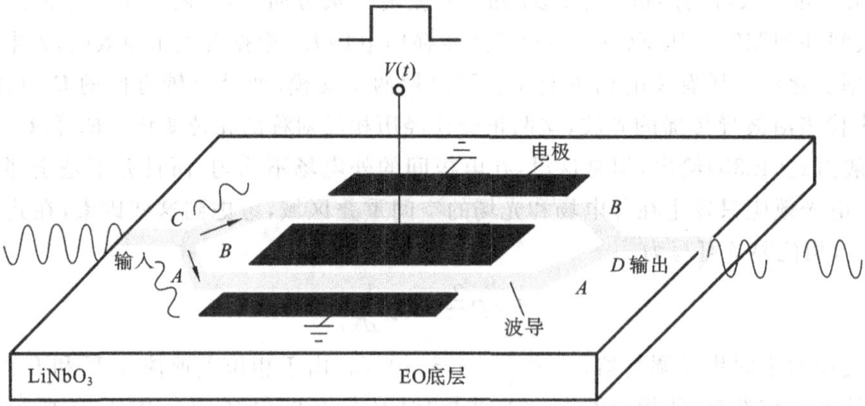

图 4.26 集成横向马赫-曾德光强度调制器

很明显,A 和 B 两波之间的相位差是 A 或 B 中波相位变化 ϕ 的两倍。把输出端 D 点的两波相加即可得到输出光强度。如果 A 为两光波的振幅(假定在 C 处光功率均分),则输出光场为

$$E_{输出} \propto A\cos(\omega t+\phi)+A\cos(\omega t-\phi)=2A\cos\phi\cos(\omega t)$$

输出光功率 $P_{输出} \propto (2A\cos\phi)^2$ 是 ϕ 的函数,记为 $P_{输出}(\phi)$。当 $\phi=0$ 时,$P_{输出}(0)$ 为最大值,因此,

$$\frac{P_{输出}(\phi)}{P_{输出}(0)}=\cos^2\phi \tag{4.48}$$

尽管推导作了简单化处理,但式(4.48)近似代表了光功率转换与调制电压在每一分支波导中产生的相位变化之间的正确关系。当 $\phi=\pi/2$ 时,功率转换为 0,这与我们预期的一样。实际上,由于星型联结损失和不均匀分束,实际性能会偏离理想值:当 $\phi=\pi/2$ 时,A 和 B 两波并不完全相互抵消。

4.6.3　耦合波导调制器

当两平行的光波导 A 和 B 彼此足够靠近时，A 和 B 中与传播模式相关的光电场相互重叠，如图 4.27(a)所示，这意味着光波可从一个波导耦合到另一个波导。下面来定性讨论两波导之间光耦合的性质。假定光波入射到单模波导 A 中，由于两波导之间的距离 d 很小，波导 A 模场渐逝波中的一部分延伸到波导 B，因此部分电磁能从 A 转换到 B。这种能量转换取决于两波导的耦合效率和两波导中模式性质，而这两者又取决于波导几何结构及波导和衬底（充当包层材料）的折射率。

当波导 A 中的光波沿 z 轴方向传播时，它泄漏到 B 中。当在 B 中的模式相位恰当时，转换过来的光波逐渐沿 z 轴方向建立起 B 中的传播模式，如图 4.27(b)所示。同理，如果 A 中模式相位恰当的话，在 B 中沿 z 轴方向传播的光波也能转换回到 A 中。两波导之间能量能来回转换的条件是两波导中模式同步，从而允许转换过来的振幅沿 z 轴方向逐渐建立起来。如果两模式不同步，则转换到一个波导中的光波不能相互加强，耦合效率低。假定 β_A 和 β_B 分别为 A 和 B 中基模的传播常数，则沿 z 轴方向每单位长度存在着相位不匹配 $\Delta\beta=\beta_A-\beta_B$，两波导之间的能量转换效率取决于这一相位不匹配。如果相位不匹配 $\Delta\beta=0$，那么能量全部从 A 转换到 B，则要求一耦合距离 L_0，L_0 称为转换距离，如图 4.27(b)所示。转换距离取决于两波导之间的耦合效率 C，而 C 又取决于波导的几何结构及折射率，C 取决于模场 $\boldsymbol{E}_A$ 和 $\boldsymbol{E}_B$ 的重叠程度，如图 4.27(a)所示。理论证明，L_0 反比于 C，且 $L_0=\pi/C$。

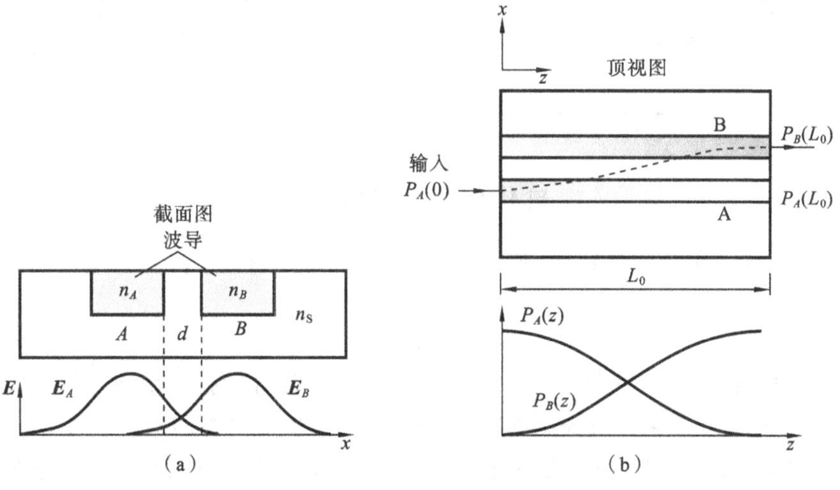

图 4.27　耦合波导调制器原理图

在没有不匹配的情况下，$\Delta\beta=0$，能量在 L_0 范围内全部转换。如果有不匹配 $\Delta\beta$，则在 L_0 范围内转换的功率比是 $\Delta\beta$ 的函数。如果 $P_A(z)$ 和 $P_B(z)$ 分别代表波导 A 和 B 中 z 处的光功率，则

$$\frac{P_B(L_0)}{P_A(0)}=f(\Delta\beta) \tag{4.49}$$

该函数如图 4.28 所示，函数在 $\Delta\beta=0$ 处有最大值，然后在 $\Delta\beta=\pi\sqrt{3}/L_0$ 处降为 0。如果通过外加电场调制波导折射率，使得相位不匹配 $\Delta\beta=\pi\sqrt{3}/L_0$，则可阻止光功率从 A 转换

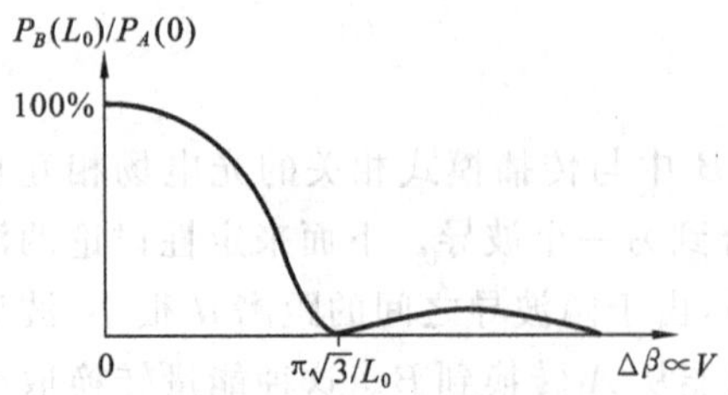

图 4.28　经过传输长度 L_0 之后波导 A 和 B 的透射功率之比

到 B。

图 4.29 所示的为一个集成定向耦合器。两个通过注入形成的对称波导 A 和 B 在转换距离 L_0 内耦合，在它们上面加上电极。未加电场时，$\Delta\beta=0$（没有不匹配），能量从 A 全部转换到 B。如果在电极间加上电压，则两波导经历相反方向的电场 $\boldsymbol{E}_a$ 和相反方向的折射率变化。假定 n 为两波导折射率，Δn 为每一波导中由普克尔斯效应导致的折射率变化，则两波导之间折射率变化之差 Δn_{AB} 为 $2\Delta n$，取一级近似 $E_a=V/d$，相位不匹配 $\Delta\beta$ 为

$$\Delta\beta=\Delta n_{AB}\left(\frac{2\pi}{\lambda}\right)\approx 2\left(\frac{1}{2}n^3 r\frac{V}{d}\right)\left(\frac{2\pi}{\lambda}\right)$$

式中：r 为对应的普克尔斯系数。

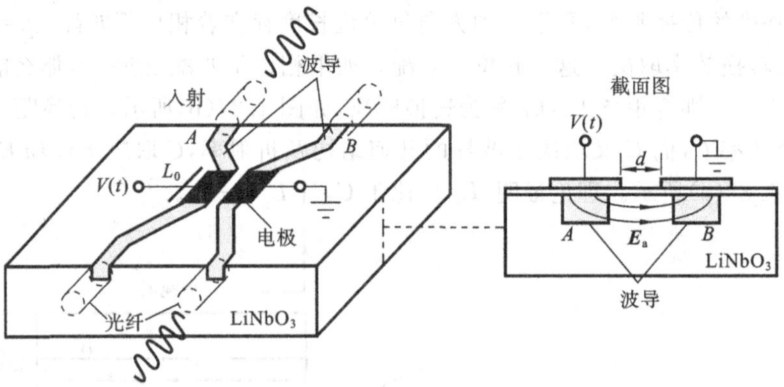

图 4.29　集成定向耦合器

令 $\Delta\beta=\pi\sqrt{3}/L_0$，阻止能量转换，则对应的开关电压 V_0 为

$$V_0=\frac{\sqrt{3}\lambda d}{2n^3 rL_0} \tag{4.50}$$

由于 L_0 反比于耦合效率 C，因此，波长一定时，V_0 取决于波导的折射率和几何结构。

[例 4.6]　两个内嵌在衬底如 $LiNbO_3$ 上的光波导相互耦合，如图 4.29 所示，转换距离 $L_0=10$ mm，耦合间隔 $d=10$ μm，波导折射率 $n=2.2$，工作波长为 1.3 μm，取普克尔斯系数 $r=10^{-11}$ m/V，则开关电压是多少？

解　用式(4.50)可求出开关电压为

$$V_0=\frac{\sqrt{3}\lambda d}{2n^3 rL_0}=\frac{\sqrt{3}\times 1.3\times 10^{-6}\times 10\times 10^{-6}}{2\times 2.2^3\times 10^{-11}\times 10\times 10^{-3}}\ \text{V}=10.6\ \text{V}$$

4.7　声光调制器

晶体中的诱导应变(S)会改变其折射率 n，这种现象称为光弹性效应。诱导应变改变了晶

体的密度，使化学键及电子轨道变形，从而导致折射率 n 发生变化。$1/n^2$ 的变化与诱导应变 S 成正比，比例系数 p 称为光弹系数，即

$$\Delta\left(\frac{1}{n^2}\right)=pS \tag{4.51}$$

实际关系并不像式(4.51)那样简单，得考虑沿晶体中某一方向的 S 对特定传播方向和偏振方向光波的折射率的影响，实际关系是张量关系。

在压电晶体如 $LiNbO_3$ 的表面附上叉指电极，再施加射频(RF)调制电压，可在晶体表面产生行声波或行超声波，如图 4.30 所示。通过施加外电场在晶体中产生应变的现象称为压电效应。因此，在电极间外加的调制电压将通过压电效应产生表面声波(SAW)，声波通过晶体表面的膨胀和收缩来传播，晶体表面膨胀和收缩将导致密度周期性变化，从而导致折射率发生与声波同步的周期性变化。换句话说，由于光弹性效应，应变 S 的周期性变化导致折射率 n 的周期性变化。

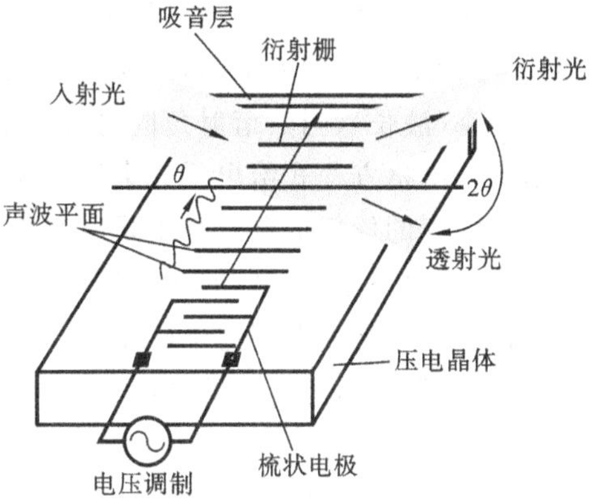

图 4.30　声光调制器

如图 4.31 所示，可以简单地把晶体表面折射率看成是最小值 $n_{\min}$ 和最大值 $n_{\max}$ 两个值交替变化的，把入射光束看成是许多平行的相干光波，A 和 B 是其中的两支。A 和 B 在 O 和 O' 处由于折射率变化发生反射，变为 A' 和 B'。如果 A' 和 B' 同步，它们将互相加强，形成衍射光束。假定 Λ 为声波波长(也是折射率边界间的间隔)，则 A' 和 B' 之间的光程差 $PO'Q$ 为 $2\Lambda\sin\theta$，它必须等于光在介质中的波长 λ/n，λ 是真空中波长。因此，要使衍射光束存在，θ 必须满足的条件为

$$2\Lambda\sin\theta=\lambda/n \tag{4.52}$$

满足式(4.52)的 θ 称为布喇格衍射角。入射光的角度 θ 等于布喇格衍射角时，它将发生衍射。

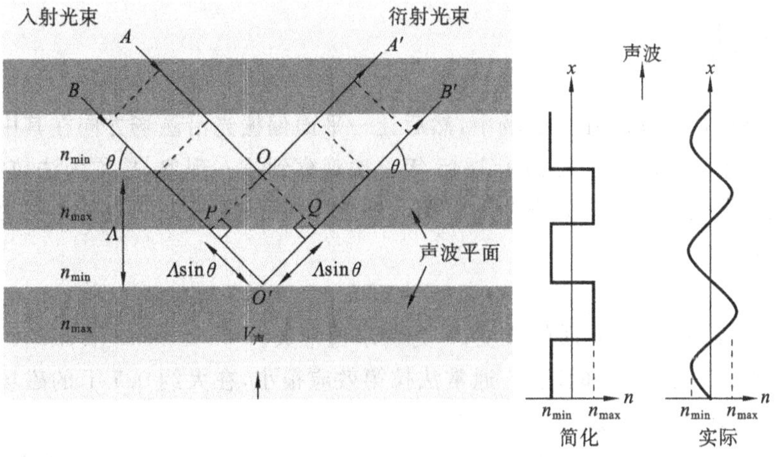

图 4.31　两相干光波的衍射效果图

从式(4.52)可知，通过选择合适的声波波长 Λ，可以让入射光束发生偏转；通过调制声波波长，可以调制衍射角 θ。

假定入射光波的角频率为 ω，行声波的角频率为 Ω。反射光波是一以声波速度 $v_{声波}$ 运动的衍射图案，如图 4.31 所示。由于多普勒(Doppler)效应，衍射光波的频率 ω' 根据行声波的方向稍微增加或降低 Ω，即多普勒频移为 Ω，有

$$\omega'=\omega\pm\Omega$$

如果声波对着入射光波传播，则衍射光波频率上移，即 $\omega'=\omega+\Omega$。如果声波背着入射光波传播，则衍射光波频率下移，即 $\omega'=\omega-\Omega$。很明显，通过调制声波频率(波长)，可调制衍射光波的频率(波长)(当然衍射角同时发生了改变)。

尽管布喇格方程式给出了光束发生偏转入射光角度 θ 应该满足的条件，但它并未给出有关衍射光强度的任何信息。并不是所有光波在 O 和 O' 发生反射，这意味着存在透射光(未偏转光)。在折射率边界反射的光波振幅取决于光弹性产生的折射率变化 Δn，而 Δn 又取决于声波振幅。衍射光强度正比于 $(\Delta n)^2$，从而正比于声波强度。改变射频调制电压，可改变声波强度，从而可调制衍射光波的强度。

[例 4.7] 假设在 $LiNbO_3$ 衬底上产生 250 MHz 的声波，声波速度为 6.57 km/s，对 He-Ne 红激光 $\lambda=632.8$ nm 进行调制。已知折射率约为 2.2，计算声波波长、布喇格衍射角、多普勒频移。

解 声波波长为

$$\Lambda=\frac{v_{声波}}{\Omega}=\frac{6.57\times10^3}{250\times10^6}\ \text{m}=26.3\ \mu\text{m}$$

根据式(4.52)有

$$\sin\theta=\frac{\lambda/n}{2\Lambda}=\frac{632.8\times10^{-9}/2.2}{2\times26.3\times10^{-6}}=0.00547$$

故布喇格衍射角 θ 为 0.31°，偏转角 2θ 为 0.62°。

多普勒频移就是声波频率 250 MHz。

4.8 磁光效应

将非旋光物质如玻璃放在强磁场中，然后让一平面偏振光沿磁场方向在其中传播，结果出射光的偏振面发生了旋转。法拉第于 1845 年首次观察到这一现象，故称为法拉第效应。可通过将物质插入磁螺线管中的方式来施加磁场。感生比旋光能力(θ/L)与外加磁场的大小 B 成正比。旋转角 θ 为

$$\theta=VBL \tag{4.53}$$

式中：B 为磁感应强度；L 为介质的长度；V 为费尔德常数。

费尔德常数取决于介质和波长。通常法拉第效应很小，在大约 0.1 T 的磁场作用下，光波通过 20 mm 长的玻璃杆时旋转角约为 1°。

法拉第效应好像是强磁场使非旋光介质感生了旋光性，但自然旋光性和法拉第效应有明显的不同。法拉第效应中，对于给定的介质(费尔德常数一定)，旋转角 θ 的方向只取决于磁场

B 的方向。V 为正时，平行于 **B** 传播的光波电场 **E** 的旋转方向根据右手螺旋规则确定：右手握住磁螺线管，大拇指指向与 **B** 的方向一致，四指方向为 **E** 的旋转方向，如图 4.32 所示。光波的传播方向并不改变旋转角 θ 的绝对方向，如果把出射光波反射回来通过介质，则旋转角增至 2θ。

光隔离器允许光从一个方向通过而不能从相反方向通过。如图 4.32 所示，通过放置一起偏器和一可使光场旋转 45°的法拉第旋转器，可使光源与任何反射回来的光波分开。反射光波电场将旋转 $2\theta = 90°$，不能通过起偏器返回到光源。一般地，将法拉第介质装入稀土磁环中即可施加磁场。

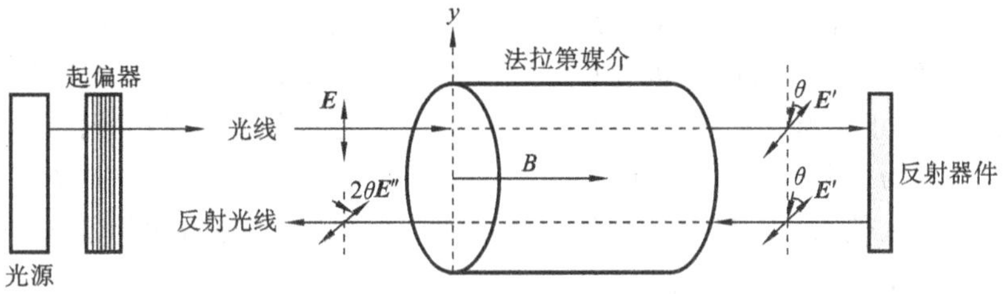

图 4.32　磁光效应示意图

4.9　非线性光学和二次谐波发生

对介电材料施加电场 **E** 会导致原子和分子产生极化，极化强度 **P** 代表每单位体积净诱导偶极矩。对于线性介电介质，极化强度 P 与电场 E 成正比，即 $P = \varepsilon_0 \chi E$，其中 χ 为电偏振率。然而在高电场下线性关系不再成立，**P** 与 **E** 关系偏离线性关系，如图 4.33(a)所示。P 是 E 的函数，可将 P 展开成 E 的幂函数。一般地，诱导极化强度表达为

$$P = \varepsilon_0 \chi_1 E + \varepsilon_0 \chi_2 E^2 + \varepsilon_0 \chi_3 E^3 \tag{4.54}$$

式中：χ_1、χ_2、χ_3 分别是线性、二次、三次极化率。

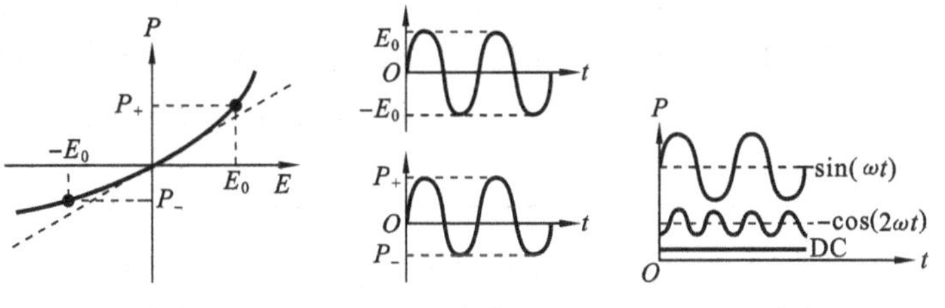

(a)　　(b)　　(c)

图 4.33　光的非线性效应

(a) 非线性介质中诱导偏振与光场的关系；(b) $\pm E_0$ 之间的正弦光场震荡导致 P_+ 和 P_- 之间的偏振；

(c) 在角频率为 ω(基频)、2ω(第二谐波频率)和小的直流组分时，偏振震荡可用正弦震荡表示

更高次项的系数下降很快，式(4.54)中未列出。第二项和第三项的重要性即非线性效应取决于电场强度，当电场非常强(约 10^7 V/m)时，才可观察到非线性效应。如此高的场强要求有很高的光强(约 1000 kW/cm^2)，这不可避免地要使用激光。所有的材料，不管是晶体还是

非晶体，都具有有限的 χ_3 系数。然而只有那些没有对称性的晶体如石英，才具有有限的非零 χ_2 系数，其原因与普克尔斯效应中所分析的类似，这样的晶体也是压电晶体。非线性效应的最重要结果之一是二次谐波发生(SHG)，即当角频率为 ω 的光束通过某一合适的晶体(如石英)时，会产生倍频(频率为 2ω)的光波。二次谐波发生基于 χ_2 有一有限值，且 χ_3 的影响可忽略这一情形。

考虑一频率为 ω 的单色光通过一介质，介质中任何一点处的光场 $\boldsymbol{E}$ 将使介质在同一点处发生与光场振荡同步的偏振，一个振动偶极矩就是一个电磁发射源，这种次生的来自介质中偶极子的电磁发射相互干涉，构成了在介质中传播的波。假定光场在 $\pm E_0$ 之间正弦振荡，则在线性区域(E_0 很小)，P 的振荡也是频率为 ω 的正弦振动，如图 4.33(b)所示。

如果电场强度足够大，则诱导极化强度 P 将不是图 4.33(a)所示的线性关系，不会以 4.33(b)所示的简单正弦形式振荡。这时 P 在 P_+ 和 P_- 之间发生不对称振荡，偶极矩 P 的振荡将不仅产生频率为 ω 的波，还产生频率为 2ω 的波，而且还有一直流分量(光波被“整流”了，产生了一较小的永久偏振)。基频 ω 分量、二次谐波 2ω 分量及直流分量如图 4.33(c)所示。

如果把光场 E 写成 $E=E_0\sin(\omega t)$，并把它代入式(4.54)，忽略 χ_3 项，经三角运算后可求出感生 P 为

$$P=\varepsilon_0\chi_1 E_0\sin(\omega t)-\frac{1}{2}\varepsilon_0\chi_2 E_0\cos(2\omega t)+\frac{1}{2}\varepsilon_0\chi_3 E_0 \tag{4.55}$$

式中：第一项为基频波；第二项为二次谐波；第三项为直流分量。

局部偶极矩的二次简谐振荡在晶体中产生了二次简谐次波，可以这样认为，这些次波将相长干涉，产生二次谐波光束，就像基频次波相互干涉产生传播的基波光束一样。然而晶体对于频率为 ω 和 2ω 的波通常具有不同的折射率 $n(\omega)$ 和 $n(2\omega)$，这就意味着 ω 波和 2ω 波将以不同的相速度 v_1 和 v_2 传播。基频波在晶体中传播，沿着它的路径产生二次谐波 S_1、S_2、S_3 等，如图 4.34 所示。当 S_2 产生时，S_1 必须同步到达那里，这意味着 S_1 必须具有与基波相同的传播速度。依此类推，S_2、S_3 等也必须具有与基波相同的传播速度。很明显，只有这些 2ω 波同步，即它们和基频波以相同的速度传播时，它们才能相长干涉形成二次谐波光束；否则 S_1、S_2、S_3 等将最终不同步并相互抵消，结果是没有二次谐波光束或二次谐波光束很弱。为了产生二次谐波光束，二次谐波和基波必须以相同的相速度传播，这一条件称为相位匹配。相位匹配要求 $n(\omega)=n(2\omega)$。对于大多数晶体而言，这是不可能的，因为 n 具有色散性，n 与频率(波长)有关。

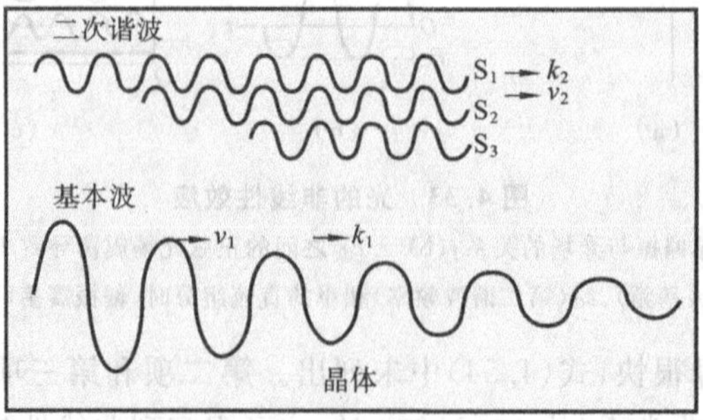

图 4.34　二次谐波

如果重新回到极化密度和电场的关系式，即

$$P_j^{(\omega)} = \sum_l \varepsilon_0 \chi_{jl} E_l^{(\omega)} \tag{4.56}$$

而磁介质常数 ε 与电介质常数 ε_0 之间的关系为

$$\varepsilon=\varepsilon_0(1+\chi)$$

式中：$\varepsilon_0=8.85\times10^{-12}$ F/m，称为真空中的介电常数。

把电光效应方程代入方程(4.56)中，并采用介电常数和折射率之间的关系有

$$\begin{aligned} P_j^{(\omega)} &= \sum_{k,l} D_{jkl} E_k^{(\mathrm{DC})} E_l^{(\omega)} \\ \Delta\left(\frac{1}{n^2}\right)_{j,k,l} &= r_{jkl} E_k^{(\mathrm{DC})} \\ d_{jkl} &= -\frac{\varepsilon_j \varepsilon_l}{2\varepsilon_0} r_{jkl} \end{aligned} \tag{4.57}$$

在非线性光学中，直流频率（此种频率的场表示为 $\boldsymbol{E}_k^{(\mathrm{DC})}$）称为光频。

与电场成正比的极化密度部分是线性部分，然而极化密度还包括非线性部分：

$$\boldsymbol{P}=\varepsilon_0\chi\boldsymbol{E}+\boldsymbol{P}_{\mathrm{NL}} \tag{4.58}$$

根据方程(4.58)，其中的非线性部分为

$$P_{\mathrm{NL}} = \sum_{jk} d_{ijk} E_j E_k \tag{4.59}$$

在麦克斯韦方程组中，$\boldsymbol{B}=\mu_r\mu_0\boldsymbol{H}$，其中 μ_r 为相对磁化率，μ_0 为自由空间磁化率（为 1.26×10^{-6} H/m 或者 N/A^2）。在非磁介质（$\mu_r=1$）中，代入 $J=\sigma\boldsymbol{E}$，有

$$\begin{cases} \nabla\times\boldsymbol{H}=\dfrac{\partial}{\partial t}(\varepsilon_0\boldsymbol{E}+\boldsymbol{P})+\sigma\boldsymbol{E} \\ \nabla\times\boldsymbol{E}=-\dfrac{\partial}{\partial t}(\mu_0\boldsymbol{H}) \end{cases} \tag{4.60}$$

其中 σ 为导电率。由最后三个方程得到

$$\nabla^2\boldsymbol{E}=\mu_0\sigma\frac{\partial\boldsymbol{E}}{\partial t}+\mu_0\varepsilon\frac{\partial\boldsymbol{E}}{\partial t}+\mu_0\sigma\frac{\partial^2\boldsymbol{P}_{\mathrm{NL}}}{\partial t^2} \tag{4.61}$$

电场各分量可以表示为

$$\boldsymbol{E}=E_i^{(\omega_1)}\boldsymbol{i}+E_k^{(\omega_2)}\boldsymbol{k}+E_j^{(\omega_3)}\boldsymbol{j}$$

式中：$\boldsymbol{i}$、$\boldsymbol{k}$、$\boldsymbol{j}$ 都是空间轴上的单位矢量。

这三个矢量中的任何一个都可以是 x、y 或 z 轴（因此有可能它们三个中有两个是同一轴），所以

$$\begin{cases} \boldsymbol{E}_i^{(\omega_1)}=\dfrac{1}{2}[\boldsymbol{E}_{1i}(z)\exp(\mathrm{i}\omega_1 t-\boldsymbol{i}k_1 z)+\mathrm{c.c.}] \\ \boldsymbol{E}_k^{(\omega_2)}=\dfrac{1}{2}[\boldsymbol{E}_{2k}(z)\exp(\mathrm{i}\omega_2 t-\boldsymbol{i}k_2 z)+\mathrm{c.c.}] \\ \boldsymbol{E}_j^{(\omega_3)}=\dfrac{1}{2}[\boldsymbol{E}_{3j}(z)\exp(\mathrm{i}\omega_3 t-\boldsymbol{i}k_3 z)+\mathrm{c.c.}] \end{cases} \tag{4.62}$$

其中变量 $k_i=2\pi/\lambda(i=1,2,3)$，它表示不同电场下的波矢，$\lambda$ 为光波长。请注意 c.c. 为复共轭。因此，1、2、3 与频率有关，而 $\boldsymbol{i}$、$\boldsymbol{k}$、$\boldsymbol{j}$ 与极化场有关。

假定共振近似，如

$$(P_{NL})_i^{(\omega_1)} = d'_{ijk}E_jE_k$$
$$= \frac{d'_{ijk}}{4}[E_{3j}(z)\exp(i(\omega_3 t - k_3 z)) + c.c.][E_{2k}(z)\exp(i(\omega_2 t - k_2 z)) + c.c.]$$
$$= \frac{d'_{ijk}}{2}E_{3j}(z)E_{2k}^*(z)\exp[i(\omega_3 - \omega_2)t - i(k_3 - k_2)z] \tag{4.63}$$

根据抛物线近似，有

$$\frac{\partial^2 E_i^{(\omega_1)}(z,t)}{\partial z^2} = \frac{1}{2}\frac{\partial^2}{\partial z^2}\{E_{1i}(z)\exp[i(\omega_{1t} - k_1 z)] + c.c.\}$$
$$= \frac{1}{2}\left[\frac{d^2E_{1i}(z)}{dz^2} - 2ik_1\frac{dE_{1i}(z)}{dz} - k_1^2E_{1i}\right]\exp[i(\omega_1 t - k_1 z)]$$
$$\approx \frac{1}{2}\left[-2ik_1\frac{dE_{1i}(z)}{dz} - k_1^2E_{1i}\right]\exp[i(\omega_1 t - k_1 z)]$$

这就意味着

$$\left|\frac{d^2\boldsymbol{E}(z)}{dz^2}\right| \ll \left|2k\frac{d\boldsymbol{E}(z)}{dz}\right| \ll |k^2\boldsymbol{E}(z)| \tag{4.64}$$

因为 k 的值很大，所以推导出来的第二项可以忽略不计。由以上所有近似，再加上根据方程(4.64)的解的形式有 $\partial/\partial t = -i\omega$，可以得到如下基本方程：

$$\begin{cases}\dfrac{dE_{1i}}{dz} = -\dfrac{\sigma_1}{2}\sqrt{\dfrac{\mu_0}{\varepsilon_1}}E_{1i} - \dfrac{i\omega_1}{2}\sqrt{\dfrac{\mu_0}{\varepsilon_1}}d'_{ijk}E_{3j}E_{2k}^*\exp[-i(k_3 - k_2 - k_1)z] \\ \dfrac{dE_{2k}^*}{dz} = -\dfrac{\sigma_2}{2}\sqrt{\dfrac{\mu_0}{\varepsilon_2}}E_{2k} - \dfrac{i\omega_2}{2}\sqrt{\dfrac{\mu_0}{\varepsilon_2}}d'_{ijk}E_{1j}E_{3j}^*\exp[-i(k_1 - k_3 + k_2)z] \\ \dfrac{dE_{3j}}{dz} = -\dfrac{\sigma_3}{2}\sqrt{\dfrac{\mu_0}{\varepsilon_3}}E_{2j} - \dfrac{i\omega_3}{2}\sqrt{\dfrac{\mu_0}{\varepsilon_3}}d'_{ijk}E_{1i}E_{2k}\exp[-i(k_1 + k_2 - k_3)z]\end{cases} \tag{4.65}$$

其中 k 也可以写成如下等式：

$$k_m = \sqrt{\mu_0\varepsilon_m}\omega_m \quad m = 1,2,3 \tag{4.66}$$

式中：μ_0 为自由空间极化率。

方程(4.65)的解描述了三波相互作用与轴(即对 z 轴)之间的依赖关系。

在这种情况下，有 $\omega_1 = \omega_2, k_1 = k_2, \omega_3 = 2\omega_1$，因此 $E_1 = E_2$。忽略损耗，有

$$\frac{dE_{3j}}{dz} = -\frac{i\omega_3}{2}\sqrt{\frac{\mu_0}{\varepsilon_3}}d'_{ijk}E_{1i}E_{1k}\exp(i\Delta kz) \tag{4.67}$$

其中

$$\Delta k = k_3^{(j)} - k_1^{(i)} - k_1^{(k)} \tag{4.68}$$

输出功率为

$$P^{(2\omega)} = \frac{2}{A}\sqrt{\frac{\varepsilon_3}{\mu_0}}|\boldsymbol{E}_{3j}|^2 \tag{4.69}$$

式中：A 为面积。

假定 $|E_{1i}| = |E_{1k}|$，可以得到转化效率为

$$\eta = \frac{P^{(2\omega)}}{P^{(\omega)}} = \left(\frac{\mu_0}{\varepsilon_0}\right)^{\frac{3}{2}}\frac{\omega^2(d'_{ijk})^2}{\varepsilon_3^{\frac{3}{2}}}L^2\left(\frac{P^{(\omega)}}{A}\right)\text{sinc}^2\left(\frac{\Delta kL}{2}\right)$$

$$=\left(\frac{\mu_0}{\varepsilon_0}\right)^{\frac{3}{2}}\frac{4\omega^2(d'_{ijk})^2}{\varepsilon_3{}^{\frac{3}{2}}\Delta k^2\pi^2}\left(\frac{P^{(\omega)}}{A}\right)\sin\left(\frac{\Delta kL}{2}\right) \tag{4.70}$$

从最后一个方程可以看出，能量效率是一个周期为 L 的函数，其第一最大值的取值点为

$$L_{\max}=\frac{\pi}{\Delta k}=\frac{\pi}{k^{(2\omega)}-2k^{(\omega)}} \tag{4.71}$$

因此，增加晶体的长度很有可能会降低效率。

为了解决效率降低的问题，有人可能会想到准相位匹配，使 $\Delta k=0$。这个匹配可以通过适当地调整光在晶体中的传播方向来达到。例如，前面提到的在一个双轴晶体中有

$$\frac{1}{n_e^2(\theta)}=\frac{\cos^2\theta}{n_o^2}+\frac{\sin^2\theta}{n_e^2} \tag{4.72}$$

其中，θ 是光轴与寻常波一致时光的传播方向与晶体界面（z 轴）之间的角。要达到准相位匹配，也就是要满足

$$n_e^{(2\omega)}(\theta)=n_o^{(\omega)} \tag{4.73}$$

结果为

$$\sin\theta=\sqrt{\frac{(n_o^{(\omega)})^{-2}-(n_o^{(2\omega)})^{-2}}{(n_e^{(2\omega)})^{-2}-(n_o^{(2\omega)})^{-2}}} \tag{4.74}$$

现在定义一个新变量：

$$\begin{cases}A_m=\sqrt{\dfrac{n_m}{\omega_m}}E_m \quad m=1,2,3\\ \kappa=d'_{123}\sqrt{\dfrac{\mu_0}{\varepsilon_0}\dfrac{\omega_1\omega_2\omega_3}{n_1n_2n_3}}\\ \alpha_m=\sigma_m\sqrt{\dfrac{\mu_0}{\varepsilon_m}}\end{cases} \tag{4.75}$$

由此方程(4.65)可转化为

$$\begin{cases}\dfrac{dA_1}{dz}=-\dfrac{\alpha_1}{2}A_1-\dfrac{i}{2}\kappa A_2^*A_3\exp(-i\Delta kz)\\ \dfrac{dA_2^*}{dz}=-\dfrac{\alpha_2}{2}A_2^*+\dfrac{i}{2}\kappa A_1A_3^*\exp(i\Delta kz)\\ \dfrac{dA_3}{dz}=-\dfrac{\alpha_3}{2}A_3-\dfrac{i}{2}\kappa A_1A_2\exp(i\Delta kz)\end{cases} \tag{4.76}$$

在忽略损耗情况下的二次谐波产生，有 $A_1=A_2$、$\alpha_1=\alpha_2$，因此，

$$\begin{cases}\dfrac{dA_1}{dz}=-\dfrac{i}{2}\kappa A_1^*A_3\exp(-i\Delta kz)\\ \dfrac{dA_3}{dz}=-\dfrac{i}{2}\kappa A_1^2\exp(i\Delta kz)\end{cases} \tag{4.77}$$

如果是准相位匹配的话，即 $\Delta k=0$，有

$$\begin{cases}\dfrac{dA_1}{dz}=-\dfrac{i}{2}\kappa A_1^*A_3\\ \dfrac{dA_3}{dz}=-\dfrac{i}{2}\kappa A_1^2\end{cases} \tag{4.78}$$

得到如下解

$$A_3(z)=-\mathrm{i}A_1(0)\tanh\left(\frac{\kappa A_1(0)z}{2}\right) \tag{4.79}$$

则转换效率的表达式为

$$\eta=\frac{P^{(2\omega)}}{P^{\omega}}=\tanh^2\left(\frac{\kappa A_1(0)L}{2}\right) \tag{4.80}$$

请注意这个关系式对光在空间的发散有很强的依赖关系。例如，如果用一个高斯光束代替平面波，微分方程的解会跟方程(4.80)得到的解不一样，即

$$\eta=\frac{P^{(2\omega)}}{P^{(\omega)}}=2\left(\frac{\mu_0}{\varepsilon_0}\right)^{\frac{3}{2}}\left(\frac{P^{(\omega)}}{\pi w_0^2}\right)\left(\frac{\omega^2 d'^2 L^2}{n^3}\right)\mathrm{sinc}^2\left(\frac{\Delta kL}{2}\right) \tag{4.81}$$

其中，w_0 是高斯光束腰部的半径，

$$E^{(\omega)}(r)=E_0\exp\left(\frac{-r^2}{w_0^2}\right) \tag{4.82}$$

二次谐波发生效率取决于相位匹配程度 $n(\omega)=n(2\omega)$。要使 $n(\omega)=n(2\omega)$，一种方法是使用双折射晶体，因为双折射晶体有两种折射率：寻常光 n_o 和非常光 n_e。假定沿与光轴成 θ 角的方向传播时，二次谐波的 n_e 和基频的 n_o 相等，即 $n_e(2\omega)=n_o(\omega)$，这称为折射率匹配，相应的 θ 角称为相位匹配角。这时基波以寻常光传播，二次谐波以非寻常光传播，且两者同步，这样可使二次谐波发生效率达到最大，尽管该效率仍然受式(4.70)中第二项相对于第一项的大小限制。要将二次谐波光束和基波光束分开，必须在输出端使用衍射光栅、棱镜或滤光器，如图4.35所示。相位匹配角 θ 依赖于波长或频率 ω，而且对温度比较敏感。

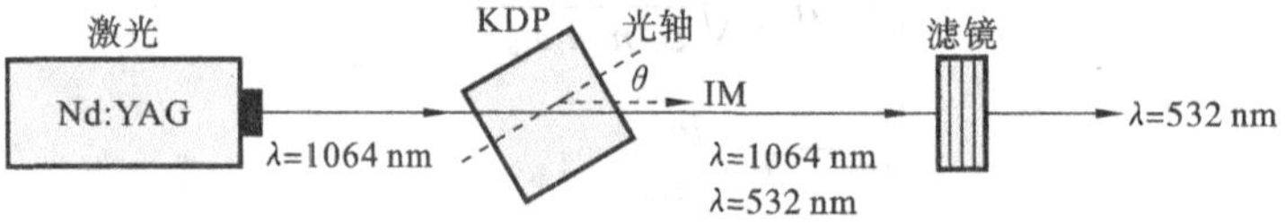

图 4.35 用 KDP(磷酸二氢钾)晶体进行光学倍频的简化示意图

下面通过光子的相互作用来理解二次谐波发生过程，如图 4.36 所示。两个基波光子与偶极矩作用产生一个二次谐波光子。光子动量为 $\hbar k$，能量为 $\hbar\omega$。动量守恒要求

$$\hbar k_1+\hbar k_1=\hbar k_2 \tag{4.83}$$

能量守恒要求

$$\hbar\omega_1+\hbar\omega_1=\hbar\omega_2 \tag{4.84}$$

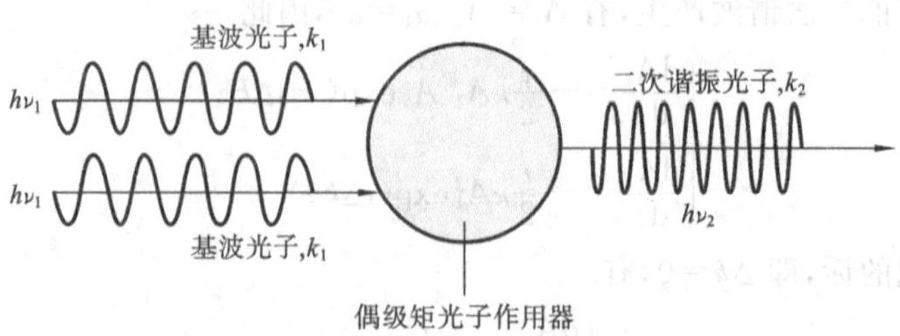

图 4.36 二次谐波产生的光子解释

下标 1 和 2 分别代表基波光子和二次谐波光子，假设作用过程中没有声子(晶格振动)的

产生和吸收。从式(4.84)可知，$\omega_2 = 2\omega_1$，表明二次谐波的频率是基波频率的两倍。从式(4.83)知，$k_2 = 2k_1$，二次谐波的相速度 v_2 为

$$v_2 = \frac{\omega_2}{k_2} = \frac{2\omega_1}{2k_1} = \frac{\omega_1}{k_1} = v_1 \tag{4.85}$$

因此，二次谐波光子和基波光子具有相同的相速度，这与前面用纯波推出的相位匹配条件完全一致。如果 k_2 不是精确等于 $2k_1$，即 $\Delta k = k_2 - 2k_1$ 不为零，也就是说相位不匹配，则二次谐波发生只在有限距离 L_c 内有效，$L_c = \pi/\Delta k$。长度 L_c 实质上是二次谐波的相干长度(它取决于折射率差，有可能相当短，比如为 1～100 μm)。如果晶体尺寸比 L_c 长，则二次谐波之间将随机干涉，二次谐波发生效率将十分低(如果不是零的话)。因此，相位匹配是二次谐波发生的前提。转换效率与激励激光的强度、介质的 χ_2 系数、相位匹配程度有关。经过很好的设计，比如将转换晶体放在激光器本身的谐振动腔中，转换效率也可能很高(高达 70%～80%)。

4.10　拉曼效应

拉曼(Raman)效应只存在于分子(在原子中不存在)、液体或者固体中。通过把正负电荷移向相反的方向来产生辐射偶极子振荡。产生的偶极子力矩为 $\mu = \varepsilon_0 \alpha E$，其中 α 为极化率常数。可以通过泰勒级数在空间定点 x_0 处把 α 展开为

$$\alpha(x) = \alpha_0 + \left.\frac{\partial \alpha}{\partial x}\right|_{x_0}(x - x_0) + \cdots \tag{4.86}$$

而偶极子自身由一个恒量和一个感应量组成，即

$$\begin{aligned} \mu &= \mu_P + \mu_i \\ \mu_p &= \mu_{p0} + \frac{\partial \mu_p}{\partial x}\cdot(x - x_0) \\ \mu_i &= \varepsilon_0 \alpha_0 E + \varepsilon_0\left(\frac{\partial \alpha}{\partial x}\right)\cdot(x - x_0)\cdot E + \cdots\cdots \end{aligned} \tag{4.87}$$

为了理解拉曼效应，我们先来了解一个事实，在极化率函数中散射与傅里叶变换的修正函数成正比。分子或者固体中的光子的振动会调制介电函数或者极化率，并且这种调制是波动的根本来源。根据方程(4.86)，极化率调制可以由下式给出，即

$$\Delta\alpha = \frac{\partial \alpha}{\partial x}\Delta x \tag{4.88}$$

修正函数为

$$G_{rr',tt'} = \left\langle \frac{\partial \alpha(x + x')}{\partial x}\Delta x(t + t')\frac{\partial \alpha^*(x')}{\partial x}\Delta x^*(t')\right\rangle \tag{4.89}$$

其中时间的依赖关系只在通常的坐标里出现，因此就有可能把方程(4.89)分成空间和时间两部分，即

$$G_{rr',tt'} = \left\langle \frac{\partial \alpha(x + x')}{\partial x}\frac{\partial \alpha^*(x')}{\partial x}\right\rangle\left\langle \Delta x(t + t')\Delta x^*(t')\right\rangle \tag{4.90}$$

修正函数中含时间的部分 $G(t)=\langle\Delta x(t+t')\Delta x^*(t')\rangle$是计算散射横截面时最重要的，并且它给出了频率的依赖关系。利用量子谐振器的特性，该式可以简化为

$$G(t)=\frac{\hbar}{2\omega_\sigma}[n(\omega_\sigma)\exp(\mathrm{i}\omega_\sigma t)+(1+n(\omega_\sigma))\exp(-\mathrm{i}\omega_\sigma)t] \tag{4.91}$$

其中根据 Bose-Einstein 统计学，这里的 $n(\omega_s)=\left[\exp\left(\frac{h\omega_s}{2\pi k_B T}\right)-1\right]^{-1}$，它是角频率为 ω_σ 的声子的平均数。拉曼散射横截面的频率依赖关系与时间修正函数的傅里叶变换成正比。结果为

$$\widetilde{G}(\omega_s)=\frac{\hbar}{2\omega_\sigma}[n(\omega_\sigma)\delta(\omega_s-\omega_i-\omega_\sigma)+(1+n(\omega_\sigma))\delta(\omega_s-\omega_i+\omega_\sigma)] \tag{4.92}$$

式中：ω_i 为激发光的角频率；ω_s 为散射光的角频率。

表达式的这两部分代表拉曼散射的反斯托克斯和斯托克斯分支。请注意这两个分支之间的比值与$\frac{1+n(\omega_s)}{n(\omega_s)}$成正比，这就为由拉曼-斯托克斯和反斯托克斯比值测量温度提供了一个可靠的方法。

解释拉曼效应的方法有很多，包括经典的、半经典的和量子的。如果考虑相互作用能的话，就会发现还存在非线性性：

$$\mathcal{H}'=-\mu E \tag{4.93}$$

代入方程(4.87)中得到的表达式有

$$\mathcal{H}'=-\left(\frac{\partial\alpha}{\partial x}\right)_{x_0}\varepsilon_0(x-x_0)E^2 \tag{4.94}$$

这个非线性哈密顿算符是拉曼效应的基础，并且可以推出散射强度与 $\boldsymbol{E}^4$ 之间的依赖关系。这个效应大概地可以用图 4.37 中的四种情况来描述。在图 4.37 中，α 是湮没量子算符，它可以把分子从一个给定的能级态下降。α^+ 是量子产生算符，它可以使分子上到一个更高的能级，即

$$\alpha\alpha^+-\alpha^+\alpha=1$$

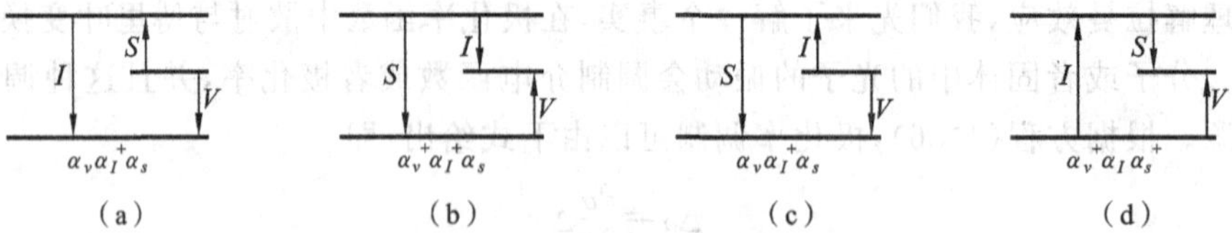

(a)　　(b)　　(c)　　(d)

图 4.37　拉曼效应示意图

(a) 斯托克斯吸收；(b) 反斯托克斯吸收；(c) 反斯托克斯发射；(d) 斯托克斯发射

在图中可假设材料中有两种声子，辐射频率分别为 ω_s 和 ω_l，v 表示分子的振动态。

自发和受激拉曼发射的工作原理与激光的物理基础相似。介质的增益与反转数量成正比。在自发发射中，频率为 ω_s 的声子向所有方向发射，而频率为 ω_l 的泵浦声子吸收的纵向浓度为

$$N_l(z)=N_l(0)\exp\left[-\left(\frac{DP_a n(\omega_l)}{c}\right)z\right]$$

式中：D 为材料的常数；P_a 是原子在一个能级为 a 的更低振动态几率；$n(\omega_l)$ 为频率为 ω_l 时的折射率；c 是光速。

在受激拉曼发射中，增益由同步能级跃迁来获得。所有的偶极子一致地发射就像是一根均匀的天线。在一般的激光系统中，增益与反转数量成正比。这时纵向浓度为

$$N_l(z)=N_l(0)\exp\left[\left(\frac{D(P_a-P_b)n_l n(\omega_l)}{c}\right)z\right]$$

几率分布函数的差可以通过假定其为麦克斯韦一玻尔兹曼分布来求解。P_b 为更高的振动态。

请注意：如果 N_l 比某一常数大，不同频率发射的声子数 N_v 开始迅速增加（直到无限大），它就变成了一个具有放大作用的自发辐射源，直到产生饱和为止，此时简化线性模型不再有效。这种效应称为拉曼参数不稳定。

4.11　光相位共轭

假设一个光场由两种形式的光组成，每个光的辐射频率分别为 ω_1、ω_2，有

$$\begin{aligned}E(\boldsymbol{r},t)&=E_1\cos(\omega_1 t-\boldsymbol{k}_1\cdot\boldsymbol{r})+E_2\cos(\omega_2 t-\boldsymbol{k}_2\cdot\boldsymbol{r})\\&=\left[\frac{E_1\exp(\mathrm{i}\omega_1 t-\boldsymbol{k}_1\cdot\boldsymbol{r})+E_2\exp(\mathrm{i}\omega_2 t-\boldsymbol{k}_2\cdot\boldsymbol{r})}{2}\right]+\mathrm{c.c.}\end{aligned}\tag{4.95}$$

式中：c. c. 表示复共轭；$\boldsymbol{r}$ 为位置矢量；$\boldsymbol{k}$ 为波矢量。

观察第二个非线性项有

$$\begin{aligned}P^{(2)}(\boldsymbol{r},t)&=P_0\exp(\mathrm{i}\omega_3 t-\mathrm{i}\boldsymbol{k}_3\cdot\boldsymbol{r})+\mathrm{c.c.}\\&\propto 2\chi^{(2)}E_1^2+2\chi^{(2)}E_2^2+2\chi^{(2)}E_1E_2\exp[(\mathrm{i}(\omega_1-\omega_2)t)-\mathrm{i}(\boldsymbol{k}_1-\boldsymbol{k}_2)\boldsymbol{r}]\\&\quad+2\chi^{(2)}E_1E_2\exp[\mathrm{i}(\omega_1+\omega_2)t)-\mathrm{i}(\boldsymbol{k}_1+\boldsymbol{k}_2)\boldsymbol{r}]\\&\quad+2\chi^{(2)}E_1^2\exp[\mathrm{i}(2\omega_1)t-\mathrm{i}(2\boldsymbol{k}_1)\cdot\boldsymbol{r}]\\&\quad+2\chi^{(2)}E_2^2\exp[\mathrm{i}(2\omega_2)t-\mathrm{i}(2\boldsymbol{k}_2)\cdot\boldsymbol{r}]+\mathrm{c.c.}\end{aligned}\tag{4.96}$$

因此，在时间域，可以发现产生的辐射频率 ω_3 等于初始频率的两倍。如果两个电场相等，即 $\omega_1=\omega_2$，则出射光频率有一个很强的分量 $\omega_3=2\omega_1$，即所谓的混频。

与动量守恒有关相位匹配条件可以由空间轴中获得，因此产生的波矢 ω_3 也等于初始场波矢的和。因为 $k_3=n(\omega_3)\cdot\omega_3/c$（其中 c 为光速），则相位匹配条件也与折射率 n 的空间依赖性有关。

请注意在这个简单的描述中，只考虑了与 $\chi^{(2)}$ 有关的第二阶非线性项。像 $\chi^{(3)}$ 这样的更高阶非线性项与自相位调制有关。用于光通信的一些类型的全光逻辑门和全光调制器以及波长转换器与这些类型的非线性效应有关。

双光子吸收（TPA）也是一个有趣的效应，通常用于光器件中。假设一个材料如半导体，在这种材料中一个光子的能量不足以产生一个电子-空穴对（使一个电子从价带跃迁到导带），因此那一波长光穿过半导体时，光子就不会被吸收。TPA 效应发生在当两个光子的能量正好可以使一个自由电子发生跃迁的情况下。

在这种情况下，穿过光波导的光满足以下微分方程：

$$\frac{\mathrm{d}I}{\mathrm{d}z}=-\alpha I(z)-\beta I^2(z) \tag{4.97}$$

式中：I 为光强度；α 为波导中的线性吸收系数；β 为 TPA 吸收系数。

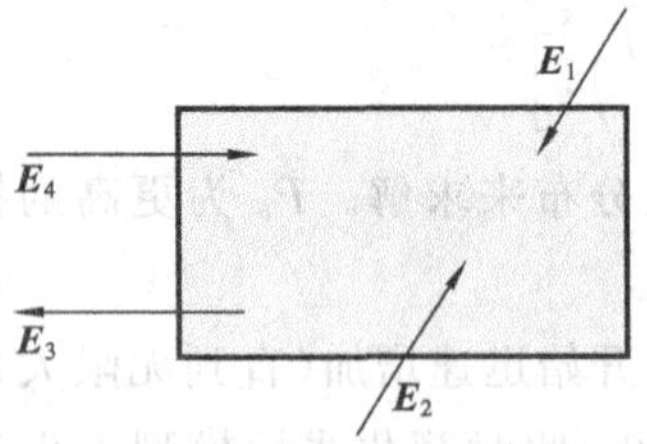

图 4.38　光学相位共轭器的结构示意图

光相位共轭与四波混频有关。出发点就是想获得一个相位共轭，可以通过生成一个有效的“镜子”来把光束反射回原来的位置来表达。此时所有四个频率都是一样的，等于 ω，其中信号 $\boldsymbol{E}_1$ 和 $\boldsymbol{E}_2$ 为泵浦信号；$\boldsymbol{E}_4$ 为输入信号，它与 $\boldsymbol{E}_3$ 相位共轭，如图 4.38 所示。

数学上相位共轭表示为

$$\begin{aligned}E_4&=|E_0|\cos(\omega t-kz+\varphi(r))\\E_3&=|E_0|\cos(\omega t-kz-\varphi(r))\end{aligned} \tag{4.98}$$

式中：$\varphi(r)$ 为共轭的空间相位。

在三波混合中可以得到

$$P_{\mathrm{NL}}\approx\chi_{ijk}^{(2)}E_jE_k \tag{4.99}$$

在四波混频中有

$$P_{\mathrm{NL}}\approx\chi_{mijk}^{(2)}E_iE_jE_k \tag{4.100}$$

如果记

$$E_1(r,t)=\frac{1}{2}A'_1(r)\exp(\mathrm{i}\omega t-k_1r)$$

$$E_2(r,t)=\frac{1}{2}A'_2(r)\exp(\mathrm{i}\omega t-k_2r)$$

$$E_3(r,t)=\frac{1}{2}A'_3(r)\exp(\mathrm{i}\omega t-k_3r)$$

$$E_4(r,t)=\frac{1}{2}A'_4(r)\exp(\mathrm{i}\omega t-k_4r)$$

假设相位匹配，即 $k_1+k_2=0$，并且 $|A'_1|^2$ 和 $|A'_2|^2$ 远大于 $|A'_3|^2$ 和 $|A'_4|^2$，把 E_4 代入波方程有

$$\nabla^2E_4-\mu\varepsilon\frac{\partial^2E_4}{\partial t^2}=\frac{\mu\partial^2P_{\mathrm{NL}}}{\partial t^2}$$

其中，P_{NL} 为极化矢量的非线性部分。在四波混频微分耦合波方程中，与 $k\,\mathrm{d}A'_4/\mathrm{d}z$ 相比忽略 $\mathrm{d}^2A'_4/\mathrm{d}z^2$，有

$$\frac{\mathrm{d}A'_4}{\mathrm{d}z}=-\mathrm{i}\,\frac{\omega}{2}\sqrt{\frac{\mu}{\varepsilon}}\chi^3(|A'_1|^2+|A'_2|^2)A'_4-\mathrm{i}\,\frac{\omega}{2}\sqrt{\frac{\mu}{\varepsilon}}\chi^{(3)}A'_1A'_2A'^*_3 \tag{4.101}$$

方程的解为

$$A'_4=A_4\exp\left[-\mathrm{i}\,\frac{\omega}{2}\sqrt{\frac{\mu}{\varepsilon}}\chi^{(3)}(|A'_1|^2+|A'_2|^2)z\right] \tag{4.102}$$

由此可得到如下耦合方程组

$$\frac{dA_4^*}{dz}=ikA_3$$
$$\frac{dA_3}{dz}=ik^*A_4^* \tag{4.103}$$

其中

$$k=-\frac{\omega}{2}\sqrt{\frac{\mu}{\varepsilon}}\chi^{(3)}A'_1A'_2 \tag{4.104}$$

由上可以推导出下面的方程

$$\frac{d^2A_3}{dz^2}=i|k|^2A_3 \tag{4.105}$$

其解为

$$A_3(z)=\frac{\cos(|k|z)}{\cos(|k|L)}A_3(L)+i\frac{k^*\sin(|k(z-L)|)}{|k|\cos(|k|L)}A_4^*(0)$$
$$A_4(z)=-\frac{k\sin(|k|z)}{|k|\cos(|k|L)}A_3^*(L)+i\frac{\cos(|k|(z-L))}{\cos(|k|L)}A_4(0) \tag{4.106}$$

式中：L 为非线性介质的长度。

Hellwarth 提出四波混频产生相位共轭波。此外，光子回波、等离子体效应、非局域效应、非线性材料表面反射等非线性光学过程也可用于产生光学相位共轭。

光学相位共轭的研究在我国起步较晚，但是因为它有许多令人惊奇的应用前景，在国内越来越多地受到人们的关注。它已经有望在光纤图像传输、相干图像放大、光学滤波、畸变补偿、自适应光学的导向与跟踪、图像处理、相关识别、相关存储、新型光学振荡器的设计、高分辨率成像、光计算、多稳态、多普勒效应、偏振态恢复、光学开关、多通道共轭、多色共轭、饱和光谱学、干涉计量等方面得到应用。

另外，光学相位共轭的概念、技术和基本用途原则上也可用于电磁波谱的其他大多数领域以及声子声波等领域中，所有这些应用都将对有关领域的发展产生巨大的影响。正如前苏联物理学家指出的那样，“光学相位共轭技术的应用范围似乎只受人们想象力的限制”。而利用四波混频的相位共轭技术更是广泛应用于光学干涉计量和信息处理领域中。在干涉计量方面，四波混频相位共轭波被用于迈克尔逊干涉仪、马赫-曾德干涉仪晶体内多光栅反射光波干涉、四波混频无损干涉检测等方法中，而以往的四波混频在空间信息处理中的应用主要类似于全息术中的图像加、减、乘、除、微分、积分、空间卷积和空间相关、强度滤波、边缘增强、动态追迹、二进制信息逻辑运算和数据处理、相干放大以及迭代光学处理等。

4.12　光发射机

光纤通信系统传输的是光信号，作为光纤通信系统的光源，便成为重要的器件之一。它的作用是产生作为光载波的光信号，作为信号传输的载体携带信号在光纤传输线中传送。由于光纤通信系统的传输媒介是光纤，因此作为光源的发光器件，应满足以下要求：① 体积小，与光纤之间有较高的耦合效率；② 发射的光波波长应位于光纤的三个低损耗窗口，即 0.85 μm、1.31 μm 和 1.55 μm 波段；③ 可以进行光强度调制；④ 可靠性高，要求它工作寿命长、工作稳定性好，具有较高的功率稳定性、波长稳定性和光谱稳定性；⑤ 发射的光功率足够高，以便可以传输较远的距离；⑥ 温度稳定性好，即温度变化时，输出光功率以及波长变化应在允许的范围内。

能够满足以上要求的光源一般为半导体发光二极管和激光二极管。目前全光纤激光器作为一种新型的激光器也有望在光纤通信系统中发挥其作用。前者可用于短距离、低容量或模拟系统，其成本低、可靠性高；后者适用于长距离、高速率的系统。在选用时应根据需要综合考虑来决定，因此它们都有自己的优缺点和特性，如表 4-2 所示。

表 4-2　激光二极管和发光二极管性能比较

序号	激光二极管	发光二极管
1	输出光功率较大，几毫瓦到几十毫瓦	输出光功率较小，一般为 1～2 mW
2	带宽大，调制速率高，几百兆赫兹到几十吉赫兹	带宽小，调制速率低，几十兆赫兹到 200 MHz
3	光束方向性强，发散度小	方向性差，发散度大
4	与光纤的耦合效率高，可高达 80%以上	与光纤的耦合效率低，仅百分之几
5	光谱较窄	光谱较宽
6	制造工艺难度大，成本高	制造工艺难度小，成本低
7	在要求光功率较稳定时，需要 APC 和 ATC	可在较宽的温度范围内正常工作
8	输出特性曲线的线性度较好	在大电流下易饱和
9	有模式噪声	无模式噪声
10	可靠性一般	可靠性较好
11	工作寿命短	工作寿命长

根据发光二极管和激光器的性能，在选择光源时应做到技术上合理、经济上合理以及便于应用。

图 4.39 所示的为波长、通信容量、模式以及通信距离四者之间的定性关系。

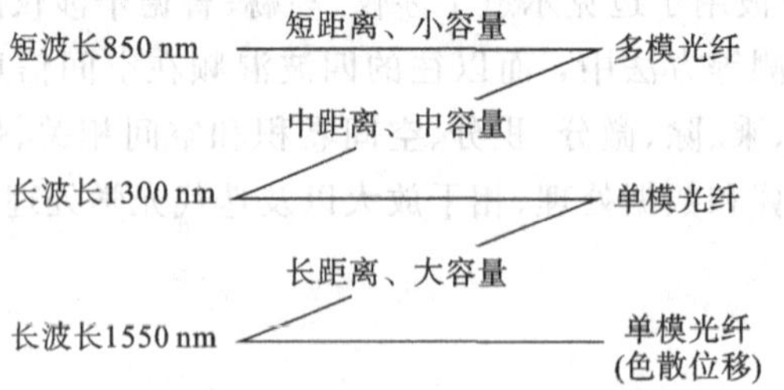

图 4.39　波长、通信容量、模式以及通信距离四者之间的关系图

在光纤通信系统中，由于信息由发光二极管和激光器发出的光波携带，因此光发射机主要由调制电路和控制电路组成，如图 4.40 所示。

在数字通信中，输入电路将输入的脉冲编码调制(PCM)脉冲信号变换成 NRZ/RZ 码后，通过驱动电路调制光源(直接调制)，或送到光调制器调制光源输出的连续光波(外调制)。对

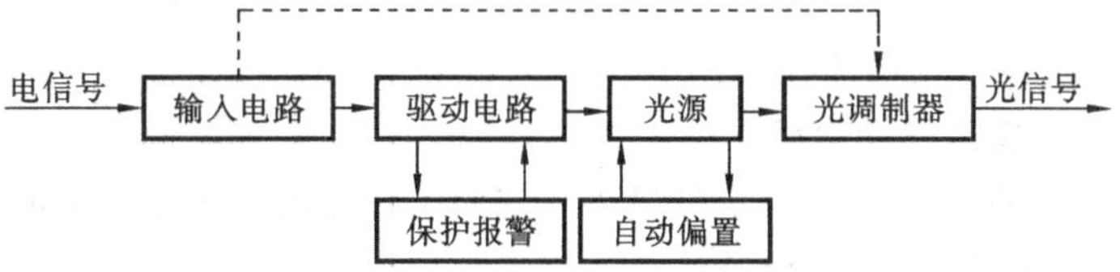

图 4.40　光发射机框图

直接调制，驱动电路需给光源加一直流偏置；而外调制方式中光源的驱动为恒定电流，以保证光源输出连续光波。自动偏置和自动温度控制电路是为了稳定输出平均光功率和工作温度，此外，光发射机中还有报警电路，用以检测和报警光源的工作状态。

本节着重介绍光源的驱动和控制电路。

4.12.1　发光二极管的驱动电路

在小型模拟或低速、短距离数字光纤通信系统中，可以采用发光二极管作为系统光源。但无论采用哪种通信系统，用发光二极管作为光源时，均采用直接强度调制方式，即通过改变发光二极管的注入电流调制输出光功率。下面分别介绍模拟系统和数字系统的驱动电路。

1. 发光二极管的直接调制原理

图 4.41 所示的为对发光二极管进行模拟调制的原理图。连续的模拟信号电流叠加在直流偏置电流上，适当选择直流偏置的大小，使静态工作点位于发光二极管特性曲线线性段的中点，可以减小光信号的非线性失真。调制线性的好坏取决于调制深度 m。设调制电流幅值为 ΔI，偏置电流为 I_B，则

$$m=\frac{\Delta I}{I_B} \tag{4.107}$$

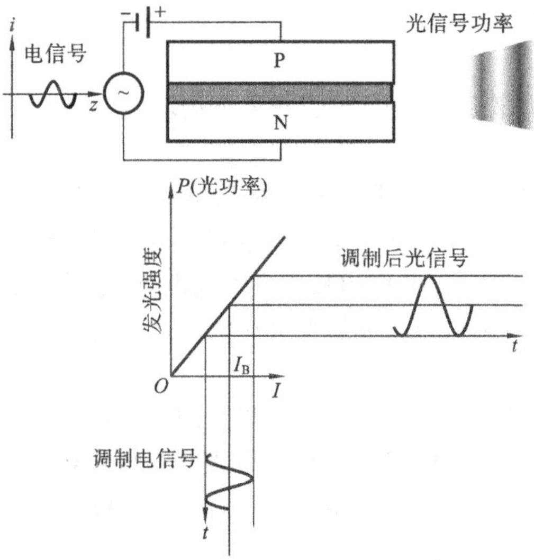

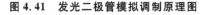

图 4.41　发光二极管模拟调制原理图

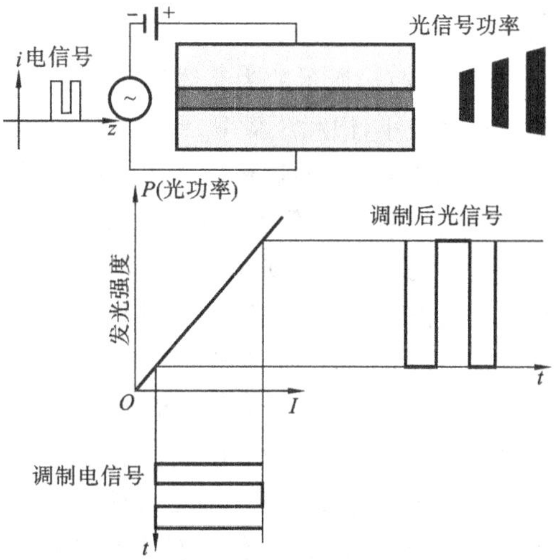

图 4.42　发光二极管数字调制原理图

发光二极管的数字调制原理图如图 4.42 所示。信号电流为单向二进制数字信号，用单向脉冲电流的“有”“无”（“1”码和“0”码）控制发光二极管的发光与否。模拟系统或数字系统都是

通过控制流经发光管电流的办法达到调制输出光功率的目的。但由于两者功率不同，对驱动与偏置电路也不同，下面分别加以讨论。

2. 发光二极管的模拟驱动电路

在模拟系统中，对驱动电路的要求是提供一定的工作点偏置电流及足够的信号驱动电流，以使光源能够输出足够的功率，并使其输出功率随输入信号线性变化，非线性失真小。产生的非线性失真必须低于 －50～－30 dB。但由于发光二极管本身存在非线性失真，在高质量要求的信号传输中，还需要线性补偿电路。发光二极管对温度不很敏感，因此驱动电路中一般不采用复杂的自动功率控制（APC）和自动温度控制（ATC）电路，较激光器的驱动电路简单得多。

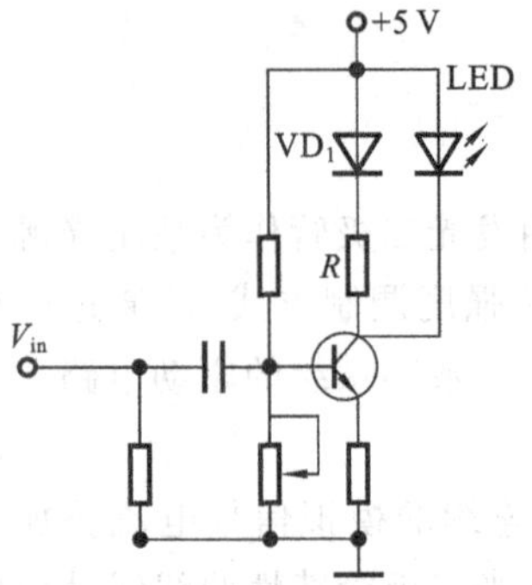

图 4.43　发光二极管模拟驱动电路

图 4.43 所示的为一种简单而又具有高速特性的共发射极跨导式驱动器。它将基极电压转变为集电极电流以驱动发光二极管。晶体管工作在甲类工作状态下，调整基极偏置，使晶体管和发光管都偏置在各自的线性区，并使静态集电极电流即发光二极管的偏置电流 $I_B = I_m / m$ 。

设 $I_m = 24$ mA，$m = 0.8$，则 $I_B = 30$ mA，工作电流范围为 30±24 mA，其频率响应大于100 MHz。采用锗二极管和电阻与发光二极管并联，在大电流时起分流作用，扩大驱动电流范围，提高发光二极管的线性，该电路的谐波失真小于－45 dB。

3. 发光二极管的数字驱动电路

发光二极管的数字驱动电路主要应用于二进制数字信号，驱动电路应能提供几十至几百毫安（mA）的“开”“关”电流。码速不高时，可以不加偏置；但在高码速时，需加小量的正向偏置电流，有利于保持二极管电容上的电荷。几种典型的发光二极管数字驱动电路如图 4.44 所示。

图 4.44(a)所示的为晶体管共射驱动电路，晶体管用作饱和开关，提供电流增益 β，其两端的电压降较小，饱和压降 $V_{cc} = 0.3$ V。

图 4.44(b)中的达林顿结构因高电流增益，降低了输出阻抗。这一电路可从具有 180 pF 的电容的发光二极管上得到 2.5 ns 的光上升时间，可传输 100 Mb/s 的数字信号。但由于发射极输出的负载不是纯电阻，可能使电路发生振荡。R_1、C_1 并联串接于发射极电路，组成发射极跟随电路，提供电压阶跃，以补偿驱动电流开始时，对发光二极管电容充电所造成的光驱动电流的下降，从而使驱动器可工作在高码速状态下。

图 4.44(c)所示的为发射极耦合开关式驱动电路，可传输 300 Mb/s 以上的数字信号。晶体管 VT_1 和 VT_2 是发射极耦合式开关，VT_3（见图 4.44(d)）为恒流源。发光管的驱动电流由恒流源决定。这种电路类似于线性差分放大器，实际上作为开关用。由于它超越了线性范围工作，输入端过激励时，仍没有达到饱和，所以开关速率更高。

图 4.44(d)所示的为高速发光二极管驱动电路，当发光二极管为面发光管时，可传输 2 Gb/s以上的数字信号。该电路的脉冲前后沿为 0.35 ns，预偏置为 15 mA，电流峰值为 100 mW。图 4.45 所示的为 TTL 开关式驱动电路实例。

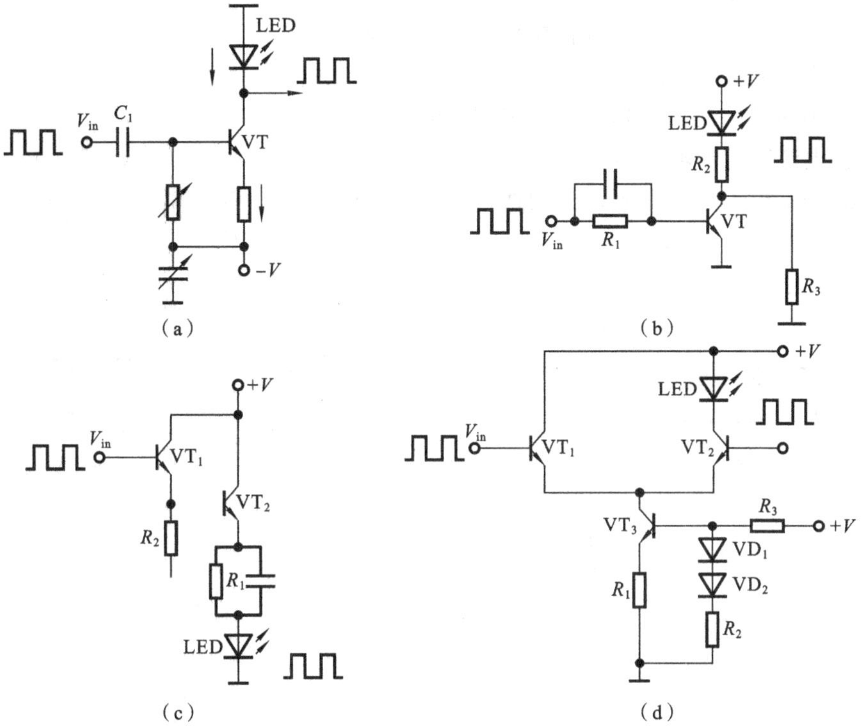

图 4.44　发光二极管数字驱动电路

(a) 简单的共射极饱和开关电路；(b) 低阻抗射极跟随式驱动电路；

(c) 发射极耦合开关式驱动电路；(d) 高速发光二极管驱动电路

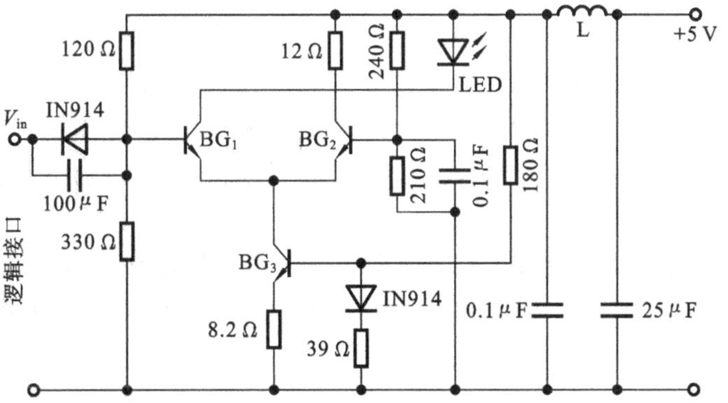

图 4.45　TTL **开关式驱动电路**

4.12.2　激光器的驱动电路

由于激光器通常用于高速系统，且是阈值器件，因而它的温度稳定性较差。与发光二极管相比，其调制问题要复杂得多，驱动条件的选择、调制电路的形式和工艺，都对调制性能起到至关重要的作用。

1. 激光器的模拟调制原理

图 4.46 所示的为对激光器进行模拟调制的原理图。

2. 激光器的数字调制原理

图 4.47 所示的为对激光器进行数字调制的原理图。

3. 偏置电流和调制电流的选择

采用直接调制方式时，偏置电流的选择直接影响激光器的高速调制性质。选择直流预偏置电流应考虑以下几个方面。

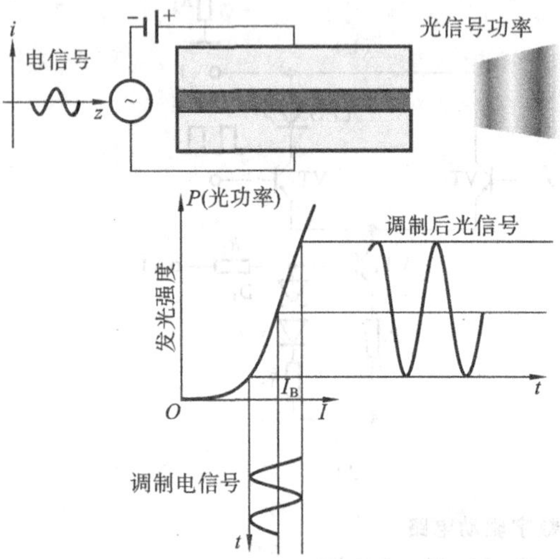

图 4.46 激光器模拟调制原理图

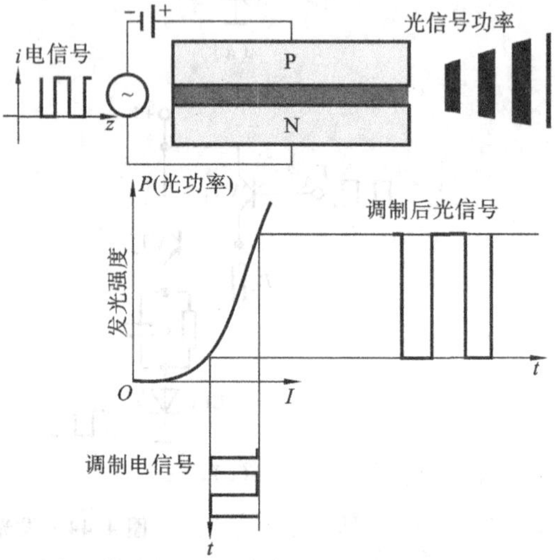

图 4.47 激光器数字调制原理图

(1) 加大直流偏置电流使其逼近阈值，可以大大减小电光延迟时间，同时使张弛振荡得到一定程度的抑制。图 4.48 所示的为激光器无偏置和有偏置时脉冲瞬态波形和光谱。由图中可以看出，由于激光器加了足够的预偏置电流，调制电流脉冲幅度较小，预偏置后张弛振荡大大减弱，谱线减少，光谱宽度变窄。另外，电光延迟的减小，也大大提高了调制速率。

(2) 当激光器偏置在阈值附近时，较小的调制脉冲电流即能得到足够功率的输出光脉冲，从而可以大大减小码型效应。

(3) 加大直流偏置电流会使激光器的消光比恶化。所谓消光比，是指激光器在全"1"码时发送的光功率(P_1)与全"0"码时发射的光功率(P_0)之比，用 EXT 表示，其单位为 dB：

$$\mathrm{EXT}=10\lg\frac{P_1}{P_0} \tag{4.108}$$

光源的消光比将直接影响接收机的灵敏度，为了不使接收机的灵敏度明显下降，消光比一般应大于 10 dB，如果激光器的偏置电流 I_B 过大，势必会使消光比恶化，降低接收机的灵敏度。通常取 $I_B=(0.85\sim0.9)I_{th}$。驱动脉冲电流的峰-峰值 I_m 一般取 $I_m+I_B=(1.2\sim1.3)I_{th}$，以避免结发热和码型效应。

结发热效应表现在阈值和输出光功率随结温的变化而变化。稳态时，体现在其输出特性随温度的变化而变化，瞬态时，调制电流 I_m 的出现也会使结温在阈值时发生一定波动。这种波动也将引起阈值电流和输出光功率产生波动。

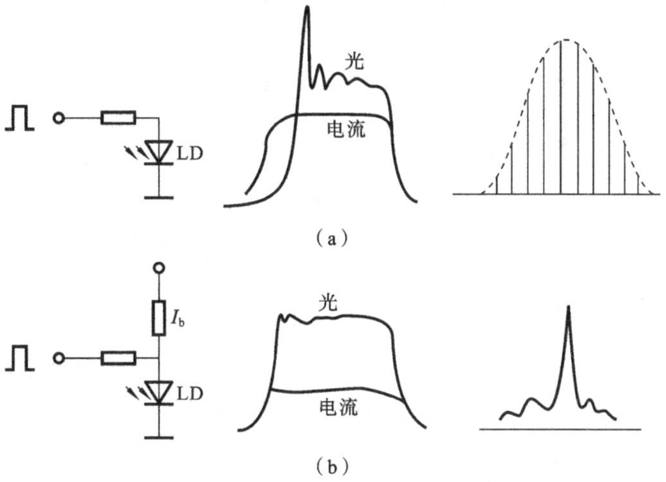

图 4.48　激光器无偏置和有偏置时脉冲瞬态波形和光谱

在电流脉冲持续时间内，结温将随时间 t 的增加而增加，而输出光功率却随时间的增加而减小；当电流脉冲过后，情况正好相反，结温随 t 减小，输出的光功率却随 t 增加，最后达到偏置电流的稳定值。因此，如果用同一连续的脉冲电流去调制激光器，而且脉冲电流的宽度足够宽，那么由于结的发热效应，光脉冲将出现调制失真。当偏流逼近阈值，并适当选择调制电流幅度，对减小结发热效应是有利的。

(4) 异质结激光器的散粒噪声在阈值处出现最大值，如激光器正好偏置在阈值上，散粒噪声的影响较严重。

因此，偏置电流的选择，要兼顾电光延迟、张弛振荡、码型效应、激光器的消光比以及散粒噪声等各方面情况，根据器件特别是激光器的具体性能和系统的具体要求，适当地选择偏置电流的大小。由于激光器的电阻较小，因此激光器的偏置电路应是高阻恒流源。

调制电流幅度的选择，应根据激光器的特性曲线，既要有足够的输出光脉冲功率，又要考虑光源的负担。考虑到某些激光器在某些区域有自脉动现象发生，I_m 的选择应避开这些区域。

4. 激光器的直接调制电路

激光器的直接调制电路有许多种，但概括起来有两类：一类是单管集电极驱动电路；另一类是射极耦合开关电路。图 4.49 所示的为单管集电极驱动电路原理图。半导体三极管的输出特性在放大区表现为恒流源，可以用集电极电流驱动光源。图中 VT 为驱动管，当电信号加在 VT 基极时，即可驱动集电极电路中的激光器，使之输出的光功率随信号的变化而变化。VT 工作在开关状态，图 4.50 所示的为射极耦合光发送驱动电路。

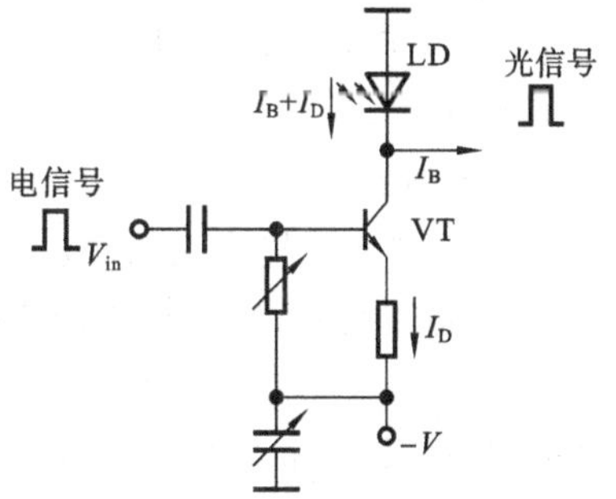

图 4.49　单管集电极驱动电路原理图

图 4.50 中，晶体管 BG_2 和 BG_3 为发射极耦合对，组成非饱和电流选择开关。当 BG_2 基极电位高于 BG_3 基极

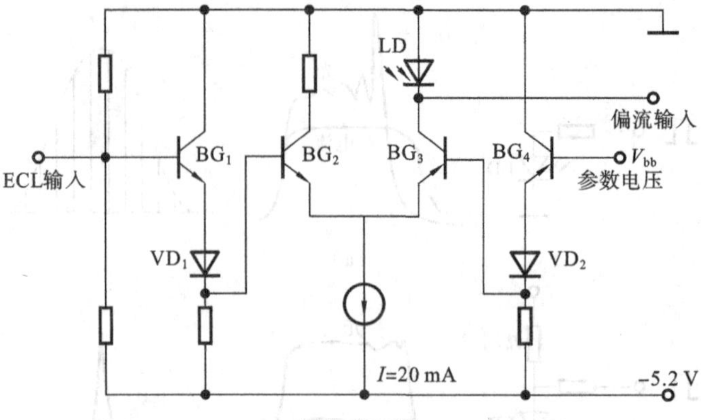

图 4.50　射极耦合光发送驱动电路

电位时，BG_2 导通，恒流源的驱动电流 I_m 全部流过 BG_2，故流过激光器的电流为零。反之，当 BG_2 基极电位低于 BG_3 基极电位时，BG_3 导通，所有驱动电流都通过激光器。电流开关的转换过程由输入数字信号转换成 ECL 电平来控制，ECL 电平为"1"码时，输出为－1.8 V，为"0"码时，输出为＋0.8 V，经过 BG_1 和 D_1 电平移动后加到 BG_2 基极，而 BG_3 基极电平固定在－2.6 V，它由温度补偿的参考电平 V_{bb} 经 BG_4 和 VD_2 电平移动得到。V_{bb}＝－1.31 V 是"1"码和"0"码电平的中间值。选择适当的输入电压，使晶体管不驱动到饱和状态，就能起到快速开关作用，同时恒流源可使开关噪声很小。

5. 自动功率控制电路(APC)

在使用中，激光器结温的变化以及老化都会使阈值电流 I_{th} 增大，量子效率下降，从而导致输出光脉冲的幅度发生变化。为了保证激光器有稳定的输出光功率，需要有各种辅助电路，如功率控制电路、温控电路、限流保护电路和各种告警电路等。

光功率自动控制有许多方法：一是自动跟踪偏置电流，使激光器偏置在最佳状态；二是峰值功率和平均功率的自动控制；三是 P-I 曲线效率控制法等。但最简单的方法是通过直接检测光功率控制偏置电流，用这种方法即可收到良好的效果。该方法是利用激光器组件中的 PIN 光电二极管，监测激光器背向输出光功率的大小，若功率小于某一额定值时，通过反馈电路后驱动电流增加，并达到额定输出功率值。反之，若光功率大于某一额定值，则使驱动电流减小，以保证激光器输出功率基本上恒定不变。图 4.51 所示的为美国亚特兰大光通信系统中光发射机的 APC 电路，作为激光器输出光功率自动控制的实际例子。

图 4.51 所示的电路是通过控制激光器偏置电流大小来保持输出光脉冲幅度的恒定。在运放的输入端，再生信号由输入信号再生处理后得到，它固定在－1～0 V 之间。激光器组件中 PIN 管接收激光器的背面输出光，它受到与正面输出光同样的温度及老化影响，从而可用来反馈控制激光器输出光功率。该 PIN 产生的信号与直流参考比较后送到放大器的同相端，直流参考通过调节 R_1 控制预偏置电流 I_B。调节 R_2 使再生信号与 PIN 输出取得平衡，使 I_B 保持恒定。当输出光功率发生变化时，平衡破坏，反馈偏置电路将自动调整 I_B，使输出功率恢复到原来的值，电路又恢复平衡状态。图 4.50 中，R_3、C_1 构成激光器的慢启动网络，当刚开启电源或有突发的电冲击时，由于电路的时间常数(1 ms)很大，I_B 只能慢慢增大。这时，前面的控制电路首先进入稳定控制状态，然后 I_B 缓慢增大，保护激光器免受冲击。

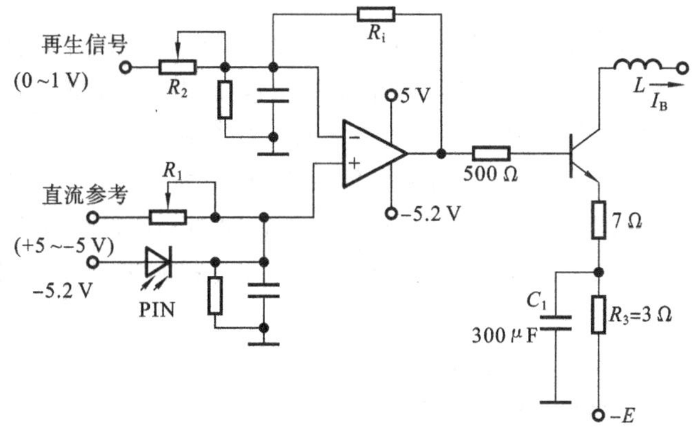

图 4.51　激光器的偏置反馈 APC 电路

6. 自动温度控制电路(ATC)

温度变化引起激光器输出光功率的变化,虽然可以通过 APC 电路进行调节,使输出光功率恢复正常值,但如果环境温度升高较多,经 APC 调节后,I_B 增大较多,则激光器的结温也因此升高很多,致使 I_{th}继续增大,造成恶性循环,从而影响激光器的使用寿命。因此,为保证激光器长期稳定工作,必须采用自动温度控制电路(ATC)使激光器的工作温度始终保持在20 ℃左右。激光器的温度控制器由微型制冷器、热敏电阻及控制电路组成,如图 4.52 所示。

微制冷器多采用半导体制冷器,它是利用半导体材料的珀尔帖效应制成的。当直流电流通过两种半导体组成的电偶时,出现一端吸热另一端放热的现象,这种现象称为珀尔帖效应。微型半导体制冷器的温差可以达到 30～40 ℃。

制冷方式分为内制冷和外制冷两种。目前实际商用的半导体激光器总是和其他一些部件封装在一起,形成一个完整的激光器组件,其内部结构如图 4.53 所示,它将激光器芯片、半导体制冷器和具有负温度系数的热敏电阻等封装在一个体积很小的密封盒内,控制电路放在盒外,这属于内制冷方式。内制冷方式不仅结构紧凑,控制效率也很高,使激光器有较恒定的输出光功率和发射波长。

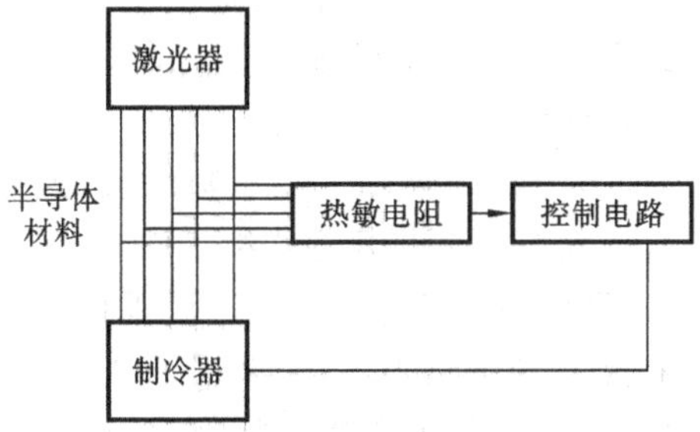

图 4.52　激光器的温度控制电路

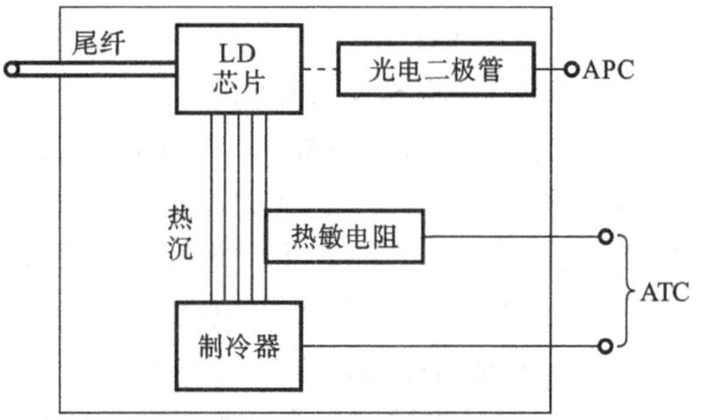

图 4.53　激光器组件内部结构

外制冷方式是将外加半导体制冷器及其组件的密封盒紧密接触,通过控制电路给外加制冷器加直流,达到控制激光器周围环境温度的目的。通常内制冷较外制冷方式更直接、有效。

不论内制冷还是外制冷半导体制冷器都是非常重要的。图 4.54 所示的为半导体制冷器的结构示意图。图 4.54(a)所示的为单个热电偶的结构简图。图 4-54(b)所示的为热电偶组件,它是由多个热电偶按电学上串联、热学上并联的方式组成的。

单个热电偶是由 P 型和 N 型掺杂的半导体组成,它被焊接在铜连接片上,并用陶瓷面板将铜连接片与外表面电绝缘。当未接外电路时,跨越它两端形成的温度差使它的两端产生一个与温度差成比例的电位差。此时将其与外电路的负载连接起来,将产生电流,从而输出电功率,这就是一个热电偶器件。

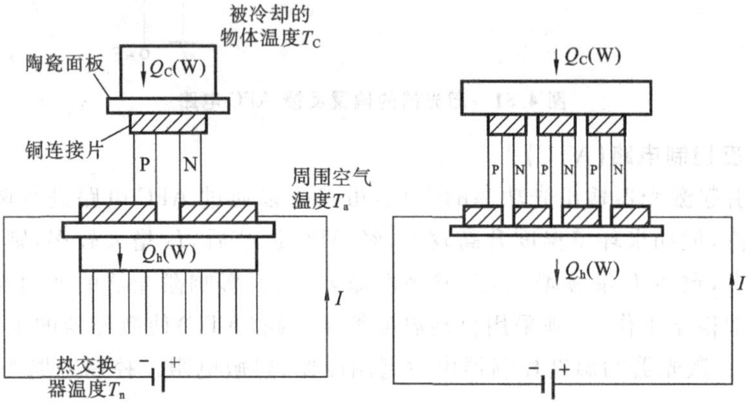

(a) (b)

图 4.54 半导体制冷器的结构示意图

(a) 单个热电偶结构图;(b) 热电偶组件

将热电偶与直流电源相连,直流电流通过热电偶将产生珀尔帖效应,在它的一端吸收热量,与之相连的物体将被冷却;另一端排放热量,将散热器与之接触,该热电偶起到制冷器的作用。如果改变直流电流的方向,制冷器的吸热、散热端将互换。

由于热电偶堆是由多个热电偶串联起来的,热电偶的个数越多,制冷效果越好,在实际使用过程中,可根据所需的温差,选择不同的热电偶堆。

图 4.55 所示的是温度控制电路,激光器组件中的热敏电阻具有负温度系数,在 20 ℃时阻值 $R_t=10\sim12\ \text{k}\Omega$,$\Delta R_t/\Delta T=-0.5\%/℃$。它与 R_1、R_2、R_3 组成桥式电路,其输出电压加到差分放大器的同相和反相输入端,在某温度下,电桥达到平衡。激光器温度升高时,R_t 下降,BG_1 正向导通,通过制冷器 R_c 的电流 I_c 加大,使激光器的温度下降。

具体控制过程如下:温度上升导致室温电阻 R_t 下降,差分放大器输入端压降增大,这样差分放大器输出电压也增大,结果是 I_c 提高,最后 T 下降。实际上激光器在连续工作时,管芯温度会持续上升,从而使得热敏电阻 R_t 总保持在 $R_t\neq R_3$,即电桥总不平衡,于是 I_c 维持一定值,即控制电路始终为制冷器提供恒定的工作电流 I_c。在光发送电路中,由于采用了 ATC 和 APC 电路,使激光器输出光功率的稳定度保持在较高的水平上。在环境温度为+5~+50 ℃范围内,激光器输出光功率的不稳定度小于 5%。

7. 激光器的保护及告警电路

光源是光发送电路的核心,它价格昂贵又较容易损坏。因此,在光发送电路中必须设有保

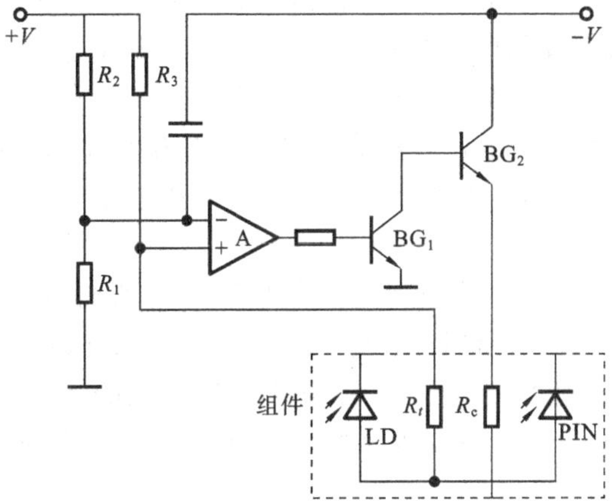

图 4.55　温度控制电路

持电路，以防止意外的损坏。另外，当光发送电路出现故障时，告警电路应发出相应的声、光告警信号，以便于工作人员维护。

(1) 光源的过流保护电路。为了使光源不致因通过大电流而损坏，一般需对光源进行过流保护。图 4.56 所示的是激光器的过流保护电路，图中 VT_3 为激光器提供偏流 I_B。保护电路由晶体管 VT_4、电阻 R_1 组成。

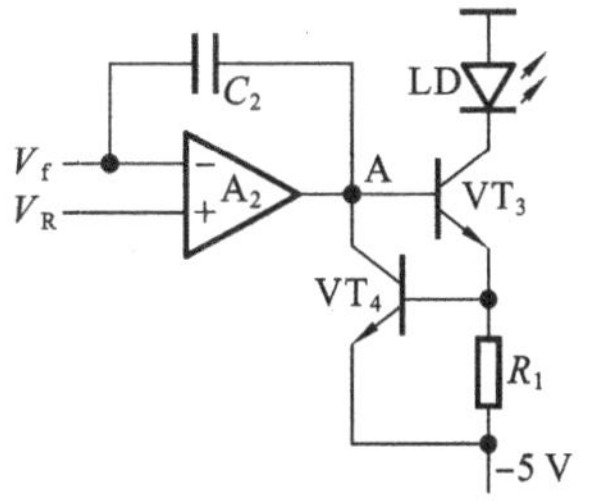

图 4.56　激光器的过流保护电路

正常情况下，电阻 R_1 上的电压小于 VT_4 的导通降压，因而 VT_4 截止，保护电路不工作。当偏流 I_B 过大，致使 R_1 上的压降 V_{R_1} 剧增并超过 VT_4 的导通压降时，VT_4 饱和导通，使 $V_{ce4}=0$，从而导致 VT_3 截止，保护了激光器不致因偏流 I_B 过大而被损坏。

(2) 无光告警电路。当光发送机电路出现故障，或输入信号中断，或激光器损坏时，都可能使激光器长时间不发光。这时，无光告警电路都应有动作，发出相应的声光告警信号。

图 4.57 中，A_2 的反向端为直流参考电压 V_D，其同相端则为代表激光器输出光功率平均值的 V_f。当激光器发光正常时，PIN 管检测到的光电流经 A_1 放大后送入 A_2 的同相端。这时，$V_f>V_D$，因此 A_2 输出高电平，致使无光告警指示灯发光二极管不亮。当激光器不发光时，PIN 管检测不到光信号，因而 $V_f<V_D$，A_2 输出低电平，使无光告警灯发出红色告警显示。另

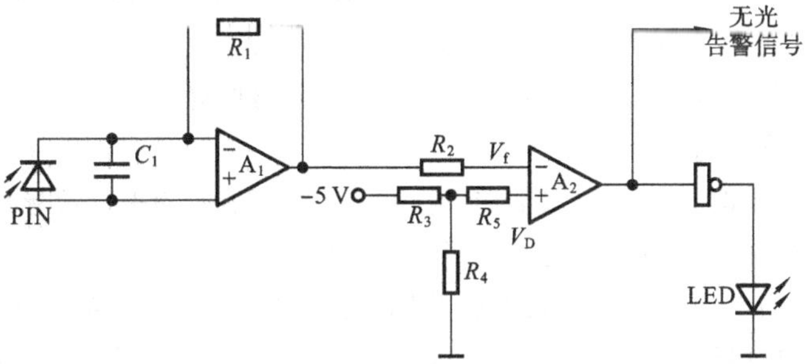

图 4.57　无光告警原理图

一路高电平为正常、低电平为告警的无光告警信号则被送入监控系统处理。

(3) 寿命告警电路随着使用时间的增长，激光器阈值电流也将逐渐增大。当阈值电流增大到开始使用时的 1.5 倍时，就认为激光器的寿命终止。

由于 $I_B=I_{th}$，所以寿命告警电路通常采用监测偏流 I_B 的值来判断激光器寿命是否终止。也就是说，当 $I_B>1.5I_{tho}$（I_{tho}为激光器开始启用时的阈值电流）时，寿命告警电路就发出告警指示。

图 4.58 所示的为寿命告警电路原理图。图中 VT_3 为激光器提供偏流 I_B，VT_4、R_1 组成过流保护电路。由于 $V_1=I_BR_1$，所以调整电位器 W 使 $V_2=1.5I_{tho}R_1$。当激光器工作正常时，$I_B<1.5I_{tho}$，则 $V_1<V_2$，A_1 输出高电平，寿命告警灯不亮。如果 $I_B>1.5I_{tho}$，则激光器寿命终止，这时 $V_1>V_2$，A_1 输出低电平，寿命告警灯发黄色告警显示，同样有一路高电平正常、低电平告警的寿命告警信号送到监控系统。

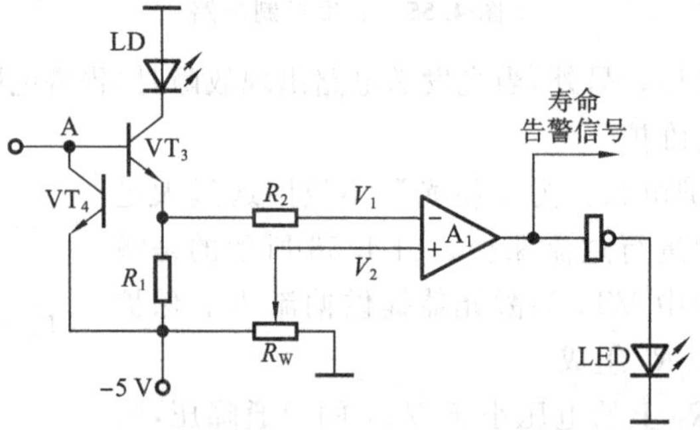

图 4.58　寿命告警电路原理图

问题与习题

4.1　假设光线的 $\boldsymbol{E}_x$ 和 $\boldsymbol{E}_y$ 分量可以表示为

$$E_x=E_{x0}\cos(\omega t-kz)\quad \text{和}\quad E_y=E_{y0}\cos(\omega t-kz+\phi)$$

求证在 $\boldsymbol{E}_x$ 对 $\boldsymbol{E}_y$ 的坐标体系中，任意时刻 $\boldsymbol{E}_x$ 和 $\boldsymbol{E}_y$ 都满足椭圆方程：

$$\left(\frac{E_x}{E_{x0}}\right)^2+\left(\frac{E_y}{E_{y0}}\right)^2-2\left(\frac{E_x}{E_{x0}}\right)\left(\frac{E_y}{E_{y0}}\right)\cos\phi=\sin^2\phi$$

如果 $E_{x0}=2E_{y0}$，试粗略绘出椭圆的形状。试求：满足何种条件时椭圆轨迹为(1) 椭圆长轴在 x 轴上；(2) 45°的线偏振光；(3) 左旋和右旋圆偏振光。

4.2　求证线偏振光可以用两个相反方向旋转的圆偏振光表示。如果是沿 y 轴的最简单的线偏振光，你的结论如何？

4.3　图 4.59 所示的为一线栅起偏器，它由空间紧密排列的平行薄导线组成，通过线栅的光束的线偏振方向与导线方向成直角，试说明起偏器的工作原理。

4.4　已知振荡的电偶极子会发射电磁波辐射。图4.60(a)所示的是平行于 y 轴的振荡电偶极子在$p(t)$周围的电场模式的快照，沿偶极子 y 轴方向没有辐射。与电偶极子轴垂直方向成夹角 θ 方向的辐射强度 I 与 $\cos^2\theta$ 成正比。试粗略绘出偶极子周围的相对辐射强度分布示意图。假设入射电磁波的电场引起偶极子在分子媒介中振动，试解释此分子是如何导致入射非偏振电磁波散射的，以及是如何导致图 4.40(b)所示的沿 x 和 y 轴具有不同偏振的电磁波的。

4.5　通常使用琼斯矩阵（或向量）来描述光波的偏振状态。偏振状态不同的操作，对应用这个矩阵和代表光学过程的另一矩阵相乘。有一束沿 z 轴方向传播的光波，其具有沿 x 和 y 方向的电场分量 $\boldsymbol{E}_x$ 和 $\boldsymbol{E}_y$，这两个分量相互正交，而且一般具有不同的数值，它们之间的相位差为 ϕ，如果用指数形式表示为

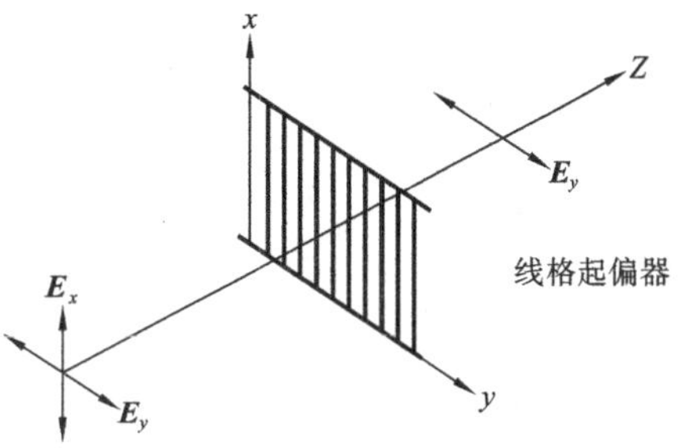

图 4.59　用作起偏器的线栅

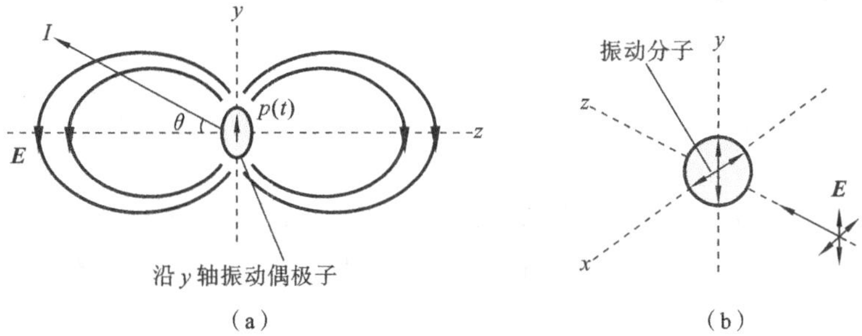

图 4.60　振荡耦极子的电场模式

(a) y 方向振荡偶极矩周围光场模式的快照；(b)诱导分子偶极振荡的电磁波散射是各向异性的

$$E_x = E_{x0}\exp[\mathrm{j}(\omega t - kz + \phi_x)] \quad 和 \quad E_y = E_{y0}\exp[\mathrm{j}(\omega t - kz + \phi_y)]$$

琼斯矩阵是由元素 E_x 和 E_y 构成的列阵，不包含通常的 $\exp[\mathrm{j}(\omega t - kz)]$ 因子：

$$\boldsymbol{E} = \begin{bmatrix} E_x \\ E_y \end{bmatrix} = \begin{bmatrix} E_{x0}\exp(\mathrm{j}\phi_x) \\ E_{y0}\exp(\mathrm{j}\phi_y) \end{bmatrix} \tag{1}$$

通常方程(1)可以通过除以总振幅 $E_0 = (E_{x0}^2 + E_{y0}^2)^{1/2}$ 来进行归一化。提取因子 $\exp(\mathrm{j}\phi_x)$ 并进一步简化，得到琼斯矩阵为

$$\boldsymbol{J} = \frac{1}{E_0}\begin{bmatrix} E_{x0} \\ E_{y0}\exp(\mathrm{j}\phi) \end{bmatrix} \tag{2}$$

式中：$\phi = \phi_y - \phi_x$。

(1) 表 4.3 列出了各种偏振情况下的琼斯矩阵，试确定每个矩阵表示的偏振状态。

(2) 设进入某光学器件的已知琼斯矩阵 $\boldsymbol{J}_{入}$ 的光波可以表示为将 $\boldsymbol{J}_{入}$ 乘以透射矩阵 $\boldsymbol{T}$，$\boldsymbol{J}_{出}$ 是光通过器件后的输出光的琼斯矩阵，则 $\boldsymbol{J}_{出} = \boldsymbol{T}\boldsymbol{J}_{入}$，已知

$$\boldsymbol{T} = \begin{bmatrix} 1 & 0 \\ 0 & \mathrm{j} \end{bmatrix} \tag{3}$$

试确定表 4.3 所给琼斯矩阵所描述的输出光的偏振状态，以及透射矩阵 $\boldsymbol{T}$ 所代表的光学过程。提示：在确定 $\boldsymbol{T}$ 时可用 $\begin{bmatrix} 1 \\ 1 \end{bmatrix}$ 作为输入光。

表 4.3　琼斯矩阵

琼斯矩阵 $\boldsymbol{J}_入$	$\begin{bmatrix}1\\0\end{bmatrix}$	$\frac{1}{\sqrt{2}}\begin{bmatrix}1\\1\end{bmatrix}$	$\begin{bmatrix}\cos\theta\\\sin\theta\end{bmatrix}$	$\frac{1}{\sqrt{2}}\begin{bmatrix}1\\j\end{bmatrix}$	$\frac{1}{\sqrt{2}}\begin{bmatrix}1\\-j\end{bmatrix}$
偏振	?	?	?	?	?
透射矩阵 $\boldsymbol{T}$	$\begin{bmatrix}1 & 0\\0 & 0\end{bmatrix}$	$\begin{bmatrix}e^{j\phi} & 0\\0 & e^{j\phi}\end{bmatrix}$	$\begin{bmatrix}1 & 0\\0 & j\end{bmatrix}$	$\begin{bmatrix}1 & 0\\0 & -1\end{bmatrix}$	$\begin{bmatrix}1 & 0\\0 & e^{-j\Gamma}\end{bmatrix}$
光学过程	?	?	?	?	?

4.6　一束线偏振光穿过一个透射轴与入射光场成 45°角摆放的起偏器，现试旋转起偏器透射轴一个小角度 ϕ，约为 $\pi/4(45°)$，求证透射光强度的变化为

$$\Delta I=-\phi+\frac{2}{3}\phi^3-\cdots$$

其中，ϕ 取弧度。试求当第二项仅为第一项的 1%时，ϕ 变化的程度如何（取度数）？你的结论是什么？

4.7　一负性单轴晶体如方解石片（$n_e<n_o$），其光轴（沿 z 轴）平行于晶体片平面。有一线偏振光垂直入射在晶体片平面，假如其光场方向与光轴成 45°角，试画出光线通过方解石片的示意图。

4.8　计算并比较工作波长均为 $\lambda=590$ nm 时，由方解石、石英和 $LiNbO_3$ 材料制成的1/4波片的厚度，你的结论是什么？假设折射率有相对小的变化，试求两倍波长时的厚度。

4.9　如果图 4.17 所示的索累-巴比讷补偿器用石英晶体制成，其底片厚度为 5 nm，现有一波长 $\lambda=600$ nm 的光入射，试计算当延迟在 0～π（半波长）范围时，图中 d 值的范围。

4.10　画出石英沃拉斯顿棱镜并清楚标出穿过棱镜的正交偏振光的方向，你将如何测定出射光线的偏振状态？假设有两块相同的沃拉斯顿棱镜分别由方解石和石英制成，试问哪一块具有更强的分光性能？并加以解释。

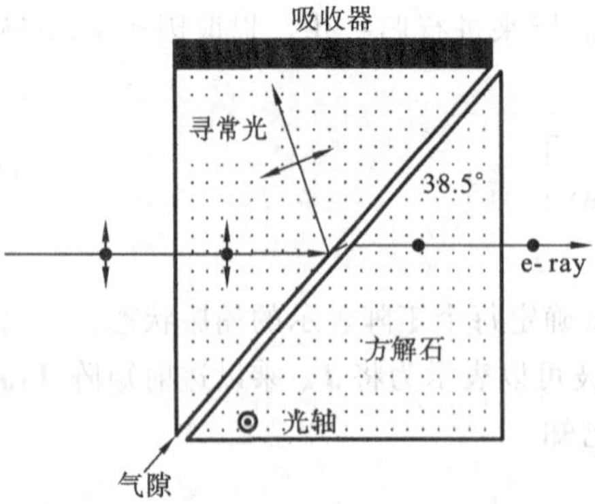

图 4.61　提供线偏振光的格兰-傅科棱镜

4.11　图 4.61 所示的为格兰-傅科棱镜的截面图。它是由两块具有相同角度（38.5°）的方解石棱镜组成，两者光轴互相平行且平行于图中截面。试说明棱镜的工作过程，并说明寻常光在棱镜中经历了全内反射。

4.12　在沿穿过某介质的线偏振光传播方向上外加一磁场会导致偏振面旋转。旋转角 θ 由以下式给出：

$$\theta=VBL$$

式中：B 为磁场强度（通量密度）；L 为介质长度；V 为维尔德常数，其值取决于介质与波长。

与旋光度相反，偏振面旋转的程度与光传播方向无关。已知玻璃和 ZnS 在 589 nm 光下的维尔德常数分别为 3 rad/(T·m)与 22 rad/(T·m)，试计算满足在 10 mm 长度内旋转 1°所需的磁场强度。对于长度为 1 m 的介质单位磁场强度的旋转量为多少？（注：60 rad＝1°）

4.13　(1) 某甲将一束垂直偏振光发送到图 4.19 所示的旋光性介质中,某乙在介质另一端接收到该偏振光,她观察到由晶体中射出的光场强度由 $\boldsymbol{E}$ 逆时针旋转为 $\boldsymbol{E}'$。然后她再将光反射回介质以便甲能接收到。试描述甲和乙所观测到的情况,你的结论是什么?

(2) 图 4.62 所示的为一简化的菲涅耳棱镜,它将一束入射非偏振光分离成两束偏振发散光。试说明其工作原理。

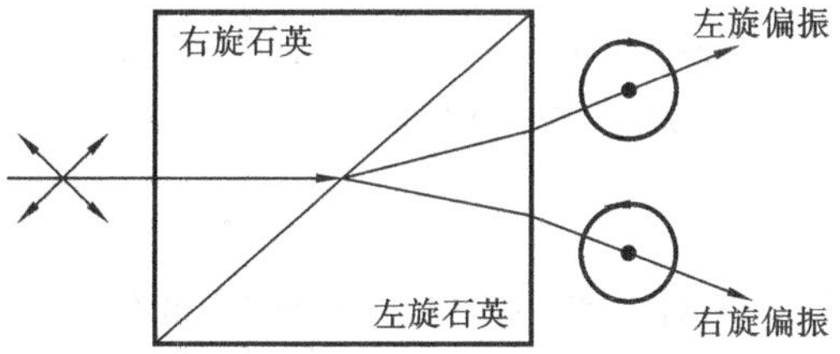

图 4.62　将非偏振光分离成两束偏振发散光的菲涅耳棱镜

4.14　如图 4.22 所示,$LiNbO_3$ 相位调制器的外加电压为 12 V,工作波长为 1.3 μm(自由空间),要使穿过晶体的两个电场分量间的相位差 ϕ 为 π(半波长),则其长宽比 d/L 为多少时使 $V_{\lambda/2}$ 降到实际可行的值?

实际上我们并不能随意地设置 d/L 的值,因为当 d 太小时,光会发生衍射现象而导致无法穿过器件。考虑衍射效应,有

$$d \approx 2\left(\frac{\lambda L}{n_0 \pi}\right)^{\frac{1}{2}}$$

取晶体长 $L=20$ mm,试计算 d 和新的长宽比。

4.15　假如改变图 4.22 所示的结构,沿晶体的 z 轴施加电场,光线沿 y 轴方向传播。x 轴是寻常波的偏振方向,而 z 轴是非寻常波的偏振方向。光线以寻常波和非寻常波形式穿过晶体进行传播。已知 $E_a=V/d$,d 是沿 z 轴的晶体长度。折射率如下:

$$n'_o \approx n_o - \frac{1}{2}n_o^3 r_{13} E_a, \quad n'_e \approx n_e - \frac{1}{2}n_e^3 r_{33} E_a$$

证明:晶体中出射的寻常波和非寻常波之间的相位差为

$$\phi = \phi_e - \phi_o = \frac{2\pi L}{\lambda}(n_e - n_o) - \frac{2\pi L}{\lambda}\frac{1}{2}(n_e^3 r_{33} - n_o^3 r_{13})\frac{V}{d}$$

式中:L 是沿 y 轴的晶体长度。

解释上式中的第一项和第二项。你会如何利用两个这样的普克尔斯盒来抵消它们在总相移中的第一项。

如果进入晶体的光线是在 z 轴方向进行线偏振,证明:

$$\phi = \frac{2\pi n_e L}{\lambda} + \frac{2\pi L}{\lambda}\frac{(n_e^3 r_{33})}{2}\frac{V}{d}$$

现有一自由空间波长为 $\lambda=500$ nm 的接近单色的光束沿 z 轴方向偏振。已知 $LiNbO_3$ 晶体的 $d/L=0.01$,计算要使输出相位差 ϕ 为 π(半波长)所需的外加的电压 V_π(参见表 4.2)。

4.16　(1) 在普克尔斯盒中施加一沿着光传播方向的外加电场,该方向平行于 z 轴(光轴),画出纵向普克尔斯盒的结构。建议允许光束沿着外加电场的方向进入晶体。

(2) 现有一单轴 $LiNbO_3$ 晶体,$n_1=n_2=n_o$(偏振与 x 轴和 y 轴平行),$n_3=n_e$(偏振与 z 轴

平行)。忽略轴旋转(在外加电场存在时的主轴相同)。如果 E_a 是沿 z 轴的电场，那么新的折射率是

$$n'_o = n_o - \frac{1}{2} n_o^3 r_{13} E_a$$

如果自由空间波长是 1 μm，计算在出射波和入射波间引起延迟相位差为 π 所需要的半波电压，其偏振情况如何？当波长为 1000 nm 时，$LiNbO_3$ 的 $n'_o = 2.28$，$r_{13} = 9 \times 10^{-12}$ m/V。

(3) 假如使用单轴 KDP 晶体，其 $n_1 = n_2 = n_o$(偏振与 x 轴和 y 轴平行)，$n_3 = n_e$(偏振与 z 轴平行)。主轴 x 和 y 旋转 45°变成 x' 和 y'(见图 4.21(b))，且

$$n'_1 \approx n_o - \frac{1}{2} n_o^3 r_{63} E_a \quad n'_2 \approx n_o - \frac{1}{2} n_o^3 r_{63} E_a \quad n'_3 \approx n_3 - n_e$$

当自由空间波长为 633 nm，计算电场的出射分量间引起延迟相位差为 π 所需要的半波电压。当波长为 633 nm 时，KDP 的 $n'_o = 1.51$，$r_{13} = 10.5 \times 10^{-12}$ m/V。

4.17　一声光调制器如图 4.30 所示。入射光波和衍射光波的波矢分别为 $\boldsymbol{k}$ 和 $\boldsymbol{k}'$。入射光子和衍射光子的能量分别为 $\hbar\omega$ 和 $\hbar\omega'$，动量分别为 $\hbar k$ 和 $\hbar k'$。一个声波由晶格振动(晶体原子的振动)组成。像电磁波以光子来看是量子化的一样，这种振动也是量子化的。一个晶格振动量子称为声子。传播中的晶格波实际上是一种应力波，可以用 $S = S_o\cos(\Omega t - Kx)$ 表示，S 为在 x 处的瞬间应力，Ω 为声波的角频率，$\boldsymbol{K}$ 为波矢，$K = 2\pi/\Lambda$，S_o 为应力波的振幅。一个声子的能量为 $\hbar\Omega$，动量为 $\hbar\boldsymbol{K}$。入射声子发生衍射时，声子之间相互作用；它能吸收一个声子，也可产生一个声子。可以把这种作用看作是两个质点相互碰撞，必须遵守能量守恒定律和动量守衡定律，即

$$\hbar k' = \hbar k \pm \hbar K$$
$$\hbar\omega' = \hbar\omega \pm \hbar\Omega$$

图 4.63 给出了正号时吸收声子的情况。由于声频比光频小几个数量级($\Omega \ll \omega$)，假定数量上 $k' = k$。请根据以上信息以及图 4.30，推导出布喇格衍射的条件。

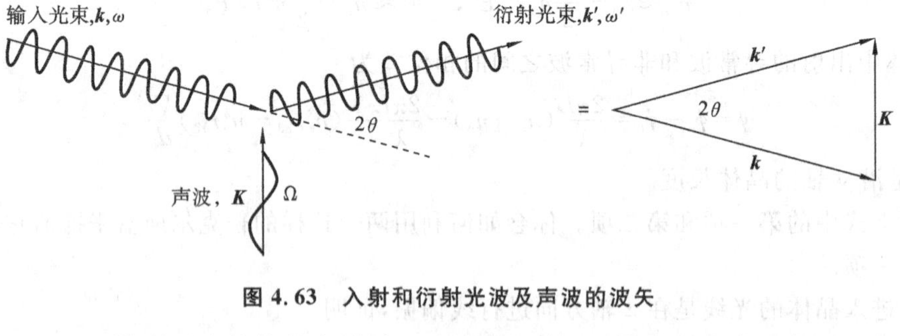

图 4.63　入射和衍射光波及声波的波矢

4.18　(1) 怎样利用法拉第效应设计一个光强调制器，请画出设计示意图。它的优缺点分别是什么？

(2) 使用一个法拉第旋转器和两个起偏器设计一个光分离器，该器件允许光朝同一个方向而不是相反方向传播，请画出设计示意图。

4.19　二次谐波波矢 $\boldsymbol{k}_2$ 与基波波矢 $\boldsymbol{k}_1$ 的失配定义为 $\Delta k = k_2 - 2k_1$，$k_2 = 2k_1$ 和 $\Delta k = 0$ 意味着完全匹配。在 $\Delta k \neq 0$ 时，相干长度 $l_c = \pi/(\Delta k)$，证明：

$$l_c=\frac{\lambda}{4(n_2-n_1)}$$

式中：λ 为真空基波波长。

有一波长为 1000 nm 的光沿 KDP 晶体的光轴穿过，已知波长 $\lambda=1000$ nm 时，$n_o=1.509$，波长为 2λ 时，$n_o=1.530$，请问相干长度 l_c 为多少？当相干长度为 2 mm 时，n_2 与 n_1 差的百分比为多少？

4.20　某材料其偏振中没有二次项：

$$p=\varepsilon_o\chi_1 E+\varepsilon_o\chi_3 E^3,\quad p/(\varepsilon_o E)=\chi_1+\chi_3 E^2$$

含有电极化率 χ_1 的第一项对应相对介电常数 ε_r，因此相当于对应缺少三次项（即低场下）的介质折射率 n_o。E^2 项代表的是光束的辐照度 $\boldsymbol{I}$。因此，折射率由照射光束的强度决定，这种现象称为光学克尔效应。

$$n=n_o+n_2 I\quad 和\quad n_2=\frac{3\eta\chi_3}{4n_o^2}$$

式中：$\eta=(\mu_0/\varepsilon_o)^{\frac{1}{2}}=120\pi=377\ \Omega$，即真空阻抗。

(1) 通常对于大多数玻璃来说，$\chi_3=10^{-21}\ \mathrm{m^2/W}$；对于很多掺杂玻璃，$\chi_3=10^{-18}\ \mathrm{m^2/W}$；对于很多有机物质，$\chi_3=10^{-17}\ \mathrm{m^2/W}$；对于半导体，$\chi_3=10^{-14}\ \mathrm{m^2/W}$。计算 n_2 及使上述物质 n 改变 10^{-3} 所需的光强。

(2) 在 z 点的相位 ϕ 由下式给出

$$\phi=\omega_0 t-\frac{2\pi n}{\lambda}z=\omega_0 t-\frac{2\pi[n_o+n_2 I]}{\lambda}z$$

显然相位由光强 I 决定，沿 Δz 的相位差与光强 I 的关系为

$$\Delta\phi=\frac{2\pi n_2 I}{\lambda}\Delta z$$

由于光强可以调节相位，因此称为自相位调制。显然当光强很小时，$n_2 I\ll n_o$，瞬时频率为

$$\omega=\frac{\partial\phi}{\partial t}=\omega_0$$

对于强光束，其强度 I 与时间的关系为 $I=I(t)$。一个光脉冲沿 z 轴方向传输，I-t 特性曲线的形状为高斯线型（如光脉冲在光纤中传播时可这样近似）。求瞬时频率 ω。它是否与 ω_0 相同？频率随时间或者在整个光脉冲上是怎么变化的？脉冲上频率的变化称为啁啾。因此，在传播过程中自相位调制改变了光脉冲的频谱，这种现象的重要意义是什么？

(3) 有一高斯光束，其穿过光束横截面的强度随传播距离以高斯形式下降。假设这道光束穿过非线性介质平面。请解释光束是怎样变为自聚焦的？你能设想到自聚焦效应与具有分散现象的衍射效应之间的平衡这一情形吗？

第 5 章 介质波导和光纤

现代意义的光通信必须对光波进行高速调制，使其承载高速数据信息，并采取有效措施使之能长距离传输，并能在接收端将其准确再现。显然，要实现现代意义下的光通信必须解决两个最为关键的问题：一是可以高速调制的相干性很好的光源；二是低损耗的光波传输介质。直至 20 世纪 50 年代，人们所使用的光源都是非相干光源，这种光源发出的光波，其频谱极宽，相位和偏振态都是随机的，因而难以对其进行高速调制。1960 年第一台激光器问世。激光器是基于光的受激辐射放大机理制成相干性极好的光源的仪器，这种相干性极好的光源发出的相干光束即可成为高速数据信息的载体。1970 年，美国贝尔实验室研制成功的在室温下可以连续工作的半导体激光器，为光通信提供了实用性的光源。

光信号的长距离传输同样是至关重要的问题。光波在大气中传播会受到大气中水汽的强烈吸收。广播波长极短，在自由空间直线传播，任何比光波波长线度大的障碍物都会遮挡光的传播，所以采用类似于无线电波那样的传播方式实现光通信，除了星际通信系统以外，要在地面上实现长距离传输问题极多。曾经有人建议，将光波通信系统转入地下，在地下修建光通信线路，光路转弯用反射镜实现，而光束的扩散则用透镜聚焦约束。这种方案原则上是可行的，但其建造成本极高，难以形成实用网络。

最好的解决措施是将光波注入透明的光波导（简称波导）传输，这种光波导是由透明介质做成的极细的光学纤维。光波导是集成光学的重要基础性部件，它能将光波束缚在光波长量级尺寸的介质中。用集成光学工艺制成的各种平面光波导器件，有的还要在一定的位置上沉积电极，两端接上电压，用以控制在波导中传输的光波的相位或强度，然后光波导再与光纤或光纤数组耦合。激光信号在光波导中耦合、传输、调制。

光波导传输的构想早在 20 世纪初即由德拜提出，但是直到 20 世纪 60 年代，用当时最好的光学玻璃做成的光学纤维，其损耗也达到了 1000 dB/km，这意味着，如果要在 1 km 长的光纤末端检测到一个波长为 1 μm 的光子（其能量 $h\nu \approx 2\times10^{-19}$ J），则在其入端要输入的光的能量为 2×10^{81} J，这将远超过太阳系自形成以来的全部辐射能量的总和。用这样的光学纤维显然是无法实现光信号的长距离传输的。在希望渺茫的局面下，1966 年，英籍华裔科学家高锟博士和 Hockham 发表了一篇具有划时代意义的论文，他们提出，如果利用带有包层材料的石英玻璃光学纤维（光纤）来进行光通信，其损耗可能低于 20 dB/km，这类玻璃的理论最低损耗值比这一数值还要低得多。1970 年，美国康宁公司研制成功第一根低损耗光纤，从此阻碍光通信发展的两大困难——高强度光源的可靠度和低损耗介质的稳定性都得到了解决。20 世纪 70 年代以后，通信技术进入了光通信时代。短短三十余年，光通信已从实验室走向实用，并带来了巨大的社会经济效益。目前，横跨大西洋海底和太平洋海域的光纤通信已正式使用，它可以提供 40000 路电话的通信，传输率每秒可达 8.4 亿位。西方的一些发达国家已相继建成了多条、遍及国内的光纤通信系统。美国、日本等正在着手建立全国光纤通信信息网络。高锟由此获得 2009 年诺贝尔物理奖。

5.1　对称平面介质条形波导

5.1.1　波导条件

要理解光波导中光线传播的一般本质，我们先来考察一下图 5.1 所示的平面介质条形波导，根据原理分析，这是一种最简单的波导。在两个折射率为 n_2 的半无穷区域之间，夹一条厚度为 $2a$ 的折射率为 n_1 的介质，$n_2<n_1$。高折光指数的区域（n_1）称为芯，夹住芯的折光指数较低的区域（n_2）称为包层。在横方向上，薄膜波导在 y 轴方向尺寸比 x 轴方向尺寸要大得多，为了分析简单起见，认为在 y 轴方向上是无限延伸的，所以又可以将薄膜波导称为平面波导。一般薄膜波导的芯层是采用扩散工艺沉积在衬底上做成的。

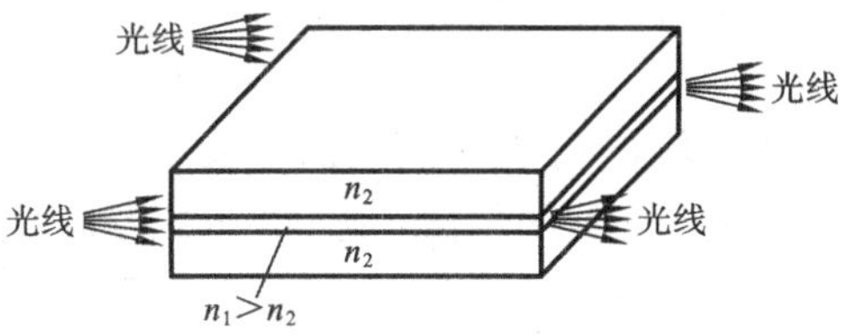

图 5.1　对称平面介质波导示意图

虽然光纤通信系统中不用薄膜光波导作为传输介质，但是对薄膜波导的分析仍具有重要的意义。首先，薄膜波导是最简单的光波导，可以很方便地得到结果，对薄膜波导的讨论可以为分析条形波导和光纤打下基础。另外，薄膜波导理论又是集成光学的基础，很多无源光器件，如光调制器、光耦合器等的工作原理都是建立在薄膜波导理论基础上的。所以在介绍光纤传输理论的同时，有必要对薄膜波导的传输理论作介绍。

只要光线在介质边界能进行全反射，它就很容易以“之”字形沿这样一个波导传播。看起来好像只要任意入射角 θ_i 大于临界角 θ_c 进行全反射的光波都可以传播，但实际上仅仅只有直径远远小于介质条的厚度 $2a$ 的非常薄的光束才行。我们分析实际情况时的波导全图如图5.1所示。为了简化分析，假定光是从折射率为 n_1 的介质中一个线源发射的。一般来说，发射介质的折射率和 n_1 不同。

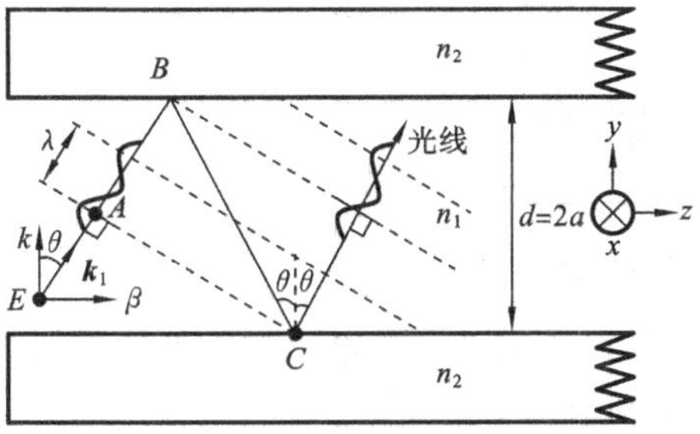

图 5.2　介质条形波导中传播的平面波

考察在图 5.2 所示的介质条形波导中传播的平面波类型的光。波导中运动的光线必须和自己发生相长干涉才能成功传播；否则相消干涉就会损耗这个波。x 轴为进入纸面的。取沿 x 轴（平行于界面）的和垂直于 z 轴的电场为 E，光线沿着波导轴以“之”字形被来自核-包层（n_1/n_2）边界的反射导引，其结果是电场 E 沿 z 轴方向有效传播。图 5.2 也显示了在这个光线上与传播方向成法线方向的常相波前。这个特殊的光线先在 B 点然后在 C 点被反射。正是在 C 点被反射之后，在 C 点的波前和原始光线上 A 点的波前重叠，这个波发生了自干涉现象。除非 A 点和 C 点的波前同相，否则它们就会发生相消干涉，互相损耗。只有某些反射角为 θ_r 的波才会产生相长干涉，所以仅仅只有某些波在波导中才能存在。

A 点和 C 点之间的相位差对应于光路长度 $AB+BC$。此外，在 B 点和 C 点有两次全内反射,每一次都产生一个相位变化 ϕ。设 $\boldsymbol{k}_1$ 是 n_1 中的波矢量,即 $k_1=kn_1=2\pi n_1/\lambda$,这里 $\boldsymbol{k}$ 和 λ 分别为自由空间的波矢量和波长。对相长干涉来说,A 点和 C 点一定是 2π 的倍数。

$$\Delta\phi(AC)=k_1(AB+BC)-2\phi=m(2\pi) \tag{5.1}$$

式中:$m=0, 1, 2, \cdots$是整数。

根据几何知识,很容易地算出 $AB+BC$。$BC=d/\cos\theta$ 和 $AB=BC\cos(2\theta)$。于是

$$AB+BC=BC\cos(2\theta)+BC=BC[(2\cos^2\theta-1)+1]=2d\cos\theta$$

这样对于沿波导传播的波,我们需要

$$k_1[2d\cos\theta]-2\phi=m(2\pi) \tag{5.2}$$

很显然,对于某一给定的整数 m 来说,只有某个 θ 和 ϕ 才能满足这个方程。但是 ϕ 取决于 θ,也取决于光波的偏振状态(电场的方向)。所以,对于每个 m,就有一个允许的入射角度 θ_m 和一个对应的相位 ϕ_m。将方程(5.2)除以 2,就可得到波导条件的表达式为

$$\left[\frac{2\pi n_1(2a)}{\lambda}\right]\cos\theta_m-\phi_m=m\pi \tag{5.3}$$

式中:ϕ_m 表示 ϕ 是入射角 θ_m 的函数。

也许会认为,上述处理是人为的,因为对于入射角 θ,取得很窄。事实上,对于波导而言,不管入射角是用一个窄的还是一个宽的,或者光线是一条还是一束,都可以推导出方程(5.3)表示的一般波导条件。如果取任意两条进入波导的平行光线,如图 5.3 所示,一开始光线 1 和光线 2 是同相的,表示相同的"平面波"。后来光线 1 在 A 点和 B 点经两次反射,然后又和光线 2 平行传播。除非在 B 点反射后,光线 1 上波前和光线 2 上 B'点的波前同相,否则这两条光线相互之间就会发生相消干涉。两条光线一开始同相,如图 5.3 中反射前光线 1 上的 A 点和光线 2 上的 A'点。经两次反射后,B 点的光线 1 的相位为 $k_1AB-2\phi$,B'点的光线 2 的相位为 $k_1A'B'$。这两个相位之间的差一定是 $m(2\pi)$,这样就得到了方程(5.3)中的波导条件。

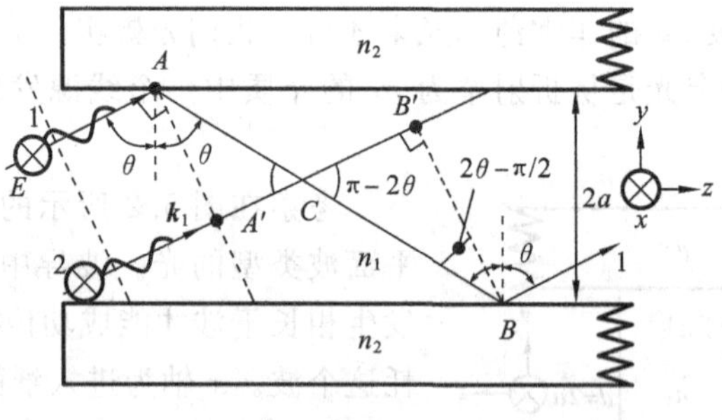

图 5.3 两个同相的任意波经反射后的情况

我们可以把波矢量 $\boldsymbol{k}_1$ 分解成沿波导轴和垂直于波导轴 z 的两个传播常数 β 和 k,如图5.2 所示。给定满足波导条件的 θ_m,定义沿波导方向的传播常数

$$\beta_m=k_1\sin\theta_m=\left(\frac{2\pi n_1}{\lambda}\right)\sin\theta_m \tag{5.4}$$

和垂直于波导方向的传播常数

$$k_m=k_1\cos\theta_m=\left(\frac{2\pi n_1}{\lambda}\right)\cos\theta_m \tag{5.5}$$

对方程(5.3)的波导条件的简单分析清楚地显示,在对应于 $m=0, 1, 2, \cdots$时,波导中只

允许存在某些反射角。必须注意：m 越大，θ_m 越小。每个不同的 m 值都会有不同的 θ_m，因此根据方程(5.4)定义的波导，每个不同的 m 值都会有不同的传播常数。

假如考虑图 5.3 所示的很多光线的相互干涉，就会发现最后的波在沿 y 轴方向上有一固定的电场形式，这个电场是以传播常数 β_m 沿波导方向 z 轴扩散。考察图 5.3 中两个满足波导条件的入射角为 θ_m 的平行光线的最后结果就可得到这个结论。如图 5.4 所示，光线 1 在 A 点反射后向下传播，而光线 2 依然向上传播。两条光线在离波导中心距离为 y 的 C 点会合。它们之间的光路差为 $AC-A'C$，加上光线 1 在 A 点发生全内反射的相变化 ϕ_m。根据几何学原理，图 5.4 中光线 1 和光线 2 的相位差为

$$\Phi_m=(k_1AC-\phi_m)-k_1A'C=2k_1(a-y)\cos\theta_m-\phi_m$$

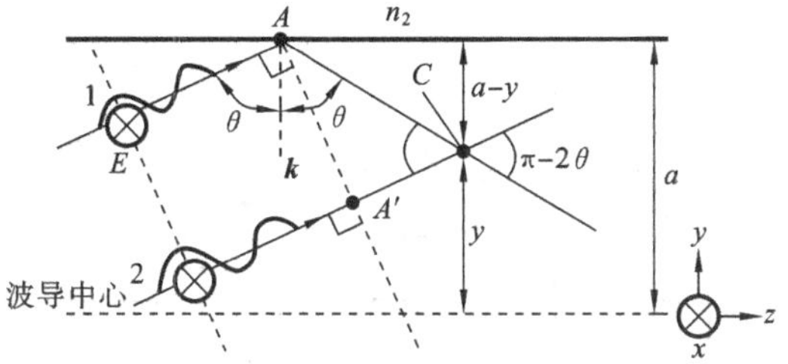

图 5.4　两个不同相的波干涉后的情况

代入方程(5.3)中的波导条件并简化，就可以得到某一给定 m 下的 Φ_m，它是 y 的函数，即

$$\Phi_m=\Phi_m(y)=m\pi-\frac{y}{a}(m\pi+\phi_m) \tag{5.6}$$

在 C 点之前，光线 1 和光线 2 的相位中有一个负 k_y 项，因为它们是沿着反 y 方向传播的。在 C 点处，光线 1 和光线 2 的电场分别为

$$E_1(y,z,t)=E_o\cos(\omega t-\beta_m z+k_m y+\Phi_m)$$

$$E_2(y,z,t)=E_o\cos(\omega t-\beta_m z-k_m y)$$

这两个波干涉后得到

$$E(y,z,t)=2E_o\cos\left(k_m y+\frac{1}{2}\Phi_m\right)\cos\left(\omega t-\beta_m z+\frac{1}{2}\Phi_m\right) \tag{5.7}$$

方程(5.7)是一个沿 z 轴方向运动的波的函数，由于 $\cos(\omega t-\beta_m z)$项表示它沿 y 轴方向的振幅受 $\cos(k_m y+\Phi_{m/2})$调制。$\cos(k_m y+\Phi_{m/2})$与时间无关，对应于一个沿 y 轴方向的驻波。因为每个 m 值就有一个不同的 k_m 和 Φ_m，因此对每个 m，可得到一个沿 y 轴方向的电场。这样沿波导传播的光波就有如下形式，即

$$E(y,z,t)=2E_m(y)\cos(\omega t-\beta_m z) \tag{5.8}$$

式中：$E_m(y)$是给定 m 时沿 y 轴方向的电场分布。

穿过波导的分布 $E_m(y)$是在 z 轴方向上沿波导运行。

图 5.5 说明了最低模 $m=0$(它在中心的光强度最大)的电场形式。整个电场分布是随传播矢量 $\boldsymbol{\beta}_0$ 沿 z 轴方向运动。还要注意，由于在边界附近的包层中传播损耗波，因此有一部分电场渗入包层中。波导芯中的电场有一个沿 y 轴方向的调和变量，而包层中的电场是损耗波，它的一致属性是随 y 衰减。图 5.6 描述了前三个模($m=0$, 1, 2)的电场分布情况。

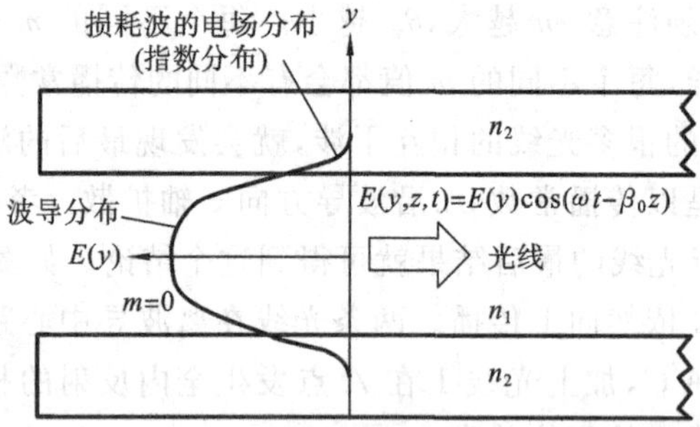

图 5.5　沿波导传播的具有最低模式的波的电场分布

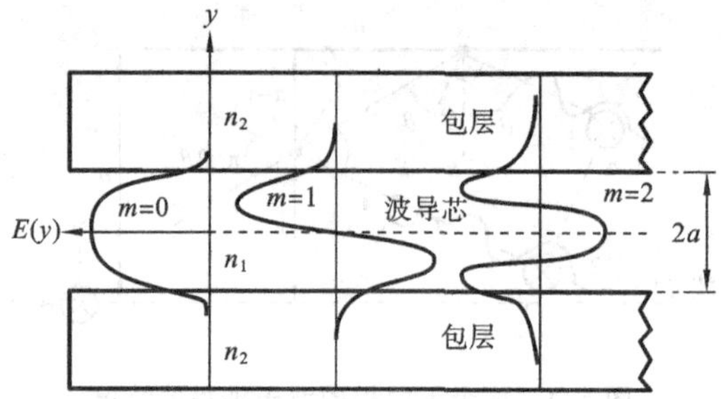

图 5.6　沿波导传播的波前三种模式的电场分布情况

我们已经看到，每个不同的 m 都有一个允许的 θ_m，这个 θ_m 对应于一个由方程(5.8)描述的在 z 轴方向上传播的特殊的波，它具有由方程(5.4)规定的特殊波矢量 $\boldsymbol{\beta}_m$。这些具有特定电场分布 $E_m(y)$的每一个波构成一个传播模式。整数 m 定义了这些模式，被称为模数。光仅仅只能沿着波导以一个或几个这样的传播模式传递，如图 5.7 所示。注意，如前所述，光线能够渗入包层中，如图 5.6 所示。因为模数越大，θ_m 越小，所以高模数的光波反射得较多，它们渗入到包层中的也越多，如图 5.7 所示。对于最低模数($m=0$)的波，θ_m 接近 90°，因此可以说这个波是沿轴向传播的。入射到波导芯中的光只能以方程(5.3)规定的允许模式沿波导传播，这些模式以不同的波速沿波导运行。当它们到达波导的末端时，就以光束的形式出来。假如发射一个持续时间较短的光脉冲到介质波导中，从波导另一端出现的光就会是一个变宽了的光脉冲，因为光能是以不同的波速沿波导传播的，如图 5.7 所示。因此，光脉冲会随着它沿光波导传播而变宽。

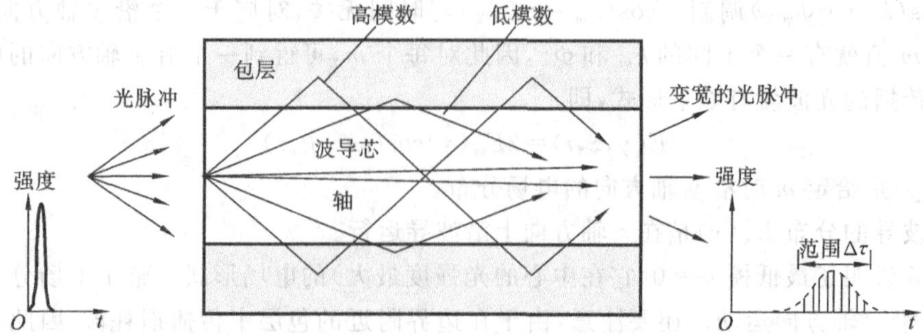

图 5.7　条形波导中光传播示意图

5.1.2 波导模式

对于单色光，其麦克斯韦方程组的波函数求解为

$$\nabla^2 E + n^2 k_0^2 E = 0 \tag{5.9}$$

式中：n 为折射率；$k_0=\omega/c$，其中 c 为光速，ω 为辐射频率。

假设有一个图 5.1 所示的对称性波导，其$\partial E/\partial y=0$，则电场的解为

$$E(r)=E(x)\exp(-\mathrm{i}\beta z) \tag{5.10}$$

式中：β 为常数，暂时不管其大小。

由此可以推导出下面的波方程，即

$$\frac{\partial^2 E}{\partial x^2}+(n^2k_0^2-\beta^2)E=0 \tag{5.11}$$

下一步就是在以下三个区域加上边界条件求解微分方程(折射率在区间之间是变化的)。假设一个横向电场(TE)极化模式，即 E 的极化方向沿 y 轴方向，有

$$E_y=\begin{cases}A\exp[-(p|x|-d)-\mathrm{i}\beta z], & |x|>d\\ B\cos(hx)\exp(-\mathrm{i}\beta z), & |x|<d\end{cases} \tag{5.12}$$

则 H_z 的解为

$$H_z=\frac{\mathrm{i}}{\omega\mu}\frac{\partial E_y}{\partial E_x}=\begin{cases}\dfrac{\mathrm{i}p}{\omega\mu}A\exp[-(p|x|-d)-\mathrm{i}\beta z], & |x|>d\\ \dfrac{-\mathrm{i}h}{\omega\mu}B\sin(hx)\exp(-\mathrm{i}\beta z), & |x|<d\end{cases} \tag{5.13}$$

由于边界条件为场的连续性，因此有

$$\begin{cases}A=B\cos(hd)\\ pA=hB\sin(hd)\end{cases} \tag{5.14}$$

解为

$$p=h\tan(hd) \tag{5.15}$$

其中，

$$\beta^2=\begin{cases}k_0^2n_2^2-h^2, & |x|<d\\ k_0^2n_1^2+p^2, & |x|>d\end{cases} \tag{5.16}$$

由此，

$$p^2+h^2=(n_2^2-n_1^2)k_0^2 \tag{5.17}$$

用绘图法画出方程(5.15)的曲线，就可以找到 p 和 h 的解(即两个切线函数和圆之间交点)，如图 5.8 所示。

定义半径为

$$V=d\sqrt{p^2+h^2}=d\sqrt{n_2^2-n_1^2}k_0 \tag{5.18}$$

$V<\pi/2$ 为其单模解。

有效折射率为

$$n_{\mathrm{eff}}=\frac{\beta}{k_0} \tag{5.19}$$

其中，与 β 和 k_0 有关的方程称为色散方程。在横磁(TM)极化模式中，H_y 也有类似的解。

现在假设有一个图 5.9 所示的非对称波导。

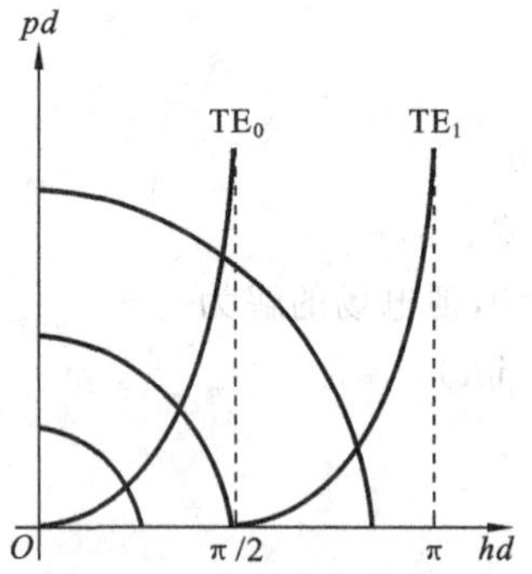

图 5.8　波导模式的求解

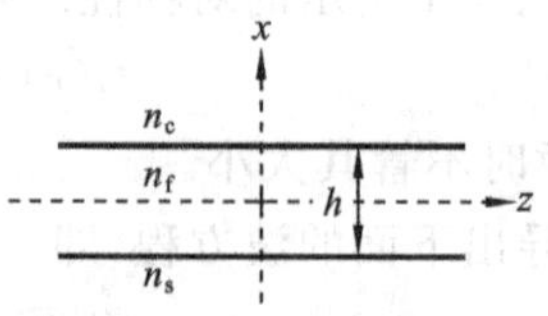

图 5.9　非对称波导原理图($n_f>n_s>n_c$)

假设 $n=n(x)$，$\partial E/\partial y=0$，即传播方向为 z 轴。对于横电模式有方程(5.12)所示的亥姆霍兹波。为了求解这个问题，先定义三个参数：

$$\begin{cases}k_c^2=n_c^2k_0^2-\beta^2=-\gamma_c^2\\k_f^2=n_f^2k_0^2-\beta^2\\k_s^2=n_s^2k_0^2-\beta^2=-\gamma_s^2\end{cases}\tag{5.20}$$

则解为

$$E_y=\begin{cases}E_c\exp[-\gamma_c(x-h)-i\beta z], & x>h\\E_f\cos(k_fx-\varphi_s)\exp(i\beta z), & 0<x<h\\E_s\exp(\gamma_sx-i\beta z), & x>0\end{cases}\tag{5.21}$$

这里的未知变量为 φ_s、β、E_c、E_f，E_s。要求解它们需要利用四个边界条件以及能量守恒条件。由色散方程和边界条件有

$$\tan\varphi_s=\frac{\gamma_s}{k_f}\tag{5.22}$$

定义

$$\tan\varphi_c=\frac{\gamma_c}{k_f}\tag{5.23}$$

有

$$\tan(k_fh-\varphi_s)=\tan\varphi_c\tag{5.24}$$

解为

$$k_fh-\varphi_s-\varphi_c=m\pi\tag{5.25}$$

其中，m 为模式数。同样这个解也可以用绘图法来求解。然而，在非对称波导中并不一定有解存在。

单位面积功率为

$$P=-2\int_{-\infty}^{+\infty}E_yH_x\mathrm{d}x=\frac{2\beta}{\omega\mu}\int_{-\infty}^{+\infty}E_y^2\mathrm{d}x=n_{\mathrm{eff}}\sqrt{\frac{\varepsilon_0}{\mu_0}}E_f^2h_{\mathrm{eff}}\tag{5.26}$$

其中，h_{eff} 为有效模式宽度，即

$$h_{\mathrm{eff}}=h+\frac{1}{\gamma_s}+\frac{1}{\gamma_c}\tag{5.27}$$

5.1.3 单模波导和多模波导

尽管方程(5.3)中的波导条件规定了入射角 θ_m，但是 θ_m 还必须满足全内反射的条件 $\sin\theta_m > \sin\theta_c$，由后一个附加条件，就可以求出在波导中允许的最大模数。根据方程(5.3)，可以得到 $\sin\theta_m$ 的一个表达式，然后应用全内反射条件 $\sin\theta_m > \sin\theta_c$，模数 m 必须满足

$$m \leqslant (2V - \phi)/\pi \tag{5.28}$$

式中：V 称为 V 数，是一个由下式定义的量，即

$$V = \frac{2\pi a}{\lambda}(n_1^2 - n_2^2)^{\frac{1}{2}} \tag{5.29}$$

V 数也有其他一些名称，如 V 参数、正则化厚度和正则化频率。在平面波导中，正则化厚度这个名称较为普遍，而在光纤中 V 数这个名称更常用。对于某一给定的自由空间波长 λ 来说，V 数取决于波导的几何尺寸($2a$)和波导的特性(n_1 和 n_2)，所以它是波导的一个特性参数。

现在的问题是，是否存在一个 V 数使得波导中只有 $m=0$ 这种可能，也就是说，只有一个模在波导中传播。假定是最低模，光波传播时，由于在 $\theta_m \to 90°$时的掠射，于是 $\phi \to \pi$，由方程(5.28)有，$V=(m\pi+\phi)/2$ 或 $\pi/2$。当 $V<\pi/2$ 时，有唯一的模式传播，即 $m=0$ 的最低模。从 V 和 ϕ 的表达式也可以看到，只要 $V=\pi/2$，方程(5.28)就不可能给出一个负 m。因此，当 $V<\pi/2$ 时，$m=0$ 才是唯一的可能，也就是说，只有基模($m=0$)沿介质条形波导传播，这种波导用单模平面波导这个术语。使得方程(5.29)中 $V=\pi/2$ 的自由空间波长称为截止波长，在这个波长以上，仅仅只有一个模——基模传播。

5.1.4 TE 模和 TM 模

前已叙述，对于某一特定的模，沿 y 轴方向的电场强度变化 $E_m(y)$ 是调和的。图 5.10 分析了朝波导芯-包层边界运动的光波电场方向的两种可能性。

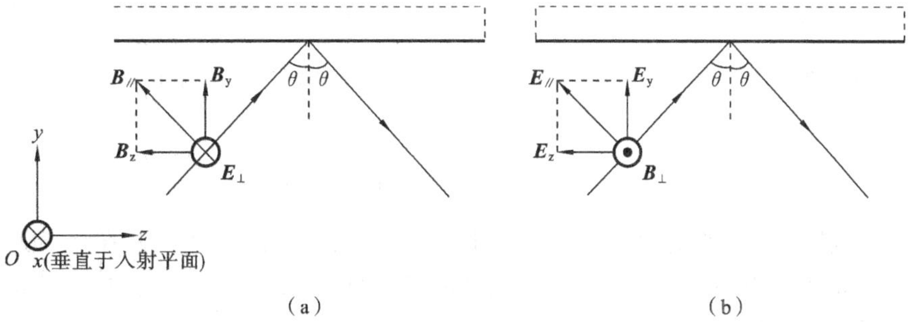

图 5.10 根据垂直于电场方向和垂直于磁场方向的两种可能模式

(a) TE 模；(b) TM 模

(1) 电场垂直于入射平面(纸平面)，记为 $\boldsymbol{E}_\perp$，如图 5.10(a)所示。$\boldsymbol{E}_\perp$ 是沿 x 轴方向的，因此 $\boldsymbol{E}_\perp = \boldsymbol{E}_x$。

(2) 磁场垂直于入射平面，记为 $\boldsymbol{B}_\perp$，如图 5.10(b)所示。这时电场方向与入射平面平行，可表示为 $\boldsymbol{E}_{/\!/}$。

任何其他电场方向(垂直于光线路径的)都可以分解成沿 $\boldsymbol{E}_\perp$ 和 $\boldsymbol{E}_{/\!/}$ 的电场分量。这两个

场中不同的相变化分别为 $\phi_{\perp}$ 和 $\phi_{/\!/}$，要求以不同的入射角 θ_m 沿波导传播。所以对于 $\boldsymbol{E}_{\perp}$ 和 $\boldsymbol{E}_{/\!/}$，就有一套不同的模。与 $\boldsymbol{E}_{\perp}$ 相关的模称为沿垂直电场方向的模，记为 TE_m，这是因为 $\boldsymbol{E}_{\perp}$ 实际上是垂直于传播 z 轴方向的。

与 $\boldsymbol{E}_{/\!/}$ 相关的模有一个垂直于 z 轴方向传播的磁场 $\boldsymbol{B}_{\perp}$，称为沿垂直磁场方向的模，记为 TM_m。$\boldsymbol{E}_{/\!/}$ 也有一个平行于 z 轴方向的分量 $\boldsymbol{E}_z$，它是沿传播方向运行的。很显然，$\boldsymbol{E}_z$ 是一个沿轴向传播的电场。相似地，那些与 $\boldsymbol{B}_{/\!/}$ 有关的 TE 模式，也有一个沿 z 轴方向的磁场，这个磁场沿轴向波的方向传播。

伴随全内反射的相变化 ϕ 取决于场的偏振，对于 $\boldsymbol{E}_{\perp}$ 和 $\boldsymbol{E}_{/\!/}$ 来说，它们各不相同。但是，当 $n_1-n_2\ll 1$ 时，它们之间的差可以忽略不计，这时对 TE 模和 TM 模来说，波导条件和截止条件基本相同。

5.1.5 模式场距离(MFD)

如图 5.5 所示，沿 y 轴方向的电场分布会渗入到包层中，所以穿过波导的电场的深度就大于介质条形波导的厚度。在波导芯内，电场分布是调谐的，而从边界到包层中，由于存在损耗波，它呈指数形式衰减，即

$$E_{包层}(y')=E_{包层}(0)\exp(-\alpha_{包层}y')$$

式中：$E_{包层}(y')$是包层中从边界测得的 y'点的电场；$\alpha_{包层}$是介质 2 中损耗波的衰减常数，有

$$\alpha_{包层}=\frac{2\pi n_2}{\lambda}\left[\left(\frac{n_1}{n_2}\right)^2\sin^2\theta_i-1\right]^{\frac{1}{2}}$$

式中：λ 是自由空间内的波长。

对于轴向模来说，可以取 $\theta_i\to 90^\circ$的近似值，于是

$$\alpha_{包层}=\frac{2\pi n_2}{\lambda}\left[\left(\frac{n_1}{n_2}\right)^2\sin^2\theta_i-1\right]^{\frac{1}{2}}\approx\frac{2\pi}{\lambda}(n_1^2-n_2^2)^{\frac{1}{2}}=\frac{V}{a}$$

当 $y'=\delta=1/\alpha_{包层}=\dfrac{a}{V}$时，包层中的电场以一个因子 e^{-1} 衰减。电场渗入到包层中的深度为 δ，因此穿过整个波导的全部电场厚度为 $2a+2\delta$，一般称为模式场距离(MFD)，用 $2w_0$ 表示。于是

$$2w_0\approx 2a+2\frac{a}{V}=2a\left(1+\frac{1}{V}\right) \tag{5.30}$$

必须注意，随着 V 数的增加，MFD 就变得与波导芯的厚度 $2a$ 相同。在单模传输中，$V<\pi/2$，MFD 比 $2a$ 要大很多。事实上在 $V=\pi/2$ 时，MFD 是 $2a$ 的 1.6 倍。在圆柱形介质波导(如光纤)中，MFD 称为模式场直径。

[例 5.1] 有一平面介质波导，波导芯的厚度为 20 μm，$n_1=1.455$，$n_2=1.440$，光波长为 900 nm。已知它符合方程(5.3)的波导条件。对于 TE 模全内反射时，ϕ 的表达式为

$$\tan\left(\frac{1}{2}\phi_m\right)=\frac{\left[\sin^2\theta_m-\left(\dfrac{n_2}{n_1}\right)^2\right]^{\frac{1}{2}}}{\cos\theta_m}$$

用图解法求所有模式的入射角 θ_m。你的结论是什么？

解 用 $k_1\cos\theta_m=k$，可以将方程(5.3)的波导条件写成

$$(2a)k_1\cos\theta_m - m\pi = \phi_m$$

即

$$\tan\left(ak_1\cos\theta_m - m\frac{\pi}{2}\right) = \frac{\left[\sin^2\theta_m - \left(\frac{n_2}{n_1}\right)^2\right]^{\frac{1}{2}}}{\cos\theta_m} = f(\theta_m) \tag{5.31}$$

当 $m=0,2,4,\cdots$ 偶数时，左边仍然是它本身；但当 $m=1,3,5,\cdots$ 奇数时，它就变成一个余切函数。所以这个问题的解就分成 m 为奇数和偶数两种。图 5.11 作出了方程右边 $f(\theta_m)$ 对 θ_m 也就是左边 $\tan(ak_1\cos\theta_m - m\pi/2)$ 的关系图。因为临界角 $\theta_c=\arcsin(n_2/n_1)=81.77°$，所以只求出了 $\theta_m=81.77°\sim 90°$ 范围内的解。例如，$m=0$ 和 $m=1$ 的截距分别为 $\theta_0=89.17°$ 和 $\theta_1=88.34°$。利用关系式

$$\frac{1}{\delta_m} = \alpha_m = \frac{2\pi n_2\left[\left(\frac{n_1}{n_2}\right)^2\sin^2\theta_m - 1\right]^{\frac{1}{2}}}{\lambda} \tag{5.32}$$

还可以计算出场渗入到包层的深度 δ_m。

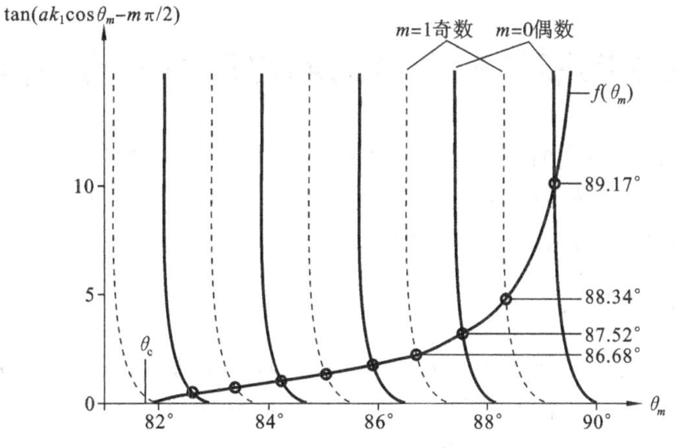

图 5.11　平面介质波导中模式的图解求法

利用方程(5.31)和方程(5.32)，可以求出模式入射角 θ_m 及对应的场渗入到包层的深度。在最大模数时，场渗入到包层中的深度相当显著。

m	0	1	2	3	4	5	6	7	8	9
$\theta_m/(°)$	89.2	88.3	87.5	86.7	85.9	85.0	84.2	83.4	82.6	81.9
δ_m/μm	0.691	0.702	0.722	0.751	0.793	0.866	0.970	1.15	1.57	3.83

很显然，每选择一个 m，$f(\theta_m)$ 对方程(5.31)左边的正切函数就有一个截距，直到 $\theta_m \leqslant \theta_c$。这有 10 个模。

方程(5.31)的精确解表明，对于 TE 模来说，基模的入射角实际上是 89.172°。如果使用前面介绍的 TM 模的相变化 ϕ_m，就可求得 TM 模的基模入射角为 89.170°，几乎与 TE 模的相一致。

[例 5.2]　有一自由空间源波长 $\lambda=1\ \mu$m 的平面介质波导，宽度为 100 μm，折射率分别

为 $n_1=1.490$ 和 $n_2=1.470$。试估计它所支持的模式数，并将你的结果与由下式计算的结果进行比较。

$$m=\mathrm{ent}\left(\frac{2V}{\pi}\right)+1 \tag{5.33}$$

式中：ent(x)是一个整数函数，也就是把 x 的小数部分舍掉。

解 全内反射的相变化 ϕ 不可能大于 π，所以 $\phi/\pi<1$。对于一个多模波导($V>1$)来说，可以将方程(5.28)写成

$$m\leqslant\frac{2V-\phi}{\pi}\approx\frac{2V}{\pi}$$

已知 $\lambda=1\ \mu\mathrm{m}$，$n_1=1.490$，$n_2=1.470$ 和 $a=50\ \mu\mathrm{m}$，可以计算出

$$V=(2\pi a/\lambda)(n^2-n_2^2)^{1/2}=76.44$$

那么，$m\leqslant2\times76.44/\pi=48.7$，或 $m\leqslant48$。也就是共有 49 个模式，因为还必须包括 $m=0$ 的模式。用方程(5.33)计算得

$$m=\mathrm{ent}\left(\frac{2\times76.44}{\pi}\right)+1=49$$

5.2 芯层折射率渐变的介质薄膜波导中光线的传播

均匀介质薄膜波导结构简单，容易分析，其缺点是多径色散效应严重。改进的办法是将芯层折射率做成渐变的，波导芯层的中心折射率最大，并单调下降至衬底折射率的值。这种情形下对光线的传播特性的分析比均匀结构的复杂。

5.2.1 传播路径及光线分类

实际使用的光波导的芯层折射率仅是 x 的函数，从中心线向两边递减。为简单起见，假设芯层两侧折射率相等，边界面上折射率连续，即折射率分布可以表示为

$$n(x)=\begin{cases}n_1(x)=n_1(-x), & |x|<a\\ n_2=n_1, & |x|=a\end{cases} \tag{5.34}$$

我们将这种折射率呈对称分布的结构称为对称薄膜波导。

在芯层中，光线传播的路径方程可以具体化为

$$\frac{\mathrm{d}}{\mathrm{d}s}\left[n_1(x)\frac{\mathrm{d}r}{\mathrm{d}s}\right]=\frac{\mathrm{d}n_1(x)}{\mathrm{d}x}e_x \tag{5.35}$$

我们限定光线在芯层沿 z 轴方向传播，因而光线的路径是 xOz 平面内的曲线，曲线上任意一点的矢径及其路程的导数分别为

$$\boldsymbol{r}=x\boldsymbol{e}_x+z\boldsymbol{e}_z,\quad \frac{\mathrm{d}\boldsymbol{r}}{\mathrm{d}s}=\frac{\mathrm{d}x}{\mathrm{d}s}\boldsymbol{e}_x+\frac{\mathrm{d}z}{\mathrm{d}s}\boldsymbol{e}_z$$

将式(5.35)写成分量形式，可以得到

$$\frac{\mathrm{d}}{\mathrm{d}s}\left[n_1(x)\frac{\mathrm{d}x}{\mathrm{d}s}\right]=\frac{\mathrm{d}n_1(x)}{\mathrm{d}x} \tag{5.36a}$$

$$\frac{\mathrm{d}}{\mathrm{d}s}\left[n_1(x)\frac{\mathrm{d}z}{\mathrm{d}s}\right]=0 \tag{5.36b}$$

在 xOz 平面内，$ds=(dx^2+dz^2)^{\frac{1}{2}}$，或者 $dz=d\cos\theta_z(x)$，这里 $\theta_z(x)$ 是传播路径上某点的切线与 z 轴之间的夹角。由于传播路径一般为曲线，所以 $\theta_z(x)$ 是位置的函数。dx、dz、ds、$\theta_z(x)$ 之间的关系如图 5.12 所示。

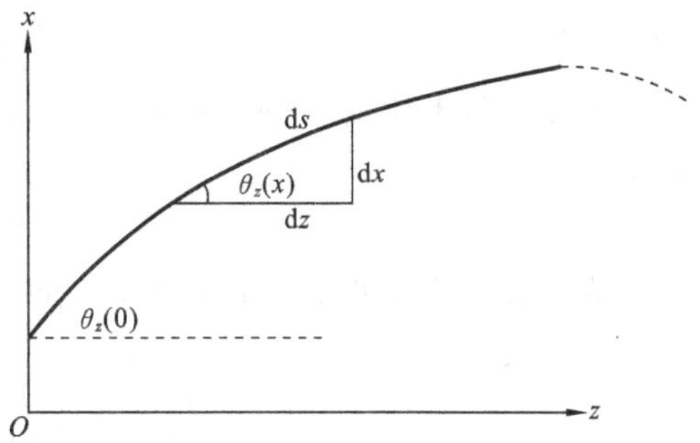

图 5.12　传播路径上的几何关系

由积分式(5.36b)可得

$$n_1(x)\frac{dz}{ds}=n_1(x)\cos\theta_z(x)=n_1(0)\cos\theta_z(0)=\beta \tag{5.37}$$

由此可见，折射率渐变波导中，如果折射率仅是 x 的函数，则仍然可以引进归一化的 z 轴方向相位常数 β(光线不变量)。也就是说，光线传播的 z 轴方向归一化相位常数 β 在传播过程中始终保持不变，其值仅由光线的初始状态决定。

从式(5.37)可知，如果光波导的芯层折射率由 $x=0$ 处向两边单调下降，则光线与 z 轴间的夹角 $\theta_z(x)$ 会随 $|x|$ 的增加而减小，也就是说在非均匀介质中，光线总是弯向折射率大的一侧。如果芯层中某点满足 $\theta_z(x)=0$，则此点以外的区域光线不能传播，光线将从此点弯回中心轴一侧，称这个点为光线的折返点，其坐标用 x_{tp} 表示。显然，折返点坐标 x_{tp} 是下面方程的解：

$$\begin{cases} n_1(x_{tp})=n_1(0)\cos\theta_z(0) \\ 0\leqslant|x_{tp}|<\dfrac{d}{2}=a \end{cases} \tag{5.38}$$

式中：$n_1(0)$ 是波导中心轴($x=0$)上的折射率，$\theta_z(0)$ 则是中心轴上光线与 z 轴间的夹角。

若方程(5.38)在 $|x|<a$ 范围内有解，则得到束缚光线。若方程(5.38)在 $|x|<a$ 范围内无解，则光线将到达芯层边界并折射到衬底和敷层中成为折射光线。在光波导的折射率分布确定以后，光线是束缚光线还是折射光线完全取决于起始倾斜角 $\theta_z(0)$。$\theta_z(0)$ 小，则方程(5.38)有解，光线被约束于芯层中成为束缚光线；反之 $\theta_z(0)$ 大，则方程(5.38)可能无解，光线进入敷层成为折射光线。在折射率对称分布，即 $n(x)=n(-x)$ 的波导中，束缚光线沿类似于正弦曲线的路径传播，如图 5.13 所示。路径的准确形状则应从方程(5.36)解得。

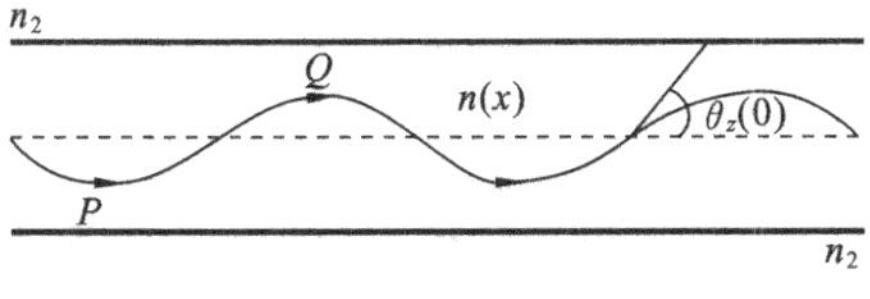

图 5.13　束缚光线的传播路径

由上面的讨论可知，束缚光线和折射光线的分界线是刚好达到芯层与敷层的分界面的路径，即 $x_{tp}=a$ 的路径。由方程(5.38)可以得到这条路径的起始倾斜角为

$$\theta_{zc}(0)=\arccos\frac{n_1(a)}{n_1(0)}=\arccos\frac{n_2}{n_1} \tag{5.39}$$

式中：$n_2=n_1(x=a)$ 是衬底及敷层折射率，n_1 是芯层中心轴上的折射率，即 $n_1=n_1(0)$。

于是我们可以将束缚光线和折射光线的条件归纳为

束缚光线：

$$0\leqslant\theta_z(0)<\arccos\frac{n_2}{n_1} \tag{5.40a}$$

折射光线：
$$\arccos\frac{n_2}{n_1}\leqslant\theta_z(0)\leqslant\frac{\pi}{2} \tag{5.40b}$$

如果用光线不变量 $\beta=n(x)\cos\theta_z(x)$ 来表示，则

束缚光线：
$$n_2<\beta\leqslant n_1 \tag{5.41a}$$

折射光线：
$$0\leqslant\beta\leqslant n_2 \tag{5.41b}$$

现在假设光线不变量满足条件 $n_2<\beta\leqslant n_1$，我们来看看光线路径方程的积分。利用图5.12所示的几何关系，有

$$\frac{dx}{ds}=\sin\theta_z(x),\quad \frac{dz}{ds}=\cos\theta_z(x)$$

可将式(5.36a)写成

$$\cos\theta_z(x)\frac{d}{dz}\left[n_1(x)\cos\theta_z(x)\frac{dx}{dz}\right]=\frac{dn_1(x)}{dx}$$

利用 $\beta=n_1(x)\cos\theta_z(x)$ 是不变量这一关系，又可以将上式写成

$$\beta^2\frac{dt^2}{dx}=\frac{1}{2}\frac{dn_1^2(x)}{dx} \tag{5.42}$$

作变换 $t=\frac{dx}{dz}$，则 $\frac{d^2x}{dz^2}=\frac{dt}{dz}=\frac{dt}{dx}\frac{dx}{dz}=t\frac{dt}{dx}=\frac{1}{2}\frac{dt^2}{dx}$，将其代入式(5.42)，得到

$$\beta^2\frac{dt^2}{dx}=\frac{dn_1^2(x)}{dx}$$

上式积分得到

$$\beta^2t^2=n_1^2(x)+A$$

式中：A 为积分常数。

由于 $\frac{dx}{dz}=\tan\theta_z(x)$，在 $x=x_{tp}$ 时，$\theta_z(x)=0$，所以 $\frac{dx}{dz}=0$，于是有 $n_1^2(x)+A=0$，再由式(5.38)，可以确定 $A=-\beta^2$。于是得到

$$\beta\frac{dx}{dz}=[n_1^2(x)-\beta^2]^{\frac{1}{2}} \tag{5.43}$$

再次积分，即可得到光线路径方程的积分式为

$$z(x)=\beta\int_0^x\frac{dx}{[n_1^2(x)-\beta^2]^{\frac{1}{2}}} \tag{5.44}$$

式(5.44)是在 $x=0$、$z=0$ 的前提下得到的。如果给定芯层折射率分布 $n_1(x)$ 和光线的初始状态，也就是给定 $\theta_z(0)$，则光线的传播路径即可由式(5.44)完全确定。

5.2.2　传播时延及时延差

由于束缚光线的路径类似于正弦曲线那样的周期曲线，可以只需考虑路径的半个周期的路径长度及光程，即可得到单位距离的传播时延等重要信息。路径的半个周期也就是图 5.13 中 P、Q 两点间的曲线段。这段路径的长度及光程分别用 L_p 和 L_o 表示，则有

$$L_p=\int_P^Q ds,\quad L_o=\int_P^Q n(x)ds \tag{5.45}$$

P、Q 两点的 x 坐标分别为 $-x_{tp}$ 和 x_{tp}，注意到

$$ds=\frac{dz}{\cos\theta_z(x)}=n_1(x)\frac{dz}{dx}\frac{dx}{\beta}$$

再利用式(5.43)，即

$$\frac{dz}{dx}=\frac{\beta}{[n_1^2(x)-\beta^2]^{\frac{1}{2}}}$$

则可以将 P、Q 两点间的路径长度及光程分别写成

$$L_p=\int_{-x_{tp}}^{x_{tp}}\frac{n_1(x)dx}{[n_1^2(x)-\beta^2]^{\frac{1}{2}}} \tag{5.46a}$$

$$L_o=\int_{-x_{tp}}^{x_{tp}}\frac{n_1^2(x)dx}{[n_1^2(x)-\beta^2]^{\frac{1}{2}}} \tag{5.46b}$$

P、Q 两点在 z 轴上的投影点之间的距离为

$$z_p=\int_{-x_{tp}}^{x_{tp}}\frac{\beta dx}{[n_1^2(x)-\beta^2]^{\frac{1}{2}}} \tag{5.47}$$

光线从 P 点传播到 Q 点的时间为

$$t=\frac{L_o}{c}=\frac{1}{c}\int_{-x_{tp}}^{x_{tp}}\frac{n_1^2(x)dx}{[n_1^2(x)-\beta^2]^{\frac{1}{2}}} \tag{5.48}$$

光线沿 z 轴传播单位距离的传播时延为

$$\tau=\frac{L_0}{cz_p} \tag{5.49}$$

式中：$1/z_p$ 是 z 轴方向上单位距离内包含的路径半周期数目。

如果 $1/z_p$ 是整数，则式(5.49)精确成立；如果 $1/z_p$ 不是整数，但 $1/z_p\gg1$，式(5.49)仍是个很好的近似；如果 $1/z_p\gg1$ 这个条件不满足，则传播时延的精确值应为

$$\tau=\frac{1}{c}\int_0^z n_1(x)ds=\frac{1}{c\beta}\int_0^z n_1^2(x)dz \tag{5.50}$$

式中：z 是路径在 z 轴方向的总长度。

沿两条不同的路径积分，在 z 轴方向传播相同的距离时，光程不同，因而有不同的传播时间，这就导致了传播时延差。对于芯层折射率从 $x=0$ 处向两边单调下降的波导，与芯层折射率均匀的波导比较，前者的时延差会在一定程度上有所减小。这是因为 x_{tp} 大的光线尽管所走的路程较长，但它部分地进入芯层的边缘部分，那里的折射率较小，光的传播速度就要快些；沿波导中心线附近传播的光线尽管所走的路程短些，但此处折射率大些，传播速度要慢些，从而缩小了各条光线之间的传播时延差，缩小的程度取决于芯层折射率分布函数。下面我们将看到，如果芯层折射率按双曲正割函数分布，则所有各条束缚光线的传播时延相等，时延差为零。

用式(5.49)和式(5.50)计算光线的传播时延，对于任意的折射率分布函数 $n_1(x)$ 很难得到它们的解析解。若折射率分布按抛物线函数、双曲正割函数或幂指函数分布，则可以得到传播时延的解析解。下面我们分别讨论这几个例子。

[例 5.3]　光波导的折射率分布按无界抛物线函数分布，即

$$n^2(x)=n_1^2\left[1-2\Delta\left(\frac{x}{a}\right)^2\right],\quad |x|<\infty \tag{5.51}$$

由于这里假设折射率在 $|x|<\infty$ 范围内按抛物线函数分布，所以这时式(5.51)中的 a 已

不具有芯层厚度的意义，它只是一个参量，Δ 是一个无量纲的参量，而且总小于 1。这个分布使得 $x=\pm a/\sqrt{2\Delta}$ 时 $n=0$，而 $|x|>a/\sqrt{2\Delta}$ 时 $n^2(x)<0$，显然这不符合实际情况。但从它可以得到简单的解，有助于我们理解光线传播的概念，而且对其中那些 x_{tp} 不大的所谓傍轴光线，所得结果是相当精确的。在光波导中，我们主要关心的也就是傍轴光线，所以这样的假设有讨论的价值。

由于没有芯层和敷层的界面，所以所有的光线都是束缚的。其折返点位置由方程

$$n_1^2\left[1-2\Delta\left(\frac{x_{tp}}{a}\right)^2\right]\beta^2=n_1^2=\cos^2\theta_z(0)$$

解出，解为

$$x_{tp}=\pm a\frac{\sin\theta_z(0)}{\sqrt{2\Delta}} \tag{5.52}$$

由式(5.52)可知，当波导参量 a、Δ 确定以后，折返点位置完全取决于起始倾斜角 $\theta_z(0)$。$\theta_z(0)$ 越大，x_{tp} 就越大，光线就越远离波导中心轴。

把式(5.51)代入式(5.44)，可得

$$z(x)=\beta\int_0^x\frac{dx}{n_1\left[\sin^2\theta_z(0)-2\Delta\dfrac{x^2}{a^2}\right]^{1/2}}$$

将式(5.52)代入，得到

$$z(x)=\beta\int_0^x\frac{a dx}{n_1\sqrt{2\Delta}(x_{tp}^2-x^2)^{\frac{1}{2}}}$$

作变换 $x=x_{tp}\sin w$，$dx=x_{tp}\cos w dw$，则有

$$z(x)=\beta\int_0^x\frac{ax_{tp}\cos w dw}{n_1\sqrt{2\Delta}[x_{tp}^2-x_{tp}^2\sin^2 w]^{\frac{1}{2}}}=\beta\int_0^x\frac{a dw}{n_1\sqrt{2\Delta}}=\beta\frac{a}{n_1\sqrt{2\Delta}}w\Big|_0^x$$

$$=\beta\frac{a}{n_1\sqrt{2\Delta}}\arcsin\frac{x}{x_{tp}}$$

也就是

$$x=x_{tp}\sin\frac{n_1 z\sqrt{2\Delta}}{\beta a} \tag{5.53}$$

从式(5.53)可以看到，光线的路径是正弦曲线，其半周期长度可以直接从式(5.53)中令正弦函数中的量 $n_1\sqrt{2\Delta}z_p/(\beta a)=\pi$ 得到，即

$$z_p=\frac{\pi a\beta}{n_1\sqrt{2\Delta}} \tag{5.54}$$

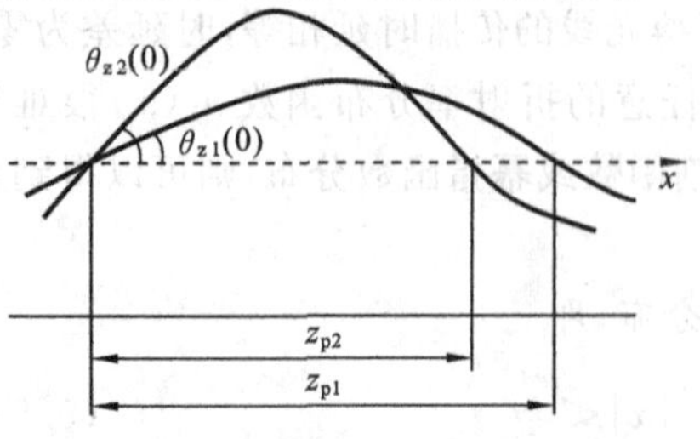

图 5.14　半周期长度 z_p 与 $\theta_z(0)$ 的关系

于是可以将路径方程写成

$$x=x_{tp}\sin\frac{\pi z}{z_p} \tag{5.55}$$

由式(5.54)可以知，光线路径的半周期长度 z_p 在波导结构确定以后完全由起始倾斜角 $\theta_z(0)$ 决定，$\theta_z(0)$ 越大，半周期长度越小，如图 5.14 所示。

半周期的光程 L_p 可由式(5.46b)得出，将式

(5.51)代入式(5.46b),得到

$$L_o=\int_{-x_{tp}}^{x_{tp}}\frac{n_1\left[1-2\Delta\left(\frac{x}{a}\right)^2\right]dx}{\left[\sin^2\theta_z(0)-2\Delta\left(\frac{x}{a}\right)^2\right]^{\frac{1}{2}}}=\int_{-x_{tp}}^{x_{tp}}\frac{an_1\left[1-2\Delta\left(\frac{x}{a}\right)^2\right]}{\sqrt{2\Delta(x_{tp}^2-x^2)}}dx$$

作变换 $x=x_{tp}\sin w$, $dx=x_{tp}\cos\omega d\omega$,则有

$$L_o=\int_{-x_{tp}}^{x_{tp}}\frac{an_1}{\sqrt{2\Delta}}\left[1-2\Delta\frac{x_{tp}^2}{a^2}\sin^2\omega\right]d\omega=\frac{z_p(n_1^2+\beta^2)}{2\beta}\tag{5.56}$$

式中:z_p 即为式(5.54)所确定的半周期长度。

光线在 z 轴方向传播单位距离的时延为

$$\tau=\frac{L_o}{cz_p}=\frac{1}{2c\beta}(n_1^2+\beta^2)\tag{5.57}$$

显然,这种结构的光波导,光线的起始倾斜角不同,即 β 不同,其传播时延也不同,即存在着传播时延差。

如果仍将 $x=\pm a$ 作为波导芯层的边界,则 $x_{tp}=\pm a$ 是约束光线的临界路径。由式(5.52)可以求得此临界路径的起始倾斜角满足

$$\sin\theta_z(0)=\sqrt{2\Delta},\quad \cos^2\theta_z(0)=1-2\Delta,\quad \beta^2=n_1^2(1-2\Delta)$$

而沿波导轴线传播的光线,$\theta_z(0)=0$,$\beta=n_1$。分别将这些数据代入式(5.57),即可得到这两条路径的传播时延差为

$$\Delta\tau=\frac{n_1}{c}\Delta^2\tag{5.58}$$

在得到式(5.58)时,用了 $\Delta\ll1$ 的假设。可以看到芯层折射率按抛物线函数变化时,其时延差是芯层折射率均匀的波导时延差的 Δ 倍。由于 $\Delta\ll1$,所以折射率按抛物线函数分布的波导的多径色散效应明显地小于均匀波导。

[例 5.4]　双曲正割折射率分布,即波导折射率分布函数为

$$n^2(x)=n_1^2\text{sech}^2\left(\sqrt{2\Delta}\frac{x}{a}\right),\quad |x|<\infty\tag{5.59}$$

这种分布在 $x\to\pm\infty$ 时 $n(x)\to0$。与前面的例 5.3 类似,波导内所有的光线都是束缚光线。

将式(5.59)代入式(5.58),可以解得光线的折返点坐标为

$$x_{tp}=\frac{a}{\sqrt{2\Delta}}\text{ch}^{-1}\left(\frac{n_1}{\beta}\right)=\frac{a}{\sqrt{2\Delta}}\text{ch}^{-1}\left[\frac{1}{\cos\theta(0)}\right]\tag{5.60}$$

为了运算方便,令 $\frac{\sqrt{2\Delta}}{a}=A$,将式(5.59)代入路径积分式(5.47),得到

$$z(x)=\int_0^x\frac{\text{ch}(Ax)dx}{\left[\frac{n_1^2}{\beta^2}-\text{ch}^2(Ax)\right]^{\frac{1}{2}}}=\int_0^x\frac{\text{ch}(Ax)dx}{[B^2-\text{ch}^2(Ax)]^{1/2}}\tag{5.61a}$$

其中 $B^2=\frac{n_1^2}{\beta^2}-1$,作变换 $\text{sh}(Ax)=w$, $dw=A\text{ch}(Ax)dx$,可得

$$z(x)=\int_0^x\frac{dw}{A[B^2-w^2]^{\frac{1}{2}}}=\frac{1}{A}\arcsin\frac{w}{B}\Bigg|_0^x=\frac{1}{A}\arcsin\left[\frac{1}{B}\text{sh}(Ax)\right]$$

上式又可写成 $\sin(Ax)=\frac{1}{B}\mathrm{sh}(Ax)$，即

$$\sin\left(\frac{\sqrt{2\Delta}}{a}z\right)=\frac{\beta}{\sqrt{n_1^2-\beta^2}}\left[\mathrm{ch}\left(\frac{\sqrt{2\Delta}}{a}x\right)\right] \tag{5.61b}$$

$$x=\frac{a}{\sqrt{2\Delta}}\mathrm{ch}^{-1}\left[\frac{\sqrt{n_1^2-\beta^2}}{\beta}\sin\left(\frac{\sqrt{2\Delta}}{a}z\right)\right] \tag{5.62}$$

可以看到，在这种结构的光波导中，光线的路径是一组周期性曲线。在 z 轴方向的半周期长度，由式(5.62)是很容易得到

$$z_p=a\pi/\sqrt{2\Delta} \tag{5.63}$$

从式(5.59)可以看到，双曲正割型折射率分布的光波导中光线的半周期长度 z_p 与光线的起始倾斜角 $\theta_z(0)$ 无关，它由波导参数 a、Δ 完全确定。这是一个重要的结论，它表明从光波导轴线上同一点出发，但倾斜角 $\theta_z(0)$ 不同的各条光线尽管沿不同的路径传播，但经半个周期后又会在同一点相聚，这就是光波导中的自聚焦现象，如图5.15所示。

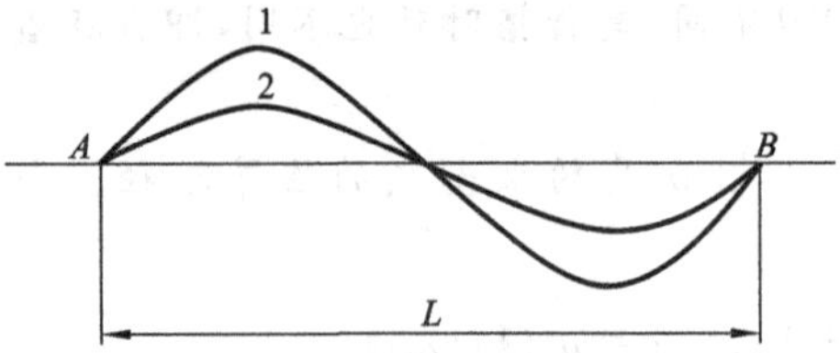

图 5.15 双曲正割型折射率分布的波导中光线的自聚焦现象

将式(5.59)代入光程积分式(5.46b)，并作类似于前面的变量代换，可以得到半周期光程为

$$L_o=n_1 z_p=n_1 a\pi/\sqrt{2\Delta} \tag{5.64}$$

则光线的传播时延为

$$\tau=\frac{1}{z_p}\frac{L_o}{c}=\frac{n_1}{c} \tag{5.65}$$

从式(5.65)可以看到，传播时延 τ 与光线的起始倾斜角 $\theta_z(0)$ 无关，也就是说，同一时刻从始端出发沿不同路径传播的光线，必将同时到达终端，因此这种结构的光波导中不存在多径色散问题。

[例 5.5] 芯层折射率按幂指函数分布的光波导，其折射率分布可以表示

$$n^2(x)=\begin{cases} n_1^2\left[1-2\Delta\left|\frac{x}{a}\right|^{\alpha}\right], & |x|\leqslant a \\ n_2^2=n_1^2(1-2\Delta), & |x|>a \end{cases} \tag{5.66}$$

式中：α 是一个正的常数，可以称为折射率指标数。

由于 α 不一定是偶数，所以式中用了 $|x/a|$，以保证折射率是以 $x=0$ 的面对称分布的。各种不同的 α 值下的折射率分布曲线如图 5.16 所示。$\alpha=2$时，即为例 5.3 中的抛物线分布；$\alpha=8$ 时，即为均匀分布或阶跃分布；例 5.4 中的双曲正割型分布与 $\alpha=2$ 时的抛物线分布比较接近，所以式(5.66)的折射率分布具有普遍意义。

将式(5.66)代入式(5.58)，可以解得折返点坐标为

$$x_{tp}=\pm a\left[\frac{n_1^2-\beta^2}{2n_1^2\Delta}\right]^{\frac{1}{\alpha}} \tag{5.67}$$

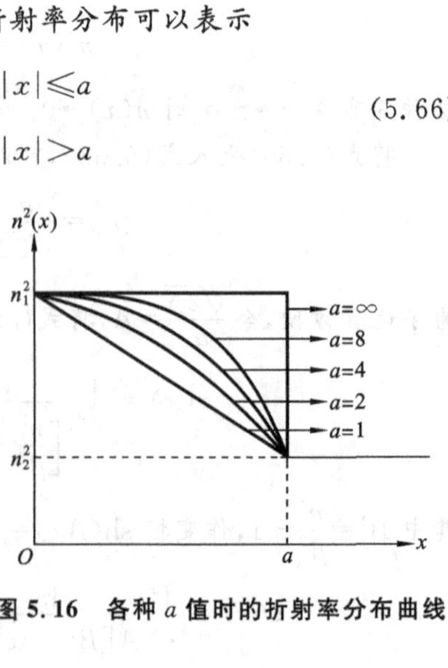

图 5.16 各种 α 值时的折射率分布曲线

对于束缚光线 $x_{tp}<a$，应有

$$n_1^2-\beta^2<2n_1^2\Delta$$

即

$$\sin\theta_z(0)<\sqrt{2\Delta},\quad \theta_z(0)<\arcsin\sqrt{2\Delta} \tag{5.68a}$$

在 $\Delta\ll 1$ 时，式(5.68a)可以近似写成

$$\theta_z(0)<\sqrt{2\Delta} \tag{5.68b}$$

式(5.68b)说明，在 $\Delta\ll 1$ 时，只有起始倾斜角 $\theta_z(0)$ 很小的光线，也就是所谓傍轴光线才能成为束缚光线。

除了 $a=2$ 的特例以外，光线的路径积分得不到显示。z 轴方向的半周期长度 z_p 及光程 L_o，可以用 Γ 函数表示为

$$z_p=\frac{\beta^2}{a}\left(\frac{2\pi}{\Delta}\right)^{\frac{1}{2}}\frac{x_{tp}}{n_1}\left(\frac{a}{x_{tp}}\right)^{\frac{a}{2}}\frac{\Gamma\left(\frac{1}{a}\right)}{\Gamma\left(\frac{1}{a}+\frac{1}{2}\right)} \tag{5.69}$$

$$L_o=\frac{z_p}{a+2}\left[a\frac{n_1^2}{\beta}+2\beta\right] \tag{5.70}$$

光线在 z 轴方向的传播时延则为

$$\tau=\frac{n_1}{c(a+2)}\left[a\frac{n_1}{\beta}+\frac{2\beta}{n_1}\right] \tag{5.71}$$

比较式(5.56)与式(5.70)、式(5.57)与式(5.71)可以看到，前面两式分别是后面两式在 $a=2$ 时的特例。式(5.69)～式(5.71)的推导过程较为繁冗，这里略去了。容易证明，当 a 的取值比 2 略小时，沿不同路径传播的光线的传播时延差最小。我们将这个 a 的取值称为最优 a 值，记为 a_{opt}。这里直接给出 a_{opt} 的值为

$$a_{opt}\approx 2-2\Delta \tag{5.72}$$

当 $a=a_{opt}$ 时，光线沿 z 轴方向传播单位距离，不同路径的传播时延差为

$$\Delta\tau=n_1\Delta^2/(8c) \tag{5.73}$$

比较式(5.58)和式(5.73)可以看到，当 a 值从 a_{opt} 变到 $a=2$ 时，时延差几乎提高了一个数量级，也就是说时延差 $a\Delta t$ 是 a 值的敏感函数。归一化的时延差 $c\Delta\tau/n_1$ 与 a 的关系如图 5.17 所示。

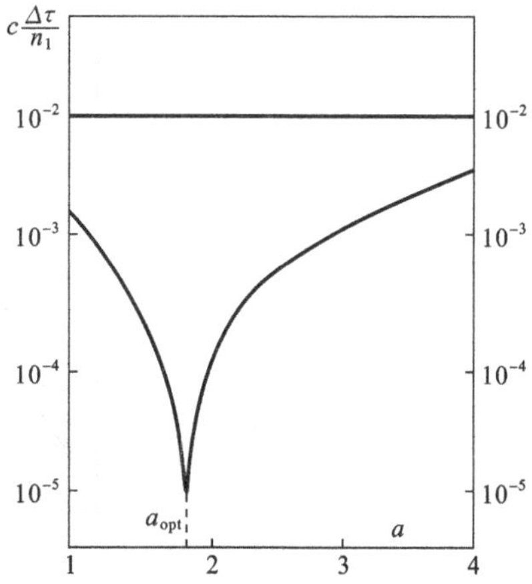

图 5.17　归一化时延差 $c\Delta\tau/n_1$ 与 a 的关系($\Delta=0.01$)

5.3　平面波导中的模式色散和波导色散

5.3.1　波导色散图

条形波导中存在的传播模式是由波导条件决定的。m 从 0 到最大值的每一个取值都会有

一个对应的解和一个可能的传播常数 β_m。从前面的讨论中可知，每个模式都是以不同的传播常数传播的，即使是单色光也是如此。对图 5.7 仔细研究就会得到这样一个印象，轴线光线的反射最小，好像比高模光线运行得更快；高模光线在波导内沿“之”字形路线传播，好像它的光路更长。但是持这种观点的话，有两个重要的错误印象：首先，对沿波导传播的光线来说，最重要的是群速 v_g，也就是能量和信息被传输的速度；其次，高模光线比低模光线深入到包层中去得更多，而包层的折射率比波导芯的要小，因此光线传播得更快。

从第 1 章知道，群速 v_g 取决于 $d\omega/d\beta$，这里 ω 是频率，而 β 是传播常数。对于每个模式 m 来说，模式角 θ_m 是由波导条件决定的，而波导条件又取决于波长（也就是光频率 ω）和波导的特性（n_1、n_2 和 a），这从方程(5.3)可以明显地看出来。这样 $\theta_m=\theta_m(\omega)$，结果是 $\beta_m=k_1\sin\theta_m=\beta_m(\omega)$，它是 ω 的函数。所以某一给定模式的群速是光频率和波导特性的函数。

从前面的讨论还可以看到，即使折射率是常数（即与频率或波长无关），由于波导结构的导波特性，某一给定模式的群速 v_g 还是取决于光频率 ω。

根据波导条件，给定折射率和波导的尺寸（n_1、n_2 和 a），可以计算每个 ω 和每个模式 m 的 β_m，从而得到 ω 与 β_m 的特性关系，如图 5.18 所示，这个关系称为色散图。任何频率 ω 处的斜率 $d\omega/d\beta$ 就是群速 v_g。所有允许传播的模式都包含在斜率为 c/n_1 与 c/n_2 的两条线之间。截止频率 $\omega_{截止}$ 对应截止条件（$\lambda=\lambda_c$）。当 $V=\pi/2$ 和 $\omega>\omega_{截止}$ 会有一个以上模式。分析图 5.18 可以得出两个结果：第一，某一频率 ω 的群速随模式不同而不同；第二，对于给定的模式来说，群速随频率 ω 变化而变化。

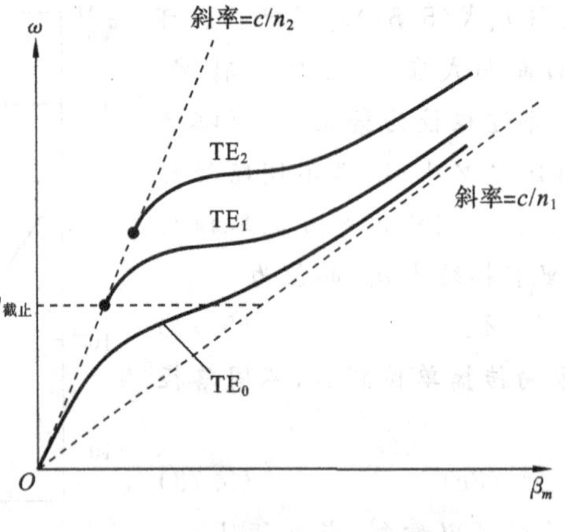

图 5.18　条形波导色散示意图

5.3.2　模式间色散

在多模传输中，如果 $\omega>\omega_{截止}$，最低的模有最低的群速，接近于 c/n_1；最高的模有最高的群速。理由是在高模传输时，电场有相当一部分被包层带走，而包层的折射率较小。最低的模式是在波导芯中传输。所以各种模式在通过光纤时所花的时间是不相同的，这种现象称为模式色散（或模式间色散）。模式色散的直接结果就是，假如持续时间较短的光脉冲被耦合到波导中，那么这个光脉冲就会通过各个允许的不同模式激发而沿波导传输，这些模式以不同的群速传输。在接收端，从各个不同模式来的光脉冲会重构，结果会得到一个图 5.7 所示的增宽了的信号。很清楚，在仅仅只有一种模式传播的单模波导($m=0$)中，不存在模式色散。

要计算信号沿波导的模式色散，必须考虑信号穿过波导所需的最短时间和最长时间，这相当于辨别按照群速激发的最慢模式和最快模式。假如在距离 L 范围内，最快模式和最慢模式之间的传播时间差为 $\Delta\tau$，那么模式色散可以定义为

$$\Delta\tau=\frac{L}{v_{\mathrm{g\,min}}}-\frac{L}{v_{\mathrm{g\,max}}} \tag{5.74}$$

式中：v_{gmin}是最慢模式的最小群速；v_{gmax}是最快模式的最大群速。

从图 5.18 显见，当 $\omega>\omega_{截止}$时，最低模式($m=0$)有最小群速，而且 v_{gmin}接近于 c/n_1。最快的传播对应最高的模式，它的群速非常接近于 c/n_2，这样就近似有

$$\frac{\Delta\tau}{L}\approx\frac{n_1-n_2}{c} \tag{5.75}$$

方程(5.74)仅仅只考虑了两种极端模式即最低模式和最高模式，而没有考虑某些中间模式的群速是否会落在 c/n_1 与 c/n_2 范围的外面，它也没有考虑在不同的模式之间光能所占的比例是多少。取 $n_1=1.48$（波导芯）和 $n_2=1.46$（波导包层），可以求得 $\Delta\tau/L\approx6.7\times10^{-11}$ s/m或 67 ns/km。一般来说，由于"模式间耦合"，模式间色散并没有这个估计的值那么高。关于模式间耦合，超出了本书的讨论范围。

方程(5.75)中的传播时间差为 $\Delta\tau$，介于增宽输出光脉冲的两种极端情况之间。在光电子学中，我们常常感兴趣的是比半高宽小的传播时间差 $\Delta\tau_{1/2}$。$\Delta\tau_{1/2}$取决于输出光脉冲的形状，但是作为一种近似，在有很多模式传播时，也可以取 $\Delta\tau_{1/2}\approx\Delta\tau$。

5.3.3　模式内色散

图 5.18 表明最低的模式有一个取决于频率和波长的群速。这样，即使用一单模传输的波导，只要激发源有一个有限的光谱，它就会包含不同的频率(所以没有纯粹的单色光波)。从图5.19中显见，这些频率是以不同的群速传播，所以到达输出端的时间也各不相同。波长越长(频率越低)，电场渗入波导到包层中的深度就越大。这样，就有很大一部分光能被相速较高的包层带走，即使是相同的模式，较长的波长传播得也较快，这种现象称为波导色散。它是由介质结构的导波性质决定的，而与由频率(或波长)决定的折射率无关。因为增加波长可以减少波导的特性 V 数，所以色散也可表示成它和与波长密切相关的 V 数之间的关系。对于波导色散，没有简单的计算方法，这是因为必须把输入光的光谱合起来，并从色散图计算群速。这一点将在 5.4 节中讨论。

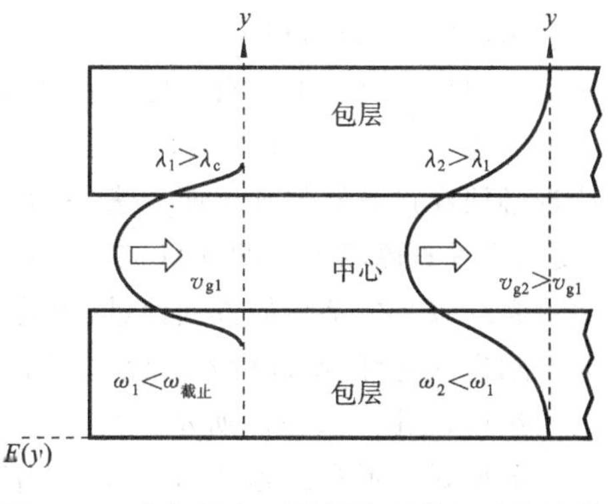

图 5.19　电场渗入到波导包层的深度与波长的关系示意图

导波材料的折射率也取决于波长，这样就可对图 5.18 中 β_m 与 ω 之间的关系进行修正。由于 n 与 λ 之间关系的原因，某一给定模式的群速变化也会使得传播光脉冲变宽，这种现象称

为材料色散。于是，某一给定模式中，波导色散和材料色散一起充当使传播光脉冲变宽的角色。这两种色散合起来称为模式内色散。

5.4 阶跃折射率（突变型）光纤

平面介质波导中导波传播的一般思想经过某些修改就可应用于图 5.20 所示的阶跃折射率光纤。其实它是一个圆柱形介质波导，内部光纤芯介质的折射率 n_1 比外部光纤包层介质的折射率 n_2 大。正则化折射率差 Δ 定义为

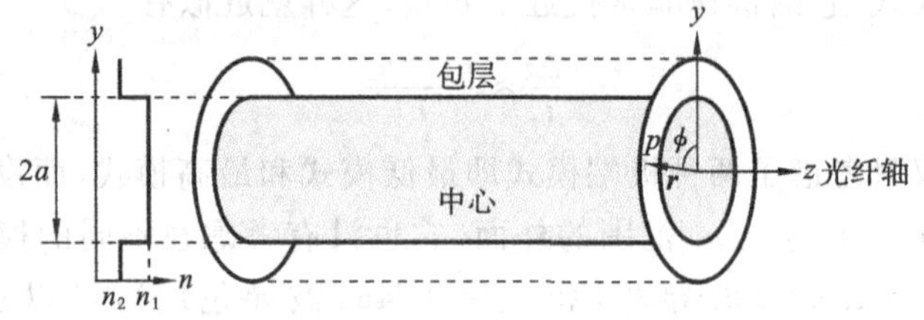

图 5.20 阶跃折射率光纤示意图

$$\Delta=(n_1-n_2)/n_1 \tag{5.76}$$

对于光纤通信中使用的很多实际光纤而言，n_1 和 n_2 相差很小，一般不到百分之几，所以 $\Delta \ll 1$。

前面介绍过平面波导仅仅被限制在一维范围内，所以光线只在 y 轴方向上反射。对光波的相长干涉的要求使得每条光线都存在相同的模式 m。图 5.20 所示的圆柱形介质波导是限制在二维范围内的，所以从所有的表面，即沿任何径向方向 $\boldsymbol{r}$ 遇到的表面和沿与图 5.20 中 y 轴成任何角度 ϕ 的径向方向的表面，都可以发生反射。因为任何径向方向都可以用 x 轴和 y 轴来表示，这样光波的相长干涉就包括 x 轴和 y 轴两个方向上的反射，所以需要两个整数 l 和 m 来表示波导中存在的所有可能的传播波或导波模式。

前面还介绍了在平面波导中，观察到沿波导按"之"字形前进的导引传播波，而且所有这些光线都必须穿过波导的轴平面。进一步与平面波导比较，所有波要么是垂直电场方向的 TE 波，要么是垂直磁场方向的 TM 波。阶跃折射率光纤与平面波导比较，一个显著的特点就是光线沿光纤以"之"字形的方式前进，但是不必穿过光纤轴，即所谓的不交轴光线。子午光线通过光纤轴进入光纤，所以沿光纤以"之"字形反射时也穿过光纤轴。它是在一个包括光纤轴的平面内运行，如图 5.21(a)所示。另一方面，不交轴光线偏离光纤轴进入光纤，所以沿光纤以"之"字形反射时不穿过光纤轴。当从上往下看这根光纤时（在与光纤轴成法线方向的平面内的投影），它有一个围绕光纤的多边形轨迹，如图 5.21(b)所示。因此，不交轴光线是围绕光纤以螺旋路径传播的。在阶跃折射率光纤中，子午光线和不交轴光线都会产生沿光纤的导引模式（传播波），每一个模式沿 z 轴方向有一个传播常数 β。像平面波导一样，由子午光线产生的导引模式要么是 TE 型的，要么是 TM 型的。另一方面，不交轴光线产生的模式有 $\boldsymbol{E}_z$ 和 $\boldsymbol{B}_z$（或 $\boldsymbol{H}_z$）分量，因此它们不是 TE 波或 TM 波。因为电场和磁场都有沿 z 轴方向的分量，所以它们被称为 HE 模式或 EH 模式，也称为混合模式。很显然，阶跃折射率光纤中的导引模式不能像平面波导中的那样容易描述。

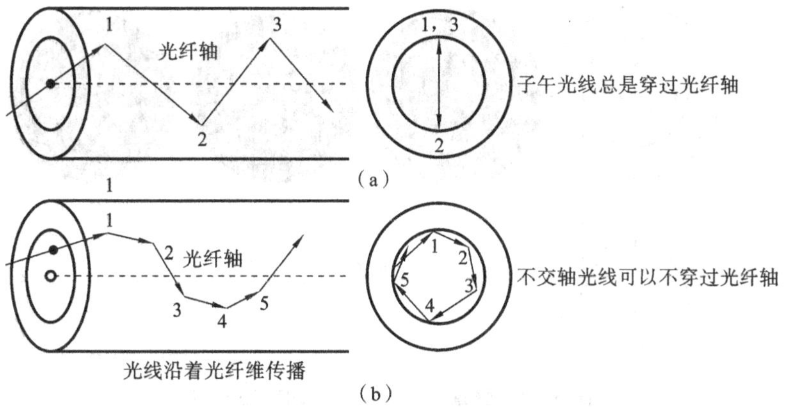

图 5.21　子午光线与不交轴光线之间差别示意图(图中数字表示光纤的反射)

(a) 子午光线；(b) 不交轴光线

一般地，通过几乎是平面偏振的传播波可以观察到在 $\Delta \ll 1$ 的阶跃折射率光纤中的导引模式(称为弱导引光纤)。与平面波相似，它们有垂直电场和垂直磁场($\boldsymbol{E}$ 和 $\boldsymbol{B}$ 互相垂直，同时垂直于 z 轴)，但是电场的值在平面内部是常数。这些波称为线性偏振(LP)波，它们有垂直电场和垂直磁场的特性。一个沿光纤传播的导引线性偏振模式可以用沿 z 轴的电场分布 $E(r, f)$来表示。这个电场分布或电场图形，在与光纤轴成法线方向的平面内，所以它取决于 r 和 f，而不是 z。更进一步，因为存在两个边界，所以必须用两个整数 l 和 m 来表征。因此，一个 LP 模式的传播电场分布由 $E_{lm}(r,f)$给出，我们把这个模表示为 LP_{lm}。这样，LP_{lm}就可以用一个沿 z 轴方向传播的波的形式来描述，即

$$E_{\mathrm{LP}} = E_{lm}(r,\varphi)\exp\mathrm{j}(\omega t - \beta_{lm} z) \tag{5.77}$$

式中：E_{LP}是 LP 模式的电场；β_{lm}是沿 z 轴方向的传播常数。

显见，对于给定的整数 l 和 m，$E_{lm}(r,f)$表示在位置 z 的一个特定的场分布，并以有效波矢量 $\boldsymbol{\beta}_{lm}$沿光纤传播。

图 5.22 描绘了对应于 $l=0$ 和 $m=1$ 的阶跃折射率光纤基模(LP_{01}模)中的电场分布(E_{01})。在光纤芯的中心，这个场最大，而且由于伴有损耗波，场有一部分渗入到包层中。渗入的程度取决于光纤的 V 数(也即波长)。这个模式的光强度与 E^2 成正比，意味着在 LP_{01}模中的光强度分布沿光纤轴有一个图 5.22 中观察到的最大值；在光纤的中心是最亮的区域，随着向包层移动，亮度逐渐减小。图 5.22 中也绘出了 LP_{11}模和 LP_{21}模中的光强度分布。整数 l 和 m 关系到 LP_{lm}模中的光强度分布。从图 5.22 可以明显地看到，从光纤芯中心出发，沿 r 有最大的 m 数，在圆周周围有最大的 l 数。更进一步，在光线图中，l 表示螺旋传播的程度，或不交轴光线对模式的贡献量。在基模中，它是零。此外，像平面波导一样，m 与光线的反射角有关。

从上面的讨论可知，光通过不同传播模式沿光纤传播，每个模式都有它自己的传播矢量 $\boldsymbol{\beta}_{lm}$和自己的电场分布 $\boldsymbol{E}_{lm}(r,f)$。每个模式都有它自己的群速 $v_{\mathrm{g}}(l,m)$，这个群速取决于 ω 和 $\boldsymbol{\beta}_{lm}$色散行为的关系。当一个光脉冲输进光纤时，它是通过不同的模式沿光纤传播的。这些模式以不同的群速传播，因此，它们到达光纤另一端的时间各不相同，意味着输出光脉冲是输入

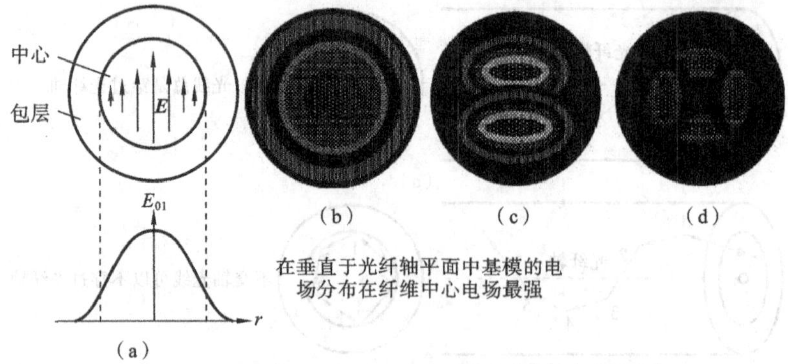

图 5.22 垂直于光纤平面中的电场分布

(a) 基模的电场分布；(b) LP_{01}；(c) LP_{11}；(d) LP_{21}

光脉冲的增宽版。像平面波导中的情况一样，这种光脉冲增宽是一种模式间色散现象。但是，也可以设计一种合适的光纤，只允许基模传播，这样就不会有模式色散。

对于一根阶跃折射率光纤，可以用一种和平面波导类似的方式定义 V 数或正则化频率，即

$$V=\frac{2\pi a}{\lambda}(n_1^2-n_2^2)^{1/2}=\frac{2\pi a}{\lambda}(2n_1n\Delta)^{1/2} \tag{5.78}$$

式中：a 是光纤芯的半径；λ 是自由空间波长；n 是光纤芯和包层的平均折射率，即 $n=(n_1^2+n_2^2)/2$；Δ 是正则化折射率差，$\Delta=(n_1-n_2)/n_1=(n_1^2-n_2^2)/(2n_1^2)$。

图 5.22(a)和(b)显示，当 V 数小于 2.405，仅仅只有一个模——基模才能沿光纤芯传播。随着通过减小光纤芯的尺寸使 V 数进一步增大，光纤可以支持 LP_{01} 模式，但这个模式会逐渐向包层渗透，那么由于有限的包层厚度，会导致光波中一部分能量损失。通过选择合适的 a 和 Δ 设计光纤，使其在某一特定波长只允许基模传播，这种光纤称为单模光纤。一般地，单模光纤的芯径 a 比多模光纤的芯径要小得多，Δ 也要小。假如某个光源的波长 λ 减少到足够小，那么单模光纤就会变成多模光纤，因为 V 数将超过 2.405；较高的模对传播也有贡献。光纤变成单模光纤的截止波长 $\lambda_{截止}$ 由下式给出，即

$$V_{截止}=\frac{2\pi a}{\lambda_{截止}}(n_1^2-n_2^2)^{\frac{1}{2}}=2.405 \tag{5.79}$$

当 V 参数增加到 2.405 以上时，模式数将显著增加。阶跃折射率多模光纤中模式数 M 的一个比较好的近似求法由下式给出，即

$$M\approx\frac{V^2}{2} \tag{5.80}$$

阶跃折射率光纤不同的物理参数对传播模式数的影响可以很容易地从方程(5.80)中的 V 数推导出来。例如，增加光线的芯径 a 或光纤芯的折射率 n_1 可以增加传播模式数。另一方面，增加波长 λ 或包层的折射率 n_2 可以减少传播模式数。在 V 数的表达式中没有包层直径，可以认为它在光波传播中没有什么显著的作用。在多模光纤中，光通过许多模式传播，这些波主要是被限制在光纤芯中。在一根阶跃折射率光纤中，基模的场会渗入到包层中去，作为损耗波沿边界传播。假如包层不是足够厚，场就会渗入到包层的边缘而向大气中逃逸，从而导致光

强度的损失。例如，对单模阶跃折射率光纤而言，典型的包层直径至少应当是光纤芯的 10 倍。

因为 LP 模式的传播常数 β_{lm} 取决于波导特性和光源波长 λ，因此就可以很方便地根据仅仅只取决于 V 数的"正则化"传播常数来描述光传播。给定 $k=2\pi/\lambda$ 及波导折射率 n_1 和 n_2，通过下述定义，正则化传播常数 b 就与 $\beta=\beta_{lm}$ 相关，即

$$b=\frac{(\beta/k)^2-n_2^2}{n_1^2-n_2^2} \tag{5.81}$$

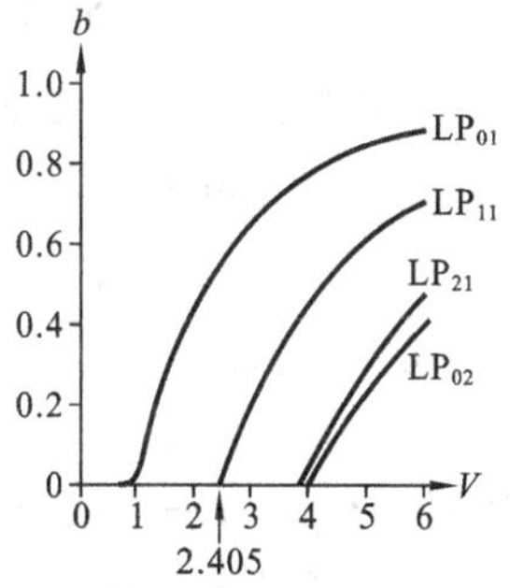

图 5.23　不同 LP 模阶跃折射率光纤正则化传播常数 b 与 V 数之间的关系

根据上述定义，低限 $b=0$ 对应于 $\beta=kn_2$，光波在包层材料中传播；高限 $b=1$ 对应于 $\beta=kn_1$，光波在光纤芯中传播。很多文献中计算了不同模式情况下 b 与 V 数之间的依赖关系，图 5.23 列出了几个较低 LP 模式的情况。注意对于所有 V 数，基模(LP_{01})都存在，而 LP_{11} 在 V 数等于 2.405 时截止。对于每个特定的高于基模的 LP 模而言，都有一个截止 V 数及对应的截止波长。对图 5.23 中的每个允许的 LP 模式，如果已知光纤的 V 数，就可很容易求得 b，从而得到 β。

［例 5.6］ 有一多模阶跃折射率光纤，光纤芯的折射率 $n_1=1.468$，直径为 100 μm，光纤包层的折射率 $n_2=1.447$，如果光源波长 $\lambda=850$ nm，求该光纤中允许的模式数。

解 将 $a=50$ μm，$n_1=1.468$，$n_2=1.447$ 和 $\lambda=850$ nm 代入 V 数的表达式，求得该光纤的 V 数为

$$V=(2\pi a/\lambda)(n_1^2-n_2^2)^{\frac{1}{2}}=(2\pi\times 50/0.850)(1.468^2-1.447^2)^{\frac{1}{2}}=91.44$$

因为 $V\gg 2.405$，所以光纤的模式数为

$$M\approx V^2/2=91.44^2/2\approx 4181$$

这是一个非常大的数，在该光纤中有很多模式传播。

［例 5.7］ 有一单模阶跃折射率光纤，光纤芯的折射率 $n_1=1.468$，光纤包层的折射率 $n_2=1.447$，如果光源波长 $\lambda=1.3$ μm，求该光纤中光纤芯的半径。

解 当 $V\leqslant 2.405$ 时，可以实现单模传输。这样

$$V=(2\pi a/\lambda)(n_1^2-n_2^2)^{\frac{1}{2}}\leqslant 2.405$$

或

$$(2\pi a/1.30)(1.468^2-1.447^2)^{\frac{1}{2}}\leqslant 2.405$$

求得 $a\leqslant 2.01$。这根光纤非常小，为了很容易和光源或另外一根光纤发生耦合，必须使用特殊的耦合技术。同时必须注意到，因为光纤芯的半径和波长处于同一个数量级，因此，严格地说，很难用几何光纤图来描述光传播。

［例 5.8］ 有一阶跃折射率光纤，光纤芯的折射率 $n_1=1.458$，光纤包层的折射率 $n_2=1.452$，光纤芯的直径为 7 μm，求该光纤单模传输时的截止波长。如果是在波长为 $\lambda=1.3$ μm 使用，它的 V 数和模式场直径又是多少？

解 因为是单模传输，所以

$$V=(2\pi a/\lambda)(n_1^2-n_2^2)^{\frac{1}{2}}\leqslant 2.405$$

将 $a=3.5\ \mu m$，$n_1=1.468$，$n_2=1.447$ 代入并计算得到

$$\lambda \geqslant [2\pi \times 3.5 \times (1.458^2-1.452^2)^{\frac{1}{2}}]/2.405\ \mu m=1.208\ \mu m$$

波长短于上述数字就会导致多模传输。

当 $\lambda=1.3\ \mu m$ 时，有

$$V=(2\pi \times 3.5/1.30)(1.458^2-1.452^2)^{\frac{1}{2}}=2.235$$

模式场直径为

$$2w_0 \approx 2a(V+1)/V=7\times(2.235+1)/2.235\ \mu m=10.13\ \mu m$$

[例 5.9]　有一单模阶跃折射率光纤，光纤芯的折射率 $n_1=1.448$，光纤包层的折射率 $n_2=1.440$，光纤芯的半径 $a=3\ \mu m$，在波长 $\lambda=1.5\ \mu m$ 时使用。已知可以用下式近似地求得基模正则化传播常数

$$b \approx \left(1.1428-\frac{0.996}{V}\right)^2,\quad 1.5<V<2.5 \tag{5.82}$$

求传播常数 β。假如将操作波长改变一个很小的量，比如说 0.01%，重新计算传播常数 β'。然后计算在 $\lambda=1.5\ \mu m$ 时的群速 v_g 以及 1 km 光线的群延迟 τ_g。

解　弱导波光纤的方程(5.81)可以重新写成

$$b=\frac{(\beta/k)-n_2}{n_1-n_2},\quad \beta=n_2k(1+b\Delta) \tag{5.83}$$

根据给定的光纤特性，可以计算 V 数，然后用方程(5.82)计算 b。根据 b，用方程(5.83)中的 $k=2\pi/\lambda$，可以计算 β。此外，$\omega=2\pi c/\lambda$。这样，$V=(2\pi a/\lambda)(n_1^2-n_2^2)^{\frac{1}{2}}=1.91008$。代入方程(5.82)得 $b=0.3860859$。由方程(5.83)得 $\beta=6.044796\times10^6\ m^{-1}$。计算结果列于表 5.1中。

表 5.1　计算结果

计算结果	V	k/m^{-1}	$\omega/(rad/s)$	b	β/m^{-1}
$\lambda=1.50000\ \mu m$	1.91008	4188790	1.256624×10^{15}	0.3860859	6.044796×10^6
$\lambda=1.50015\ \mu m$	1.909897	4188371	1.256511×10^{15}	0.3860211	6.044189×10^6

群速为

$$\frac{\omega'-\omega}{\beta'-\beta}=\frac{(1.256511-1.256624)\times10^{15}}{(6.044189-6.044796)\times10^6}\ m/s=2.0714\times10^8\ m/s$$

1 km 光纤群延迟 τ_g 为 4.83 μs。

5.5　数值孔径

并不是所有的源辐射都能沿光纤被导引，仅仅只有落在光纤输入端某一定的锥形范围内的光线才能通过光纤传播。图 5.24 绘出了从某种折射率为 n_0 的外部介质(不一定是空气)发射到光纤芯的光线光路图。假定在光纤芯端的入射角为 α，在波导内面，光线和光纤轴的法线方向成一角度 θ。那么除非这个角度 θ 大于全内反射的临界角 θ_c，否则，光线就会逃到包层中去。这样，对于光传播来说，发射角 α 必须是光纤内所支持的全内反射的角度。从图 5.24 显

见，α 的最大值就是导致 $\theta=\theta_c$ 的角度。在 n_0/n_1 界面，根据斯内尔定律，有

$$\sin\alpha_{max}/\sin(90°-\theta_c)=n_1/n_0$$

式中 θ_c 是由开始发生全内反射决定的，也就是 $\sin\theta_c=n_2/n_1$。这样就可消去 θ_c 并得到

$$\sin\alpha_{max}=\frac{(n_1^2-n_2^2)^{\frac{1}{2}}}{n_0}$$

数值孔径 NA 是光纤的一个特征参数，被定义为

$$NA=(n_1^2-n_2^2)^{\frac{1}{2}} \tag{5.84}$$

根据数值孔径，最大接收角 α_{max}就变成

$$\sin\alpha_{max}=\frac{NA}{n_0} \tag{5.85}$$

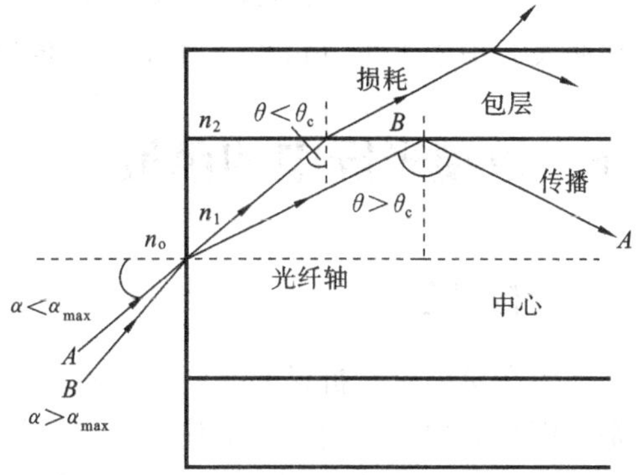

图 5.24　最大接收角示意图

角度 $2\alpha_{max}$称为总接收角，取决于光纤的数值孔径 NA 和入射介质的折射率 n_0。NA 是将光发射到光纤的设计中的一个重要因素。必须注意，严格地说，式(5.85)只适用于子午光线。不交轴光纤的接收角较宽。因为数值孔径 NA 是根据折射率定义的，所以可以很容易地得到 V 数和 NA 之间的关系为

$$V=\frac{2\pi a}{\lambda}NA \tag{5.86}$$

光纤中多模传输包括很多模，它们大多数常常是不交轴光线。对这些不交轴光线而言，接收角比适用于子午光线的式(5.86)求得的结果要大得多。

[例 5.10]　有一阶跃折射率光纤，光纤芯的直径为 100 μm，折射率 $n_1=1.480$，包层的折射率$n_2=1.460$。计算该光纤的数值孔径，从空气发射来的光线的接收角，以及当光源波长 $\lambda=850$ nm时的模式数。

解　数值孔径为

$$NA=(n_1^2-n_2^2)^{\frac{1}{2}}=(1.480^2-1.460^2)^{\frac{1}{2}}=0.2425$$

由 $\sin\alpha_{max}=\frac{NA}{n_0}=\frac{0.2425}{1}=0.2425$ 得 $\alpha_{max}=14°$，所以总接收角是 28°。

根据数值孔径，V 数可以写成

$$V=(2\pi a/\lambda)NA=[(2\pi\times50)/0.85]\times0.2425=89.62$$

模式数 $M\approx V^2/2=4016$。

[例 5.11]　有一典型的单模阶跃折射率光纤，光纤芯的直径为 8 μm，折射率 $n_1=1.46$。正则化指数差为 0.3%，包层的直径为 125 μm。计算该光纤的数值孔径和接收角，该光纤的单模截止波长 λ_c 是多少？

解　数值孔径为

$$NA=(n_1^2-n_2^2)^{\frac{1}{2}}=[(n_1+n_2)(n_1-n_2)]^{\frac{1}{2}}$$

代入$(n_1-n_2)=n_1\Delta$ 和$(n_1+n_2)\approx2n_1$，得到

$$NA\approx[(2n_1)(n_1\Delta)]^{\frac{1}{2}}=n_1(2\Delta)^{\frac{1}{2}}=1.46\times(2\times0.003)^{\frac{1}{2}}=0.113$$

由 $\sin\alpha_{max}=\frac{NA}{n_0}=0.113/1=0.113$，得接收角为 $\alpha_{max}=6.5°$。

单模传播的条件是 $V \leqslant 2.405$，对应的最小波长 λ_c 为

$$\lambda_c = (2\pi a NA)/2.405 = (2\pi \times 4 \times 0.113)/2.405\ \mu\text{m} = 1.18\ \mu\text{m}$$

这说明波长小于 1.18 μm 就会发生多模传输。

5.6 单模光纤中的色散

5.6.1 材料色散

因为在单模阶跃折射率光纤中只有一个模式传播，显然不存在输入光脉冲的模式间色散。这是单模光纤的一个优点。即使光是以单模传播，由于光纤芯玻璃的折射率 n_1 随耦合进光纤的波长变化而变化，因此还是有色散现象发生。沿光纤芯传播的导波的速率取决于 n_1，因此也就是取决于波长。这种由波导材料特性决定的波长引起的色散称为材料色散。这表明在现实世界中没有纯粹的单色光源，因此在波导中有很多具有各种不同自由空间波长（即大范围的 λ 值）的光波。例如，即使是从激光器发射出来的输入光纤的光也是具有很多波长的光谱（见图 5.25）。光谱的波长宽度 $\Delta\lambda$ 主要取决于光源的本质，但它绝不为零。每个有不同波长 λ 的辐射以基模传播时的群速 v_g 各不相同，因为介质的群折射率 N_g（与 n_1 有关）取决于波长 λ。所以各个波是在不同的时间到达光纤的输出端，因此会产生图 5.25 所示的输出光脉冲增宽现象。石英玻璃的群折射率 N_g 在波长 $\lambda = 1.3\ \mu\text{m}$ 左右基本上为常数，意味着石英玻璃在这个波长上没有材料色散。

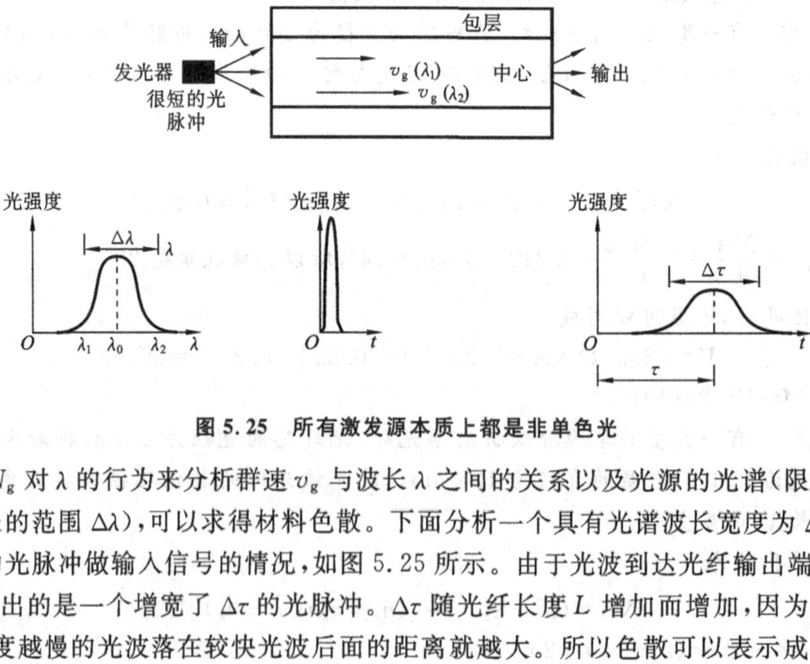

图 5.25 所有激发源本质上都是非单色光

通过 N_g 对 λ 的行为来分析群速 v_g 与波长 λ 之间的关系以及光源的光谱（限制了由光源发射的波长的范围 $\Delta\lambda$），可以求得材料色散。下面分析一个具有光谱波长宽度为 $\Delta\lambda$ 的持续时间非常短的光脉冲做输入信号的情况，如图 5.25 所示。由于光波到达光纤输出端的时间 τ 不同，所以输出的是一个增宽了 $\Delta\tau$ 的光脉冲。$\Delta\tau$ 随光纤长度 L 增加而增加，因为光纤长度越长，传播速度越慢的光波落在较快光波后面的距离就越大。所以色散可以表示成单位光纤长度上的时间宽度，由式(5.87)给出，即

$$\frac{\Delta\tau}{L} = |D_m| \Delta\lambda \tag{5.87}$$

式中：D_m 称为材料色散系数，它可近似地表示为折射率的二阶微分，即

$$D_m \approx -\frac{\lambda}{c}\left(\frac{d^2 n}{d\lambda^2}\right) \tag{5.88}$$

注意，尽管 D_m 是一个可正可负的数，但 $\Delta\tau$ 和 $\Delta\lambda$ 却被定义为正数，这也是方程(5.87)中加一个绝对值的原因。要求出式(5.87)中的 $\Delta\tau/L$，必须先求得光谱中心波长 λ_0 的 D_m。图5.26绘出了典型的光纤芯玻璃材料石英的 D_m 和 λ 的关系曲线。注意，这个曲线在 $\lambda \approx 1.27\ \mu$m时穿过零。当为了提高光纤芯的折射率而在石英中掺氧化锗时，D_m 与 λ 的关系曲线有点向长波长的方向移动。

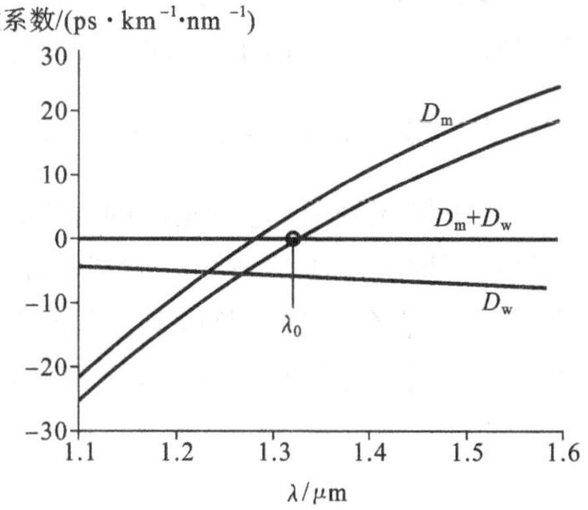

图 5.26　石英玻璃中各种色散与自由空间波长之间的关系

光脉冲的持续时间 τ 表示输出端和输入端之间的信息延迟。单位距离上的信号延迟时间 $\Delta\tau/L$ 称为群延迟(τ_g)，它由群速 v_g 决定，因为它与信号(能量)的持续时间有关。所以在式(5.87)中，$\Delta\tau/L$是由于有限输入光谱而导致的群延迟时间的范围。假如 β_{01} 是基模的传播常数，那么根据定义，有

$$\tau_g = \frac{1}{v_g} = \frac{d\beta_{01}}{d\omega} \tag{5.89}$$

它是波长的函数。由于 β_{01} 通过 N_g 表现出来的和波长 λ 之间的依赖关系，式(5.88)中的材料色散就是式(5.89)中的群延迟 τ_g 的宽度。

5.6.2　波导色散

另一种色散机理称为波导色散，是由于基模的群速 v_g 和 V 数之间的关系引起的，而 V 数取决于光源的波长，即使折射率 n_1 和 n_2 是常数。应当强调的是，波导色散和材料色散完全不同。即使折射率 n_1 和 n_2 与波长无关(没有材料色散)，但由于群速 $v_g(01)$ 取决于 V 数，而后者又与波长 λ 成反比，波导色散是由于波导的导波特性而产生的结果，也就意味着存在一个非线性的 ω-β_{lm} 关系。所以，具有很多光源波长的光谱会导致每一个波长有一个 V 数，因此也就具有不同的传播速度。其结果是由于不同波长的原因，而具有很多基模波的群延迟时间，因此最后得到图 5.25 所示的输出光脉冲增宽。

假如用一个持续时间非常短的光脉冲作为输入源，其光谱波长宽度为 $\Delta\lambda$(见图 5.25)，那么由于波导色散而导致的输出光脉冲中的单位长度的增宽或色散 $\Delta\tau/L$ 可以根据下式求得

$$\frac{\Delta\tau}{L} = |D_w|\Delta\lambda \tag{5.90}$$

式中：D_w 是一个系数，称为波导色散系数。

波导色散系数取决于波导特性(不是一种无关紧要的方式)，并且在 $1.5 < V < 2.4$ 的范围内，它可近似地表示为

$$D_w \approx -\frac{1.984 N_{g2}\lambda}{(2\pi a)^2 2cn_2^2} \tag{5.91}$$

式中：N_{g2} 和 n_2 分别是包层（介质 2）的群折射率和折射率。

显见，D_w 取决于波导的几何尺寸（通过光纤芯半径 a 表现出来）。图 5.26 也绘出了光纤芯半径 $a=4.2\ \mu m$ 时 D_w 与波长 λ 之间的关系曲线。值得注意的是，D_w 和 D_m 有相反的趋势。

5.6.3 多色色散或总色散

在单模光纤中，光源光谱的有限波长宽度 $\Delta\lambda$（不是纯粹的单色光）导致传播脉冲的色散。色散机理取决于光源波长 λ 的基模速度。由于光源波长分散而引起的色散一般使用多色色散这个术语，它包括材料色散和波导色散，因为这两种色散都取决于 $\Delta\lambda$。作为一种近似，这两种色散可以简单地相加，所以单位长度上的总色散就变成

$$\frac{\Delta\tau}{L} = |D_m + D_w|\Delta\lambda \tag{5.92}$$

图 5.26 已经说明了这种情况。这里 D_m+D_w 被定义为多色色散系数 D_{ch}，它在某一波长 λ_0 处通过零点。如在图 5.26 中，多色色散在波长大约为 1300 nm 时为零。

根据式(5.92)，D_w 取决于波导的几何尺寸，所以通过合适的波导设计，有可能使零色散波长 λ_0 移动。例如，减小光纤芯的半径，增加材料掺杂，零色散波长 λ_0 就能移到 1550 nm 处，这时光纤中的衰减最小。这种光纤称为色散漂移光纤。

尽管多色色散 D_m+D_w 通过零，但这并不意味着光纤中根本没有色散。首先，应当注意到，仅仅指某一个波长 λ_0 使得 D_m+D_w 为零，并不是光源光谱中的每一个波长都使得它为零；其次，其他次级效应对色散也有作用。

5.6.4 折射率分布色散和偏振色散

尽管材料色散和波导色散是传播光脉冲增宽的主要原因，但是还有其他色散效应。有一个额外的色散机理称为折射率分布色散，它是由于基模群速 v_g 也取决于折光率的差 Δ（即 $\Delta=\Delta\lambda$）的原因而引起的。如果 Δ 随波长的改变而改变，那么由光源来的不同的波长就会有不同的群速，就会经历不同的群延迟，从而导致输出脉冲增宽。它是多色色散的一部分，因为它取决于输入光谱的波长宽度 $\Delta\lambda$，

$$\frac{\Delta\tau}{L} = |D_p|\Delta\lambda \tag{5.93}$$

式中：D_p 是折射率分布色散系数，可以通过数学计算而求得（尽管计算过程很复杂）。

一般地，D_p 小于 1 ps · km^{-1} · nm^{-1}，与 D_w 相比，它可以忽略。结果总的多色色散系数就变成了 $D_{ch}=D_p+D_m+D_w$。应当说明，Δ 随波长变化是由于材料特性的原因，即由折射率 n_1 和 n_2 与光源波长 λ 之间的行为引起，因此实际上多色色散也是由材料色散引起的。

当光纤不是完全对称和均匀时，也就是说折射率是非向同性的，会发生偏振色散现象。当折射率取决于电场的方向时，给定模式的传播常数就取决于偏振。由于光纤制造过程中会发生很多不同的变化，如玻璃组成、几何尺寸和诱导局部应力等细小变化，折射率 n_1 和 n_2 都有可能不是各向同性的。如图 5.27 所示，当电场分别平行于 x 轴和 y 轴时，折射率 n_1 就会有 n_{1x} 和 n_{1y} 两个值。那么沿 x 轴方向和 y 轴方向的电场的传播常数就是不同的 β_x 和 β_y，这样即

使光源是纯粹的单色光，也会有不同的群延迟，因此就有色散现象发生。实际中的情形比这更复杂，因为 n_{1x} 和 n_{1y} 会沿着光纤长度变化而变化，而且在这些模式间还存在能量的交换。然而最终的色散取决于各向异性的程度，即 $n_{1x}-n_{1y}$，可以通过不同的制造过程（比如说在拉光纤的时候不断地旋转）来使其达到最小。一般地，偏振色散不到 1 ps · km^{-1}，这种色散与光纤长度 L 不是线性关系（事实上，它可粗略地表示为 L^2）。

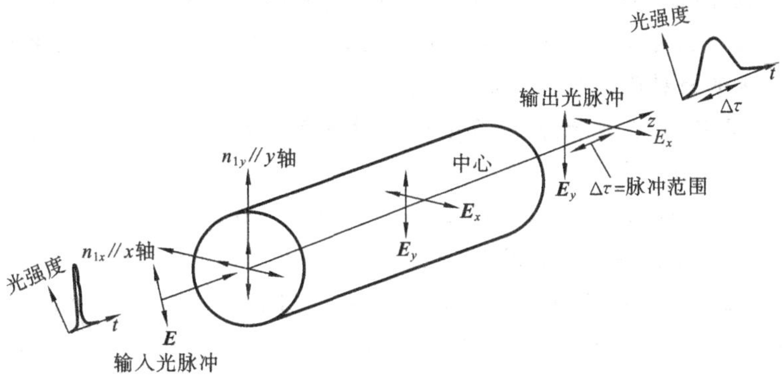

图 5.27 偏振色散示意图

5.6.5 色散平坦光纤

通过掺杂光纤芯材料来改变材料色散系数 D_m，从而使总的色散向较长波长方向移动增加信号的衰减。而且，一般希望在较宽的波长范围内而不仅仅是穿越零点的波长 λ_0 有最小的色散。改变波导的几何尺寸可以调整波导色散系数 D_w。前面介绍过，波导色散是由取决于波长 λ 的群速 v_g 引起的。随着波长增加，场渗入到包层中的深度也增加，导致光纤芯和包层传输的能量的比例发生变化，所以群速 v_g 也随之发生变化。于是，我们可以改变波导的几何尺寸，也就是折射率结构，从而控制 D_w 来得到在波长 λ_1 和 λ_2 之间总的颜色色散为扁平的光纤，如图 5.28 所示的色散平坦光纤。这种光纤称为双包层光纤，它的折射率结构看起来像一个 W，其中包层很薄，有一个受压折射率。简单的阶跃折射率光线是单包层光纤。利用多包层光纤可以对波导色散进行更好的控制。这种光纤很难制造，但颜色色散性能优异，在波长范围为

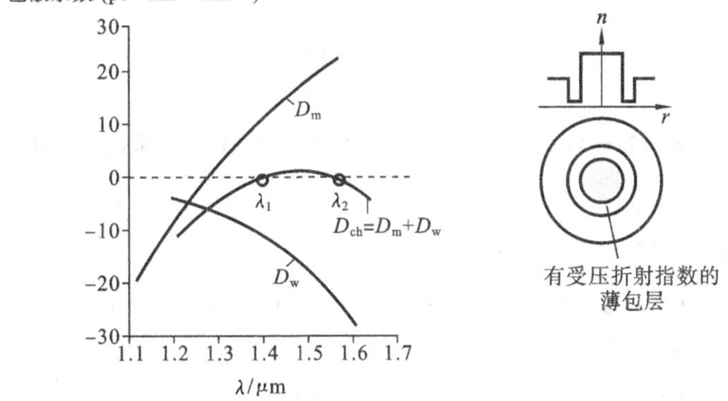

图 5.28 色散平坦光纤实例

1.3～1.6 μm 时，色散系数一般为 1 ps·nm^{-1}·km^{-1}。当然，在大的波长范围内的低色散可以做到波长复用，即在通信信道中使用很多波长（如 1.3 μm 和 1.55 μm）。

[例 5.12] 按照惯例，发射光源光谱波长宽度 $\Delta\lambda$ 和色散宽度 $\Delta\tau$ 指的是半功率宽度，而不是从一个极端到另一个极端的宽度。假设 $\Delta\lambda_{1/2}$ 是半高宽强度对光谱波长的宽度，而 $\Delta\tau_{1/2}$ 是半强度点之间输出光强度对时间信号的宽度。

如果发光二极管(LED) 发出波长为 1.55 μm 的光的线宽为 100 nm，那么在石英光纤中每千米的材料色散效应是多少？如果是激光二极管发出的线宽为 2 nm 的相同波长的光，在石英光纤中每千米的材料色散效应又是多少？

解 由图 5.26 可知，当波长为 1.55 μm 时，材料色散系数 $D_m=22$ ps·km^{-1}·nm^{-1}。对于 LED，$\Delta\lambda_{1/2}=100$ nm。所以

$$\Delta\tau_{1/2}\approx L|D_m|\Delta\lambda_{1/2}\approx 1\times22\times100\ \text{ps}=2200\ \text{ps}\quad 或\quad 2.2\ \text{ns}$$

对于激光二极管，$\Delta\lambda_{1/2}=2$ nm，因而

$$\Delta\tau_{1/2}\approx L|D_m|\Delta\lambda_{1/2}\approx 1\times22\times2\ \text{ps}=44\ \text{ps}\quad 或\quad 0.044\ \text{ns}$$

两种光源的色散效应之间有明显的差别。但是从图 5.26 可以看出，总的色散将很小。事实上，假如光线的色散适当移动，使得在波长为 1.55 μm 时，$D_m+D_w=0$，那么从激光二极管激发的光源的色散只有几个皮秒(但绝不为零)。

[例 5.13] 单模光纤的芯材为 SiO_2-13.5%GeO_2。材料色散系数和波导色散系数如图 5.29 所示。有一光纤使用线宽为 2 nm 的波长为 1.5 μm 激光光源激发。如果光纤芯的直径 $2a=8$ μm，每千米光纤的总色散系数是多少？当 $\lambda=1.5$ μm 时，要求总色散系数为零，光纤的芯径应为多少？

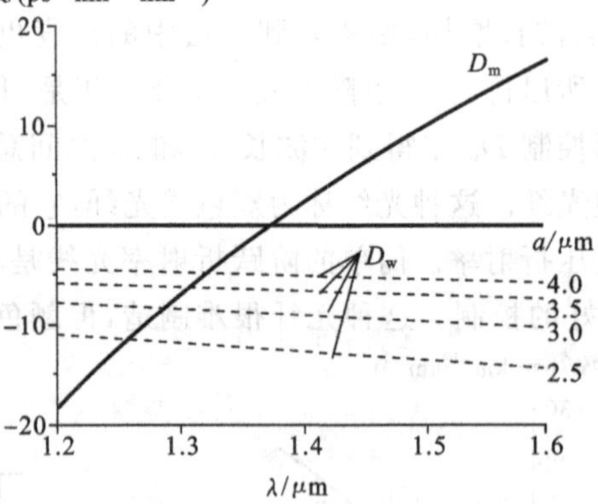

图 5.29 光纤芯材为 SiO_2-13.5%GeO_2 的光纤的材料色散系数和波导色散系数

解 在图 5.29 中，$\lambda=1.5$ μm 时，$D_m=10$ ps·km^{-1}·nm^{-1}；$2a=8$ μm，$D_w=-6$ ps·km^{-1}·nm^{-1}，因此总色散系数为

$$D_{ch}=D_m+D_w=(10-6)\ \text{ps}\cdot\text{km}^{-1}\cdot\text{nm}^{-1}=4\ \text{ps}\cdot\text{km}^{-1}\cdot\text{nm}^{-1}$$

所以每千米光纤的总色散系数为

$$\Delta\tau_{1/2}/L=|D_{ch}|\Delta\lambda_{1/2}=4\times2\ \text{ps}\cdot\text{km}^{-1}=8\ \text{ps}\cdot\text{km}^{-1}$$

$\lambda=1.5$ μm 时，当 $D_m+D_w=0$ 即 $D_w=-10$ ps·km^{-1}·nm^{-1}时，总色散为零。从图 5.26

中 $a\in[2.5,4]$ (μm)范围内 D_w 与波长之间的关系曲线可以看出,$2a\approx6$ μm。应当强调的是,尽管$\lambda=1.5$ μm 时,$D_m+D_w=0$,这只是一个波长,而输入光是在一个波长 $\Delta\lambda$ 范围内,所以实际上总色散系数绝不会是零。在本题的情况下,$\lambda=1.5$ μm 和 $2a\approx6$ μm 时,总色散系数会最小。

5.7 比特速率、色散、电学带宽和光学带宽

5.7.1 比特速率和色散

在数字通信中,信号一般是以光脉冲的形式沿光纤传送的。信息首先被转换成脉冲形式的电信号(见图 5.30),脉冲表示信息的位(比特),它们是数字形式的。为了简便,取非常短的脉冲,但一般还是有可以辨别的持续时间。电信号驱动发光器比如激光二极管,为了传送到目的地,发光器发出的光被耦合进光纤。在光纤另一端的光输出又被耦合进光探测器,接下来再把光信号还原成电信号,然后从这些电信号把信息解码。数字通信工程师感兴趣的是沿光纤能传送数字数据的最大速率,这个速率一般称为光纤的比特速率容量 B(b/s),它直接与色散特性相关。

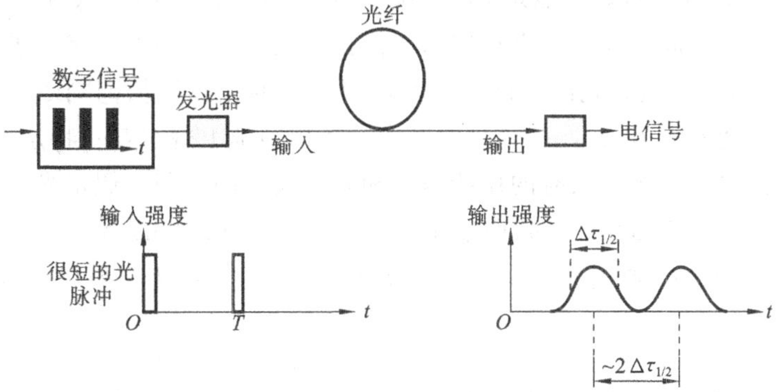

图 5.30 传送数字信息的光纤连接及光纤内色散对输出脉冲的影响

设想将一个持续时间非常短的光脉冲输进光纤。沿光纤传输的输出脉冲有一个时间为 τ 的延迟。由于不同的色散机理,在不同的导波(如不同的基模、不同的光源波长)到达光纤输出端的时间中存在一个时间范围 $\Delta\tau$。这个色散一般是在半功率(强度)点测量,称为半宽高(FWHM)。为了区分 $\Delta\tau$ 的定义,用 $\Delta\tau_{1/2}$ 表示基于 FWHP 的色散程度。由图 5.30 可以直观地看出,要清楚地区分这两种相邻输出脉冲(那绝不是符号间的干扰),要求峰与峰之间至少有 $\Delta\tau_{1/2}$ 的间隔。最好是每隔 $2\Delta\tau_{1/2}$ 秒输入一次脉冲,这个时间规定了输入脉冲的周期(T)。于是脉冲能够传送的最大比特速率或简单地称为比特速率 B 就非常接近于 $1/(2\Delta\tau_{1/2})$,即

$$B\approx\frac{0.5}{\Delta\tau_{1/2}} \tag{5.94}$$

式(5.94)中的最大比特速率是假定一个代表二进制信息 1 在下一个二进制信息 1 之前必须先回到 0。如图 5.30 和图 5.31 所示,对于两个相邻的信息 1,在输入两个相邻的脉冲时之间必须输入一个 0,输出也是如此。这种比特速率称为回零(RZ)比特速率(或数据速率)。另

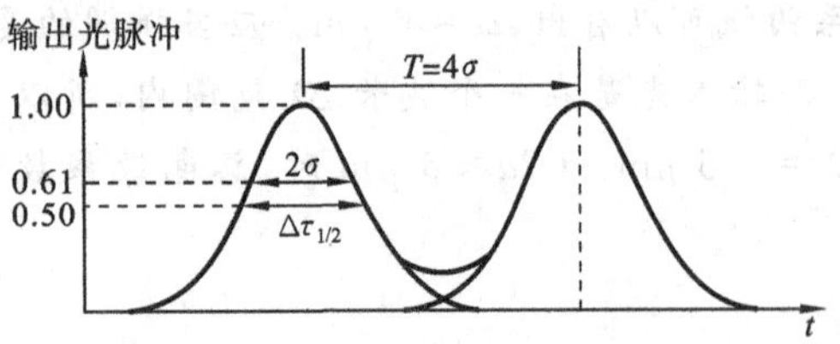

图 5.31　高斯输出光脉冲示意图

一方面，在输入两个相邻的二进制 1 脉冲时，在每个 1 脉冲之后也可以不回到 0。这样两个 1 脉冲依次紧接着输入。图 5.31 中两个脉冲可以传送得比较近，其重复周期 $T\approx\Delta\tau_{1/2}$，在这两个相邻的信息 1 的长度上，信号几乎是一样的。这样的最大数据速率称为非回零(NRZ)比特速率。NRZ 比特速率是 RZ 比特速率的两倍。下面讨论的最大比特速率和色散主要是针对 RZ 数据速率。

在比较粗糙的分析中，需要知道输出信号的瞬时形态和区分信息的原则，如允许输出光脉冲重叠的程度。在比特速率和均方根色散(或色散的平均标准偏差)σ 之间有一个近似关系，如图 5.31 所示。注意在脉冲均方根点之间的全宽均方根时间 $\Delta\tau_{\rm rms}=2\sigma$。对于高斯输出光脉冲而言，$\sigma$ 和 $\Delta\tau_{1/2}$ 之间的关系为 $\sigma=0.425\Delta\tau_{1/2}$。对其他光脉冲形式来说，这个关系是不同的。根据 σ，比特速率 B 要求在两个相邻的输出光脉冲的峰之间必须保持 4σ 的距离，即有

$$B\approx\frac{0.25}{\sigma}\tag{5.95}$$

对于高斯光脉冲而言，$\sigma=0.425\Delta\tau_{1/2}$，所以 $B=0.59/\Delta\tau_{1/2}$。这个比特速率比由式(5.95)直观估计的结果大 18%左右。一般地，输入脉冲不是无限短，在用信息解码的方法区分输出信息时必须考虑某一时间范围。所有这些因素修正了式(5.95)中的数字因子。色散随着光纤长度 L 的增加而增加，也随着光源光谱半高度之间测得的光源波长范围 $\Delta\lambda_{1/2}$ 的增加而增加。这意味着比特速率随着 L 和 $\Delta\lambda_{1/2}$ 的增加而减小。所以习惯上规定某一特定发光器(如发光二极管、激光二极管等)在工作波长时的比特速率和光纤长度的乘积。假定光发射器的光输出光谱中的波长均方根范围为 σ_λ，对于高斯输出光谱而言，$\sigma_\lambda=0.425\Delta\tau_{1/2}$。如果 $D_{\rm ch}$ 是总色散系数，那么输出光脉冲的均方根色散为 $LD_{\rm ch}\sigma_\lambda$，$BL$ 积(也称为比特速率乘以距离的积)为

$$BL\approx\frac{0.25L}{\sigma}=\frac{0.25}{|D_{\rm ch}|\sigma_\lambda}\tag{5.96}$$

很显然，BL 是通过 $D_{\rm ch}$ 表现出来的光纤的特性，同时也是光源光谱波长范围的特性。在它的规格中，光纤的长度一般取 1 km。例如，对一工作波长为 1300 nm 的受激光二极管光源激发的阶跃折射率光纤而言，BL 是几个 $\rm Gb\cdot s^{-1}\cdot km$。用光纤的实际长度除这个积就得到该长度上的工作比特速率。

当模式内色散和模式间色散都存在时，如梯度折射率光纤，必须把这两个效应综合起来考虑，它们的起源是不同的。材料色散和波导色散都是由于输入光波长的范围(也就是 $\Delta\lambda$)导致的，净效应只要将它们的色散系数简单地相加($D_{\rm ch}=D_{\rm m}+D_{\rm w}$)。这个方法不适用于模式间色散和模式内色散，仅仅只是因为它们的起源不同。根据均方根色散，由各自的均方根色散可以求得总的均方根色散为

$$\sigma^2=\sigma^2_{\text{模式间}}+\sigma^2_{\text{模式内}}\tag{5.97}$$

而且用式(5.95)中的 σ 可以近似地求得 B。当两个独立的过程相互叠加时，由各自的均方根偏差求最后的均方根偏差，式(5.97)是有效的。

若要从 $\Delta\tau_{1/2}$ 求 B，则必须知道脉冲形态。例如，对于一个矩形脉冲，全宽 ΔT 和 $\Delta\tau_{1/2}$ 是相

同的。数学计算表明，$\sigma=0.29\Delta\tau_{1/2}=0.29\Delta T$，这与高斯脉冲完全不同。所以对于矩形脉冲，带宽 $B=0.25/\sigma=0.87/\Delta T=0.87/\Delta\tau_{1/2}$。另一方面，对于一个理想的高斯脉冲，$\sigma=0.425\Delta\tau_{1/2}$，$B=0.25/\sigma=0.59/\Delta\tau_{1/2}$；全宽 ΔT 已经没有意义。

5.7.2　光学带宽和电学带宽

图 5.30 中简单光纤连接中的光发射器也可以用随时间持续变化的模拟信号驱动或调制。例如，可以用图 5.32 所示的一个正弦信号来驱动光发射器，那么输入到光纤中的光强度就被调制成与调制信号相同频率 f 的随时间变化的正弦波。在光纤输出端的光输出强度也应当是一个正弦信号，由于光波沿光纤传播要花一定的时间，所以相位会发生变化。可以通过输入光强度信号来测定光纤的传递特性，信号的强度相同但是调制频率 f 不同。理想情况下，对于不同调制频率来说，输出光也应当有相同的强度。图 5.32 表明，观察到的光学传递特性(定义为输出光功率与输入光功率之比 P_o/P_i)是调制频率 f 的函数。响应是扁平的，然后落在该频率上。理由是频率变化太快以致色散效应把输出端的光弄得区分不开。输出光功率为输入光功率 50%时的频率 $f_{光}$ 定义光纤的光学带宽 $f_{光}$，这个频率范围调制的光信号可以沿光纤传递。直观上看，光学截止频率 $f_{光}$ 粗略地对应比特速率，也就是 $f_{光}=B$。但这也不完全是真的，因为 B 允许某些脉冲重叠，这取决于输出脉冲的形状和区分原则。如果光纤色散特性是高斯型的，那么

$$f_{光}\approx 0.75B\approx\frac{0.19}{\sigma} \tag{5.98}$$

这里 σ 是整根光纤的总的均方根色散。这样光学带宽和光纤长度积 $f_{光}L$ 比 BL 要小将近 25%。

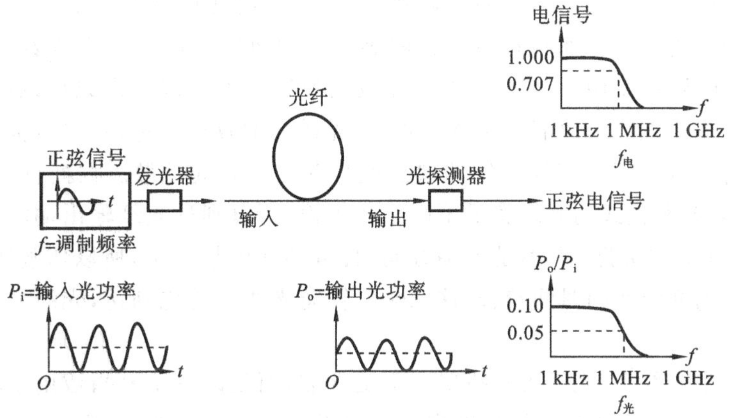

图 5.32　传输模拟信号的光纤连接及光纤中色散对光学带宽的影响

意识到从光探测器(光电流或光电压)来的电信号并没有相同的带宽这一点很重要，这是因为电信号的带宽 $f_{电}$ 是在信号为低频值的 70.7%处测得的，如图 5.32 所示。从光检测器来的电信号(光电流)与光纤输出光功率成正比。$f_{光}$ 比 $f_{电}$ 要大，$f_{光}$ 与 $f_{电}$ 之间的关系取决于整根光纤的色散。对于高斯色散，$f_{电}=0.71f_{光}$。表 5.2 综合了高斯型、矩形色散脉冲形状不同的色散参数、最大比特速率和带宽之间的关系。注意用 NRZ 机制传送数字信息的比特速率

是 RZ 机制的两倍。

表 5.2 不同色散参数、最大比特速率和带宽之间的关系(B'是 NRZ 机制的最大比特速率)

色散脉冲形状	$\Delta\tau_{1/2}$	B(RZ)	B'(NRZ)	$f_光$	$f_电$
高斯型	$\sigma=0.425\Delta\tau_{1/2}$	$0.25/\sigma$	$0.5/\sigma$	$0.75B=0.19/\sigma$	$0.71f_光=0.13/\sigma$
矩形	$\sigma=0.29\Delta\tau_{1/2}=0.29\Delta T$	$0.25/\sigma$	$0.5/\sigma$	$0.69B=0.17/\sigma$	$0.73f_光=0.13/\sigma$

[例 5.14] 一根光纤在工作波长为 1.5 μm 时,总色散系数为 8 ps·km^{-1}·nm^{-1}。假如用激光二极管作激发源,光源的 FWHP 线宽为 2 nm。计算比特率和距离的积 BL、10 km 光纤的电学带宽和光学带宽。

解 对于 FWHP 色散,有

$$\Delta\tau_{1/2}/L=|D_{ch}|\Delta\lambda_{1/2}=8\times2\ \text{ps}\cdot\text{km}^{-1}=16\ \text{ps}\cdot\text{km}^{-1}$$

假定是高斯光脉冲形状,RZ 比特率和距离的积 BL 为

$$BL=0.59L/\Delta\tau_{1/2}=0.59/16\ \text{Gb}\cdot\text{s}^{-1}\cdot\text{m}=36.9\ \text{Gb}\cdot\text{s}^{-1}\cdot\text{km}$$

10 km 光纤的电学带宽和光学带宽分别为

$$f_光=0.75B=\frac{0.75\times36.9}{10}\ \text{GHz}=2.8\ \text{GHz}$$

和

$$f_电=0.71f_光=2.0\ \text{GHz}$$

5.8 梯度折射率(渐变型)(GRIN)光纤

单模阶跃折射率光纤的一个主要缺点就是,它的数值孔径 NA 相对较小,所以在提高能够耦合到光纤中的光的量方面存在较大的困难。增加数值孔径 NA 意味着仅仅只能增加 V 数,但是 V 数不能大于 2.405。多模光纤有比较大的数值孔径 NA,所以可以以比较大的角度接收较多的光。多模光纤的数值孔径 NA 越大,光线芯的直径越宽,不仅光耦合更容易,而且耦合到光纤中的光也更多。多模光纤的缺点就是存在模式间色散。根据直观的光线传播知识,这意味着代表各种模式的光线将沿不同路径传输,所以到达光纤输出端的时间也不相同,如图 5.33(a)所示。沿光路(而不是 z 轴方向)传输的速度是 c/n_1,所以那些轨迹比较长的和那些有很多反射的光线花的时间较长,这意味着轴向光线 1 首先到达,光线 2 次之,再是光线 3,等等。

在梯度折射率光纤中,光纤芯的折射率不是常数,而是以一个幂指数由中心向包层递减,如图 5.33(b)所示。整个光纤芯的折射率分布接近于一个抛物线,这样一个折射率分布可以显著减小模式间色散。梯度折射率光纤中的所有光线(记为 1、2、3 等)都是同时到达光纤的输出端,如图 5.33(b)所示。其直观理由就是沿光路的速度 c/n 不是常数,它是随着偏离光纤中心的距离增加而增加。比如光线 2 的光路比光线 1 的要长,那么为了赶上光线 1 而同时到达输出端,它的速度就必须比光线 1 的大。类似地,光线 3 在传输过程中的速度比光线 2 的大以便能赶上光线 2,依此类推。

通过分析有很多薄层而且每层的折射率 n_a、n_b、n_c 等都是常数的梯度折射率光纤,就可以

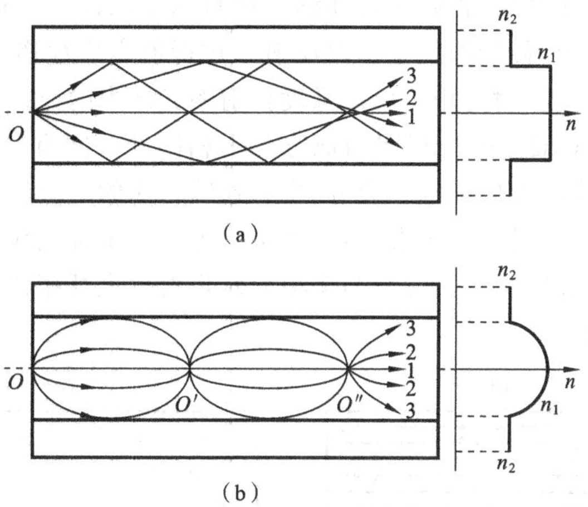

图 5.33　多模阶跃折射率和梯度折射率光纤

(a) 多模阶跃折射率光纤(n 突变);(b) 梯度折射率光纤(n 连续变化)

直观地理解其中为什么没有模式间的色散,如图 5.34 所示。首先把光纤芯当作一个分层的区域,随着由中心向包层变化,每层的折射率依次递减,所有的光线都从光纤芯的中心点 O 发出。以不同角度但是同时出发的光线 1 和光线 2 能同时到达点 O'吗?我们能使光线 1 和光线 2 同时到达点 O'吗?光线 1 的发射角是它在 ab 界面上的入射角 θ_A,只能是 n_a 层和 n_b 层之间的临界角 $\theta_c(ab)=\arcsin(n_b/n_a)$,以便它在点 A 能发生全内反射然后到达点 O'。光线 2 的发射角稍微大一些,这样使得其入射角 θ_B 比临界角 $\theta_c(ab)$小,所以光线 2 就发生折射进入 b 层,这时它的角度为 $\theta_{B'}$。假如我们选择 n_b 比 n_a 适当小一些,就可直接得到 $\theta_{B'}$,使得光线 2 能够在点 B'(刚好在点 A 之上,点 O 和 O'的中间)碰到 c 层。因为对称性,点 B'刚好在点 O 和点 O'的中间,否则光线 2 就不能到达点 O'。进一步,假如我们选择 n_c 比 n_b 适当小一些,那么就可以使光线 2 能够在点 B'发生全内发射,即 $\theta_{B'}>\theta_c(ab)=\arcsin(n_b/n_a)$。这样通过适当选择 n_a、n_b 和 n_c,就可以保证光线 2 穿过点 O',但是光线 1 和光线 2 是同时到吗?在 b 层中光线 2 传播得比较快,这是因为它的折射率比层 a 要小。尽管光线 2 的路径 OBB'比光纤的路径 OA 要长,但是光线 2 沿 BB'比光线 1 沿 OA 传播得快。如果折射率经过适当的选择,那么在 b 层中传播得快的光线 2 就可以设法赶上光线 1,从而使两条光线同时到达光纤的输出端。折射率的选择必须遵守由中心向包层呈抛物线递减的原则。

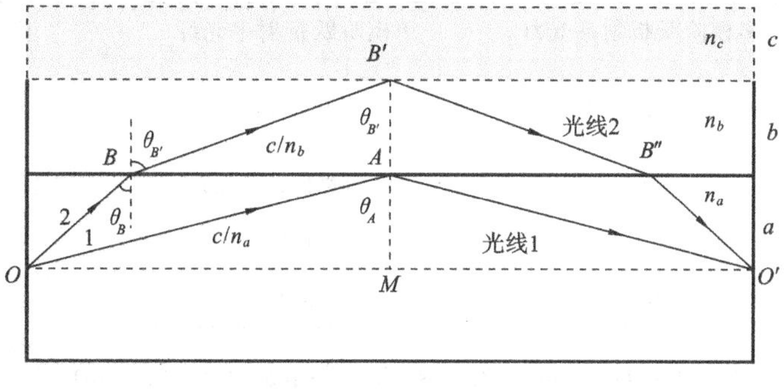

图 5.34　梯度折射率光纤的直观示意图

当然，在梯度折射率光纤中，折射率是连续变化的，如图 5.35 所示。在经过许多次折射之后，入射角终于满足临界角，使光线发生全内反射。在折射率连续递减的介质中，光线是一条连续的曲线，直到发生全内反射为止。所以梯度折射率光纤中的光线是一条弯曲的轨迹，如图 5.35 所示。所有模式在 z 轴方向上相同的地方几乎相同的时间有其最大值。这些想法适用于子午光线中那些穿过光纤轴的光线。此外，也有连续弯曲的不交轴光线，即偏离光纤轴进入光纤芯的螺旋光线。在分析模式间色散时，也必须考虑这些螺旋光线。值得注意的是，各种模式光线通过梯度折射率光纤传播时，尽管与多模阶跃折射率光纤相比，模式间色散减少了几个数量级，但它不会完全消失。

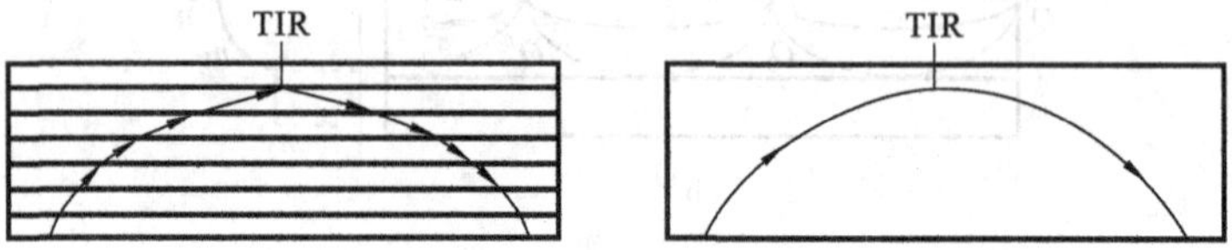

图 5.35　梯度折射率光纤中传播光线的路径

(a) 很薄的分层媒介中传播的光线；(b) 在折射指数连续减小的媒介中，光线路径也连续弯曲

一般地，折射率分布可以用含有称为分布指数（或指数光栅系数）γ 的幂函数形式来表示，即

$$n=n_1[1-\Delta(r/a)^\gamma]^{\frac{1}{2}},\quad r<a \tag{5.99a}$$

$$n=n_2,\quad r=a \tag{5.99b}$$

这个表达式看起来有点像图 5.33(b)所示的折射率分布示意图。当

$$\gamma=\frac{4+2\Delta}{2+3\Delta}\approx 2(1-\Delta) \tag{5.100}$$

时，模式间色散最小。这里，Δ 很小以至于 γ 接近于 2（抛物线），这就是优化分布指数。

对于这个优化分布指数，单位长度上输出光脉冲的均方根色散由下式给出，即

$$\frac{\sigma_{模式间}}{L}\approx\frac{n_1}{20\sqrt{3}c}\Delta^2 \tag{5.101}$$

表 5.3 比较了单模阶跃折射率光纤、多模阶跃折射率光纤和梯度折射率光纤三种常用光纤的典型特性及其优缺点。

表 5.3　单模阶跃折射率光纤、多模阶跃折射率光纤和梯度折射率光纤的典型特性

特　性	多模阶跃折射率光纤	单模阶跃折射率光纤	梯度折射率光纤
$\Delta=\frac{n_1-n_2}{n_1}$	0.02	0.003	0.015
光线芯直径/μm	100	8.3(MFD=9.3)	62.5
包层直径/μm	140	125	125
数值孔径 NA	0.3	0.1	0.26
BL 或色散	20～100 Hz · km	$<$3.5 ps · km^{-1} · nm^{-1}(λ=1300 nm)	300 MHz · km～3 GHz · km

续表

特　性	多模阶跃折射率光纤	单模阶跃折射率光纤	梯度折射率光纤
		$>100\ \text{Gb}\cdot\text{s}^{-1}\cdot\text{km}$(常用)	($\lambda=1300$ nm)
光衰减($\lambda=850$ nm)	$4\sim6\ \text{dB}\cdot\text{km}^{-1}$	$1.8\ \text{dB}\cdot\text{km}^{-1}$	$3\ \text{dB}\cdot\text{km}^{-1}$
($\lambda=1300$ nm)	$0.7\sim1\ \text{dB}\cdot\text{km}^{-1}$	$0.34\ \text{dB}\cdot\text{km}^{-1}$	$0.6\sim1\ \text{dB}\cdot\text{km}^{-1}$
($\lambda=1550$ nm)		$0.2\ \text{dB}\cdot\text{km}^{-1}$	$0.3\ \text{dB}\cdot\text{km}^{-1}$
典型光源	LED	激光器	激光器、LED
典型应用	局域网通信	远程网通信	网络及媒体通信

[例 5.15]　有一梯度折射率光纤，纤芯直径为 50 μm，折射率 $n_1=1.480$，包层的折射率 $n_2=1.460$。如果光源发射器为激光二极管，线宽很窄，光纤的工作波长 $\lambda=1300$ nm，问该光纤的比特速率与距离的积是多少？如果换成多模阶跃折射率光纤，输出光脉冲接近矩形，$\sigma\approx0.29\Delta\tau$，这里 $\Delta\tau$ 是全宽，比特速率与距离的积又是多少？

解　正则化折射率差为

$$\Delta=(n_1-n_2)/n_1=(1.480-1.460)/1.480=0.0135$$

1 km 光纤的色散为

$$\frac{\sigma_{模式间}}{L}\approx\frac{n_1}{20\sqrt{3}c}\Delta^2=\frac{1.480}{20\sqrt{3}\times3\times10^8}\times0.0135^2\ \text{s}\cdot\text{m}^{-1}=2.6\times10^{-14}\ \text{s}\cdot\text{m}^{-1}\quad 或\quad 2.6\ \text{ns}\cdot\text{km}$$

所以

$$BL\approx\frac{0.25L}{\sigma_{模式间}}=\frac{0.25}{2.6\times10^{-11}}\ \text{b}\cdot\text{s}^{-1}\cdot\text{km}^{-1}=9.6\ \text{Gb}\cdot\text{s}^{-1}\cdot\text{km}^{-1}$$

计算中忽略了所有材料色散，而且还假定折射率完全符合优化截面，意味着实际上的比特速率与距离的积会差一些(例如，γ 值只要偏离优化值 15%，就会导致这个积会差 10 倍)。

假如是一根纤芯和包层折射率相同的多模阶跃折射率光纤，那么总色散可以粗略地表示为

$$\frac{\Delta\tau}{L}\approx\frac{n_1-n_2}{c}=\frac{1.480-1.460}{3\times10^8}\ \text{s}\cdot\text{m}=6.67\times10^{-11}\ \text{s}\cdot\text{m}^{-1}\quad 或\quad 66.7\ \text{ns}\cdot\text{km}^{-1}$$

要计算比特速率与距离的积，需要 $\sigma\approx0.29\Delta\tau$

$$BL\approx\frac{0.25L}{\sigma_{模式间}}=\frac{0.25}{0.29\times66.7\times10^{-9}}\ \text{b}\cdot\text{s}^{-1}\cdot\text{km}^{-1}=12.9\ \text{Mb}\cdot\text{s}^{-1}\cdot\text{km}^{-1}$$

这比梯度折射率光纤将近小 1000 倍。

注意：因为随着光纤长度增长，色散 $\Delta\tau$ 也线性增加，所以多模光纤的比特速率与距离的积好像仍然是常数，意味着 $B\propto L^{-1}$。尽管这在短距离范围(几千米)内比较符合，但是在较长的距离内，比特速率与距离的积肯定不是常数，一般 $B\propto L^{-\gamma}$，其中 γ 是一个介于 0.5 和 1 之间的常数。其原因是，由于光纤有很多不完善因素，所以存在模式混合而降低脉冲增宽的情况。

5.9　光吸收和散射

一般来说，当光传播通过一种材料时，在传播方向上会发生衰减，如图 5.36 所示。必须区

分吸收和散射，它们两者都会导致传播方向上的光强度损失。此外，某些外部因素如光纤弯曲也会导致光衰减。

5.9.1 光吸收

在吸收中，传播波的一部分能量变成其他形式的能量，如晶格振动产生的热能，另外还有很多其他吸收过程消耗传播波的能量。作为一个例子，晶格吸收机理如图 5.37 所示。在这个例子中，固体是由离子构成的，随着电磁波传播，带有相反电荷的离子向相反方向发生位移，迫使离子以这个波的频率发生振动。换言之，介质发生了离子极化。正是这些粒子的错位使得离子极化得以发生，从而导致相对介电常数 ε_r 增大。因为这些通过的波使得离子也就是晶格发生振动，所以有一部分能量就被耦合到固体的晶格振动中。当波的频率接近自然晶格振动频率时，就会出现吸收能量的峰值。一般来说，这些频率在红外范围内，电磁波的大多数能量被吸收并转化成了晶格振动能(热)。在分析这种现象时，必须把吸收和离子极化损失的谐振峰或弛豫峰一起考虑(相对介电常数的虚部 ε_r'')。

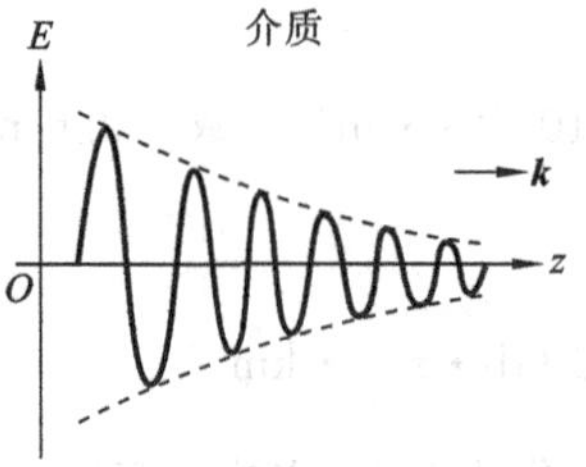

图 5.36　光在传播方向的衰减

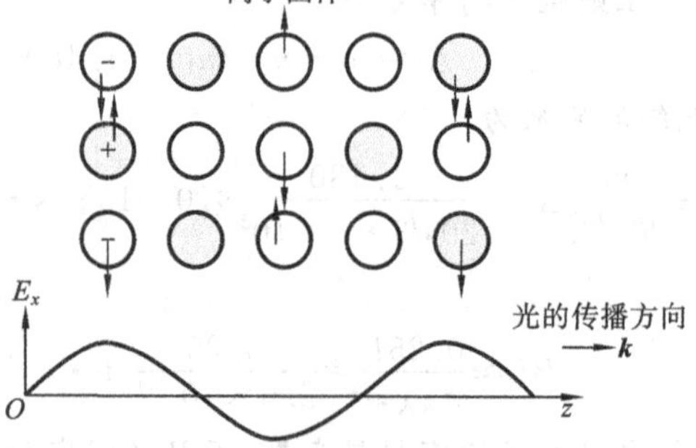

图 5.37　晶体中的晶格吸收

尽管图 5.37 描述的是离子固体的晶格吸收情况，但是正在传递的电磁波的能量也有可能被介质中不同的离子杂质吸收，因为这些电荷也可以与电场耦合并振荡。振荡离子和相邻原子之间的键合可以导致被耦合进相邻原子的离子产生机械振荡，这也会产生晶格波，从而带走一部分电磁波的能量。

5.9.2 散射

电磁波的散射意味着光束中一部分能量会直接偏离传播的原始方向，图 5.38 所示的是一个介质粒子使光束发生散射的过程。实际上有很多不同种类的散射过程。

分析一下当一个正在传播的波遇到了比波长小的一个分子或一个很小的介质粒子(区域)时会发生什么情况？与相对较重的带正电荷的核相比，光波中的电场会使粒子发生极化，导致电子错位，分子中的电子就会和光波中的电场耦合并随电场振荡(交流电子极化)。电荷的“上下”振荡，或有导电偶极子的振荡会在整个分子周围发射电磁波，如图 5.38 所示。应当记住，振荡电荷像交流电一样，总是发射电磁波(像是一根天线一样)。净效应是入射波一部分以不同的方向被重新辐射，所以在它原始传播方向上的光强度就有损失。也可以把这个过程看作是粒子通过电子极化吸收了一部分能量，然后又以不同的方向重新辐射。可能会认为，散射波构成了一个从散射分子散射的球形波，但实际上不是这样，因为重新发射的辐射波取决于不同方向上的分子的形状和极化。假定小粒子是使得任何时候电场通过粒子时都不会有空间变化，那么这个极化就会随电场振荡。当散射区域的尺寸(不论是非均匀性、小粒子还是分子)比入射波的波长 λ 小得多时，这种散射过程一般称为雷利(Rayleigh)散射。在这种散射中，散射粒子的尺寸不到波长的十分之一。

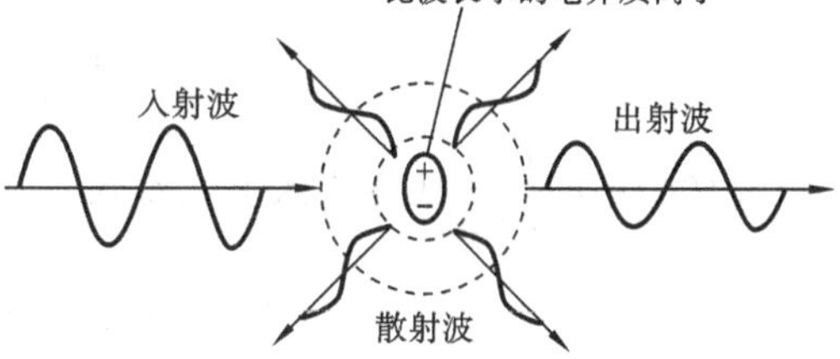

图 5.38 雷利散射示意图

当介质中有一个小的不均匀区域时，由于其折射率和介质不同(有某个平均折射率)，就会发生波的雷利散射。这意味着相对介电常数和极化率都会发生局部变化。结果是这个小且不均匀区域就像一个介质分子一样，使传播波以不同的方向发生散射。在光纤中，介质的非均匀性是由相对介电常数波动引起的，这是固有玻璃结构的一部分。因为光纤是通过冷冻类液体流动而拉成的，液态中的组分和结构的随机热力学波动也会被冻结在固体结构中，结果是光纤的相对介电常数有一些比较小的波动，从而导致雷利散射。要消除玻璃中的雷利散射目前还没有办法，因为这是它们固有结构的一部分。

显见，雷利散射包括分子或介质粒子的电子极化。这个过程可以耦合紫外频率的大部分能量，这是由于电子极化，介电损耗增大，这个损耗是由电磁波辐射产生的。所以，随着光波的频率增加，色散也变得更严重。换句话说，散射随着波长的增加而减小。例如，蓝光的波长比红光的短，所以更容易被空气分子散射。当我们直接看太阳的时候，它好像是黄色的，这是因为在直接的光中蓝光比红光散射得要多。当我们以任意方向看天空而不是太阳的时候，我们的眼睛接收了散射光，所以天空看起来是蓝色的。在日出和日落时，从太阳发出的光线穿过大气中的距离最长，散射的蓝光也就最多，这个时候太阳看起来是红色的。

5.10 光纤中的衰减

当光通过光纤传播时，会由于各种过程而发生衰减，这些过程主要取决于光的波长。假如输入到长度为 L 的光纤中的输入光功率为 $P_{入射}$，在输出端输出的光功率为 $P_{出射}$，光纤中离输入端距离为 x 处的强度为 P，则衰减系数 α 定义为单位距离上光功率的减少分数，即

$$\alpha=-\frac{1}{P}\frac{\mathrm{d}P}{\mathrm{d}x} \tag{5.102}$$

在光纤长度 L 上对上式积分，可以得到 α 与 $P_{出射}$ 及 $P_{入射}$ 之间的关系为

$$\alpha=\frac{1}{L}\ln\left(\frac{P_{入射}}{P_{出射}}\right) \tag{5.103}$$

也可以根据光强度来定义衰减，但按照惯例一般用光功率，因为光纤的衰减测量一般都是测光功率。假如知道 α，那么就可以通过下式由 $P_{入射}$ 求出 $P_{出射}$，即

$$P_{出射}=P_{入射}\exp(-\alpha L) \tag{5.104}$$

一般地，光纤中的光功率衰减可以表示为单位长度上的分贝数(dB/km)，以单位长度上分

贝数为基准的信号衰减是根据以 10 为底的常用对数定义的，即

$$\alpha_{\mathrm{dB}}=\frac{1}{L}10\lg\left(\frac{P_{\text{入射}}}{P_{\text{出射}}}\right) \tag{5.105}$$

将式(5.104)中的$\frac{P_{\text{入射}}}{P_{\text{出射}}}$换算代入上式得到

$$\alpha_{\mathrm{dB}}=\frac{10}{\ln 10}\alpha=4.34\alpha \tag{5.106}$$

图 5.39 所示的是典型石英玻璃光线的衰减系数($\mathrm{dB\cdot km^{-1}}$)与波长之间的函数关系。在波长超过 1.6 μm 的红外区域，衰减系数急剧增加，这是由于玻璃材料的组成离子"晶格振动"引起的能量吸收造成的。基本上，这个区域的能量吸收对应于由电磁波引起的离子极化中的 Si—O 键伸长。吸收随波长的增加而增加，Si—O 键的谐振波长大约为 9 μm，对于 Ge—O 玻璃来说，这个波长更长，大约为 11 μm。在 500 nm 以下的区域还有另一个固有材料吸收，图中没有显示出来，这是由于将电子由玻璃的价带激发到导带的光子的缘故。

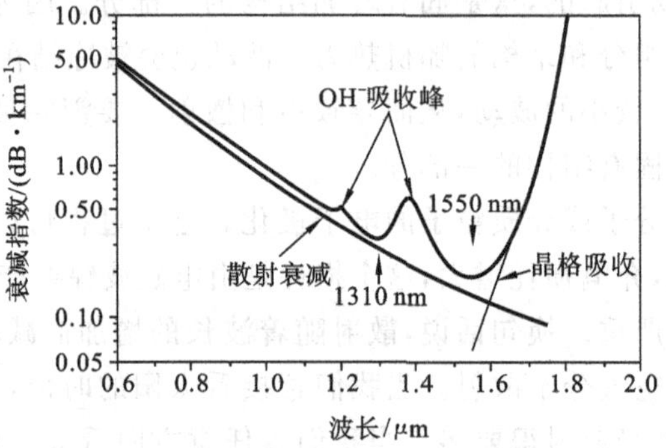

图 5.39 石英光纤的损耗与波长之间的特性关系

如图 5.39 所示，波长在 1.4 μm 处有一个显著的中心吸收峰，波长大约在 1.24 μm 处有一个几乎看不出来的小吸收峰。这些衰减区域是由于在玻璃结构中含有氢氧根离子杂质的原因，因为在光纤生产过程中很难把这些氢氧根离子(水)除掉。而且，在生产过程的高温下，氢离子也很容易扩散到玻璃结构中去，导致了在石英玻璃结构中氢氧键和氢氧根离子的形成。能量主要是被石英结构中氢氧键的拉伸振动吸收的，因此在红外区域(5.7 μm)有一个基本的谐振，但是在较低的波长(或较高的频率)下是一个谐波或调和波。如图 5.39 所示，波长在 1.4 μm左右的第一个谐波是主要的。在高质量的光纤中，波长在 1 μm 左右的第二个谐波基本上可以忽略。氢氧根离子振动的第一个谐波和 SiO_2 的基本振动频率合起来就产生了 1.24 μm 左右的小吸收峰。在衰减对波长的关系曲线中有两个重要的窗口，这两个窗口的衰减最小。波长在 1.3 μm 左右的窗口在两个相邻 OH^- 吸收峰之间，这个窗口就是 1310 nm 光纤通信广泛使用的窗口。波长在 1.55 μm 左右的窗口是在 OH^- 第一个调和吸收和红外晶格吸收尾部之间，表示有最低的衰减。目前的技术驱动就是将这个窗口用于长网通信。因此，在光纤中将氢氧根浓度保持在可容许的水平是很重要的。

还有一个随波长增加而减少的背景衰减过程，这是由折射率局部变化引起的雷利散射造成的。玻璃是一种非晶或无定形结构，这意味着原子不是长程有序排列的，而仅仅是一个短程

有序，通常只有几个键长。玻璃的结构就好像是融化了的晶体被突然冻住一样，我们仅仅只能辨别这个结构中一个给定原子会有的几个键。原子和原子之间的键角的随机变化导致了一种无序结构，所以在几个键的长度范围内的密度也有一个随机局部变化，这样在几个原子长度范围内折射率都存在一定的波动。这种随机波动就导致了光散射，所以沿光纤传播的时候就有衰减。很显然，由于一定程度的结构随机性是玻璃结构的本征特性，这种散射过程是不可避免的，因此它代表整个光纤介质可能的最小衰减。人们可能会臆测，光沿一种"完美"晶体传播时，介质中散射引起的衰减是最小的。这种情况下，唯一的散射机理是由于热力学缺陷（空位）和晶格原子的随机热振动引起的。

如上所述，雷利散射随波长的增加而减小，根据雷利定律，雷利散射与波长的四次方（λ^4）成反比。在某种单一组成的玻璃中，由雷利散射引起的衰减 α_R 的表达式为

$$\alpha_R \approx \frac{8\pi^3}{3\lambda^4}(n^2-1)^2\beta_T k_B T_f \tag{5.107}$$

式中：λ 是自由空间波长；n 对应感兴趣的波长的折射率；β_T 是玻璃在 T_f 时的等温压缩系数；k_B 是玻尔茨曼常数；T_f 是一个叫假想温度（近似等于玻璃的软化温度）的数，在这个温度时，光纤冷却过程中的液体结构被冻住而变成玻璃结构。

光纤是在高温下拉制而成的。随着光纤冷却，温度下降足够多时，原子运动变慢，使得结构被"冻住"了，即使在室温下仍然保持这种结构。于是，T_f 是一个温度的标记，在这个温度以下，液体结构被冻住，密度波动也被冻进了玻璃结构。显见，雷利散射表示一种最小的衰减，可以通过使用玻璃结构获得。通过适当的设计，可以降低 1.55 μm 左右的窗口的衰减，从而来研究雷利散射极限。

还有一些外部因素也可能会导致光纤中的衰减。最重要的就是微弯曲和宏弯曲损耗。微弯曲是由于光纤的"突然"局部弯曲，局部改变了波导的几何形状和折射率界面，从而导致一部分光能从导引方向上辐射出去。一个如图 5.40 所示的光纤突然弯曲会改变局部的波导几何形状，这种"之"字形的光线的入射角突然变成了 θ'，这个角比正常的入射角 θ 要小（$\theta'<\theta$），结果会使得要么是产生透射波（折射波进入包层），要么是比较大的包层渗入深度。如果这个角小于临界角（$\theta'<\theta_c$），就不会有全内反射，光功率就会被辐射进入包层，最终逃逸到介质外面（聚合物涂层等）。较大的渗入深度可能会导致光场到达包层的外边界，所以就有一部分光被损耗在外面的涂层中。衰减随着弯曲程度增加而显著增加；随着 θ' 变窄和全内反射损失，就会有更多的能量传递进了包层。更进一步，最高的模式会以接近于临界角 θ_c 的入射角 θ 传播，这意味着这些模式受的影响最严重。所以多模光纤比单模光纤的弯曲损耗要大。

微弯曲损耗 α_B 随着弯曲的"尖锐度"的增加即弯曲曲面曲率半径 R（如图 5.40 所定义）的减小而快速增加。图 5.41 所示的是单模光纤在两种不同工作频率下微弯曲损耗 α_B 与曲面曲率半径 R 之间的关系。显然，α_B 随 R 呈指数形式增加（图中是一个半对数关系），它取决于波长和光纤特性（如 V 数）。一般地，弯曲曲面的曲率半径小于 10 mm，就可导致显著的微弯曲损耗。

宏弯曲是由于在使用过程中（如制成光缆或铺放）弯曲引起的诱导应力造成的折射率变化而产生的。诱导应力改变 n_1 和 n_2，所以就改变了光纤的模式场直径，也就是说，改变了光渗入

包层的深度。这个增加了的包层场一部分会到达包层外边界而损耗在外部介质中。一般当曲面曲率半径小于几厘米时，宏弯曲损耗会超过微弯曲损耗。

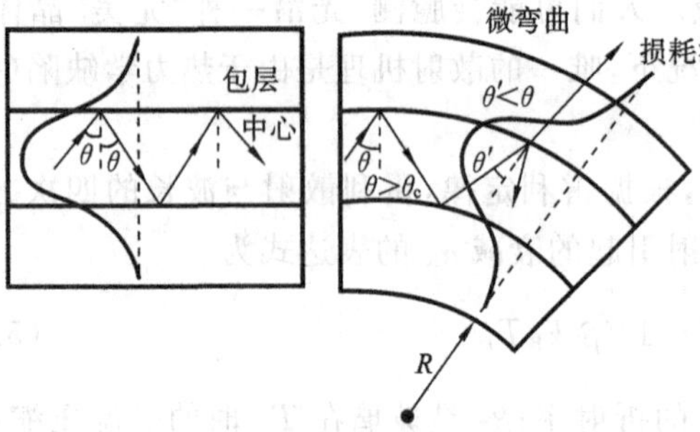

图 5.40　改变波导的局部结构而导致光逃逸

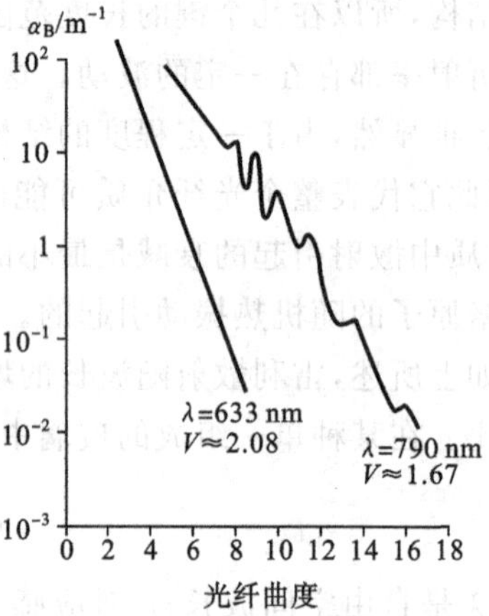

图 5.41　曲率半径不同的 10 cm 弯曲光纤的微弯曲损耗

［例 5.16］　在波长 $\lambda=1550$ nm 左右的窗口，纯石英有如下特性：$T_f=1730$ ℃（软化温度）；$\beta_T=7\times10^{-11}\ \mathrm{m^2\cdot N^{-1}}$（高温时）；在 $\lambda=1550$ nm 时，$n=1.4446$。求由雷利散射引起的衰减。

解　可以简单地用式(5.107)计算雷利散射衰减，即

$$\alpha_R\approx\frac{8\pi^3}{3\lambda^4}(n^2-1)^2\beta_T k_B T_f$$

$$=\frac{8\pi^3}{3(1.55\times10^{-6})^4}\times(1.4446^2-1)^2\times7\times10^{-11}\times1.38\times10^{-23}\times(1270+273)$$

$$=3.27\times10^{5}\ \mathrm{m^{-1}}\quad 或\quad 3.27\times10^{-2}\ \mathrm{km^{-1}}$$

以 $\mathrm{dB\cdot km^{-1}}$ 为单位的衰减为

$$\alpha_{dB}=4.34\alpha_R=4.34\times3.27\times10^{-2}\ \mathrm{dB\cdot km^{-1}}=0.142\ \mathrm{dB\cdot km^{-1}}$$

这个数字就是在 $\lambda=1550$ nm 时石英玻璃芯光纤的可能最低衰减。

［例 5.17］　由激光二极管发射到一单模光纤中的光功率近似为 1 mW。在输出端的光监测器要求最小功率为 10 nW 才能提供清晰的信号（在噪声以上）。该光纤在 1.3 μm 使用，其衰减系数为 $0.4\ \mathrm{dB\cdot km^{-1}}$。求不加中继器（重新产生信号）的最大光纤长度是多少？

解　根据式(5.105)，有

$$\alpha_{dB}=\frac{1}{L}10\lg\left(\frac{P_{入射}}{P_{出射}}\right)$$

于是

$$L=\frac{1}{\alpha_{dB}}10\lg\left(\frac{P_{入射}}{P_{出射}}\right)=\frac{1}{0.4}10\lg\left(\frac{10^{-3}}{10\times10^{-9}}\right)=12500\ \mathrm{m}=125\ \mathrm{km}$$

实际上还有一些额外的光纤损耗如光纤弯曲损耗，会使得这个长度有所降低。对于长距离通信来说，在每隔 50～100 km 后，信号必须用光放大器放大，最后用中继器。

5.11　光纤制备

5.11.1　光纤的种类和作用

光纤是光导纤维(Optical Fiber)的简称。但光通信系统中常常将 Optical Fiber(光纤)又简化为 Fiber,如光纤放大器(Fiber Amplifier)、光纤干线(Fiber Backbone)等。光纤的种类很多,根据用途不同,所需要的功能和性能也有所差异。但有线电视和通信用的光纤,其设计和制造的原则基本相同,如:① 损耗小;② 有一定带宽且色散小;③ 接线容易;④ 可靠性高;⑤ 制造比较简单;⑥ 价廉等。光纤可按工作波长、折射率分布、传输模式、原材料和制造方法等来分类,现叙述如下。

(1) 工作波长:紫外光纤、可观光纤、近红外光纤、红外光纤(0.85 μm、1.3 μm、1.55 μm)。

(2) 折射率分布:阶跃(SI)型、近阶跃型、渐变(GI)型、其他(如三角形、W 形、凹陷形等)。

(3) 传输模式:单模光纤(含偏振保持光纤、非偏振保持光纤)、多模光纤。

(4) 原材料:石英玻璃、多成分玻璃、塑料、复合材料(如塑料包层、液体纤芯等)、红外材料等。按被覆材料还可分为无机材料(碳等)、金属材料(铜、镍等)和塑料等。

(5) 制造方法:预塑法有气相轴向沉积、化学气相沉积等,拉丝法有管律法(Rod Intube)和双坩埚法等。

石英光纤。以二氧化硅(SiO_2)为主要原料,并按不同的掺杂量,来控制纤芯和包层的折射率分布的光纤。石英玻璃系列光纤具有低耗、宽带的特点,现已广泛应用于有线电视和通信系统。掺氟光纤为石英光纤的典型产品之一,通常作为 1.3 μm 波域的通信用光纤,控制纤芯的掺杂物为二氧化锗(GeO_2),包层是用 SiO_2 制成的。但掺氟光纤的纤芯,大多使用 SiO_2,而包层是掺氟的。由于雷利散射损耗是因折射率的变动而引起的光散射现象,所以希望形成折射率变动因素的掺杂物以少为佳。氟的作用主要是降低 SiO_2 的折射率,因而常用于包层掺杂。由于掺氟光纤中,纤芯不含有影响折射率的氟掺杂物,雷利散射很小,而且损耗也接近理论的最低值,所以多用于长距离光信号传输。石英光纤与其他原料的光纤相比,还具有从紫外光到近红外光的广透光谱,除通信用途外,还可用于导光和传导图像等领域。

红外光纤。即使用在短距离传输,通信领域石英系列光纤的工作波长也只能是 2 μm。为能在更长的红外波长领域工作,所开发的光纤称为红外光纤。红外光纤主要用于光能传送,如温度计量、热图像传输、激光手术刀医疗、热能加工等,普及率尚低。

复合光纤。复合光纤是在 SiO_2 原料中,再适当混合诸如氧化钠(Na_2O)、氧化硼(B_2O_2)、氧化钾(K_2O_2)等氧化物的多成分玻璃制成的光纤,其特点是多成分玻璃比石英的软化点低且纤芯与包层的折射率差很大,主要用在医疗业务的光纤内窥镜。

氟化物光纤。氟化物光纤是由氟化物玻璃做成的光纤。这种光纤原料又简称 ZBLAN,即氟化锆(ZrF_4)、氟化钡(BaF_2)、氟化镧(LaF_3)、氟化铝(AlF_3)、氟化钠(NaF)等氟化物玻璃原料的化学名称简化成的缩语,主要工作在 2～10 μm 波长的光传输。由于 ZBLAN 具有制成超低损耗光纤的可能性,正在进行用于长距离通信光纤的可行性开发,如其理论上的最低损耗,在 3 μm 波长时可达 10^{-3}～10^{-2} dB · km^{-1},而石英光纤在 1.55 μm 时却在 0.15～

0.16 dB·km^{-1}之间。目前，ZBLAN 光纤由于难以降低散射损耗，只能用在 2.4～2.7 μm 的温敏器和热图像传输，尚未广泛实用。

塑包光纤。塑包光纤是将高纯度的石英玻璃做成纤芯，而将折射率比石英稍低的如硅胶等塑料作为包层的阶跃型光纤。它与石英光纤相比较，具有纤芯粗、数值孔径（*NA*）高的特点。因此，塑包光纤易与发光二极管 LED 光源结合，损耗也较小，非常适用于局域网和近距离通信。

塑料光纤。这是将纤芯和包层都用塑料（聚合物）做成的光纤。早期产品主要用于装饰和导光照明及近距离的光通信中。原料主要是有机玻璃、聚苯乙烯和聚碳酸酯。损耗受到塑料固有的 C—H 结合键的制约，一般每千米可达几十分贝。为了降低损耗，正在开发应用氟索系列塑料。由于塑料光纤的纤芯直径为 1000 μm，比单模石英光纤大 100 倍，接续简单，而且易于弯曲，施工容易。近年来，加上宽带化的进度，作为渐变型折射率的多模塑料光纤的发展受到了重视，最近在汽车内部局域网中应用较快，未来在家庭局域网中也可能得到应用。

单模光纤。这是指在工作波长中，只能传输一个传播模式的光纤，通常简称为单模光纤（SMF）。目前，在有线电视和光通信中应用最广泛的就是这种光纤。由于光纤的纤芯很细（约10 μm），而且折射率呈阶跃状分布，当归一化频率 *V* 数小于 2.4 时，理论上只能形成单模传输。另外，SMF 没有多模色散，不仅传输频带较多模光纤更宽，再加上 SMF 的材料色散和结构色散的相加抵消，其合成特性恰好形成零色散的特性，更加拓宽了传输频带。因掺杂物不同与制造方式的差别，SMF 也可分为许多类型。凹陷型包层光纤的包层形成两重结构，邻近纤芯的包层较外包层的折射率还低。另外，有匹配型包层光纤的包层折射率呈均匀分布。

多模光纤。将光纤按工作波长以其传播模式可能为多个模式的光纤称为多模光纤（MMF）。纤芯直径为 50 μm，由于传输模式可达几百个，与 SMF 相比传输带宽主要受模式色散支配。多模光纤曾用于有线电视和通信系统的短距离传输。自从出现 SMF 光纤后，MMF 就很少再用。但实际上，由于 MMF 较 SMF 的芯径大且与 LED 等光源结合容易，在 LAN 传输中更有优势。所以，在短距离通信领域中，MMF 重新受到重视。MMF 按折射率分布进行分类有渐变型和阶跃型两种。前者折射率以纤芯中心为最高，沿包层缓慢降低。从几何光学角度来看，在纤芯中前进的光束以蛇行路径传播。由于光的各个路径所需时间大致相同，所以传输容量较后者的大。后者纤芯折射率分布相同，但与包层的界面呈阶梯状。由于后者光波在光纤中的反射前进过程中，产生各个光路径的时差，致使射出光波失真，色散较大，其结果是传输带宽变窄，目前阶跃型多模光纤应用较少。

色散位移光纤。单模光纤的工作波长在 1.3 μm 时，模场直径约 9 μm，其传输损耗约 0.3 dB·km^{-1}。此时，零色散波长恰好在1.3 μm 处。石英光纤中，从原材料上看 1.55 μm 段的传输损耗最小（约 0.2 dB·km^{-1}）。由于现在已经实用的掺铒光纤放大器是工作在 1.55 μm波段的，如果在此波段也能实现零色散，就更有利于应用 1.55 μm 波段的长距离传输。若能巧妙地利用光纤材料中的石英材料色散与纤芯结构色散的合成抵消特性，则可使原在 1.3 μm 波段的零色散移位到 1.55 μm 波段也构成零色散。因此，这种光纤被命名为色散位移光纤（DSF）。加大结构色散的方法，主要是在纤芯的折射率分布性能上进行改善。在光通信的长距离传输中，光纤色散为零是重要的，但不是唯一的。其他性能还有损耗小、接续容易、成缆化或工作中的特性变化小(包括弯曲、拉伸和环境变化影响)。DSF 在设计中综合考虑了这些因素。

色散平坦光纤。色散位移光纤是将单模光纤设计零色散位于 1.55 μm 波段的光纤,而色散平坦光纤(DFF)是将从 1.3 μm 到 1.55 μm 的较宽波段的色散都能做到很低,几乎达到零色散。由于 DFF 要做到 1.3～1.55 μm 范围的色散都减少,就需要对光纤的折射率分布进行复杂的设计。这种光纤适用于波分复用的线路。DFF 光纤的制作工艺比较复杂,费用较贵,但随着今后产量的增加,价格也会降低。

色散补偿光纤。对于采用单模光纤的干线系统,多数是利用 1.3 μm 波段色散为零的光纤构成的。可是,现在损耗最小的是 1.55 μm 波段的光纤,由于 EDFA 的实用化,如果能在 1.3 μm 零色散的光纤上也能令 1.55 μm 波长工作,将是非常有益的。因为,在 1.3 μm 零色散的光纤中,1.55 μm 波段的色散有 16 $ps \cdot km^{-1} \cdot nm^{-1}$之多。如果在此光纤线路中,插入一段与此色散符号相反的光纤,就可使整个光线路的色散为零。为此目的所用的光纤则称为色散补偿光纤(DCF)。DCF 与标准的 1.3 μm 零色散光纤相比,纤芯直径更细,而且折射率差也较大。DCF 也是波分复用光线路的重要组成部分。

保偏光纤。对光纤经过改进使偏振状态不变的光纤称为保偏光纤(PMF),也有称此为偏振保持或固定偏振光纤的。在光纤中传播的光波,因具有电磁波的性质,所以除了基本的光波单一模式之外,实质上还存在着电磁场(TE、TM)分布的两个正交模式。通常,由于光纤截面的结构是圆对称的,这两个偏振模式的传播常数相等,两束偏振光互不干涉。但实际上光纤不是完全的圆对称,如有弯曲部分,就会出现两个偏振模式之间的结合因素,在光轴上呈不规则分布。偏振光的这种变化造成的色散,称为偏振模式色散(PMD)。对于现在以分配图像为主的有线电视,影响尚不太大,但对于一些未来超宽带有特殊要求的业务(如:① 相干通信中采用外差检波,要求光波偏振更稳定时;② 光机器等对输入/输出特性要求与偏振相关时;③ 在制作偏振保持光耦合器和偏振器或去偏振器等时;④ 制作利用光干涉的光纤敏感器等,要求偏振波保持恒定)有较大影响。

双折射光纤。双折射光纤是指在单模光纤中,可以传输相互正交的两个固有偏振模式的光纤。折射率随偏振方向变化的现象称为双折射。在造成双折射的方法中,它又称为 PANDA光纤,即偏振保持与吸收减少光纤,它是在纤芯的横向两侧设置热膨胀系数大、截面是圆形的玻璃部分。在高温的光纤拉丝过程中,这些部分会收缩,其结果在纤芯 y 轴方向产生拉伸,同时又在 x 轴方向呈现压缩应力,致使光纤材料出现光弹性效应,使折射率在 x 轴方向和 y 轴方向出现差异,依此原理达到偏振保持恒定。

抗恶坏境光纤。通信用光纤通常的工作环境温度可在－40～＋60 ℃之间,设计时也是以不受大量辐射线照射为前提的。相比之下,对于在更低温或更高温以及能遭受高压或外力影响、辐射线曝晒等恶劣环境下,也能工作的光纤称为抗恶环境光纤。一般为了对光纤表面进行机械保护,多涂覆一层塑料,但随着温度升高,塑料保护功能有所下降,致使使用温度也有所限制。如果改用抗热性塑料,如聚四氟乙烯等树脂,即可工作在 300 ℃的环境下。也有在石英玻璃表面涂覆镍(Ni)和铝(Al)等金属,这种光纤称为耐热光纤。另外,当光纤受到辐射线的照射时,光损耗会增加。这是因为石英玻璃遇到辐射线照射时,玻璃中会出现结构缺陷,尤其在 0.4～0.7 μm 波长时损耗增大。防止办法是改用掺杂 OH 或 F 的石英玻璃，就能抑制因辐射线造成的损耗缺陷。这种光纤则称为抗辐射光纤，多用于核发电站的监测用光纤维镜等。

密封涂层光纤。密封涂层光纤(HCF)是为了保持光纤的机械强度和损耗的长时间稳定，而在玻璃表面涂覆碳化硅(SiC)、碳化钛(TiC)、碳(C)等无机材料的光纤。目前，通用的是在化学气相沉积法生产过程中，用碳层高速堆积来实现充分密封效应，这种碳涂层光纤能有效地截断外界氢分子对光纤的侵入。据报道，它在室温的氢气环境中可维持 20 年不增加损耗。当然，它在防止水分侵入延缓机械强度的疲劳方面要求很高，其疲劳系数可达 200 以上。所以，HCF 被应用于严酷环境中可靠性要求高的系统，如海底光缆。

碳涂层光纤。在石英光纤的表面涂覆碳膜的光纤，称为碳涂层光纤(CCF)。其机理是利用碳素的致密膜层，使光纤表面与外界隔离，以改善光纤的机械疲劳损耗和防止氢分子的损耗增加。CCF 是密封涂层光纤的一种。

金属涂层光纤。金属涂层光纤是在光纤的表面涂覆 Ni、Cu、Al 等金属层的光纤。也有再在金属层外涂覆塑料，其目的在于提高抗热性和可供通电及焊接。它是抗恶环境性光纤之一，可作为电子电路的部件用。早期产品是在拉丝过程中，用涂覆熔解的金属做成的。此法因玻璃与金属的膨胀系数差异太大，会增加微小弯曲损耗，实用化程度不高。近期，由于在玻璃光纤的表面采用了低损耗的非电解镀膜法，使性能大有改善。

掺稀土光纤。在光纤的纤芯中，掺杂如 Er、Nd、Pr 等稀土元素的光纤，称为掺稀土光纤。1985 年，英国南安普顿大学的 Payne 等首先发现掺杂稀土元素的光纤有激光振荡和光放大的现象，揭开了掺饵等光放大的面纱，现在已经实用的 1.55 μm EDFA 就是利用掺铒的单模光纤，利用 1.47 μm 的激光进行激励，实现 1.55 μm 光信号的放大。

喇曼光纤。喇曼效应是指往某物质中射入频率 f 的单色光时，在散射光中会出现频率 f 之外的 $f\pm f_R$，$f\pm 2f_R$ 等频率的散射光，此现象称为喇曼效应。它是物质的分子运动与晶格运动之间的能量交换所产生的。当物质吸收能量时，光的振动数变小，对此散射光称为斯托克斯线。反之，从物质得到能量，而振动数变大的散射光，则称为反斯托克斯线。振动数的偏差 f_R 反映了能级。利用这种非线性媒体做成的光纤，称为喇曼光纤。为了将光封闭在细小的纤芯中进行长距离传播，就会出现光与物质的相互作用效应，能使信号波形不畸变，实现长距离传输。当输入光增强时，就会获得相干的感应散射光。应用感应喇曼散射光的设备是喇曼光纤激光器，可作为分光测量电源和光纤色散测试用电源。

偏心光纤。标准光纤的纤芯是设置在包层中心的，纤芯与包层的截面形状为同心圆形。但因光纤用途不同，也有将纤芯位置、纤芯形状和包层形状做成不同状态，或将包层穿孔做成异型结构。相对于标准光纤，称这些光纤为异型光纤。偏心光纤是异型光纤的一种，其纤芯设置在偏离中心且接近包层外线的偏心位置。由于纤芯靠近外表，部分光场会溢出包层传播(称此为消逝波)。因此，当光纤表面附着物质时，因物质的光学性质而使在光纤中传播的光波受到影响。若附着物质的折射率高于光纤折射率，则光波往光纤外辐射；若附着物质的折射率低于光纤折射率，则光波不能往外辐射，但会受到物质吸收光波的损耗。利用这一现象，就可检测有无附着物质以及折射率的变化。偏心光纤(ECF)主要用作检测物质的光纤敏感器。与光时域反射计的测试法组合一起，还可作分布敏感器用。

发光光纤。采用含有荧光物质制造的光纤，称为发光光纤。它是在受到辐射线、紫外线等光波照射时，产生荧光的一部分可经光纤闭合进行传输的光纤。发光光纤可以用于检测辐射线和紫外线，以及进行波长变换，或用作温度敏感器、化学敏感器。在辐射线的检测中，这种光纤也称为闪光光纤。发光光纤从荧光材料和掺杂的角度上，正在开发塑料光纤。

多芯光纤。通常的光纤是由一个纤芯区和围绕它的包层区所构成的，但多芯光纤却是一个共同的包层区中存在多个纤芯的光纤。由纤芯的相互接近程度，多芯光纤可有两种功能。其一是纤芯间隔大，即不产生光耦合的结构，这种光纤由于能提高传输线路的单位面积的集成密度，在光通信中可以做成具有多个纤芯的带状光缆，而在非通信领域，作为光纤传像束，有将纤芯做成成千上万个的。其二是使纤芯之间的距离靠近，能产生光波耦合作用。利用此原理可开发双纤芯的敏感器或光回路器件。

空心光纤。将光纤做成空心，形成圆筒状空间，用于光传输的光纤，称为空心光纤。空心光纤主要用于能量传送，可供 X 射线、紫外线和远红外线光能传输。空心光纤结构有两种：一是将玻璃做成圆筒状，其纤芯的原理和阶跃型与包层的相同，利用光在空气与玻璃之间的全反射传播，由于大部光可在无损耗的空气中传播，具有一定距离的传播功能；二是使圆筒内面的反射率接近 1，以减少反射损耗。为了提高反射率，可在筒内加电介质，使工作波长段损耗减少。

5.11.2　光纤拉制

根据各种不同的用途，有许多生产光纤的工艺过程。目前应用最广泛的是外部气相沉积技术，这种技术也称为外部气相氧化工艺，适用于制备低损耗的光纤。

第一步是制备预制件，它是一个折射率分布适当的玻璃棒，玻璃特性也合适（比如可以忽略的杂质量）。玻璃棒的直径一般为 10～30 mm，长 1～2 m。然后用特殊的光纤拉制设备把预制件拉成光纤，如图 5.42 所示。

先把玻璃棒送进一个温度很高的热炉（最热区域的温度为 1900～2000 ℃），在热炉里，玻璃以黏性熔融物（有点像蜂蜜）流动。当玻璃棒到达加热区时，其下端开始流动，然后用适当的张力拉低尖部，出来的就是光纤，最后用卷带鼓将其卷成筒。光纤的直径必须严格控制，以达到要求的波导特性。制备过程中用光学测厚仪来监控光线直径的变化，以随时调整光线卷扬机的速度和预制件送进器的速度，维持光线直径是常数，一般波动最好不要大于 0.1%。有时预制件是空的，也就是说，在沿玻璃棒轴上有一个小孔，这个空洞在拉制过程中会坍塌，但不会影响最终拉制的光纤的质量。

光纤一拉出来就必须马上涂上一层聚合物涂层，以对光纤表面进行机械保护和化学保护。当裸光纤暴露在环境条件下，表面很快就会有很多小孔，这会严重降低光纤的力学性能（断裂强度）。使用的聚合物涂层一开始是黏稠的液体，需要硬化，一般是将光纤从一个处理炉中通过或用紫外灯处理（如果能够紫外硬化的话）。有时候还要用两层聚合物涂层。包层的厚度一般为 125～150 μm，连同涂层，光纤的总厚度为 250～500 μm。典型单模光纤的截面示意图如图 5.43 所示。图中在光纤周围有一层很厚的聚合物缓冲管，目的是保证光纤避免机械压力和微弯曲。有些光纤的缓冲管中还有其他填充化合物，用来提高缓冲能力。单模光纤和多模光纤在光缆中没有明显不同，光缆主要取决于它的应用（如长距离通信）、携带光纤的数量和光缆环境（地下、水下或架空）。

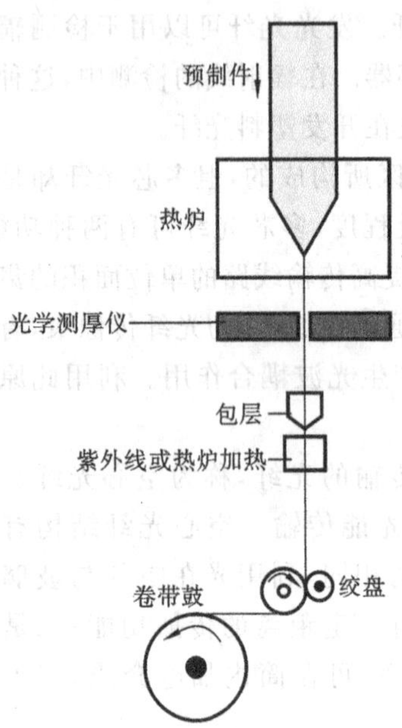

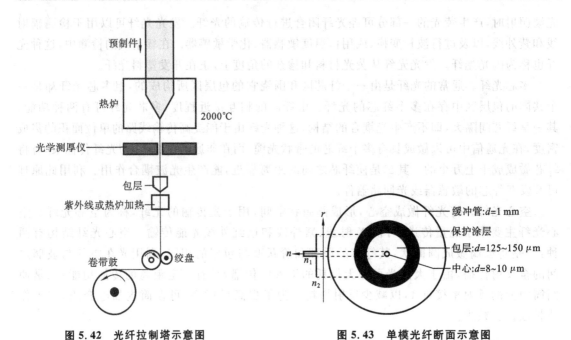

图 5.42　光纤拉制塔示意图

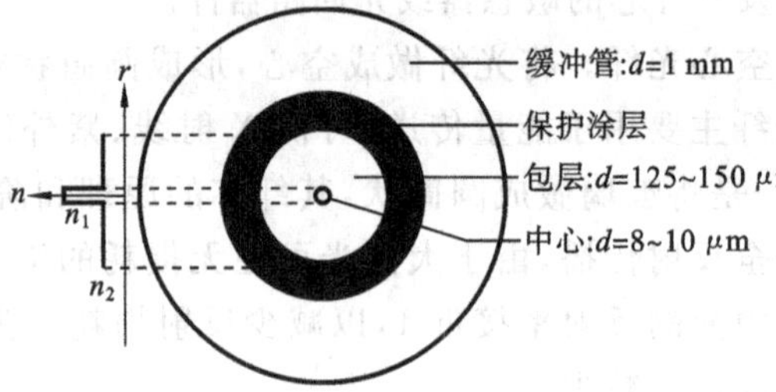

图 5.43　单模光纤断面示意图

5.11.3　外部气相沉积

外部气相沉积(OVD)是制备光纤拉制中使用的玻璃棒的气相沉积技术之一。图 5.44 所示的是 OVD 工艺示意图。OVD 工艺包括如下两步。

第一步是沉积包括用一熔融的石英玻璃棒(或像氧化铝之类的陶瓷棒)作为靶棒,如图 5.44(a)所示,它相当于一个棒轴并且可以旋转。通过沉积玻璃粒子,所需的有正确组成的预制件玻璃材料在这个靶棒的外表面上生长。

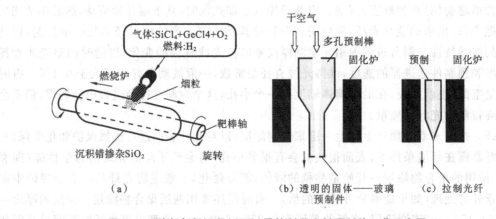

图 5.44　外部气相沉积(OVD)及拉制用光纤预制件工艺示意图

比如说,现在需要一个芯材中掺有 GeO_2 的石英玻璃以便光纤芯有较高的折射率,所需要的气体 $SiCl_4$、$GeCl_4$ 和 O_2、H_2 燃料在燃烧器中的靶棒表面上明火燃烧,如图 5.44(a)所示。在明火中,这些重要的气相反应为

$$SiCl_4(g)+O_2(g)\rightarrow SiO_2(g)+2Cl_2(g)$$
$$GeCl_4(g)+O_2(g)\rightarrow GeO_2(g)+2Cl_2(g)$$

这些反应的产物是细小的二氧化硅和二氧化锗玻璃微粒，称为“烟粒”，它们沉积在靶棒表面上，随着燃烧器沿棒轴移动，形成孔性玻璃层。通过沿旋转棒轴上下移动燃烧器，玻璃预制件就一层一层地形成了。实际操作中既可以移动棒轴，也可以移动燃烧器(结果相同)。首先沉积光纤芯区域层，然后调整气相组成沉积包层区域层。一般在最后的预制件中大约需要200 层。通过调整输入燃烧器中发生化学反应的 $SiCl_4$ 和 $GeCl_4$ 气体的相对含量，可以控制每层的组成，因而也就控制了折射率。事实上，原则上任何所希望的折射率都可以通过控制每层的组成来获得。

一旦所需玻璃层沉积好了，就把靶棒移开，这样就留下一个空心的孔性玻璃棒或一个不透明玻璃管。

第二步是固化，包括图 5.44(b)所示的孔性玻璃棒烧结过程。孔性玻璃送进固化炉(1400～1600 ℃)，用高温把细小的玻璃粒子烧结(熔融)成致密、透明的固体——玻璃预制件。同时，干燥气体(如氯气或氯化亚酰硫)通入固化炉以除去水蒸气或其他氢氧化物杂质，否则会导致不可接受的高衰减。最后再把这个清洁透明的玻璃预制件送进光纤拉制炉拉成光纤，如图 5.44(c)所示。中央的空心会在拉制过程中的高温下坍塌。一般地，制备光纤预制件要花几个小时，然后从预制件拉成光纤又得花几个小时。制备成本反映了光纤的成本，1999 年的制备成本超过了每千米 25 美元。

[例 5.18]　在某光纤生产过程中，用一根长 110 cm、直径为 20 mm 的光纤预制件来拉制光纤。如果光纤拉制速率为 5 m/s，预制件的最后 10 cm 不拉，光纤的直径为 125 μm，问从这根预制件可以拉制的光纤最大长度是多少？拉制光纤需花多少时间？

解　因为光纤和光纤预制件的密度相同，质量不变，所以拉制前后的体积也不变。设 d_f 和 d_p 分别是光纤和预制件的直径，L_f 和 L_p 分别是光纤和被拉的预制件的长度，那么

$$L_f d_f^2 = L_p d_p^2$$

即

$$L_f=\frac{(1.1-0.1)\times(20\times10^{-3})^2}{(125\times10^{-6})^2}\ \text{m}=25600\ \text{m}$$

因为拉制速度为 5 m/s，所以所花时间(以小时计)为

$$t=\frac{L}{s}=\frac{25600}{5\times60\times60}\ \text{h}=1.4\ \text{h}$$

一般拉制速率为 5～20 m/s，所以上述时间是实际生产中最长的时间。

问题与习题

5.1　(1) 假如光线 1 和光线 2 如图 5.3 所示，请推导出波导条件。

(2) 假如光线 1 和光线 2 如图 5.4 所示，证明当它们在 C 点相遇时离波导中心距离为 y，两光线的相位差为：$\Phi_m=2k_1(a-y)\cos\theta_m-\phi_m$。

(3) 利用波导条件，证明：$\Phi_m=\Phi_m(y)=m\pi-\frac{y}{a}(m\pi+\phi_m)$。

5.2 假设两个平行的光线 1 和 2(见图 5.4)发生相互干涉,给出相位为

$$\Phi_m=\Phi_m(y)=m\pi-\frac{y}{a}(m\pi+\phi_m)$$

两光线交于 C 点,C 点距波导中心为 y,芯厚度为 20 μm,$n_1=1.455$,$n_2=1.440$,光波长为 1.3 μm,作图标出介质波导在前三种模式下的电场分布 $E(y)$。

5.3 一平面介质条形波导,芯厚 20 μm,$n_1=1.455$,$n_2=1.440$,光波长为 1.3 μm,已知波导条件满足方程(5.3),且 TE 模和 TM 模全内反射的相位变化 Φ_m 和 Φ'_m 的表达式分别为

$$\tan\left(\frac{1}{2}\Phi_m\right)=\frac{\left[\sin^2\theta_m-\left(\frac{n_2}{n_1}\right)^2\right]^{\frac{1}{2}}}{\cos\theta_m}\quad \text{和}\quad \tan\left(\frac{1}{2}\Phi'_m\right)=\frac{\left[\sin^2\theta_m-\left(\frac{n_2}{n_1}\right)^2\right]^{\frac{1}{2}}}{\left(\frac{n_2}{n_1}\right)^2\cos\theta_m}$$

用图解法分别求出 TE 和 TM 基模的角度 θ,并比较它们沿波导方向的传播常数。

5.4 可以用一种便利的数学软件包 Mathview 或 Mathematica 来计算某个给出的由频率 ω 决定的模的群速。已知模的传播系数 $\beta=k_1\sin\theta$,当 $k_1=n_1\omega/c$ 时,波导条件中的方程为

$$\tan\left(a\frac{\beta}{\sin\theta}\cos\theta-m\frac{\pi}{2}\right)=\frac{\left[\sin^2\theta-\left(\frac{n_2}{n_1}\right)^2\right]^{\frac{1}{2}}}{\cos\theta}$$

所以

$$\beta=\frac{\tan\theta}{a}\left[\arctan\left(\sec\theta\sqrt{\sin^2\theta-\left(\frac{n_2}{n_1}\right)^2}\right)+m\frac{\pi}{2}\right]=F_m(\theta)\tag{1}$$

频率由下式给出

$$\omega=\frac{c\beta}{n_1\sin\theta}=\frac{c}{n_1\sin\theta}\Phi_m(\theta)\tag{2}$$

β 和 ω 是 θ 的函数,所以群速为

$$v_g=\frac{d\omega}{d\beta}=\frac{d\omega}{d\theta}\frac{d\theta}{d\beta}=\frac{c}{n_1}\left[\frac{\Phi'_m(\theta)}{\sin\theta}-\frac{\cos^2\theta}{\sin\theta}\Phi_m(\theta)\right]\left[\frac{1}{\Phi'_m(\theta)}\right]$$

即

$$v_g=\frac{c}{n_1\sin\theta}\left[1-\cos^2\theta\frac{\Phi_m(\theta)}{\Phi'_m(\theta)}\right]\tag{3}$$

对于某一给定的 m 值,方程(2)和(3)可以用图解法求解。对每个 θ 值,可以画出 v_g 和 ω 的关系图来计算出 ω 和 v_g。图 5.45 给出了一个例子。请用一个便利的数学软件包或其他手段得到同样的 v_g 和 ω 之间的关系,讨论模式间色散,并说明教材中的式(5.94)是否适用。

5.5 一条形波导,在两 AlGaAs 薄层中间有一个厚度为 0.2 μm 的 GaAs 薄层,GaAs 的折射率为 3.66,AlGaAs 的折射率为 3.40,假设折射率不随波长的改变而改变。

(1) 求在波导中传播的单模截止波长是多少?

(2) 波长为 870 nm 的光线在 GaAs 层中传播,渗透到 AlGaAs 层中的消逝波是多少?并求出这种情况下光线的模式场距离是多少?

5.6 一波导芯厚 $2a=10$ μm 的条形介质波导,$n_1=3$,$n_2=1.5$,求解式(5.50)中的波导条件得到某些波长的 TE_0 和 TE_1 模式的模式角 θ_0 和 θ_1,如下表。请计算出每个波长的 ω 和 β_m,并画出 β_m 与 ω 的关系图,在同一个图上给出斜率 c/n_1 和 c/n_2,将作出的图与图 5.18 进行比较。

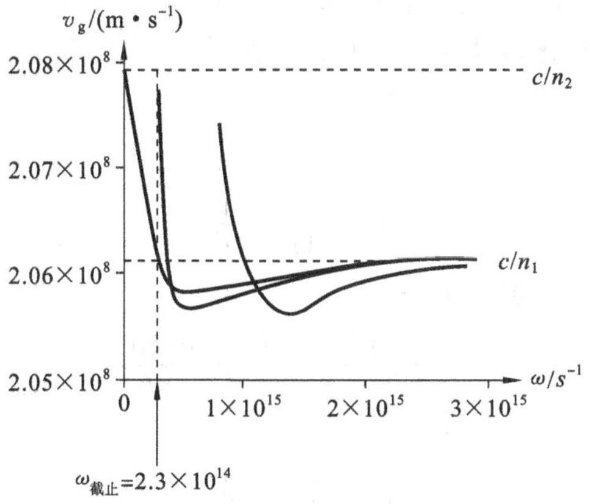

图 5.45 平面介质波导中不同模式的群速度与角频率的关系

$\lambda/\mu m$	15	20	25	30	40	45	50	70	100	150	200
$\theta_0/(°)$	77.8	74.52	71.5	68.7	63.9	61.7	59.74	53.2	46.4	39.9	36.45
$\theta_1/(°)$	65.2	58.15	51.6	45.5	35.5	35.02	30.17	—	—	—	—

5.7 一个芯厚为 10 μm 的平面条形介质波导，$n_1=1.4446$，$n_2=1.440$，对波长为 1.0 μm 和5 μm的光线分别计算其 V 数、模式角 $\theta_m(m=0)$、穿透深度和模式场距离（MFD$=2a+2\beta$），你的结论是什么？把你的计算结果与由 $2w_0=\dfrac{2a(V+1)}{V}$计算出的 MFD 进行比较。

5.8 一个纤芯直径为 100 μm 的多模光纤，在波长为 850 nm 时纤芯介质的折射率为 1.475，包层折射率为 1.455，光纤的工作波长为 850 nm。计算光纤的 V 数并估计模式数，光纤在单模情况下的波长、数值孔径、最大接收角、模式色散 $\Delta\tau$ 和比特速率与光纤长度之积，已知 $\sigma=0.29\Delta\tau$。

5.9 某光纤由 SiO_2-13.5%GeO_2 组成，芯径为 8 μm，折射率为 1.468，包层折射率为 1.464，工作波长为 1300 nm，由半高宽线宽为 2 nm 的激光源控制。计算这种光纤的 V 数，判断是否为单模光纤？当光纤为多模时，其波长为多少？其数值孔径为多少？最大接收角为多少？计算材料色散和波导色散，并估算光纤的比特速率与光纤长度（BL）的值。

5.10 根据第 1 章的习题 1.3，Sellmeier 方程给出了纯 SiO_2 和 SiO_2-13.5%GeO_2 的 n-λ 关系。当 GeO_2 掺杂由 0 变化到 13.5%时，折射率线性增加，单模阶跃折射率光纤要求有如下性质：$NA=0.1$，芯径为 9 μm，芯材为 SiO_2-13.5%GeO_2。设计包层的组成。

5.11 N_{g1}为阶跃折射率光纤芯材的群折射率，那么它的基模色散时间（群延迟）为

$$\tau=\frac{L}{V_g}=\frac{LN_{g1}}{c}$$

N_g 由波长决定，材料的色散系数 $D_m=\dfrac{d\tau}{L\,d\lambda}\approx\dfrac{\lambda}{c}\dfrac{d^2n}{d\lambda^2}$，利用第一章的习题 1.3 的 Sellmeier 方程评价 $\lambda=1.55$ μm 的光线在纯 SiO_2 和 SiO_2-13.5%GeO_2 玻璃中的色散情况。

5.12 波导色散是因传播常数 V 数即波长而引起的。即使折射率为常数，没有材料色

散，也会有波导色散。假设 n_1、n_2 与波长（或波矢量 $\mathbf{k}$）无关，模 l_m 的传播系数为 β，$k=2\pi/\lambda$，其中 λ 为自由空间波长。正则化传播系数 b 和 k 满足关系（参见例 5.9）

$$\beta=n_2k[1+b\Delta] \tag{1}$$

群速定义为

$$v_g=\frac{d\omega}{d\beta}=c\frac{dk}{d\beta}$$

求证：模式的传播时间（或群延迟）τ 为

$$\tau=\frac{L}{v_g}=\frac{Ln_2}{c}+\frac{Ln_2\Delta}{c}\frac{d(kb)}{dk} \tag{2}$$

已知 V 的定义为

$$V=ka[n_1^2-n_2^2]^{\frac{1}{2}}\approx kan_2(2\Delta)^{\frac{1}{2}} \tag{3}$$

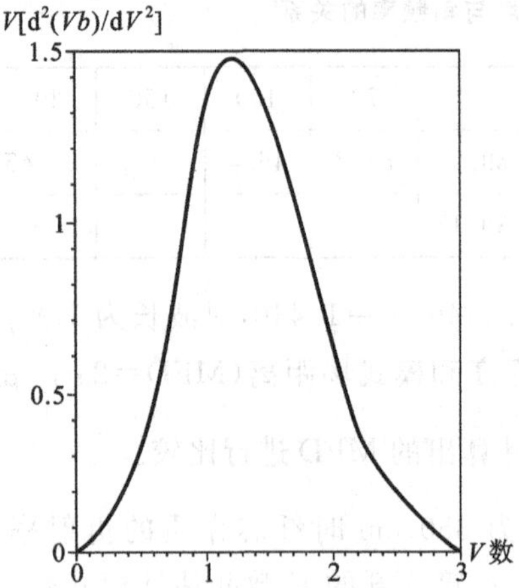

图 5.46　阶跃折射率光纤中 $V\frac{d^2(Vb)}{dV^2}$ 与 V 数的关系

$$\frac{d(Vb)}{dV}=\frac{d}{dV}[bkan_2(2\Delta)^{\frac{1}{2}}]=an_2(2\Delta)^{\frac{1}{2}}\frac{d}{dV}(bk) \tag{4}$$

求证：
$$\frac{d\tau}{d\lambda}=-\frac{Ln_2\Delta}{c\lambda}V\frac{d^2(Vb)}{dV^2} \tag{5}$$

波导色散系数为

$$D_w=\frac{d\tau}{L\,d\lambda}=-\frac{n_2\Delta}{c\lambda}V\frac{d^2(Vb)}{dV^2} \tag{6}$$

图 5.46 给出了 $V[d^2(Vb)/dV^2]$ 与 V 数的关系，当 $1.5<V<5.4$ 时，

$$V\frac{d^2(Vb)}{dV^2}\approx\frac{1.984}{V^2}$$

所以

$$D_w=-\frac{n_2\Delta}{c\lambda}\frac{1.984}{V^2}=-\frac{(n_1-n_2)}{c\lambda}\frac{1.984}{V^2} \tag{7}$$

简化为
$$D_w\approx-\frac{1.984}{c(2\pi a)^2 2n_2^2}\lambda \tag{8}$$

方程(2)中实际上应是 N_{g2}，而不是 n_2，这样，方程(8)为

$$D_w\approx-\frac{1.984N_{g2}}{c(2\pi a)^2 2n_2^2}\lambda \tag{9}$$

考虑一个芯径为 8 μm 的光纤，芯折射率为 1.468，包层折射率为 1.464，工作波长为 1300 nm。假如用一个波长为 1.3 μm，光谱线宽为 2 nm 的激光器作为输入光脉冲，用方程(6)和(9)估算光纤每千米的波导色散。

5.13　在单模阶跃折射率光纤中，总色散主要由材料色散和波导色散产生。然而，还有一种附加的色散机制称为折射率分布色散，来源于基模的传播系数 β 也依赖光纤芯及包层之间的折射率之差 Δ。考虑一个波长在 $d\lambda$ 范围内变化的光源，耦合到阶跃折射率光纤中，可以认为波长在入射波长 λ 的 $d\lambda$ 范围变化，假定折射率为 n_1、n_2，那么 Δ 由波长 λ 决定，单位长度传播时间或群延迟时间 τ_g 为

$$\tau_g=\frac{1}{v_g}=\frac{1}{c}\frac{d\beta}{dk} \tag{1}$$

因为β与n_1、Δ和V相关，将τ_g看作是一个关于n_1、Δ(也就是n_2)和V的函数，波长λ变化$d\lambda$后，将改变它们的大小，利用偏微分规则有

$$\frac{\delta\tau_g}{\tau\lambda}=\frac{\partial\tau_g}{\partial n_1}\frac{\partial n_1}{\partial\lambda}+\frac{\partial\tau_g}{\partial V}\frac{\partial V}{\partial\lambda}+\frac{\partial\tau_g}{\partial\Delta}\frac{\partial\Delta}{\partial\lambda} \tag{2}$$

式(2)等效于总色散＝材料色散$\left(\frac{\partial n_1}{\partial\lambda}\text{引起}\right)$＋波导色散$\left(\frac{\partial V}{\partial\lambda}\text{引起}\right)$＋纵向色散$\left(\frac{\partial\Delta}{\partial\lambda}\text{引起}\right)$。其中最后一项由于$\Delta$取决于$\lambda$，虽然很小，但不为0。尽管式(2)是过度简化，但仍然提供一种探索问题的方法，总的模内(总)色散系数D_{ch}由

$$D_{ch}=D_m+D_w+D_p \tag{3}$$

给定，其中D_m、D_w、D_p分别为材料色散系数、波导色散系数和折射率分布色散系数，波导色散系数由5.12题中的式(8)给定，折射率分布色散系数近似为

$$D_p\approx-\frac{N_{g1}}{c}\left[V\frac{d^2(Vb)}{dV^2}\right]\frac{d\Delta}{d\lambda} \tag{4}$$

其中，b是正则化传播系数，$V\frac{d^2(Vb)}{dV^2}$与V的关系如图5.46所示，$V\frac{d^2(Vb)}{dV^2}=\frac{1.984}{V^2}$。考虑一个光纤芯直径为8 μm的光纤，光纤芯和包层在波长为1.55 μm的折射率和群折射率分别为$n_1=1.4504$，$n_2=1.4450$，$N_{g1}=1.4676$，$N_{g1}=1.4625$，$d\Delta/d\lambda=161\ m^{-1}$。估算该波长时，每纳米入射光中，线宽光纤每千米的波导色散和折射率分布色散是多少。

5.14　(1) 一梯度折射率光纤，芯直径为30 μm，芯中心折射率为1.474，包层的折射率为1.453，假设光纤中耦合一个激光二极管，它发射波长为1300 nm，光谱线宽为3 nm的激光，假定在该波长下光纤的材料色散系数为$-5\ ps\cdot km^{-1}\cdot nm^{-1}$，计算总色散系数并估算比特率与光纤长度的积，它与相同半径和相同n_1、n_2的多模光纤比较会怎样呢？如果用光谱宽度$\Delta\lambda_{1/2}=80$ nm的发光二极管做光源，总色散和最大比特率为多少？

(2) 如果$\sigma_{模式间}(\gamma)$是折射率分布为γ的梯度折射率光纤的均方色散，γ_0为最佳折射率分布，那么

$$\frac{\sigma_{模式间}(\gamma)}{\sigma_{模式间}(\gamma_0)}=\frac{2(\gamma-\gamma_0)}{\Delta(\gamma+2)}$$

计算当γ比γ_0大10%的色散和比特速率与光纤长度的积。

5.15　如图5.47所示的平面介质波导，它的折射率随y_0在$y=\delta/2, 3\delta/2, 5\delta/2, \cdots$处变为$n_1, n_2, n_3, \cdots$。因此折射率随$y$从0到$y$，一次减小一级，就像图中描述的那样。考虑波导只有两层，从O点开始，光线1在A点经全内反射后到达O'，光线1的发射角θ_A也就是全内反射的临界角，光线2以一个更小的角度发射，在B点穿透介质2，在介质2和介质3的束缚下，传播到达B'点，光线2在B'的发射角为$\theta_{B'}$，也是介质2和介质3发生全内反射的临界角。当n_1、n_2、n_3满足什么关系时光线1、光线2可以同时到达O'点，即观察不到色散？同样的，如果两束光线同时到达O'点，它们必须同时到达全内反射点A和B'。

(1) 证明：光线1从O传输到A所花的时间为

$$t_{OA}=\frac{\frac{0.5\delta}{\cos\theta_A}}{\frac{c}{n_1}}=\frac{(0.5\delta)n_1}{c\left[1-\left(\frac{n_2}{n_1}\right)^2\right]^{\frac{1}{2}}} \tag{1}$$

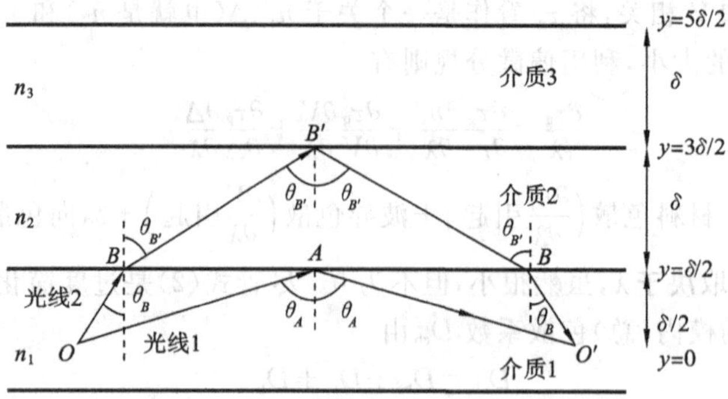

图 5.47　阶跃折射率介质波导

(2) 证明：光线 2 从 O 传输到 B' 所花的时间为

$$t_{OB'}=\frac{(0.5\delta)n_1}{c\left[1-\left(\frac{n_3}{n_1}\right)^2\right]^{\frac{1}{2}}}+\frac{\delta n_2}{c\left[1-\left(\frac{n_3}{n_2}\right)^2\right]^{\frac{1}{2}}} \tag{2}$$

(3) 已知在 $y=\delta/2,3\delta/2,5\delta/2,\cdots$ 处，n 的阶跃变化满足关系式

$$n^2=n_1^2\left[1-2\Delta\left(\frac{y}{a}\right)^\gamma\right] \tag{3}$$

其中 Δ 是一个常数(小于 1)，γ 是一个描述折射率分布随 y 变化的指数，显然，$y=0$ 时，$n=n_1$，证明：

$$\begin{cases}n_2^2=n_1^2(1-\varepsilon)\\ n_3^2=n_1^2[1-\varepsilon(3^\gamma)]\end{cases} \tag{4}$$

其中

$$\varepsilon=2\Delta\left(\frac{\delta}{2a}\right)\lambda \tag{5}$$

(4) 当 $t_{OA}-t_{OB'}=0$ 时，两束光线同时到达 O'，利用关系式(1)和(2)以及式(4)与(5)描述的折射率关系，证明：当两束光线同时到达时存在如下关系式

$$\frac{2(1-\varepsilon)}{(3^\gamma-1)^{1/2}}+\frac{1}{3^{\gamma/2}}-1=0 \tag{6}$$

当介质层厚度 δ 变小，则 $\varepsilon\to 0$，证明：当 $\varepsilon\to 0$ 时，$\gamma=5.067$ 是方程(6)的解。你有什么结论吗？为了获得最小模式间色散，你将推荐使用哪一种梯度折射率光纤？画出一种基本的截面折射率分布图。

以上处理的理论限制是什么？$\varepsilon\to 0$ 是一个有效假设吗？当 k 不为 0 而是一个很小的数时，γ 将会怎样？

5.16　梯度折射率棒透镜是一根玻璃棒，它的折射率从中心轴最大值处呈抛物线变化，它就像是一个直径为 0.5～5 mm 的厚而短的梯度折射率光纤。这种不同长度的梯度折射率棒透镜可以用来聚焦光或使光变成平行光，如图 5.48 所示。它的工作原理如图 5.35 和图5.36 所示，光在分层介质中沿抛物线传播，一次起伏的光线沿弯曲的路径传播即为光沿棒轴向抛物线传播的一个完整周期的变化，图 5.48(a)、(b)、(c)分别显示了 0.5 个周期(0.5p)、0.25 个周期(0.25p)、0.23 个周期(0.23p)的梯度折射率棒透镜，其中图 5.48(a)、(b)中，O 点在竿表面的中心处，而对于图 5.48(c)，O 点有一点偏离棒的表面。

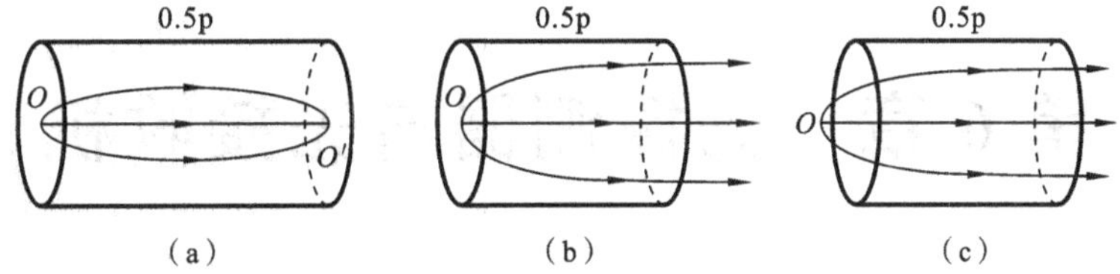

图 5.48　梯度折射率棒透镜

(1) 用两块传统的聚焦透镜如何表示图 5.48(a)所示的透镜？O 点和 O' 点分别是什么？

(2) 用一块传统的聚焦透镜如何表示图 5.48(b)所示的透镜？O 点是什么？

(3) 画出一个从棒面中心 O 点开始的，在梯度折射率棒透镜中传播的 0.25～0.5 个周期的光线传播路径图

(4) 图 5.48(c)所示的 0.23p 的梯度折射率棒透镜有什么用？

5.17　在光纤的制备和选材过程中，(1) 减小色散的因素有哪些？(2) 减小衰减的因素有哪些？

5.18　研究表明，对于截止波长 $\lambda_c=1180$ nm 的单模光纤，工作波长为 1300 nm，当 $\Delta=0.00825$，微弯曲的曲率半径为 6 mm 或 $\Delta=0.00550$，曲率半径为 35 mm 时，微弯曲损失将达到 1 dB/m。试解释这一现象。

5.19　微弯曲损失 α_B 由光纤特性和波长决定。根据单模光纤微弯曲损失方程可以近似计算给定光纤参数的微弯曲损失 α_B 为

$$\alpha_B=\frac{\pi^{\frac{1}{2}}\kappa^2}{2\gamma^{\frac{3}{2}}V^2K_1(\gamma a)^2}R^{-\frac{1}{2}}\exp\left(-\frac{2\gamma^3}{3\beta^2}R\right)$$

式中：R 是曲率半径；a 是光纤半径；β 是由正则化传播常数 b 决定的传播常数，$\beta=n_2k[1+b\Delta]$，$k=2\pi/\lambda$ 是自由空间波矢量，b 可以从例 5.9 方程(5.82)中 $b\approx\left(1.1428-\frac{0.996}{V}\right)^2$ 得到；$\gamma=\sqrt{\beta^2-n_2^2k^2}$，$\kappa=\sqrt{n_1^2k^2-\beta}$；$K_1(x)$是一阶修正贝塞尔方程，很容易由数学软件包算出。某单模光纤 $n_1=1.450$，$n_2=1.446$，$2a=3.9$ μm，画出 $\lambda=633$ nm 和 790 nm 两种情况下，R 由 2 mm变化到 15 mm 的 α_B-R 的关系图，你的结论是什么？请将你的结论与 A J Harris 等人的实验结果进行比较(IEEE J. light Wave Technology，Vol LT4，34-41，1986)。

5.20　在足够高的光强度时，玻璃的折射率 n' 可以写成 $n'=n+CI$，其中 C 是常数，I 为光强度。光强度可以调制其自身的相位。当输入光很强，而且一定有一个有限的光谱宽度 $\Delta\lambda$，这时有什么现象发生？在 λ_0 时光强有最大值，且 $I(\lambda)$与 λ 之间的关系遵循高斯线型，讨论这时会产生何种附加色散机制？

第6章 光探测器与光接收机

光信号的探测是光谱测量中的重要一环，在不同的场合和针对不同的目的所采用的探测器也不同，最重要的考虑是探测器的应用波长范围、探测灵敏度以及响应时间。光探测器是将光辐射能转变为另一种便于测量的物理量的器件，它的门类繁多，一般来说可以按照在探测器上所产生的物理效应，分成光热探测器、光电探测器和光压探测器。光压探测器使用得很少。本章将着重介绍光通信中常用的探测器。

光电探测器是将光辐射能转变为电流或电压信号进行测量，是最常使用的光信号探测器。它的主要特点是，探测灵敏度高，时间响应快，可以对光辐射功率的瞬时变化进行测量，但它具有明显的光波长选择特性。在光的照射下，某些物质内部的电子会被光子激发出来而形成电流，即光生电或光电效应。利用半导体材料的光电效应制成的一种光探测器件称为光电探测器。光电探测器又分为内光电效应器件和外光电效应器件。内光电效应是通过光与探测器靶面固体材料的相互作用，引起材料内电子运动状态的变化，进而引起材料电学性质的变化。例如，半导体材料吸收光辐射产生光生载流子，引起半导体的电导率发生变化，这种现象称为光电导效应，所对应的器件称为光导器件。所谓光电导效应，是指由辐射引起被照射材料电导率改变的一种物理现象。光电导探测器在军事和国民经济的各个领域有广泛用途。在可见光或近红外波段主要用于射线测量和探测、工业自动控制、光度计量等；在红外波段主要用于导弹制导、红外热成像、红外遥感等方面。光电导体的另一应用是用它做摄像管靶面。为了避免光生载流子扩散引起图像模糊，连续薄膜靶面都用高阻多晶材料，如 PbS-PbO、Sb_2S_3 等。其他材料可采取镶嵌靶面的方法，整个靶面由约 10 万个单独探测器组成。又如半导体 PN 结在光辐照下，产生光生电动势，称为光生伏特效应，利用这种效应制成的器件称为光伏效应器件。

外光电效应器件是依据爱因斯坦的光电效应定律，探测器材料吸收辐射光能使材料内的束缚电子克服逸出功成为自由电子发射出来。

目前，固体光电探测器用途非常广。CDS 光敏电阻因其成本低而在光亮度控制（如照相自动曝光）中得到采用；光电池是固体光电器件中具有最大光敏面积的器件，它除用作探测器件外，还可用作太阳能变换器；硅光电二极管体积小、响应快、可靠性高，而且在可见光与近红外波段内有较高的量子效率，因而在各种工业控制中获得应用。硅雪崩管由于增益高、响应快、噪声小，因而在激光测距与光纤通信中得到普遍采用。

为了提高传输效率并且无畸变地变换光电信号，光电探测器不仅要与被测信号、光学系统相匹配，而且要与后续的电子线路在特性和工作参数上相匹配，使每个相互连接的器件都处于最佳的工作状态。现将光电探测器件的应用选择要点归纳如下。

(1) 光电探测器必须与辐射信号源及光学系统在光谱特性上相匹配。如果测量波长是紫外波段，则选用光电倍增管或专门的紫外光电半导体器件；如果信号是可见光，则可选用光电倍增管、光敏电阻和 Si 光电器件；如果是红外信号，则选用光敏电阻，近红外选用 Si 光电器件或光电倍增管。

(2) 光电探测器的光电转换特性必须与入射辐射能量相匹配。其中首先要注意器件的感光面要与照射光匹配好，因光源必须照到器件的有效位置，若光照位置发生变化，则光电灵敏度将发生变化。如光敏电阻是一个可变电阻，有光照的部分电阻就降低，必须使光线照在两电极间的全部电阻体上，以便有效地利用全部感光面。光电二极管、光电三极管的感光面只是结附近的一个极小的面积，故一般把透镜作为光的入射窗，要把透镜的焦点与感光的灵敏点对准。一般要使入射通量的变化中心处于检测器件光电特性的线性范围内，以确保获得良好的线性输出。对于微弱的光信号，器件必须有合适的灵敏度，以确保一定的信噪比和输出足够强的电信号。

(3) 光电探测器必须与光信号的调制形式、信号频率及波形相匹配，以保证得到没有频率失真的输出波形和良好的时间响应。这种情况主要是选择响应时间短或上限频率高的器件，但在电路上也要注意匹配好动态参数。

(4) 光电探测器必须与输入电路在电特性上良好地匹配，以保证有足够大的转换系数、线性范围、信噪比及快速的动态响应等。

(5) 为使器件能长期、稳定、可靠地工作，必须注意选择好器件的规格和使用的环境条件，并且要使器件在额定条件下使用。

6.1　PN 结光电二极管的原理

光电探测器能将光信号转换成诸如电压或电流的电信号。在很多光电探测器如光电导体和光电二极管中，这种转换一般是由于吸收光子而产生自由电子-空穴对而获得的，也就是说在导带中产生电子，在价带中产生空穴。在有些器件如热电检测器中，其所产生的热可以增加器件的温度，从而改变材料的极化，也就是改变材料的相对介电常数。下面分析的 PN 结光电二极管型器件不仅仅是因为这些器件很小，而且在不同的光电子应用中具有高速和良好的灵敏度，其中最重要的应用就是用于光通信中。

图 6.1(a)所示的为具有 P^+N 型结的典型 PN 结光电二极管的简化结构，在这种结构中 P 侧的受主浓度 N_a 比 N 侧的施主浓度 N_d 要大得多。辐射照射一侧有一个用环形电极限制的窗，以保证光子进入器件。上面还有一层防反射涂层，一般为 Si_3N_4，以减少光反射。P^+ 侧一般很薄(小于 1 μm)，通常是用平面扩散进入 N 型外延层得到的。图 6.1(b)所示的为穿过 P^+N 结的净空间电荷分布。这些电荷是在耗尽区内，或空间电荷层中，分别为 P^+ 侧中暴露的带负电的受主离子和 N 侧中暴露的带正电的施主离子。耗尽区几乎延伸到整个轻掺杂的 N 侧，甚至可达几个微米。

光电二极管一般都是反向偏压。外加反向偏压 V_r 落在整个高阻耗尽层宽度 W 范围内，并使得穿过 W 的电压等于 V_o+V_r，这里 V_o 是内建电压。对图 6.1(b)中穿过 W 的净空间电荷密度 $\rho_{净}$ 积分就可求出电场，$\rho_{净}$ 受电压差 V_o+V_r 控制。电场仅仅只存在于耗尽区中而且不均匀。如图 6.1(c)所示，它在穿过耗尽区时不断发生变化，它的最大值在结的界面处，而且渗入到 N 侧。耗尽层外面的区域是电中性区，其中电子是多数载流子。有时候可以很方便地将

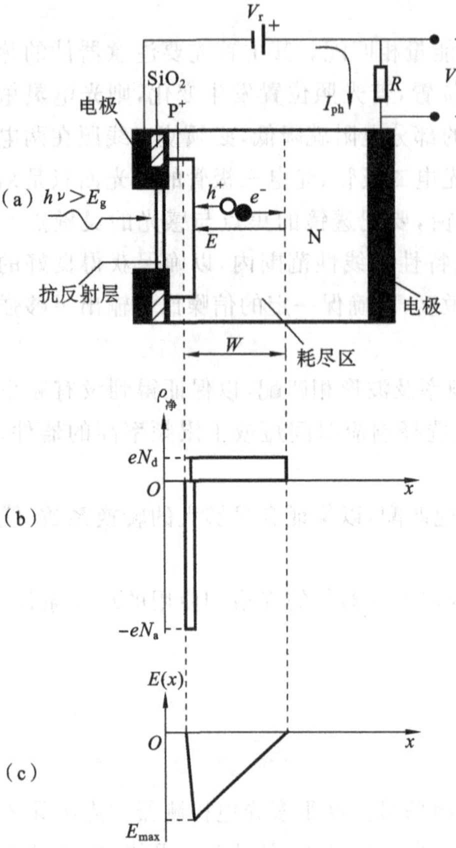

图 6.1　PN 结光电二极管原理图

(a) 反向偏压 PN 结光电二极管示意图；
(b) 耗尽区中穿过二极管的净空间电荷密度；
(c) 耗尽区中的电场

电中性区仅仅当作电极的电阻延伸到耗尽层来处理。

当具有能量大于禁带宽度 E_g 的光子入射时，它会被吸收并产生一个自由电子-空穴对，也就是在导带中产生一个电子，在价带中产生一个空穴。通常光子的能量就是在耗尽区中光生一个电子-空穴对的能量。耗尽层中的电场 $\boldsymbol{E}$ 把这个电子-空穴对分隔开了，并使它们按反方向漂移直到进入图 6.1(a)所示的电中性区。漂移的载流子使得在提供电信号的外电路中产生一个光生电流 I_{ph}。光生电流的持续时间就是电子和空穴穿过耗尽层(W)进入电中性区所花费的时间。当漂移的空穴到达电中性的 P^+ 区时，它会同由负电极也就是电池来的电子复合。相似地，当漂移的电子到达电中性的 N 区时，电子会离开 N 区进入电极(电池)。光生电流 I_{ph} 取决于光生的电子-空穴对的数量以及载流子越过耗尽层时的漂移速度。因为电场不均匀，并且光子的吸收发生在取决于波长的一段距离上，所以光生电流信号的时间依赖性不可能用一种简单的形式来决定。

应当说明的是，即使在器件中电子和空穴漂移都存在，但外电路中的光生电流仅仅是由电子的流动引起的。假如光生电子-空穴对的数量为 N，如果对光生电流积分来计算流动的电荷数量，就可求出光生电子的总数(eN)而不是由于电子和空穴的总数($2eN$)产生的电荷。

6.2　拉莫定理和外光生电流

下面分析图 6.2(a)所示的具有暗电导可忽略的半导体材料。电极不注入载流子，但是允许半导体样品中的额外载流子离开并通过电池集结(它们被称为非注入电极)。半导体样品中的电场 $\boldsymbol{E}$ 是均匀的，其值为 V/L。后面将看到这种情况与反向偏压 PIN 光电二极管的本征区几乎相同。设一个光子在离左电极的位置 $x=l$ 处被吸收，并且立即产生一个电子-空穴对。电子和空穴分别以 $v_e=\mu_e E$ 和 $v_h=\mu_h E$ 的速度朝反方向漂移，这里 μ_e 和 μ_h 分别为电子和空穴的漂移迁移率。载流子的渡越时间是指载流子从它的产生点漂移到集电极所花的时间。电子和空穴的渡越时间 t_e 和 t_h 分别标在图 6.2(b)中，其中

$$t_e=\frac{L-l}{v_e},\quad t_h=\frac{1}{v_h} \tag{6.1}$$

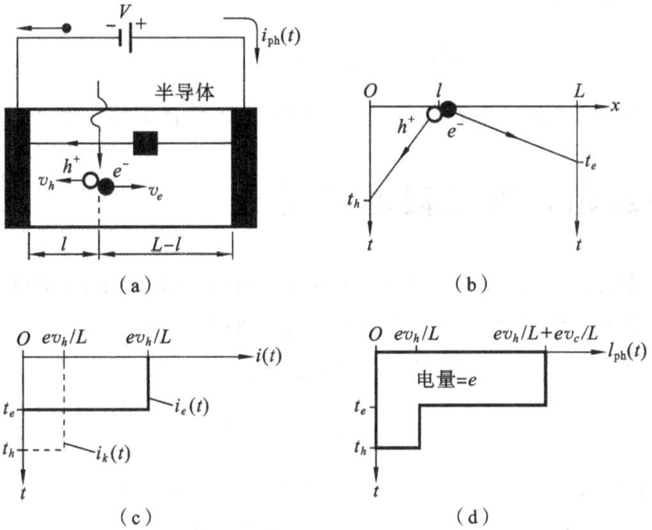

图 6.2　拉莫定律示意图

(a) 光生电子-空穴对;(b) 电子和空穴分别以不同的时间到达;

(c) 电子和空穴漂移并分别产生光生电流;(d) 总的光生电流为电子的光生电流和空穴的光生电流之和

首先分析只有漂移电子的情形。设由于电子运动而产生的外光生电流为 $i_e(t)$。电子受到的电场作用力为 eE。当电子运动的距离为 $\mathrm{d}x$ 时,外电路必须做功。在时间 $\mathrm{d}t$ 内,电子漂移的距离为 $\mathrm{d}x$,所做的功为 $eE\mathrm{d}x$,这个功是电池在时间 $\mathrm{d}t$ 内所提供的。因此,

$$所做的功=eE\mathrm{d}x=v_e i_e(t)\mathrm{d}t$$

用 $E=V/L$ 和 $v_e=\mathrm{d}x/\mathrm{d}t$,可以求得电子的光生电流为

$$i_e(t)=\frac{ev_e}{L},\quad t<t_e \tag{6.2}$$

显见,只要电子在半导体中漂移(速率为 v_e),这个电流就会继续流动。它持续的时间为 t_e,在这个时间的末期,电子到达电池。这样,尽管电子是瞬时光生的,但是外光生电流却不是瞬间的,它有一个时间范围。图 6.2(c)画出了电子光生电流 $i_e(t)$。

将相似的讨论用于漂移的空穴。在外电路中,它也产生一个空穴光生电流 $i_h(t)$,如图 6.2(c)所示。表达式为

$$i_h(t)=\frac{ev_h}{L},\quad t<t_h \tag{6.3}$$

总的外电路光生电流 $i_{ph}(t)$就是电子光生电流 $i_e(t)$与空穴光生电流 $i_h(t)$之和,如图 6.2(d)所示。

对外电路光生电流 $i_{ph}(t)$积分就可计算集结电荷 $Q_集$,即

$$Q_集=\int_0^{t_e} i_e(t)\mathrm{d}t+\int_0^{t_h} i_h(t)\mathrm{d}t=e \tag{6.4}$$

这个结果可以通过计算图 6.2(d)中 $i_{ph}(t)$曲线下的面积来验证。这样,集结电荷不是 $2e$ 而仅仅是一个电子,如图 6.2(d)中的面积所示。式(6.2)～式(6.4)构成了拉莫定理。一般来说,如果由于距离为 L 的两个偏置电极间的电场的作用,电荷 q 以速度 $v_d(t)$作漂移运动,那么

电荷 q 的运动产生的外电流为

$$i(t)=\frac{qv_{\mathrm{d}}(t)}{L},\quad t<t_{\text{渡越}} \tag{6.5}$$

总的外电路光生电流 $i_{\mathrm{ph}}(t)$ 为方程(6.5)中由电极间所有漂移电荷产生的电流之和。

6.3 吸收系数和光电二极管材料

对于光生也就是电子-空穴对产生的光子吸收过程，要求光子的能量至少等于将电子从价带激发到导带的半导体禁带宽度 E_{g}。因此，光生吸收的上截止波长(或阈值波长) λ_{g} 是由半导体材料的禁带宽度 E_{g} 决定的，所以 $h(c/\lambda_{\mathrm{g}})=E_{\mathrm{g}}$，或

$$\lambda_{\mathrm{g}}(\mu\mathrm{m})=\frac{1.24}{E_{\mathrm{g}}(\mathrm{eV})} \tag{6.6}$$

例如，对于单晶硅，$E_{\mathrm{g}}=1.12\ \mathrm{eV}$，所以阈值波长 $\lambda_{\mathrm{g}}=1.11\ \mu\mathrm{m}$；而对于锗，$E_{\mathrm{g}}=0.66\ \mathrm{eV}$，对应的阈值波长 $\lambda_{\mathrm{g}}=1.87\ \mu\mathrm{m}$。很显然，硅光电二极管不能用于波长为 1.3 μm 和 1.55 μm 的光通信，而锗光电二极管则可以用于这些波长。表 6.1 列出了各种不同光电二极管半导体材料的某些典型禁带宽度。

表 6.1 各种不同光电二极管半导体材料在 300 K 时的禁带宽度 E_{g}、截止波长 λ_{g} 和禁带类型

半导体材料	禁带宽度 E_{g}/eV	截止波长 λ_{g}/μm	禁带类型
InP	1.35	0.91	直接
$GaAs_{0.88}Sb_{0.12}$	1.15	1.08	直接
Si	1.12	1.11	间接
$In_{0.7}Ga_{0.3}As_{0.64}P_{0.36}$	0.89	1.4	直接
$In_{0.53}Ga_{0.47}As$	0.75	1.65	直接
Ge	0.66	1.87	间接
InAs	0.35	3.5	直接
InSb	0.18	7	直接

波长短于 λ_{g} 的入射光在半导体中传播的时候会被吸收，与光子数成正比的光强度随光进入半导体的距离呈指数形式衰减。离半导体表面距离为 x 处的光强度 I 为

$$I(x)=I_{\mathrm{o}}\exp(-\alpha x) \tag{6.7}$$

式中：I_{o} 是入射光的强度；α 是取决于光子能量或波长 λ 的吸收系数。

大多数光子吸收(63%)发生在 $1/\alpha$ 的距离处，$1/\alpha$ 称为渗入深度 δ。图 6.3 所示的是各种不同半导体材料的吸收系数 α 与波长 λ 的特性关系，这种特性关系取决于半导体材料。

在直接半导体材料如Ⅲ-Ⅴ族化合物半导体(如 GaAs、InAs、InP、GaSb)及它们的合金(如 InGaAs、GaAsSb)中，光子吸收过程是一个不需要晶格振动帮助的直接过程。光子被吸收，电子被直接从价带激发到导带，它的 $\boldsymbol{k}$ 矢量(或晶格动量 $\hbar k$)不变，所以光子的动量非常小。由价带激发到导带时电子的动量变化 $\hbar k_{\mathrm{CB}}-\hbar k_{\mathrm{VB}}=$ 光子动量 ≈ 0。这个过程对应 E-k 图，即图

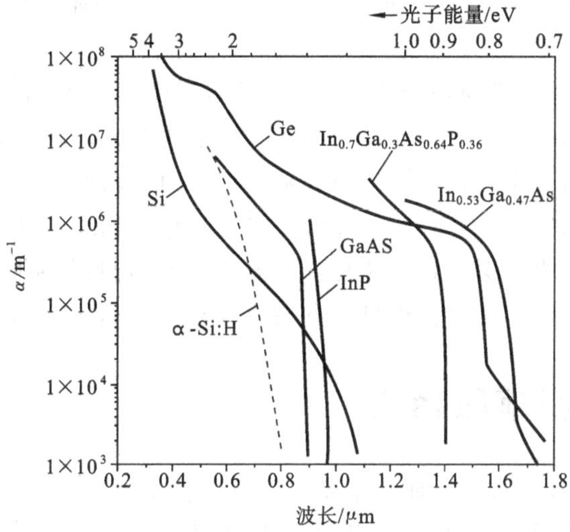

图 6.3　各种半导体材料吸收系数与波长的关系

6.4(a)中的晶体中电子能量(E)与电子动量($\hbar k$)的关系图中的垂直跃迁。由图 6.3 中的 GaAs 和 InP 显见，这些半导体的吸收系数随着波长小于 λ_g 而显著增加。

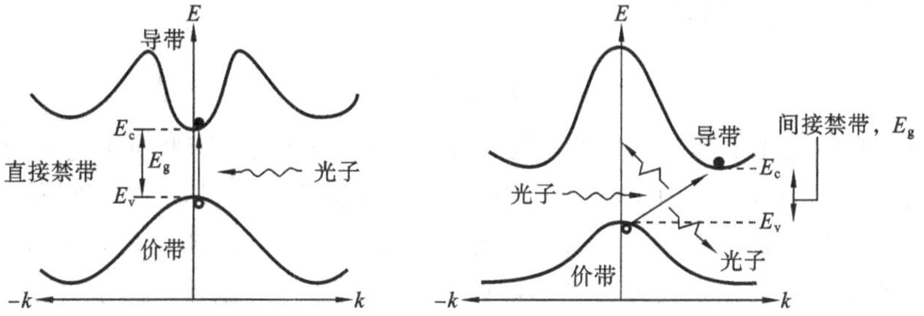

图 6.4　不同半导体材料中的光子吸收

(a) GaAs(直接禁带)；(b) Si(间接禁带)

在硅和锗等间接半导体的吸收过程中，光子能量接近禁带宽度 E_g 的光子吸收需要晶格振动，也就是声子的吸收和发射，如图 6.4(b)所示。如果 $\boldsymbol{k}$ 是晶格波(晶格振动晶体在晶体中传播)的波矢量，那么 $\hbar k$ 就代表与这种晶格振动有关的动量，也就是说 $\hbar\boldsymbol{k}$ 是声子的动量。当电子由价带向导带激发时，晶体中的动量会发生变化，而且这个动量变化不能由动量非常小的入射光子来提供。这样，动量差必须由声子动量来平衡：

$$\hbar k_{CB}-\hbar k_{VB}=\text{声子动量}=\hbar k$$

可以说这种吸收过程是间接的，因为它取决于晶格振动，也就是取决于温度。因为光子同价电子的相互作用需要第三者——晶格振动来完成，光子吸收的几率就没有直接跃迁那么高。更进一步，截止波长也不如直接禁带半导体的那么陡。假如 ϑ 是晶格振动的频率，那么声子的能量是 $h\vartheta$，光子的能量是 $h\nu$，其中 ν 是光子频率。能量的转换要求

$$h\nu=E_g\pm h\vartheta$$

这样，吸收的发生并不是准确地和禁带宽度 E_g 一致，但是因为 $h\vartheta$ 很小(小于 0.1 eV)，所

以它非常接近 E_g。由图 6.3 中的 Si 和 Ge 曲线显见，这些半导体的吸收系数开始是随着波长小于 λ_g 而缓慢增加。

光电二极管材料的选择必须是光子能量大于禁带宽度 E_g，而且在辐射波长的吸收发生在包括耗尽层的一个深度，以便光产生的电子-空穴对能被电场分隔开并在电极聚集。如果吸收系数太大，那么吸收就发生在耗尽层外面非常接近 P^+ 层表面的地方。首先，没有电场就意味着光生电子只能通过扩散使它穿过耗尽层进入到 N 侧。其次，由于表面缺陷起着复合中心的作用，所以靠近表面的光生会导致快速复合。另一方面，若吸收系数太小，则仅仅只有一小部分光子在耗尽层中被吸收，而且仅仅只有有限数量的电子-空穴对能产生。

6.4　量子效率和响应特性

并不是所有的光子都能被吸收而产生光生电流的自由电子-空穴对。被吸收的光子转换成自由电子-空穴对这个过程的效率可以用检测器的量子效率 η 来表示。量子效率被定义为

$$\eta = \text{产生并聚集的自由电子-空穴对/入射光子的数目} \tag{6.8}$$

测量到的外电路中光生电流是由于单位时间内流向光电二极管终端的电子的结果。单位时间内聚集的电子数为 I_{ph}/e。假如 P_o 是入射光功率，那么单位时间内到达的光子数目就是 $P_o/h\nu$。于是量子效率 η 也可以定义为

$$\eta = \frac{I_{ph}/e}{P_o/h\nu} \tag{6.9}$$

并非所有被吸收的光子都能光生被聚集的自由电子-空穴对。有些自由电子-空穴对可能会由于复合而消失，从而不会对光生电流产生贡献，或者被立即掉入陷阱。而且，如果半导体材料的长度与渗入深度 $1/\alpha$ 相当，那么并不是所有的光子都能被吸收。所以器件的量子效率总是小于 1，它取决于半导体材料在感兴趣波长的吸收系数 α 和器件的结构。减少在半导体表面的反射，增加耗尽层中的吸收和阻止载流子在聚集之前的复合或掉入陷阱等都可以提高光电二极管的量子效率。式(6.8)中的量子效率是针对整个器件的。更特殊的是，它被称为外量子效率。内量子效率是每个被吸收的光子光生的自由电子-空穴对的数目，对于许多器件来说，它一般都是相当高的。当用于整个器件时，式(6.8)中的量子效率和内量子效率结合起来使用。

光电二极管的响应特性 R 是指在给定波长下，单位入射光功率(P_o)产生的光电流(I_{ph})能力，即

$$R = \frac{I_{ph}}{P_o} \tag{6.10}$$

由量子效率的定义显然有

$$R = \eta \frac{e}{h\nu} = \eta \frac{e\lambda}{hc} \tag{6.11}$$

在式(6.11)中，量子效率 η 取决于波长，所以响应特性也取决于波长。R 也称为光谱响应特性或辐射响应特性。R 与波长的关系代表光电二极管的响应，一般由制造者提供。理想地，希望有 100％的量子效率($\eta=1$)。如图 6.5 所示，在直到截止波长 λ_g 以前，R 随波长 λ 的增加而增加。实际上，如图 6.5 中典型的硅光电二极管所示，由于上、下波长的限制，量子效率限制

了理想光电二极管线下的响应特性。一个设计得相当好的硅光电二极管在波长为700～900 nm时的量子效率接近 90%～95%。

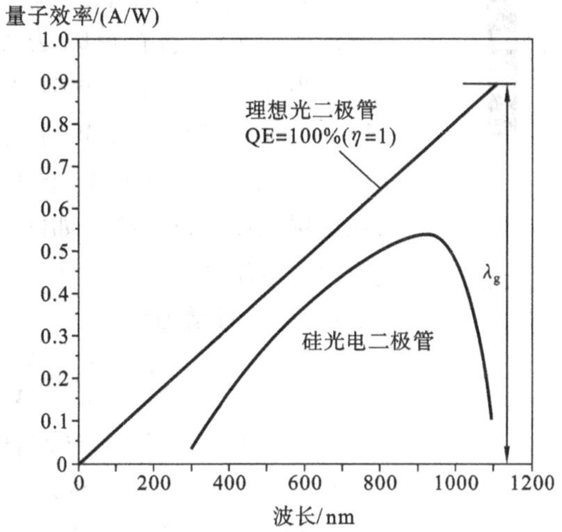

图 6.5　量子效率为 100%的理想光电二极管及典型商用硅光二极管响应特性与波长的关系

6.5　PIN 光电二极管

简单的 PN 结光电二极管(见图 6.1)有两个主要的缺点:一是它的结电容或耗尽层电容不是足够小,不能用于高调制频率下的检测,这是一个 RC 时间常数限制;二是它的耗尽层最多只有几个微米。这意味着在长波长下渗入深度要大于耗尽层宽度,大多数光子在耗尽层外面被吸收,这样就没有电场将自由电子-空穴对分隔开并迫使它们漂移。在这些长波长下,量子效率相应地降低。在 PIN(P 区-本征层-N 区)光电二极管中,这些问题就会显著减少。

PIN 是指具有结构为 P^+-本征层-N^+ 的半导体器件,其理想化的结构示意图如图 6.6(a)所示。本征层的掺杂浓度比 P^+ 和 N^+ 区要小得多,它的宽度也要比这些区的宽得多,其宽度主要取决于特殊的应用,一般为 5～50 μm。在理想的光电二极管中,为了简化,可以取本征 Si 区为本征区。

首先制成这种结构,然后 P^+ 侧的空穴和 N^+ 侧的电子分别向本征 Si 层扩散,它们在本征 Si 层复合后消失。这样在 P^+ 侧就留下一薄层的暴露的带负电荷的受主离子,在 N^+ 侧留下一薄层的暴露的带正电荷的施主离子,如图 6.6(b)所示。这两种电荷被厚度为 W 的本征 Si 层隔开。如图6.6(c)所示,从暴露的负离子到暴露的正离子,在本征 Si 层中有一个均匀的内建电场 E_o。相反,在 PN 结的耗尽层中,电场是不均匀的。在没有外加偏压时,由于内建电场 E_o 可以防止多数载流子进一步向本征 Si 层扩散,所以体系一直处于平衡中。PIN 二极管的结电容或耗尽层电容由下式给出,即

$$C_{耗尽}=\frac{\varepsilon_0\varepsilon_r A}{W} \tag{6.12}$$

式中:A 是横截面积;$\varepsilon_0\varepsilon_r$ 是半导体(Si)的电容率。

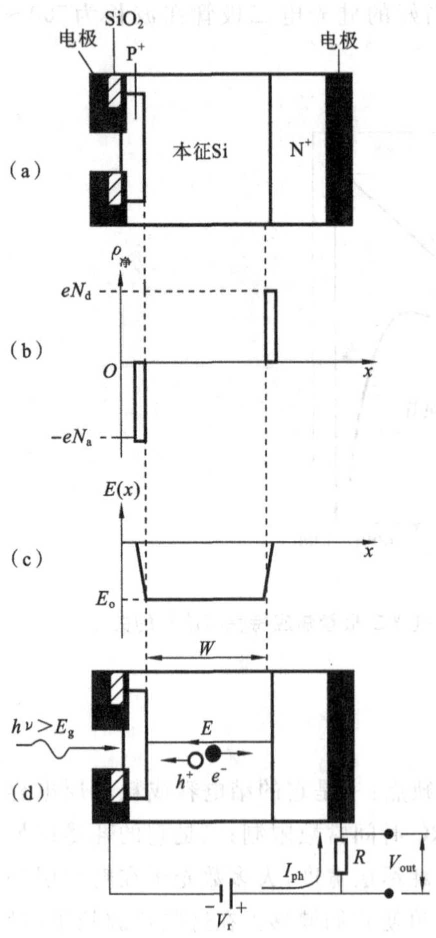

图 6.6　理想的 PIN 光电二极管结构示意图

由于本征 Si 层的厚度 W 是被结构固定的，所以与 PN 结相反，PIN 结电容 $C_{耗尽}$ 与外加电场无关。在快速 PIN 光电二极管中，一般 $C_{耗尽}$ 在皮法的数量级，因此加上一个 50 Ω 的电阻，$RC_{耗尽}$ 时间常数约为 50 ps。

当在 PIN 光电二极管器件上外加一个反向偏压 V_r 时，本征 Si 层厚度 W 上外压几乎完全下降。与本征 Si 层厚度 W 相比，P^+ 侧和 N^+ 侧中薄层施、受主的耗尽层宽度可以忽略。如图 6.6(d)所示，反向偏压 V_r 使内建电压增加到 V_o+V_r。本征 Si 层的电场 $\boldsymbol{E}$ 仍然是均匀，并且增加到

$$E=E_o+\frac{V_r}{W}\approx\frac{V_r}{W}\quad (V_r\gg V_o) \tag{6.13}$$

设计 PIN 光电二极管结构时要保证光子吸收发生在本征 Si 层上。本征 Si 层中光生的电子-空穴对被电场 $\boldsymbol{E}$ 隔开，并被迫使分别向 N^+ 侧和 P^+ 侧漂移，如图 6.6(d)所示。当光生载流子漂移穿过本征 Si 层时，它们会产生外光生电流，在图 6.6(d)中，外电流是通过一个电阻以电压的形式检测出来的。PIN 光电二极管的响应时间由穿过本征 Si 层厚度 W 的光生载流子的渡越时间来决定。增加本征 Si 层厚度 W 可以使更多的光子被吸收，从而提高量子效率，但是这样会减慢响应速度，因为载流子的渡越时间变长。对于在本征 Si 层边缘光生的荷电载流子来说，穿过本征 Si 层的渡越时间或漂移时间 $t_{漂}$ 为

$$t_{漂}=\frac{W}{v_d} \tag{6.14}$$

式中：v_d 是漂移速度。

为了减少漂移时间也就是提高响应速度，必须提高漂移速度 v_d，所以就是增加外加电场 $\boldsymbol{E}$。在高场时，漂移速度 v_d 并不遵守预期的行为，而是趋于有一个饱和值 $v_{饱和}$，这里 μ_d 是漂移迁移率，对于硅来说，在大于 10^6 V/m 的电场时，$v_{饱和}$ 约为 10^5 m/s。仅仅只有在低场时才能观察到 $v_d=\mu_d E$ 行为。在高场时，电子和空穴的漂移速度都饱和。对于厚度为 10 μm 的本征 Si 层来说，当载流子以饱和漂移速度漂移时，漂移时间约为 0.1 ns，它比典型的 $RC_{耗尽}$ 时间常数要长。PIN 光电二极管速度也受穿过本征 Si 层的光生载流子的渡越时间限制。

当然，图 6.6 所示的 PIN 光电二极管结构是理想化的。在实际中，本征 Si 层有少量的掺杂。例如，假如三明治结构层被施以少量 N 型掺杂时，就记为 ν 层，这种结构是 $P^+\nu N^+$。三明治 ν 层就变成有少量暴露正施主离子的耗尽层。这样在整个光电二极管中，电场就不是完全均匀的。在 $P^+\nu$ 结处，电场最大，然后在穿过 ν-Si层到达 N^+ 侧时，电场缓慢下降。同样可以将 ν-Si 层作为本征 Si 层来分析。

［例 6.1］　一个硅 PIN 光电二极管中本征 Si 层的厚度为 20 μm。辐射侧的 P^+ 层非常薄(0.1 μm)。PIN 光电二极管被施以 100 V 的反向偏压，然后用波长为 900 nm 的非常短的光脉冲辐照。假如吸收发生在整个本征 Si 层上，光生电流的持续时间是多少？

解　波长为 900 nm 时，吸收系数约为 $3\times10^4\ m^{-1}$，所以由图 6.3 显见，吸收深度约为 33 μm。根据题意，吸收也就是光生，是发生在整个本征 Si 层的宽度 W 上的。因此，本征 Si 层中的电场为

$$E\approx V_r/W=100/20\times10^{-6}\ V/m=5\times10^6\ V/m$$

在这个电场下，电子漂移速度 v_e 非常接近于它的饱和速度 10^5 m/s，而空穴的漂移速度 v_h 约为 7×10^4 m/s，如图 6.7 所示。空穴的漂移速度比电子漂移速度稍微慢些。空穴穿过本征 Si 层的渡越时间 t_h 为

$$t_h=W/v_h=20\times10^{-6}/(7\times10^4)\ s=2.86\times10^{-10}\ s\quad 或\quad 0.3\ ns$$

这是 PIN 光电二极管的响应时间，它由穿过本征 Si 层的最慢的载流子空穴的渡越时间决定。为了改善响应时间，本征 Si 层的宽度可以窄一些，但这样会减少被吸收的光子数量，从而降低了响应特性。所以在响应速度和响应特性之间必须有一个选择。

［例 6.2］　如图 6.8 所示，反向偏压 PIN 光电二极管用一个在非常接近表面被吸收的短波长照射。光生电子进入本征 Si 层的耗尽区扩散并被迫漂移穿过本征 Si 层。如果本征 Si 层的厚度为 20 μm，P^+ 层的厚度为 1 μm，外加电压为 120 V，这个光电二极管的响应速度是多少？在重掺杂 P^+ 层中电子的扩散系数(D_e)约为 $3\times10^{-4}\ m^2/s$。

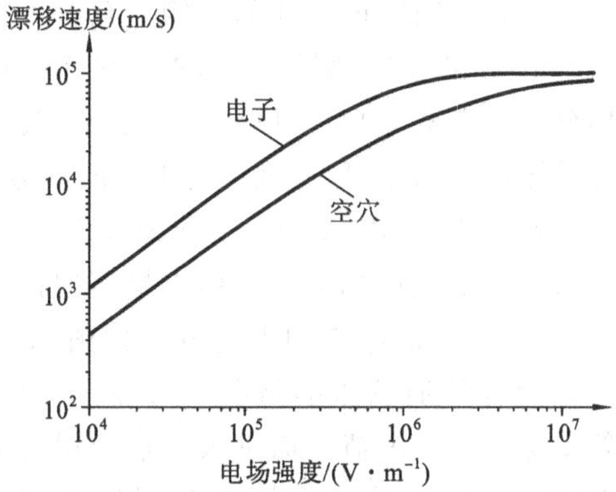

图 6.7　硅中电子和空穴漂移速度和电场的关系曲线

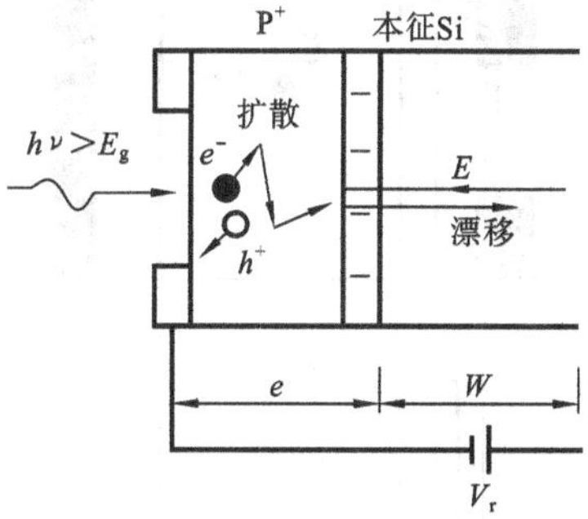

图 6.8　用一个在非常接近表面被吸收的短波长辐射脉冲的反向偏压 PIN 光电二极管

解　如图 6.8 所示，耗尽区外面 P^+ 侧中没有电场。光生电子会产生一个电场并进入 N^+ 侧，产生光生电流。在 P^+ 侧中，电子通过扩散运动。在时间 t 内，电子扩散的平均距离 l 为

$$l=[2D_e t]^{\frac{1}{2}}$$

扩散时间 $t_{扩}$ 是电子穿过 P^+ 侧扩散距离 l 到达耗尽层的时间，即

$$t_{扩}=l^2/(2D_e)=(1\times10^{-6})^2/(2\times3\times10^{-4})\ s=1.67\times10^{-9}\ s\quad 或\quad 1.67\ ns$$

另一方面，因为本征 Si 层中的电场 $E\approx V_r/W=120/(20\times10^{-6})\ V/m=6\times10^6\ V/m$，所以电子以饱和漂移速度漂移穿过本征 Si 层；在这个电场下，电子漂移速度 v_e 就是它的饱和速度 10^5 m/s。电子穿过本征 Si 层的漂移时间 $t_{漂}$ 为

$$t_{漂}=W/v_e=20\times10^{-6}/(1\times10^5)\ \text{s}=2.0\times10^{-10}\ \text{s}\quad 或\quad 0.2\ \text{ns}$$

于是，用一个在非常接近表面被吸收的短波长辐射脉冲的 PIN 光电二极管的响应时间为 $t_{扩}+t_{漂}=1.87$ ns。

［例 6.3］ 一个硅 PIN 光电二极管的有源光接收面的直径为 0.4 mm。当入射光的波长为 700 nm(红光)，强度为 0.1 mW/cm^2 时，它产生的光生电流为 56.6 nA。入射光的波长为 700 nm 时，光电二极管的响应特性和量子效率是多少？

解 入射光强度为 0.1 mW/cm^2，意味着转换的入射功率为

$$P_o=AI=\pi\times0.02^2\times0.1\times10^{-3}\ \text{W}=1.26\times10^{-7}\ \text{W}\quad 或\quad 0.126\ \mu\text{W}$$

响应特性为

$$R=I_{ph}/P_o=56.6\times10^{-9}/(1.26\times10^{-7})\ \text{A/W}=0.45\ \text{A/W}$$

由此可以求得量子效率为

$$\eta=R\frac{hc}{e\lambda}=0.45\times\frac{6.62\times10^{-34}\times3\times10^8}{1.6\times10^{-19}\times700\times10^{-9}}=0.80=80\%$$

6.6 雪崩光电二极管

由于雪崩光电二极管(APD)具有高速和内增益的特性，现已被广泛应用于光通信中。图 6.9(a)为硅透过雪崩光电二极管的简化示意图。N^+ 侧很薄，它是辐射窗所在的一侧。有三个掺杂不同浓度的 P 层与 N^+ 侧相连，以改善整个二极管的电场分布。首先是一个很薄的 P 型层，其次是一个比较厚的轻掺杂 P 型(几乎是本征的)π 层，最后是一个重掺杂的 P^+ 型层。二极管被施以反向电压以增加耗尽区中的电场。由于暴露的掺杂剂离子，整个二极管的净空间电荷分布如图 6.9(b)所示。在没有外加偏压的情况下，P 区中的耗尽层一般不穿过空间电荷区而进入 π 层。但是被施以足够的反向偏压时，P 层中的耗尽层增宽并透过空间电荷区进入到 π 层(所以称为透过雪崩光电二极管)。电场由 N^+ 侧内薄耗尽层中暴露的正电荷的施主向 P^+ 侧内薄耗尽层中暴露的负电荷的受主延伸。

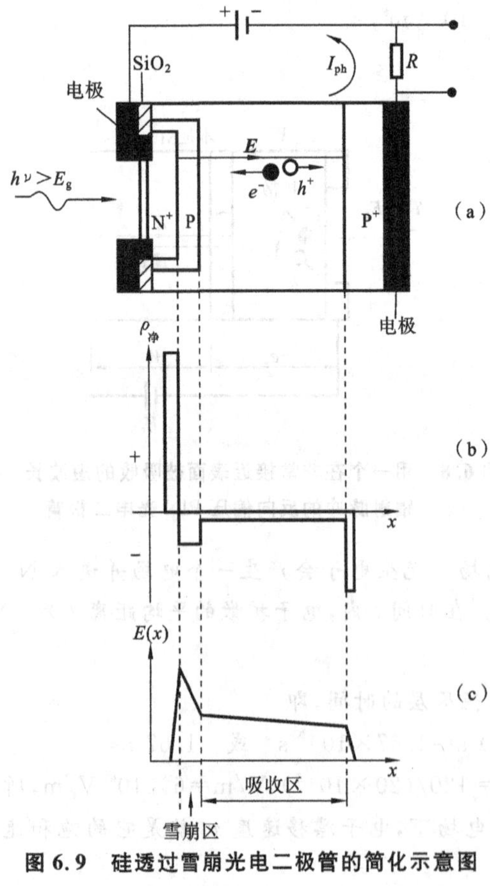

图 6.9 硅透过雪崩光电二极管的简化示意图

对服从穿过器件的外加电压 V_r 的整个二极管的净空间电荷密度积分可以得到电场。整个器件中电场的变化如图 6.9(c)所示。场线起始于正离子，结束于 P、π 和 P^+ 层中的负离子。这意味着在 N^+P 结处电场强度最大，然后在整个 P 层中慢慢减小。在通过 π 层时，电场强度只是稍微减小，

因为这个区中净空间电荷密度很小。在 P^+ 侧狭窄的耗尽层末端，电场完全消失。

光子的吸收也就是光生过程，主要发生在长的 π 层。近乎均匀的电场把电子-空穴对分开，并迫使它们以接近饱和速度分别朝 N^+ 侧和 P^+ 侧漂移。当漂移的电子到达 P 层时，它们甚至要经历一个更大的电场，以获得足够的动能(大于禁带宽度 E_g)使一部分 Si 共价键发生碰撞电离，从而释放出电子-空穴对，如图 6.10 所示。这些电子-空穴对本身在这个区域又可以被高场加速而得到足够大的动能，导致更多的碰撞电离，释放出更多的电子-空穴对，最后导致碰撞电离过程的雪崩。于是由进入 P 层的电子就可以产生大量的电子-空穴对，所有这些电子-空穴对对观察到的光生电流都有贡献。光电二极管有一个内增益机理，在这个机理中一个光子吸收就可以产生大量的电子-空穴对。在雪崩倍增条件下，雪崩光电二极管的光生电流对应的有效量子效率大于 1。

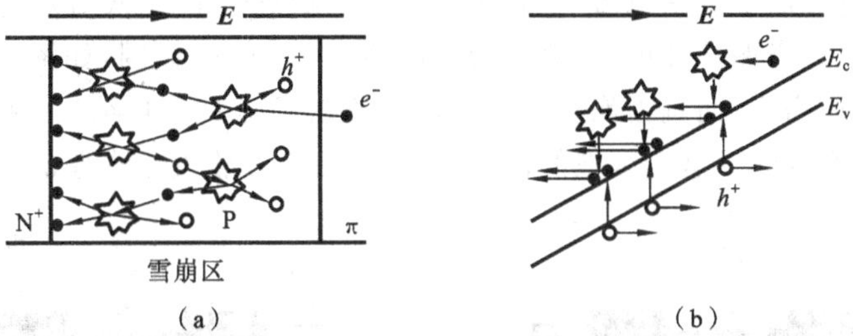

图 6.10　半导体中的碰撞电离雪崩过程

(a) 释放电子-空穴对并导致雪崩倍增的碰撞电离过程；

(b) 具有晶体振动的导带电子碰撞将电子动能转移到价带电子并将价带电子激发到导带

使光生保持在 π 层内并合理地与图 6.9(a)中雪崩 P 层分开的原因就是雪崩倍增是一个统计过程，会导致载流子产生涨落，其结果是在雪崩倍增光生电流中产生过剩噪声。假如碰撞电离被严格限制在具有最高碰撞电离效率的载流子(在硅中是电子)，这个噪声就可以减小到最低程度。于是，图 6.9(a)所示的结构只允许光生电子漂移到达雪崩区域，而光生空穴不能到达雪崩区域。

雪崩区中载流子的倍增取决于碰撞电离的几率，后者强烈依赖于这个区域中的电场，也就是反向偏压 V_r。雪崩光电二极管的总雪崩倍增因子或有效雪崩倍增因子 M 被定义为

$$M=\frac{\text{倍增光生电流}}{\text{初始或未倍增光生电流}}=\frac{I_{ph}}{I_{pho}} \tag{6.15}$$

式中：I_{ph}是雪崩光电二极管倍增的光生电流；I_{pho}是雪崩光电二极管初始或未倍增的光生电流。

在没有倍增的条件下，也可以测定光生电流，比如在一个很小的反向偏压 V_r 下。倍增因子强烈依赖于反向偏压 V_r，也与温度有很大的关系。倍增因子的经验表达式为

$$M=\frac{1}{(1-V_r/V_{br})^n} \tag{6.16}$$

式中：V_{br}称为雪崩击穿电压参数；n 是一个特性指数，它表示和实验数据最吻合的程度(n 取决于温度)。

V_{br}和 n 都与温度有紧密的关系。对于 Si 雪崩二极管来说，M 的值可以高达 100，但是对

商用 Ge 雪崩二极管而言，M 的值一般为 10 左右。

图 6.9(a)所示的透过型雪崩光电二极管的速度取决于三个因素。首先是光生电子穿过吸收区(π 层)到达倍增区(P 层)所花的时间。其次是倍增过程在 P 层累积并产生电子-空穴对的时间。最后是在雪崩区最后释放的空穴渡越穿过 P 层的时间。所以雪崩光电二极管对光脉冲响应的时间比相应的 PIN 结构要长一点，但在实际中，倍增增益常常可以弥补速度方面的不足。光电探测器电路总的速度还受到由于与光电探测器相关的电子预放大器的限制。与相应的用 PIN 光电二极管的检测电路相比，雪崩光电二极管对电子连续放大的要求较小，总速度更快。

简单的雪崩光电二极管结构的缺点之一就是，N^+P 结四周边缘的电场要先于图 6.11(a)所示的辐照区下面的 N^+P 区之前到达雪崩击穿。理想地，雪崩倍增应当均匀地发生在辐照区内，以激励光生电流而不是暗电流(也就是热产生的随机电子-空穴对)的倍增。在实际的 Si 雪崩光电二极管中，充当保护环的 N 型掺杂区围绕在 N^+ 区的周围，如图 6.11(b)所示，所以在它周围的击穿电压增高，而且雪崩更多地被限制在辐照区(N^+P 结)。N^+ 层和 P 层非常薄(小于 2 μm)，这样可以减少这个区域的任何吸收，主要的吸收发生在厚的 P 区。

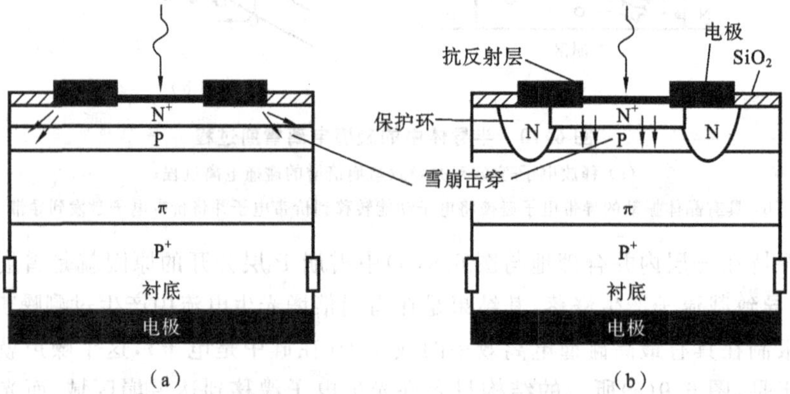

图 6.11　雪崩光电二极管结构

(a) 没有保护环的 Si 雪崩光电二极管；(b) 更实用的 Si 雪崩光电二极管结构示意图

表 6.2 列出了由 Si、Ge 和 InGaAs 制成的 PN 结光电探测器、PIN 结光电探测器和雪崩光

表 6.2　由 Si、Ge 和 InGaAs 制成的 PN 结光电探测器、PIN 结光电探测器和雪崩光电二极管光电探测器的典型性能

光电二极管	波长范围/nm	波长峰值/nm	峰值波长处的响应特性/(A/W)	增益	t_r/ns	$I_{暗}$/nA
Si PIN 结	200～1100	600～900	0.5～0.6	<1	0.5	0.01～0.1
Si PIN 结	300～1100	800～900	0.5～0.6	<1	0.03～0.05	0.01～0.1
Si APD	400～1100	830～900	40～130	10～100	0.1	1～10
Ge PIN 结	700～1800	1500～1600	0.4～0.7	<1	0.05	100～1000
Ge APD	700～1700	1500～1600	4～14	10～20	0.1	1000～10000
InGaAs-InP PIN	800～1700	1500～1600	0.7～0.9	<1	0.03～0.1	0.1～10
InGaAs-InP APD	800～1700	1500～1600	7～18	10～20	0.07～0.1	10～100

电二极管光电探测器的一些典型性能。上升时间 t_r 是指从施加光逐步激发，光生电流值由最终稳态的 10%上升到 90%所花的时间。它决定了光电二极管的响应时间。$I_{暗}$ 是光敏面积小于 1 mm² 时正常工作条件下的典型暗电流。当然，表中所列出来的典型参数完全取决于各种特殊应用所需的特殊器件结构。

[例 6.4]　在没有倍增($M=1$)的情况下，一个 InGaAs 雪崩光电二极管在 1550 nm 时的量子效率(QE，η)为 60%。它在偏压下工作时，倍增因子 $M=12$。如果入射光功率为 20 nW，试计算光生电流是多少？当倍增因子 $M=12$ 时，其响应特性如何？

解　根据量子效率，在 $M=1$ 时的响应特性为

$$R=\eta\frac{e\lambda}{hc}=0.6\times\frac{1.6\times10^{-19}\times1550\times10^{-9}}{6.626\times10^{-34}\times3\times10^{8}}\ \text{A/W}=0.75\ \text{A/W}$$

假如 I_{pho}(没有倍增时的)是初始光生电流，而 P_o 是入射光功率，那么根据定义 $R=I_{pho}/P_o$ 有

$$I_{pho}=RP_o=0.75\times20\times10^{-9}\ \text{A}=1.5\times10^{-8}\ \text{A}$$

雪崩光电二极管中的光生电流 I_{ph} 就是 I_{pho} 乘以倍增因子 M，即

$$I_{ph}=MI_{pho}=12\times1.5\times10^{-8}\ \text{A}=1.8\times10^{-7}\ \text{A}\quad 或\ 180\ \text{nA}$$

当倍增因子 $M=12$ 时，其响应特性为

$$R'=I_{ph}/P_o=MR=12\times0.75\ \text{A/W}=9.0\ \text{A/W}$$

[例 6.5]　在没有倍增($M=1$)的情况下，一个 Si 雪崩光电二极管在 830 nm 时的量子效率 $\eta=70\%$。它在偏压下工作时，倍增因子 $M=100$。如果入射光功率为 10 nW，试计算光生电流是多少？

解　根据量子效率，在没有倍增时的响应特性为

$$R=\eta\frac{e\lambda}{hc}=0.7\times\frac{1.6\times10^{-19}\times830\times10^{-9}}{6.626\times10^{-34}\times3\times10^{8}}\ \text{A/W}=0.47\ \text{A/W}$$

那么根据响应特性 R 的定义，在没有倍增时的光生电流为

$$I_{pho}=RP_o=0.47\times10\times10^{-9}\ \text{A}=4.7\times10^{-9}\ \text{A}\quad 或\ 4.7\ \text{nA}$$

倍增光生电流为

$$I_{ph}=MI_{pho}=100\times4.7\times10^{-9}=4.7\times10^{-7}\ \text{A}\quad 或\ 470\ \text{nA}$$

6.7　异质结光电二极管

6.7.1　分离吸收和倍增雪崩光电二极管

目前开发了很多用于 1300 nm 和 1550 nm 通信波长的Ⅲ-Ⅴ系雪崩光电二极管。在透过型 Si 雪崩光电二极管中，吸收区或光生区是由雪崩或倍增区分开的，这样可以使得倍增只由某种类型的载流子启动。图 6.12 是一个具有分离吸收和倍增(SAGM)的 InGaAs-InP 雪崩光电二极管结构的简化示意图。InP 的禁带宽度比 InGaAs 的要宽。InP 的 P 型和 N 型掺杂用大写字母 P 和 N 表示。主要的耗尽层在 P^+-InP 层和 N-InP 层之间。它在 N-InP 层内，这是电场强度最大的地方，所以雪崩倍增就发生在 N-InP 层内。在有效的反向偏压下，

N-InGaAs内的耗尽层穿过边界到达 N-InP 层。N-InGaAs 内耗尽层中的电场没有 N-InP 层中的电场大。穿过整个器件的电场的变化如图 6.12 所示。尽管长波长光子被入射到 InP 侧，但光子能量低于 InP 的禁带宽度($E_g=1.35$ eV)，所以这些光子并不被 InP 吸收。这些光子穿过 InP 层而在 N-InGaAs 内被吸收。N-InGaAs 内的电场使空穴朝倍增区漂移，在倍增区，碰撞电离使载流子倍增。

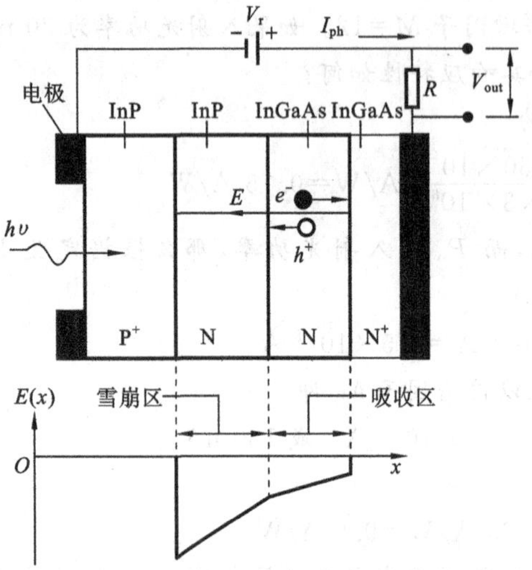

图 6.12 分离吸收和倍增的雪崩光电二极管简化示意图

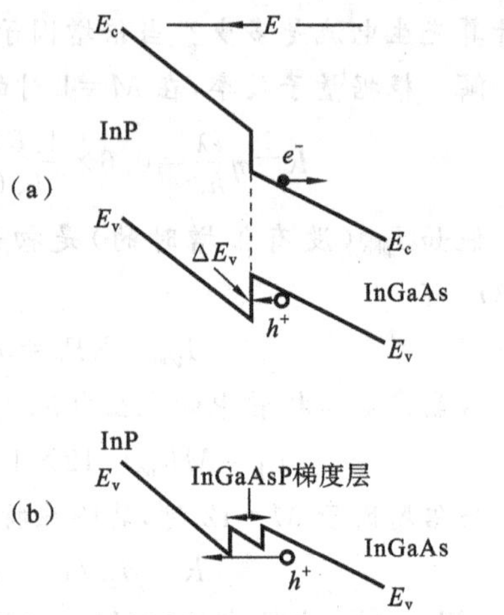

图 6.13 分离吸收和倍增雪崩光电二极管能带图

(a) 分离吸收和倍增的异质结雪崩光电二极管；

(b) 堆积的梯度层把 ΔE_v 分成两部分

在高度简化的图 6.12 中，还有很多特性没有显示出来。因为在两种半导体之间禁带能量急剧增加，价带边缘的价带能量 E_v 也发生急剧变化 ΔE_v，空穴不能很容易地越过势垒 ΔE_v，如图 6.13(a) 所示，因此由 N-InGaAs 向 N-InP 层漂移的光生空穴就掉到界面上的陷阱中。这个问题可以通过使用一个具有中间禁带宽度的薄 N 型 InGaAs 层来解决，这样可以使由 InGaAs 向 InP 层有一个梯度变化，如图 6.13(b)所示。ΔE_v 被有效地分成两部分。这些器件称为分离吸收、梯度和倍增(SAGM) 雪崩光电二极管。两种 InP 层都是外延生长在 InP 衬底上的，这些衬底本身并不直接被用来做成 PN 结，以防止衬底中的缺陷(如位错)出现在倍增区中而损害器件性能。更实用的分离吸收、梯度和倍增雪崩光电二极管的结构示意图如图 6.14 所示。

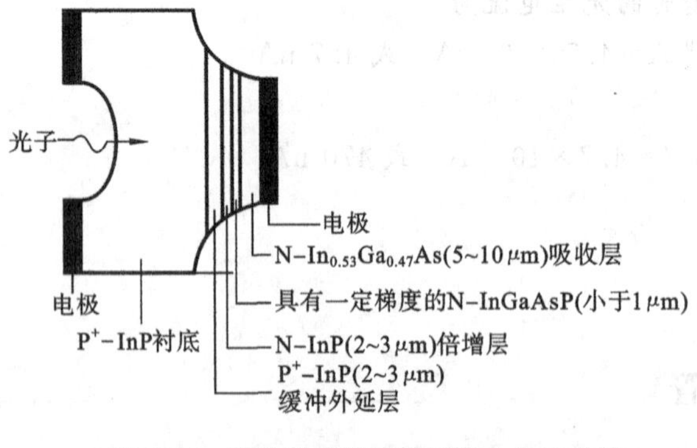

图 6.14 更为实用的倍增雪崩光电二极管

6.7.2 超晶格雪崩光电二极管

如前所述，由于雪崩倍增过程中固有的统计变化，雪崩光电二极管表现出光生电流的过剩噪声。在碰撞电离中仅仅只有一种载流子(如电子)时,这种额外雪崩噪声可以被降到最低值。得到一种载流子倍增的方法之一就是制备多层器件,它由具有不同禁带的半导体材料交替组成,就像第 4 章所讨论的多量子阱(MQW)一样。由具有不同禁带的半导体材料交替组成的多层结构称为超晶格。图 6.15(a)为阶梯超晶格雪崩光电二极管的能带图。在每一层中,禁带宽度由最小值 E_{g1}变化到最大值 E_{g2},E_{g2}比 E_{g1}的两倍还要大。在两个相邻梯度层之间的导带边中的能量变化为 ΔE_c,它比 E_{g1}要大。

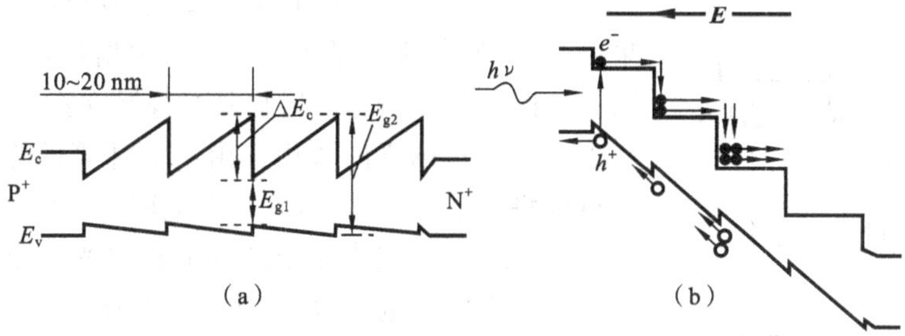

图 6.15　阶梯超晶格雪崩光电二极管能带图

(a) 没有外加偏压;(b) 有外加偏压

如图 6.15(b)所示,在非常简单的处理中,光生电子一开始在梯度层导带中漂移。当这个电子漂移进入相邻的层中,它所具有的动能比该层中的 E_c 大 ΔE_c,所以它是以一个高能电子的形式进入相邻层中,并通过碰撞电离而失去额外的能量 ΔE_c。这个过程就这样一层一层地重复下去,最后使得光生电子发生雪崩倍增。碰撞电离主要是由于 ΔE_c 上变化的结果,因此器件就不需要块状半导体材料中雪崩倍增的高电场,在低电场中就能实现。碰撞电离的空穴仅仅只经历很小的能量变化 ΔE_v,这个值不足以产生倍增,于是可有效地实现只有电子被倍增,这种器件称为固态光倍增管。

这种阶梯超晶格雪崩光电二极管很难制备,要获得必要的禁带梯度,必须不断地改变四元半导体合金(如 AlGaAsSb)的组成。对于不具有梯度禁带宽度的由低禁带宽度和高禁带宽度半导体简单交替的超晶格比较容易制备,这种结构称为多量子阱(MQW)探测器。一般地,分子束外延可以用来制备这种多层结构。

6.8　光电晶体管

光电晶体管是一种双极结晶体管(BJT),它可用作具有光生电流增益的光电探测器,其基本原理如图 6.16 所示。在理想的器件中,仅仅只有耗尽区或空间电荷层才包含电场。基极一般是开路的,集电极和发射极之间有一个外加电压,就像普通 BJT 发射器的常规工作一样。入射光子在基极和集极之间的空间电荷层中被吸收而产生电子-空穴对。空间电荷层中的电场把电子与空穴分开,并使它们各自朝相反的方向漂移,这是光生电流的主要组成部分,即使基极是在开路条件下,也可以有效产生基电流(电流由集极流向基极)。当漂移的电子到达集极时,由于电池的原因,电子被积聚下来(结果变成了电中性)。另一方面,当空穴进入中性基极时,它仅仅只能被大量注入基极的电子中和。它“有效地”迫使大量的电子由发射极注入。

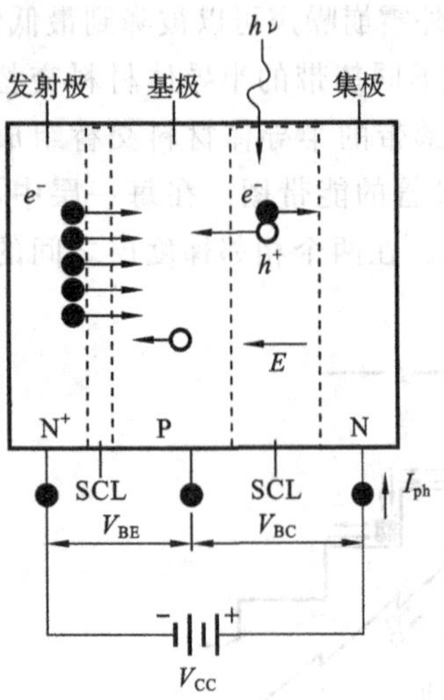

图 6.16　光电晶体管的工作原理

与电子扩散穿过基极所花的时间相比，一般在基极的电子复合时间很长。这意味着由发射极注入的电子只有很少一部分才能在基极与空穴复合，这样发射极不得不注入大量的电子来中和基极的空穴。这些电子扩散穿过基极到达集极，结果是产生了一个放大光生电流。

此外，集极空间电荷层中电子-空穴对的光生降低了这个区域的电阻，减小了穿过基极-集极结的电压 V_{BC}。其结果是基极-发射极结的电压 V_{BE} 必须增加，因为 $V_{BE}+V_{BC}=V_{CC}$（见图6.16）。V_{BE} 的增加就好像是在穿过基极-发射极结起到一个前置偏压的作用。由于晶体管的作用，V_{BE} 的增加还可以将电子注入基极，这个电流就是发射电流 I_E，$I_E \propto \exp[eV_{BE}/(k_B T)]$。因为光子产生的初始光生电流就像是一个能够被放大的基电流（I_B）一样，所以外电路中流过的电流为

$$I_{ph} \approx \beta I_{pho}$$

这里 β 是晶体管的电流增益（或 h_{FE}）。光电晶体管是入射光在基极和集极之间的空间电荷层中被吸收的一种结构。

分别用具有不同禁带宽度的半导体材料做发射极、基极和集极来制备异质结光电晶体管也是可能的。例如，如果图 6.16 中的发射极是 InP(E_g＝1.35 eV)，而基极是一种 InGaAsP 合金(E_g＝0.85 eV)，那么能量低于 1.35 eV 但高于 0.85 eV 的光子就会穿过发射极而在基极被吸收，这意味着这种器件可以穿过发射极照射。

6.9　光电导探测器和光电导增益

如图 6.17 所示，光电导探测器结构简单，在半导体上附着两个电极，这样在感兴趣的波长上有理想的吸收系数和量子效率。入射光子在半导体中被吸收并光生电子-空穴对，使半导体电导增加，光生电流的外电流也增加。

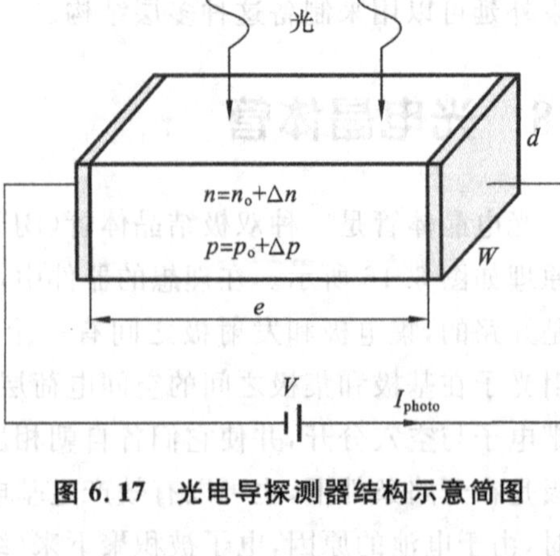

图 6.17　光电导探测器结构示意简图

探测器的实际响应取决于电极和半导体的接触是否是欧姆接触或阻断接触（例如，肖特基结并不能注入载流子）和载流子复合动力学的本质。下面讨论具有欧姆接触的光电导体（接触不像肖特基结接触那样限制电流的流动）。由于欧姆接触，光电导体表现出光电导增益特性，也就是每吸收一个光子就有不止一个电子在外电路中流动，如图 6.18 所示。

一个光子被吸收而光生一个电子-空穴对，并各自朝相反的方向漂移，如图 6.18(a)所示。电子比空穴漂移要快得多，所以它离开半导体很快。但是半导体必须是电中性的，这意味着一定有另外一个电子由负电极（电极是欧姆电极）进入

半导体，如图 6.18(b)所示。这个新来的电子也很快地漂移穿过半导体，如图 6.18(b)和(c)所示，而这时空穴还在半导体中慢慢地漂移。这样第三个电子必须进入半导体以维持半导体的电中性，依此类推，直到空穴要么到达负电极要么同进入半导体的某一个电子复合。所以外光生电流对应每吸收一个光子而产生的很多电子流动，也就是增益。增益主要取决于载流子的漂移时间及其复合寿命。

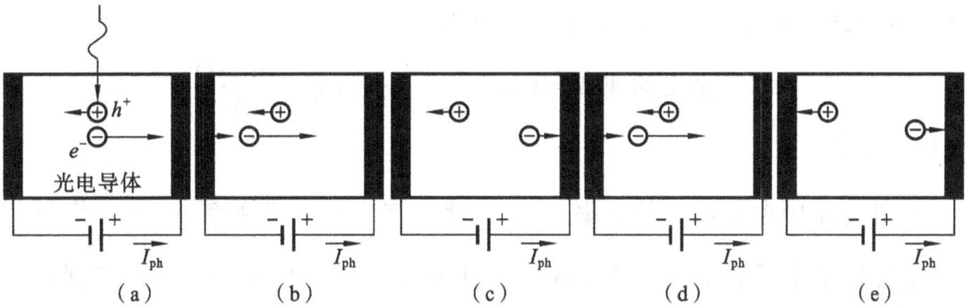

图 6.18　具有欧姆接触的光电导体表现出的光生电流增益

设光电导体是突然用阶跃光照射的。假如 Γ_{ph} 是单位面积单位时间(秒)内到达的光子数目(光子通量)，那么

$$\Gamma_{ph}=\frac{I}{h\nu}$$

式中：I 是光强度(单位面积单位时间(秒)内流过的能量)；$h\nu$ 是每个光子的能量。

这样单位体积单位时间(秒)内产生的电子-空穴对的数目即单位体积内光生速率 g_{ph} 为

$$g_{ph}=\frac{\eta A\Gamma_{ph}}{Ad}=\frac{\eta(I/h\nu)}{d}=\frac{\eta I\lambda}{hd} \tag{6.17}$$

式中：A 是辐照表面积。

设任意瞬间电子浓度为 n(包括光生电子)，而热平衡时(黑暗中)的浓度为 n_o，那么额外电子浓度 $\Delta n=n-n_o$。对于光生过程来说，很显然 $\Delta n=\Delta p$。

额外电子浓度增加的速率＝额外电子光生的速率－额外电子复合的速率

假如 τ 是额外电子复合的平均时间，那么

$$\frac{\mathrm{d}\Delta n}{\mathrm{d}t}=g_{ph}-\frac{\Delta n}{\tau} \tag{6.18}$$

由式(6.18)显见，从光一开始照射的时候直至 $\frac{\mathrm{d}\Delta n}{\mathrm{d}t}=g_{ph}-\frac{\Delta n}{\tau}=0$ 的稳态之前，Δn 是以指数形式增加的，所以

$$\Delta n=\tau g_{ph}=\frac{\tau\eta I\lambda}{hcd} \tag{6.19}$$

半导体的电导率为 $\sigma=e\mu_e n+e\mu_h p$，因为电子和空穴是成对产生的，所以 $\Delta n=\Delta p$。因此，电导率(称为光电导率)的变化为

$$\Delta\sigma=e\mu_e\Delta n+e\mu_h\Delta p=e\Delta n(\mu_e+\mu_h)$$

于是，将 Δn 代入上述表达式，得到

$$\Delta\sigma=\frac{(\eta I\lambda)e\tau(\mu_e+\mu_h)}{hcd} \tag{6.20}$$

光生电流密度为

$$J_{ph}=\Delta\sigma\frac{V}{l}=\Delta\sigma E=\frac{(\eta I\lambda)e\tau(\mu_e+\mu_h)}{hcd}E \tag{6.21}$$

外电路中流过的电子数目可以根据光生电流求得，因为

$$电子流动的速率=\frac{I_{ph}}{e}=\frac{wdJ_{ph}}{e}=\frac{(\eta I\lambda)w\tau(\mu_e+\mu_h)}{hc}E \tag{6.22}$$

但是电子(也就是电子-空穴对)光生的速率为

$$电子光生的速率=V_{体积}g_{ph}=(wld)g_{ph}=\frac{wl\eta I\lambda}{hc} \tag{6.23}$$

于是，光电导增益为

$$G=外电路中电子流动的速率/由于光吸收产生的电子速率=\frac{\tau(\mu_e+\mu_h)}{l}E \tag{6.24}$$

由于光电导体中电子和空穴的漂移速度分别为 $\mu_e E$ 和 $\mu_h E$，所以它们的渡越时间(穿过整个半导体的时间)相应为

$$t_e=l/(\mu_e E)\quad 和\quad t_h=l/(\mu_h E)$$

因此，式(6.24)可以进一步简化为

$$G=\frac{\tau}{t_e}+\frac{\tau}{t_h}=\frac{\tau}{t_e}\left(1+\frac{\mu_h}{\mu_e}\right) \tag{6.25}$$

如果 t/t_e 保持很大时，这要求很长的复合时间和很短的渡越时间，光电导增益可以非常大。通过施加一个较大的电场可以缩短渡越时间，但是这样也会导致暗电流的增加，并产生更多噪声。器件的响应时间受注入载流子的复合时间限制。复合时间 t 越长，意味着器件的响应速度越慢。

6.10 光电探测器中的噪声

6.10.1 PN 结光电二极管和 PIN 光电二极管

由于探测器中不同统计过程的结果，光电探测器能够检测到的最低信号是由通过探测器的电流和穿过探测器的电压的随机涨落的程度而决定的。当 PN 结施以反向偏压时，器件中还是有暗电流 I_d 存在，这主要是由于扩散进入耗尽层内热产生的电子-空穴对运动引起的。假如暗电流不发生变化，即是一个绝对常数，由于光信号的缘故，二极管电流的任何变化即使很小(甚至只是 I_d 很小的一部分)，它还是可以被阻挡电流或移动电流 I_d 检测到。但是暗电流表现为 I_d 的散粒(效应)噪声或涨落，如图 6.19 所示。这个噪声是由于电导是由分立电荷引起的缘故，这意味着载流子穿过光电二极管的渡越时间存在一个统计分布。载流子是以随机时间到达的电荷的分立量积聚起来的，因此是不连续的。它不像通过一根水管的连续的水流，而有点像随机时间沿一根管子滚动的滚珠轴承一样，在积聚端滚珠轴承的流出也有一个涨落。

暗电流中涨落的均方根值代表散粒(效应)噪声电流 $i_{n,暗}$，即

$$i_{n,暗}=(2eI_dB)^{\frac{1}{2}} \tag{6.26}$$

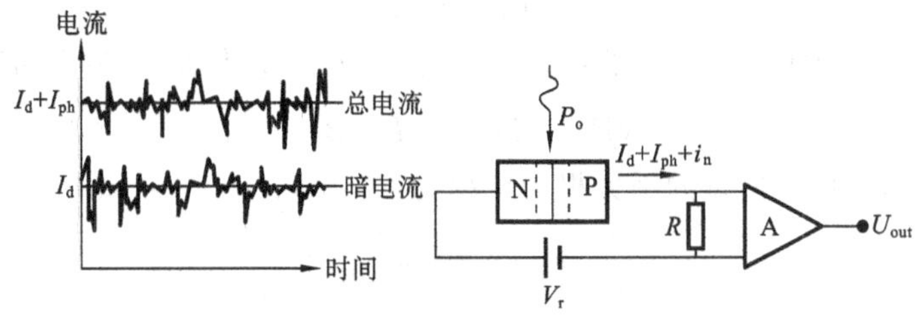

图 6.19　PN 结和 PIN 器件中主要的噪声源

式中：B 是光电探测器的频率带宽。

光生电流必须比暗电流中的这个散粒（效应）噪声大。

光探测过程包括分立光子和价电子的相互作用。光子的分立本质意味着即使设法保持光子的到达速率为常数，但还是不可避免地存在随机涨落。所以光子的量子本质导致电子-空穴对光生过程中有一个统计随机性，这种涨落称为量子噪声（或光子噪声）。只要考虑到它的影响，它就等效于散粒（效应）噪声。由于量子噪声，所以光生电流总是表现出在它的平均值附近涨落。如果 I_{ph} 是平均光生电流，由于量子噪声，这个平均值周围的涨落就有一个称为散粒（效应）噪声电流的均方根值 $i_{n,量子}$，即

$$i_{n,量子}=(2eI_{ph}B)^{\frac{1}{2}} \tag{6.27}$$

一般暗电流散粒（效应）噪声和量子噪声是 PN 结光电二极管和 PIN 光电二极管中主要的噪声源。光电探测器中产生的总散粒（效应）噪声并不是简单地对式(6.26)和式(6.27)求和，因为这两个过程分别是由独立的随机涨落引起的。必须对每个噪声的功率求和或将这两种噪声电流的平方相加，即

$$i_n^2=i_{n,暗}^2+i_{n,量子}^2$$

所以均方根总散粒（效应）噪声电流为

$$i_n=[2e(I_d+I_{ph})B]^{\frac{1}{2}} \tag{6.28}$$

在图 6.19 中，光电探测器电流 $I_d+I_{ph}+i_n$ 流过一个负载电阻 R，它起到一个测定电流的抽样电阻的作用。穿过负载电阻 R 的电压被放大。在分析接收器噪声的时候，必须包括电阻的热噪声和放大器输入阶段的噪声。由于导电电子的随机运动，热噪声是在整个导体上产生的随机电压涨落。在接收器设计中，常常感兴趣的是信噪比 SNR 或 S/N，它被定义为信号功率和噪声功率的比，即

$$\text{SNR}=信号功率/噪声功率 \tag{6.29}$$

仅对于光电探测器来说，SNR 仅仅只是 I_{ph}^2 和 I_n^2 的比。接收器的 SNR 还必须包括抽样电阻 R 中产生的噪声功率（热噪声）和放大器输入部分（如电阻和晶体管）产生的噪声。

噪声等效功率（NEP）是光电探测器中常常使用的一个非常重要的特性。它是指在给定的波长和 1 Hz 的频率带宽中，产生等于光电探测器中总噪声电流（i_n）的光生电流信号（I_{ph}）所要求的光信号功率。很显然，噪声等效功率（NEP）表示在 1 Hz 的频率带宽中获得信噪比值为 1 所要求的光功率。探测灵敏度 D 是噪声等效功率的倒数，即

$$D=1/\text{NEP}$$

如果 R 是光电探测器的响应灵敏度，P_o 是单色光入射光功率，那么光生电流为

$$I_{ph}=RP_o \tag{6.30}$$

设光生电流 I_{ph} 等于式(6.28)中的噪声电流 i_n，当入射光功率 P_o 为 P_i 时，那么

$$RP_i=[2e(I_d+I_{ph})B]^{\frac{1}{2}}$$

这样，求得的光功率和频率带宽的平方根的比率为

$$\frac{P_i}{B^{\frac{1}{2}}}=\frac{1}{R}[2e(I_d+I_{ph})]^{\frac{1}{2}}$$

其中：$P_i/B^{\frac{1}{2}}$ 表示产生等于噪声电流的光生电流所需的光功率，这也是噪声等效功率的定量定义。所以有

$$\text{NEP}=\frac{P_i}{B^{\frac{1}{2}}}=\frac{1}{R}[2e(I_d+i_{ph})]^{\frac{1}{2}} \tag{6.31}$$

很清楚，如果令光电探测器的频率带宽 $B=1$，就可得到 NEP 在数值上等于 P_i，也就是使光生电流 I_{ph} 等于总噪声电流 i_n 的入射光功率 P_o 的值。由式(6.31)可以得到，NEP 的单位是 $\text{W}\cdot\text{Hz}^{-1/2}$。

[例 6.6] 硅 PIN 光电二极管的 NEP。

有一个硅 PIN 光电二极管，它的 NEP 为 $1\times10^{-13}\ \text{W}\cdot\text{Hz}^{-1/2}$，如果工作带宽为 1 GHz，问在信噪比等于 1 时，它所需要的光信号功率是多少？

解 根据定义，NEP 是光电探测器中光功率和频率带宽的平方根的比值 $P_i/B^{\frac{1}{2}}$，即产生等于噪声电流的光生电流所需光功率，有

$$\text{NEP}=P_i/B^{\frac{1}{2}}$$

因此，

$$P_i=\text{NEP}\times B^{\frac{1}{2}}\ W=10^{-13}\times(10^9)^{\frac{1}{2}}\ \text{W}=3.16\times10^{-9}\ \text{W}\quad 或\quad 3.16\ \text{nW}$$

[例 6.7] 理想光电探测器的噪声。

有一理想的光电探测器，量子效率 $\eta=1$，没有暗电流，即 $I_d=0$。求证：信噪比(SNR)为 1 时要求的最小光功率为

$$P_i=\frac{2hc}{\lambda}B \tag{6.32}$$

计算带宽为 1 GHz 的理想光电探测器在 1300 nm 下工作时对应 SNR=1 的最小光功率是多少？对应的光生电流又是多少？

解 根据题意，要求入射光信号功率 P_i 使得信噪比等于 1，即光生电流信号 I_{ph} 等于光电探测器中总噪声电流 i_n，又因为 $I_d=0$，所以有

$$I_{ph}=[2e(I_d+I_{ph})B]^{1/2}=[2eI_{ph}B]^{1/2}$$

于是

$$I_{ph}=2eB$$

由式(6.28)和式(6.29)可得光生电流 I_{ph} 与入射光信号功率 P_i 的关系为

$$I_{ph}=\frac{\eta e\lambda P_i}{hc}=2eB$$

因此，

$$P_i=\frac{2hc}{\eta\lambda}=B$$

对于理想的光电探测器，$\eta=1$，结果会得到式(6.32)。必须注意，频率带宽为 1 Hz 时，噪声等效功率 NEP 在数值上等于 P_i 或 $\mathrm{NEP}=\frac{2hc}{\lambda}$。

对于在 1300 nm 下工作的带宽为 1 GHz 的理想光电探测器，有

$$P_i=\frac{2hc}{\eta\lambda}B=\frac{2\times 6.626\times 10^{-34}\times 3\times 10^{8}}{1\times 1.3\times 10^{-6}}\times 10^{9}=3.1\times 10^{-10}\ \mathrm{W}\quad 或\quad 0.31\ \mathrm{nW}$$

这是 SNR=1 的最小光功率信号。由于量子噪声会产生噪声电流，对应的光生电流值为

$$I_{ph}=2eB=2\times 1.6\times 10^{-19}\times 10^{9}=3.2\times 10^{-10}\ \mathrm{A}\quad 或\quad 0.32\ \mathrm{nA}$$

[例 6.8]　有一用于图 6.19 所示的接收器电路中的 InGaAs PIN 光电二极管，电路中的负载电阻 R 为 1 kΩ。该光电二极管的暗电流为 5 nA，放大器的带宽是 500 MHz，设放大器是没有噪声的。当入射光功率产生的平均光生电流为 15 nA(对应的入射光功率约为 20 nW)时，试计算接收器的信噪比 SNR 是多少？

解　噪声分别来自光电探测器产生的散粒(效应)噪声和接收器负载电阻 R 的热噪声。负载电阻 R 中的平均热噪声功率为 $4k_BTB$。假如光生电流为 I_{ph}，噪声电流为 i_n，那么

$$\mathrm{SNR}=\frac{信号功率}{噪声功率}=\frac{I_{ph}^2R}{i_n^2R+4k_BTB}=\frac{I_{ph}^2}{[2e(I_d+I_{ph})B]+\frac{4k_BTB}{R}} \tag{6.33}$$

分母中 $4k_BTB/R$ 项表示电阻中平均热噪声电流的平方。把题中所给条件 $I_d=5$ nA，$I_{ph}=15$ nA，$B=500$ MHz，$R=1000$ Ω，$T=300$ K 代入上式，分别得

$$光电探测器产生的散粒(效应)噪声=[2e(I_d+I_{ph})B]^{\frac{1}{2}}=1.79\ \mathrm{nA}$$

$$接收器负载电阻 R 的热噪声=\left[\frac{4k_BTB}{R}\right]^{\frac{1}{2}}=5.26\ \mathrm{nA}$$

因此，接收器负载电阻 R 的热噪声大于光电探测器产生的散粒(效应)噪声。信噪比 SNR 为

$$\mathrm{SNR}=\frac{(15\times 10^{-9})^2}{(1.79\times 10^{-9})^2+(5.26\times 10^{-9})^2}=7.26$$

一般地，信噪比用分贝表示。即信噪比可表示为 10lg(SNR)，即 10lg7.26=6.6 dB。

6.10.2　雪崩光电二极管中的雪崩噪声

在雪崩光电二极管中，光生载流子和热产生的载流子都可以进入雪崩区发生倍增，与这些载流子相关的散粒(效应)噪声也发生倍增。假如 I_{pho} 和 I_{do} 分别为雪崩光电二极管中没有发生雪崩($M=1$)时的光生电流(初始光生电流)和暗电流，那么雪崩光电二极管中总的散粒(效应)噪声电流(以均方根值计)为

$$i_{n\text{-}APD}=M[2e(I_{do}+I_{pho})B]^{1/2}=[2e(I_{do}+I_{pho})M^2B]^{1/2} \tag{6.34}$$

雪崩光电二极管还表现有一个额外雪崩噪声，其值大于上述光生电流和暗电流的倍增散粒(效应)噪声。这个过剩噪声是由倍增区中碰撞电离的随机性造成的。载流子在倍增区发生碰撞电离之前，有的运动的距离比较远，而有一些则比较短。而且在整个倍增区，碰撞电离也不是很均匀地发生，电场强度高的区域，碰撞电离发生的频率更高。于是，倍增因子在平均值

周围有一些波动。碰撞电离的统计结果就是过剩噪声对总的倍增散粒(效应)噪声的"贡献",一般称之为雪崩噪声。雪崩光电二极管中的噪声电流为

$$i_{\text{n-APD}}=[2e(I_{\text{do}}+I_{\text{pho}})M^2FB]^{\frac{1}{2}} \tag{6.35}$$

式中:F 为过剩噪声因子,它是 M 和碰撞电离几率(或系数)的函数。

一般地,F 可近似用关系式 $F\approx M^x$ 来表示,其中 x 是一个取决于半导体材料、雪崩光电二极管结构和启动雪崩的载流子的类型(电子或空穴)的指数。对于 Si 雪崩光电二极管来说,x 介于 0.3~0.5 之间,而对于 Ge 雪崩光电二极管和Ⅲ-Ⅴ合金雪崩光电二极管(如 InGaAs)来说,x 的取值为 0.7~1.0。

[例 6.9] 有一 $x=0.7$ 的 InGaAs 雪崩光电二极管,在外加偏压下工作时的 $M=10$。没有倍增时的暗电流 $I_{\text{do}}=10$ nA,频率带宽 $B=700$ MHz。求:

(1) 频率带宽平方根的雪崩光电二极管噪声电流是多少?

(2) 频率带宽 $B=700$ MHz 时的雪崩光电二极管噪声电流是多少?

(3) 如果在没有倍增($M=1$)时的响应特性 $R=0.8$,那么 SNR 为 10 的最小光功率是多少?

解 (1) 在没有任何光生电流时,雪崩光电二极管中的噪声主要来自暗电流。假如没有倍增时的暗电流为 I_{do},那么(均方根)噪声电流为

$$i_{\text{n,暗}}=[2eI_{\text{do}}M^{2+x}B]^{\frac{1}{2}}$$

于是,

$$\frac{i_{\text{n,暗}}}{\sqrt{B}}=\sqrt{2eI_{\text{do}}M^{2+x}}=\sqrt{2\times1.6\times10^{-19}\times10\times10^{-9}\times(10)^{2+0.7}}\ \text{A}\cdot\text{Hz}^{-\frac{1}{2}}$$

$$=1.27\times10^{-12}\ \text{A}\cdot\text{Hz}^{-\frac{1}{2}}\quad 或\quad 1.27\ \text{pA}\cdot\text{Hz}^{-\frac{1}{2}}$$

(2) 在频率带宽 $B=700$ MHz 时,噪声电流为

$$i_{\text{n,暗}}=(700\times10^6)^{\frac{1}{2}}\times1.27\times10^{-12}\ \text{A}=3.35\times10^{-8}\text{A}\quad 或\quad 0.335\ \text{nA}$$

雪崩光电二极管中和初始光生电流 I_{pho} 对应的信噪比 SNR 为

$$\text{SNR}=\frac{信号功率}{噪声功率}=\frac{M^2I_{\text{pho}}^2}{[2e(I_{\text{do}}+I_{\text{pho}})M^{2+x}B]}$$

将上式整理并重新排列得

$$(M^2)I_{\text{pho}}^2-[2eM^{2+x}B(\text{SNR})]I_{\text{pho}}-[2eM^{2+x}B(\text{SNR})I_{\text{do}}]=0$$

因为 M、B、SNR、I_{do}、x 都是已知的,所以这是一个关于初始光生电流 I_{pho} 的一元二次方程。解这个方程可以求得

$$I_{\text{pho}}=1.75\times10^{-8}\ \text{A}\ 或\quad 17.5\ \text{nA}$$

(3) 根据响应特性的定义,$R=I_{\text{pho}}/P_{\text{o}}$,可以求得最小光功率 P_{o} 为

$$P_{\text{o}}=\frac{I_{\text{pho}}}{R}=\frac{1.75\times10^{-8}}{0.8}\ \text{W}=2.19\times10^{-8}\ \text{W}\ 或\quad 21.9\ \text{nW}$$

6.11 单光子探测器

量子通信是当今一门前沿的信息科学技术,鉴于当今的技术水平,量子密钥分配是最有可

能实现的。在单光子密钥通信中采用单光子探测器，高性能的单光子探测器对整个量子通信系统至关重要，并要求光电雪崩二极管(APD) 有很高的灵敏度。本节对单光子源和单光子探测器实物作一简单介绍。

6.11.1　量子点单光子源

基于目前对量子密码学、量子通信和量子计算的研究，人们迫切需要解决单光子源问题。理想情况下，一个单光子源可以产生理想的单光子。但目前所设计的光源都没有达到理想的程度，这与设计的精度和复杂度有一定的关系。一般情况下，单光子源归为两类：孤立的量子系统和两个光子发射器。第一类是一个孤立的量子系统，每次激发时仅仅发射一个光子，使得该系统可获得有效的激励、较高的输出收集效率和极好的孤立性。第二类是所使用光源一次能够发出两个光子，这里一个光子的探测暗示第二个光子的存在。用这种方法可以对第二个光子进行操作和发送。

目前研究的单光子源主要为量子点单光子源。一个量子点需要一个容易隔离的人造原子，所以将它作为单光子源的首要选择。单光子是通过单一的自组织半导体量子点脉冲激发和光谱滤波混合实现的。量子点既可以采用短的激光脉冲激发，也可以采用电脉冲来激发。

对于激光脉冲来说，当调节激光频率到点的受限能级之间的共振跃迁时，在点的内部形成电子-空穴对；当调节激光频率超出半导体带隙时，在半导体矩阵周围形成电子-空穴对，此时载流子会在点的周围扩散开来，跃迁到最低的受限能级。产生的载流子在辐射层中重新复合，导致每个激光脉冲有多个光子，由于载流子之间的库仑力作用，所有这些光子有稍微不同的频率，对于每个脉冲最后发出的光子有唯一的频率，可以采用滤波方法提取出来。

如果量子点在大半导体材料中形成，输出的耦合频率是很差的，因为绝大部分发出的光子在半导体层损耗。为了增加效率，可以在点周围制作一个光学微腔。由于自发发射率的增加，半导体量子点发出的光脉冲的周期也相应减少了，这个增量就是著名的珀塞尔因子，它正比于模的质量因子与模的体积因子的比值。而且自发辐射具有定向性，进入精密成形腔模的发射光子更容易耦合进随后的光学系统中。

其他产生单光子的孤立量子系统方法包括孤立单个荧光分子和金刚石纳米颗粒中的 N-V 色心，这些光源不足，就不容易有效地耦合输出光子。

6.11.2　单光子探测器

单光子探测器(SPD)是一种超低噪声器件，增强的灵敏度使其能够探测到光的最小能量量子——光子。单光子探测器可以对单个光子进行探测和计数。单光子探测是一种极微弱光的探测，用于单光子探测的雪崩光电二极管称为单光子探测器，在长波波段更多的是用 Ge-APD 和InGaAs-APD。SPD 是工作于“盖革”模式下的。“盖革”模式指的是单光子探测 APD 的工作电压 V_r 高于击穿电压 V_{br}，此时平均雪崩增益 M 理论上是趋于无穷的，这也是为了满足对微弱光的探测。在“盖革”模式下，为了接收下一个光子，需要一个抑制电路来抑制雪崩。抑制电路将 APD 两端的电压降到雪崩电压之下，从而达到雪崩停止。抑制雪崩的时间称为“死时间”，为了提高整个系统的传输速率，需要尽量减少“死时间”。为了接收下一个光子，还必须在雪崩停止后将 APD 两端的电压重新恢复到击穿电压之上，这个过程为恢复阶段，相对

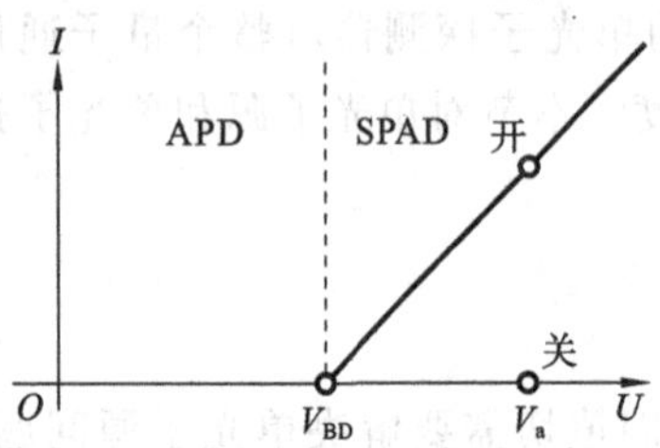

图 6.20　APD 与 SPAD 在工作原理上的区别

应的是恢复时间。此外，还需要前置放大器对从 APD 出来的电脉冲进行放大，以及鉴别和记录单元对最后信号进行记录和处理。图 6.20 所示的为 APD 与 SPD 在工作原理上的区别。

根据不同场合和性能的要求，SPD 大致有以下几种工作模式：无源抑制、有源抑制、混合抑制和门控抑制。无源抑制电路的优点是电路操作简单，电路的抑制时间短；但是由于分布电容 C_g 的影响，恢复时间较长，所以重复计数率和探测效率都不高。探测器完成一次探测需经过三个阶段：等待就绪阶段、雪崩阶段、恢复阶段。

除了 SPD 外，目前研究的还有超导单光子探测器和基于频率上转换的单光子探测器。

6.11.3　单光子探测器的性能参数

(1) 量子探测效率。量子探测效率与器件设计结构和抗反射膜的设计优劣有关，在一定温度下，偏压越大，结区场强越强，触发雪崩的几率就越大。但同时噪声也随着偏压的升高而增大，暗计数也相应增大，所以偏压的取值是需要折中的。影响量子探测效率主要有以下四个因素：① 光纤同 APD 有源区的耦合；② 光子在 InGaAs 层吸收的几率；③ 光生载流子在倍增区触发一次雪崩的几率；④ 一定温度下的偏置电压。

(2) 时间分辨率。时间分辨率是指光生载流子穿越吸收区进入倍增区的时间，与 APD 的结构和场强的大小有关。增大过电压(V_r-V_{br})会提高时间分辨率，但是噪声和后脉冲将增大。时间分辨率影响到整个系统的传输速率，“死时间”“恢复时间”“后脉冲”是影响时间分辨率的关键，也是我们设计电路所要考虑的。

(3) 暗计数。单光子探测器中的暗计数显得尤为重要。其主要来源是热激发、隧道贯穿和后脉冲。由于热激发，少数电子从满带跃迁到空带，同时在满带中产生空穴，这些空穴经雪崩倍增后产生暗计数；隧道贯穿指的是吸收区载流子通过隧道效应进入倍增区，在高场区触发雪崩，增加暗计数；后脉冲指在雪崩过程中被结区杂质缺陷捕获的少数载流子在初始雪崩结束后延迟被释放出来，这些载流子再次引起雪崩的重复计数。

综合来看，SPD 的环境温度和工作电压是影响性能的主要因素。在工作电压方面，量子效率、时间分辨率和暗计数是矛盾的；在温度方面，噪声和捕获态电子寿命(影响后脉冲) 也是矛盾的。所以 SPD 的工作条件是一个折中取优的过程。

6.12　光接收机

光接收机的主要部件是光检测器，也就是高灵敏度的光电二极管(PIN)。光电二极管利用半导体的光电效应完成对光信号的检测工作，使光信号还原成电信号，然后对信号进行放大，以及处理后输出合格的信号供网络分配。

光发送机输出的光信号，在光纤中传输时，不仅幅度会受到衰减，而且脉冲的波形也会被展宽。光接收机的任务是以最小的附加噪声及失真恢复出由光纤传输、光载波所携带的信息。

因此，光接收机的输出特性综合反映了整个光纤通信系统的性能。本节重点讨论接收机前端的噪声特性、模拟及数字接收机的性能，如信噪比或误码率、接收机灵敏度等。

6.12.1 概述

光纤通信系统有模拟和数字两大类，与光发射机一样，光接收机也有数字接收机和模拟接收机两种类型，如图 6.21 所示。它们均由反向偏压下的光电检测器、低噪声前置放大器及其他信号处理电路组成，是一种直接检测方式。与模拟接收机相比，数字接收机更复杂，在主放大器后还有均衡滤波、定时提取与判决再生电路、峰值检波电路与 AGC 放大电路。但因它们在高电平下工作，并不影响对光接收机基本性能的分析。

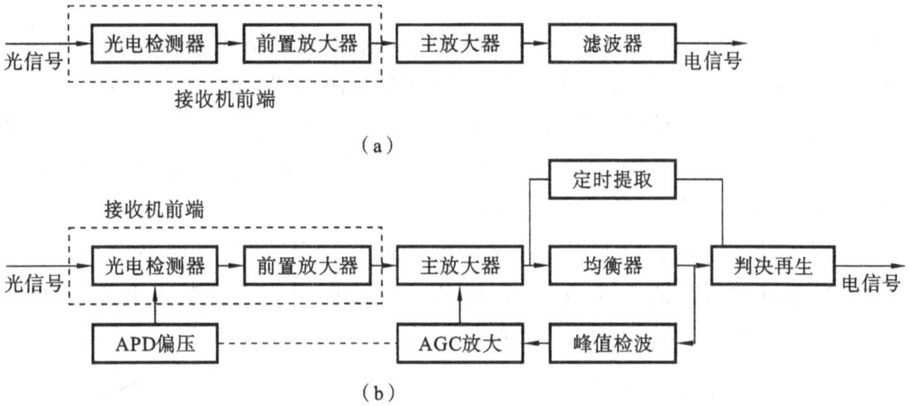

图 6.21　光纤通信接收机框图

(a) 模拟接收机；(b) 数字接收机

光电检测器是光接收机的第一个关键部件，其作用是把接收到的光信号转化成电信号。目前在光纤通信系统中广泛使用的光电检测器是 PIN 光电二极管和雪崩光电二极管 APD。PIN 管比较简单，只需 10～20 V 的偏压即可工作，且不需偏压控制，但它没有增益。因此，使用 PIN 管的接收机的灵敏度不如 APD 管的；APD 管具有 10～200 倍的内部电流增益，可提高光接收机的灵敏度。但使用 APD 管比较复杂，需要几十伏到 200 V 的偏压，并且温度变化能严重影响 APD 管的增益特性，所以通常需对 APD 管的偏压进行控制以保持其增益不变，或采用温度补偿措施以保持其增益不变。对光电检测器的基本要求是高的转换效率、低的附加噪声和快速的响应。由于光电检测器产生的光电流非常微弱，必须先经前置放大器进行低噪声放大，光电检测器和前置放大器合起来称为接收机前端，其性能的优劣是决定接收灵敏度的主要因素。经光电检测器检测到的微弱信号电流，流经负载电阻转换成电压信号后，由前置放大器加以放大。但前置放大器在将信号进行放大的同时，也会引入放大器本身电阻的热噪声和晶体管的散弹噪声。另外，后面的主放大器在放大前置放大器的输出信号时，也会将前置放大器产生的噪声一起放大。前置放大器的性能优劣对接收机的灵敏度有十分重要的影响。为此，前置放大器必须是低噪声、宽频带放大器。

主放大器主要用来提供高的增益，将前置放大器的输出信号放大到适合于判决电路所需的电平。前置放大器的输出信号电压一般为毫伏数量级，而主放大器的输出信号一般为 1～3 V

(峰-峰值)。

均衡器的作用是对主放大器输出的失真的数字脉冲信号进行整形,使之成为最有利于判决、码间干扰最小的升余弦波形。均衡器的输出信号通常分为两路:一路经峰值检波电路变换成与输入信号的峰值成比例的直流信号,送入自动增益控制电路,用以控制主放大器的增益;另一路送入判决再生电路,将均衡器输出的升余弦信号恢复为“0”或“1”的数字信号。

定时提取电路用来恢复采样所需的时钟。衡量接收机性能的主要指标是接收灵敏度。在接收机的理论中,中心问题是如何降低输入端的噪声,提高接收灵敏度。光接收机灵敏度主要取决于光电检测器的响应度及检测器和放大器的噪声。

6.12.2　线性通道

由光电检测器、前置放大器、主放大器和均衡器构成的这部分电路称为线性通道。在光接收机中,线性通道主要完成对信号的线性放大,以满足判决电平的要求。

接收机的前端包括反向偏压下的光电二极管和前置放大器。光电二极管接收由光纤耦合来的光信号。在实际电路分析中,可将光电二极管看成是一个与其结电容 C_d 并联的电流源,等效电路如图 6.22 所示,其中 R_L 为负载电阻。

接收机前端的设计需要综合考虑接收灵敏度和带宽两个因素,一般来说有三种不同的方式,即低阻抗、高阻抗和跨阻抗前端,如图 6.23 所示。图中 C_i 为总的输入电容,其中包括光电二极管的结电容和前置放大器的晶体管引起的电容。

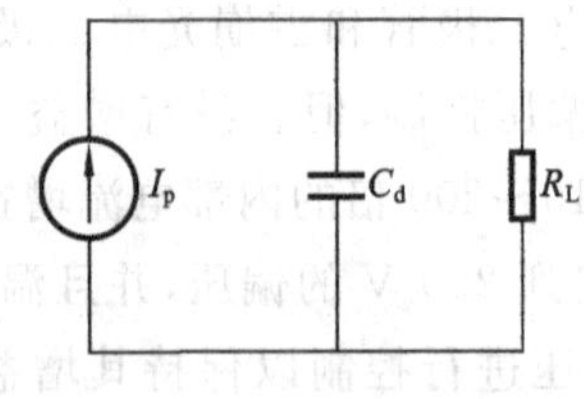

图 6.22　光电二极管等效电路

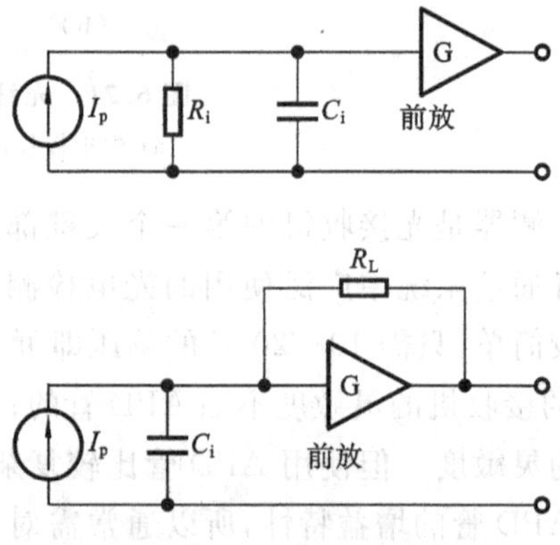

图 6.23　接收机前端设计

在高阻抗前置放大器中,由于输入电路的总电阻 R_i 较大,可以增大前置放大器的输入电压,较大的 R_i 值也可以降低热噪声和提高接收灵敏度,但其缺点是带宽 Δf 较窄。这种电路的带宽可表示为

$$\Delta f=(2pR_iC_i)^{-1} \tag{6.36}$$

输入电路的总电阻 R_i 由放大器的输入电阻 R_b 和光电二极管的直流负载电阻 R_L 并联而成。等效输入电阻 R_i 表示为

$$R_i=R_b//R_L \tag{6.37}$$

输入电路引入的热噪声表示为

$$E^2=4kTR_i\Delta f \tag{6.38}$$

由此可以看出，R_L 越大，带宽越小。可以采用均衡器对高频提升的办法来增加带宽，在接收灵敏度达到要求的前提下，可以用降低 R_i 的办法来增加带宽，这种前端称为低电阻前端。但这种电路方式的热噪声较大，当然接收灵敏度也较低。

(1) 高阻抗放大器的均衡。要解决高阻抗放大器带宽窄、信号脉冲失真严重引起的码间干扰，必须用很强的均衡。通过微分网络补偿高频分量的滚降，使接收机的频响特性在要求的带宽内变为平直，以改善输出脉冲的波形。但严格的均衡是很困难的，因放大器的输入导纳主要取决于总的输入电容且又随晶体管的不同及杂散电容大小而变化。图 6.24 所示的为均衡器电路的几个例子，其中图 6.24(a)所示的为无源均衡器，图 6.24(b)和(c)所示的分别为采用运算放大器及采用双极晶体管的有源均衡器。

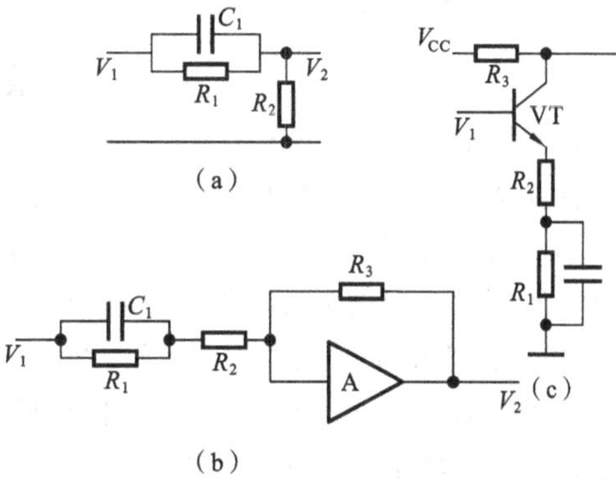

图 6.24　均衡器电路的几个例子

(a) 无源 RC 均衡器；
(b) 采用运算放大器的有源均衡器；
(c) 采用双极晶体管的有源均衡器

无源均衡器是简单的 RC 网络，其传递函数为

$$\frac{V_2(\omega)}{V_1(\omega)}=\frac{R_2}{R_1+R_2}\frac{1+j(\omega/\omega_1)}{1+j(\omega/\omega_2)} \qquad (6.39)$$

式中：$\omega_1=1/(R_1C_1)$，$\omega_2=(R_1+R_2)/(R_1R_2C_1)$。

对于完全均衡，ω_1 与前置放大器的转折频率相匹配，这样放大器带宽因均衡器而展宽到 ω_2。传递函数值减小了 ω_2/ω_1 倍，将其称为均衡比，一般可达到几十。对于这种无源均衡器，高频时增益为 1，低频的衰减等于均衡比。

对于图 6.24(b)和(c)所示的有源均衡滤波器，其传递函数为

$$\frac{V_2(\omega)}{V_1(\omega)}=\frac{R_3}{R_1+R_2}\frac{1+j(\omega/\omega_1)}{1+j(\omega/\omega_2)} \qquad (6.40)$$

式中：ω_1、ω_2 与无源均衡器相同，但 $k=R_3/R_2$，即均衡器的增益决定于 R_3，可与 ω_1、ω_2 独立进行选择。

高阻抗放大器存在的第二个问题是动态范围小。例如，在无源均衡器中，均衡过程实质上是通过对带内低频信号的衰减来实现的。因此，放大器的增益必须非常高，以保证放大器输出至均衡器的信号足够强，而最大输出电压受电源电压和偏置条件的限制，接收机的动态范围也受到了限制。

(2) 跨阻抗放大器。跨阻抗前置放大器同时具有高接收灵敏度和频带宽的特点，与高阻抗前置放大器相比，具有较大的动态范围。在跨阻抗前置放大器设计中，电阻 R_L 作为一个反馈电阻跨接在反向放大器的两端。尽管 R_L 很大，但负反馈作用使放大器的等效输入阻抗降低 G 倍，G 是放大器的增益，它的带宽与高阻抗前置放大器的带宽相比增加了 G 倍。在大多数光接收机中，均采用跨阻抗前置放大器的方式。

图 6.25 为跨阻抗前置放大器的电路图。图中 R_f 为并联反馈电阻；C_f 为漏散电容；R_b 为光电检测器及晶体管的偏置电阻；C 为并联电容。若光电检测器与接收放大器直流耦合，则反

馈电阻又可作光电检测器的负载电阻，R_b 可不用，该电路的传递函数为

$$\frac{V_2(\omega)}{V_b(\omega)}=\frac{-R_f}{1+R_f/(AR_b)+j\omega R_f(C_f+C/A)} \tag{6.41}$$

实用中，$R_b \gg R_f$，$A \gg 1$，放大器的频响特性如图 6.25(b)所示，其 3 dB 带宽为

$$\omega_2=\frac{A}{R_f(C_f+C/A)} \tag{6.42}$$

若漏散电容 C_f 很小，$C_fA \ll C$，则 $\omega_2=A/(R_fC)$。与高阻抗放大器相比，跨阻抗前置放大器带宽要宽得多，至少展宽了 A 倍，而且通过跨阻的增加，带宽还会进一步扩展，这时接收机可以不需均衡，或只要少量均衡。虽然跨阻抗放大器的带宽比高阻抗放大器的提高了 A 倍，但也不能通过无限增大开环增益来提高带宽，因为它受到了两个条件限制：一是随着 A 的增加，漏电容的影响也随之增加，最后变为主要的影响；二是为了达到高 A，必须增加并联反馈环内的放大级数，对宽带应用来说，会引起附加的传播延迟及相位漂移，使噪声及相位的富裕度减小，引起不稳定。因此，反馈环内的放大级数限于三级以下（>100 MHz）或仅一级（>1 GHz）。

当然反馈电阻的引进，在高阻放大器上增加了一个热噪声源，其谱密度为

$$S=4kT/R_f \tag{6.43}$$

当 $R_f \ll R_b$ 时，放大器反馈电阻 R_f 的热噪声将起主要作用。随着 R_f 的增加，该项噪声随之减小，但带宽也减小，两者必须折中考虑。图 6.26 所示的是接收光功率与反馈电阻的关系，可见动态范围的下限主要受接收机灵敏度的限制，上限受前置放大器的饱和及过载的限制。

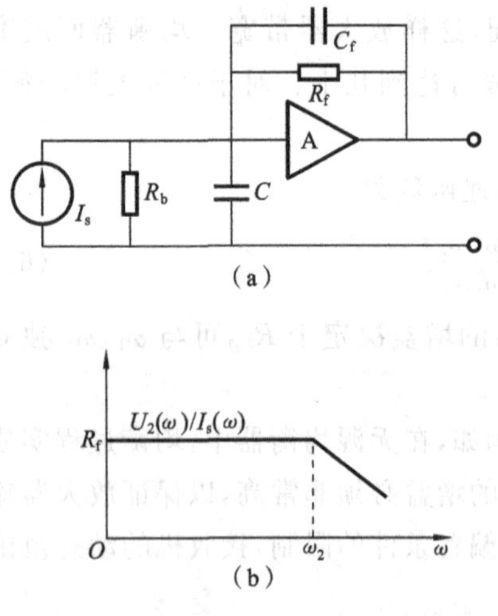

图 6.25　跨阻抗前置放大器的电路图

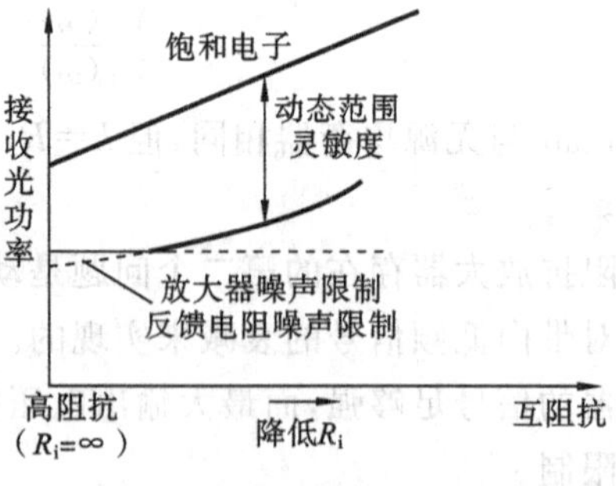

图 6.26　接收机动态范围、灵敏度与反馈电阻的关系

总之，与高阻抗前置放大器相比，跨阻抗前置放大器有许多优点，可归纳如下：① 放大器的总电阻小，电路的时间常数小，减小了波形失真，通常不必考虑均衡；② 动态范围大；③ 输出电阻小，放大器不易感应噪声，不易发生串话和电磁干扰；④ 负反馈使放大器的特性容易控制，稳定性也显著提高；⑤ 灵敏度在宽带应用时仅比高阻抗放大器低 2～3 dB。

目前光接收机中最常用的是以场效应管(FET)构成最前端的跨阻抗前置放大器，光电检测器一般多采用 PIN 管。为了尽量减小引线电容等杂散电容，提高响应速度和灵敏度，通常

利用混合集成工艺，将 PIN 光电二极管与场效应管(FET)前置放大器电路混合集成在一起做成 PIN-FET 光接收组件，使用效果较好，已被光接收电路普遍采用。

下面介绍两个跨阻抗前端的例子，如图 6.27 所示。其中图 6.27(a)所示的为 44.7 MHz 光纤通信系统的接收机前端。光电检测器为 Si-APD，晶体管为输入电容小、β 大的普通晶体管。晶体管 BG_1 和 BG_2 构成一反馈对，R_f 为并联反馈电阻，BG_2 的 500 Ω 的基极接地电阻是为了消除振荡。BG_3 提供 3.7 倍的增益，使得在最小输入光功率时，输出信号的峰-峰值达到 4 mV，有效跨阻达 14.8 kΩ。当误码率为 10^{-9}，APD 最佳增益为 80 时，接收灵敏度为 −55 dB。

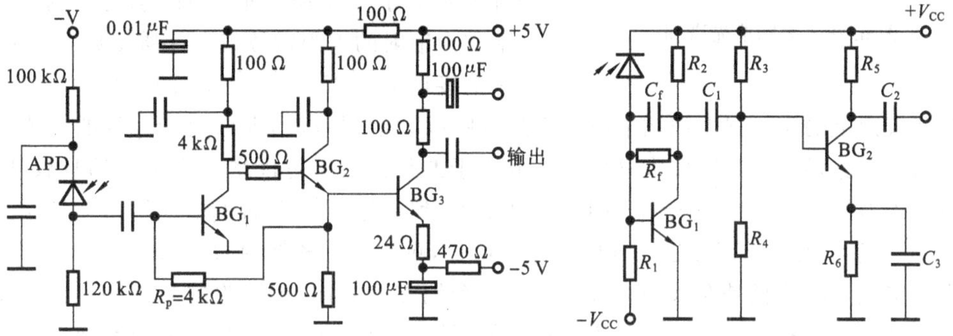

(a)　　　　(b)

图 6.27　跨阻抗接收机前端

图 6.27(b)所示的为 1300 nm 波段的接收机前端电路，R_f=400 Ω 时，平坦带宽为 2 GHz。此处我们采用微波 Si-BJT (NE6400，f_c=10 GHz)，因 GaAs-MES-FET 在高速跨阻抗接收机中没有噪声方面的优势，放大器第一级采用并联负反馈，使引起不稳定的环路延迟减到最小，包括漏散电容的 C_f 可以补偿放大器的高频响应。第二级为串联负反馈(通过级间阻抗失配来实现)，集电极电阻为 50 Ω，以与负载匹配。

放大器设计的关键是放大器件，常采用双极性晶体管(BJT)和场效应晶体管(FET)作为输入级，其中最常用的是 Si-JFET 及 Si-BJT。频率较低时，由于场效应晶体管的输入阻抗高、噪声小而常被采用。在频率高时，常使用双极性晶体管。BJT 用于 APD 检测器时，接收机的噪声主要受倍增增益支配。但对低噪声高速应用来说，GaAs-FET 具有最佳性能，但其价格较高。

6.13　光伏器件

6.13.1　太阳能光谱

光伏器件或太阳能电池将入射的太阳辐射能转换成电能。入射光子被吸收后光生载流子，载流子驱动外部负载做电功。光伏器件应用包括从小型消费电子产品(如功率不到几毫瓦的太阳能计算器)到由中央发电厂(产生几兆瓦的功)的太阳能发电厂。目前世界上有几个兆瓦级的太阳能发电厂和数以万计的小型千瓦级的太阳能发电系统在使用。

太阳发射出的辐射强度有一个波谱，这个波谱有点像 6000 K(约 5700 ℃)温度下的黑体

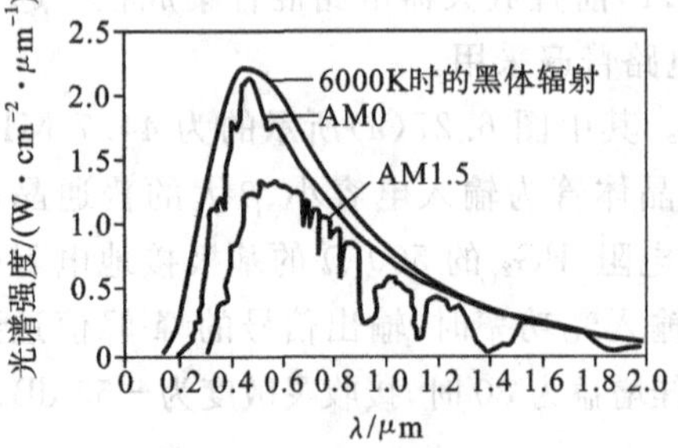

图 6.28　太阳能光谱图

辐射。图 6.28 所示的为对应于地球大气层以上和地球表面上太阳辐射两种条件下的太阳光的强度图谱。光强度随波长的变化一般用单位波长的强度来表示，称为波谱强度 I_λ，所以 $I_\lambda d\lambda$ 就是波长变化一个很小的量 $d\lambda$ 所对应的强度。对波谱强度 I_λ 在整个波谱范围内积分就得到积分强度或总强度 I。

地球大气层之上的积分强度可以给出通过一个垂直于太阳方向的单位面积内的总功率流量。这个数字称为辐射的太阳常数或大气质量数 0(AM0)，它是一个接近于 1.353 $kW \cdot m^{-2}$ 的常数。

地球表面上的实际强度波谱取决于大气的吸收和散射效应，即取决于大气的组成和穿过大气层的辐射路径长度。这些大气效应又取决于波长。云层可以增加太阳光的吸收和散射，大大减少入射光强度。在一个阳光明媚的日子里，到达地球表面的光强度约为大气层上面强度的 70%。随着太阳光束穿过大气层路径的增长，吸收效应和散射效应会随之增加。太阳光穿过大气层最短的路径是在太阳直接照射在某个地方的上面，被接收的光谱称为大气质量数 1(AM1)，如图 6.29(a)所示。所有其他入射角(图 6.29(a)中的 $\theta \neq 90°$)都会增加光穿过大气层的路径长度，所以就存在光的大气损失。大气质量数 m(AMm)被定义为实际辐射路径 h 与最短辐射路径 h_0 的比率，即 $m = h/h_0$，如图 6.29(a)所示。因为 $h = h_0 \sec\theta$。AMm 就是 AM-$\sec\theta$。AM1.5 的光谱分布如图 6.28 所示。这个光谱指的是与太阳光线成法线方向的单位面积上的入射能(必须穿过图 6.29(a)所示的大气层长度 h)。

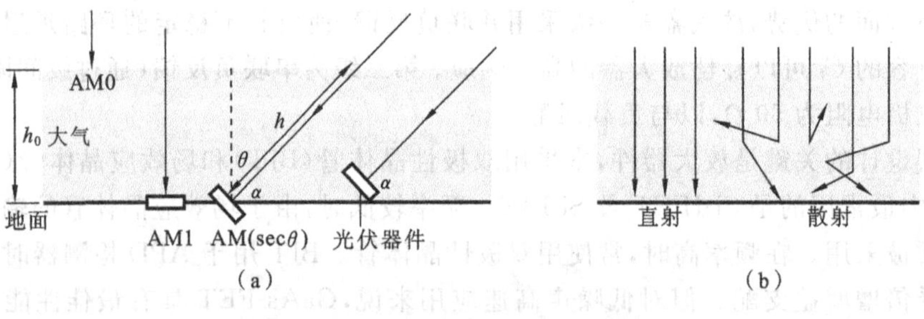

图 6.29　太阳照射地球表面的不同情况

(a) 入射角对光线路径长度的影响及大气质量数的定义；(b) 散射使得入射光强度减弱

很显然，图 6.28 所示的光谱在某些波长有几个明显的吸收峰，这是因为那些波长被大气中的不同分子如(很高高度上的)臭氧、空气和水蒸气分子等吸收。此外，大气分子和尘埃粒子使得太阳光发生散射。散射不仅减少了太阳光到达地球方向上的强度，而且使得太阳光是以随机角度到达地球表面的，如图 6.29(b)所示。结果是，地球上的光除了有一个直接组分外，还有一个扩散组分。扩散组分随着云层厚度增加和太阳位置变化而增加，使得光谱朝蓝光漂移。光的散射随着波长的增加而减少，所以在原始太阳光束中较短的波长经历较多的散射，而较长的波长经历的散射要少些。在晴朗的日子里，扩散组分约为总辐射的 20%；而在多云的日子里，扩散组分显著地高很多。

如图 6.29(a)所示，入射辐射的量主要取决于太阳的位置，而太阳的位置在一天当中和一年当中都是圆形变化的。地球表面上扁平的光伏器件接收到的能量比太阳能少，它是实际太阳能乘上一个因子 $\cos\theta$。然而，光伏器件可以用倾斜的方式直接朝向太阳，使接收到的能量最大化，如图 6.29(a)所示。

[**例 6.10**]　设在某日照地理位置的一特殊家用住宅年日均消耗电能 500 W。假如该地太阳每年日均日照强度约为 6 kW·h·m^{-2}，而光伏器件将太阳能转换为电能的效率为 15%，问所需的器件面积为多大？

解　因为已知平均日照强度，所以

一天内能够获得的总能量＝单位面积一天内入射的太阳能×面积×效率

而且它一定等于该住宅一天内消耗的平均能量。因此，

$$\text{器件面积}=\frac{\text{住宅所需能量}}{\text{单位面积入射的太阳能}\times\text{效率}}$$

$$=\frac{500\times60\times60\times24}{6\times10^3\times60\times60\times0.15}\ \text{m}^2=13.3\ \text{m}^2$$

问题是这个计算出来的面积是根据年均值来计算的。当有很多家用电器同时使用时，这么大的器件是不能满足高峰能耗(几千瓦)的。所以在器件中必须用一个能够储存能量的器件来储存低能耗时期产生的剩余能量，但这样会增加成本和系统的复杂性。

6.13.2　光伏器件原理

典型的太阳能电池工作原理如图 6.30 所示。下面分析一下一个有很窄的但是重掺杂 N 区的 PN 结。辐照穿过薄的 N 侧。耗尽区或空间电荷层主要是向 P 侧延伸。在耗尽层有一个内建电场 E_o。附着在 N 侧的电极使得辐照能够进入器件，同时会产生一个小的串联电阻。如图 6.31 所示，这些电极沉积在 N 侧，并在表面上形成手指电极阵列。在表面上还涂敷有一层防反射涂层(图中没有显示)来减少反射，以保证更多的光进入器件。

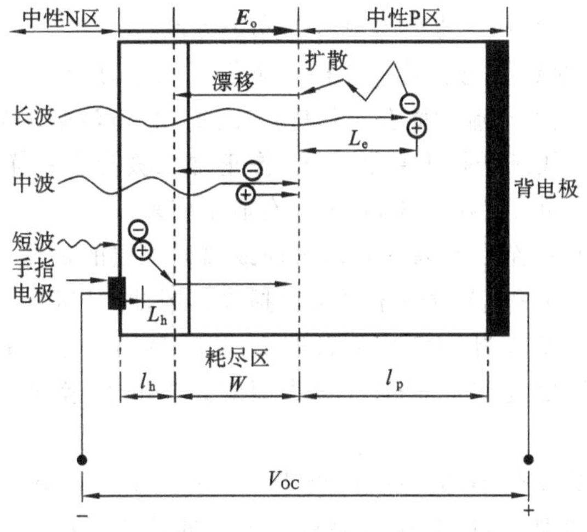

图 6.30　太阳能电池工作原理

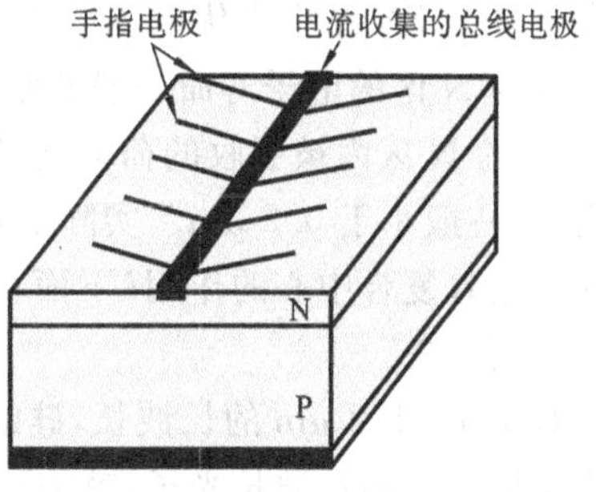

图 6.31　太阳能电池表面上的手指电极

因为 N 区相当窄，所以大多数光子都是在耗尽区(W)和中性的 P 侧(l_p)被吸收，并在这两个区光生电子-空穴对。耗尽区内光生的电子-空穴对立即被内建电场 E_o 分开。电子漂移并

到达中性的 N^+ 侧，由于电子带有负电荷 $-e$，结果使中性的 N^+ 侧也显负电性。相似地，空穴漂移并到达中性的 P 侧，所以使得这个区带正电。结果是在器件的两端之间产生了一个开路电压，其中 P 侧为正，N^+ 侧为负。外面连接一个负载，N 区额外的电子就能够在外电路中到处运动并做功，最后到达 P 侧，在那里这些电子和额外的空穴发生复合。必须记住的是，如果没有内建电场 E_o，就不可能将光生电子-空穴对分开，也不可能在 N 区积聚额外的电子，在 P 侧积聚额外的空穴。

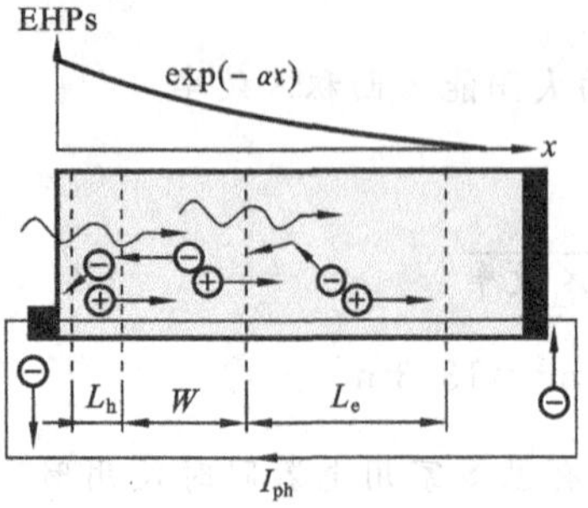

图 6.32　在 L_e+W+L_h 内光生的载流子产生光生电

中性 P 侧吸收的长波长光子光生的电子-空穴对仅仅只能在这个区内扩散，因为这个区内没有电场。如果电子的复合寿命为 τ_e，那么电子扩散的平均距离由 $L_e=\sqrt{(2D_e\tau_e)}$ 给出，这里 D_e 是 P 侧内电子的扩散系数。在到耗尽区的距离 L_e 内的那些电子可以很容易地扩散并到达这个区，在这里由于内建电场 E_o 使得电子漂移到 N 区，如图6.30所示。结果是仅仅只有在到耗尽区的少数载流子扩散长度 L_e 内光生的那些电子-空穴对才对光伏效应有贡献。所以内建电场 E_o 的重要性是显而易见的。一旦电子扩散到了耗尽区，它就会被内建电场 E_o 迫使漂移到 N 区，并在那里留下一个负电荷。在 P 侧后面留下的空穴会在这个区贡献一个正电荷。那些耗尽区外超过长度 L_e 光生的电子-空穴对由于复合而损失掉。所以只要有可能，尽可能使少数载流子扩散长度 L_e 延长是很重要的。这就是选择硅 PN 结的 P 区作为扩散区，使得电子是少数载流子的原因；硅中电子扩散长度比空穴扩散长度要长。相同的分析也适用于 N 区被吸收的短波长光子光生的电子-空穴对。在扩散长度 L_h 以内，光生的空穴也可以到达耗尽层并被电场带到 P 区。所以对光伏效应有贡献的电子-空穴对的光生发生在覆盖 L_e+W+L_h 的体积内。如果器件的两端接通，如图 6.32 所示，那么 N 区中的额外电子就可以在外电路中流动并中和 P 区中的额外空穴。由于光生载流子的流动而产生的电流称为光生电流。

必须注意，图 6.30 所示的太阳能电池结构是不完全的。在稳态条件下工作时，整个开路太阳能电池没有净电流。这意味着由于光生载流子流动而在器件中产生的光生电流必须准确地被朝相反方向流动的载流子平衡，后面这种载流子是少数载流子，像正常二极管中一样，它是由于整个 PN 结中光伏电压的产生而被注入的，这在图 6.30 中没有显示出来。

因为 N 区的电子寿命一般非常短（由于重掺杂），所以在靠近表面或离耗尽层的扩散长度 L_h 之外的 N 区内被吸收的荷能光子光生的电子-空穴对由于复合而损失。因此，N 区要做得相当薄，一般小于 0.2 μm。实际上，N 区的厚度 l_h 比空穴扩散长度 L_h 短。然而由于各种表面缺陷起着复合中心的作用（下面将要讨论），因此非常靠近 N 区表面的光生电子-空穴对会因复合而消失。

对于 1～1.2 μm 的长波长，硅的吸收系数 α 很小，而吸收深度 $1/\alpha$ 一般大于 100 μm。所以为了捕获这些长波长光子，就需要一个厚的 P 区，同时还需要有一个长的载流子扩散长度 L_e。一般 P 区的厚度为 200～500 μm，L_e 通常比这个长度要短些。

晶体硅的禁带宽度为 1.1 eV，对应的阈值波长为 1.1 μm。由图 6.28 可以看出，在大于 1.1 μm 的波长范围内的入射能量被浪费掉了，并且是一个不可忽略的值（约 25%），然而效率限制最严重的一部分是来自靠近晶体表面被吸收并由于在表面区域内复合而损失的高能光子。晶体表面和界面的复合中心浓度很高，使得近表面光生电子-空穴对的复合很容易。由于靠近表面或在表面上的电子-空穴对复合造成的损失可能高达40%，这些联合效应使得效率降低45%左右。此外，防反射涂层的不完美也会以0.8～0.9的因子降低总的光子。如果还包括光伏作用本身的限制，用单晶硅做的光伏器件的效率上限在室温下为24%～26%。

[例6.11] 有一光伏器件，用某一波长的光照射，使得光生电子-空穴对发生在整个器件上如图6.32所示，而且电子-空穴对的光生速率 G_{ph}（单位时间单位体积内光生的电子-空穴对数目）以 $G_0\exp(-\alpha x)$ 形式衰减，这里 G_0 是表面上的光生速率，α 是吸收系数。设器件短路（见图6.32），以便所有的光生载流子在外电路周围到处流动（仅仅只有电子在外电路中流动），并且空穴扩散长度 L_h 比N区的厚度 l_h 长，所以在 l_h+W+L_e 覆盖的体积内光生的所有电子-空穴对都对光生电流有贡献。而且进一步假定靠近晶体表面的电子-空穴对复合可以忽略。那么请求证光生电流 I_{ph} 为

$$I_{ph}=\frac{eG_0A}{\alpha}\{1-\exp[-\alpha(l_h+W+L_e)]\} \tag{6.44}$$

式中：A 是器件被辐照的（没有被手指电极阻挡住的）表面积。

证　辐照晶体表面的电子-空穴对光生速率遵守

$$G_{ph}=G_0\exp(-\alpha x)$$

小体积 $A\mathrm{d}x$ 内单位时间光生的电子-空穴对总数为 $G_{ph}(A\mathrm{d}x)$，于是在 l_h+W+L_e 内单位时间光生的电子-空穴对总数为

$$A\int_{x=0}^{x=l_h+W+L_e}G_0\exp(-\alpha x)\mathrm{d}x \quad 或 \quad \frac{\mathrm{d}N_{EHP}}{\mathrm{d}t}=\frac{G_0A}{\alpha}\{1-\exp[-\alpha(l_h+W+L_e)]\}$$

因为光生电子在整个外电路中流动，所以光生电流 $I_{ph}=e(\mathrm{d}N_{EHP}/\mathrm{d}t)$

$$I_{ph}=\frac{eG_0A}{\alpha}\{1-\exp[-\alpha(l_h+W+L_e)]\}$$

得证。

对于长波长而言，吸收系数 α 较小。将上述指数展开就可得到

$$I_{ph}=eG_0A(l_h+W+L_e) \tag{6.45}$$

上式适用于几乎均匀的光生条件。

取单晶硅器件得 $A=5\ \mathrm{cm}\times5\ \mathrm{cm}$，$l_h=0.5\ \mu\mathrm{m}$，$W=2\ \mu\mathrm{m}$，$L_e=50\ \mu\mathrm{m}$。在 $\lambda=1.1\ \mu\mathrm{m}$ 时，硅的 $\alpha=2000\ \mathrm{m}^{-1}$（吸收深度 $d=1/\alpha=500\ \mu\mathrm{m}$）。在式(6.44) $G_0=1\times10^{18}\ \mathrm{cm}^{-3}\cdot\mathrm{s}^{-1}$，求得 $I_{ph}\approx20\ \mathrm{mA}$；而用式(6.45)求得 $I_{ph}\approx21\ \mathrm{mA}$。另一方面，对于 $\lambda=0.83\ \mu\mathrm{m}$ 的强吸收来说，$\alpha=10^5\ \mathrm{m}^{-1}$（吸收深度 $\delta=1/\alpha=10\ \mu\mathrm{m}$），式(6.1)给出 $I_{ph}\approx40\ \mathrm{mA}$。因为在长度 l_h+W+L_e 覆盖的体积内有更多的光子被吸收，电流就翻了一倍。进一步增加吸收系数 α，波长变短，这样最终（$\lambda<0.45\ \mu\mathrm{m}$ 时）会将光生限制在表面区域，这个区域的表面缺陷使得光生电子-空穴对的复合很容易，所以减少了光生电流。

6.13.3　PN结光伏器件电流-电压特性

下面分析图6.33(a)所示的和一个负载电阻 R 相连的理想PN结光伏器件。注意图中的

I 和 V 规定了正电流和正电压的方向。假如负载短路,那么电路中就只有入射光产生的电流,如图 6.33(b)所示。这个电流称为光生电流 I_{ph},它取决于包括耗尽和到耗尽区的扩散长度在内(见图 6.30)的体积内光生的电子-空穴对的数量。入射光强度越大,光生速率越高,光生电流 I_{ph} 就越大。假如 I 是入射光强度,那么短路电流 I_{sc} 为

$$I_{sc}=-I_{ph}=-KI \tag{6.46}$$

式中:K 是一个取决于器件特性的常数。

因为在 PN 结中总是有些内建电场使光生电子-空穴对漂移,所以光生电流并不取决于穿过 PN 结的电压。因此,可以把调制耗尽层宽度的电压的次级效应剔除。即使在整个器件没有电压的情况下,光生电流 I_{ph} 也会流动。

假如负载不短路,那么由于流过 PN 结的电流的结果,在整个 PN 结上就会有一个正电压 V 出现,如图 6.33(c)所示。这个电压可以降低 PN 结的内建电势 V_o,所以就会像正常的二极管一样,导致少数载流子注入和扩散。这样,除了光生电流 I_{ph} 之外,在电路中还有一个前置二极管电流 I_d,如图 6.33(c)所示,它是由穿过电阻 R 的电压引起的。由于 I_d 是正常的 PN 结行为,它可以由二极管特性给出,即

$$I_d=I_o\left[\exp\left(\frac{eV}{nk_BT}\right)-1\right]$$

式中:I_o 是反向饱和电流;n 是取决于半导体材料和制造工艺特性的理想化因子($n=1,2$)。

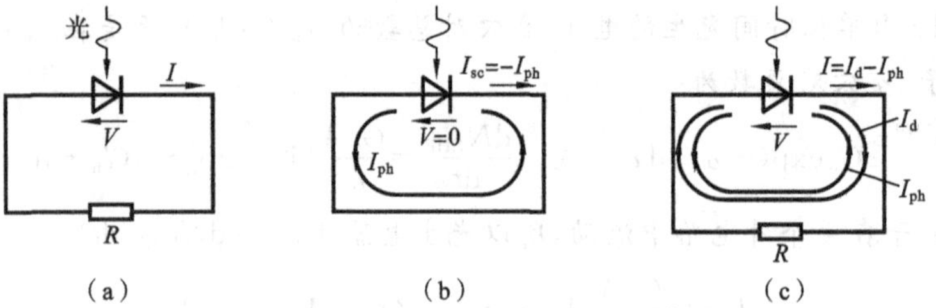

图 6.33　负载电阻 R 的理想 PN 结光伏器件

(a) 和外加负载电阻相连的太阳能电池;(b) 短路中的太阳能电池;(c) 驱动外加负载电阻的太阳能电池

在开路中,净电流为零,这意味着光生电流可以产生足够的电压 V_{oc} 来得到一个 $I_d=I_{ph}$ 的二极管电流。

如图 6.33(c)所示,穿过太阳能电池的总电流为

$$I=-I_{ph}+I_o\left[\exp\left(\frac{eV}{nk_BT}\right)-1\right] \tag{6.47}$$

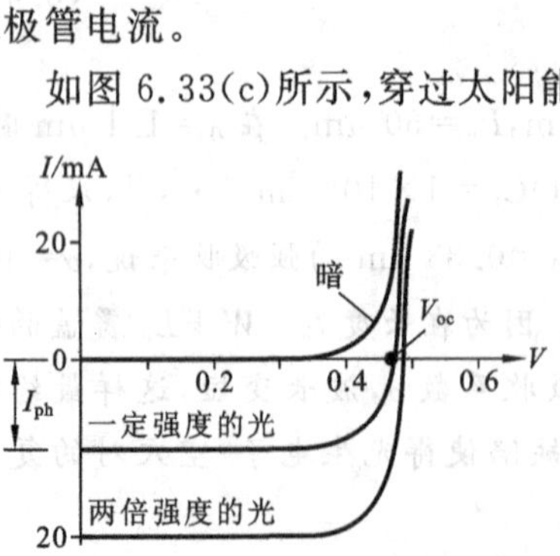

图 6.34　硅太阳能电池典型的伏安(I-V)特性

典型的硅太阳能电池的总电流-电压(I-V)特性如图 6.34 所示。由图可以看出,由于取决于入射光强度 I 的光生电流 I_{ph} 的强迫漂移,对应有一个暗电流特性。太阳能电池的开路输出电压 V_{oc} 由 I-V 特性曲线截 V 轴的那一点给出。很显然,尽管 V_{oc} 取决于入射光强度,但是它的值一般在 0.4~0.6 V 范围内。

式(6.47)仅仅给出了太阳能电池的伏安特性。当太阳能电池和图 6.33(a)所示的一个负载电阻 R 相连时,这

个负载电阻的电压和太阳能电池的电压相同，它也携带相同的电流。但是这时通过负载电阻的电流 I 和常规电流的流动方向相反。如图 6.35(a)所示，

$$I=-\frac{V}{R} \tag{6.48}$$

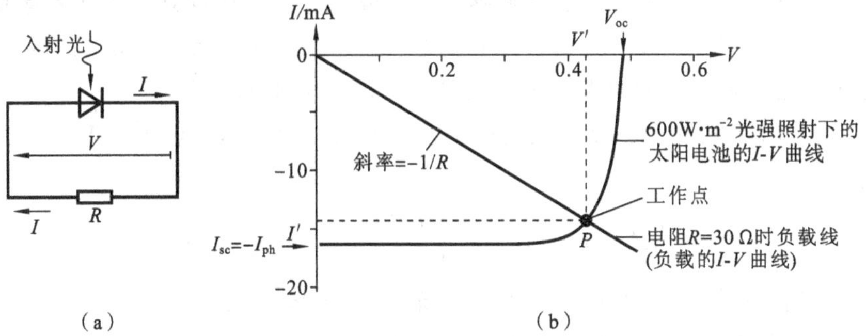

图 6.35　太阳能电池的负载特性

(a) 当太阳能电池驱动负载电阻时，负载电阻的电压和太阳能电池相同，电流符号相反；(b) 在(a)所示的电路中实际电压 V' 和电流 I' 可以通过负载线求出

电路中的实际电压 V' 和电流 I' 必须既满足式(6.47)表示的太阳能电池伏安特性，又满足式(6.48)表示的负载电阻的伏安特性。可以联立解方程(6.47)和(6.48)来求实际电压 V' 和电流 I'，但这绝不是一个简便的分析过程，用太阳能电池特性来进行图解更直接。

太阳能电池电路中的实际电压 V' 和电流 I' 可以通过构建负载线很容易地求出。式(6.48)表示的负载电阻的伏安特性是一根斜率为 $-1/R$ 的直线，这根直线称为负载线，它和给定辐照强度下的太阳能电池伏安特性一起，绘在图 6.35(b)中。负载线截太阳能电池伏安特性曲线于点 P，在点 P 处负载电阻和太阳能电池有相同的电压 V' 和电流 I'。所以点 P 既满足式(6.47)表示的太阳能电池伏安特性，又满足式(6.48)表示的负载电阻的伏安特性。电路中的实际电压 V' 和电流 I' 由点 P 给出。

分配给负载电阻的功率为 $P_o=I'V'$，它是图 6.35(b)中 I 轴和 V 轴以及虚线围成的矩形的面积。这个矩形面积最大(通过改变电阻或辐照强度来调节)时，$I'=I_m$，$V'=V_m$ 分配给负载电阻的功率也最大。因为可能最大的电流为短路电流 I_{sc}，可能最大的电压为开路输出电压 V_{oc}，因此对于给定的太阳能电池来说，$I_{sc}V_{oc}$ 表示最希望的负载功率。所以将最大输出功率 I_mV_m 和 $I_{sc}V_{oc}$ 相比是很有意义的。填充因子 FF 常用来表征太阳能电池优点的情况，定义为

$$\mathrm{FF}=\frac{I_mV_m}{I_{sc}V_{oc}} \tag{6.49}$$

填充因子 FF 表示太阳能电池伏安特性曲线与矩形(理想的形状)的接近程度。很显然，填充因子 FF 尽可能接近于 1 的太阳能电池最有优势，但是 PN 结的指数特性妨碍它的实现。一般填充因子 FF 的值介于 70%～85%之间，主要取决于器件材料和结构。

[例 6.12]　有一太阳能电池驱动一个图 6.35(a)所示的 30 Ω 的负载电阻。如果该电池的面积为 1 cm×1 cm，辐照光强度为 600 W·m^{-2}，伏安特性如图 6.35(b)所示。问电路中的电流和电压各是多少？分配给负载电阻的功率是多少？在这个电路中太阳能电池的效率是多少？

解 负载电阻的伏安特性就是式(6.48)所描述的负载线

$$I=-\frac{V}{30}$$

图 6.35(b)中直线的斜率为 1/30，它截太阳能电池伏安特性于 $I'=14.2$ mA，$V'=0.425$ V，这也是图 6.35(a)中光伏器件电路中的电流和电压。所以分配给负载电阻的功率为

$$P_{\text{out}}=I'U'=14.2\times10^{-3}\times0.425\ \text{W}=0.006035\ \text{W}\quad 或\quad 6.035\ \text{mW}$$

这必定不是太阳能电池中可获得的最大功率。输入太阳光功率为

$$P_{\text{in}}=输入光强度\times表面面积=600\times(0.01)^2\ \text{W}=0.060\ \text{W}$$

效率为

$$\eta=\frac{P_{\text{out}}}{P_{\text{in}}}\times100\%=\frac{0.006035}{0.060}\times100\%=10.06\%$$

可以通过调整负载到接近太阳能电池的最大功率来提高效率，但是在本题中由于图 6.35(b)中的矩形面积 $I'V'$ 已经很接近于最大值，所以效率提高的幅度不大。

[**例 6.13**] 辐照光强度为 600 W·m^{-2} 下的某一太阳能电池短路电流 I_{sc} 为 16.1 mA，开路电压 V_{oc} 为 0.485 V。问在辐照强度翻番的情况下，电池短路电流 I_{sc} 和开路电压 V_{oc} 各是多少？

解 辐照条件下一般的伏安特性由式(6.47)给出。令开路条件下的 $I=0$，于是有

$$I=-I_{\text{ph}}+I_{\text{o}}\left[\exp\left(\frac{eV}{nk_{\text{B}}T}\right)-1\right]=0$$

设 $eV_{\text{oc}}\gg nk_{\text{B}}T$，将上式重新排列，就可以求得 V_{oc} 为

$$V_{\text{oc}}=\frac{nk_{\text{B}}T}{e}\ln\left(\frac{I_{\text{ph}}}{I_{\text{o}}}\right)\tag{6.50}$$

在式(6.50)中，光生电流 I_{ph} 取决于入射光强度 I，它们之间的关系为 $I_{\text{ph}}=KI$。在给定的温度下，开路电压 V_{oc} 的变化为

$$V_{\text{oc2}}-V_{\text{oc1}}=\frac{nk_{\text{B}}T}{e}\ln\left(\frac{I_{\text{ph2}}}{I_{\text{ph1}}}\right)=\frac{nk_{\text{B}}T}{e}\ln\left(\frac{I_2}{I_1}\right)$$

短路电流 I_{sc} 就是光生电流 I_{ph}，所以当入射光强度翻番时，短路电流 I_{sc2} 为

$$I_{\text{sc2}}=I_{\text{sc1}}\left(\frac{I_2}{I_1}\right)=16.1\times2\ \text{mA}=32.2\ \text{mA}$$

设 $n=1$，新的开路电压为

$$V_{\text{oc2}}=V_{\text{oc1}}+\frac{nk_{\text{B}}T}{e}\ln\left(\frac{I_2}{I_1}\right)=(0.485+1\times0.0259\ln2)\ \text{V}=0.503\ \text{V}$$

与入射光强度和短路电流增加 100%相比，开路电压只增加 3.7%。理想地，我们总想开路电压不变。

6.13.4 串联电阻和等效电路

由于很多原因，实际器件常常偏离图 6.34 所示的理想 PN 结太阳能电池的行为。先分析一个驱动负载电阻 R_{L} 的被太阳光辐照的 PN 结，并假定光生发生在耗尽区内。如图 6.36 所示，光生电子必须穿过一个半导体表面区到达最近的手指电极。在 N 区表面层到手指电极的

所有这些电子传输的路径上会引入一个有效串联电阻 R_s 到图 6.36 所示的光伏电路中来。如果手指电极很薄，那么电极本身的电阻也会使串联电阻 R_s 进一步增大。由于中性的 P 区的缘故，也有一个串联电阻，但是同电子穿过半导体表面区到达手指电极的串联电阻相比，这个串联电阻很小。

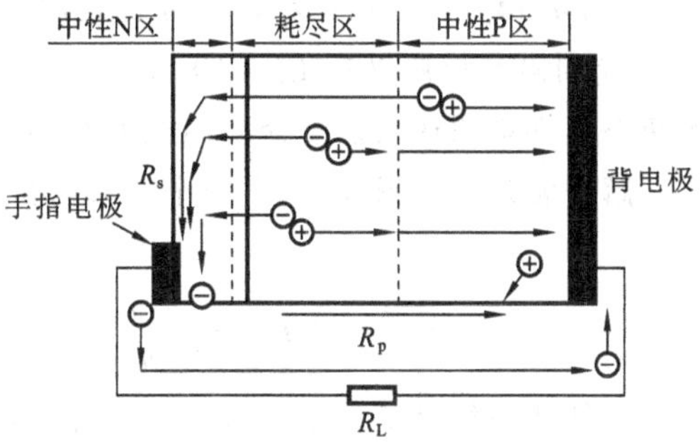

图 6.36　串联电路和旁路电阻以及光生载流子的不同结果

图 6.37(a)所示的是理想 PN 结太阳能电池的等效电路。光生过程用一个常电流发生器 I_{ph} 表示，这个地方的电流与入射光强度成正比。光生载流子穿过结的流动使得在整个结中产生一个光伏电压差 V，这个电压差又导致正常的二极管电流 $I_d=I_o\left[\exp\left(\frac{eV}{nk_BT}\right)-1\right]$的产生。这个二极管电流代表图 6.37(a)中的理想 PN 结二极管。很显然，I_{ph}和 I_d 的方向相反（I_{ph}为“上”，I_d 为“下”），因此在开路中，光伏电压就是 I_{ph}和 I_d 有相同值并且互相抵消的那个电压。

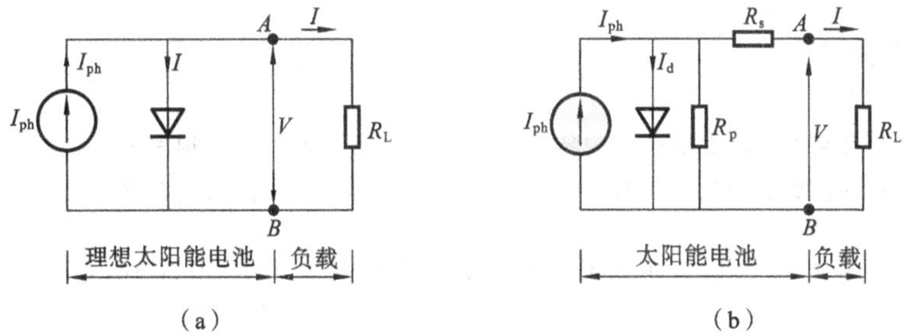

图 6.37　太阳能电池的等效电路

(a) 理想 PN 结太阳能电池；(b) 实际太阳能电池中的并联电阻 R_p 和串联电阻 R_s

图 6.37(b)所示的是更实用的 PN 结太阳能电池的等效电路。图 6.37(b)中的串联电阻产生一个电压降，可以防止在 A 和 B 之间的输出中产生一个完全光伏电压。光生载流子中有一部分（通常很少）也可以穿过晶体表面（器件的边缘）或多晶器件的晶界而不是通过外部负载 R_L。阻止光生载流子在外电路中流动的所有这些效应可以用一个有效内旁路电阻或并联电阻 R_p 来表示，它使得光生电流偏离负载 R_L。一般在总的器件中，R_p 没有 R_s 那样重要，除非这个器件是高度多晶的，而且流过晶界的电流分量不可忽略。

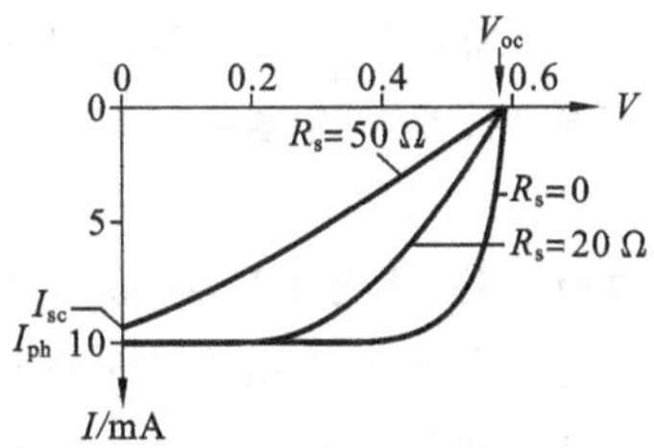

图 6.38　串联电阻对伏安曲线的影响

如图 6.38 所示，串联电阻 R_s 可以显著地降低太阳能电池的性能，图中 $R_s=0$ 时是最好的太阳能电池。很显然，可以获得的输出功率是随着串联电阻的增加而减小，所以太阳能电池的效率也降低。还必须注意，当串联电阻 R_s 足够大时，它限制了短路电流。相似地，由于材料中的不同缺陷，很低的旁路电阻也可以降低太阳能电池的效率。其差别在于尽管串联电阻 R_s 不影响开路输出电压 V_{oc}，但很低的旁路电阻 R_p 可以导致开路电压 V_{oc}降低。

［例 6.14］ 有两个完全相同的太阳能电池，其特性为 $I_o=25\times10^{-6}$ mA，$n=1$，$R_s=20$ Ω，承受相同的辐照以致 $I_{ph}=10$ mA。解释这两个太阳能电池并联连接的特性。求一个电池和两个电池串联连接能够分配的最大功率，以及最大功率点的相应电流和电压（设 $R_p=\infty$）。

解 首先分析图 6.37 中一个电池的情况。穿过二极管的电压 V_d 为 $V-R_sI$，所以外电流 I 为

$$I=-I_{ph}+I_o\left[\exp\left(\frac{eV_d}{nk_BT}\right)-1\right]=-I_{ph}+I_o\exp\left[\frac{e(V-IR_s)}{nk_BT}\right]-I_o \tag{6.51}$$

式(6.51)给出了一个电池的伏安特性，其曲线关系如图 6.39 所示。大多数情况下，用式(6.51)作图后再选择电流 I 值，根据 $V=(nk_BT/e)\ln[(I+I_{ph}+I_o)/I_o]+R_sI$ 来计算电压。当电流约为 8 mA，电压为 0.27 V 时，有最大功率 2.2 mW，负载为 34 Ω。

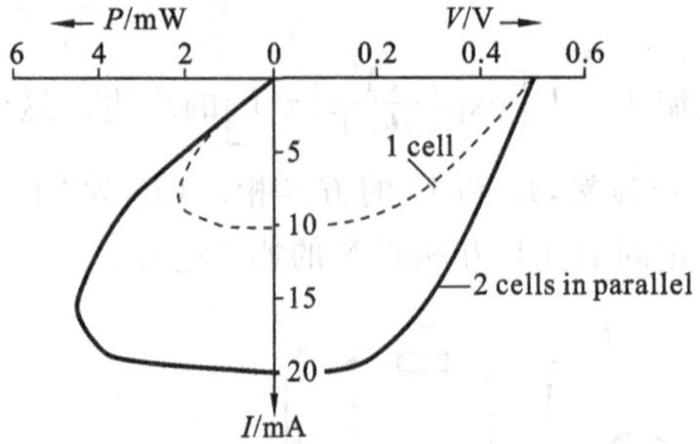

图 6.39 单个电池和两个电池关联的伏安特性及功率与电流之间的特性关系

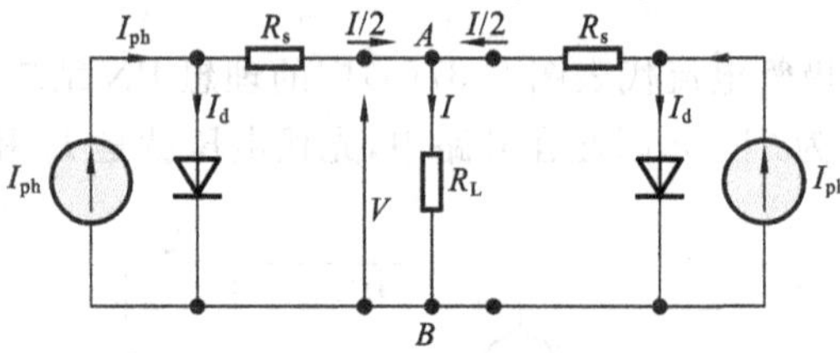

图 6.40 两个相同太阳能电池并联连接的等效电路

图 6.40 所示的为两个电池并联的等效电路，负载电阻为 R_L。这时，电流 I 和电压 V 指的是两器件并联的整个系统，每个器件要分配电流 $I/2$。一个电池的二极管电压是 $V-\frac{1}{2}R_sI$，于是

$$\frac{1}{2}I=-I_{ph}+I_o\exp\left(\frac{V-\frac{1}{2}IR_s}{nk_BT}\right)-I_o$$

或

$$I=-2I_{ph}+2I_o\exp\left(\frac{V-\frac{1}{2}IR_s}{nk_BT}\right)-2I_o \tag{6.52}$$

与式(6.51)相比，并联连接使串联电阻减少一半，光生电流增加一倍，二极管反向饱和电流 I_o 也增加一倍。所有这些结果都在预料之中，因为器件有效面积增加了一倍。最大功率为 4.4 mW，这时 $I=16$ mA，$V=0.27$ V。对应的负载为 17 Ω。很明显，并联连接使可获得的电流提高，于是就可以驱动一个较低的负载电阻。

假如将两个太阳能电池串联，那么开路输出电压 V_{oc} 就会增加一倍，变为 1 V，短路电流 I_{sc} 和 I_{ph} 相同，仍为 10 mA，而在约 8 mA 和 0.55V 时可获得的最大功率为 4.4 mW。这个功率需要一个约 34 Ω 负载。但是当两个电池不相同时，这些简单的想法就行不通。这些不匹配的电池连在一起可能会导致其性能比匹配器件的串联或并联连接的理想预测要差得多。

6.13.5　温度效应

太阳能电池的输出电压和效率随温度的降低而增加，太阳能电池最好在低温下使用。分析图 6.35(b)所示的太阳能电池器件开路电压 V_{oc}，因为电池总的电流为零，光产生的光生电流 I_{ph} 必须由光伏电压 V_{oc} 产生的电流 I_d 来平衡，也就是说 $I_d = I_o \exp[eV_{oc}/(nk_BT)]$。如果 n_i 是本征浓度，那么 I_o 与 n_i^2 成正比，这意味着 I_o 随温度的下降而急剧降低，结果是有一个更大的电压来产生平衡光生电流 I_{ph} 所必需的电流 I_d。

当 $eV_{oc} \gg nk_BT$ 时，输出电压 V_{oc} 由式(6.50)给出。在式(6.50)中，I_o 是反向饱和电流，它与温度的关系非常密切，因为它取决于 n_i^2，而 n_i 是本征载流子。因为 $I_{ph} = KI$，其中 K 是常数，I 是入射光强度，因此式(6.50)可以写成

$$V_{oc} = \frac{nk_BT}{e}\ln\left(\frac{KI}{I_o}\right) \quad \text{或} \quad \frac{eV_{oc}}{nk_BT} = \ln\left(\frac{KI}{I_o}\right)$$

设 $n=1$，那么在辐照相同但两个不同的温度 T_1 和 T_2 时，有

$$\frac{eV_{oc2}}{nk_BT_2} - \frac{eV_{oc1}}{nk_BT_1} = \ln\left(\frac{KI}{I_{o2}}\right) - \ln\left(\frac{KI}{I_{o1}}\right) = \ln\left(\frac{I_{o1}}{I_{o2}}\right) \approx \ln\left(\frac{n_{i1}^2}{n_{i2}^2}\right)$$

式中：下标 1 和 2 分别表示两个不同的温度 T_1 和 T_2。

代入 $n_i^2 = E_vE_c\exp[-E_g/(nk_BT)]$，与指数部分相比，温度对 E_c 和 E_v 的影响可以忽略，因此，

$$\frac{eV_{oc2}}{nk_BT_2} - \frac{eV_{oc1}}{nk_BT_1} = \frac{E_g}{k_B}\left(\frac{1}{T_2} - \frac{1}{T_1}\right)$$

根据其他参数，整理上式求得 V_{oc2} 为

$$V_{oc2} = V_{oc1}\left(\frac{T_2}{T_1}\right) + \frac{E_g}{e}\left(1 - \frac{T_2}{T_1}\right) \tag{6.53}$$

例如，有一硅太阳能电池在 20 ℃($T_1 = 293$ K)时，$V_{oc1} = 0.55$ V，那么在 60 ℃($T_2 = 333$ K)时，V_{oc2} 为

$$V_{oc2} = \left[0.55 \times \frac{333}{293} + 1.1 \times \left(1 - \frac{333}{293}\right)\right] \text{V} = 0.475 \text{ V}$$

假定吸收特性不变(E_g 及扩散长度等基本相同)，那么 I_{ph} 相同，但效率至少是以这个因子减少。

6.13.6　太阳能电池材料、器件和效率

效率是太阳能电池最重要的特性之一，与其他能量转换器件相比，它要经济得多。太阳能电池的效率是指将入射光强度转换成电能的比例。对于给定的太阳光谱来说，这个转换效率取决于半导体材料特性和器件结构。此外，它还受环境条件如温度，以及高能粒子的高辐射(如太空应用)等的影响。还有，地域与地域之间太阳光谱也有显著的变化，这也能改变太阳能电池的效率。在光谱扩散组分显著的地方，用高禁带宽度半导体材料更有用。使用太阳能集聚器将太阳光聚焦到太阳能电池上可以显著提高总的效率。假如成本妨碍其应用，那么效率本身就没有多大意义，所以必须知道单位电功率的成本是多少。而后者是很难评估的，因为大规模生产可以减少总的成本，还有能量成本的其他形式如污染之类的环境影响并未包括。

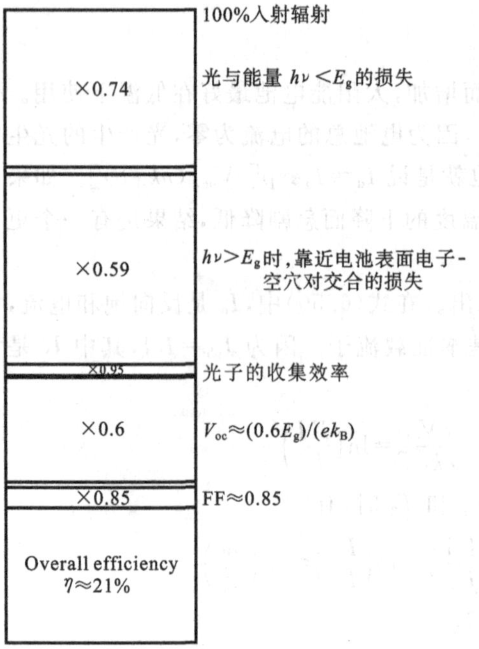

图 6.41　高效硅太阳能电池中各种不同的能量损失图

大多数太阳能电池是硅基材料，因为硅基半导体制备技术成熟，可以制备出具有成本效益的器件。一般硅基太阳能电池的效率由多晶硅的18%到高效单晶器件的22%～24%不等，后者具有特殊的结构，可以吸收尽可能多的入射光子。图 6.41 说明了影响硅基太阳能电池效率的各种因素。由于部分光子没有足够的能量光生电子-空穴对，有25%的太阳能被浪费掉了。在光谱的另一端，高能光子在靠近晶体表面的地方被吸收，这些光生电子-空穴对由于复合而消失。这部分主要取决于晶体表面钝化条件，太阳能损失随各种器件设计不同而不同。太阳能电池必须尽可能吸收有用的光子，这些光子积聚效率因素主要取决于器件结构。最大输出电功率与开路电压 V_{oc} 及填充因子 FF 有关，因此硅基太阳能电池最终总的效率约为20%。

用同一种晶体做成的 PN 结太阳能电池称为同质结。最好的硅同质结太阳能电池是昂贵的单晶钝化边缘局部扩散发射器(PERL)电池，效率约为24%。单晶钝化边缘局部扩散发射器电池及相似的电池有一个经过处理的表面，这个表面是一个蚀刻到表面里的“倒金字塔”阵列，这样可以捕获更多的入射光，如图 6.42 所示。正常的纯平晶体表面的反射使得光损失较多，而金字塔里面的反射使得光有二次甚至三次吸收机会。而且，光折射后以一个斜角进入半导体，这意味着光会在一个更大的体积内被吸收，这个体积也就是图 6.42 所示的耗尽层的扩散长度 L_e 之内。

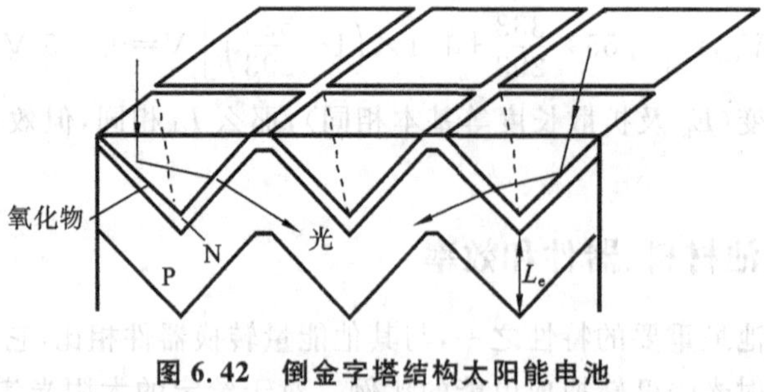

图 6.42　倒金字塔结构太阳能电池

在大气质量数为 AM1.5，辐照强度 1000 W/m^2 条件下，表 6.3 综合了各种不同太阳能电池的一些典型性能。尽管在理论上 GaAs 的禁带宽度比 Si 的要宽，似乎应有更高的效率，但是 GaAs 太阳能电池和硅太阳能电池的效率差不多。如图 6.41 所示，降低硅太阳能电池效率的最大因素是具有能量为 $h\nu<E_g$ 的没有被吸收的光子和靠近表面被吸收的短波长的光子。但如果用前后排列的电池结构或下面将要讨论的异质结，这两个因素都可以改善。

有很多Ⅲ-Ⅴ族半导体合金可以制成不同的禁带宽度，但具有相同的晶格常数。由这些材料制成的异质结(不同半导体材料之间的结)可以忽略界面缺陷。AlGaAs 的禁带宽度比 GaAs 的要宽，可以允许大多数太阳光子通过。如果在 GaAs PN 结上生长一层很薄的 AlGaAs，如图 6.43 所示，那么这一薄层就可以钝化 GaAs 同质结电池中的表面缺陷。所以 AlGaAs 窗层就克服了表面复合的限制，从而提高电池的效率(这种电池的效率约为 24%)。

晶格匹配的不同禁带宽度Ⅲ-Ⅴ族半导体之间的异质结为开发高效太阳能电池提供了潜力。图 6.44 所示的为一种最简单的单异质结例子，它由一个用禁带宽度较宽的 N-AlGaAs 和 P-GaAs PN 结组成。高能光子($h\nu>2$ eV)在 AlGaAs 层中被吸收，而那些能量较低(1.4 eV $<h\nu<$2 eV)的光子在 GaAs 层中被吸收。在更为成熟的电池设计中，通过改变 AlGaAs 层的组成，AlGaAs 的禁带宽度由表面慢慢梯度变化。

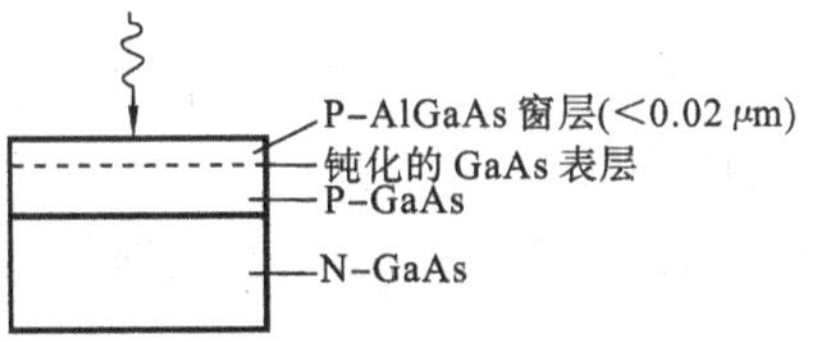

图 6.43　GaAs 上的 AlGaAs 窗层可以提高低波长的光生效率

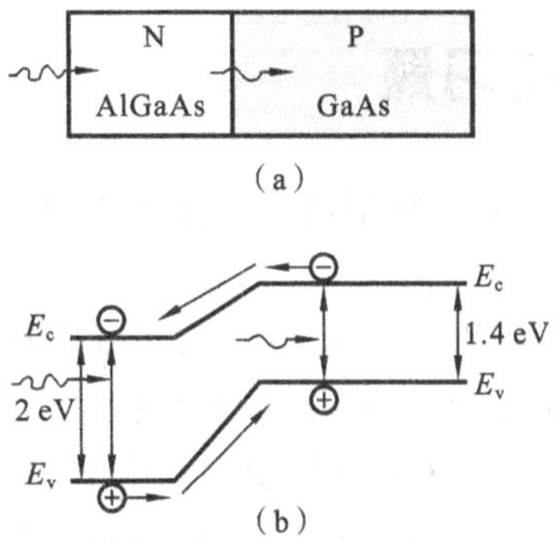

图 6.44　异质结太阳能电池

表 6.3　各种不同太阳能电池室温下的一些典型特性

半导体材料	E_g/eV	V_{oc}/V	$J_{sc\,max}$ /(mA cm^{-2})	FF	η/%	备　注
单晶硅	1.1	0.5～0.69	42	0.7～0.8	16～24	
多晶硅	1.1	0.5	38	0.7～0.8	12～19	
无定型氧化 Si：Ge 薄膜					8～10	具有前后排列结构的无定型薄膜，可以很容易制成大面积
单晶 GaAs	1.42	1.03	27.6	0.85	24～25	
AlGaAs/GaAs 前后排列结构		1.03	27.9	0.864	24.8	前后排列结构中不同禁带宽度的材料可以增加吸收效率
GaInP/GaAs 前后排列结构		2.5	14	0.86	25～30	前后排列结构中不同禁带宽度的材料可以增加吸收效率
CdTe 薄膜	1.5	0.84	26	0.73	15～16	多晶薄膜
InP 单晶	1.34	0.88	29	0.85	21～22	
$CuInSe_2$	1.0				12～13	

级联太阳能电池将两个或两个以上电池以前后排列或级联方式来提高入射光中的光子吸收，如图 6.45 所示。第一个电池用禁带宽度较宽的材料制成，仅仅只吸收 $h\nu>E_{g1}$ 的光子。第

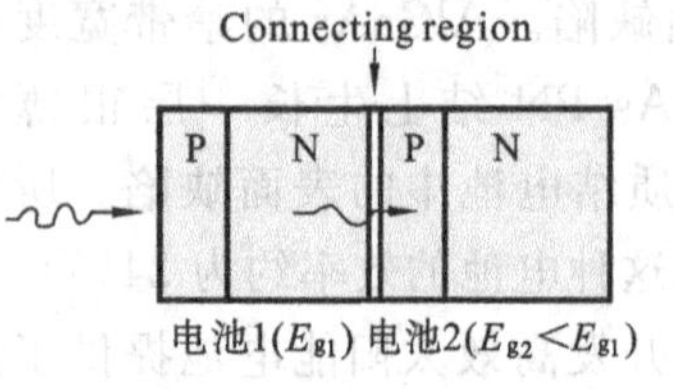

图 6.45　两个太阳能电池的级联

二个电池吸收穿过第一个电池的 $h\nu > E_{g2}$ 的光子。用晶格相配的晶体层可以将整个电池结构生长在一种单晶里面，结果是一种整体级联电池前后结构。此外，假如还是用光集聚器的话，效率可以进一步提高。例如，GaAs-GaSb 级联电池在 100 的太阳条件(也就是光强度为通常阳光的 100 倍)下工作时，其效率可以高达 34%。级联太阳能电池已经用于薄膜 a-Si：H (氢化无定型硅)PIN 太阳能电池中，其效率可以高达 12%左右。这些级联电池有 a-Si：H 电池和 a-Si：Ge：H 电池，大面积电池可以很容易制备。

问题与习题

6.1　(1) 如果用作光电导体的半导体材料对黄光(波长为 600 nm)敏感，试计算它的禁带宽度的最大值。

(2) 面积为 0.05 cm^2 的光电检测器，被光强为 2 mW/cm^2 的黄光照射，假设每个光子产生一个电子-空穴对，试计算每秒钟产生的电子-空穴对的数量。

(3) 已知 GaAs 的禁带宽度 $E_g = 1.42$ eV，计算该晶体由于电子-空穴复合时发射的光子的主要波长？该波长在可见光范围吗？

(4) 硅光电检测器能检测从 GaAs 激光器发出的光吗？为什么？

6.2　(1) 光电检测器材料厚度为 d，光照强度为 I_o，证明：该样品单位体积吸收的光子数量为

$$n_{ph} = \frac{I_o[1-\exp(\alpha d)]}{dh\nu}$$

(2) 吸收 90%的波长为 1.5 μm 的入射光，分别需要多厚的 Ge 层和 $In_{0.53}Ga_{0.47}As$ 晶层？

(3) 假定在量子效率为单位 1 的光电检测器中，吸收一个光子释放一个电子(或电子-空穴对)，并且光生电子被立即收集。这样，电荷收集速度就受到光子产生速度的限制，对于(2)中的光电检测器，入射光强为 100 $\mu W/cm^2$，它的外电流密度为多少？

6.3　图 6.46 所示为某一商用 Ge PN 结光电二极管的响应特性曲线。已知其光敏面积为0.008 mm^2，外加反向电压为 10 V 时，暗电流为 0.3 μA，结电容为 4 pF，光电二极管的上升时间为 0.5 ns。

(1) 计算波长为 850 nm、1300 nm、1500 nm 时的量子效率。

(2) 波长为 1.55 μm 的入射光强为多少时，产生的光电流等于暗电流？

(3) 降低温度时，响应曲线将受到什么影响？

(4) 已知暗电流在毫安数量级，降低温度有什么好处？

(5) 假定用 100 Ω 的电阻测量光电二极管的光电流，哪些因素会限制响应速度？

6.4　比较 A 型和 B 型两种商用 Si PIN 快速光电二极管。它们的响应特性如图 6.47 所示，响应特性的不同是因为 PIN 器件结构不同造成的，光敏感区面积为0.125 mm^2(直径为 0.4 mm)。

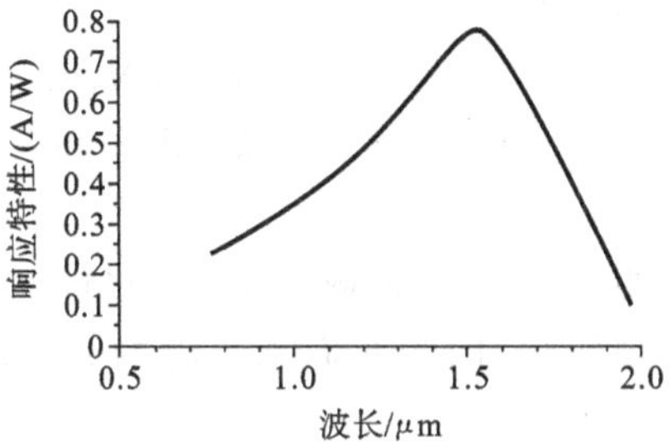

图 6.46 某商用 Ge PN 结光电二极管的响应特性

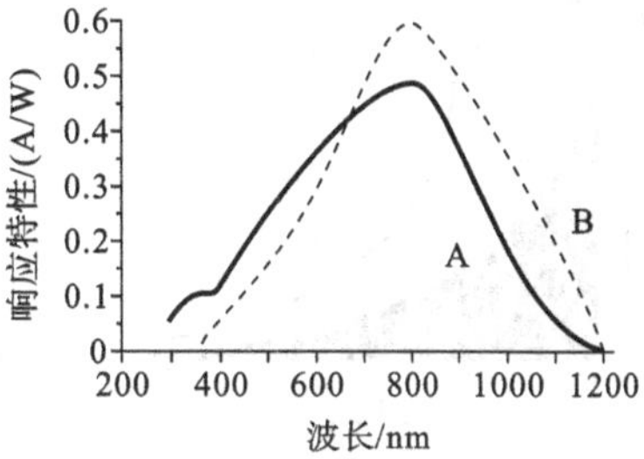

图 6.47 两种商用 Si PIN 快速光电二极管的响应特性

(1) 用波长为 450 nm，光强为 1 $\mu W/cm^2$ 的蓝光照射时，计算它们的光电流和量子效率。

(2) 用波长为 700 nm，光强为 1 $\mu W/cm^2$ 的红光照射时，计算它们的光电流和量子效率。

(3) 用波长为 1000 nm，光强为 1 $\mu W/cm^2$ 的红外光照射时，计算它们的光电流和量子效率。

(4) 你的结论是什么？

6.5 某商用 InGaAs PIN 光电二极管，它的响应特性如图 6.48 所示，暗电流为 5 μA。

(1) 用波长为 1.55 μm 的光照射，为使光电流为暗电流的两倍，光功率该为多少？此时光电检测器的量子效率为多少？

(2) 当入射光波长为 1.3 μm 时，此时的光电流为多少？量子效率为多少？

6.6 证明：当$\dfrac{dR}{d\lambda}=\dfrac{R}{\lambda}$时，也就是在波长为 λ 处的切线经过原点（$R=0,\lambda=0$）时，量子效率最大。当量子效率最大时，分别确定图 6.46、图 6.47 及图 6.48 所示的 Ge 光电二极管相应的波长。

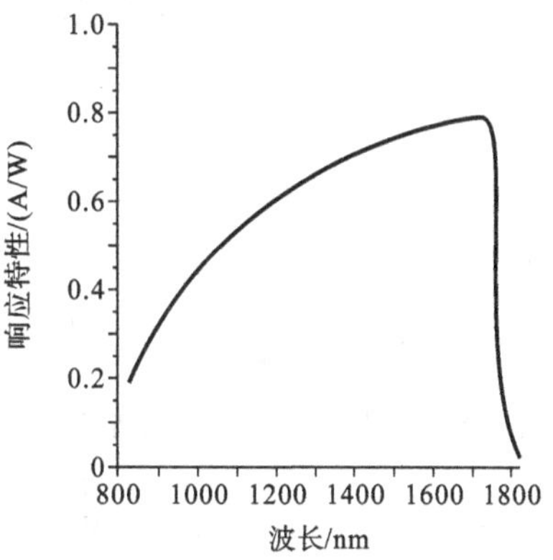

图 6.48 某 InGaAs PIN 结光电二极管的响应特性

6.7 某 Si PIN 光电二极管，P^+ 层的厚度为 0.75 μm，本征 Si 层厚 10 μm，外加反偏电压为 20 V。

(1) 本体吸收的响应速度为多少？导致这种响应速度的波长为多少？

(2) 表面吸收的响应速度为多少？导致这种响应速度的波长为多少？

6.8 有一反偏 Si PIN 光电二极管，如图 6.49 所示，给光电二极管加以适当的反偏电压，以使耗尽区（本征 Si 层）中的电场 $E=V_r/W$ 达到饱和，该层中的光生电子和空穴以饱和速度 v_{de} 和 v_{dh} 漂移。假设电场 $\boldsymbol{E}$ 是匀强电场，P^+ 区的厚度可以忽略。一个瞬时光脉冲（时间无穷小）将在耗尽层中光生电子-空穴对，如图 6.49 所示。该脉冲将导致电子-空穴对浓度在 W 区域内呈指数衰减。图 6.49 标明了 $t=0$ 时刻以及一段时间后电子漂移距离 $\Delta x=v_{de}\Delta t$ 时的光生电子浓度，电子到达背电极 B 时聚集。电子分布以恒定速度不断漂移，直到 A 边的初始电子到达 B 边时为止。这表明最长渡越时间为 $\tau_e=W/v_{de}$，同理，空穴也进行类似的输运，只不过它们的漂移方向相反，渡越时间为 $\tau_h=W/v_{dh}$，其中 v_{dh} 为空穴饱和漂移速度。瞬时光电流

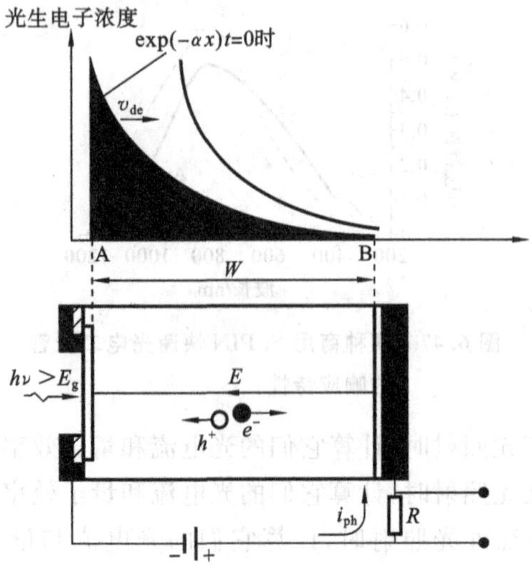

图 6.49　一无限短光脉冲穿过耗尽层被吸收后产生一呈指数衰减的电子-空穴对浓度

密度的表达式为

$$j_{ph}=j_e(t)+jh(t)=eN_e v_{de}+eN_h v_{eh}$$

式中：N_e 和 N_h 是在 t 时刻样品中电子和空穴的总浓度。

为方便起见，假设横截面积 $A=1$(以下的推导不会受到影响，因为我们感兴趣的是光电流密度)。

(1) 画出 t 时刻的空穴分布草图，其中 $\tau_h>t>0$。τ_h=空穴漂移时间$=W/v_{dh}$。

(2) t 时刻电子浓度分布 $n(x)$ 相当于在 $t=0$ 时变化了 $v_{de}t$。因此，W 区域内总的电子数目正比于电子浓度分布 $n(x)$ 从 $x=v_{de}t$ 的 A 边到 $x=W$ 的 B 边区域内的积分。

已知 $t=0$ 时，$n(x)=n_0\exp(-x)$，其中 n_0 为 $x=0,t=0$ 时的电子浓度，可以得到

$$t\text{ 时刻电子总数}=\int_{v_{de}t}^{W}n_0\exp[-\alpha(x-v_{de}t)]\mathrm{d}x$$

又有

$$N_e(t)=\frac{t\text{ 时刻电子总数}}{\text{体积}}$$

于是

$$N_e(t)=\frac{1}{W}\int_{v_{de}t}^{W}n_0\exp[-\alpha(x-v_{de}t)]\mathrm{d}x=\frac{n_0}{W\alpha}\left\{1-\exp\left[-\alpha W\left(1-\frac{t}{\tau_e}\right)\right]\right\}$$

式中：$N_e(0)$是 $t=0$ 时的初始总电子浓度，即

$$N_e(0)=\frac{1}{W}\int_0^W n_0\exp(-\alpha x)\mathrm{d}x=\frac{n_0}{W\alpha}[1-\exp(-\alpha W)]$$

注意：n_0 取决于光脉冲强度 I，以使 $n_0\propto I$。证明：对于空穴有

$$N_h(t)=\frac{n_0\exp(-\alpha W)}{W\alpha}\exp\left[\alpha W\left(1-\frac{t}{\tau_e}\right)\right]$$

(3) 若 $W=40\ \mu\text{m},\alpha=5\times10^4\ \text{m}^{-1},v_{de}=10^5\ \text{m/s},v_{dh}=0.8\times10^5\ \text{m/s},n_0=10^{13}\ \text{cm}^{-3}$。试计算电子和空穴的渡越时间。画出光电流密度 $j_e(t)$和 $j_h(t)$作为时间的函数的示意图，并计算初始光电流。你的结论是什么？

6.9　商用 InGaAs PIN 光电二极管的响应特性曲线如图 6.48 所示，它用于接收回路中，需要最小为 5 nA 的光电流来辨别输出信号(顾客可接受的信噪比)。假设 InGaAs PIN 光电二极管的工作波长为 1.3 μm，单模光纤的衰减为 0.35 dB/km。如果激光二极管最多能向光纤中发射 2 mW 的功率，那么在没有中继器时通信的最大距离时多少？

6.10　一 N 型 Si 光电导体，$L=100\ \mu\text{m}$，空穴寿命为 1 μs，光电导体外加偏压为 10 V。

(1) 电子和空穴穿过 L 的渡越时间 τ_e、τ_h 各是多少？光电导体的增益是多少？

(2) 显然，由于电子运动得比空穴快，光生电子很快就离开了光电导体，这样在后面就留

下了漂移空穴，因此光电导体带有正电荷。额外的电子随后流入光电导体中以维持样品的电中性，电流继续流过。这些过程持续到空穴复合消失时为止，复合平均时间为 τ，因此单位时间内流过接触面的电荷要比实际的光生电荷多。试问：若接触不是欧姆接触，比如说非注入条件，将会发生什么情况？

(3) 你认为 $\Delta\sigma$ 和响应速度（与 $1/\tau$ 成正比）的乘积是多少？

6.11 (1) 证明：光电导探测器（PD）的噪声等效功率由下式给出

$$\mathrm{NEP}=\frac{P_1}{B^{\frac{1}{2}}}=\frac{hc}{\eta e\lambda}[2e(I_d+I_{ph})]^{\frac{1}{2}}$$

怎样改进光电二极管的 NEP？一个理想的光电导探测器，在波长为 1.55 μm 的光照下，NEP 为多少？

(2) 已知光电导探测器的暗电流为 I_d，试证明 SNR=1 时，光电流为

$$I_{ph}=eB\left[1+\left(1+\frac{2I_d^{\frac{1}{2}}}{eB}\right)\right]$$

相应的光功率为多少？

(3)有一快速 Ge PN 结光电导探测器，光敏区域直径为 0.3 mm，外加反向偏压，暗电流为 0.5 μA，在波长为 1.55 μm 时，其峰值响应为 0.7 A/V（见图 6.46），光电探测器和放大电路的带宽总计为 100 MHz，试计算其峰值波长时的 NEP，并计算 SNR=1 时的最小光功率及其最小光强度。你怎样提高可探测的最小光功率？

(4) 表 6.4 用响应特性和暗电流表明了典型的 Ge PN 结和 InGaAs PIN 光电二极管的特性。假设有一个理想、无噪声、具有前置放大器的探测光电二极管的光生电流，试填写表格中的剩余部分。假设工作带宽 B=1 MHz，你的结论是什么？

表 6.4　典型的 Ge PN 结和 InGaAs PIN 光电二极管的特性（光敏区直径为 1 mm）

光电二极管	波长为 1.55 μm 时的响应特性 /(A/W)	暗电流 /nA	B = 1 MHz 时对应的 SNR=1 的光电流/nA	B=1 MHz 时对应的 SNR=1 的光功率/nW	NEP/ $(\mathrm{W\cdot Hz^{-\frac{1}{2}}})$	备注
Ge (25 ℃)	0.8	400				
Ge(−20 ℃)	0.8	5				热电制冷
InGaAs PIN	0.95	3				

6.12 分离吸收雪崩光电二极管的散粒噪声存在附加的雪崩噪声。在 APD 中，总噪声电流由

$$i_{n\text{-}APD}=[2e(I_{do}+I_{pho})M^2FB]^{\frac{1}{2}} \tag{1}$$

决定，其中 F 是附加噪声因子，它受很多复杂因素影响，不仅受 M 的影响，还受电离几率的影响。一般简单考虑为 M^x，其中指数 x 取决于半导体材料和器件结构。

(1) 表 6.5 提供了在波长 1.55 μm 时用光生实验测得的 Ge APD 的 F 与 M 的关系，求 $F=M^x$ 中的 x，此时它们的吻合程度如何？

(2) 上述 Ge APD 在波长为 1.55 μm 峰值响应中有一个没有倍增的暗电流 0.5 μA 和一个没有倍增的特性 0.8 A/V。在带宽为 500 MHz 的接收电路中加一偏压，使 M=6。为使信

噪比 SNR=1，最小光电流为多少？当光敏区域直径为 0.3 mm 时，相应的最小光功率和最小光强度为多少？

(3) 当 SNR=10 时，光电流为多少？入射光功率为多少？

表 6.5 Ge 雪崩光电二极管的额外雪崩噪声数据

M	1	3	5	7	9
F	1.1	2.8	4.4	6.5	7.5

6.13 (1) 在短波长时，光吸收深度($\delta=1/\alpha$)变得很窄，以致电子-空穴对几乎是在半导体表面产生，此时限制光电二极管工作的因素是什么？

(2) 量子效率是根据入射到整个器件表面的光子定义的，包括半导体表面反射的部分。折射率为 3.5 的晶体 Si，其表面反射引起的光损失百分比为多少？怎样提高进入半导体晶体内部的光子数？

(3) 在某些应用场合，如在可见光范围内测量光强度，光源同时也会发出大量的红外线(像白炽灯)，此时必须用一个红外滤波器，为什么？

(4) 某一如图 6.12 所示的异质结雪崩光电二极管，已知 InP 的 $E_g=1.35$ eV，而 InGaAs 的 $E_g=0.75$ eV，显然，1.5 μm 的光子在 InP 中将不被吸收，这两种半导体之间的折射率失配效应为多少？

(5) 决定图 6.16 所示的光晶体管的工作速度的因素有哪些？电子-空穴对进入 P 型基区复合变为中性粒子需要多长时间？

6.14 根据图 6.28 所示，请画出 $I_{h\nu}$-$h\nu$ 特性曲线，$I_{h\nu}$ 是单位光子能量的光谱强度，$h\nu$ 是光子能量。在 I_λ-λ 图上取 5 个点画出能量光谱图。

6.15 单晶硅的吸收系数在表格 6.3 中已给出。某一单晶硅面积 $A=4\ \text{cm}\times4\ \text{cm}$，$l_n=0.5\ \mu\text{m}$，$W=1.5\ \mu\text{m}$，$L_e=70\ \mu\text{m}$，$x=0$ 时的光生速率 $G_0=1\times10^{18}\ \text{cm}^{-3}\cdot\text{s}^{-1}$。问当 $\lambda=1.1\ \mu\text{m}$ 时的光生电流是多少？$\lambda=500$ nm 时的光生电流又是多少？证明：$G_0=\dfrac{I_o\alpha}{h\nu}$，其中 I_o 是进入器件表面($x=0$)的透射光强度。因此，可以用来估计透光率为 1 时所需的入射光强度。

6.16 (1) 有一个 4 cm² 的硅太阳能电池驱动一个图 6.35(a)所示的负载电阻 R。辐照强度为 600 W/m² 时，伏安特性如图 6.35(b)所示。假设负载电阻为 20 Ω，辐照强度为 1 kW/m²。问电路中的电流和电压各是多少？负载所做的功是多少？这个电路中太阳能电池的效率是多少？

(2) 在辐照强度为 1 kW/m² 时要从太阳电池获得最大功，负载应是多少？辐照强度为 600 W/m² 时，负载又应是多少？

(3) 用多个这种太阳能电池去驱动一个计算器，该计算器要求的最小电压为 3 V，工作电压为 3～4 V 时的电流为 3.0 mA。在光照强度为 400 W/m² 的室内使用时，请问需要多少个太阳能电池？怎样连接才能使计算器正常工作？在光照强度下降为多少时计算器会停止工作？

6.17 辐照强度为 100 W/m² 下的某一太阳能电池短路电流 I_{sc} 为 50 mA，开路电压 V_{oc} 为 0.55 V。请问在辐照强度减半的情况下，短路电流与开路电压各为多少？

6.18　根据图 6.37 所示的太阳能电池的等效电路。

(1) 证明：$I=-I_{ph}+I_d+\dfrac{V}{R_p}=-I_{ph}+I_o\exp\left(\dfrac{eV}{nk_BT}\right)-I_o+\dfrac{V}{R_p}$。

(2) 某多晶硅太阳能电池，其特性为 $n=2$，$I_o=3\times10^{-4}$ mA，在某一光照强度下 $I_{ph}=5$ mA。画出其 I-V 特性曲线。R_p 先后取∞、1000 Ω、100 Ω。由此可得出什么结论？

6.19　两个完全相同的太阳能电池，其特性为 $I_o=25\times10^{-6}$ mA，$n=1.5$，$R_s=20$ Ω，在接收相同的辐照时，$I_{ph}=10$ mA。请分别画出单个电池的 I-V 特性曲线和两个电池串联时的 I-V 特性曲线。求一个电池和两个电池串联时分别能够做的最大功，以及做最大功时的相应电流和电压。

6.20　两个不同的太阳能电池，一个特性为 $I_{o1}=25\times10^{-6}$ mA，$n_1=1.5$，$R_{s1}=10$ Ω，另一个特性为 $I_{o2}=1\times10^{-7}$ mA，$n_2=1$，$R_{s2}=50$ Ω。在光照下 $I_{ph1}=10$ mA，$I_{ph2}=15$ mA。请分别画出这两个电池的 I-V 特性曲线和它们串联时的 I-V 特性曲线。求这两个电池以及它们串联时能够做的最大功，以及做最大功时的相应电流和电压。由此可得出什么结论？

6.21　证明：一个 PN 结太阳能电池的开路电压可以近似表示为

$$V_{oc}\approx\frac{nk_BT}{e}\ln\left(\frac{BI}{n_i^2}\right)$$

式中：I 为光照强度；n_i 为本征载流子浓度；B 为仅随温度变化很小的常数（如 $B\propto T^{\gamma}$，$\gamma<1$）。

6.22　太阳能电池的填充因子 FF 由下面经验公式给出：

$$\mathrm{FF}\approx\frac{v_{oc}-\ln(v_{oc}+0.72)}{v_{oc}+2}$$

式中，$v_{oc}=\dfrac{V_{oc}}{nk_BT/e}$为正则化开路电压（相对于正则化热电压 k_BT/e）。太阳能电池的最大输出功率为

$$P=\mathrm{FF}\times I_{sc}V_{oc}$$

令 $V_{oc}=0.58$ V，$I_{sc}=I_{ph}=35$ mA/cm^{-2}，请计算在室温为 20 ℃、−40 ℃和 40 ℃时太阳能电池单位面积所做的功。

6.23　(1) 太阳光照射到地球上太阳纬度为 α 的某一点的光强度 I 可以由下面方程近似求出：

$$I=1.353(0.7)^{\sec\alpha^{0.678}} \tag{2}$$

式中：$\sec\alpha=1/\sin\alpha$。

太阳纬度 α 为太阳光线与地平线之间的夹角。在 9 月 23 号和 3 月 22 号左右，太阳光线与赤道平面平行到达地球表面。如果太阳能电池转化效率为 10%，问一个面积为 1 m^2 太阳能电池做的最大功是多少？

(2) 对某个特殊的 Si PN 结太阳能电池做出厂特性测试，在 27 ℃下，当直射光强度为 1 kW/m^{2}时开路输出电压为 0.45 V，短路电流为 400 mA。太阳能电池的填充因子为 0.73。如果在纬度为 63°左右地区的某便携式装备上使用这种电池。请计算该电池在 9 月 23 号中午温度约为−10 ℃时的开路电压和所做的最大功。这种电池能提供给电子设备的最大电流为多少？由此能得出什么结论？

6.24　已知太阳能电池的电流方程，电池所做的功为 $-IV$，如果

[redacted]

$$\frac{V_m}{nV_T}\exp\left(\frac{V_m}{nV_T}\right)\approx\frac{I_{ph}}{I_o},\quad I_m=-I_{ph}\left(1-\frac{nV_T}{V_m}\right) \tag{3}$$

证明：当 $V=V_m$，$I=I_m$ 时，太阳能电池所做的功最大。$V_T=k_BT/e$ 称为“热电压”。假设已知 n、$I_{sc}=I_{ph}$ 和 V_{oc}，怎样才能估算出 I_m、V_m 及 FF。

6.25 (1) 根据有光照和无光照两种情况下 PN 结的能带图，解释光伏效应产生的原因。

(2) 画出某一禁带宽度 E_g 从左至右逐渐减少的 N 型半导体的能带图。光生电子-空穴对会发生什么情况？